전기공학도를 위한

공학수학

신흥교 지음

저자소개

창연 **신흥교** (滄淵 辛興教)

• 한양대학교 학사, 석사, 공학박사(전기기기 해석)
• 한양대학교 조교, 강사
• 대한전기학회 전기기기 및 에너지변환시스템 부문회 회장
• 대한전기학회 부회장, 감사
• 현 경상대학교 공과대학 전기공학과 교수

전기공학도를 위한

공학수학

인　쇄: 2022년 2월 16일 초판 1쇄
발　행: 2022년 2월 25일 초판 1쇄

저　자: 신흥교
발행인: 송 준
발행처: 도서출판 홍릉
주　소: 01093 서울시 강북구 인수봉로 50길 10
등　록: 1976년 10월 21일 제5-66호

전　화: 02-999-2274~5
팩　스: 02-905-6729
e-mail: hongpub@hongpub.co.kr
http://www.hongpub.co.kr
ISBN: 979-11-5600-952-8(93410)

정　가: 25,000원

전기공학도를 위한

공학수학

신흥교 지음

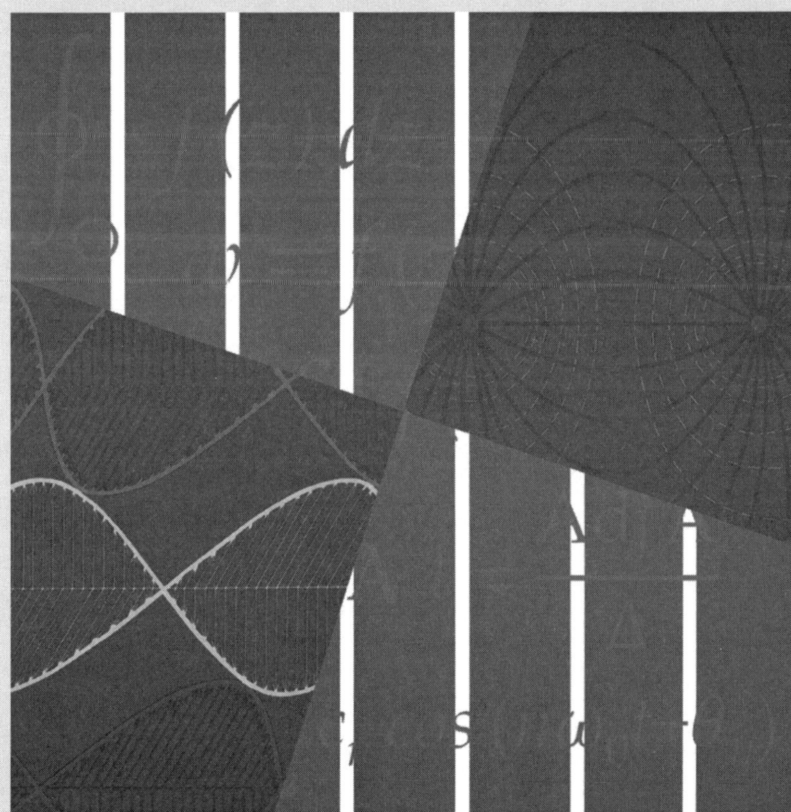

도서출판 홍릉

Compiler's Preface

지난 30여년 동안 대학교수로 재직하면서 전기공학과 학생들에게 본인의 전공 분야인 전기기기에 관련된 전공 과목과 더불어 공학수학을 가르치면서 계속 마음에 느꼈던 바는, 전기기기에 관련된 교재는 원서나 번역판, 그리고 국내 유명 교수님들의 저작으로 된 우수한 교재가 많이 출판되어 학습을 위한 교재를 다양하게 선택할 수 있어 필요한 전공 내용을 가르치는데 아무런 문제가 없지만, 현재 국내 대학에서 많이 사용하고 있는 공학수학 과목을 위한 교재는 대부분이 전기공학뿐만 아니라 공학의 전 분야에서 필요로 하는 수학적 기초를 설명하고 있어서 다루고 있는 분야와 내용이 너무 방대하다고 생각되었다. 그리고 현재 기초 공학에서 사용되고 있는 과학적 원리나 법칙들은 1900년대에 발견되거나 설명된 이후 대학의 공학 과정에서 응용해야 할 새로운 법칙은 별로 없으며, 이미 공학에서 응용되고 있는 과학에서의 법칙이나 원리를 해석하고 설명하기 위해 필요한 수학의 내용에 있어서도 공학 응용이라는 관점에서 보면 추가해야 할 새로운 이론은 거의 없다고 생각된다. 이러한 공학적 응용을 위한 과학 현상의 해석과 설명에 필요한 수학적 도구로 자리매김한 과목이 공학수학이라고 할 것이다.

현재 국내 대학에서 사용하고 있는 공학수학 교재들은, 공학의 특정 전공 분야에서 필요로 하는 내용만을 다룬 교재도 있지만, 대부분이 공학의 전 분야에서 필요로 하는 내용을 모두 다루고 있다. 그리고 그 교재들이 거의 최근의 신판이라고 말하고 있지만, 실상은 1960~70년대에 초판이 발행된 이래 새로이 추가되는 수학 이론은 거의 없이 초판의 내용에서 연습 문제나 예제만 몇 문제 수정하거나 새로이 넣어 신판이라고 하고 있어, 정작 10판을 훌쩍 넘긴 교재가 담고 있는 내용은 초판 그대로라고 해도 과언이 아니라고 사료된다. 다만 컴퓨터 성능의 비약적인 발전으로 인한 수치해석 기법의 개발이 이루어져 학생들이 이에 관련된 내용도 습득해야 한다고 생각되지만, 이와 관련해서는 이미 국내의 거의 모든 대학 과정에서 편성되어 있는 수치해석 과목에서 해결될 수 있을 것이다. 그래서 전기공학 전공자들이 반드시 습득하고 이해해야 할 내용으로만 구성된 공학수학 교재의 필요성을 절감하고 있었다. 하지만 이제 정년 퇴임이 얼마 남지 않은 상황에서 새로운 교재를 집필하는 것이 너무 늦지 않았나 하는 생각도 들었다. 그러나 "가장 늦었다고 생각될 때가 가장 이른 것이다"라는 격언에 용기를 내어 전기공학을 전공하는 학생들을 위한 공학수학 교재를 출판하기로 마음먹었다.

공학이나 과학에서의 거의 모든 현상은 미분방정식에 의해 기술되고 설명되기 때문에 대부분의 공학수학 과목에서는 미분방정식의 해법에 관련된 내용을 가장 먼저 그리고 상세하게 다룬다. 그리고 이 미분방정식의 해법에 관련된 설명은 보통 급수해와 Laplace 변환으로 끝맺는다. 그런데 전기공학에서는 보통 다루는 장치 또는 계통의 설계나 특성 해석에 등가회로를 이용하고 있어 회로 해석에 관련된 기초가 무엇보다 중요하며, 이러한 회로 해석에 있어서 풀어야 하는 미분방정식은 대부분 해석이나 응용 목적에 따라 Laplace 변환, Fourier 변환, Z-변환과 같은 변환 기법과 상태 변수, 그리고 행렬 해법에 의해 풀어진다. 이에 이 교재에서는, 미분방정식에 관련된 내용은 과감히 생략하고, 다루어야 할 미분방정식과 그 해의 형태를 요약하여 부록에 실었으며, 교재의 주 내용은 회로 해석에서 필요한 수학적 기법을 설명하는 것으로 이루어졌다. 또한 전기공학에서 다루는 거의 모든 장치와 계통이 물리학 중에서도 전자기적 현상에 관련된 내용이 이론적 기초 또는 근거가 되기 때문에 vector 대수 및 vector 미적분과 관련한 vector 해석에 관한 기초가 매우 중요하며, 상대론적 효과를 고려한 전자기적 현상이나 장치를 다루어야 할 필요가 있는 경우를 위해서는 Lorentz 변환에 관한 기본 내용도 습득할 필요가 있다. 이에 따라 연속 및 이산 계통에 있어서의 회로 해석법, vector 해석학, 복소 해석학, 그리고 상대성이론의 입문에 관련된 참고 서적들의 내용을 바탕으로 하여 이 교재가 만들어졌다. 그 내용은 아래와 같이 구성되었다.

먼저, 1장에서는 행렬식, 행렬, 그리고 선형 대수방정식의 해법을 설명한다.

2장은 vector 해석학에 관련된 내용으로서, vector 대수, 좌표계, vector 미적분에 관한 내용을 담고 있다.

3장에서는 복소 변수와 복소 미적분, 그리고 4장에서는 복소 함수에 의한 사상(변환)을 다룬다.

5장에서는 Laplace 변환과 역변환, 그리고 그 응용에 관해 기술한다.

6장에서는 비정현 주기 함수를 정현적으로 해석하는 기법인 Fourier 급수와 주파수 spectrum에 관련된 내용을 설명한다. 이 내용은 7장에서 다루는 Fourier 변환과 이를 이용한 장치나 계통의 주파수 특성 해석을 위한 기초가 된다.

8장에서는 현재 매우 다양하고 폭넓게 사용되고 응용되고 있는 이산 계통에서의 현상을 설명하고 응용하기 위해 필수적으로 사용되는 이산 변환, 통칭 Z-변환에 관한 내용을 다룬다.

9장에서는 상태 변수와 천이 행렬을 이용하여 다루는 계통에서의 현상을 설명하는 상태 변수 해석법에 관하여 기술한다.

마지막으로, 10장에서는 상대성이론의 기초와 Lorentz 변환에 대해 간략히 소개한다.

그리고 부록의 내용은 다음과 같다. Appendix A에서는 미분방정식의 형태와 그 것의 해를 요약하였으며, Appendix B에서는 vector 항등식과 3차원 좌표계에 관련된 내용을 요약하였다. Appendix C에서는 몇 가지 기본 복소 함수에 의한 사상과 관련된 영역의 변환을 나타내었으며, Appendix D에서는 Laplace, Fourier, 그리고 Z-변환에서 중요하게 사용되는 delta 함수에 관련된 내용을 기술하였다. Appendix E에서는 전기공학에서 자주 사용되는 비정현 주기 함수의 Fourier 급수 표현을 몇 가지 나타내었으며, Appendix F에서는 Fourier 급수가 Fourier 변환의 근거가 되는 Fourier 적분으로 이어지는 과정을 간략히 정리하였다. Appendix G에서는 계통이나 filter의 주파수 해석에서 매우 중요하게 사용되는 Bessel 함수에 관한 내용을 간략하게 기술하였으며, 마지막으로 Appendix H에서는 몇 가지 함수에 대한 Laplace 변환, Fourier 변환, 그리고 Z-변환의 변환쌍을 간략한 표로 정리하였다.

이 교재가 전기공학을 전공하는 학부 학생들을 위한 기초 공학수학 교과서로서 학생들이 전공 과목의 내용을 습득하고 이해하기 위한 도구로 잘 활용될 수 있다면 더 이상 바랄 나위가 없겠다.

전기기기 분야에서 같이 연구하고 고민하며 항상 고마운 충고와 격려를 아끼지 않는 가장 좋아하는 동료이자 친한 벗인 김철진 박사와 임상희 사장께 깊이 감사드린다. 본 편저자가 교재의 집필과 편집, 그리고 출판을 망설이고 있을 때 용기를 북돋아 주는 이들의 격려가 없었다면 이 교재가 세상에 나오는 것이 불가능했을 것이다.

끝으로, 이 교재의 출판을 흔쾌히 결정해 주신 도서출판 홍릉에게 깊은 감사를 드린다.

2022년 1월

편저자 창연 신 흥 교

Contents

CHAPTER 1

Determinants, Matrices, and Linear Algebraic Equations

1.1 INTRODUCTION

연립 선형 대수방정식(선형 대수 계 방정식, system of linear algebraic equations)은 공학과 이학의 여러 분야에서 매우 빈번히 나타나며, 그에 대한 학습이 기본이다. 이 장에서는 독자가 어떤 논제에 대해 상당한 경험이 있다고 가정되기는 하지만, 복습과, 때때로 추가 양상을 설명하기 위하여 간단한 경우로 시작한다.

두 개의 선형 방정식

$$\begin{aligned} a_{11}x_1 + a_{12}x_2 &= b_1 \\ a_{21}x_1 + a_{22}x_2 &= b_2 \end{aligned} \tag{1.1}$$

을 고려한다. 여기서 a와 b들은 주어진 상수이다. 미지수 x_1과 x_2는 한 개의 방정식으로부터의 한 개의 미지수를 나머지 방정식에 대입함으로써

$$\begin{aligned} x_1 &= \frac{a_{22}b_1 - a_{12}b_2}{a_{11}a_{22} - a_{12}a_{21}} \\ x_2 &= \frac{a_{11}b_2 - a_{21}b_1}{a_{11}a_{22} - a_{12}a_{21}} \end{aligned} \tag{1.2}$$

와 같이 찾아질 수 있다. 식 (1.2)에서 분모(denominator)는 차수(order) 2의 행렬식(determinant)

$$D_2 = \begin{vmatrix} a_{11} & a_{12} \\ a_{21} & a_{22} \end{vmatrix} = a_{11}a_{22} - a_{12}a_{21} \tag{1.3}$$

으로써 편리하게 표시된다. 같은 규칙에 의해, 식 (1.2)의 분자(numerator)는 차수 2의 행렬식

$$\begin{vmatrix} b_1 & a_{12} \\ b_2 & a_{22} \end{vmatrix} = a_{22}b_1 - a_{12}b_2$$
$$\begin{vmatrix} a_{11} & b_1 \\ a_{21} & b_2 \end{vmatrix} = a_{11}b_2 - a_{21}b_1 \tag{1.4}$$

로써 써질 수 있다. 그러므로 식 (1.2)는 *크래머의 법칙(Cramer's rule)*으로 알려져 있는

$$x_1 = \frac{\begin{vmatrix} b_1 & a_{12} \\ b_2 & a_{22} \end{vmatrix}}{\begin{vmatrix} a_{11} & a_{12} \\ a_{21} & a_{22} \end{vmatrix}} \quad x_2 = \frac{\begin{vmatrix} a_{11} & b_1 \\ a_{21} & b_2 \end{vmatrix}}{\begin{vmatrix} a_{11} & a_{12} \\ a_{21} & a_{22} \end{vmatrix}} \tag{1.5}$$

의 형태로 다시 써질 수 있다. 같은 규칙이, 뒤에서 적절히 정의되고 응용되는 고차(higher order)의 행렬식에 적용된다.

Example 1.1 Cramer의 법칙을 사용하여 그림 1.1에 보여진 회로에서 i_1과 i_2를 찾아라. 여기서 소자 값은 [Ω]이다.

두 개의 루프 방정식(loop equation)은

$$6i_1 - 2i_2 = 20$$
$$-2i_1 + 4i_2 = -10$$

이다. 그러므로

$$\therefore D_2 = \begin{vmatrix} 6 & -2 \\ -2 & 4 \end{vmatrix} = 24 - 4 = 20$$

$$\therefore i_1 = \frac{\begin{vmatrix} 20 & -2 \\ -10 & 4 \end{vmatrix}}{D_2} = \frac{80-20}{20} = 3\ [\mathrm{A}]$$

$$\therefore i_2 = \frac{\begin{vmatrix} 6 & 20 \\ -2 & -10 \end{vmatrix}}{D_2} = \frac{-60+40}{20} = -1\ [\mathrm{A}]$$

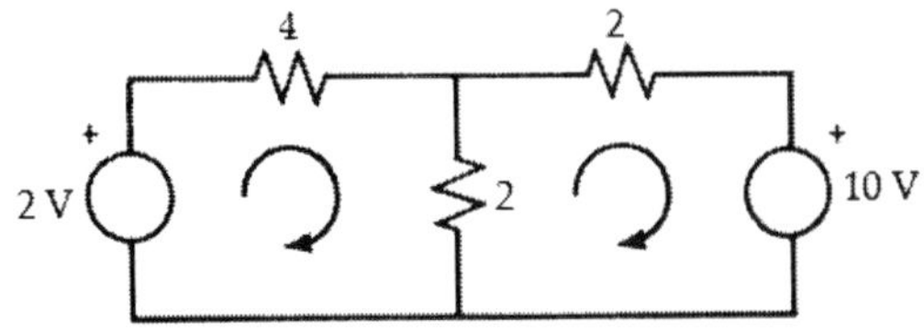

FIGURE 1.1 Example 1.1.

■

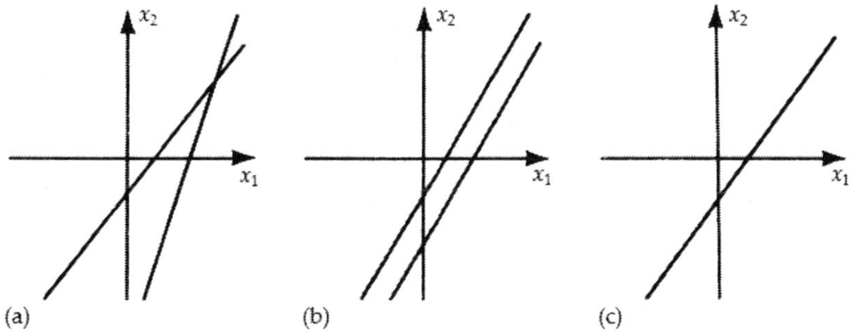

FIGURE 1.2 Geometry of Equation 1.1.

식 (1.1)과 그 해(solution)의 기하학적(공간적) 의미를 고려하자. 그림 1.2에 보여진 것과 같은 좌표축 x_1과 x_2를 가진 2차원 공간, 즉 평면에서, 식 (1.1)은

$$\begin{vmatrix} a_{11} & a_{12} \\ a_{21} & a_{22} \end{vmatrix} \neq 0 \tag{1.6}$$

을 조건으로 서로 교차하는(intersect)[그림 1.2 (a)] 두 개의 직선을 나타낸다.

식 (1.3)에 있는 행렬식이 없어진다면, 즉

$$\begin{vmatrix} a_{11} & a_{12} \\ a_{21} & a_{22} \end{vmatrix} = 0 \tag{1.7}$$

이라면

$$\frac{a_{11}}{a_{21}} = \frac{a_{12}}{a_{22}} \tag{1.8}$$

이며, 그러면, 두 직선이 평행(parallel)임을 가리킨다. 식 (1.8)에 덧붙여,

$$\frac{a_{11}}{a_{21}} \neq \frac{b_1}{b_2} \tag{1.9}$$

를 가진다면, 이 두 직선은 *별개이다(distinct)*[그림 1.2 (b)]. 식 (1.8)에 덧붙여,

$$\frac{a_{11}}{a_{21}} = \frac{b_1}{b_2} \tag{1.10}$$

을 가진다면, 두 개의 직선은 평행이며 *일치한다(coincident)*—즉, 그것들은 한 개의 선으로 합쳐진다[그림 1.2 (c)].

마지막으로, 해의 존재를 살펴보면, 그림 1.2 (a)에서는 유일해(unique solution)를 가지며 식 (1.1)은 *합치이다(consistent)*라고 말한다. 그림 1.2 (b)에서는 해가 없으며,

식 (1.1)을 *불합치(불능)이다(inconsistent)*. 그림 1.2 (c)에서는 무한히 많은 해가 있다: 방정식은 합치이지만 *과다(부정)이며(redundant)*, 말하자면, x_1의 임의로 선택된 값은 선 위에 있는 대응하는 x_2의 값을 산출할 것이다.

Example 1.2 다음의 연립방정식이 (a) 합치, (b) 불능, (c) 부정인 경우에 대한 x의 값을 찾아라:

$$2I_1 + 3I_2 = -4$$
$$6I_1 + 9I_2 = x$$

$2/6 = 3/9$이기 때문에, 식 (1.7)에서와 같이, $D_2 = 0$이다. 그러므로 연립방정식은 $3/9 \neq -4/x$라면 또는 $x \neq -12$일 때 불능이다. 연립방정식은 $x = -12$라면 두 번째 방정식이 정확히 첫 번째 식의 3배이기 때문에 과다이며 따라서 부정이다. ■

1.2 DETERMINANTS

다음과 같은 정의(definition)로 행렬식의 개념을 일반화한다: 차수 n의 행렬식은 행(row) i와 열(column) j에 있는 전형적인 요소 a_{ij}를 가진

$$D_n = \begin{vmatrix} a_{11} & a_{12} & \cdots & a_{1n} \\ a_{21} & a_{22} & \cdots & a_{2n} \\ \vdots & \vdots & \ddots & \vdots \\ a_{n1} & a_{n2} & \cdots & a_{nn} \end{vmatrix} \tag{1.11}$$

과 같이 써진다. D_n의 값은, 각 항(term)이 각 행과 열에서 한 개의 요소만을 취한 n개 요소의 곱(product)인, $n!$ 개의 가능한 항의 대수 합(algebraic sum)이다. *대수 합*은 그러한 각 곱이, 다음의 규칙에 따라, 그것과 관련되는 더하기(plus, +) 또는 빼기(minus, −)의 부호(sign)를 가진다는 것을 의미한다: (1) 각 곱을 요소의 첫 번째 하첨자(subscript)의 증가 순(ascending order)으로 배열한다. 예를 들어, 3차 행렬식 D_3에서는, 곱 $a_{13}a_{22}a_{31}$이 있을 것이며, 그것은 이미 이 규칙에 따라 쓰여졌다. (2) 두 번째 하첨자의 순서에 주목하고 더 높은 정수(integer)가 더 낮은 정수에 선행할 때 마다 *역(inversion)*으로 헤아린다. 앞의 예에서는 두 번째 하첨자의 순서가 3, 2, 1이며, 3개의 역이 있다: 3이 2에 앞서고, 3이 1에 앞서며, 그리고 2가 1에 앞선다. (3) 역의 수가 *우수(짝수, even)*이면 (+) 부호를, 또는 역의 수가 *기수(홀수, odd)*이면 (−) 부호를 곱에 부여한다.

바꾸어 말하면, 행렬식 D_n은

$$D_n = \sum \pm a_{1k}a_{2l}a_{3m} \cdots a_{nr} \tag{1.12}$$

의 값을 갖는다. 여기서 합(summation)은 두 번째 하첨자 $k, l, m, \cdots, r$의 모든 가능한 순열(permutation), 숫자로는 $n!$에 대한 것이다.

Example 1.3 행렬식

$$D_3 = \begin{vmatrix} a_{11} & a_{12} & a_{13} \\ a_{21} & a_{22} & a_{23} \\ a_{31} & a_{32} & a_{33} \end{vmatrix}$$

의 값을 구하라.
식 (1.12)에는 다음과 같은 부호를 가진 목록으로 되는 $3! = 6$개의 항이 있을 것이다.

Product	*Number of Inversions*	*Sign*
$a_{11}a_{22}a_{33}$	0	+
$a_{11}a_{23}a_{32}$	1	−
$a_{12}a_{21}a_{33}$	1	−
$a_{12}a_{23}a_{31}$	2	+
$a_{13}a_{21}a_{32}$	2	+
$a_{13}a_{22}a_{31}$	3	−

따라서

$$D_3 = a_{11}a_{22}a_{33} - a_{11}a_{23}a_{32} - a_{12}a_{21}a_{33} + a_{12}a_{23}a_{31} + a_{13}a_{21}a_{32} - a_{13}a_{22}a_{31}$$ ■

Example 1.4 행렬식

$$D_3 = \begin{vmatrix} -5 & 2 & 1 \\ -3 & -4 & 7 \\ -1 & 0 & 5 \end{vmatrix}$$

의 값을 구하라.

$$\begin{aligned} D_3 &= a_{11}a_{22}a_{33} - a_{11}a_{23}a_{32} - a_{12}a_{21}a_{33} + a_{12}a_{23}a_{31} + a_{13}a_{21}a_{32} - a_{13}a_{22}a_{31} \\ &= (-5)(-4)(5) - (-5)(7)(0) - (2)(-3)(5) + (2)(7)(-1) + (1)(-3)(0) - (1)(-4)(-1) \\ &= 112 \end{aligned}$$ ■

차수 n의 행렬식의 다음과 같은 성질이 중요하다:

1. D_n이 삼각형(triangular form)이거나 대각형(diagonal form)이라면 D_n = 주대각 요소(main diagonal element)의 곱이다. 즉, $j < k$ 또는 $j > k$에 대하여 $a_{jk} = 0$(삼각)이거나, $j \neq k$에 대하여 $a_{jk} = 0$(대각)이라면 $D_n = \prod_j a_{jj}$이다. 기호 Π는 "…의 곱(product of …)"을 가리킨다.
2. 임의의 한 개의 행이 모두 0이라면 $D_n = 0$이다.
3. 임의의 한 개의 열이 모두 0이라면 $D_n = 0$이다.
4. 두 개의 행(또는 열)이 위치가 서로 바뀌면 D_n은 부호(sign)가 바뀐다.

5. 한 개의 행 (또는 열)의 모든 요소에 스칼라(scalar) α가 곱해진다면, D_n의 값은 αD_n으로 된다.
6. 임의의 두 개의 행(또는 열)이 비례한다면 $D_n = 0$이다.
7. 행이 열로 써진다면(1행이 1열로, 2행이 2열로, 등등) D_n의 값은 바뀌지 않고 남아 있는다.

이 성질의 증명을 위해서는, 이 장의 끝에 있는 Bibliography에 적혀있는 교재 중의 한 권을 참고할 수 있을 것이다.

1.3 MINORS, COFACTORS, AND LAPLACE'S EXPANSION OF Dn

D_n으로부터 행 i와 열 j가 제거될 때, 그 결과는 M_{ij}로 나타내어지며 a_{ij}의 *소행렬식(마이너, minor)*이라 불리는 $(n-1)$차 행렬식으로 된다.

Example 1.5 2차 행렬식

$$D_2 = \begin{vmatrix} 1 & -3 \\ 4 & 2 \end{vmatrix}$$

에서 $a_{11} = 1$의 소행렬식은 $M_{11} = 2$이며 $a_{21} = 4$의 소행렬식은 $M_{21} = -3$이다. ■

Example 1.6 3-차 행렬식

$$D_3 = \begin{vmatrix} 0 & -1 & 2 \\ 1 & -3 & 4 \\ 2 & -5 & 6 \end{vmatrix}$$

에서 $a_{31} = 2$의 소행렬식은

$$M_{31} = \begin{vmatrix} -1 & 2 \\ -3 & 4 \end{vmatrix} = 2$$

이며 $a_{22} = -3$의 소행렬식은

$$M_{22} = \begin{vmatrix} 0 & 2 \\ 2 & 6 \end{vmatrix} = -4$$

이다. ■

부호가 붙은 소행렬식(*signed* minor) $(-1)^{i+j}M_{ij}$는 a_{ij}의 여인자(여인수, cofactor)라 불린다.

$$C_{ij} = (-1)^{i+j} M_{ij} \tag{1.13}$$

Example 1.7 Example 1.5에서, $C_{21} = (-1)^{2+1}(-3) = 3$이며, 예제 1.6에서 a_{22}의 여인자는 $C_{22} = (-1)^{2+2}(-4) = -4$이다. ■

간단히 말하면, 여인자는 하첨자의 합이 우수(짝수, even)라면 (+) 부호를 가지며 합이 기수(홀수, odd)라면 (−) 부호를 가진다.

D_n의 라플라스 전개(Laplace's expansion)는 여인자를 근거로 하며 다음과 같이 나타내어질 수 있다: 임의의 열(또는 행)의 각 요소에 그 여인자를 곱한 후, 그 곱을 합한다. 즉, $i = 1$, 또는 2, 또는 3, ⋯, 또는 n에 대하여,

$$D_n = \sum_{j=1}^{n} a_{ij} C_{ij} \tag{1.14}$$

는 행 i에 의한 D_n의 전개이다; 또는 $j = 1$, 또는 2, 또는 3, ⋯, 또는 n에 대하여,

$$D_n = \sum_{i=1}^{n} a_{ij} C_{ij} \tag{1.15}$$

는 열 j에 의한 D_n의 전개이다.

Example 1.8 다음과 같이 주어진 D_3을 첫 번째 행에 의해 전개하라.

$$D_3 = \begin{vmatrix} 0 & -1 & 1 \\ 1 & 2 & 0 \\ 2 & 0 & 2 \end{vmatrix}$$

$i = 1$(첫 번째 행)로 식 (1.14)를 사용하여,

$$\begin{aligned} D_3 &= (0) \cdot C_{11} + (-1) \cdot C_{12} + (1) \cdot C_{13} \\ &= (0) \cdot (1) \cdot \begin{vmatrix} 2 & 0 \\ 0 & 2 \end{vmatrix} + (-1) \cdot (-1) \cdot \begin{vmatrix} 1 & 0 \\ 2 & 2 \end{vmatrix} + (1) \cdot (1) \cdot \begin{vmatrix} 1 & 2 \\ 2 & 0 \end{vmatrix} \\ &= -2 \end{aligned}$$

를 가진다. ■

행렬식의 성질(1.2절에 적혀진) 중 어떤 것은 행렬식의 계산을 편하게 하기 위한 좋은 이점으로 사용될 수 있다. 위의 D_3을 사용하고 다음과 같은 순차적인 연산에 의해 삼각 형태(triangular form)로 축약하자: 첫 번째 행에서 (0.5) × (third row)를 뺀다; 첫 번째 행과 두 번째 행을 더한다; 첫 번째 열에서 세 번째 열을 뺀다. 이 연산은, 설명되었으며 다음의 예제에서 보여지는 바와 같이, D_3의 값을 바꾸지 않

는다.

Example 1.9 앞에서와 같이

$$D_3 = \begin{vmatrix} 0 & -1 & 1 \\ 1 & 2 & 0 \\ 2 & 0 & 2 \end{vmatrix} = \begin{vmatrix} -1 & -1 & 0 \\ 1 & 2 & 0 \\ 2 & 0 & 2 \end{vmatrix} = \begin{vmatrix} -1 & -1 & 0 \\ 0 & 1 & 0 \\ 2 & 0 & 2 \end{vmatrix} = \begin{vmatrix} -1 & -1 & 0 \\ 0 & 1 & 0 \\ 0 & 0 & 2 \end{vmatrix}$$
$$= (-1) \cdot (1) \cdot (2) = -2$$

이다. 실제로는 첫 번째 단계 후에 중지될 수 있으며, D_3는 2차 여인자를 사용하여 오직 한 개의 0이 아닌 항($a_{33} = 2$) 만을 포함하는 세 번째 열에 의해 전개될 수 있음에, 즉

$$D_3 = (2) \cdot \begin{vmatrix} -1 & -1 \\ 0 & 1 \end{vmatrix} = (2) \cdot (-1) = -2$$

임에 주목하라. ■

1.4 PIVOTAL CONDENSATION

명백히, D_n의 차수(order)에 따라, 여인자에 의한 행렬식의 계산에 어려움과 계산 길이가 증가한다. 몇 가지 대안으로, 더 편리한 방법이 있다. 이들 중에서, 추축 압축(pivotal condensation)이 더 좋은 방법의 하나이며, 또한 쉽게 프로그래밍(programming)하는데 적합하게 된다.

방법을 설명하기 위하여, 먼저 일반적인 3차 행렬식을 고려하자:

$$D_3 = \begin{vmatrix} a_{11} & a_{12} & a_{13} \\ a_{21} & a_{22} & a_{23} \\ a_{31} & a_{32} & a_{33} \end{vmatrix} \tag{1.16}$$

그리고, 일반성을 잃어버림이 없이, $a_{11} \neq 0$라고 가정하고, 그것을 *추축(pivot)*이라 부른다. (만일 $a_{11} = 0$이라면, D_3의 부호에만 영향을 미치는 행 또는 열의 교환이 필요하게 된다.) 각 단계에서 가리켜진 바와 같이 D_3의 값에 영향을 미치는 앞에서 언급된 몇 가지 연산을 수행한다.

Step 1: 행 2와 행 3에 추축을 곱하여,

$$a_{11}^2 D_3 = \begin{vmatrix} a_{11} & a_{12} & a_{13} \\ a_{11}a_{21} & a_{11}a_{22} & a_{11}a_{23} \\ a_{11}a_{31} & a_{11}a_{32} & a_{11}a_{33} \end{vmatrix} \tag{1.17}$$

을 산출한다.

Step 2: 새로운 행렬식 (1.17)에서, 두 번째 행으로부터 $a_{21} \times$ (first row)를, 그 다음, 세 번째 행으로부터 $a_{31} \times$ (first row)를 뺀다. 결과는 아직 $a_{11}^2 D_3$이다:

$$a_{11}^2 D_3 = \begin{vmatrix} a_{11} & a_{12} & a_{13} \\ 0 & a_{11}a_{22} - a_{12}a_{21} & a_{11}a_{23} - a_{13}a_{21} \\ 0 & a_{11}a_{32} - a_{12}a_{31} & a_{11}a_{33} - a_{13}a_{31} \end{vmatrix} \tag{1.18}$$

지금 두 가지 주목할 점이 있다. 첫째로, 추축 아래의 요소는 이 뺄셈을 통하여 0으로 만들어진다. 둘째로, 행 2와 3에 있는 다른 요소는 다음과 같이 (2×2) 행렬식으로 써질 수 있다:

$$a_{11}^2 D_3 = \begin{vmatrix} a_{11} & a_{12} & a_{13} \\ 0 & \begin{vmatrix} a_{11} & a_{12} \\ a_{21} & a_{22} \end{vmatrix} & \begin{vmatrix} a_{11} & a_{13} \\ a_{21} & a_{23} \end{vmatrix} \\ 0 & \begin{vmatrix} a_{11} & a_{12} \\ a_{31} & a_{32} \end{vmatrix} & \begin{vmatrix} a_{11} & a_{13} \\ a_{31} & a_{33} \end{vmatrix} \end{vmatrix} \tag{1.19}$$

Step 3: 식 (1.19)에 있는 행렬식을 첫 번째 열의 요소의 여인자에 의해 전개한다:

$$a_{11}^2 D_3 = a_{11} \begin{vmatrix} \begin{vmatrix} a_{11} & a_{12} \\ a_{21} & a_{22} \end{vmatrix} & \begin{vmatrix} a_{11} & a_{13} \\ a_{21} & a_{23} \end{vmatrix} \\ \begin{vmatrix} a_{11} & a_{12} \\ a_{31} & a_{32} \end{vmatrix} & \begin{vmatrix} a_{11} & a_{13} \\ a_{31} & a_{33} \end{vmatrix} \end{vmatrix} \tag{1.20}$$

Step 4: 마지막으로, $a_{11} \neq 0$이기 때문에, a_{11}^2으로 나누어

$$D_3 = \frac{1}{a_{11}} \begin{vmatrix} \begin{vmatrix} a_{11} & a_{12} \\ a_{21} & a_{22} \end{vmatrix} & \begin{vmatrix} a_{11} & a_{13} \\ a_{21} & a_{23} \end{vmatrix} \\ \begin{vmatrix} a_{11} & a_{12} \\ a_{31} & a_{32} \end{vmatrix} & \begin{vmatrix} a_{11} & a_{13} \\ a_{31} & a_{33} \end{vmatrix} \end{vmatrix} \tag{1.21}$$

을 얻는다.

따라서 D_3의 계산이 안에 있는 각 요소도 또한 (2×2) 행렬식인 (2×2) 행렬식을 계산하는 것으로 축약되었다. 요소를 이루는 행렬식은 통찰로 써질 수 있다.

D_n에 대한 일반적인 형태는 이제 명확하게 되고 다음과 같이 요약될 수 있다:

1. $a_{11} \neq 0$이 추축이라 하자. 만일 $a_{11} = 0$이라면, 필요하다면, 기껏해야 D_n의 부호에 영향을 미치는, 두 개의 행(또는 열)을 교환한다.
2. 가능한 모든 (2×2) 행렬식을 D_n에서 찾는다:

$$D_2 = \begin{vmatrix} a_{l1} & a_{lk} \\ a_{p1} & a_{pk} \end{vmatrix} \tag{1.22}$$

3. D_n의 값은 그러면

$$D_n = \frac{1}{a_{11}^{n-2}} D_{n-1} \tag{1.23}$$

과 같이 축약된 행렬식의 항으로 주어진다. 여기서 D_{n-1}은 차수 $(n-1)\times(n-1)$이며 그 요소가 단계 2에서 찾은 (2×2) 행렬식이다. 특히, 식 (1.22)의 D_2는 D_{n-1} 내의 $(p-1)$ 번째 행과 $(k-1)$ 번째 열을 차지한다.

4. D_{n-1}을 계산하기 위하여, 그 값을 D_{n-2}의 항으로 표현하도록, 이 단계를 순환적으로(반복적으로) 사용한다. 반복 순환(successive recursion)은 마지막으로 (2×2) 행렬식인 단일 D_2를 계산하는 것으로 축약될 것이다.

Example 1.10 추축 압축에 의하여 다음의 D_4를 계산하라:

$$D_4 = \begin{vmatrix} 1 & -1 & 2 & 4 \\ 3 & 2 & 0 & 1 \\ -2 & 1 & 1 & 3 \\ 2 & 4 & -1 & 1 \end{vmatrix}$$

여기서 $a_{11}=1$이 추축이며, 따라서

$$D_4 = \frac{1}{1^{4-2}} \begin{vmatrix} \begin{vmatrix} 1 & -1 \\ 3 & 2 \end{vmatrix} & \begin{vmatrix} 1 & 2 \\ 3 & 0 \end{vmatrix} & \begin{vmatrix} 1 & 4 \\ 3 & 1 \end{vmatrix} \\ \begin{vmatrix} 1 & -1 \\ -2 & 1 \end{vmatrix} & \begin{vmatrix} 1 & 2 \\ -2 & 1 \end{vmatrix} & \begin{vmatrix} 1 & 4 \\ -2 & 3 \end{vmatrix} \\ \begin{vmatrix} 1 & -1 \\ 2 & 4 \end{vmatrix} & \begin{vmatrix} 1 & 2 \\ 2 & -1 \end{vmatrix} & \begin{vmatrix} 1 & 4 \\ 2 & 1 \end{vmatrix} \end{vmatrix} = \begin{vmatrix} 5 & -6 & -11 \\ -1 & 5 & 11 \\ 6 & -5 & -7 \end{vmatrix}$$

로 쓴다. (3×3) 행렬식은 다시 $a_{11}=5$를 추축으로 하여, 추축 압축에 의해 구해진다:

$$D_3 = \frac{1}{5^{3-2}} \begin{vmatrix} \begin{vmatrix} 5 & -6 \\ -1 & 5 \end{vmatrix} & \begin{vmatrix} 5 & -11 \\ -1 & 11 \end{vmatrix} \\ \begin{vmatrix} 5 & -6 \\ 6 & -5 \end{vmatrix} & \begin{vmatrix} 5 & -11 \\ 6 & -7 \end{vmatrix} \end{vmatrix} = \frac{1}{5}\begin{vmatrix} 19 & 44 \\ 11 & 31 \end{vmatrix} = 1/5\,(105) = 21$$ ■

1.5 MATRICES

행렬(matrix)은 요소의 직사각 배열(rectangular array)이다. 이 요소는 실수(real) 또는 복소수(complex number)이거나, 매개변수(parameter)의 어떤 함수(function)일 수 있다. 대괄호(square bracket)가 행렬의 요소를 둘러싸는데 사용된다. (다른 보통의 울타리는 이중 세로선(double bar) 또는 (소)괄호(parenthesis)이다.) 다음은 행렬의 예이다:

$$\begin{bmatrix} -1.6 & 4 \\ 0 & 1 \\ 2 & -2 \end{bmatrix} \quad \begin{bmatrix} 6+j5 & 0.7-j0.5 \\ -j3 & -1+j0 \end{bmatrix} \quad \begin{bmatrix} \sin t & t^2 & 1/t & (t-4) \\ e^{-t} & 1/2t & t & t \\ \cos t & e^{-t} & t & t \end{bmatrix}$$

(a) (b) (c)

행렬의 일반적인 표기(notation)는

$$\mathbf{A} = [a_{ij}] \quad \begin{matrix} i = 1, 2, \cdots, m \\ j = 1, 2, \cdots, n \end{matrix} \tag{1.24}$$

이다. (읽기: "요소 a_{ij}로 구성된 행렬 **A**")

하첨자 i, j는 각각 요소 a_{ij}의 행과 열을 나타낸다.

행렬의 *차수(차원, order)*는 $(m \times n)$으로 주어진다. 여기서 m은 그것의 행의 수이며 n은 그 열의 수이다. 따라서, 행렬 (a), (b), 그리고 (c)에서 이 행렬의 차수는 각각 (3×2), (2×2), 그리고 (3×4)이다.

몇몇 특별한 행렬이 주목된다:

*정방행렬(square matrix)*은 같은 수의 행과 열 $m = n$을 가진다.

*행행렬(a row matrix)*은 한 개의 행 $m = 1$을 가진다.

*열행렬(a column matrix)*은 한 개의 열 $n = 1$을 가진다.

$m = n = 1$이라면, 행렬은 스칼라(scalar)로 줄어든다.

영행렬(null or *zero matrix)*은

$$\mathbf{R} = \mathbf{0} \quad \text{if} \quad r_{ij} = 0 \quad \begin{matrix} 1 \le i \le m \\ 1 \le j \le n \end{matrix} \tag{1.25}$$

와 같이 모든 요소가 0이다.

대각행렬(diagonal matrix) **D**는 주대각(main diagonal)을 벗어난 모든 요소가 0인 행렬이다; 즉, $i \neq j$에 대하여 $d_{ij} = 0$이다.

단위행렬(unit matrix) **I**는 $i_{kk} = 1$인 대각행렬이다.

행렬의 *전치(transpose)*는 각 행을 모두 열로 다시 적음으로써 얻어진다. 따라서, $\mathbf{A}^T$로 나타내어지는 **A**의 전치는

$$\mathbf{A}^T = [a_{ij}]^T = [a_{ji}] \tag{1.26}$$

이다.

*삼각행렬(triangular matrix)*은 주대각의 위 또는 아래에 있는 모든 요소가 0인 정방행렬이다. 행렬은 그러면 *상삼각(upper triangular)*이거나 *하삼각(lower triangular)*이다. 다음은 각각 영행렬, 대각행렬, 단위행렬, 그리고 삼각행렬의 예이다.

$$\begin{bmatrix} 0 & 0 & 0 \\ 0 & 0 & 0 \end{bmatrix} \qquad \begin{bmatrix} t^2 & 0 & 0 \\ 0 & (t-1) & 0 \\ 0 & 0 & 1/t \end{bmatrix} \qquad \begin{bmatrix} 1 & 0 & 0 & 0 \\ 0 & 1 & 0 & 0 \\ 0 & 0 & 1 & 0 \\ 0 & 0 & 0 & 1 \end{bmatrix} \qquad \begin{bmatrix} a & 0 & 0 & 0 \\ e & b & 0 & 0 \\ g & f & c & 0 \\ h & j & i & d \end{bmatrix}$$

A null matrix (a) A diagonal matrix (b) A unit matrix (c) A triangular matrix (d)

행렬은 한 개의 값을 갖지 않는다는 것에 주목하는 것이 중요하다; 그것은 단지 요소의 배열(arrangement)일 뿐이다. 정방행렬의 행렬식은, 하지만, 한 개의 값이다. 나중에 이 주제로 돌아간다.

1.6 ELEMENTARY MATRIX ALGEBRA

Equality of Matrices

두 개의 행렬 **R**과 **Q**는 요소별로(element by element) 같다면 또 그때에 한해서(필요충분, if and only if) 같은 행렬이다. 즉,

$$r_{ij} = q_{ij} \quad 1 \le i \le m \quad 1 \le j \le n \tag{1.27}$$

이면 또 그 때에 한해서 $\mathbf{R} = \mathbf{Q}$이다. 바꾸어 말하면, **R**과 **Q**는 같은 차수여야 하며 요소별로 같아야 한다.

Example 1.11

$$\mathbf{R} = \begin{bmatrix} x^2 + 3x + 2 \\ -y \\ z + 1 \end{bmatrix}, \quad \mathbf{Q} = \begin{bmatrix} 0 \\ 4 \\ 5 \end{bmatrix}$$

라 하자. 그러면 $\mathbf{R} = \mathbf{Q}$는

$$\begin{array}{rclcrcl} x^2 + 3x + 2 & = & 0 & & x & = & -1,\ -2 \\ -y & = & 4 & \text{or} & y & = & -4 \\ z + 1 & = & 5 & & z & = & -6 \end{array}$$

을 의미한다. ■

Addition and Subtraction

행렬은 같은 차수일 때만 더해질(빼질) 수 있다. 덧셈(addition)(뺄셈, subtraction)은 그러면 요소별로 수행된다:

$$\mathbf{P} \pm \mathbf{Q} = \mathbf{R} \ \text{ means } \ r_{ij} = p_{ij} \pm q_{ij} \tag{1.28}$$

결과 행렬 **R**도 역시 차수 $(m \times n)$이다.

Example 1.12

$$\begin{bmatrix} 1.1 & -4.2 & 0 \\ 3 & 3 & 2 \end{bmatrix} + \begin{bmatrix} -1 & 6.8 & 1 \\ 5.3 & 2 & -2 \end{bmatrix} - \begin{bmatrix} 0 & -3 & 3 \\ 1 & 2.1 & -1 \end{bmatrix} = \begin{bmatrix} 0.1 & 5.6 & -2 \\ 7.3 & 2.9 & 1 \end{bmatrix}$$ ■

덧셈의 교환칙(commutative law)과 결합칙(associative law)이 행렬에 대해 타당함은, 즉

$$\mathbf{P} + \mathbf{Q} = \mathbf{Q} + \mathbf{P} \tag{1.29}$$

그리고

$$\mathbf{P} + (\mathbf{Q} + \mathbf{R}) = (\mathbf{P} + \mathbf{Q}) + \mathbf{R} \tag{1.30}$$

이라는 것은, 식 (1.28)을 사용하여, 쉽사리 증명된다. 또한

$$\mathbf{P} - \mathbf{P} = \mathbf{0} \tag{1.31}$$

은 영행렬이다.

Example 1.13 행렬

$$\mathbf{P} = \begin{bmatrix} -1 & 4 \\ 2 & 1 \\ 0 & 4 \end{bmatrix}, \quad \mathbf{Q} = \begin{bmatrix} 0 & -2 \\ 4 & 5 \\ 3 & -1 \end{bmatrix}, \quad \mathbf{R} = \begin{bmatrix} -1 & 2 & 0 & -1 \\ 4 & -1 & 1 & 4 \\ 3 & 2 & 1 & 7 \end{bmatrix}$$

을 고려하라. 그러면

$$\mathbf{P} + \mathbf{Q} = \begin{bmatrix} -1 & 4 \\ 2 & 1 \\ 0 & 4 \end{bmatrix} + \begin{bmatrix} 0 & -2 \\ 4 & 5 \\ 3 & -1 \end{bmatrix} = \begin{bmatrix} -1 & 2 \\ 6 & 6 \\ 3 & 3 \end{bmatrix} = \mathbf{Q} + \mathbf{P}$$

$$\mathbf{P} - \mathbf{Q} = \begin{bmatrix} -1 & 4 \\ 2 & 1 \\ 0 & 4 \end{bmatrix} - \begin{bmatrix} 0 & -2 \\ 4 & 5 \\ 3 & -1 \end{bmatrix} = \begin{bmatrix} -1 & 6 \\ -2 & -4 \\ -3 & 5 \end{bmatrix}$$

이다. $\mathbf{R} \pm \mathbf{Q}$와 $\mathbf{Q} \pm \mathbf{R}$은 $\mathbf{R}$이 $\mathbf{Q}$ 또는 $\mathbf{P}$와 같은 차수가 아니기 때문에 정의되지 않는다. ■

Multiplication

행렬의 곱셈(multiplication)은 다음과 같은 방식으로 한정된다: 적(곱, product) $\mathbf{PQ}$는 $\mathbf{P}$의 열의 수가 $\mathbf{Q}$의 행의 수와 같을 때에만 정의되며 존재한다. 바꾸어 말하면, $\mathbf{P}$는 차수 $(m \times b)$이며 $\mathbf{Q}$는 차수 $(b \times n)$이어야 한다. 그러한 행렬은 *호환적(compatible)*(또는 *상응적(conformable)*)이라고 불린다.

일반적으로, 곱셈의 교환칙이 적용되지 않음에 바로 주목한다:

$$\mathbf{PQ} \neq \mathbf{QP} \tag{1.32}$$

왜냐하면, 적 $\mathbf{PQ}$가 존재하기 위해서는 $\mathbf{P}$의 열의 수가 $\mathbf{Q}$의 행의 수가 같아야 하기 때문이다; 하지만 적 $\mathbf{QP}$가 존재하기 위하여 $\mathbf{Q}$의 열의 수가 $\mathbf{P}$의 열의 수가 같

다는 보증이 없다. 더욱이, 그것이 존재한다고 하더라도, 적 **QP**가 적 **PQ**와 반드시 같지는 않을 수 있다. 이런 이유로, 행렬이 곱해지는 방식을 지정해야 한다: 적 **PQ**에서, 행렬 **P**에는 행렬 **Q**가 *뒤(우측)에서 곱해진다(postmultiplied)*고 말한다; 그 대신으로, 행렬 **Q**에는 행렬 **P**가 *앞(좌측)에서 곱해진다(premultiplied)*.

실제 곱셈은 다음과 같이 수행된다: **P**는 차수 $(m \times b)$이며 **Q**는 차수 $(b \times n)$이라 하자. 그러면

$$\mathbf{PQ} = \mathbf{R} \tag{1.33a}$$

이다. 여기서 **R**은 차수 $(m \times n)$의 행렬이며

$$r_{ij} = \sum_{t=1}^{t=b} p_{it} q_{tj} \tag{1.33b}$$

이다. 행렬 **R**은, 그러면, **P**로부터 그것의 행의 수 (m)과 **Q**로부터 그것의 열의 수 (n)을 "빌려온다(borrow)". **R**의 임의의 요소는 식 (1.33 b)에 따라 만들어진다.

Example 1.14

$$\mathbf{P} = \begin{bmatrix} 2 & -3 \\ 1 & 1 \\ 0 & -1 \end{bmatrix}, \quad \mathbf{Q} = \begin{bmatrix} 5 & 0 & 4 & -2 \\ 2 & 1 & 3 & -1 \end{bmatrix}$$

P의 차수는 (3×2)이다; **Q**의 차수는 (2×4)이다. 따라서 적 **PQ**는 정의된다: **P**와 **Q**는 호환적이며,

$$\mathbf{PQ} = \begin{bmatrix} (2)(5) + (-3)(2) & (2)(0) + (-3)(1) & (2)(4) + (-3)(3) & (2)(-2) + (-3)(-1) \\ (1)(5) + (1)(2) & (1)(0) + (1)(1) & (1)(4) + (1)(3) & (1)(-2) + (1)(-1) \\ (0)(5) + (-1)(2) & (0)(0) + (-1)(1) & (0)(4) + (-1)(3) & (0)(-2) + (-1)(-1) \end{bmatrix}$$
$$= \begin{bmatrix} 4 & -3 & -1 & -1 \\ 7 & 1 & 7 & -3 \\ -2 & -1 & -3 & 1 \end{bmatrix}$$

을 가진다. ■

Example 1.15 행렬

$$\mathbf{P} = \begin{bmatrix} -2 & 4 \\ 0 & 3 \end{bmatrix}, \quad \mathbf{Q} = \begin{bmatrix} 3 & 0 \\ -1 & 2 \end{bmatrix}$$

을 고려하라. 여기에서는 **PQ**와 **QP** 둘 다 정의된다. 그러나

$$\mathbf{PQ} = \begin{bmatrix} -2 & 4 \\ 0 & 3 \end{bmatrix} \begin{bmatrix} 3 & 0 \\ -1 & 2 \end{bmatrix} = \begin{bmatrix} -10 & 8 \\ -3 & 6 \end{bmatrix}$$

인 한편,

$$\mathbf{QP} = \begin{bmatrix} 3 & 0 \\ -1 & 2 \end{bmatrix}\begin{bmatrix} -2 & 4 \\ 0 & 3 \end{bmatrix} = \begin{bmatrix} -6 & 12 \\ 2 & 2 \end{bmatrix}$$

이며, 두 결과는 같지 않다. ■

행렬과 scalar의 적(곱)은 행렬의 모든 요소에 scalar를 곱함으로써 만들어진다. α가 scalar라면, 그러면

$$\alpha\mathbf{P} = \mathbf{R} \quad \text{means} \quad r_{ij} = \alpha p_{ij} \tag{1.34}$$

이다.

Example 1.16 주어진

$$\mathbf{P} = \begin{bmatrix} -3 & 4 \\ -2 & t \end{bmatrix}, \quad \mathbf{Q} = \begin{bmatrix} 2 & -1 \\ 7 & 3 \end{bmatrix}$$

에 대해 $\mathbf{R} - 2\mathbf{P} + \mathbf{Q}$를 계산하는 것이 요구된다.

$$\mathbf{R} = \begin{bmatrix} -6 & 8 \\ -4 & 2t \end{bmatrix} + \begin{bmatrix} 2 & -1 \\ 7 & 3 \end{bmatrix} = \begin{bmatrix} -4 & 7 \\ 3 & 2t+3 \end{bmatrix}$$ ■

곱셈의 교환칙은 일반적으로 성립하지 않는 것과는 달리, 곱셈의 분배칙(distributive law)과 결합칙은 성립한다:

$$\mathbf{P}(\mathbf{Q} \pm \mathbf{R}) = \mathbf{PQ} \pm \mathbf{PR} \tag{1.35}$$

$$(\mathbf{Q} \pm \mathbf{R})\mathbf{P} = \mathbf{QP} \pm \mathbf{RP} \tag{1.36}$$

$$(\mathbf{PQ})\mathbf{R} = \mathbf{P}(\mathbf{QR}) \tag{1.37}$$

이 모든 경우에 있어서, 곱셈의 순서(order)(앞(좌, pre-) 또는 뒤(우)곱셈(postmultiplication))를 지키는데 특별한 주의를 기울여야 한다. 식 (1.35)-(1.37)의 타당성을 증명하는 것은 학생에게 남긴다.

행렬과 단위행렬의 적(곱)은

$$\mathbf{IP} = \mathbf{PI} = \mathbf{P} \tag{1.38}$$

로 주어진다. 여기서 임의의 차수 $(k \times k)$가 될 수 있는 $\mathbf{I}$는 적(곱)이 모두 호환적이 되도록 선택된다.

Example 1.17 그림 1.3 (a)에서는 $a, b, \cdots, g$로 나타내어진 소자(element)를 가진 회로망(network)을 보인다. 절점(노드, node)은 1, 2, 3, 4로 붙여졌다. 그림 1.3 (b)에서는 같은 회로망이 방향이 주어진 도표(oriented graph)로 보여졌다: 각 소자는 선분(line segment)(*가지, branch*)으로 나타내어졌으며, 전류 기준(current reference)은, 화살표(화살촉, arrowhead)로 보여진 바와 같이, 각 가지에 주어졌다.

각 절점에 Kirchhoff의 전류 법칙(Kirchhoff's current law)을 쓰자. 구체적으로 말하면, 각 절점에서 $\sum i = 0$이다. 여기서 $(+)$ 부호는 절점에서 나가는 전류를 나타내며 $(-)$ 부호는 들어오는 전류를 나타낸다.

절점 1에서: $-i_a + i_b + i_c - i_d = 0$

절점 2에서: $+i_a + i_e + i_g = 0$

절점 3에서: $-i_b - i_e + i_f = 0$

절점 4에서: $-i_c + i_d - i_f - i_g = 0$

행렬형(matrix form)으로는,

$$\begin{bmatrix} -1 & 1 & 1 & -1 & 0 & 0 & 0 \\ 1 & 0 & 0 & 0 & 1 & 0 & 1 \\ 0 & -1 & 0 & 0 & -1 & 1 & 0 \\ 0 & 0 & -1 & 1 & 0 & -1 & -1 \end{bmatrix} \begin{bmatrix} i_a \\ i_b \\ i_c \\ i_d \\ i_e \\ i_f \\ i_g \end{bmatrix} = \mathbf{0}$$

또는

$$\mathbf{A}_a \mathbf{i}_b = \mathbf{0} \tag{1.39}$$

이다. 여기서 $\mathbf{A}_a$는 방향이 주어진 도표의 *접속 행렬(incidence matrix)*이며 $\mathbf{i}_b$는 *가지 전류 행렬(branch current matrix)*이다.

일반적으로, $\mathbf{A}_a$는 그것이 절점과 가지가 서로 어떻게 접속(incident)(연결, connect)되어 있는지와, 그러한 가지의 방향(orientation)(기준 방향, reference direction)을 지정한다는 점에서 방향이 주어진 도표를 완전히 특징지움에 유의하라. 특히, $\mathbf{A}_a = [a_{ij}]$는 차수 $(n \times b)$이다. 여기서 $n =$ 절점의 수이며 $b =$ 가지의 수이다. 각 행은 절점에 대응되며 각 열은 가지에 대응된다. 요소 a_{ij}는

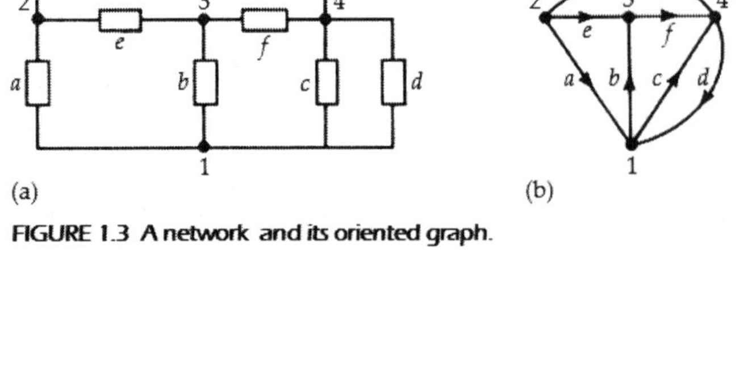

FIGURE 1.3 A network and its oriented graph.

$$a_{ij} = \begin{cases} +1 & \text{가지 } j\text{가 절점 } i\text{에 접속되었으며 그 절점으로부터 나가는 방향일 때} \\ -1 & \text{가지 } j\text{가 절점 } i\text{에 접속되었으며 그 절점으로 들어가는 방향일 때} \\ 0 & \text{가지 } j\text{가 절점 } i\text{와 접속되지 않았을 때} \end{cases}$$

로 주어진다. 이 예제에서는

$$\mathbf{A}_a = \begin{matrix} \\ 1 \\ 2 \\ 3 \\ 4 \end{matrix} \begin{matrix} \begin{matrix} a & b & c & d & e & f & g \end{matrix} \\ \begin{bmatrix} -1 & 1 & 1 & -1 & 0 & 0 & 0 \\ 1 & 0 & 0 & 0 & 1 & 0 & 1 \\ 0 & -1 & 0 & 0 & -1 & 1 & 0 \\ 0 & 0 & -1 & 1 & 0 & -1 & -1 \end{bmatrix} \end{matrix}$$

이다. 여기서 행과 열에 적절한 번호 붙이기를 기록하였다(행(절점)에 대하여 1, 2, 3, 4와 열(가지)에 대하여 $a, b, \cdots, g$). Kirchhoff의 전류 법칙(Kirchhoff's current law)은, 간결한 행렬형으로, 식 (1.39)에 주어졌으며 $\mathbf{A}_a$에 있는 하첨자 a는 "*모든* 절점에서(at *all* the nodes)"를 나타낸다.

행렬 $\mathbf{A}_a$의 몇 가지 성질은 장(chapter)의 끝에 있는 문제에서 주어진다. ■

Example 1.18 그림 1.3에 보여진 회로망의 두 번째 양상—즉, Kirchhoff의 전압 법칙(Kirchhoff's voltage law)—은 다음과 같이 찾아질 수 있다: 각 가지의 방향(화살표)이 가지를 가로지르는 전압 강하(voltage drop)의 양(정)의 기준(positive reference)이라고 하자. 그러면 각 폐루프(closed loop)를 도는 Kirchhoff의 전압 법칙은 $\sum v = 0$와 같이 써질 수 있다. 여기서 (+) 부호는 전압 강하를 나타내며 (−) 부호는 전압 상승(voltage rise)을 나타낸다.

특히, loop 2-e-3-b-1-a-2에 대해서는

$$+v_e - v_b - v_a = 0$$

이다. 비슷하게, loop 3-f-3-c-1-b-3에 대해서는

$$+v_f - v_c + v_b = 0$$

을 가진다. Loop 2-g-4-c-1-a-2를 따라서는

$$+v_g - v_c - v_a = 0$$

을 가진다. Loop 4-d-1-c-4를 따라서는

$$+v_d + v_c = 0$$

을 가진다. Loop 1-c-4-f-3-e-2-a-1을 따라서는

$$+v_c - v_f - v_e + v_a = 0$$

을 가진다. Loop 1-d-4-g-2-a-1을 따라서는

$$-v_d - v_g + v_a = 0$$

을 가진다.
행렬형으로는 이 방정식은

$$\begin{bmatrix} -1 & -1 & 0 & 0 & 1 & 0 & 0 \\ 0 & 1 & -1 & 0 & 0 & 1 & 0 \\ -1 & 0 & -1 & 0 & 0 & 0 & 1 \\ 0 & 0 & 1 & 1 & 0 & 0 & 0 \\ 1 & 0 & 1 & 0 & -1 & -1 & 0 \\ 1 & 0 & 0 & -1 & 0 & 0 & -1 \end{bmatrix} \begin{bmatrix} v_a \\ v_b \\ v_c \\ v_d \\ v_e \\ v_f \\ v_g \end{bmatrix} = \mathbf{0}$$

또는

$$\mathbf{B}_a \mathbf{v}_b = \mathbf{0} \tag{1.40}$$

로 나타낸다. 여기서 $\mathbf{B}_a$는 루프 행렬(loop matrix)이며 $\mathbf{v}_b$는 가지 전압 행렬(branch voltage matrix)이다. 행렬 $\mathbf{B}_a$는 도표를 특징지운다: $\mathbf{B}_a$에 있는 모든 행은 폐 loop에 대응되며 모든 열은 가지에 대응된다. 특히,

$$b_{ij} = \begin{cases} +1 & \text{가지 } j\text{가 loop } i\text{에 접속되었으며 그들 사이의 상대적인 방향이 같을 때} \\ -1 & \text{가지 } j\text{가 loop } i\text{에 접속되었으며 그들 사이의 상대적인 방향이 반대일 때} \\ 0 & \text{가지 } j\text{가 loop } i\text{에 있지 않을 때} \end{cases}$$

이다. $\mathbf{A}_a$에서처럼, $\mathbf{B}_a$에 있는 하첨자 a는 "*모든* 루프(*all* loops)"를 나타낸다. 이 예제에서는 이 loop중에서 6개 만이 적혀있다.
행렬 $\mathbf{B}_a$의 몇 가지 성질은 장(chapter)의 끝에 있는 문제에서 주어진다. ■

Inversion

행렬의 나눗셈(division)은 정의되지 않는다; 그 대신 *역(inversion)*에 의존한다. 그에 대한 논의에 앞서서, 하지만, 특이 행렬(비정칙 행렬, singular matrix)과 기본 행렬 변환(elementary matrix transformation)의 개념을 소개한다.

정방행렬은 그 행렬식이 0이면 특이(비정칙, singular)이다. 행렬식이 0이 되지 않으면, 행렬은 정칙(비특이, nonsingular)이다

Example 1.19

$$\mathbf{P} = \begin{bmatrix} 3 & 2 & 1 \\ 1 & 0 & 1 \\ 0 & 2 & 1 \end{bmatrix}$$

는

$$\det \mathbf{P} = \begin{vmatrix} 3 & 2 & 1 \\ 1 & 0 & 1 \\ 0 & 2 & 1 \end{vmatrix} \neq 0$$

이기 때문에 정칙이다. ■

Example 1.20

$$\mathbf{Q} = \begin{bmatrix} 4 & 0 & 2 \\ -1 & 1 & 6 \\ 2 & 0 & 1 \end{bmatrix}$$

는

$$\det \mathbf{Q} = \begin{vmatrix} 4 & 0 & 2 \\ -1 & 1 & 6 \\ 2 & 0 & 1 \end{vmatrix} = 0$$

이기 때문에 특이이다. ■

이제 다음과 같은 선형 방정식의 집합(set of linear equations)을 고려하자:

$$\begin{aligned} &a_{11}x_1 + a_{12}x_2 + \cdots + a_{1n}x_n = b_1 \\ &a_{21}x_1 + a_{22}x_2 + \cdots + a_{2n}x_n = b_2 \\ &\vdots \\ &a_{n1}x_1 + a_{n2}x_2 + \cdots + a_{nn}x_n = b_n \end{aligned} \tag{1.41}$$

행렬 표시로는, 이것을 다음과 같이 쓸 수 있다:

$$\mathbf{Ax} = \mathbf{B} \tag{1.42a}$$

여기서

$$\mathbf{A} = \begin{bmatrix} a_{11} & \cdots & a_{1n} \\ a_{21} & \cdots & a_{2n} \\ \vdots & & \\ a_{n1} & \cdots & a_{nn} \end{bmatrix} \quad \mathbf{x} = \begin{bmatrix} x_1 \\ x_2 \\ \vdots \\ x_n \end{bmatrix} \quad \mathbf{B} = \begin{bmatrix} b_1 \\ b_2 \\ \vdots \\ b_n \end{bmatrix} \tag{1.42b}$$

이다. 연립 대수방정식(simultaneous algebraic equation)의 풀이(solution)에 관한 지식으로부터,

$$\det \mathbf{A} \neq 0 \tag{1.43}$$

이면 x들에 대한 유일해(unique solution)가 존재함을 안다. 그러면 이 방정식의 해

(solution)는, Cramer의 법칙(Cramer's rule)에 의해,

$$\begin{aligned} x_1 &= \frac{\Delta_{11}}{\Delta} b_1 + \frac{\Delta_{21}}{\Delta} b_2 + \cdots + \frac{\Delta_{n1}}{\Delta} b_n \\ x_2 &= \frac{\Delta_{12}}{\Delta} b_1 + \frac{\Delta_{22}}{\Delta} b_2 + \cdots + \frac{\Delta_{n2}}{\Delta} b_n \\ &\vdots \\ x_n &= \frac{\Delta_{1n}}{\Delta} b_1 + \frac{\Delta_{2n}}{\Delta} b_2 + \cdots + \frac{\Delta_{nn}}{\Delta} b_n \end{aligned} \tag{1.44}$$

이다. 여기서 $\Delta = \det \mathbf{A}$이며 Δ_{ij}는 Δ에 있는 (i, j) 요소의 여인자이다.

행렬 표시에서는, 식 (1.44)는

$$\mathbf{x} = \mathbf{CB} \tag{1.45}$$

와 같이 써질 수 있다. 여기서

$$\mathbf{C} = \frac{1}{\Delta} \begin{bmatrix} \Delta_{11} & \Delta_{21} & \cdots & \Delta_{n1} \\ \Delta_{12} & \Delta_{22} & \cdots & \Delta_{n2} \\ \vdots & \vdots & & \\ \Delta_{1n} & \Delta_{2n} & \cdots & \Delta_{nn} \end{bmatrix} \tag{1.46}$$

이다.

Example 1.21 주어진

$$\begin{bmatrix} 2 & -3 \\ -2 & 7 \end{bmatrix} \begin{bmatrix} x_1 \\ x_2 \end{bmatrix} = \begin{bmatrix} 1 \\ 4 \end{bmatrix}$$

에 대해 식 (1.44)에서와 같이 x_1과 x_2에 대해 풀면

$$x_1 = \frac{7}{\begin{vmatrix} 2 & -3 \\ -2 & 7 \end{vmatrix}} \cdot 1 + \frac{-(-3)}{\begin{vmatrix} 2 & -3 \\ -2 & 7 \end{vmatrix}} \cdot 4 = \frac{7}{8} \cdot 1 + \frac{3}{8} \cdot 4$$

와

$$x_2 = \frac{-(-2)}{\begin{vmatrix} 2 & -3 \\ -2 & 7 \end{vmatrix}} \cdot 1 + \frac{2}{\begin{vmatrix} 2 & -3 \\ -2 & 7 \end{vmatrix}} \cdot 4 = \frac{2}{8} \cdot 1 + \frac{2}{8} \cdot 4$$

또는, 식 (1.45)의 형태로는

$$\begin{bmatrix} x_1 \\ x_2 \end{bmatrix} = \frac{1}{8} \begin{bmatrix} 7 & 3 \\ 2 & 2 \end{bmatrix} \begin{bmatrix} 1 \\ 4 \end{bmatrix}$$

즉,

$$\mathbf{x} = \mathbf{CB}$$

이다. ■

편의를 위해 여기에 다시 나타낸, 식 (1.42)와 (1.45)를 고려하자:

$$\mathbf{Ax} = \mathbf{B} \tag{1.42}$$

$$\mathbf{CB} = \mathbf{x} \tag{1.45}$$

바로 묻는다: 어떤 연산(operation)에 의해 식 (1.42)로부터 (1.45)를 얻을 수 있는가? 그 답은: 식 (1.42)에 앞에서 곱할 때 식 (1.45)가 얻어질 행렬을 찾아야 한다. 이 행렬은, $\mathbf{A}^{-1}$로 나타내어지는, $\mathbf{A}$의 *역(inverse)*이라 불린다. 그래서,

$$\mathbf{C} = \mathbf{A}^{-1} \tag{1.47}$$

이며 $\mathbf{A}$와 $\mathbf{A}^{-1}$의 적(곱)(앞 또는 뒤곱셈)은 단위행렬 $\mathbf{I}$이다. (비교를 위하여, 스칼라 대수학(scalar algebra)에서 임의의 $a \neq 0$에 대하여 $a \cdot a^{-1} = a^{-1} \cdot a = 1$를 상기한다.)

그 다음 식 (1.42)에 $\mathbf{A}^{-1}$를 앞에서 곱하자:

$$\mathbf{A}^{-1}(\mathbf{Ax}) = \mathbf{A}^{-1}(\mathbf{B}) \tag{1.48}$$

그러므로,

$$(\mathbf{A}^{-1}\mathbf{A})\mathbf{x} = \mathbf{A}^{-1}\mathbf{B} \tag{1.49}$$

$$\mathbf{Ix} = \mathbf{A}^{-1}\mathbf{B} \tag{1.50}$$

이며, 그래서

$$\mathbf{x} = \mathbf{A}^{-1}\mathbf{B} \tag{1.51}$$

이다. 식 (1.51)은, $\mathbf{C} = \mathbf{A}^{-1}$로, 식 (1.45)와 정확하게 같음에 유의한다.

요컨데: 정칙 정방행렬 $\mathbf{A}$의 역은

$$\mathbf{A}^{-1}\mathbf{A} = \mathbf{I} = \mathbf{AA}^{-1} \tag{1.52}$$

인 정방행렬 $\mathbf{A}^{-1}$이며 $\mathbf{A}^{-1}$의 요소는 식 (1.46)에 따라 찾아진다:

$$\mathbf{A}^{-1} = [a_{ij}]^{-1} = \frac{1}{\Delta}[\Delta_{ji}] \tag{1.53a}$$

유의: 식 (1.53a)에서 전치 여인자(transposed cofactor)의 행렬은 $\mathbf{A}$의 수반행렬(adjoint)이라 불리며, 그래서

$$\mathbf{A}^{-1} = \frac{1}{\Delta} \cdot \mathrm{Adj}\,\mathbf{A} \tag{1.53b}$$

이다.

Example 1.22 **P**의 역을 찾아라. 여기서

$$\mathbf{P} = \begin{bmatrix} 3 & 2 & 1 \\ 1 & 0 & 1 \\ 0 & 2 & 1 \end{bmatrix}$$

이다. 여기에서는

$$\Delta = \det \mathbf{P} = \begin{vmatrix} 3 & 2 & 1 \\ 1 & 0 & 1 \\ 0 & 2 & 1 \end{vmatrix} = -6$$

이다. 그러므로 **P**는 정칙이며 역을 가진다
이제

$$\begin{array}{lll} \Delta_{11} = -2 & \Delta_{21} = \ \ 0 & \Delta_{31} = \ \ 2 \\ \Delta_{12} = -1 & \Delta_{22} = \ \ 3 & \Delta_{32} = -2 \\ \Delta_{13} = \ \ 2 & \Delta_{23} = -6 & \Delta_{33} = -2 \end{array}$$

이다. 따라서

$$\mathbf{P}^{-1} = \frac{1}{\Delta} \cdot \mathrm{Adj}\,\mathbf{P}$$

또는

$$\mathbf{P}^{-1} = \frac{1}{-6} \begin{bmatrix} -2 & 2 & 2 \\ -1 & 3 & -2 \\ 2 & -6 & -2 \end{bmatrix} = \begin{bmatrix} 1/3 & 2 & -1/3 \\ 1/6 & -1/2 & 1/3 \\ -1/3 & 1 & 1/3 \end{bmatrix}$$

이다. (연습으로서, $\mathbf{P}^{-1}\mathbf{P} = \mathbf{P}\mathbf{P}^{-1} = \mathbf{I}$임을 증명할 수 있다.) ■

Example 1.23 그림 1.4에 보여진 회로에서, 행렬 역에 의해 절점 전압 v_a, v_b, v_c를 찾아라. 소자 값은 [Ω]이다.

절점 방정식은, 행렬형으로,

$$\begin{bmatrix} 4 & -1 & -2 \\ -1 & 5 & -3 \\ -2 & -3 & 9 \end{bmatrix} \begin{bmatrix} v_a \\ v_b \\ v_c \end{bmatrix} = \begin{bmatrix} 10 \\ -10 \\ 0 \end{bmatrix}$$

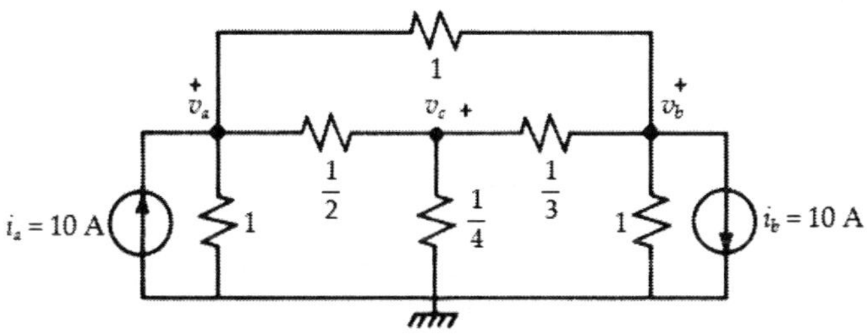

FIGURE 1.4 A circuit for node analysis.

또는 $\mathbf{Yv} = \mathbf{J}$와 같이 써진다. 여기서 $\mathbf{Y}$는 *절점 어드미턴스 행렬(node admittance matrix)*, $\mathbf{v}$는 *절점 전압 행렬*, 그리고 $\mathbf{J}$는 *절점 전원 행렬(node source matrix)*이다.
여기에서는, $\det \mathbf{Y} = 103$이며 $\mathbf{Y}^{-1}$는

$$\mathbf{Y}^{-1} = \frac{1}{103}\begin{bmatrix} 36 & 15 & 13 \\ 15 & 32 & 14 \\ 13 & 14 & 19 \end{bmatrix}$$

로 주어지며 따라서

$$\mathbf{v} = \mathbf{Y}^{-1}\mathbf{J} = \begin{bmatrix} 2.03 \\ -1.65 \\ -0.097 \end{bmatrix}$$

즉, $v_a = 2.03$ [V], $v_b = -1.65$ [V], $v_c = -0.097$ [V]이다. ■

행렬의 역을 구하기 위한 두 번째 방법은 정의에서 나온 성질

$$\mathbf{AA}^{-1} = \mathbf{I} \tag{1.54}$$

에 기초를 둔다. 하지만, 먼저, 주어진 행렬에 대한 *기본 행 연산(elementary row operation)*의 착상을 소개한다.

기본 행 연산은 다음과 같은 연산 중 한 가지이다:

1. 두 개의 행의 위치 바꾸기
2. 행의 요소에 0이 아닌 수를 곱하기
3. 연산 2로부터 얻어진 해을 행렬에 있는 다른 행에 더하기*

다음의 예제는, 물결 기호(tilde, ~)로 구별된 행렬로, 이 연산을 설명한다.

Example 1.24

* 기본 *열 연산*(elementary *column operation*)도 비슷하게 정의될 수 있다.

$$\begin{bmatrix} 1 & 0 & -3 & 2 \\ 4 & 1 & -1 & 1 \\ 2 & 0 & -2 & 1 \end{bmatrix} \sim \begin{bmatrix} 1 & 0 & -3 & 2 \\ 0 & 1 & 3 & -1 \\ 2 & 0 & -2 & 1 \end{bmatrix} \sim \begin{bmatrix} 2 & 0 & -4 & 2.5 \\ 0 & 1 & 3 & -1 \\ 2 & 0 & -2 & 1 \end{bmatrix}$$

Given matrix — Twice row 3 subtracted from row 2 — Half row 3 added to row 1 ■

식 (1.54)에 기본 행 연산을 사용한다. 이 방정식을, 편의를 위하여 여기에 다시 나타낸, 식 (1.42)와 비교하라.

$$\mathbf{Ax} = \mathbf{B} \tag{1.42}$$

이 식의 정규 해(formal solution)는

$$\mathbf{x} = \mathbf{A}^{-1}\mathbf{B} \tag{1.55}$$

이며 기본 행 연산에 의해—특히, 식 (1.42)에 있는 행렬 **A**를 단위행렬 **I**로 변환할 이 연산의 연속(sequence)에 의해—식 (1.42)로부터 얻어질 수 있다. 같은 연산이, 물론, 행렬 **B**에 대해서도 행해져야 한다. 기호적으로는,

$$\mathbf{Ax} = \mathbf{B} \sim \mathbf{Ix} = \mathbf{A}^{-1}\mathbf{B} \tag{1.56}$$

과 같이 쓴다. 여기서 물결 기호(~)는, 앞에서와 같이, 기본 행 연산에 의해 얻어진 행렬을 가리킨다.

비교하면, 식 (1.54)에서 $\mathbf{A}^{-1}$는 미지 행렬(**x**에 대응하는)이며 **I**는 알려진 행렬(**B**에 대응하는)이다. 그러므로, 기본 행 연산의 연속은 **A**가 단위행렬 **I**로 변환되도록 $\mathbf{AA}^{-1} = \mathbf{I}$에 대하여 수행되어야 한다. 우변(right-hand side)에 대한 같은 연산은 $\mathbf{A}^{-1}$를 산출할 것이다. 기호적으로는,

$$\mathbf{AA}^{-1} = \mathbf{I} \sim \mathbf{IA}^{-1} = \mathbf{A}^{-1} \tag{1.57}$$

이다. 실제로는, 이 행 연산은 행렬 **A**의 오른쪽에 단위행렬 **I**를 씀으로써 얻어진 *확장* 행렬(*augmented* matrix)에서 수행된다. 적절한 행 연산은 그러면 행렬 **A**가 단위행렬 **I**로 변환될 때까지 적용된다. 말하자면,

$$[\mathbf{A} \,\vdots\, \mathbf{I}] \sim [\mathbf{I} \,\vdots\, \mathbf{A}^{-1}] \tag{1.58}$$

이다.

행렬 **A**를 단위행렬 **I**로 축약할 특정한 행 연산은 무엇일까?

1. 주대각 요소에 "1"을 얻기 위하여 행 $k(k = 1, 2, \cdots, n$에 대하여 반복적으로)

$1/a_{kk}$을 곱한다. $a_{kk}=0$인 특별한 행의 경우에는, 그러면 새롭게 $a_{kk}\neq 0$가 되도록 행을 다른 행과 맞바꾼다.

2. 단계 1에서의 결과에 적당한 배수(multiple)를 사용하여, 반복적으로, 열 k에 있는 요소가 0이 되도록, 그것의 위와 아래에 있는 모든 행에 더한다.

이 단계가 모든 행에 대해 반복되면, 원하던 결과를 산출할 것이다.

Example 1.25 기본 행 연산을 사용하여 Example 1.22의 $\mathbf{P}^{-1}$을 찾아라. 반복 단계가, 적절한 설명과 함께, 아래에 보여졌다.

$$\begin{bmatrix} 3 & 2 & 1 & \vdots & 1 & 0 & 0 \\ 1 & 0 & 1 & \vdots & 0 & 1 & 0 \\ 0 & 2 & 1 & \vdots & 0 & 0 & 1 \end{bmatrix}$$

This is the original $[\mathbf{P} : \mathbf{I}]$. Multiply row 1 by $1/3$, then subtract it from row 2.

$$\begin{bmatrix} 1 & 2/3 & 1/3 & \vdots & 1/3 & 0 & 0 \\ 0 & -2/3 & 2/3 & \vdots & -1/3 & 1 & 0 \\ 0 & 2 & 1 & \vdots & 0 & 0 & 1 \end{bmatrix}$$

Multiply row 2 by $-3/2$. Add $-2/3$ times the result to row 1, Next, add -2 times the result to row 3.

$$\begin{bmatrix} 1 & 0 & 1 & \vdots & 0 & 1 & 0 \\ 0 & 1 & -1 & \vdots & 1/2 & -3/2 & 0 \\ 0 & 0 & 3 & \vdots & -1 & 3 & 1 \end{bmatrix}$$

Multiply row 3 by $1/3$. Add -1 times the result to row 1, Next, add the result to row 2.

$$\begin{bmatrix} 1 & 0 & 0 & \vdots & 1/3 & 0 & -1/3 \\ 0 & 1 & 0 & \vdots & 1/6 & -1/2 & 1/3 \\ 0 & 0 & 1 & \vdots & -1/3 & 1 & 1/3 \end{bmatrix}$$

This is the final result $[\mathbf{I} : \mathbf{P}^{-1}]$

역행렬 $\mathbf{P}^{-1}$이 Example 1.22의 결과와 일치함이 바로 보인다. ■

역 계산의 몇 가지 성질이 주목된다:

1. $$(\mathbf{P}^{-1})^{-1} = \mathbf{P} \tag{1.59}$$

Proof

$$(\mathbf{P}^{-1})^{-1} = \mathbf{I}(\mathbf{P}^{-1})^{-1} = (\mathbf{P}\mathbf{P}^{-1})(\mathbf{P}^{-1})^{-1} = \mathbf{P}(\mathbf{P}^{-1})(\mathbf{P}^{-1})^{-1} = \mathbf{P}\mathbf{I} = \mathbf{P}$$

즉, 역행렬의 역은 원래의 행렬을 산출한다.

2. $$(\mathbf{P}\mathbf{Q})^{-1} = \mathbf{Q}^{-1}\mathbf{P}^{-1} \tag{1.60}$$

Proof

$$(\mathbf{P}\mathbf{Q})\mathbf{Q}^{-1}\mathbf{P}^{-1} = \mathbf{P}(\mathbf{Q}\mathbf{Q}^{-1})\mathbf{P}^{-1} = \mathbf{P}\mathbf{I}\mathbf{P}^{-1} = \mathbf{P}\mathbf{P}^{-1} = \mathbf{I}$$

비슷한 증명이 두 개보다 더 많은 행렬의 곱에 적용된다. 말하자면: 행렬의 곱의 역은, 물론, 각각의 역이 존재한다는 조건으로, 곱셈의 순서가 반대로 취해진 역의 곱이다. 또한 Problem 1-23을 보라.

Matrix Partitioning

행렬 곱셈을 포함하는 어떤 경우에는, 행렬을 편리한 방식으로 분할한다. 예를 들어, 여기서 다시 쓴 식 (1.42)

$$\mathbf{Ax} = \mathbf{B} \tag{1.42}$$

에서, 행렬을 다음과 같이 분할하는 것을 원할 수 있다:

$$\left[\begin{array}{cccc:cc} a_{11} & a_{12} & \cdots & a_{1p} & \cdots & a_{1n} \\ a_{21} & a_{22} & \cdots & a_{2p} & \cdots & a_{2n} \\ \vdots & & & & & \\ a_{p1} & a_{p2} & \cdots & a_{pp} & \cdots & a_{pn} \\ \hdashline a_{p+11} & a_{p+12} & \cdots & a_{p+1p} & \cdots & a_{p+1n} \\ \vdots & & & & & \\ a_{n1} & a_{n2} & \cdots & a_{np} & \cdots & a_{nn} \end{array}\right] \left[\begin{array}{c} x_1 \\ x_2 \\ \vdots \\ x_p \\ \hdashline x_{p+1} \\ \vdots \\ x_n \end{array}\right] = \left[\begin{array}{c} b_1 \\ b_2 \\ \vdots \\ b_p \\ \hdashline b_{p+1} \\ \vdots \\ b_n \end{array}\right] \tag{1.61}$$

여기서 파선은 분할을 보인다. 결과는 다음과 같은 부분 행렬(submatrix)을 가진 등가 행렬방정식이다:

$$\left[\begin{array}{c:c} \mathbf{A}_{11} & \mathbf{A}_{12} \\ \hdashline \mathbf{A}_{21} & \mathbf{A}_{22} \end{array}\right] \left[\begin{array}{c} \mathbf{x}_{11} \\ \hdashline \mathbf{x}_{21} \end{array}\right] = \left[\begin{array}{c} \mathbf{B}_{11} \\ \hdashline \mathbf{B}_{21} \end{array}\right] \tag{1.62}$$

행렬은 단지 요소의 배열임을 상기한다. 식 (1.61)에서 모든 요소 a_{ij}는 행렬 $\mathbf{A}$의 단일 배열 안에 있다. 편리하게, 또 타당하게, 이 요소는, 식 (1.62)에 보여진 바와 같이, 네 개의 부분 행렬 $\mathbf{A}_{11}, \mathbf{A}_{12}, \mathbf{A}_{21}$, 그리고 $\mathbf{A}_{22}$에 있을 수 있다. 비슷하게, 단일 열행렬(single-column matrix) $\mathbf{x}$는 두 개의 부분 행렬 $\mathbf{x}_{11}$과 $\mathbf{x}_{21}$로 분할되었다. 행렬 $\mathbf{B}$에 대해서도 같이 말해질 수 있다.

이러한 분할은 유일한 것이 아니다. 그것은, 오직 한 개의 단서 만으로, 한 가지 이상의 방법으로 이루어질 수 있다: 분할된 형태에서 부분 행렬은 나타내어진 곱셈에 모순되지 않아야 한다. 여기의 경우에서는 적(곱) $\mathbf{A}_{11}\mathbf{x}_{11}, \mathbf{A}_{12}\mathbf{x}_{21}, \mathbf{A}_{21}\mathbf{x}_{11}$, 그리고 $\mathbf{A}_{22}\mathbf{x}_{21}$이 모순되지 않아야, 즉 $\mathbf{A}_{11}$에 있는 열의 수가 $\mathbf{x}_{11}$에 있는 행의 수와 같은 등등 이어야, 한다. 그러면 식 (1.62)는 두 개의 행렬 방정식

$$\mathbf{A}_{11}\mathbf{x}_{11} + \mathbf{A}_{12}\mathbf{x}_{21} = \mathbf{B}_{11} \tag{1.63a}$$

그리고

$$\mathbf{A}_{21}\mathbf{x}_{11} + \mathbf{A}_{22}\mathbf{x}_{21} = \mathbf{B}_{21} \tag{1.63b}$$

와 등가이다. 다음의 예제는 행렬 분할의 두 가지 응용에 대하여 설명한다.

Example 1.26[7] 그림 1.5의 회로에서, 단자 a–b에서의 등가 저항("구동점 저항(driving-point resistance)"이라고도 불리는)은 얼마인가? 소자 값은 [Ω]이다.

원천 loop에 대해 i_1을 선택하고, 다른 loop 전류는 보여진 바와 같이 부여하여, loop 방정식을 쓰자. 결과적인 행렬 방정식은

$$\begin{bmatrix} 6 & -2 & -4 \\ -2 & 6 & -3 \\ -4 & -3 & 12 \end{bmatrix} \begin{bmatrix} i_1 \\ i_2 \\ i_3 \end{bmatrix} = \begin{bmatrix} V \\ 0 \\ 0 \end{bmatrix}$$

이다. 원래의 문제에 답하기 위해, 먼저 다음과 같이 고쳐 말하자: i_1이 주어진 회로망에서와 같아질 단일 loop 회로망(one-loop network)을 찾는다. 그런 회로망을 찾는다면, 그러면 명백하게 요구되는 저항은 $R_{eq} = V/i_1$일 것이다. 따라서, 단일 loop 등가 회로망을 찾기 위하여, 방정식은 다음과 같이 나누어진다:

$$\left[\begin{array}{c|cc} 6 & -2 & -4 \\ \hline -2 & 6 & -3 \\ -4 & -3 & 12 \end{array}\right] \left[\begin{array}{c} i_1 \\ \hline i_2 \\ i_3 \end{array}\right] = \left[\begin{array}{c} V \\ \hline 0 \\ 0 \end{array}\right]$$

또는

$$\left[\begin{array}{c|c} \mathbf{R}_{11} & \mathbf{R}_{12} \\ \hline \mathbf{R}_{21} & \mathbf{R}_{22} \end{array}\right] \left[\begin{array}{c} \mathbf{I}_{11} \\ \hline \mathbf{I}_{21} \end{array}\right] = \left[\begin{array}{c} \mathbf{V}_{11} \\ \hline \mathbf{0} \end{array}\right]$$

여기서 $\mathbf{R}_{11} = [6]$, $\mathbf{R}_{12} = [-2 \quad -4]$, 등등이며, $\mathbf{I}_{11} = [i_1]$, $\mathbf{V}_{11} = [V]$이다.
두 개의 행렬 방정식은

$$\begin{aligned} \mathbf{R}_{11}\mathbf{I}_{11} + \mathbf{R}_{12}\mathbf{I}_{21} &= \mathbf{V}_{11} \\ \mathbf{R}_{21}\mathbf{I}_{11} + \mathbf{R}_{22}\mathbf{I}_{21} &= \mathbf{0} \end{aligned}$$

이다. 두 번째 방정식으로부터

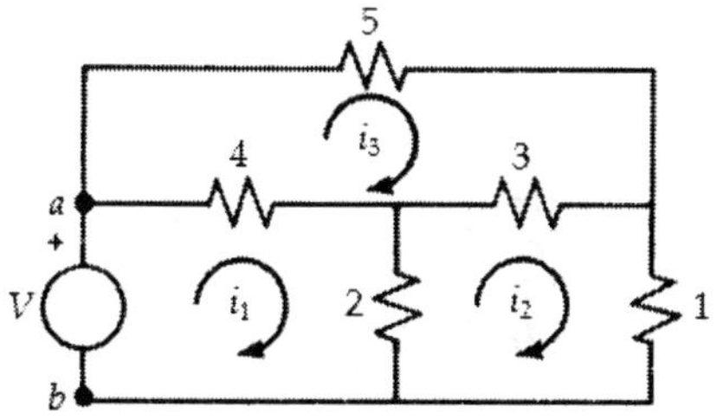

FIGURE 1.5 Calculation of a driving-point resistance.

$$\mathbf{I}_{21} = -\mathbf{R}_{22}^{-1}\mathbf{R}_{21}\mathbf{I}_{11}$$

을 가지며 (이것들이 행렬임을 상기하라) 이를 첫 번째 방정식에 대입하면

$$\mathbf{R}_{11}\mathbf{I}_{11} + \mathbf{R}_{12}(-\mathbf{R}_{22}^{-1}\mathbf{R}_{21}\mathbf{I}_{11}) = \mathbf{V}_{11}$$

즉

$$6 \cdot i_1 - [-2 \quad -4]\begin{bmatrix} 6 & -3 \\ -3 & 12 \end{bmatrix}^{-1}\begin{bmatrix} -2 \\ -4 \end{bmatrix} i_1 = V$$

을 산출한다. 그리고 마지막으로,

$$6i_1 - \frac{64}{21}i_1 = V$$

또는

$$\frac{62}{21}i_1 = V$$

이며, 등가 저항은 62/21 [Ω]이다. ■

Example 1.27 그림 1.6 (a)에 보여진 3-절점 회로망(three-node network)의 경우 v_1과 v_2가 둘 다 보존될 것이라는 관점에서 2-절점 등가 회로망을 찾아라.

그림 1.6 (a)에 있는 회로망의 경우 절점 방정식은, 분할형으로, 다음과 같다:

$$\left[\begin{array}{cc|c} 3 & 0 & -2 \\ 0 & 7 & -3 \\ \hline -2 & -3 & 6 \end{array}\right]\left[\begin{array}{c} v_1 \\ v_2 \\ \hline v_3 \end{array}\right] = \left[\begin{array}{c} i_1 \\ i_2 \\ \hline 0 \end{array}\right]$$

또는

$$\left[\begin{array}{c|c} \mathbf{G}_{11} & \mathbf{G}_{12} \\ \hline \mathbf{G}_{21} & \mathbf{G}_{22} \end{array}\right]\left[\begin{array}{c} \mathbf{V}_{11} \\ \hline \mathbf{V}_{21} \end{array}\right] = \left[\begin{array}{c} \mathbf{I}_{11} \\ \hline \mathbf{0} \end{array}\right]$$

명백하게, 그러면,

$$\mathbf{G}_{11}\mathbf{V}_{11} + \mathbf{G}_{12}\mathbf{V}_{21} = \mathbf{I}_{11}$$
$$\mathbf{G}_{21}\mathbf{V}_{11} + \mathbf{G}_{22}\mathbf{V}_{21} = \mathbf{0}$$

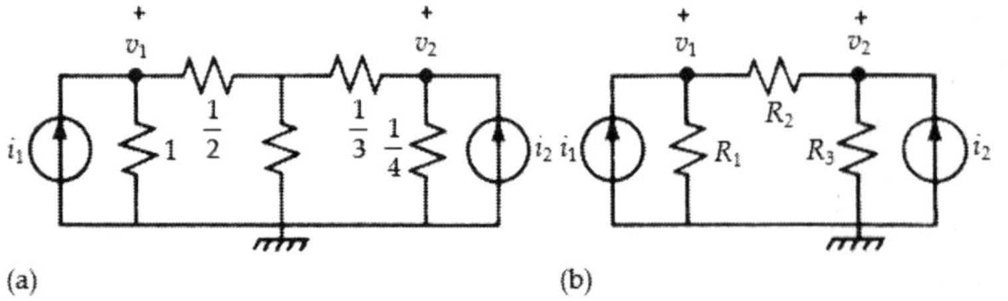

FIGURE 1.6 Equivalent networks (element values in ohms).

이며 부분 행렬 $\mathbf{V}_{11}$(그리고 $\mathbf{I}_{11}$)은 보존되는 한편, $\mathbf{V}_{21} = [v_3]$은 소거되기를 원한다. 그러므로,

$$\mathbf{V}_{21} = -\mathbf{G}_{22}^{-1}\mathbf{G}_{21}\mathbf{V}_{11}$$

그리고

$$\mathbf{G}_{11}\mathbf{V}_{11} + \mathbf{G}_{12}(-\mathbf{G}_{22}^{-1}\mathbf{G}_{21})\mathbf{V}_{11} = \mathbf{I}_{11}$$

또는

$$(\mathbf{G}_{11} - \mathbf{G}_{12}\mathbf{G}_{22}^{-1}\mathbf{G}_{21})\mathbf{V}_{11} = \mathbf{I}_{11}$$

$$\therefore \left\{\begin{bmatrix}3 & 0\\0 & 7\end{bmatrix} - \begin{bmatrix}-2\\-3\end{bmatrix}[6]^{-1}[-2 \quad -3]\right\}\begin{bmatrix}v_1\\v_2\end{bmatrix} = \begin{bmatrix}i_1\\i_2\end{bmatrix}$$

$$\therefore \begin{bmatrix}7/3 & -1\\-1 & 11/2\end{bmatrix}\begin{bmatrix}v_1\\v_2\end{bmatrix} = \begin{bmatrix}i_1\\i_2\end{bmatrix}$$

이다. 따라서

$$-\frac{1}{R_2} = -1 \qquad \therefore R_2 = 1\ [\Omega]$$

$$\frac{1}{R_1} + \frac{1}{R_2} = \frac{7}{3} \qquad \therefore R_1 = \frac{3}{4}\ [\Omega]$$

$$\frac{1}{R_2} + \frac{1}{R_3} = \frac{11}{2} \qquad \therefore R_3 = \frac{2}{9}\ [\Omega]$$

을 가져야 한다. ■

1.7 THE SYSTEM OF LINEAR EQUATIONS Ax = B

일반적으로, n개의 미지수가 있는 m개의 연립 선형방정식(simultaneous linear equations)의 임의의 계(system)는, 식 (1.42)와 비슷하게, 다음과 같이 써질 수 있다:

$$\begin{aligned} a_{11}x_1 + a_{12}x_2 + \cdots + a_{1n}x_n &= b_1 \\ a_{21}x_1 + a_{22}x_2 + \cdots + a_{2n}x_n &= b_2 \\ \vdots \qquad \vdots \qquad\qquad \vdots \quad &\quad \vdots \\ a_{m1}x_1 + a_{m2}x_2 + \cdots + a_{mn}x_n &= b_m \end{aligned} \tag{1.64}$$

그것과 등가인 행렬 방정식은

$$\begin{bmatrix} a_{11} & a_{12} & \cdots & a_{1n} \\ a_{21} & a_{22} & \cdots & a_{2n} \\ \vdots & \vdots & & \vdots \\ a_{m1} & a_{m2} & \cdots & a_{mn} \end{bmatrix} \begin{bmatrix} x_1 \\ x_2 \\ \vdots \\ x_n \end{bmatrix} = \begin{bmatrix} b_1 \\ b_2 \\ \vdots \\ b_m \end{bmatrix} \tag{1.65}$$

즉,

$$\mathbf{Ax} = \mathbf{B} \tag{1.66}$$

이다. 손으로나 컴퓨터 사용에나 모두 적합한, 체계적인 방식으로 이 방정식을 풀기 위한 방법을 전개하자. 두 가지 밀접하게 관련된 방법이 여기에서 설명된다.

The Gauss Method of Elimination

m개의 미지수가 있는 m개의 연립방정식을 고려한다:

$$a_{11}x_1 + a_{12}x_2 + \cdots + a_{1m}x_m = b_1 \tag{1.67a}$$

$$a_{21}x_1 + a_{22}x_2 + \cdots + a_{2m}x_m = b_2 \tag{1.67b}$$

$$\vdots \qquad \vdots \qquad \vdots \qquad \vdots$$

$$a_{m1}x_1 + a_{m2}x_2 + \cdots + a_{mm}x_m = b_m \tag{1.67m}$$

다음과 같은 반복 순환(successive cycle)을 수행한다.

1. 첫 번째 순환:
   (a) $a_{11} \neq 0$로 가정한다. ($a_{11} = 0$이라면 x_1의 계수가 0이 아닌 다른 방정식을 선택하고 그것을 첫 번째 방정식으로 만든다.) 이 $a_{11} \neq 0$는 *추축(pivot)*이라 불린다.
   (b) 첫 번째 방정식을 추축으로 나누어

   $$x_1 + a_{12}'x_2 + a_{13}'x_3 + \cdots + a_{1m}'x_m = b_1' \tag{1.67a'}$$

   를 얻는다. 여기서 $a_{12}' = a_{12}/a_{11}$, 등등이다. 식 (1.67a')는 "종속 방정식(slave equation)"이라 불린다. (표준 용어(standard term)는 아니지만, 이 방정식의 역할을 잘 나타낸다!)
   (c) 뒤에 오는 방정식으로부터 x_1을 소거하기 위하여 종속 방정식의 적절한 배수를 그 방정식에 더한다. 예를 들어, 종속 방정식에 $(-a_{21})$을 곱하고 식 (1.67b)에 더하면, x_1이 소거되고 새로운 두 번째 방정식으로서

   $$a_{22}'x_2 + a_{23}'x_3 + \cdots + a_{2m}'x_m = b_2' \tag{1.67b'}$$

   를 얻는다.
   (d) 비슷하게, 세 번째, 네 번째, $\cdots$, m번째 방정식으로부터 x_1을 소거한다. 새로운 방정식 계(system of equations)는 그러면

$$
\begin{aligned}
x_1 + a_{12}'x_2 + a_{13}'x_3 + \cdots + a_{1m}'x_m &= b_1' && (1.67\text{a}')\\
a_{22}'x_2 + a_{23}'x_3 + \cdots + a_{2m}'x_m &= b_2' && (1.67\text{b}')\\
a_{32}'x_2 + a_{33}'x_3 + \cdots + a_{3m}'x_m &= b_3' && (1.67\text{c}')\\
\vdots \qquad \vdots \qquad\qquad \vdots \quad & \quad \vdots\\
a_{m2}'x_2 + a_{m3}'x_3 + \cdots + a_{mm}'x_m &= b_m' && (1.67\text{m}')
\end{aligned}
$$

가 된다.

2. 두 번째 순환:
   (a) $a_{22}' \neq 0$라 하자. ($a_{22}' = 0$이라면, 다시, x_2의 계수가 0이 아닌 임의의 다음에 오는 방정식을 선택한다.)
   (b) 식 (1.67b′)를 두 번째 추축 a_{22}'로 나누어, 이 순환에 대한 종속 방정식을 얻는다:

$$
x_2 + a_{23}''x_3 + \cdots + a_{2m}''x_m = b_2'' \qquad (1.67\text{b}'')
$$

   (c) 첫 두 개를 제외한 모든 방정식으로부터 변수 x_2를 소거하기 위하여 종속 방정식의 배수를 사용한다. 이 단계에서 방정식 계는 다음과 같이 보인다:

$$
\begin{aligned}
x_1 + a_{12}'x_2 + a_{13}'x_3 + \cdots + a_{1m}'x_m &= b_1' && (1.67\text{a}')\\
x_2 + a_{23}''x_3 + \cdots + a_{2m}''x_m &= b_2'' && (1.67\text{b}'')\\
a_{33}''x_3 + \cdots + a_{3m}''x_m &= b_3'' && (1.67\text{c}'')\\
\vdots \qquad\qquad \vdots \quad & \quad \vdots\\
a_{m3}''x_3 + \cdots + a_{mm}''x_m &= b_m'' && (1.67\text{m}'')
\end{aligned}
$$

m 순환 후에 계는 다음과 같은 형태를 가진다:

$$
\begin{aligned}
x_1 + a_{12}'x_2 + a_{13}'x_3 + \cdots + a_{1m}'x_m &= b_1' && (1.67\text{a}')\\
x_2 + a_{23}''x_3 + \cdots + a_{2m}''x_m &= b_2'' && (1.67\text{b}'')\\
x_3 + \cdots + a_{3m}'''x_m &= b_3''' && (1.67\text{c}''')\\
\vdots \qquad\qquad \vdots \quad & \quad \vdots\\
x_m &= b_m^{(m)} && (1.67\text{m}^{(m)})
\end{aligned}
$$

행렬 표기로 이 집합은 **x**의 새로운 계수 행렬이 대각 요소가 1인 *상삼각*행렬(*upper triangular* matrix)로 보이는

$$\begin{bmatrix} 1 & a_{12}' & a_{13}' & \cdots & a_{1m}' \\ 0 & 1 & a_{23}'' & \cdots & a_{2m}'' \\ 0 & 0 & 1 & \cdots & a_{3m}''' \\ & \vdots & & & \\ 0 & 0 & 0 & \cdots & 1 \end{bmatrix} \mathbf{x} = \begin{bmatrix} b_1' \\ b_2'' \\ b_3''' \\ \vdots \\ b_m^{(m)} \end{bmatrix} \tag{1.68}$$

와 같이 써진다.

마지막 방정식은 x_m의 값을 즉시 산출한다. 그 다음 x_m의 값을 $(m-1)$번째 방정식에 대입하고 x_{m-1}의 값을 찾는다. $x_{m-2}, \cdots, x_3, x_2$, 그리고 x_1을 찾는 순서로 이 *후퇴 대입(back substitution)*을 계속한다.

Example 1.28 선형방정식 계

$$\begin{aligned} 2x_1 - x_2 + x_3 - 2x_4 &= 1 \\ -x_1 - x_2 + x_3 - x_4 &= -1 \\ x_1 + 2x_2 - x_3 &= 2 \\ 2x_1 + x_2 - 2x_3 + x_4 &= 3 \end{aligned}$$

또는, 행렬형으로

$$\begin{bmatrix} 2 & -1 & 1 & -2 \\ -1 & 0 & 1 & -1 \\ 1 & 2 & -1 & 0 \\ 2 & 1 & -2 & 1 \end{bmatrix} \begin{bmatrix} x_1 \\ x_2 \\ x_3 \\ x_4 \end{bmatrix} = \begin{bmatrix} 1 \\ -1 \\ 2 \\ 3 \end{bmatrix}$$

을 고려하라.

첫 번째 순환: 첫 번째 방정식을 추축 $a_{11} = 2$로 나누어

$$x_1 - (1/2)x_2 + (1/2)x_3 - x_4 = 1/2$$

을 얻는다. 두 번째 방정식에서 x_1을 소거하기 위하여 이 식을 더하여

$$-(1/2)x_2 + (3/2)x_3 - 2x_4 = -1/2$$

을 얻는다. 종속 방정식에 -1을 곱하고 세 번째 방정식에 더하여

$$(5/2)x_2 - (3/2)x_3 + x_4 = 3/2$$

을 얻는다. 종속 방정식에 -2를 곱하고 네 번째 방정식에 더하여

$$2x_2 - 3x_3 + 3x_4 = 2$$

를 얻는다.

두 번째 순환: 첫 번째 순환의 두 번째 방정식을 그것의 추축 $-1/2$로 나누어

$$x_2 - 3x_3 + 4x_4 = 1$$

을 얻는다. 세 번째와 네 번째 방정식에서 x_2를 소거하기 위하여 이 종속 방정식의 배수를 사용한다. 그 결과는

$$6x_3 - 9x_4 = -1$$
$$3x_3 - 5x_4 = 0$$

이다.

세 번째 순환: 두 번째 순환의 세 번째 방정식을 그것의 추축 6으로 나누어

$$x_3 - (3/2)x_4 = -1/6$$

을 얻는다. 네 번째 방정식에서 x_3을 소거하기 위하여 이 방정식의 배수를 사용한다. 그 결과는

$$-(1/2)x_4 = 1/2$$

이다. 이 계의 마지막 형태는 그러면

$$\begin{aligned} x_1 - (1/2)x_2 + (1/2)x_3 - \quad x_4 &= 1/2 \\ x_2 - \quad 3x_3 + \quad 4x_4 &= 1 \\ x_3 - (3/2)x_4 &= -1/6 \\ -(1/2)x_4 &= 1/2 \end{aligned}$$

이다. 이 계의 해는, 그러면, 후퇴 대입에 의해

$$x_4 = -1; \quad x_3 = -1/15; \quad x_2 = 24/5; \quad x_1 = 58/30$$

이다. ■

이 과정에 관한 몇 가지 주목할 점을 정리한다. 첫째로, 각 순환에서, 어떤 연산에 의해 원래의 식으로부터 새로운 방정식 계를 생성함을 본다. 그리고 한 계의 모든 해가 또한 다른 계의 해라면 두 방정식 계는 *등가(equivalent)*이다. Gauss 법에 포함된 세 가지 연산—즉, (1) 방정식의 위치의 상호 교환, (2) 0이 아닌 상수를 방정식에 곱함, 그리고 (3) 한 방정식의 배수를 다른 방정식에 더함—이 등가 방정식 계를 생성함을 알아보는 것은 그리 어렵지 않다.

연립방정식 계가 행렬형으로 쓰여질 때, k번째 방정식의 계수는 행렬 **A**의 k번째 행의 요소가 된다. Gauss 소거(Gauss elimination)가 행렬 방정식에 대해 수행될 때, 위에서 한 세 가지 연산은 이 장의 앞에서 소개된 익히 알고 있는 기본 행 연산이

다. 따라서 기본 행 연산은 해가 원래 계의 해와 같은 등가 방정식 계를 생성한다.

다른 주석(comment)이 지금 만들어질 수 있다. 매 순환 마다 추축으로 나누어야 하는 것이 필연적은 아니다. x_k에 대한 종속 방정식은 어떠한 일반성의 상실도 없이 그것의 추축($\neq 1$)을 보유할 수 있다. 식 (1.68)에서 결과적인 계수 행렬은, 그러면, 그 대각 항이 반드시 1은 아닌 상삼각일 것이다.

두 가지 부가적인 의문이 남아있다. 첫째로, 이 Gauss 법이 임의의 $m \times m$ 계에 대해 성공적으로 수행될 것인가? 둘째로, n개의 미지수가 있는 m개의 방정식의 정방이 아닌(비정방, non-square) 계에 대해서는 어떠한가? 이들에 대해서는 다음 절에서 논의된다.

The Gauss-Jordan Method of Elimination

이 방법은 Gauss 법의 약간의 변형이다. 여기서는, 각 순환에서 종속 방정식이 종속 방정식의 위*와* 아래에 있는 *모든* 방정식으로부터 순환의 미지수를 소거하기 위해 사용되는 것을 제외하고는, 앞에서와 같은 순환을 수행한다. 등가 방정식 계의 마지막 형태는, 그러면, 계수 행렬이 단위행렬로 보이는

$$\begin{bmatrix} 1 & 0 & 0 & 0 & \cdots & 0 \\ 0 & 1 & 0 & 0 & \cdots & 0 \\ \vdots & & & & & \\ 0 & 0 & 0 & 0 & \cdots & 1 \end{bmatrix} \mathbf{x} = \begin{bmatrix} b_1{}' \\ b_2{}'' \\ \vdots \\ b_m^{(m)} \end{bmatrix} \tag{1.69}$$

의 형태를 취할 것이다. 비교하여, Gauss 법은 식 (1.68)에서와 같이 상삼각행렬을 산출함을 상기하라.

Example 1.29 선형방정식 계

$$\begin{aligned} x_1 - \ x_2 - 2x_3 - \ x_4 &= -1 \\ 2x_1 - 3x_2 - 4x_3 + 2x_4 &= -1 \\ -x_1 + 2x_2 + \ x_3 - 2x_4 &= 3 \\ x_1 + \ x_2 + \ x_3 + \ x_4 &= 1 \end{aligned}$$

을 고려하라.

순환 1: 두 번째, 세 번째, 그리고 네 번째 방정식에서 x_1을 소거하기 위하여 첫 번째 방정식의 배수를 사용한다. 결과는

$$\begin{aligned} x_1 - \ x_2 - 2x_3 - \ x_4 &= -1 \\ - \ x_2 \qquad + 4x_4 &= 1 \\ x_2 - \ x_3 - 3x_4 &= 2 \end{aligned}$$

$$2x_2 + 3x_3 + 2x_4 = 2$$

이다.
순환 2: 첫 번째, 세 번째, 그리고 네 번째 방정식에서 x_2를 소거하기 위하여 새로운 계의 두 번째 방정식의 배수를 사용한다. 결과는

$$\begin{aligned} x_1 \quad - 2x_3 - 5x_4 &= -2 \\ - x_2 \quad + 4x_4 &= 1 \\ - x_3 + x_4 &= 3 \\ 3x_3 + 10x_4 &= 4 \end{aligned}$$

이다.
순환 3: 첫 번째, 두 번째, 그리고 네 번째 방정식에서 x_3을 소거하기 위하여 새로운 계의 세 번째 방정식의 배수를 사용한다. 결과는

$$\begin{aligned} x_1 \quad - 7x_4 &= -8 \\ - x_2 \quad + 4x_4 &= 1 \\ - x_3 + x_4 &= 3 \\ 13x_4 &= 13 \end{aligned}$$

이다.
순환 4: 새로운 계의 네 번째 방정식을 13으로 나누고 첫 번째, 두 번째, 그리고 세 번째 방정식에서 x_4를 소거하기 위하여 이 방정식의 배수를 사용한다. 결과는

$$\begin{aligned} x_1 \quad &= -1 \\ x_2 \quad &= 3 \\ x_3 \quad &= -2 \\ x_4 &= 1 \end{aligned}$$

이다. ■

여기에서 마지막 계수 행렬이 단위행렬 **I**여서, 후퇴 대입의 필요 없이 x들을 직접 산출함에 주목한다. 여기에서, Gauss 법에서와 같이, 종속 방정식이 그 추축에 의해 나누어질 필요는 없다; 그런 경우에는 마지막 계수 행렬이 요소가 반드시 1은 아닌 대각행렬이 될 것이다.

1.8 LINEAR INDEPENDENCE AND THE RANK OF A MATRIX

주어진 행렬 **P**의 행들이, 각각이 **P**에 있는 행 부분 행렬(a row submatrix), 또는

행 벡터(a row vector) $\mathbf{r}_1, \mathbf{r}_2, \cdots, \mathbf{r}_m$이라 하자:

$$\mathbf{r}_1 = [p_{i1} \ p_{i2} \ \cdots \ p_{in}] \quad i = 1, 2, \cdots, m \tag{1.70}$$

이 vector의 집합은

$$k_1\mathbf{r}_1 + k_2\mathbf{r}_2 + \cdots + k_m\mathbf{r}_m = \mathbf{0} \tag{1.71}$$

과 같이 되는 모두가 0은 아닌 상수 scalar $k_1, k_2, \cdots, k_m$을 찾을 수 있으면 *선형 종속(일차 종속, linearly dependent)*이다. 식 (1.71)이 $k_1 = k_2 = \cdots = k_m = 0$인 경우에만 만족된다면, vector는 *선형 독립(일차 독립, linearly independent)*이다.

달리 나타내어, 식 (1.71)에서 $k_i \neq 0$을 찾았다고 하자. 그러면

$$\mathbf{r}_i = -\frac{1}{k_i}[k_1\mathbf{r}_1 + k_2\mathbf{r}_2 + \cdots + k_{i-1}\mathbf{r}_{i-1} + k_{i+1}\mathbf{r}_{i+1} + \cdots + k_m\mathbf{r}_m] \tag{1.72}$$

와 같이 쓸 수 있다. 즉, vector $\mathbf{r}_i$는 다른 vector들의 선형 결합(linear combination)이어서, 그것들에 선형 종속이다. 그런 관계가 존재하지 않는다면, $\mathbf{r}_i$는 그와 같은 형태로 표현할 수 없으며 다른 것에 선형 독립이다.

Example 1.30

$$\mathbf{P} = \begin{bmatrix} 1 & 0 & -1 \\ 2 & 1 & 1 \end{bmatrix} = \begin{bmatrix} \mathbf{r}_1 \\ \mathbf{r}_2 \end{bmatrix}$$

라 하자.

$$k_1\mathbf{r}_1 + k_2\mathbf{r}_2 = \mathbf{0}$$

즉,

$$[k_1 \quad 0 \quad -k_1] + [2k_2 \quad k_2 \quad k_2] = \mathbf{0}$$

또는

$$\begin{aligned} k_1 + 2k_2 &= 0 \\ k_2 &= 0 \\ -k_1 + k_2 &= 0 \end{aligned}$$

을 만족할 0이 아닌 scalar k_1과 k_2를 찾는다. $k_1 = 0, k_2 = 0$만이 이 요구를 만족한다는 것은 쉽사리 보여진다. 바꾸어 말하면, $\mathbf{r}_1$과 $\mathbf{r}_2$는 선형 독립이다. ■

Example 1.31

$$\mathbf{Q} = \begin{bmatrix} 1 & -1 & 2 \\ 0 & 2 & -3 \\ 2 & -4 & 7 \end{bmatrix} = \begin{bmatrix} \mathbf{r}_1 \\ \mathbf{r}_2 \\ \mathbf{r}_3 \end{bmatrix}$$

라 하자.

$$k_1\mathbf{r}_1 + k_2\mathbf{r}_2 + k_3\mathbf{r}_3 = \mathbf{0}$$

가 되는 scalar k_1, k_2, k_3을 찾는 것을 시도하면 그것을 위한 다음과 같은 방정식을 산출한다:

$$\begin{aligned} k_1 \qquad + 2k_3 &= 0 \\ -k_1 + 2k_2 - 4k_3 &= 0 \\ 2k_1 - 3k_2 + 7k_3 &= 0 \end{aligned}$$

즉,

$$\begin{bmatrix} 1 & 0 & 2 \\ -1 & 2 & -4 \\ 2 & -3 & 7 \end{bmatrix} \begin{bmatrix} k_1 \\ k_2 \\ k_3 \end{bmatrix} = \mathbf{0}$$

또는

$$\mathbf{Q}^T\mathbf{k} = \mathbf{0}$$

미지수 k_1, k_2, k_3에 대한 이 행렬 방정식은 계수 행렬으로서 원래 행렬의 전치를 가짐에 유의하라.

$\mathbf{Q}^T$에 Gauss 법(기본 행 연산)을 적용하면,

$$\begin{bmatrix} 1 & 0 & 2 \\ 0 & 1 & -1 \\ 0 & 0 & 0 \end{bmatrix} \begin{bmatrix} k_1 \\ k_2 \\ k_3 \end{bmatrix} = \mathbf{0}$$

즉,

$$\begin{aligned} k_1 \qquad + 2k_3 &= 0 \\ k_2 - \ k_3 &= 0 \end{aligned}$$

과 같이 세 개의 미지수를 가진 두 개의 방정식을 얻는다. 그러므로, k_3의 임의의 값, 말하자면, $k_3 = 1$을 선택할 수 있으며, 그러면 $k_2 = 1, k_1 = -2$이다. 따라서

$$-2\mathbf{r}_1 + \mathbf{r}_2 + \mathbf{r}_3 = \mathbf{0}$$

이며 행들은 선형 종속이다. ■

비슷한 정의와 논의가 주어진 행렬에 있는 열 벡터(a column vector)의 선형 종

속(또는 독립)에 적용된다. 가장 유용한 정리(theorem)는 다음과 같이 정의되는 행렬의 행 계수(row rank)와 열 계수(column rank)의 개념에 근거한다: 행렬 **P**의 행 계수는 **P**에 있는 선형 독립 행의 최대수(maximum number)이다. Example 1.30에서 행 계수는 2이며, Example 1.31에서도 마찬가지이다(여기에서는 세 개의 행 중 두 개만이 독립이다). 비슷하게, 열 계수는 선형 독립 열의 최대수로 정의된다. 정리는 **P**의 행 계수는 **P**의 열 계수와 같다는 것을 나타낸다. 그러므로, 단순히 행렬 **P**의 *계수(위, 자리, 랭크, rank)*라고 말하며, r로 나타낸다.

$$r = \text{rank of } \mathbf{P} = \text{column rank of } \mathbf{P} = \text{row rank of } \mathbf{P} \tag{1.73}$$

계수 r은 또한 **P**에 있는 가장 큰 정칙 부분 행렬의 차수(order)와 같다. 예를 들면, Example 1.30에서는 첫 두 개의 열로 만들어진 부분 행렬이 정칙이다. 그것이 가장 큰 2×2 정칙 행렬이다. 따라서 $r = 2$이다. 하지만, Example 1.31에서는 **Q** 자신이, Gauss 법을 통하여 밝혀진 바와 같이, 특이이다. Gauss 법의 적용 후에 상좌측(위 왼쪽, upper left corner)에서 찾아진 2×2 부분 행렬은 정칙이다. 사실, 그것은 단위 부분 행렬이다. 따라서 **Q**의 계수는 2이다.

앞의 예제는 또한 행렬의 계수 r을 찾는 일반적인 방법의 개략을 말한다. **P**가, 일반적으로, 차수 $(m \times n)$이라 하자. 그러면 상좌측에 상삼각, 정칙 $(r \times r)$ 부분 행렬을 가진 등가 행렬을 얻을 때까지 기본 행 및 열 연산을 수행한다.

Example 1.32 **P**의 계수를 찾아라:

$$\mathbf{P} = \begin{bmatrix} 1 & 2 & -1 & 3 & 4 \\ 2 & -1 & 1 & 1 & -1 \\ -1 & 8 & -5 & 7 & 14 \end{bmatrix}$$

기본 행 연산(Gauss 소거)에 의해 등가 행렬

$$\mathbf{P} \sim \begin{bmatrix} 1 & 2 & -1 & 3 & 4 \\ 0 & -5 & 3 & -5 & -9 \\ 0 & 10 & -6 & 10 & 18 \end{bmatrix} \sim \begin{bmatrix} 1 & 2 & -1 & 3 & 4 \\ 0 & -5 & 3 & -5 & -9 \\ 0 & 0 & 0 & 0 & 0 \end{bmatrix}$$

을 얻는다. 마지막 행렬은 파선 안에 보여진 정칙 (2×2) 상삼각 부분 행렬을 포함한다. 따라서 **P**의 계수는 2이다. ■

Example 1.33 **Q**의 계수를 찾아라:

다시, 등가 행렬은 행 연산에 의해 생성된다.

$$\mathbf{Q} = \begin{bmatrix} 2 & -2 & -2 & 2 & 6 \\ -1 & 2 & 3 & -4 & -9 \\ 2 & -1 & -1 & 1 & 4 \\ -1 & 2 & 0 & 1 & 0 \\ 1 & 3 & -1 & -2 & 16 \end{bmatrix} \sim \begin{bmatrix} 1 & -1 & -1 & 1 & 3 \\ 0 & 1 & 2 & -3 & -6 \\ 0 & 1 & 1 & -1 & -2 \\ 0 & 1 & -1 & 2 & 3 \\ 0 & 4 & 0 & -3 & 13 \end{bmatrix}$$

$$\sim \begin{bmatrix} 1 & 0 & 1 & -2 & 3 \\ 0 & 1 & 2 & -3 & -6 \\ 0 & 0 & -1 & 2 & 4 \\ 0 & 0 & -3 & 5 & 9 \\ 0 & 0 & -8 & 9 & 11 \end{bmatrix} \sim \begin{bmatrix} 1 & 0 & 0 & 0 & 1 \\ 0 & 1 & 0 & 1 & 2 \\ 0 & 0 & -1 & 2 & 4 \\ 0 & 0 & 0 & -1 & -3 \\ 0 & 0 & 0 & -7 & -21 \end{bmatrix}$$

$$\sim \left[\begin{array}{cccc:c} 1 & 0 & 0 & 0 & 1 \\ 0 & 1 & 0 & 0 & -1 \\ 0 & 0 & 1 & 0 & 2 \\ 0 & 0 & 0 & 1 & 3 \\ \hdashline 0 & 0 & 0 & 0 & 0 \end{array}\right]$$

파선 안에 보여진 상삼각 부분 행렬은 가장 큰 정칙 행렬이다. 그러므로 **Q**의 계수는 4이다. ■

1.9 Ax = B REVISITED

1.6과 1.7절에서 계수 행렬 **A**가 정방 $(n \times n)$인 선형방정식의 집합

$$\mathbf{Ax} = \mathbf{B} \tag{1.74}$$

의 풀이에 관해 논의하였다. **A**가 정칙이었을 때, 행렬 역에 의해 해(solution)

$$\mathbf{x} = \mathbf{A}^{-1}\mathbf{B} \tag{1.75}$$

를 얻었다.

여기서는 논의를 **A**가 차수 $(m \times n)$으로 정방이 아닐 수 있으며, **B**가 영행렬이거나 아닌 일반적인 경우로 확장한다. 보게 될 바와 같이, Gauss (또는 Gauss-Jordan) 법, 계수, 풀이에 대한 착상(idea)과 그 성질이 모두 자연스럽게 병합된다.

방정식 계 $\mathbf{Ax} = \mathbf{B}$에 대한 행 연산을 수행함에 있어서, 우변에 있는 항을 포함하여, 전체 행에 대하여 행하였음을 상기하라. 그것은, 그러므로, 본래 열행렬 **B**가 행렬 **A**에 단순히 더 써넣어진, *확장 행렬(augmented matrix)* $[\mathbf{A} \vdots \mathbf{B}]$를 다룬 것이다. 행 연산은, 이 확장 행렬에 적용될 때, 모든 필요한 정보를 산출할 것이다. 기본 행 (그리고 열) 연산이 행렬의 계수를 바꾸지 않음을 이해하는 것 역시 중요하다. 이 사실은 이 장의 앞에서 다루었던 행렬식의 성질에 근거한다. 따라서, 원래 행렬에 있는 가장 큰 정칙 부분 행렬이 차수 $(r \times r)$이었다면, 그러면 등가 계에 있는 가장 큰 삼각 부분 행렬은 여전히 차수 $(r \times r)$이다—Gauss 법에서는 상삼각 부분 행렬이거나, Gauss-Jordan 법에서는 단위 부분 행렬이다. 행렬의 계수는 r을 유지

한다. 예비적인 예제가 다음에 주어진다.

Example 1.34 비제차 계(non-homogeneous system)

$$\begin{bmatrix} 1 & 2 & -1 & 3 \\ 2 & -1 & 1 & 1 \\ -1 & 8 & -5 & 7 \end{bmatrix}\begin{bmatrix} x_1 \\ x_2 \\ x_3 \\ x_4 \end{bmatrix} = \begin{bmatrix} 4 \\ -1 \\ 14 \end{bmatrix}$$

를 고려하라. 확장 행렬 $[\mathbf{A} \vdots \mathbf{B}]$를 사용하여, Gauss-Jordan 소거법을 적용하고, Example 1.32에서와 같은 결과, 즉

$$[\mathbf{A} \vdots \mathbf{B}] \sim \left[\begin{array}{cccc|c} 1 & 2 & -1 & 3 & 4 \\ 0 & -5 & 3 & -5 & -9 \\ 0 & 0 & 0 & 0 & 0 \end{array}\right] \sim \left[\begin{array}{cccc|c} 1 & 0 & 0.2 & 1 & 0.4 \\ 0 & 1 & -0.6 & 1 & 1.8 \\ 0 & 0 & 0 & 0 & 0 \end{array}\right]$$

을 얻는다. 이로부터, 다음과 같은 모든 판단을 확립한다:

(a) $\mathbf{A}$의 계수는 2이다.

(b) $[\mathbf{A} \vdots \mathbf{B}]$의 계수 또한 2이다.

(c) 마지막 방정식은,

$$0 \cdot x_1 + 0 \cdot x_2 + 0 \cdot x_3 + 0 \cdot x_4 = 0$$

으로 나타나기 때문에, 여분이다(redundant).

(d) 계수가 2이기 때문에, 상좌측에 있는 단위 부분 행렬을 사용하고 이 두 개의 방정식을

$$\begin{bmatrix} 1 & 0 \\ 0 & 1 \end{bmatrix}\begin{bmatrix} x_1 \\ x_2 \end{bmatrix} = \begin{bmatrix} 0.4 \\ 1.8 \end{bmatrix} + \begin{bmatrix} -0.2 & -1 \\ 0.6 & -1 \end{bmatrix}\begin{bmatrix} x_3 \\ x_4 \end{bmatrix}$$

로 적는다. 즉, x_3과 x_4는 임의의(그러나 실수(real)인) 값, 말하자면, $x_3 = \alpha$ 그리고 $x_4 = \beta$가 할당될 수 있다. 그러면 완전한 해(완전해, complete solution)는

$$\mathbf{x} = \begin{bmatrix} x_1 \\ x_2 \\ x_3 \\ x_4 \end{bmatrix} = \begin{bmatrix} 0.4 \\ 1.8 \\ 0 \\ 0 \end{bmatrix} + \alpha \begin{bmatrix} -0.2 \\ 0.6 \\ 1 \\ 0 \end{bmatrix} + \beta \begin{bmatrix} -1 \\ -1 \\ 0 \\ 1 \end{bmatrix}$$

이다.

(e) 원래의 계가 제차(homogeneous), 즉 $\mathbf{B} = \mathbf{0}$이었다면, 등가 확장 행렬은 그 마지막 행으로서 0인 행을 가졌을 것이다. 그러면 판단 (a), (b), 그리고 (c)는 여전히 정당하다.

(f) 임의의 제차 계는 *자명해*(*trivial* solution) $\mathbf{x} = \mathbf{0}$에 의해 만족된다. 여기에서는 제차 계가, 이에 더하여, *비자명해*(*nontrivial* solution)

$$\mathbf{x}_h = \alpha \begin{bmatrix} -0.2 \\ 0.6 \\ 1 \\ 0 \end{bmatrix} + \beta \begin{bmatrix} -1 \\ -1 \\ 0 \\ 1 \end{bmatrix}$$

을 가진다.

(g) 원래의 비제차 계는, 그러면, 제차해(homogeneous solution)와 뒤에 쓴 특수해(particular solution)의 합(sum)이다:

$$\mathbf{x}_p = \begin{bmatrix} 0.4 \\ 1.8 \\ 0 \\ 0 \end{bmatrix}$$

■

이제 n개의 미지수가 있는 m개의 방정식을 가진 식 (1.74)의 일반적인 경우를 고려할 준비가 되었다. 확장 행렬 $[\mathbf{A} \vdots \mathbf{B}]$는, Gauss-Jordan 소거가 된 후에,

$$[\mathbf{A} \vdots \mathbf{B}] \sim \begin{bmatrix} & & \mathbf{I}_{(r \times r)} & & & b_1{}' \\ & & & & & b_2{}'' \\ & & & & & \vdots \\ & & & & & b_r^{(r)} \\ 0 & 0 & \cdots & 0 & \cdots & 0 & b_{r+1}^{(r+1)} \\ \vdots \\ 0 & 0 & \cdots & 0 & \cdots & 0 & b_m^{(m)} \end{bmatrix} \tag{1.76}$$

이 된다. 상좌측에 있는 차수 $(r \times r)$의 단위 부분 행렬은, 그 아래에는 0의 행들을 가져, $\mathbf{A}$의 계수가 r이라는 것을 보인다. 한 개 또는 더 많은 상수

$$b_{r+1}^{(r+1)}, b_{r+2}^{(r+2)}, \cdots, b_m^{(m)}$$

이 0이 아니라면, 그러면 두 가지 판단이 이루어진다:

1. 그러면 0이 아닌 항에 대응하는 방정식이 명확한 불합치(inconsistency)

$$0 \cdot x_1 + 0 \cdot x_2 + \cdots + 0 \cdot x_n \neq 0$$

으로 해석될 것이기 때문에, 계는 *불합치(불능, inconsistent)*, 즉 해를 가지지 않는다.

2. $[\mathbf{A} \vdots \mathbf{B}]$의 계수는 $[\mathbf{A} \vdots \mathbf{B}]$ 안에 $(r \times r)$보다 더 높은 차수의 정칙 부분 행렬이 있기 때문에 $\mathbf{A}$의 계수보다 더 크다.

계 $\mathbf{Ax} = \mathbf{B}$의 *합치성(consistency)*(해의 존재성(existence))을 위한 필요충분조건(necessary and sufficient condition)은

$$\text{rank } \mathbf{A} = \text{rank } [\mathbf{A} \vdots \mathbf{B}] \tag{1.77}$$

이다.

만일

$$b_{r+1}^{(r+1)} = b_{r+2}^{(r+2)} = \cdots = b_m^{(m)} = 0$$

이라면, 그러면 다음의 판단이 이루어진다:

3. 계는 *합치(consistent)*이다. $(r+1), (r+2), \cdots, m$번째 방정식은

$$0 \cdot x_1 + 0 \cdot x_2 + \cdots + 0 \cdot x_n = 0$$

   인 형태의 여분(과다)이다(redundant).

4. 계수 행렬이 단위행렬 $\mathbf{I}_{(r \times r)}$인 첫 r개의 방정식은 선형 독립이다. 남은 $(m-r)$개의 방정식은 r개의 방정식에 선형 종속이다. 미지수 $x_{r+1}, x_{r+2}, \cdots, x_n$은 임의(그러나 **A**와 **B**가 실수(real)라면, 실수)이다. 첫 r개의 미지수 $x_1, x_2, \cdots, x_r$은 그러면 이 임의의 값의 항으로 표현될 수 있다.
5. 미지수 n의 수가 계수 r과 같아

$$n = r \tag{1.78}$$

   이라면 그러면 해는 어떠한 임의의 상수도 없이 유일하다(unique).

$\mathbf{B} = \mathbf{0}$인 제차의 경우에는, 다음의 판단이 이루어진다:

6. 계는, 명백하게,

$$\text{rank } \mathbf{A} = \text{rank } [\mathbf{A} \vdots \mathbf{0}]$$

   이기 때문에 항상 정합이며 *자명해(trivial* solution) $\mathbf{x} = \mathbf{0}$도 또한 명백하다.
7. 항목 5에서처럼, $n = r$이라면, 자명해 만이(only) 해이다. 그렇지 않으면, 항목 4에서처럼, 많은 비자명해(nontrivial solution)가 $(n-r)$개의 임의의 상수의 항으로 존재한다.

마지막으로, 방정식의 선형 계의 해에 있어 *중첩*의 원리(principle of *superposition*)를 받아들인다. 비제차 계의 해는 제차해(homogeneous solution)와 특수해(particular solution)의 합(sum)

$$\mathbf{x} = \mathbf{x}_h + \mathbf{x}_p \tag{1.79}$$

로 이루어진다.

Example 1.35 Example 1.33에 있는 행렬 **Q**를 고려하라. 그것을 계 $\mathbf{Ax} = \mathbf{B}$의 확장 행렬이라 하자. 등가 확장 행렬은, 풀이없이, 계가 불합치임을 바로 보인다. ■

Example 1.36 계

$$\begin{bmatrix} 2 & -1 \\ 1 & 1 \\ 3 & 2 \end{bmatrix} \begin{bmatrix} x_1 \\ x_2 \end{bmatrix} = \begin{bmatrix} 4 \\ -1 \\ -1 \end{bmatrix}$$

을 고려하라. 확장 행렬 $[\mathbf{A} \vdots \mathbf{B}]$를 사용하여 Gauss-Jordan 소거법을 사용하고

$$[\mathbf{A} \vdots \mathbf{B}] \sim \left[\begin{array}{cc|c} 2 & -1 & 4 \\ 1 & 1 & -1 \\ 3 & 2 & -1 \end{array}\right] \sim \left[\begin{array}{cc|c} 1 & 0 & 1 \\ 0 & 1 & -2 \\ \hline 0 & 0 & 0 \end{array}\right]$$

을 얻는다. 계는 합치이다. 세 번째 방정식은 $0 \cdot x_1 + 0 \cdot x_2 = 0$인 형태의 여분이다. 해는

$$x_1 = 1$$
$$x_2 = -2$$

이다 ■

Example 1.37 계 $\mathbf{Ax} = \mathbf{B}$를

$$[\mathbf{A} \vdots \mathbf{B}] = \left[\begin{array}{ccc|c} 2 & -1 & 3 & -4 \\ -1 & 2 & -1 & -1 \\ 1 & 1 & -2 & 7 \\ 3 & -2 & 1 & 5 \\ 1 & -1 & 1 & 0 \end{array}\right]$$

으로 고려하라. Gauss-Jordan 소거법을 사용하고

$$[\mathbf{A} \vdots \mathbf{B}] \sim \left[\begin{array}{ccc|c} 2 & -1 & 3 & -4 \\ -1 & 2 & -1 & -1 \\ 1 & 1 & -2 & 7 \\ 3 & -2 & 1 & 5 \\ 1 & -1 & 1 & 0 \end{array}\right] \sim \left[\begin{array}{ccc|c} 1 & 0 & 10/6 & -3 \\ 0 & 1 & -1/3 & -2 \\ 0 & 0 & -4 & 12 \\ 0 & 0 & -10/3 & 10 \\ 0 & 0 & -1/3 & 1 \end{array}\right] \sim \left[\begin{array}{ccc|c} 1 & 0 & 0 & 2 \\ 0 & 1 & 0 & -1 \\ 0 & 0 & 1 & -3 \\ \hline 0 & 0 & 0 & 0 \\ 0 & 0 & 0 & 0 \end{array}\right]$$

을 얻으며 그러므로 $x_1 = 2, x_2 = -1, x_3 = -3$이다. 원래의 계가 제차($\mathbf{B} = \mathbf{0}$)라면, 등가 확장 행렬은

$$[\mathbf{A} \vdots \mathbf{B}] \sim \left[\begin{array}{ccc|c} 1 & 0 & 0 & 0 \\ 0 & 1 & 0 & 0 \\ 0 & 0 & 1 & 0 \\ \hline 0 & 0 & 0 & 0 \\ 0 & 0 & 0 & 0 \end{array}\right]$$

일 것이며 여기서의 단 한 개의 해는 자명해 $x_1 = x_2 = x_3 = 0$이다. ■

1.10 LINEAR VECTOR SPACES

이전에 행행렬과 열행렬에 대한 통칭(conventional name)으로 *행 벡터*(*a row vector*)와 *열 벡터*(*a column vector*)를 각각 사용하였다. 2차원(two-dimensional)과 3차원 공간(three-dimensional space)에서는, vector의 의미를 쉽게 시각화할 수 있다. Vector의 요소는, 그림 1.7 (a)와 1.7 (b)에 보여진 바와 같이, 직각좌표계(rectangular coordinate system)를 따른 성분이다.

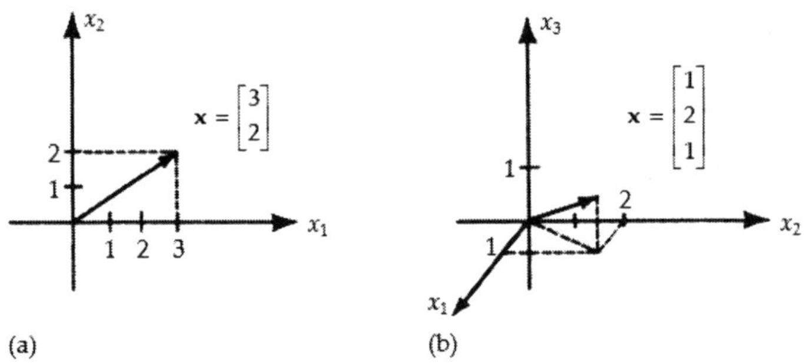

(a) (b)

FIGURE 1.7 A vector in (a) a plane and (b) a three-dimensional space.

다차원 공간(multidimensional space)($n > 3$)의 경우 같은 용어(terminology)와 개념을 사용한다.

Example 1.38 4차원(four-dimensional) 공간에서, vector

$$\mathbf{i}_1 = \begin{bmatrix} 1 \\ 0 \\ 0 \\ 0 \end{bmatrix} \quad \mathbf{i}_2 = \begin{bmatrix} 0 \\ 1 \\ 0 \\ 0 \end{bmatrix} \quad \mathbf{i}_3 = \begin{bmatrix} 0 \\ 0 \\ 1 \\ 0 \end{bmatrix} \quad \mathbf{i}_4 = \begin{bmatrix} 0 \\ 0 \\ 0 \\ 1 \end{bmatrix}$$

는 네 개의 서로 직교하는 축(orthogonal axes) x_1, x_2, x_3, 그리고 x_4를 따른 단위 vector로서 고려될 수 있다. ■

Scalar Product of Two Vectors

u와 **v**를 실수 성분(real component)을 가진 ($n \times 1$) 열 vector라 하자. 그러면 **u**와 **v**의 스칼라 적(내적, scalar product)은

$$\langle \mathbf{u}, \mathbf{v} \rangle = \mathbf{u}^T \mathbf{v} = \sum_{i=1}^{n} u_i \, v_i \tag{1.80}$$

로 정의되며 scalar이다. 그것은 또한 벡터 미적분학(vector calculus)에서 점적(dot

product) $\mathbf{u}\cdot\mathbf{v}$로 받아들여진다. Vector가 복소수(complex)일 수 있는 좀 더 일반적인 경우에는, 그 scalar 적은

$$\langle \mathbf{u}, \mathbf{v}\rangle = \mathbf{u}^{*T}\mathbf{v} = \sum_{i=1}^{n} u_i^* v_i \tag{1.81}$$

이다.

Example 1.39 보여진 회로망에서, 각 요소 (a, b, c, d)는 할당된 전류 기준(current reference)을 가진다. 두 개의 저항기(resistor)의 경우, 이것은 또한 전압 강하(voltage drop)의 기준이다. Vector

$$\mathbf{i} = \begin{bmatrix} i_a \\ i_b \\ i_c \\ i_d \end{bmatrix} = \begin{bmatrix} 1 \\ 1 \\ 3 \\ 2 \end{bmatrix}$$

로 주어진 개별 전류와 전압 vector

$$\mathbf{v} = \begin{bmatrix} v_a \\ v_b \\ v_c \\ v_d \end{bmatrix} = \begin{bmatrix} -7 \\ 1 \\ 6 \\ -6 \end{bmatrix}$$

모두를 계산하는 것은 쉽다. 이제 $\mathbf{v}$와 $\mathbf{i}$의 scalar 적은, $\mathbf{v}^T\mathbf{i} = v_a i_a + v_b i_b + v_c i_c + v_d i_d = -7 + 1 + 18 - 12$이 모든 요소에서의 순시 전력(instantaneous power) $p(t)$의 대수합(algebraic sum)을 나타내기 때문에,

$$\langle \mathbf{v}, \mathbf{i}\rangle = \mathbf{v}^T\mathbf{i} = [-7 \quad 1 \quad 6 \quad -6]\begin{bmatrix} 1 \\ 1 \\ 3 \\ 2 \end{bmatrix} = 0$$

이어야 할 것이다. 첫 번째 (-7)과 마지막 (-12)는 원천에 의해 *공급되는(delivered)* 전력인 반면, 두 번째 $(+1)$과 세 번째 $(+18)$은 저항기에 의해 *흡수되는(absorbed)* 전력이다. 여기에서 에너지 보존의 원리(principle of conservation of energy)의 실례(illustration), 즉

$$\langle \mathbf{v}, \mathbf{i}\rangle = p(t) = 0$$

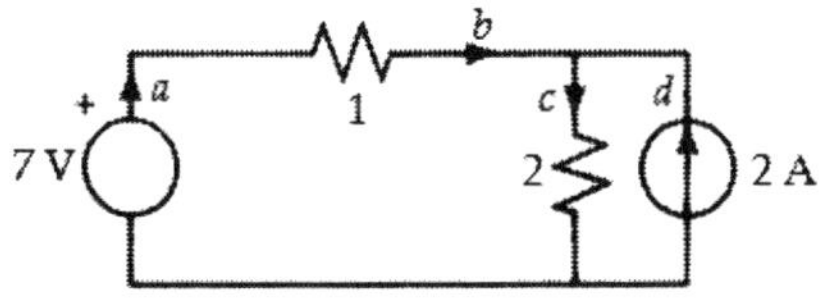

FIGURE 1.8 Example 1.39.

을 가진다. ■

Example 1.40 정현 정상 상태(sinusoidal steady state) 하에서, 보여진 회로망(소자의 임피던스(impedance)가 주어진)은

$$\bar{I} = \begin{bmatrix} \bar{I}_a \\ \bar{I}_b \\ \bar{I}_c \\ \bar{I}_d \end{bmatrix} = \begin{bmatrix} -0.423 + j1.115 \\ -0.423 + j1.115 \\ 1.577 + j1.115 \\ 2.0 \quad + j0 \end{bmatrix} \quad \bar{V} = \begin{bmatrix} \bar{V}_a \\ \bar{V}_b \\ \bar{V}_c \\ \bar{V}_d \end{bmatrix} = \begin{bmatrix} -7.0 \quad + j0 \\ -2.653 + j0.289 \\ 9.653 - j0.217 \\ -9.653 + j0.217 \end{bmatrix}$$

와 같이 계산된 페이서 전류(phasor current)와 phasor 전압을 가진다. 평균 전력(average power) P와 무효전력(reactive power) Q는

$$\begin{aligned} P + jQ &= \bar{V}^{*T}\bar{I} \\ &= [-7.0 - j0 \quad -2.653 - j0.289 \quad 9.653 + j0.217 \quad -9.653 - j0.217] \\ &\times \begin{bmatrix} -0.423 + j1.115 \\ -0.423 + j1.115 \\ 1.577 + j1.115 \\ 2.0 \quad + j0 \end{bmatrix} = 0, \text{ as expected.} \end{aligned}$$

으로 주어진다.

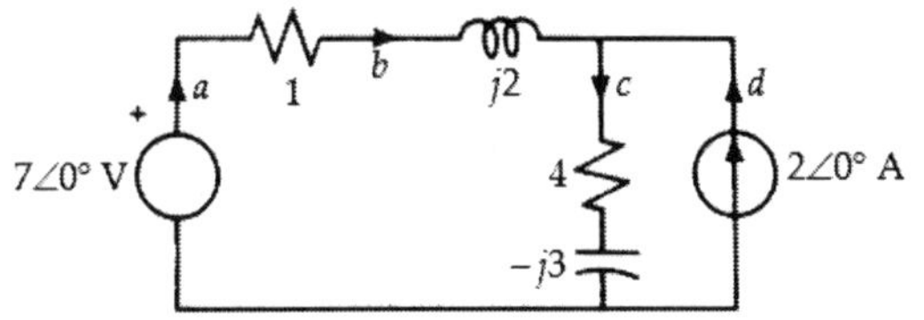

FIGURE 1.9 Example 1.40.

■

두 개의 vector **u**와 **v**는 그 scalar 적이 0이 되면, 즉

$$\langle \mathbf{u}, \mathbf{v} \rangle = 0 \tag{1.82}$$

이면 *직교(orthogonal)*이다.

Example 1.41 Example 1.38에 있는 단위 vector는 $\langle \mathbf{i}_1, \mathbf{i}_2 \rangle = \langle \mathbf{i}_2, \mathbf{i}_3 \rangle = \langle \mathbf{i}_3, \mathbf{i}_4 \rangle = \langle \mathbf{i}_4, \mathbf{i}_1 \rangle = 0$이기 때문에 서로 직교이다. ■

Vector **v**의 *길이(length)*(또는 *놈(norm)*)은 $\|\mathbf{v}\|$이며

$$\|\mathbf{v}\| = \langle \mathbf{v}, \mathbf{v} \rangle^{1/2} \tag{1.83}$$

으로 주어진다. 그것은 2 또는 3차원 유클리드 기하학(Euclidean geometry)에서 낯익은 vector의 길이이며, 식 (1.83)은 이 개념을 $n > 3$으로 확장한다. Vector의 길이가 단위 값(1)이면, vector는 단위벡터(unit vector)라 불린다. 주어진 vector에 대응하는 단위 vector를 얻기 위하여 그것의 norm으로 조정할 수 있다

Example 1.42 주어진

$$\mathbf{u} = \begin{bmatrix} 1 \\ 0 \\ -1 \end{bmatrix} \quad \mathbf{v} = \begin{bmatrix} 1+j \\ 2-j3 \end{bmatrix}$$

에서 $\|\mathbf{u}\| = \sqrt{2}$와 $\|\mathbf{v}\| = \sqrt{15}$를 찾는다. 그러므로 단위 vector는

$$\hat{\mathbf{u}} = \begin{bmatrix} 1/\sqrt{2} \\ 0 \\ -1/\sqrt{2} \end{bmatrix} \quad \hat{\mathbf{v}} = \begin{bmatrix} (1+j)/\sqrt{15} \\ (2-j3)/\sqrt{15} \end{bmatrix}$$

이다. ■

행렬에서 행 또는 열의 선형 독립(또는 종속)의 개념은 앞 절에서 조사되었다. 복습하면, vector $\mathbf{r}_1, \mathbf{r}_2, \cdots, \mathbf{r}_m$의 집합은

$$\sum_{i=1}^{m} k_i \mathbf{r}_i = \mathbf{0} \tag{1.84}$$

가 scalar $k_1 = k_2 = \cdots = k_m = 0$에 의해서만 만족된다면 선형 독립이다. Vector가 종속이라면, 그러면 $k_i \neq 0$인 몇 개의 scalar가 있다.

종속성에 대한 다른 검사는 다음과 같이 정식화될 수 있다: 식 (1.84)에서 처음에는 $\mathbf{r}_1$과, 그 다음에는 $\mathbf{r}_2, \cdots, \mathbf{r}_m$과의 scalar 적을 형성하자. 그것은

$$\begin{aligned} k_1\langle \mathbf{r}_1, \mathbf{r}_1\rangle + k_2\langle \mathbf{r}_1, \mathbf{r}_2\rangle + \cdots + k_m\langle \mathbf{r}_1, \mathbf{r}_m\rangle &= 0 \\ k_1\langle \mathbf{r}_2, \mathbf{r}_1\rangle + k_2\langle \mathbf{r}_2, \mathbf{r}_2\rangle + \cdots + k_m\langle \mathbf{r}_2, \mathbf{r}_m\rangle &= 0 \\ &\vdots \\ k_1\langle \mathbf{r}_m, \mathbf{r}_1\rangle + k_2\langle \mathbf{r}_m, \mathbf{r}_2\rangle + \cdots + k_m\langle \mathbf{r}_m, \mathbf{r}_m\rangle &= 0 \end{aligned} \tag{1.85}$$

와 같다. 이것은 미지수 $k_1, k_2, \cdots, k_m$에 대한 제차방정식 집합(homogeneous set of equations)이다. 계수의 행렬식이 0이 될 때만 또 그 때에 한해서(필요충분), 즉

$$G = \begin{vmatrix} \langle \mathbf{r}_1, \mathbf{r}_1\rangle & \langle \mathbf{r}_1, \mathbf{r}_2\rangle & \cdots & \langle \mathbf{r}_1, \mathbf{r}_m\rangle \\ \langle \mathbf{r}_2, \mathbf{r}_1\rangle & \langle \mathbf{r}_2, \mathbf{r}_2\rangle & & \langle \mathbf{r}_2, \mathbf{r}_m\rangle \\ \vdots & & & \\ \langle \mathbf{r}_m, \mathbf{r}_1\rangle & \langle \mathbf{r}_m, \mathbf{r}_2\rangle & \cdots & \langle \mathbf{r}_m, \mathbf{r}_m\rangle \end{vmatrix} = 0 \tag{1.86}$$

일 때만 또 그 때에 한해서 비자명해가 존재함을 안다. 이 행렬식은 *그램 행렬식* *(Gram determinant)*(또는, 간단히, *Gramian*)이라 불린다. 그러므로, vector 집합의 독립성을 위한 필요충분조건은 그 Gramian이 0이 아닌 것이라고 말한다.

Example 1.43 Vector 집합

$$\mathbf{r}_1 = \begin{bmatrix} 2 \\ 1 \\ 0 \end{bmatrix} \quad \mathbf{r}_2 = \begin{bmatrix} 3 \\ -1 \\ 1 \end{bmatrix} \quad \mathbf{r}_3 = \begin{bmatrix} 0 \\ 2 \\ -2 \end{bmatrix}$$

를 고려하라. Gramian은

$$G = \begin{vmatrix} 5 & 5 & 2 \\ 5 & 11 & -4 \\ 2 & -4 & 8 \end{vmatrix} = 36$$

으로 주어진다. 그러므로 vector는 선형 독립이다. 다른 점검은 이 세 개의 열 vector에 의해 형성되는 행렬의 계수에 대한 것이 될 것이다. ■

Example 1.44 복소 vector 집합

$$\mathbf{r}_1 = \begin{bmatrix} 2 \\ -j \\ 2+j \end{bmatrix} \quad \mathbf{r}_2 = \begin{bmatrix} j \\ -1-j \\ 3 \end{bmatrix}$$

을 고려하라. Gramian은

$$G = \begin{vmatrix} 7 & 7-j3 \\ 7+j3 & 12 \end{vmatrix} = 26$$

이다. 이 vector는, 그러므로, 선형 독립이다. ■

Example 1.45 세 개의 vector

$$\mathbf{r}_1 = \begin{bmatrix} 1 \\ 0 \\ -1 \\ 2 \end{bmatrix} \quad \mathbf{r}_2 = \begin{bmatrix} -1 \\ 1 \\ 2 \\ 1 \end{bmatrix} \quad \mathbf{r}_3 = \begin{bmatrix} 3 \\ -1 \\ -4 \\ 3 \end{bmatrix}$$

을 고려하라. 이 세 개의 열의 행렬의 계수를 점검할 수 있다. 그 대신으로,

$$G = \begin{vmatrix} 6 & -1 & 13 \\ -1 & 7 & -9 \\ 13 & -9 & 35 \end{vmatrix} = 0$$

로 주어지는 Gramian을사용하고, 따라서, 세 vector는 선형 종속이다. 사실, $2\mathbf{r}_1 - \mathbf{r}_2 - \mathbf{r}_3 = \mathbf{0}$ 이다. ■

*선형 벡터 공간(linear vector space)*은 다음의 조건을 만족하는 vector 집합이다:

1. $\mathbf{u}_1$과 $\mathbf{u}_2$가 집합 내에 있다면, 그 합(sum) $\mathbf{u}_1 + \mathbf{u}_2$도 그렇다.
2. $\mathbf{u}_1$이 집합 내에 있다면, $\alpha\mathbf{u}_1$도 그렇다. 여기서 α는 scalar이다.
3. $1\mathbf{u} = \mathbf{u}$
4. 임의의 scalar α_1, α_2와 공간 내의 임의의 $\mathbf{u}$에 대하여 $\alpha_1(\alpha_2)\mathbf{u} = \alpha_1\alpha_2\mathbf{u}$이다.
5. 임의의 scalar α_1, α_2와 공간 내의 임의의 $\mathbf{u}$에 대하여 $(\alpha_1 + \alpha_2)\mathbf{u} = \alpha_1\mathbf{u} + \alpha_2\mathbf{u}$이다.
6. Vector의 덧셈은 교환칙이 성립한다. 즉, $\mathbf{u}_1 + \mathbf{u}_2 = \mathbf{u}_2 + \mathbf{u}_1$이다.
7. 임의의 scalar α와 공간 내의 임의의 $\mathbf{u}_1, \mathbf{u}_2$에 대하여 $\alpha(\mathbf{u}_1 + \mathbf{u}_2) = \alpha\mathbf{u}_1 + \alpha\mathbf{u}_2$이다.
8. Vector의 덧셈은 분배칙이 성립한다. 즉, $(\mathbf{u}_1 + \mathbf{u}_2) + \mathbf{u}_3 = \mathbf{u}_1 + (\mathbf{u}_2 + \mathbf{u}_3)$이다.
9. 공간 내의 임의의 $\mathbf{u}$에 대하여 $\mathbf{u} + \mathbf{0} = \mathbf{u}$를 만족하는 영(zero, null) vector가 공간 내에 존재한다.
10. 공간 내의 임의의 $\mathbf{u}$에 대하여 $\mathbf{u} + (-\mathbf{u}) = \mathbf{0}$를 만족하는 부(음) 벡터(negative vector)(덧셈에 관한 역원, additive inverse)가 공간 내에 존재한다.

$\mathbf{u}_1, \mathbf{u}_2, \cdots, \mathbf{u}_m$의 선형 결합인 모든 vector $\mathbf{v}$의 집합

$$\mathbf{v} = k_1\mathbf{u}_1 + k_2\mathbf{u}_2 + \cdots + k_m\mathbf{u}_m \tag{1.87}$$

은 $\mathbf{u}$에 의해 생성되는 벡터 공간(vector space)이다. 공간에서 선형 독립 vector의 최대수 r은 공간의 *차원(dimension)*이다. $r < m$이라면, 그러면 명백하게 식 (1.87)은

$$\mathbf{v} = k_1\mathbf{u}_1 + k_2\mathbf{u}_2 + \cdots + k_r\mathbf{u}_r \tag{1.88}$$

과 같이 합에 r개의 항만을 포함할 것이다. 여기서 $\mathbf{u}_1, \mathbf{u}_2, \cdots, \mathbf{u}_r$은 선형 독립 vector이다. 남은 vector $\mathbf{u}_{r+1}, \mathbf{u}_{r+2}, \cdots, \mathbf{u}_m$은 $\mathbf{u}_1, \mathbf{u}_2, \cdots, \mathbf{u}_r$에 종속이며, 마찬가지로, 그들의 선형 결합이다.

Example 1.46

$$\mathbf{u}_1 = \begin{bmatrix} -1 \\ 1 \\ 1 \end{bmatrix} \quad \mathbf{u}_2 = \begin{bmatrix} 0 \\ 1 \\ -1 \end{bmatrix} \quad \mathbf{u}_3 = \begin{bmatrix} -2 \\ 1 \\ 3 \end{bmatrix}$$

라 하자. 여기에서는 $\mathbf{u}_3 = 2\mathbf{u}_1 - \mathbf{u}_2$이어서, 세 개의 vector 중 두 개만 독립이다; 세 개의 vector $[\mathbf{u}_1 \vdots \mathbf{u}_2 \vdots \mathbf{u}_3]$의 계수는 $r = 2$이다. 따라서, 공간의 차원은 2이며, 그 공간 내에 있는 임의의 vector는

$$\mathbf{v} = k_1\mathbf{u}_1 + k_2\mathbf{u}_2 + k_3\mathbf{u}_3 = (k_1 + 2k_3)\mathbf{u}_1 + (k_2 - k_3)\mathbf{u}_2$$

와 같이 써질 수 있다. ■

n-차원 공간 내에 n개의 독립 vector가 있을 때, 그것들이 그 공간을 *스팬한다 (spanning)*고 말한다. 이 vector는 *기저(기, basis)*를 이룰 수 있어, 임의의 다른 vector는 이 기저 vector의 유일한 선형 결합이다.

Example 1.47 2차원 공간에서, 두 개의 단위 vector

$$\mathbf{u}_1 = \begin{bmatrix}1\\0\end{bmatrix} \quad \mathbf{u}_2 = \begin{bmatrix}0\\1\end{bmatrix}$$

는 직교 기저(orthogonal basis)를 이룬다. 이 항으로, 이 공간 내에 있는 임의의 vector는 $\mathbf{v} = k_1\mathbf{u}_1 + k_2\mathbf{u}_2$와 같이 써질 수 있다. 예를 들어,

$$\mathbf{v} = \begin{bmatrix}4\\-1\end{bmatrix} = 4\mathbf{u}_1 - \mathbf{u}_2$$

이다. ■

Example 1.48 같은 2차원 공간에서, 두 개의 vector(각각이 앞 예제의 $\mathbf{u}_1$과 $\mathbf{u}_2$로 특정된)

$$\mathbf{w}_1 = \begin{bmatrix}2\\-1\end{bmatrix} \quad \mathbf{w}_2 = \begin{bmatrix}1\\1\end{bmatrix}$$

는 선형 독립이며, 따라서 역시 이 공간을 스팬한다. $\mathbf{w}_1$과 $\mathbf{w}_2$를 기저로 사용하여, 앞 예제의 $\mathbf{v}$를

$$\mathbf{v} = k_1\mathbf{w}_1 + k_2\mathbf{w}_2$$

와 같이 나타낼 수 있다. k_1과 k_2를 찾기 위하여, $\mathbf{w}_1$과 그 다음에 $\mathbf{w}_2$와 $\mathbf{v}$의 scalar 적을 형성한다:

$$4 = 2k_1 + k_2$$
$$-1 = -k_1 + k_2$$

k에 대한 계수 행렬은 정칙임이 보장되며(Gramian 때문에), 그러므로 유일해를 찾을 수 있다. 여기에서는, $k_1 = 5/3$와 $k_2 = 2/3$이다. 따라서, $\mathbf{w}_1$과 $\mathbf{w}_2$의 기저에서,

$$\mathbf{v} = \frac{5}{3}\mathbf{w}_1 + \frac{2}{3}\mathbf{w}_2$$

이다.

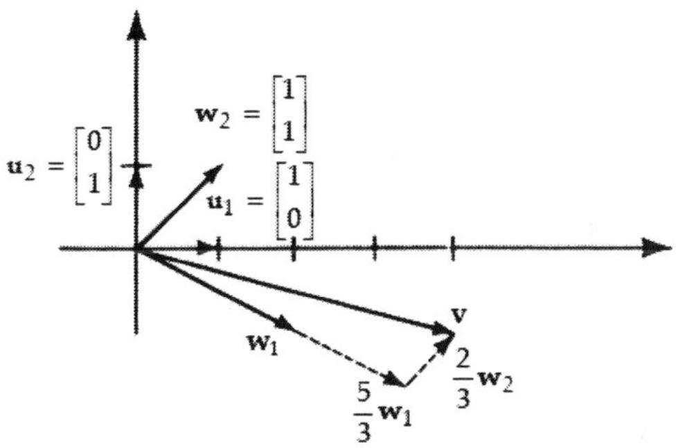

FIGURE 1.10 Geometry of Example 1.48.

■

1.11 CHARACTERISTIC VALUES AND VECTORS

선형 계 해석(linear system analysis)에서 중요한 논제(topic)는 특성치(characteristic value)와 특성 벡터(characteristic vector)(또한 각각 고유치(eigenvalue)와 고유 벡터(eigenvector)라 불린다)이다. 이것을 뒤의 장에서 만난다; 여기에서는 짧은 소개를 한다.

앞에서 상세하게 논의한

$$\mathbf{Ax} = \mathbf{B} \tag{1.89}$$

와 같은 관계는, 다음과 같이 해석될 수 있다: Vector $\mathbf{v}$는 행렬 $\mathbf{A}$에 의해 변환되며 다른 vector $\mathbf{B}$를 산출한다. 일반적으로, vector $\mathbf{x}$는 $\mathbf{B}$에 평행이 아니다. 그러나 어떤 경우에는 그렇다.

Example 1.49 두 가지 경우에 대한 변환 $\mathbf{Ax} = \mathbf{B}$를 고려하라:

(a)

$$\mathbf{A} = \begin{bmatrix} -2 & -1 \\ 2 & -5 \end{bmatrix} \quad \mathbf{x}_a = \begin{bmatrix} 0 \\ 1 \end{bmatrix}$$

여기에서는

$$\mathbf{Ax}_a = \begin{bmatrix} -1 \\ -5 \end{bmatrix}$$

인 vector $\mathbf{B}_a$는 $\mathbf{x}_a$에 평행이 아니다.

(b) 같은 $\mathbf{A}$로,

$$\mathbf{x}_b = \begin{bmatrix} -1 \\ -1 \end{bmatrix}$$

를 고려하라. 그러면

$$\mathbf{A}\mathbf{x}_b = \begin{bmatrix} 3 \\ 3 \end{bmatrix} = -3\mathbf{x}_b$$

이다. 여기에서는 $\mathbf{A}$에 의한 $\mathbf{x}_b$의 변환이 $\mathbf{x}_b$에 평행인 vector $\mathbf{B}_b$를 생성한다. 그림 1.11을 보라.

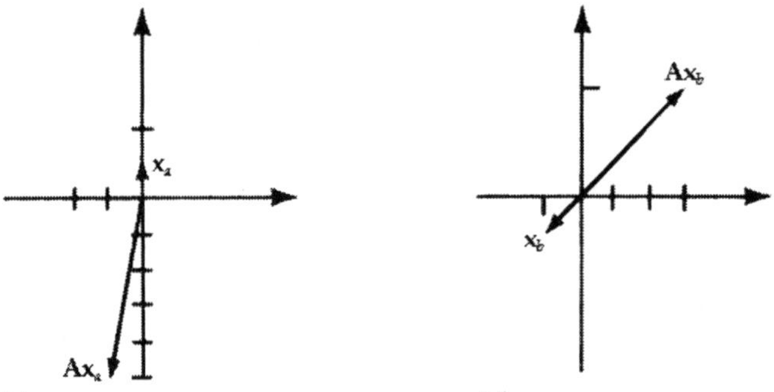

(a) (b)

FIGURE 1.11 Two transformations of a vector x.

■

일반적인 문제는, 정방행렬 $\mathbf{A}$에 의해 변환될 때, 그 방향이 변화하지 않고 그 자신에 평행하게 남아있는 $\mathbf{x}$를 찾는 것이다. 짧게 나타내면,

$$\mathbf{A}\mathbf{x} = \lambda\mathbf{x} \tag{1.90}$$

의 해를 찾는 것이다. 여기서 λ는 scalar이다. 이 문제는 특성치 문제(고유치 문제, characteristic value problem)라 불린다. Scalar λ와 대응하는 vector $\mathbf{x}$는, 각각, 행렬 $\mathbf{A}$의 특성치와 특성 vector라 불린다. 앞의 예제에서 한 개의 특성치 $\lambda = -3$과 한 개의 특성 vector $\mathbf{x}_b$를 보았다.

특성치 문제의 학습 의욕 유발과 기원(origin)은 먼저 scalar의 경우를 고려함으로써 가장 잘 설명될 수 있다. 미분방정식(differential equation)

$$\dot{x} = ax \tag{1.91}$$

에서는, 고전적으로 해

$$x = Ke^{\lambda t} \tag{1.92}$$

을 가정하고 그것을 식 (1.91)에 대입한다. 결과는

$$\lambda K e^{\lambda t} = aKe^{\lambda t} \tag{1.93}$$

즉,

$$\lambda x = ax \tag{1.94}$$

인 scalar인 경우에 대한 특성치 문제 식 (1.90)이다. 비슷하게, 주어진 *행렬* 1계 미분방정식(*matrix* first-order differential equation)

$$\dot{\mathbf{x}} = \mathbf{A}\mathbf{x} \tag{1.95}$$

에서, 해

$$\mathbf{x} = \mathbf{K}e^{\lambda t} \tag{1.96}$$

를 가정하고 대입한다. 결과는

$$\lambda \mathbf{K}e^{\lambda t} = \mathbf{A}\mathbf{K}e^{\lambda t} \tag{1.97}$$

또는, 앞에서와 같이,

$$\lambda \mathbf{x} = \mathbf{A}\mathbf{x} \tag{1.90}$$

즉, 특성치 문제이다

실제로 동적 계 해석(dynamic system analysis)의 모든 문제에서 식 (1.95)와 같은 행렬 1계 미분방정식을 만난다. 여기에서는 전기 회로망의 상태 변수 해석(state-variable analysis)을 가지고 그것을 설명한다.

Example 1.50 보여진 회로망에서, $v_C(t)$와 $i_L(t)$를 미지수로 선택하자. 그것들은 *상태 변수(state variable)*라 불리며,

$$\mathbf{x}(t) = \begin{bmatrix} v_C(t) \\ i_L(t) \end{bmatrix}$$

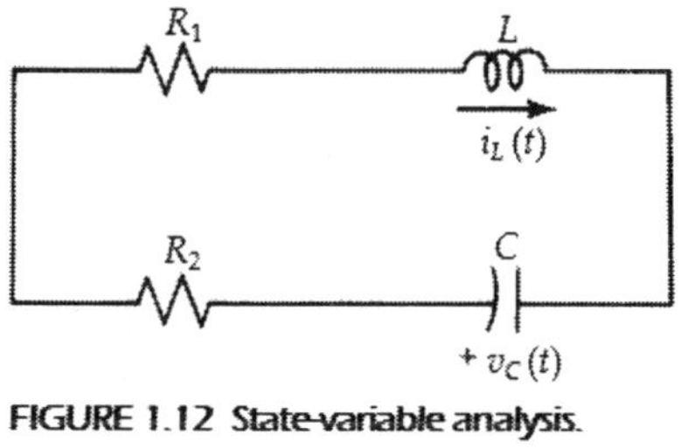

FIGURE 1.12 State-variable analysis.

는 *상태 벡터(state vector)*이다. 초기 상태 벡터(initial state) vector $\mathbf{x}(0)$는 주어져야 하는 초기 조건(initial condition)을 지정한다. 여기에서는

$$i_C(t) = C\frac{dv_C}{dt} = -i_L(t)$$

와

$$v_C(t) - L\frac{di_L}{dt} - (R_1 + R_2)i_L = 0$$

또는

$$\begin{aligned} \frac{dv_C}{dt} &= -\frac{1}{C}i_L(t) \\ -\frac{di_L}{dt} &= \frac{1}{L}v_C(t) - \frac{R_1 + R_2}{L}i_L(t) \end{aligned}$$

그리고, 행렬형으로는,

$$\frac{d}{dt}\begin{bmatrix} v_C(t) \\ i_L(t) \end{bmatrix} = \begin{bmatrix} 0 & -\frac{1}{C} \\ \frac{1}{L} & \frac{-(R_1 + R_2)}{L} \end{bmatrix}\begin{bmatrix} v_C(t) \\ i_L(t) \end{bmatrix}$$

즉, $\dot{\mathbf{x}} = \mathbf{A}\mathbf{x}$를 가진다. 이 방정식과 그 해에 대해서는 이 교재에서 나중에 다룬다. ■

식 (1.90)으로 돌아가자. 모두 썼을 때,

$$\begin{aligned} \lambda x_1 &= a_{11}x_1 + a_{12}x_2 + \cdots + a_{1n}x_n \\ \lambda x_2 &= a_{21}x_1 + a_{22}x_2 + \cdots + a_{2n}x_n \\ &\vdots \\ \lambda x_n &= a_{n1}x_1 + a_{n2}x_2 + \cdots + a_{nn}x_n \end{aligned} \tag{1.98}$$

또는

$$\begin{aligned} (\lambda - a_{11})x_1 - a_{12}x_2 - \cdots - a_{1n}x_n &= 0 \\ -a_{21}x_1 + (\lambda - a_{22})x_2 - \cdots - a_{2n}x_n &= 0 \\ &\vdots \\ -a_{n1}x_1 - a_{n2}x_2 - \cdots + (\lambda - a_{nn})x_n &= 0 \end{aligned} \tag{1.99}$$

즉,

$$(\lambda\mathbf{I} - \mathbf{A})\mathbf{x} = \mathbf{0} \tag{1.100}$$

이 된다. 여기서 $\mathbf{I}$는 $n \times n$ 단위행렬이다.

상기하면, 식 (1.100)은

$$\det(\lambda\mathbf{I} - \mathbf{A}) = 0 \tag{1.101}$$

이면 비자명해($\mathbf{x} \neq \mathbf{0}$)를 가진다. **A**의 특성 방정식(characteristic equation)이라 불리는 이 방정식은 차수(degree) n의

$$\lambda^n + \beta_1\lambda^{n-1} + \beta_2\lambda^{n-2} + \cdots + \beta_n = 0 \tag{1.102}$$

일 것이며, **A**의 n개의 특성치(characteristic value)인 n개의 근(root)을 산출할 것이다.

Example 1.51 Example 1.49에 있는 **A**의 특성치를 찾아라. 이 경우

$$\det(\lambda\mathbf{I} - \mathbf{A}) = \begin{bmatrix} \lambda+2 & 1 \\ -2 & \lambda+5 \end{bmatrix} = 0$$

또는

$$\lambda^2 + 7\lambda + 12 = 0$$

즉,

$$\lambda_1 = -3 \quad \lambda_2 = -4$$

을 가진다. ■

일반적으로, **A**가 실수라면, 특성 방정식의 근은 어느 것이든 별개이거나($\lambda_1 \neq \lambda_2 \neq \cdots$ 다중도(multiplicity) p로 반복되며($\lambda_1 = \lambda_2 = \cdots = \lambda_p \neq \lambda_{p+1} \neq \cdots$), 복소근(complex root)은 공액 쌍(conjugate pair)으로 나타난다. 식 (1.102)에 있는 계수 β_i와 관련된 근의 몇 가지 다른 성질은 장의 마지막에 있는 문제에서 조사된다.

각 특성치 λ_p에 대응하여 식 (1.90)을 만족하는 특성 vector $\mathbf{x}_p$를 찾을 수 있다. 즉,

$$(\lambda_p\mathbf{I} - \mathbf{A})\mathbf{x}_p = \mathbf{0} \tag{1.103}$$

은 $\mathbf{x}_p$에 대하여 풀릴 수 있다. 하지만, $\mathbf{x}_p$의 스칼라 배수(scalar multiple) $k\mathbf{x}_p$ 역시 식 (1.103)을 만족함에 유의하라. 따라서 특성 vector는 스칼라 승수(scalar multiplier) 내에서만 결정된다고 결론짓는다.

Example 1.52 Example 1.51에 있는 **A**의 특성 vector를 찾아라. 이 경우 $\lambda_1 = -3$과 $\lambda_2 = -4$

를 찾았다. 그러므로, λ_1에 대응하여,

$$\begin{bmatrix} -2 & -1 \\ 2 & -5 \end{bmatrix} \mathbf{x}_1 = -3\mathbf{x}_1$$

또는, 식 (1.103)에서와 같이

$$\begin{bmatrix} -1 & -1 \\ -2 & 2 \end{bmatrix} \mathbf{x}_1 = \mathbf{0}$$

를 가진다. 이 계의 계수는 1이며, 따라서

$$\mathbf{x}_1 = \begin{bmatrix} 1 \\ 1 \end{bmatrix}$$

또는 그것의 scalar 배수인 $k\mathbf{x}_1$을 찾는다. 비슷하게, λ_2의 경우

$$\begin{bmatrix} -2 & -1 \\ 2 & -5 \end{bmatrix} \mathbf{x}_2 = -4\mathbf{x}_2$$

또는

$$\begin{bmatrix} -2 & 1 \\ -2 & 1 \end{bmatrix} \mathbf{x}_2 = \mathbf{0}$$

을 가진다. 다시, 해는 $\mathbf{x}_2$의 scalar 배수 내에 있다. 여기서

$$\mathbf{x}_2 = \begin{bmatrix} 1 \\ 2 \end{bmatrix}$$

이다. ■

회로(circuit)에서 흥미있는 특별한 경우는 **A**가 실수이며 대칭일 때이다. 그러면 다음과 같은 결과가 얻어진다(또한 Problem 1-50, 1-52, 그리고 1-52를 보라):

1. 특성치는 실수이다.
2. 특성 vector는 직교 집합을 형성한다.
3. n개의 특성치가 별개라면(단근, simple), 그들의 대응하는 vector는 그것들에 의해 스팬되는 n-차원 공간에서 직교 기저(orthogonal basis)일 수 있다.
4. 다중도 p의 다중 특성치는 그것과 관련되는 선형 독립인 p개의 특성 vector를 가진다.

1계 행렬 미분방정식 $\dot{\mathbf{x}} = \mathbf{A}\mathbf{x}$의 마지막 설명으로서, scalar n계 제차 미분방정식

$$a_n \frac{d^n y}{dt^n} + a_n \frac{d^{n-1} y}{dt^{n-1}} + \cdots + a_1 \frac{dy}{dt} + a_0 y = 0 \tag{1.104}$$

에 의해 기술되는 계를 고려한다. 종종 *상태 벡터(state vector)*라고 불리는, 요소가 다음과 같은, vector $\mathbf{x}(t)$를 정의한다:

$$x_1(t) = y(t), x_2(t) = \frac{dy}{dt}, \cdots, x_n(t) = \frac{d^{n-1}y}{dt^{n-1}} \tag{1.105}$$

그러면 식 (1.105)와 함께

$$\begin{aligned} x_1 &= y \\ \dot{x}_1 &= x_2 = \dot{y} \\ \dot{x}_2 &= x_3 = \ddot{y} \\ &\vdots \\ \dot{x}_n &= \frac{d^n y}{dt^n} = \frac{1}{a_n}(-a_0 x_1 - a_1 x_2 - \cdots - a_{n-1} x_n) \end{aligned} \tag{1.106}$$

을 가진다. 행렬형으로 이 방정식은

$$\dot{\mathbf{x}} = \begin{bmatrix} 0 & 1 & 0 & 0 & \cdots & 0 \\ 0 & 0 & 1 & 0 & \cdots & 0 \\ & & \vdots & & & \\ -\frac{a_0}{a_n} & -\frac{a_1}{a_n} & -\frac{a_2}{a_n} & -\frac{a_3}{a_n} & \cdots & -\frac{a_{n-1}}{a_n} \end{bmatrix} \mathbf{x} \tag{1.107}$$

즉, $\dot{\mathbf{x}} = \mathbf{A}\mathbf{x}$로 나타난다.

PROBLEMS

1-1 다음의 각 D_2에서, $D_2 = 0$이 될 x를 찾아라.

(a) $\begin{vmatrix} 2 & -x \\ x+1 & -4 \end{vmatrix}$; (b) $\begin{vmatrix} x & -x \\ 2 & -4 \end{vmatrix}$; (c) $\begin{vmatrix} 2x & -2 \\ -3x & x \end{vmatrix}$; (d) $\begin{vmatrix} x & 3 \\ 5 & 2x+1 \end{vmatrix}$

1-2 보여진 회로망에 대해 i_1과 i_2를 구하기 위한 두 개의 loop 방정식을 쓰고, Cramer의 법칙을 사용하라; 거기에서 $v(t)$를 찾아라. 소자 값은 [Ω]이다.

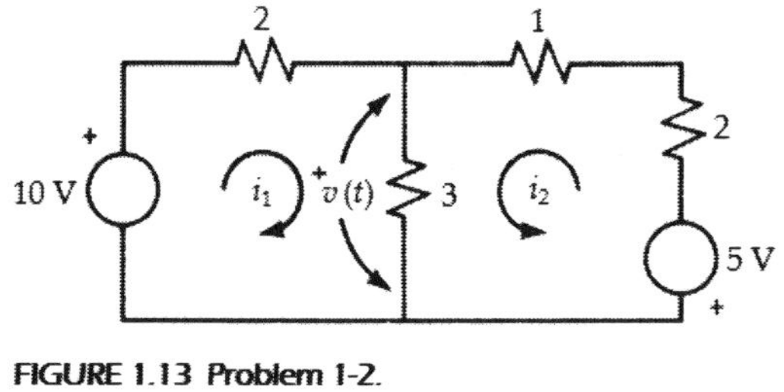

FIGURE 1.13 Problem 1-2.

1-3 보여진 회로망에 대해 Problem 1-2를 반복하라. 주의: $i_1 = 3$ [A]이며 그러므로 알려져 있다. 소자 값은 [Ω]이다.

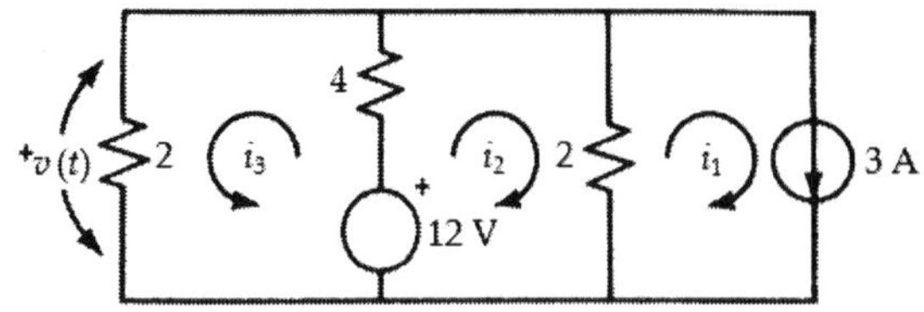

FIGURE 1.14 Problem 1-3.

1-4 계

$$x_1 + 2x_2 = b_1$$
$$-4x_1 - 8x_2 = b_2$$

에 대하여 이 계가 합치일 때의 b_1과 b_2 사이의 관계를 찾아라.

1-5 1.2절에서 나열된 D_n의 성질을 증명하라.

1-6

$$D_3 = \begin{vmatrix} g & h & i \\ a & b & c \\ d & e & f \end{vmatrix} = -2$$

를 알고 있을 때, 조사에 의해, 다음의 각각의 값은 무엇인가?

(a) $\begin{vmatrix} a & b & c \\ d & e & f \\ g & h & i \end{vmatrix}$; (b) $\begin{vmatrix} g & h & i \\ a & b & c \\ 3d & 3e & 3f \end{vmatrix}$; (c) $\begin{vmatrix} a & b & c \\ g & h & i \\ d & e & f \end{vmatrix}$;

(d) $\begin{vmatrix} a & d & g \\ b & e & h \\ c & f & i \end{vmatrix}$; (e) $\begin{vmatrix} i & h & g \\ c & b & a \\ f & e & d \end{vmatrix}$; (f) $\begin{vmatrix} i & c & f \\ h & b & e \\ g & a & d \end{vmatrix}$

1-7 조사에 의해, 주어진 각 행렬식을 계산하라:

(a) $\begin{vmatrix} -2 & -4 & 7 \\ 0 & 1 & 5 \\ 0 & 0 & -2 \end{vmatrix}$; (b) $\begin{vmatrix} -1 & 0 & 0 & 0 \\ 7 & -1 & 0 & 0 \\ 4 & 9 & -2 & 0 \\ 16 & 2 & 4 & 6 \end{vmatrix}$; (c) $\begin{vmatrix} 1 & -2 & 4 \\ 2 & 6 & 0 \\ -4 & 8 & -16 \end{vmatrix}$

1-8 다음 행렬식에 대하여 Problem 1-7을 반복하라:

(a) $\begin{vmatrix} 8 & 4 & 9 \\ -2 & -1 & 6 \\ 6 & 3 & -5 \end{vmatrix}$; (b) $\begin{vmatrix} -5 & 14 & 3 \\ 0 & 0 & 2 \\ 0 & 0 & 6 \end{vmatrix}$; (c) $\begin{vmatrix} 2 & -4 & 0 & 1 \\ 4 & 3 & 0 & -1 \\ -1 & -2 & 0 & 2 \\ 0 & 5 & 0 & 7 \end{vmatrix}$

1-9

$$D_3 = \begin{vmatrix} -2 & 3 & -4 \\ -1 & 6 & 2 \\ 1 & -1 & 3 \end{vmatrix}$$

에서 모든 소행렬식과 모든 여인자를 나열하라.

1-10 선택에 따라 행 또는 열에 대한 확장에 의해 각 D_3을 계산하라:

(a) $\begin{vmatrix} 4 & 7 & -2 \\ 1 & -5 & 0 \\ 3 & 0 & -2 \end{vmatrix}$; (b) $\begin{vmatrix} 1 & -1 & 0 \\ 2 & 3 & 1 \\ 7 & 10 & -2 \end{vmatrix}$; (c) $\begin{vmatrix} 7 & 5 & -2 & 0 \\ 11 & 0 & 1 & 1 \\ 12 & -1 & 3 & -1 \\ 10 & 0 & 1 & 1 \end{vmatrix}$; (d) $\begin{vmatrix} 1 & 1 & 2 & 1 & 4 \\ -1 & -1 & 3 & 2 & 0 \\ 2 & 0 & 1 & 1 & 0 \\ 2 & 0 & -1 & -1 & 0 \\ 1 & 1 & 0 & 1 & -1 \end{vmatrix}$

1-11 다음 각 행렬식을 대각형으로 축약하라:

(a) $\begin{vmatrix} 1 & 2 & 2 \\ -1 & 0 & 1 \\ 1 & -1 & 2 \end{vmatrix}$; (b) $\begin{vmatrix} 6 & -3 & 2 \\ 1 & -2 & 1 \\ 3 & -1 & -1 \end{vmatrix}$; (c) $\begin{vmatrix} 2 & -1 & 0 \\ 1 & -2 & 1 \\ 0 & 1 & -3 \end{vmatrix}$

1-12 Problem 1-10에서 추축 압축을 사용하라.

1-13 추축 압축을 위한 컴퓨터 프로그램(computer program)을 쓰라. 수치 검증(numerical verification)을 위하여 Problem 1-10과 1-11을 사용하라.

1-14

$$\mathbf{P} = \begin{bmatrix} 2 & -1 \\ 4 & 7 \end{bmatrix} \quad \mathbf{Q} = \begin{bmatrix} -1 & 0 \\ 4 & 5 \end{bmatrix}$$

라 하자. 각 적(곱)이 존재하지만, $\mathbf{PQ} \neq \mathbf{QP}$임을 보여라.

1-15 임의의 행(또는 열)이 모두 0인 정방행렬은 특이임을 증명하라.

1-16 임의의 행(또는 열)이 둘 또는 그 보다 많은 행(또는 열)의 합인 정방행렬은 특이임을 증명하라.

1-17 합이 정칙인 두 개의 (2×2) 특이 행렬의 예를 들어라.

1-18 합이 정칙인 두 개의 (3×3) 특이 행렬의 예를 들어라.

1-19

$$\mathbf{P} = \begin{bmatrix} a & b \\ c & d \end{bmatrix} \quad \mathbf{Q} = \begin{bmatrix} -b & a \\ -d & c \end{bmatrix}$$

라 하자. $\mathbf{PQ} = \mathbf{QP}$이기 위한 $a, b, c,$ 그리고 d의 조건은 무엇인가?

1-20 보여진 회로망에서, 절점 방정식을 행렬형으로 쓰라; 그 다음, 행렬 역에 의해, 절점 전압 v_1, v_2, v_3에 대하여 풀어라. 역은 (a) 수반행렬법, 그리고 (b) 기본 행 연산에 의하여 계산하라. 소자 값은 [Ω]이다.

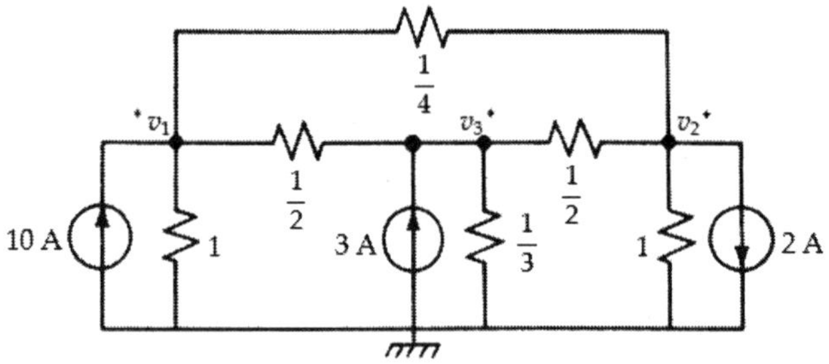

FIGURE 1.15 Problem 1-20.

1-21 (a) 수반행렬법, 그리고 (b) 기본 행 연산에 의하여 각 주어진 행렬의 역을 구하라:

$$\mathbf{A} = \begin{vmatrix} 1 & -1 & 0 \\ -1 & 1 & 1 \\ 1 & -1 & 1 \end{vmatrix}; \quad \mathbf{B} = \begin{vmatrix} 4 & -1 & 2 \\ 0 & 3 & -2 \\ 1 & 6 & 1 \end{vmatrix}; \quad \mathbf{C} = \begin{vmatrix} 1 & 0 & 1 & 0 \\ -1 & 1 & 0 & 1 \\ 1 & 0 & 1 & 1 \\ -1 & -1 & 1 & 0 \end{vmatrix}$$

1-22 $\mathbf{PQ} = \mathbf{PR}$과 $\mathbf{P}$가 정칙으로 주어졌을 때, $\mathbf{Q} = \mathbf{R}$임을 증명하라. $\mathbf{P}$가 특이일 때는 어떻게 설명될 수 있는가? 두 경우의 예를 들어라.

1-23 $\mathbf{Q}^{-1}$와 $\mathbf{P}^{-1}$가 개별적으로는 존재하지 않지만, $(\mathbf{QP})^{-1}$는 존재하는 예를 들어라. 식 (1.60)을 보라.

1-24 $(\mathbf{P}^T)^T = \mathbf{P}$를 증명하라.

1-25 $(\mathbf{P} + \mathbf{Q})^T = \mathbf{P}^T + \mathbf{Q}^T$를 증명하라.

1-26 $(\mathbf{PQ})^T = \mathbf{Q}^T\mathbf{P}^T$를 증명하라.

1-27 *대칭행렬(symmetric matrix)*은 등식(equality) $\mathbf{P} = \mathbf{P}^T$를 만족하는 행렬이다. 그런 행렬의 두 가지 기본적인 성질을 설명하라—한 개는 그 크기(size)에 관련된 것이며, 다른 것은 그것의 비대각 요소(off-diagonal element)에 관련된 것이다.

1-28 *왜대칭행렬(skew-symmetric matrix)*은 $\mathbf{P} = -\mathbf{P}^T$를 만족한다. 그런 행렬의 두 가지 기본적인 성질을 설명하라—한 개는 그 크기(size)에 관련된 것이며, 다른 것은 그것의 주대각 요소(main diagonal element)에 관련된 것이다.

1-29 $\mathbf{P}$가 정방행렬이라면, (a) $\mathbf{P} + \mathbf{P}^T$는 대칭, (b) $\mathbf{P} - \mathbf{P}^T$는 왜대칭, 그리고 (c) $\mathbf{P}\mathbf{P}^T$는 대칭임을 증명하라.

1-30 $\mathbf{P}$와 $\mathbf{Q}$가 모두 정방행렬이라 하자. $\mathbf{PQ} = \mathbf{QP}$이면 또 그 때에 한해서(필요충분) $\mathbf{PQ}$는 대칭임을 증명하라.

1-31 (a) 식 (1.39)의 접속 행렬 $\mathbf{A}_a$의 모든 열은 한 개는 +1과 한 개는 −1, 그리고 나머지 요소는 0을 포함함을 증명하라.
(b) $\mathbf{A}_a$에 있는 임의의 행은 나머지 $(n-1)$ 행의 합의 부(음, negative)와 같음을 증명하라. 물리적인(전기적인) 해석을 하라.
(c) 그러한 행은 중복되기 때문에, $\mathbf{A}_a$에서 삭제한다. 남은 행렬 $\mathbf{A}$는 *축소 접속 행렬(reduced incidence matrix)*이라 하며 $\mathbf{A}\mathbf{i}_b = \mathbf{0}$는 $(n-1)$ 절점에 대한 Kirchhoff의 전류 법칙이다
(d) $\mathbf{A}_a$에서 한 개의 행이 모두 0이라는 것의 의미는 무엇인가? 그러한 경우는 배제하는 것이 왜 타당한가?

1-32 회로망의 도표(그림 1.3 (b)같은)에서 원래의 모든 절점을 가지며, 가지의 최대수(여기에서는, 아주 적절하게, *나무 가지(tree branch)*라 불린다)로 이루어지는, 그리고 어떤 폐 loop도 이루지 않는 부분 도표(subgraph)로써 *나무(수, 트리, tree)*를 정의한다. 그림 1.16은 그림 1.3 (b)에 있는 몇 개의 tree를 보인다. 수학적인 유도에 의해, *tree branch*의 수 b_t는 절점의 수 n 보다 한 개가 적어 $b_t = n-1$임을 증명하라.

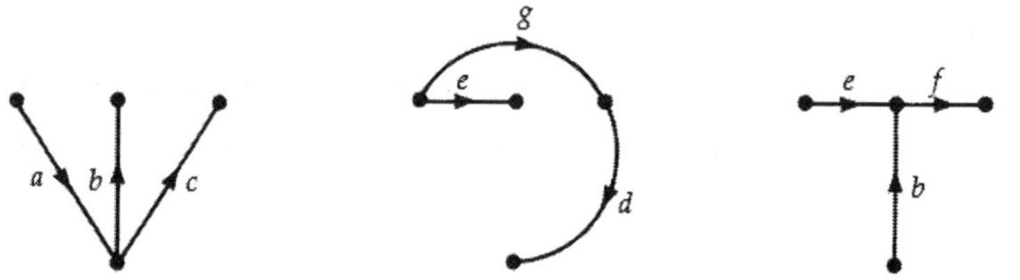

FIGURE 1.16 Problem 1-32: trees of a graph.

1-33[8] $\mathbf{A}$에 있는 임의의 $(n-1) \times (n-1)$ 정칙 부분 행렬은 tree에 대응함을 증명하라. ($\mathbf{A}$는 축소 접속 행렬이다. Problem 1-31을 보라.) 이 성질은 도표에서 모든 tree를 찾는데 유용한 방법을 제공한다.

1-34 Example 1.17에서 절점 1과 2에 대한 방정식을 더하자. 그 결과는 확실히 Kirchhoff의

전류 법칙처럼 보이는

$$i_b + i_c - i_d + i_e + i_g = 0$$

이다. 그것은 한 절점에 대해서는 타당하지 않지만, 가지의 집합 (b, c, d, e, g)에 대해서는 타당하다. 이 집합이 그림 1.17에 보여졌다. 이 집합은, "자를(cut)" 때, 도표를 두 부분으로 나눌 것이다. 이 부분 중에서 한 개가 고립 절점(isolated node)일 수 있다. 그러한 집합은 *컷셋(cut-set)*이라 불리며, Kirchhoff의 전류 법칙이 모든 cut-set에 적용된다. 그것을 확인하는 다른 방법은 "자르는 면(cutting plane)"(굵은 파선)으로 들어가는 전류의 합은 반드시 그 면에서 나오는 전류의 합과 같다는 것을 인지하는 것이다.

(a) 이 도표에 대한 다른 cut-set을 나열하고 보여라.

(b) 두 부분 중 한 개가 고립 절점이라면, cut-set 전류 방정식은 익히 알고 있는 그 절점에서의 Kirchhoff의 전류 법칙임을 증명하라.

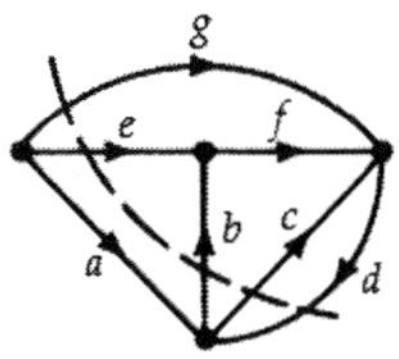

FIGURE 1.17 Problem 1-34.

1-35 Kirchhoff의 전류 법칙(KCL)을 정식화하는 다른 방법은, 식 (1.39)와 비슷한, *기본 컷셋(fundamental cut-set)*에 의하는 것이다. 그것은 다음과 같이 찾아진다:

1. Tree를 고르고(Problem 1-32를 보라) tree 가지를 확인한다. Tree에 속하지 않는, *링크(link)*라 불리는, 가지를 확인한다. 예로서, 그림 1.18 (a)에 보여진 바와 같이, tree 가지를 d, e, g라 하면 link는 a, b, c, f이다.

2. *한 개*의 tree 가지를 "자르고(cut)" 몇 개의 link와 함께 첫 번째 기본 cut-set을 형성한다. 예를 들어, tree 가지 d와 link a, b, c는 첫 번째 기본 cut-set을 형성한다. 이 cut-set을 이루는

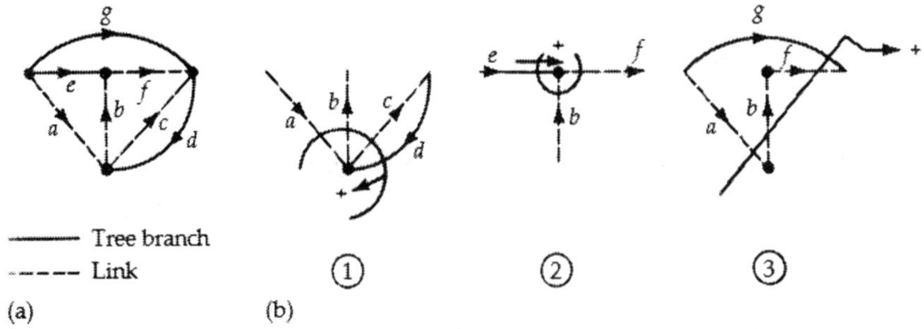

FIGURE 1.18 Problem 1-35: (a) tree branches and links and (b) fundamental cut-sets 1, 2, 3.

tree 가지의 방향은 cut-set의 전류가 정(양)의 기준(positive reference)이 되도록 취한다.
3. 두 번째 tree 가지 e로 link b, f와 함께 기본 cut-set을 형성하는 것을 반복한다.
4. 세 번째 tree 가지 g로 link a, b, f와 함께 마지막 기본 cut-set을 형성하는 것을 반복한다. 기본 cut-set이 그림 1.18 (b)에 보여졌다.
(a) 거기에는 $(n-1)$개의 기본 cut-set이 있음을 증명하라.
(b) 식 (1.39)와 비슷한 행렬형으로 Kirchhoff의 전류 법칙(KCL)을 쓰라. 더 특별히, $\mathbf{Q}_f\mathbf{i}_b = \mathbf{0}$이다. 여기서 $\mathbf{Q}_f$는 *기본 cut-set* 행렬(*fundamental cut-set* matrix)이다.
(c) 행렬 $\mathbf{Q}_f$를

$$\mathbf{Q}_f = \left[\mathbf{Q}_{f11} \vdots \mathbf{Q}_{f12}\right]$$

와 같이 분할형으로 배열하라. 여기서 $\mathbf{Q}_{f11}$은 link에 대응하며 $\mathbf{Q}_{f12}$는 tree 가지에 대응한다. 가지 전류 행렬 $\mathbf{i}_b$는 그것에 따라 나열되고 분할되어야 한다. $\mathbf{Q}_{f12}$의 열의 순서는 첫 번째 tree 가지, 두 번째 tree 가지, 등등에 대응하여야 할 것이다. 그러면 부분 행렬 $\mathbf{Q}_{f12}$는 특별한 단순한 행렬이다. 그것을 확인하라.
(d) Tree 가지 전류를 link 전류로 나타내기 위하여, 이 분할형으로 쓰여진 관계 $\mathbf{Q}_f\mathbf{i}_b = \mathbf{0}$을 사용하라.
(e) $\mathbf{Q}_f$의 계수는 $(n-1)$임을 증명하라. 따라서 $(n-1)$개의 기본 cut-set KCL 방정식은 독립이다.

1-36 식 1.40과 비슷한, Kirchhoff의 전압 법칙(KVL)을 정식화하는 체계적인 방법은 *기본 루프(fundamental loop)*를 통하는 것이다. 이것은 다음과 같이 정식화된다:
1. Tree를 고른다(Problem 1-35를 보라).
2. Tree에 한 개의 link를 더하여, 그 link와 몇 개의 tree 가지로 이루어지는 첫 번째 기본 loop를 형성한다. 예를 들어, link a는 tree 가지 g 및 h와 함께 기본 loop를 이룬다. Loop의 방향은 그것을 이루는 link와 같은 방향으로 부여된다.
3. 두 번째 link b로 tree 가지 e, g, d와 함께 두 번째 기본 loop를 이루는 것을 반복한다. 보여진 바와 같이, link c로, 그리고 마지막으로, link f로 계속한다.
(a) 거기에는 $l = b - n + 1$개의 link가 있으며, 따라서 l개의 기본 loop가 있음을 증명하라.
(b) 식 (1.39)와 비슷한 행렬형으로 Kirchhoff의 전압 법칙(KVL)을 쓰라. 더 특별히, $\mathbf{B}_f\mathbf{v}_b = \mathbf{0}$

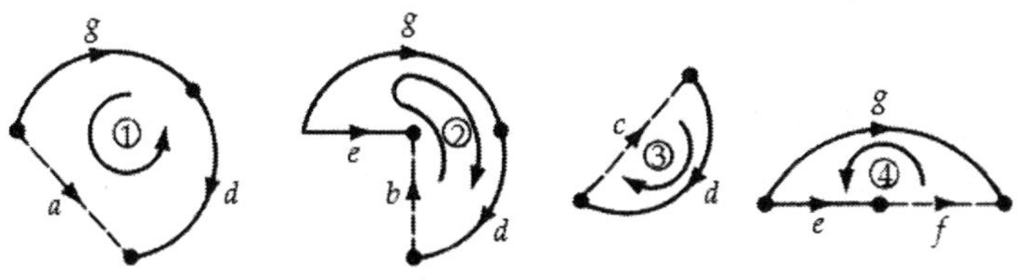

FIGURE 1.19 Problem 1-36: fundamental loops 1, 2, 3, 4.

이다. 여기서 $\mathbf{Q}_f$는 *기본 루프 행렬(fundamental loop matrix)*이다. $\mathbf{B}_f \subset \mathbf{B}_a$, 즉 $\mathbf{B}_f$는 loop 행렬 $\mathbf{B}_a$의 부분 행렬임을 증명하라.

(c) 행렬 $\mathbf{B}_f$를

$$\mathbf{B}_f = \left[\mathbf{B}_{f11} \vdots \mathbf{B}_{f12}\right]$$

와 같이 분할형으로 배열하라. 여기서 $\mathbf{B}_{f11}$은 link에 대응하며 $\mathbf{B}_{f12}$는 tree 가지에 대응한다. 물론, 가지 전압 행렬 $\mathbf{v}_b$는 그것에 따라 나열되고 분할되어야 한다. $\mathbf{B}_{f11}$의 열의 순서는 첫 번째 link, 두 번째 link, 등등에 대응하여야 할 것이다. 그러면 부분 행렬 $\mathbf{B}_{f11}$은 특별한 단순한 행렬이다. 그것을 확인하라.

(d) Link 전압을 tree 가지 전압으로 나타내기 위하여, 이 분할형으로 쓰여진 관계 $\mathbf{B}_f\mathbf{v}_b = \mathbf{0}$을 사용하라.

(e) $\mathbf{B}_f$의 계수는 $l = b - n + 1$임을 증명하라. 따라서 KVL의 l개의 기본 loop는 독립이다.

1-37 행렬 분할 기법을 사용하여, 보여진 바와 같은 익히 알고 있는 "Y-Δ(wye-delta)" (또는 "성-망(star-mesh)" 변환을 유도하라.

Δ를 Y로: $R_1' = R_1R_2/\Sigma\,;\, R_2' = R_2R_3/\Sigma\,;\, R_3' = R_3R_1/\Sigma$
$\Sigma = R_1 + R_2 + R_3$

Y를 Δ로: $R_1 = \Sigma'/R_2'\,;\, R_2 = \Sigma'/R_3'\,;\, R_3 = \Sigma'/R_1'$
$\Sigma' = R_1'R_2' + R_2'R_3' + R_3'R_1'$

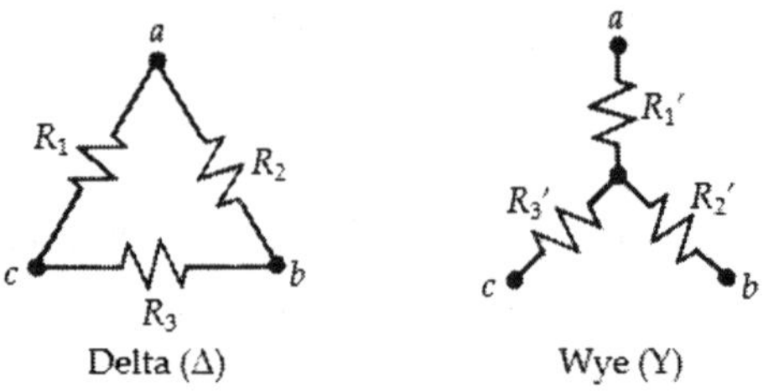

FIGURE 1.20 Problem 1-37.

1-38 방정식 계 $\mathbf{Ax} = \mathbf{B}$를 고려하라.

(a) 그것은 제차 계

$$[\mathbf{A} \vdots \mathbf{B}]\begin{bmatrix}\mathbf{x} \\ \hdashline x_{n+1}\end{bmatrix} = \mathbf{0}$$

과 등가임을 보여라. 여기서 덧붙여진 미지수 x_{n+1}은 -1의 값을 가지는 것으로 제한된다.

(b) 이 제차 계의 해를 상세히 논의하라. 결론이 1.9절에서의 결론과 일치해야 할 것이다.

1-39 다음의 각 계에 대하여, 그림 1.2와 비슷한, 기하학적인 해석을 하라.

(a) $\begin{bmatrix} 1 & 2 \\ -1 & 1 \\ 4 & -3 \end{bmatrix}\begin{bmatrix} x_1 \\ x_2 \end{bmatrix} = \begin{bmatrix} 3 \\ 0 \\ 1 \end{bmatrix}$; (b) $\begin{bmatrix} 1 & 2 \\ -1 & 1 \\ 4 & -3 \end{bmatrix}\begin{bmatrix} x_1 \\ x_2 \end{bmatrix} = \begin{bmatrix} 3 \\ 0 \\ 2 \end{bmatrix}$

1-40 $\mathbf{Ax} = \mathbf{B}$를 풀기 위한 많은 반복법(iterative method) 중 한 가지인 Gauss-Siedel법은 다음과 같은 단계로 개략된다:

1. $\mathbf{A}$의 주 대각이 가장 큰 항을 포함하도록, 즉

$$|a_{ii}| > |a_{ik}| \quad k = 1, 2, \cdots, i-1, i+1, \cdots, n$$

가 되도록 방정식을 재배열하고 미지수의 다시 번호를 다시 붙인다.

2. 초기 임의의 해(initial arbitrary solution), 예를 들면, $x_1^{(0)}, x_2^{(0)}, \cdots, x_n^{(0)}$를 추정한다.
3. x_1의 다음 값 $x_1^{(1)}$을 위한 반복에 첫 번째 방정식을 사용한다. 즉,

$$a_{11}x_1^{(1)} + a_{12}x_2^{(0)} + +a_{13}x_3^{(0)} \cdots + a_{1n}x_n^{(0)} \quad = b_1$$

을 $x_1^{(1)}$에 대하여 푼다

4. $x_2^{(1)}$을 위해 반복하는 두 번째 방정식에 $x_1^{(1)}$과 $x_3^{(0)}, x_4^{(0)}, \cdots, x_n^{(0)}$을 사용한다.
5. $x_3^{(1)}$을 위해 반복하는 세 번째 방정식에 $x_1^{(1)}, x_2^{(1)}, x_4^{(0)}, \cdots, x_n^{(0)}$을 사용한다.
6. 이렇게 하여 첫 번째 근사해 $\mathbf{x}^{(1)}$이 얻어지도록 계속한다.
7. 다음 근사 $\mathbf{x}^{(2)}$, 등등을 얻기 위하여 단계 3, 4, 5, 그리고 6을 반복한다.

수열 $\mathbf{x}^{(k)}$는 모든 i에 대하여

$$\max_k \sum_{\substack{k=1 \\ i \neq k}}^{n} \left|\frac{a_{ik}}{a_{ii}}\right| x_1^{(1)} < 1$$

이라면 완전해(엄밀해, exact solution)에 수렴한다(converge).

이 방법을

$$\begin{aligned} 3x_1 + \ x_2 - \ x_3 &= 5 \\ x_1 + 4x_2 + 2x_3 &= 3 \\ 2x_1 + \ x_2 - 3x_3 &= 2 \end{aligned}$$

에 적용하고 완전해와 비교하라.

1-41 *유한차분법(finite difference method)*은 상- 또는 편미분방정식(ordinary or partial differential equation)의 수치 근사해(numerical approximate solution)를 준다. 그 방정식은, 풀어질 때 영역(region) 내의 이산 점 번호(discrete number of point)에서 근사해를 산출한다. 예를 들어, 그림 1.21에 보여진 바와 같은, 직사각 울타리(rectangular enclosure) 내의 2차원 포텐셜 분포(two-dimensional potential distribution)을 고려하라. 세 개의 변(side)은 0의 potential인 한편, 네 번째 변은 $V \neq 0$(예를 들면, 여기에서는 $V = 1$)이다. 직사각형 내부의 모든

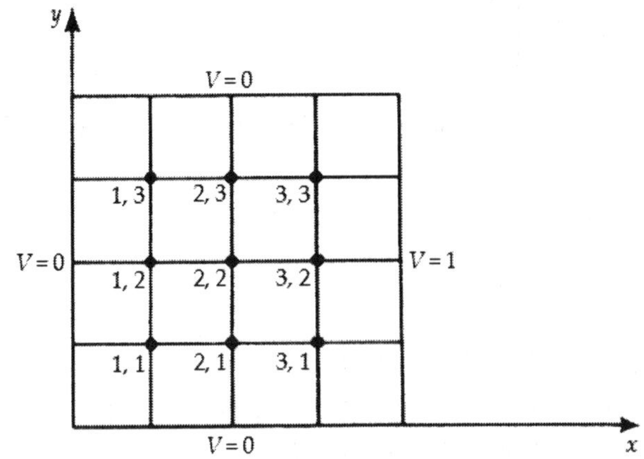

FIGURE 1.21 Problem 1-41.

점에서 potential은 다음과 같은 라플라스 방정식(Laplace's equation)을 따른다:

$$\frac{\partial^2 V}{\partial x^2} + \frac{\partial^2 V}{\partial y^2} = 0$$

내부를 점의 격자(grid of points)(이 예제에서는 9개의 내부 점)로 분할하고, 편리하게 지표(index) (i, j)를 붙인다. 그 다음 potential $V_{i,j}$를 그것을 둘러싸는 네 개의 potential의 평균(average)으로, 예를 들어,

$$V_{3,2} = \frac{1}{4}(1 + V_{3,3} + V_{2,2} + V_{3,1})$$

로 쓴다. 남은 8개의 방정식을 얻어라. 결과인 방정식 계를 풀어라.

1-42 Example 1.39와 1.40에서 얻어진 결과 $\langle \mathbf{v}, \mathbf{i} \rangle = 0$은 다음과 같은 방식으로 일반화될 수 있다. N과 $\hat{N}$를 같은 도표를 갖는 두 개의 회로망이라 하자. $\mathbf{v}$를 회로망 N에서 Kirchhoff의 전압 법칙을 제외하고는 제한을 받지 않는 가지 전압의 열 vector라 하자. $\mathbf{i}$를 회로망 N에서 Kirchhoff의 전류 법칙을 제외하고는 제한을 받지 않는 가지 전류의 열 vector라 하자. $\hat{\mathbf{v}}$와 $\hat{\mathbf{i}}$를, 비슷하게, 회로망 $\hat{N}$에서의 것이라 하자. 그러면

$$\langle \hat{\mathbf{v}}, \mathbf{i} \rangle = \langle \mathbf{v}, \hat{\mathbf{i}} \rangle$$

이다. 이 결과는 *텔레간의 정리(Tellegen's theorem)*로 알려져 있다. 도표가 보여진 것(그림 1.22)과 같으며 가지가 다음과 같이 주어진 두 개의 회로망에 대해 그것을 증명하라:

회로망 N: 가지 a는 전압원 $v_a(t) = 10$ [V]이다; 모든 다른 가지는 1 [Ω] 저항기(resistor)이다.

회로망 $\hat{N}$: 가지 a는 정현 전압원(sinusoidal voltage source) $\bar{V}_a = 10\angle 0^\circ$이다; 다른 가지는

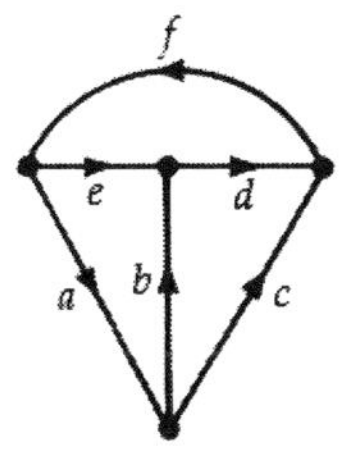

FIGURE 1.22 Problem 1-42.

다음과 같은 정현 임피던스(sinusoidal impedance)를 가진다:

$$\overline{Z}_b = 1 + j1; \quad \overline{Z}_c = 1 - j1; \quad \overline{Z}_d = 1 + j0; \quad \overline{Z}_e = \overline{Z}_c; \quad \overline{Z}_f = \overline{Z}_b$$

1-43 Vector의 길이와 scalar 적에 대한 정의를 사용하여,
(a) $\|\mathbf{u} + \mathbf{v}\| \le \|\mathbf{u}\| + \|\mathbf{v}\|$
(b) $|\langle \mathbf{u}, \mathbf{v} \rangle| \le \|\mathbf{u}\| \cdot \|\mathbf{v}\|$
를 증명하고, 2차원 공간에서 기하학적으로 설명하라.

1-44 2차원 공간에서 두 개이 실 벡터(real vector)이 scalar 적 $\langle \mathbf{u}, \mathbf{v} \rangle$의 기하를 부여라. 또한 이 두 vector 사이의 각도 θ가

$$\cos\theta = \frac{\langle \mathbf{u}, \mathbf{v} \rangle}{\|\mathbf{u}\| \cdot \|\mathbf{v}\|}$$

와 같이 주어짐을 증명하라.

1-45 주어진 r개의 선형 독립 vector $\mathbf{u}_1, \mathbf{u}_2, \cdots, \mathbf{u}_r$의 집합에서, 같은 공간에 있는, $\mathbf{u}$로 나타낸 vector $\mathbf{v}_1, \mathbf{v}_2, \cdots, \mathbf{v}_r$의 *직교* 집합을 찾고자 한다. 특히, 3차원 공간을 고려하라: 일반성의 상실 없이, $\mathbf{v}_1 = \mathbf{u}_1$로 선택할 수 있다. 그 다음, $\mathbf{v}_2 = \mathbf{u}_2 - \alpha_1 \mathbf{v}_1$이라 두고 $\mathbf{v}_2$가 $\mathbf{v}_1$과 직교하도록, 즉

$$\langle \mathbf{v}_2, \mathbf{v}_1 \rangle = \langle (\mathbf{u}_2 - \alpha_1 \mathbf{v}_1), \mathbf{v}_1 \rangle = 0$$

이 되도록 α_1을 선택한다. 이 식은 α_1의 원하는 값을 산출하며, 이로써 $\mathbf{v}_2$를 가진다. 그 다음, $\mathbf{v}_3 = \mathbf{u}_3 - \alpha_2 \mathbf{v}_2 - \alpha_3 \mathbf{v}_1$이라 하자. 여기서 α_2와 α_3은 $\mathbf{v}_3$이 $\mathbf{v}_1$과 그리고 α_2와 직교하도록, 그래서

$$\langle \mathbf{v}_3, \mathbf{v}_1 \rangle = \langle (\mathbf{u}_3 - \alpha_2 \mathbf{v}_2 - \alpha_3 \mathbf{v}_1), \mathbf{v}_1 \rangle = 0$$
$$\langle \mathbf{v}_3, \mathbf{v}_2 \rangle = \langle (\mathbf{u}_3 - \alpha_2 \mathbf{v}_2 - \alpha_3 \mathbf{v}_1), \mathbf{v}_2 \rangle = 0$$

을 갖도록 선택된다. 이 두 개의 식은 α_2와 α_3의 값을 산출하고, 그 결과로써 $\mathbf{v}_3$을 가진다.
(a) 이 방법을

$$\mathbf{u}_1 = \begin{bmatrix} 1 \\ 1 \\ 1 \end{bmatrix} \quad \mathbf{u}_2 = \begin{bmatrix} 2 \\ 0 \\ -1 \end{bmatrix} \quad \mathbf{u}_3 = \begin{bmatrix} 0 \\ 2 \\ 0 \end{bmatrix}$$

에 대해 설명하고 집합 $\mathbf{u}$와 직교 집합 $\mathbf{v}$를 그려라. $\mathbf{v}$의 각 vector를 그 norm으로 나눔으로써 집합 $\mathbf{v}$를 정규화하라(normalize).

(b) 이 과정을 $n(n > 3)$개의 vector의 집합의 경우로 일반화하라.

1-46 다음과 같은 행렬 $\mathbf{A}$의 특성 방정식과 특성치를 찾아라:

$$\text{(a) } \mathbf{A} = \begin{bmatrix} 2 & 1 & 1 \\ -2 & 1 & 3 \\ 3 & 1 & -1 \end{bmatrix}; \quad \text{(b) } \mathbf{A} = \begin{bmatrix} 6 & -2 & 2 \\ 4 & 0 & 2 \\ 2 & -2 & 4 \end{bmatrix}; \quad \text{(c) } \mathbf{A} = \begin{bmatrix} -1 & 1 \\ 1 & -2 \end{bmatrix}$$

1-47 $\mathbf{A}$의 특성 방정식 식 (1.102)에 있는 β_1은 특성치의 합

$$\beta_1 = \sum_{i=1}^{n} \lambda_i$$

와 같으며 또한 $\beta_1 = -\mathrm{Tr}(\mathbf{A})$임을 증명하라. 여기서 $\mathrm{Tr}(\mathbf{A})$는

$$\mathrm{Tr}(\mathbf{A}) = \sum a_{jj}$$

와 같이 주대각의 합으로 주어지는 $\mathbf{A}$의 *자취(trace)*이다.

1-48 $\mathbf{A}$의 특성 방정식 식 (1.102)에 있는 β_n은 특성치 그리고 $\mathbf{A}$와 다음과 같이 관련됨을 증명하라:

$$(-1)^n \beta_n = \lambda_1 \lambda_2 \cdots \lambda_n = \det \mathbf{A}$$

1-49 n개의 미지수를 가지는 n개의 제차 방정식 계

$$\mathbf{Ax} = \mathbf{0}$$

을 고려하라. $\mathrm{rank}\,\mathbf{A} = (n-1)$이 알려져 있다면, 모든 미지수 x_p는 $\mathbf{A}$의 임의의 행에 있는 계수의 여인자에 비례함을, 즉

$$x_p = kA_{mp} \quad \begin{matrix} p = 1, 2, \cdots, n \\ m = 1, 2, \cdots, n \end{matrix}$$

임을 증명하라. 여기서 A_{mp}는 여인자이다. 설명으로서, Example 1.52의 결과를 사용하라.

1-50 $\mathbf{A}$를 실수이며 대칭($a_{ij} = a_{ji}$)이라고 하자. λ_1과 λ_2가 두 개의 서로 다른 특성치($\lambda_1 \neq \lambda_2$)라면, 그러면 대응하는 특성 vector는 직교, 즉 $\langle \mathbf{x}_1, \mathbf{x}_2 \rangle = 0$임을 증명하라.

Hint $\mathbf{x}_1$과 $\mathbf{x}_2$를 정의하는 두 개의 방정식을 세운 다음, 양변에 각각, $\lambda_1\mathbf{x}_1^T\mathbf{x}_2$와 $\lambda_2\mathbf{x}_1^T\mathbf{x}_2$를 갖도록 방정식을 조작하라. 이 식을 빼라(subtract).

1-51 **A**가 실수이며 대칭이라면, 그 특성치는 실수임을 증명하라.
Hint 모순(contradiction)에 의하여 증명하라.

1-52 행렬이 $\mathbf{A} = \mathbf{A}^{*T}$라면 *에르미트(허미트) 행렬(Hermtian)*이다. Hermitian 행렬의 특성치는 실수이며, 특성 vector는 직교임을 증명하라.

1-53 **A**의 n개의 서로 다른 특성치와 특성 vector를 찾으면, $\mathbf{A}\mathbf{x}_1 = \lambda_1\mathbf{x}_1$, $\mathbf{A}\mathbf{x}_2 = \lambda_2\mathbf{x}_2$, $\cdots$, $\mathbf{A}\mathbf{x}_n = \lambda_n\mathbf{x}_n$임을 안다. 이것은

$$\mathbf{AM} = \mathbf{M\Lambda}$$

와 같이 간단하게 써질 수 있다. 여기서 **M**은, 열이 $\mathbf{x}_1, \mathbf{x}_2, \cdots, \mathbf{x}_n$인, *모양 행렬(modal matrix)*이다. 행렬 $\mathbf{\Lambda}$는 λ가 대각 요소인 대각행렬이다. **M**이 정칙이기 때문에 (왜?),

$$\mathbf{\Lambda} = \mathbf{M}^{-1}\mathbf{AM}$$

으로 쓸 수 있다. **A**의 닮음 변환(similarity transformation)으로 알려져 있는 이 과정은 이 행렬을 대각화한다.

$$\mathbf{A} = \begin{bmatrix} -2 & -1 \\ 2 & -5 \end{bmatrix}$$

로 이 과정을 설명하라.

1-54 행렬 미분방정식 $\dot{\mathbf{x}} = \mathbf{A}\mathbf{x}$의 풀이를 위한 반복법(iterative method)은, 초기 조건(initial condition) $x(t_0)$이 주어진, 다음과 같은 scalar의 경우를 고려함으로써 설명된다:

$$dx/dt = ax, \quad a = \text{constant}$$

이 식을 t_0와 t 사이에서 적분한다:

$$x(t) = x(t_0) + a\int_{t_0}^{t} x(\sigma)\, d\sigma$$

그 다음 이 식으로 주어진 것과 같은 x에 대한 완전한 표현을 피적분 함수(integrand)에 대입한다. ″내포″ 적분(″nested″ integration)이 수행된 결과를 가지고 계속한다. 결과는 엄밀해(closed-form solution) $x(t) = e^{at}x(t_0)$로 수렴한다.

SELECTED BIBLIOGRAPHY

1. J. Agnew and R. C. Knapp, *Linear Algebra with Applications,* Monterey, Calif.: Brooks/Cole Publishing Co., 1978.
2. B. Carnahan, H. A. Luther, and J. O. Wilkes, *Applied Numerical Methods,* New York: John Wiley & Sons, Inc., 1969.
3. S. P. Shan, *Introductory Topological Analysis of Electrical Networks,* New York: Holt, Rinehart & Winston, Inc., 1969.
4. J. de Pillis, *Linear Algebra,* New York: Holt, Rinehart & Winston, Inc., 1969.
5. G. E. Forsythe and C. B. Moler, *Computer Solution of Linear Algebraic Systems,* Englewood Cliffs, N.J.: Prentice-Hall, Inc., 1967.
6. A. Graham, *Matrix Theory and Applications for Engineers and Mathematicians,* New York: Halsted Press (John Wiley & Sons), 1979.
7. S. Karni, *Network Theory: Analysis and Synthesis,* Boston: Allyn & Bacon, Inc., 1966.
8. S. Seshu and M. B. Reed, *Linear Graphs and Electrical Networks,* Reading, Mass.: Addison-Wesley Publishing Co., Inc., 1961.

CHAPTER 2

Vector Analysis

2.1 INTRODUCTION

벡터 미적분학(vector calculus)은 전기공학, 특히 전자기학에서의 현상을 이해하기 위해 반드시 필요한 것은 아니지만, 이것 없이는 전자기학에서의 원리를 간단하고 명확하게 나타내기가 매우 어렵다. Vector 미적분학은 간결하고도 의미심장한 표현을 제공할 뿐만 아니라, 강력한 이해 수단을 제공한다. 따라서, 장 이론(field theory)에서는 vector 미적분학의 사용이 표준으로 되었다.

여기에서는 vector 해석에 관한 기초적인 이해가 되어 있다고 가정한다. 따라서 이 장은 vector 미적분학에 관한 엄밀한 수학직 진개를 위한 것이 아니고, 진기공학에서 반복해서 자주 사용되는 중요한 원리들을 재검토하고 전공 과목의 공부를 위한 일반적인 기초와 출발점을 제공하기 위한 것이다. 따라서 엄밀한 증명보다는 그 응용과 해석을 강조한다. 몇 가지의 매우 기초적인 원리가 현상에 대한 편리하고 완결적인 이해를 위해 포함되었다.

수학적인 관계식을 물리적으로 잘 해석하기 위해서는 먼저 이 식에 대응하는 물리적 원리가 도입되어야 하기 때문에, 처음에는 이 장에서 전개한 모든 내용에 대하여 잘 이해했는지에 대한 의문이 있을 수 있다. 하지만 이 장이 좋은 기초가 되어, 관련된 물리적 원리와 마주쳤을 때 보다 깊은 이해와 인식을 얻으리라고 기대한다.

2.2 REVIEW OF BASIC PROPERTIES OF VECTORS

크기(magnitude)로만 특징지어지는 *스칼라(scalar)*에 대하여, *벡터(vector)*는 크기와 방향(direction)의 두 가지에 의해 특징지어진다. Vector 량의 좋은 예는 속도(velocity)이다. 그림 2.1에 보여진 바와 같이, vector를 방향이 표시된 선분으로 도식적으로 나타내면 편리하다. 이 선분의 길이는 그 vector의 크기를 나타내며, 화살표는 방향을 나타낸다. 또 경우에 따라, 한 점의 변위(displacement)가 하나의 vector 량을 나타낸다고 생각하는 것도 편리하다. 그러면 이 변위의 크기와 방향이 그

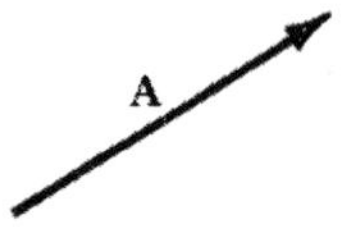

FIGURE 2.1 A graphical representation of a vector: a directed line segment.

vector의 크기와 방향을 나타낸다. 이 교재에서는 vector를 그림 2.1에 나타낸 바와 같이 굵은 활자로 표시한다.

여기서 간략하게 재검토되는 기본적인 vector 연산은 덧셈, 뺄셈, 그리고 두 종류의 곱셈—내적(dot product)과 외적(cross product)—이다. 이 연산들은 공간 내에서 vector의 위치를 나타내기 위해 사용되는 임의의 좌표계(coordinate system)와는 독립이라는 점을 명심해야 한다. 여러 가지 좌표계에서 vector를 나타내는 방법이 2.4절에서 상세하게 논의되지만, 기본 연산은 어떤 좌표계에 대해서든 독립적으로 정의된다.

기본 연산을 논의하기 전에 "같은(equal)" vector에 대해 정의해야 한다. 같은 방향과 같은 크기를 같는 두 개의 vector는 *같은 벡터(equal vector)*이다. 이 정의 때문에, 방향 또는 크기를 바꾸지 않는 한 하나의 vector를 공간 내의 임의의 위치로 자유로이 "미끄러뜨릴(slide)" 수 있다. 예를 들어, 그림 2.1의 vector **A**는 한 투사체의 속도를 나타내는데 사용될 수 있다. Vector의 시작점을 이 투사체가 있는 곳으로 정하는 것이 관례이지만, 반드시 그렇게 해야 할 필요는 없다. 속도를 규정하는 것은 vector의 방향과 길이이지, 공간 내에서의 vector의 위치가 정해주는 것은 아니다. 따라서 그림 2.2에 보여진 vector **A**들 중 어느 것이라도 이 투사체의 속도를 나타내기 위해 사용될 수 있다. 어떤 경우에는 이 vector를 미끄러뜨릴 수 있다는 개념이 모호해진다. 예를 들어, 공간의 어떤 영역에서의 풍속이 vector로 표현되는 경우를 가정한다. 이것은 공간 내의 각 점 마다 한 개의 vector를 지정함으로써 이루어질 수 있다(2.3절을 보라). 그러면 주어진 점에서의 vector는 그 점에서의 풍속을 나타낼 것이다. 이 경우, 한 개의 주어진 점에 한 개의 특정한 vector를 관련시키는 것이 중요하기 때문에, 한 점에서 다른 점으로 vector를 미끄러뜨린다고

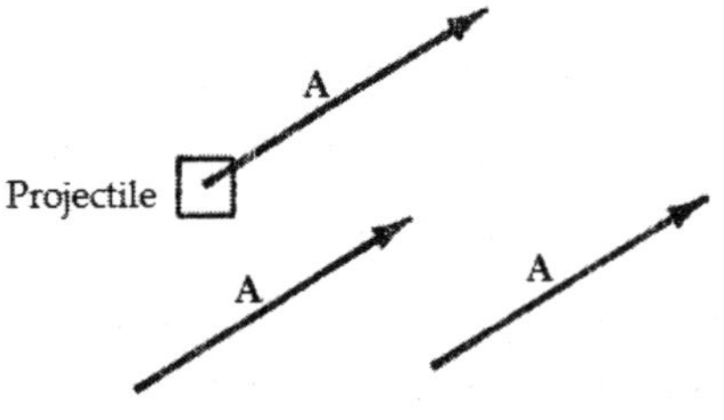

FIGURE 2.2 Any of the vectors A shown may be used to denote the projectile velocity.

생각하는 것이 곤혹스럽게 될 것이다. 이와 같은 경우에는, 어느 정도 주의를 기울이면 vector가 따라가는 점을 추적할 수 있기는 하지만, 보통 미끄러지는 vector의 생각은 하지 않는다.

Vector Addition and Subtraction

두 vector의 덧셈은 점의 이동에 의하여 편리하게 정의할 수 있다. 따라서, 그림 2.3에 보여진 바와 같이, **A**가 점 1로부터 점 2까지의 변위, 그리고 **B**가 점 2로부터 점 3까지의 변위를 나타낸다면, 그러면 **C**는 점1로부터 점 3까지의 변위를 나타낸다. **C**가 **A** + **B**와 등가임은 명백하다; 즉, **A** + **B** = **C**이다. 두 vector의 합은 따라서 도식적 구성에 의해 찾아질 수 있다. 이러한 도식적 구성에 의해

$$\mathbf{A} + \mathbf{B} = \mathbf{B} + \mathbf{A} \tag{2.1}$$

그리고

$$\mathbf{A} + (\mathbf{B} + \mathbf{C}) = (\mathbf{A} + \mathbf{B}) + \mathbf{C} \tag{2.2}$$

를 보이는 것은 쉽다. Vector 덧셈의 이 두 가지 성질은, 각각, vector 덧셈의 *교환칙(commutative law)*과 *결합칙(associative law)*이라 불린다.

Vector의 부(음, negative)는 같은 크기이지만 방향이 반대인 vector로 정의된다. 이 정의로, vector 뺄셈은

$$\mathbf{A} - \mathbf{B} = \mathbf{A} + (-\mathbf{B}) \tag{2.3}$$

와 같이 vector 덧셈으로 쉽게 정의된다.

Vector Products

한 가지의 스칼라 곱셈(scalar multiplication)이 정의되어 있는 것과는 대조적으로, 두 종류의 vector 곱셈이 정의된다. 그것은 *점적(내적, dot product)* 및 *크로스적(외적, cross product)*으로서, 두 vector의 *스칼라적(scalar product)* 및 *벡터적(vector product)*이

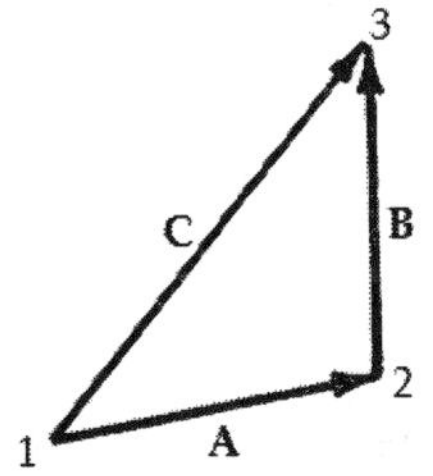

FIGURE 2.3 The sum of two vectors.

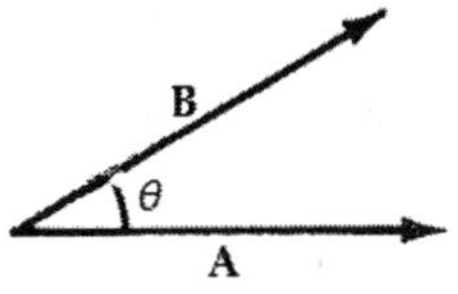

FIGURE 2.4 The angle between two vectors used in the dot product.

라고도 불린다.

두 vector의 내적은 scalar량이며

$$\mathbf{A}\cdot\mathbf{B} \equiv AB\cos\theta \tag{2.4}$$

로 정의된다. 여기서 θ는 그림 2.4에서 가리키는 바와 같이, 두 vector 사이의 작은 쪽의 각도이다. 표기 A는 vector **A**의 크기를 의미한다. 내적은 교환적이며 분배적(distributive)이다; 즉,

$$\mathbf{A}\cdot\mathbf{B} = \mathbf{B}\cdot\mathbf{A} \tag{2.5}$$

$$\mathbf{A}\cdot(\mathbf{B}+\mathbf{C}) = \mathbf{A}\cdot\mathbf{B} + \mathbf{A}\cdot\mathbf{C} \tag{2.6}$$

이다.

$\mathbf{A}\times\mathbf{B}$로 적어지는 두 vector의 외적은 크기는 $AB\sin\theta$이고, 그 방향이 **A**와 **B**로 정의되는 면(surface)에 수직(perpendicular)이며 오른 나사(right-hand screw)가 **A**에서 **B**로 각도 θ를 통하여 회전하는 것과 같은 방향으로 회전할 때 나사가 진행할 방향이다.

$$\mathbf{A}\times\mathbf{B} = \mathbf{C}$$

의 도식적 표현이 그림 2.5에 보여졌다. 정의로부터 외적은 교환적이 아니지만, 분배적이라는 것을, 즉,

$$\mathbf{A}\times\mathbf{B} \neq \mathbf{B}\times\mathbf{A}$$

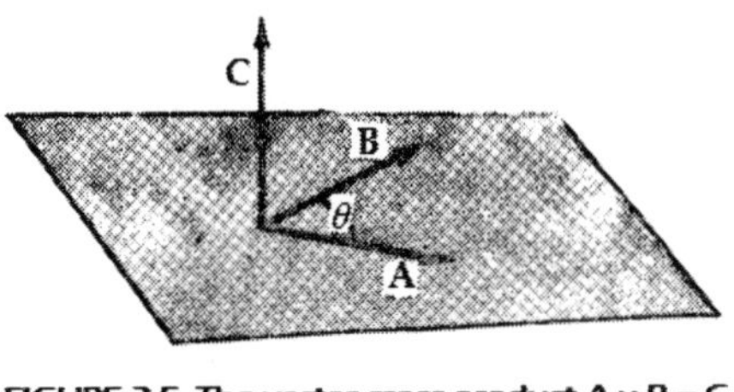

FIGURE 2.5 The vector cross product A × B = C, where C is perpendicular to A and B.

이지만

$$\mathbf{A} \times (\mathbf{B} + \mathbf{C}) = \mathbf{A} \times \mathbf{B} + \mathbf{A} \times \mathbf{C}$$

임을 보이는 것은 쉽다. 두 개 이상의 vector의 내적과 외적을 포함하는 몇 가지 벡터 항등식(vector identity)이 Appendix B에 나열되어 있다.

Unit Vectors

단위 벡터(unit vector)는 단위 크기(크기가 1, unit magnitude)인 vector로 정의된다. 임의의 주어진 vector 방향의 단위 vector는 그 vector를 그 크기로 나눔으로써 쉽게 얻을 수 있다. 따라서 **A** 방향의 단위 vector $\widehat{\mathbf{A}}$는

$$\widehat{\mathbf{A}} = \frac{\mathbf{A}}{A}$$

로 주어진다. 일반적으로, 단위 vector는 이 교재에서는 탈자 기호(caret, ∧)로 나타내어질 것이다. 또한 임의의 vector는 그 크기와 단위 vector의 항으로

$$\mathbf{A} = A\widehat{\mathbf{A}}$$

와 같이 쓸 수 있다. 종종 vector를 이러한 방식으로 나타내는 것이 편리할 것이다; 이 개념은 vector가 *기본(기저) 벡터(base vector)*라 불리는 세 개의 단위 vector로 적어지는 2.4절에서 확장된다. 이 기본 vector는 좌표계와 관련된 편의성 때문에 유용하다. 또한, 2.4절에서 논의되는 바와 같이, 덧셈, 뺄셈, 그리고 내적 및 외적을 이 기본 vector의 항으로 적는 것 역시 편리하다.

이 절에서의 마지막 정의로서, vector에 scalar를 곱하는 곱셈(multiplication)을 고려하자. Vector와 scalar의 곱(적, product)은 방향이 곱해지는 vector의 방향과 같으며 크기가 scalar와 vector의 크기의 곱인 vector로 정의된다; 즉, $\mathbf{A} = A\widehat{\mathbf{A}}$라면, 그러면

$$\Phi\mathbf{A} = \Phi A\widehat{\mathbf{A}} \tag{2.7}$$

이다.

2.3 SCALAR AND VECTOR FIELDS

전기공학에서는 벡터와 스칼라 장(vector and scalar field)의 개념이 자주 사용되기 때문에, 이 개념에 대한 주의 깊은 논의가 이 절에서 주어진다. 먼저 스칼라 점함수(scalar point function)의 정의를 복습하자. 공간 내의 모든 점과 같은, 주어진 점

의 집합을 고려한다. 각 점에 대응하는 어떤 scalar 값이 있다고 가정한다. 이 점들의 집합(class)은 *정의 영역(정의역, domain of definition)*이라 불리며, 각 점에서의 scalar 값의 대응은 *scalar 점함수*라 불린다. 각 점에 대응하는 scalar 값은 scalar 점함수의 *치역(range of values)*이라고 불린다. Scalar 점함수는 $f(P)$로 적어진다. 여기서 P는 정의역 내의 임의의 점이며, f는 점 P에서의 scalar 값이다. Scalar 점함수의 한 가지 예는 공간 내의 각 점에서의 온도(temperature)이다. Scalar 점함수는 종종 *스칼라장(scalar field)*이라고 불린다.

자주 사용되는 scalar 장의 도식적 표현의 한 가지는, 그림 2.6에 보여진 바와 같이, scalar 점함수의 같은 값들이 선으로 연결된 것이다. 온도장의 표현에서는, 일정한 온도의 선은 *등온선(isotherm)*이라 불린다. 지리학적인 폐곡선(contour) 지도는 치역이 해발 고도로 이루어지는 scalar 점함수의 표현이다. 전기공학에서 자주 고려될 scalar 장은 포텐셜장(potential field)이다. 일정한 potential의 선은 *등포텐셜(등위, equipotential)*이라 불린다.

*벡터 점함수(vector point function)*는 치역이 vector의 집합인 점함수이다. 따라서 정의역 내의 각 점에는 대응하는 vector가 있다. Vector 점함수는 $\mathbf{F}(P)$로 적는다. 여기서 P는 정의역 내의 임의의 점이며, $\mathbf{F}$는 점 P에서의 vector이다. 짐작되는 바와 같이, vector 점함수는 종종 *벡터장(vector field)*이라고 불린다. 풍속(wind velocity)은 vector 장의 예이다. 선풍기가 실내에서 공기의 연속적인 유동(flow)을 생성한다면, 각 점 P에서의 바람의 크기와 방향이 결정될 수 있다. 결과적인 vector 풍속 $\mathbf{v}(P)$는 실내의 모든 점에서의 풍속의 크기와 방향을 나타내는 vector 장 함수이다. 전기공학에서 가장 많이 고려될 vector 장은 전(기)장(전계, electric field)와 자(기)장(자계, magnetic field)이다.

Vector 장의 도식적 표현은 scalar 장의 표현처럼 쉽지는 않다. Vector 장의 한 가지 표현이 그림 2.7에 보여졌다. Vector는 각 vector의 기점(base)에 위치하는 점 P에서의 vector 장의 크기와 방향을 나타낸다. 2.2절에서 언급된 바와 같이, 각 점

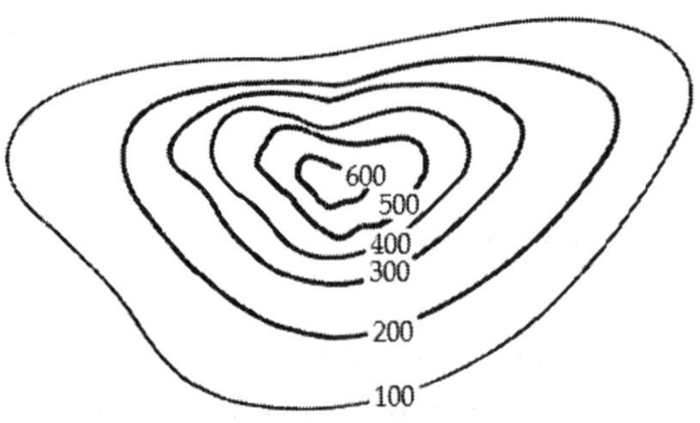

FIGURE 2.6 Graphical representation of a scalar field: the lines are constant values of the scalar point function.

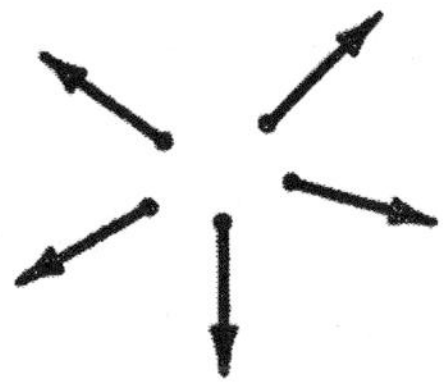

FIGURE 2.7 One method of representing a vector field.

과 그 점에 부여되는 vector 사이의 상호 관계를 유지하는 것이 중요하기 때문에, vector 장과 관련하여 vector의 "미끄러뜨림(sliding)"은 보통 생각하지 않는다. 따라서, vector가 vector 장의 부분일 때, 보통 그것이 주어진 점에 "묶였다(bound)"고 생각한다. 그림 2.7에 보여진 표현의 종류는, 장의 대칭성(symmetry)이 종종 불명확해지고 장이 이산된 점에서만 나타내지기 때문에, 기대한 만큼 편리하지는 않다. 더 보편적으로 사용되는 방법은 방향을 가리키는 화살표를 가진 연속선(continuous line)이 그려지는 방법이다. 각 점에서의 장의 방향은 그러면, *유선(flow line)* 또는 *속선(flux line)*이라 불리는, 선의 접선(정접선, tangent)이다. 장의 크기는 선 사이의 간격(separation)으로 나타내어진다. 선이 멀리 떨어져 있다면, vector의 크기는 작다. 이것의 예는, 그림 2.8에 그려진 것과 같은, 원통 주위의 유체 유동의 속도장이다.

많은 종류의 vector 장은, 유체 분자 또는 하전 입자(charged particle) 같은, 입자의 유동을 나타내지만, 입자의 실제적인 물리적 유동을 나타내지 않는 vector 장도 많이 있다. 하지만, 물리적 운동이 포함되지 않지만, 이런 장을 유체 유동을 나타내는 것으로 생각하는 것이 편리한 경우가 종종 있다. 장선(field line)은 그러므로 대체로 속선이라 불리며, 장은 속 *밀도(flux density)*라고 말해진다. 면(surface)을 통과하는 총속(total flux)(유동)은 그러면 적분 과정에 의하여 찾아질 것이다. 이런 종류의 적분이 2.7절에서 논의된다.

2.4 COORDINATE SYSTEMS

2.2절에서 지적된 바와 같이, vector와 기본 vector의 연산은 어떤 좌표계에 대해서

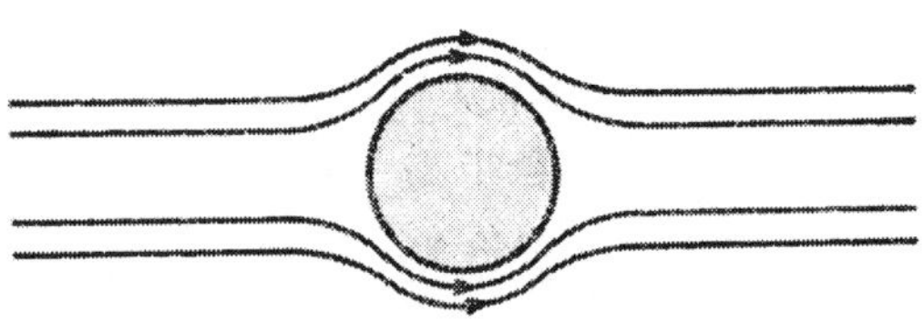

FIGURE 2.8 Fluid flow around a cylinder: this illustrates another, probably better, method of graphically representing vector fields.

든 독립적으로 정의된다. 하지만, 실제 문제를 풀거나 물리적 원리의 이해를 위해서는 좌표계를 사용하는 것이 매우 편리하게 된다.

좌표계는 두 가지 목적에 도움을 준다: 한 가지는 공간에서 점의 위치를 정하는 것이며, 다른 한 가지는 공간에 있는 점에서의 vector의 크기와 방향을 나타내는데, 즉 vector 장을 나타내는데, 편리한 방법을 제공한다는 것이다. 이것은 *기본 벡터 (base vector)*라 불리는 세 개의 vector의 집합(set)으로 이루어진다. 좌표계의 이 기본 vector에 의해 vector 장을 나타내는 것은 vector 장의 *표현(representation)*이라고 불린다. 편의상, 기본 vector는 보통 서로 직교하게(orthogonal) (서로 수직으로(perpendicular)) 선택되지만, 반드시 그래야 할 필요는 없다. 먼저 세 가지 가장 일반적으로 사용되는 좌표계—직각(데카르트)(rectangular, Cartesian), 원통(cylindrical), 그리고 구(spherical)—를 상세하게 논의한 다음 일반 직교 곡선 좌표계(general orthogonal curvilinear coordinate system)를 논의할 것이다. 좌표계의 선택은 다루는 문제의 대칭성(symmetry)에 종속된다. 예를 들어, 원통 대칭(cylindrical symmetry)이 있는 경우에는, 원통 좌표계의 사용이 직각 좌표계보다 훨씬 더 수학을 간단하게 한다.

Rectangular Coordinate System

직각 좌표계는 세 가지 표준 좌표계 중에서 가장 잘 알려진 것이다. 이것은 단순성과, 뒤에서 보게 될 바와 같이, 기저 단위 벡터(base unit vector)가 일정하기(상수이기, constant) 때문에 가능한 한 언제라도 사용해야 할 것이다. 그림 2.9는 x, y, 그리고 z축이라고 이름이 붙은 세 개의 서로 직교하는 축을 보인다. 또한 보여진 것은, 각각 x, y, 그리고 z축을 따라 놓인, $\hat{\mathbf{x}}, \hat{\mathbf{y}}$, 그리고 $\hat{\mathbf{z}}$로 이름이 붙은 세 개의 기본 vector이다. 이 기본 vector는 일정한 크기와 방향을 갖기 때문에, 상수 vector이다. 어떤 다른 좌표계에서는, 어떤 기본 vector는 방향이 변수이기 때문에 상수 vector가 아니다.

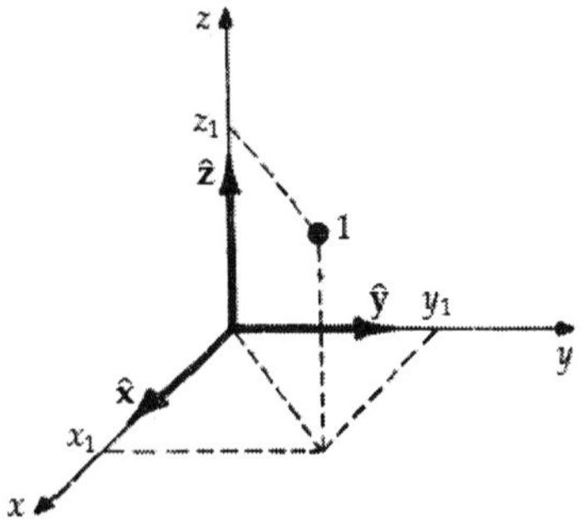

FIGURE 2.9 The rectangular coordinate system.

오른손(우수) 좌표계(right-handed system)는 $\hat{\mathbf{x}} \times \hat{\mathbf{y}} = \hat{\mathbf{z}}$인 관계가 있는 좌표계로 정의된다. 공간 내에 있는 임의의 점은 $x, y,$ 그리고 z의 값으로 위치가 표시된다. 예를 들어, 그림 2.9에서 점 1은 나타내어진 바와 같이 $x = x_1, y = y_1$, 그리고 $z = z_1$에 위치해 있다. $x, y,$ 그리고 z는 *독립 변수(independent variable)*라 말하며, 일반적으로 $x, y,$ 그리고 z에 종속하는 ($x, y,$ 그리고 z의 함수인) scalar 또는 vector 점함수 같은, 임의의 함수는 *종속 변수(dependent variable)*라 불린다.

일반적으로, vector 또는 scalar 점함수는 공간 내에서 점에 따라 변한다. 공간 내에서 각 점이 $x, y,$ 그리고 z 좌표로 위치가 표시될 수 있기 때문에, vector 또는 scalar 점함수는 $x, y,$ 그리고 z의 함수로 써질 수 있다. 어떻게 scalar 장이 $x, y,$ 그리고 z의 항으로 표현될 수 있는 지를 보는 것은 쉽다. 예를 들어, 온도 scalar 점함수 $T(P)$는 (x, y, z)가 점 P에 대응할 때 간단히 $T(x, y, z)$이다. Vector 장은, *크기와 방향* 둘 다 $x, y,$ 그리고 z의 함수일 것이기 때문에, 더 복잡하다. 하지만, vector 장은 기저 vector를 따르는 성분으로 편리하게 표현될 수 있다. 알려진 vector가 $x, y,$ 그리고 z의 함수라면,

$$\mathbf{A}(x, y, z) = A_x(x, y, z)\hat{\mathbf{x}} + A_y(x, y, z)\hat{\mathbf{y}} + A_z(x, y, z)\hat{\mathbf{z}} \tag{2.8}$$

로 적을 수 있다. 여기서 각각 $x, y,$ 그리고 z축을 따르는 $\mathbf{A}$의 scalar 성분인 $A_x(x, y, z)$, $A_y(x, y, z)$ 그리고 $A_z(x, y, z)$는 결정되는 값이다. 식 (2.8)은 직각 좌표계에서의 vector $\mathbf{A}$의 *표현(representation)*이라 불린다. 기본 vector가 일정하기 때문에, $\mathbf{A}$의 크기와 방향 둘 다의 $x, y,$ 그리고 z에 대한 종속성은 $A_x(x, y, z)$, $A_y(x, y, z)$, 그리고 $A_z(x, y, z)$의 $x, y,$ 그리고 z에 대한 종속성에 완전히 포함된다. 식 (2.8)로 $\mathbf{A}$를 표현하는 것은 보통 "기본 vector를 따르는 성분의 합(sum)으로 vector를 적는 것"이라 불린다. Vector의 덧셈을 기초로 한 기하학적 표현이 그림 2.10에 보여졌다.

$\mathbf{A}$의 방향과 크기가 알려졌기 때문에, $A_x(x, y, z)$, $A_y(x, y, z)$, 그리고 $A_z(x, y, z)$는

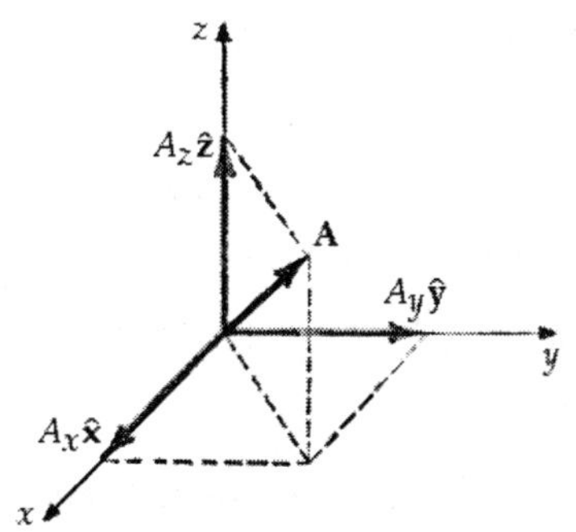

FIGURE 2.10 The rectangular components of A.

순차적으로 식 (2.8)과 $\hat{\mathbf{x}}, \hat{\mathbf{y}}$, 그리고 $\hat{\mathbf{z}}$를 내적함으로써 얻어질 수 있다. $\hat{\mathbf{x}}, \hat{\mathbf{y}}$, 그리고 $\hat{\mathbf{z}}$가 서로 직교이기 때문에, 결과는

$$\hat{\mathbf{x}} \cdot \mathbf{A} = A_x(x, y, z) \tag{2.9}$$

$$\hat{\mathbf{y}} \cdot \mathbf{A} = A_y(x, y, z) \tag{2.10}$$

$$\hat{\mathbf{z}} \cdot \mathbf{A} = A_z(x, y, z) \tag{2.11}$$

이다. 직교 기본 vector를 가지는 것의 유리한 점이 여기에서 명백하다.

Example 2.1 Finding the components of a vector 이 원리를 설명하는 아주 자명한 예제가 그림 2.11에 그려져 있다. 알려진 vector **A**가 x축과 θ의 각도로 xy-평면에 놓여 있다. 식 (2.4)를 사용하여, 바로

$$\begin{aligned} A_x &= \hat{\mathbf{x}} \cdot \mathbf{A} = A\cos\theta \\ A_y &= \hat{\mathbf{y}} \cdot \mathbf{A} \\ &= A\cos\left(\frac{\pi}{2} - \theta\right) \\ &= A\sin\theta \end{aligned}$$

를 찾는다. 여기에서는 A_x와 A_y가 상수이지만, 일반적으로는 x, y, 그리고 z의 함수일 수 있다. A_x와 A_y를 얻는 격식을 차리지 않은 방식은 합하여 **A**가 되는 $\hat{\mathbf{x}}$와 $\hat{\mathbf{y}}$ 방향의 두 개의 vector를 찾음으로써 단순히 **A**를 x와 y 방향을 따르는 성분으로 분해하는 것이다. 두 방법은 등가이다.

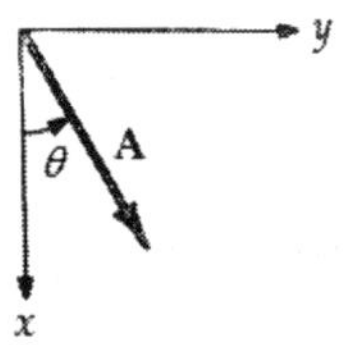

FIGURE 2.11 A vector in the xy-coordinate system.

■

2.5절에서 상세히 논의되는 적분과 관련하여, 직각 좌표계에서 표현되는 미분(미소) 호 길이(differential arc length)가 필요하다. 미분 길이(differential length)는 좌표 중의 한 개가 미분(미소)량만큼 증가했을 때의 결과이다. 직각 좌표계에서는 미분 길이가 dx, dy, 그리고 dz이다. 총(total) 미분 호 길이 dl은 각 좌표가 미분량만큼 증가한 결과이다. 그것은 $(dl)^2 = (dx)^2 + (dy)^2 + (dz)^2$으로 주어진다. 여기서 dl은 그림 2.12에 보여진 상자의 대각선의 길이에 대응한다.

관심있는 다른 양은, 그림 2.12에 그려진, 미분(미소) 체적(differential volume) $dV = dx\,dy\,dz$이다.

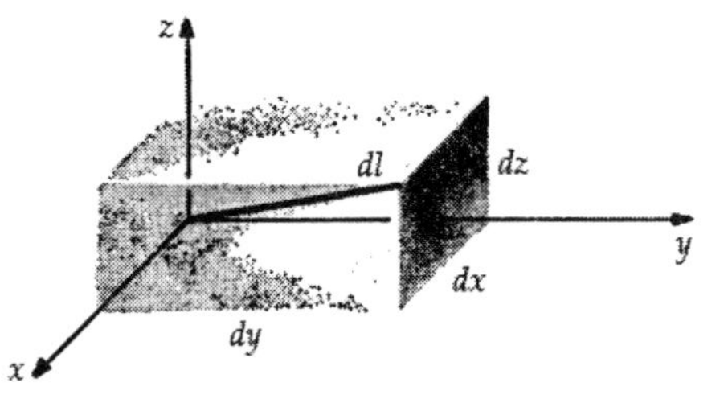

FIGURE 2.12 The differential lengths and volume in the rectangular coordinates.

원통 및 구 좌표계에서의 단위 vector의 정의를 위한 준비로서, $\hat{\mathbf{x}}$, $\hat{\mathbf{y}}$, 그리고 $\hat{\mathbf{z}}$의 더 일반적인 정의가 일정 좌표 값의 면으로 만들어질 수 있음에 유의하자. 따라서 $\hat{\mathbf{x}}$는 $x = \text{constant}$인 면에 수직이며 x가 증가하는 방향인 단위 vector로 정의된다. 같은 정의가 $\hat{\mathbf{y}}$와 $\hat{\mathbf{z}}$에 대해서도 만들어진다. 또한 점 (x_1, y_1, z_1)은 세 개의 서로 수직인 면 $x = x_1, y = y_1$, 그리고 $z = z_1$의 교점(intersection)으로 정의됨에 유의해야 할 것이다.

Cylindrical Coordinate System

원통 좌표계의 독립 변수는 r, φ, 그리고 z이다. 편의를 위하여, 원통 좌표계가 직각 좌표계와 관련하여 그림 2.13에 보여졌다. 원통 좌표계는 원통 대칭을 갖는 문제의 경우 표준인 직각 좌표계를 대신하여 사용된다. 둥근 파이프(round pipe) 또는 봉(rod)과 같은 원통 구조가 해석될 때, 수학은 원통 좌표계에서 훨씬 더 단순하다. $r = \text{constant}$인 면은 z축이 동심인(concentric) 원통, $\varphi = \text{constant}$인 면은 z축을 지나는 평면, 그리고 $z = \text{constant}$인 면은 z축에 수직인 평면이다. 이 세 개의 면의 교점이 점 (r, φ, z)를 정의한다. 단위 기본 vector는 $\hat{\mathbf{r}}, \hat{\boldsymbol{\varphi}}$, 그리고 $\hat{\mathbf{z}}$이다. 각 기본 vector는 한 좌표 점에서 일정 좌표 면(constant coordinate surface)에 수직이며

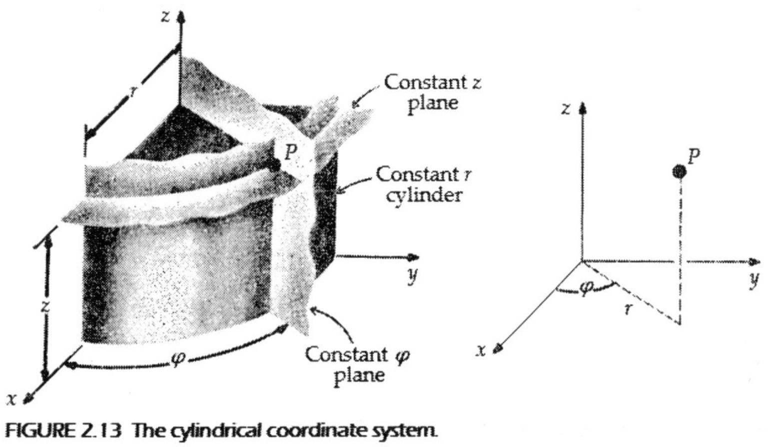

FIGURE 2.13 The cylindrical coordinate system.

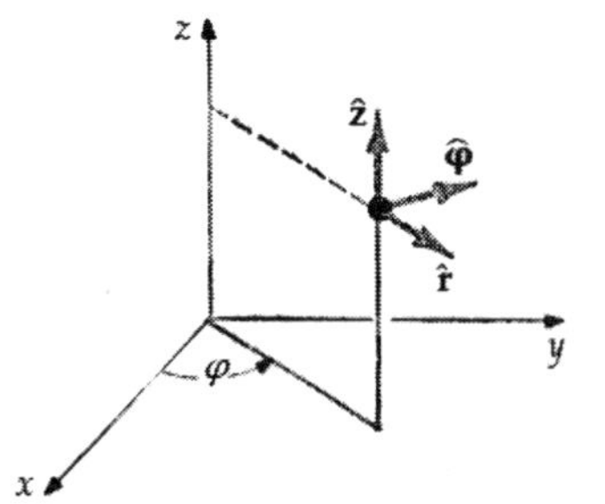

FIGURE 2.14 The base vectors of the cylindrical coordinate system at the coordinate point (r, φ, z).

좌표가 증가하는 방향으로써 정의된다. 이 vector가 그림 2.14에 보여졌다. 세 개의 일정 좌표 면이 상호 직교하기 때문에, 세 개의 기본 vector가 상호 직교한다는 것이 정의로부터 따라온다. 오른손 좌표계는 $\hat{\mathbf{r}} \times \hat{\boldsymbol{\varphi}} = \hat{\mathbf{z}}$로 정의된다. $\hat{\mathbf{r}}$와 $\hat{\boldsymbol{\varphi}}$는 항상 xy-평면에 평행임에 유의하라.

$\hat{\mathbf{r}}$와 $\hat{\boldsymbol{\varphi}}$의 매우 중요한 특징은 그 방향이 φ의 함수라는 것이다(그 크기는, 물론, 상수이다). 이것이 상수 vector인 $\hat{\mathbf{x}}, \hat{\mathbf{y}}$, 그리고 $\hat{\mathbf{z}}$와 대비되는 점이다. $\hat{\mathbf{r}}$와 $\hat{\boldsymbol{\varphi}}$의 φ 종속성을 마음에 새기는 것이, 특히 적분과 미분에 있어서, 필수적이다. $\hat{\mathbf{r}}$와 $\hat{\boldsymbol{\varphi}}$가 φ에 따라 변한다는 사실은, 물론, 직각 좌표계의 사용에 의해 없어질 수 있는, 번거로운 것이다.

Vector는 직각 좌표계에서 사용되었던 것과 비슷한 방식으로 원통 좌표계에서 표현된다. 원통 좌표계에서의 $\mathbf{A}$의 표현은

$$\mathbf{A}(r, \varphi, z) = A_r(r, \varphi, z)\,\hat{\mathbf{r}} + A_\varphi(r, \varphi, z)\,\hat{\boldsymbol{\varphi}} + A_z(r, \varphi, z)\,\hat{\mathbf{z}}$$

이다.

미분 길이는 $dr, r\,d\varphi$, 그리고 dz이다. φ가 각도이기 때문에, φ의 $d\varphi$만큼의 증가에 의해 얻어지는 미분 길이는, 그림 2.15에 그려진 바와 같이, $r\,d\varphi$로 주어진다. 총 미분 호 길이는

$$(dl)^2 = (dr)^2 + (r\,d\varphi)^2 + (dz)^2$$

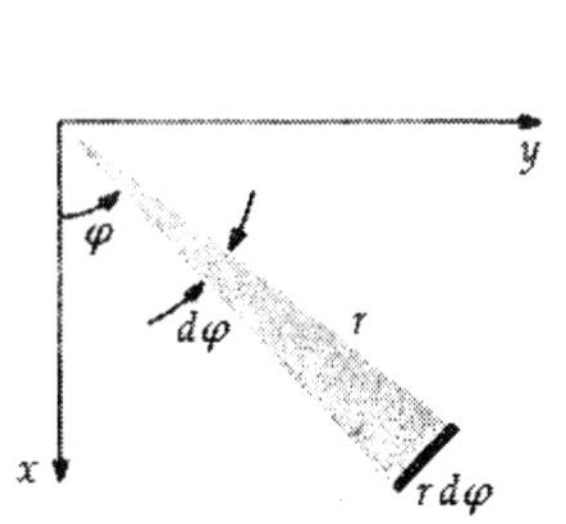

FIGURE 2.15 The differential length $r\,d\varphi$ in the cylindrical coordinate system.

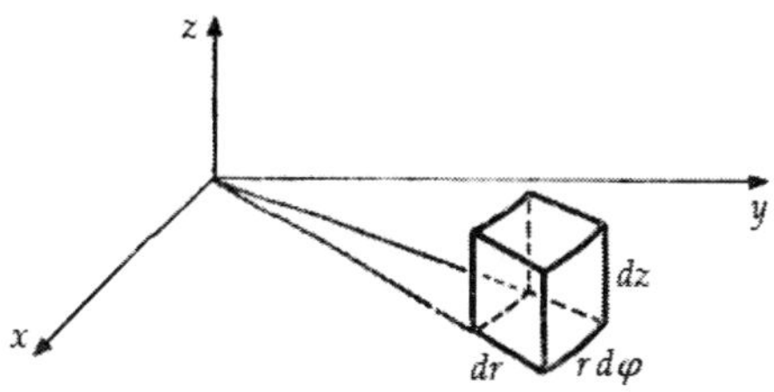

FIGURE 2.16 The differential volume in the cylindrical coordinate system.

이다. 그림 2.16에 보여진 미분 체적은 잘려진 쐐기(truncated wedge)의 모양이며, 잘려진 쐐기는 $dr, r\,d\varphi$, 그리고 dz가 매우 작아짐에 따라 직육면체(rectangular parallelopiped)로 접근하기 때문에

$$dV = r\,dr\,d\varphi\,dz \tag{2.12}$$

로 주어진다.

Spherical Coordinate System

구 좌표계에서는, 독립 변수가 R, θ, 그리고 φ이다. 구 좌표계는 구 대칭을 가진 문제와 복사(radiation) 문제의 경우에 사용되며, 이것의 사용은 수학을 크게 단순하게 한다.

구 좌표계가, 참조로서 직각 좌표계와 함께, 그림 2.17에 보여졌나. O가 원섬(origin)을 나타내며 P는 점 (R, θ, φ)라 하자. 그러면 R은 선 OP의 길이이다. 각도 θ는 z축과 OP 사이의 각도이며, 각도 φ는 OP의 xy-평면에의 사영(projection)과 x축 사이의 각도이다.

$R =$ constant인 면은 원점이 중심인 구, $\theta =$ constant인 면은 원뿔(cone), 그리고

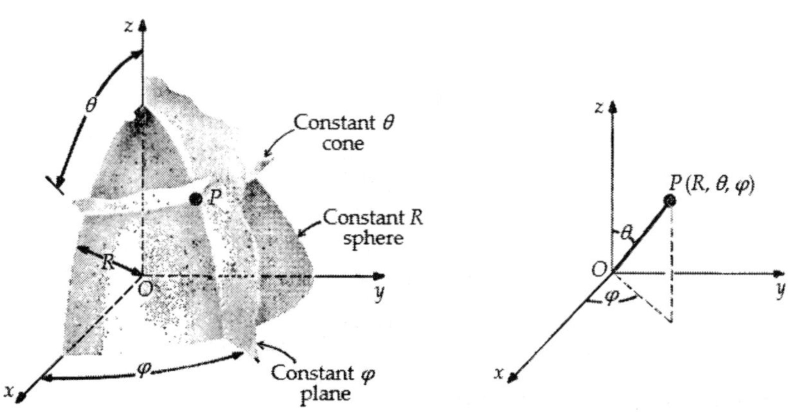

FIGURE 2.17 The spherical coordinate system.

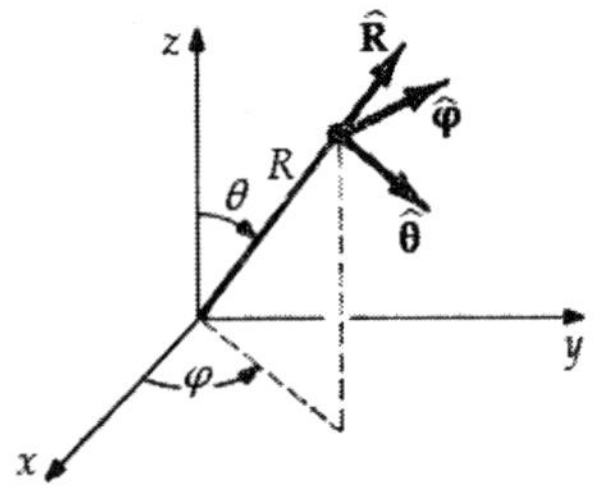

FIGURE 2.18 Base vectors of the spherical coordinate system.

φ = constant인 면은 평면이다. 다른 좌표계에서처럼, 기본 vector $\hat{\mathbf{R}}, \hat{\boldsymbol{\theta}}$, 그리고 $\hat{\boldsymbol{\varphi}}$는 각각, 일정 R, θ, 그리고 φ인 면에 수직이며, 그 점에서 좌표 값이 증가하는 방향인 단위 vector로 정의된다. 그림 2.18에 그려진 이 기본 vector는, 다른 두 좌표계에서처럼, 상호 직교이다. 오른손 구 좌표계는 $\hat{\mathbf{R}} \times \hat{\boldsymbol{\theta}} = \hat{\boldsymbol{\varphi}}$로 정의된다.

구 좌표계에서는, 미분 길이는 $dR, R\,d\theta$, 그리고 $R \sin\theta\, d\varphi$이다. 이것들은 R, θ, 그리고 φ가 각각, 미소량만큼 증가했을 때의 결과인 미분 길이이다. θ와 φ가 각도이기 때문에, 미분 길이는 단순한 $d\theta$와 $d\varphi$가 아니다. 그림 2.19는 $R\,d\theta$와 $R\sin\theta\, d\varphi$의 미분 길이를 나타낸다. 모든 세 개의 좌표가 미소량만큼 증가했을 때의 결과인 총 미분 호 길이는

$$(dl)^2 = (dR)^2 + (R\,d\theta)^2 + (R\sin\theta\, d\varphi)^2$$

이다. 미분 체적은 그림 2.20에 보여진 바와 같이

$$dV = dR\, R\,d\theta\, R\sin\theta\, d\varphi = R^2 \sin\theta\, dR\, d\theta\, d\varphi \tag{2.13}$$

으로 주어진다. 그리고, 물론, vector는 구 좌표계에서, 다른 두 좌표계에서의 표현과 비슷한

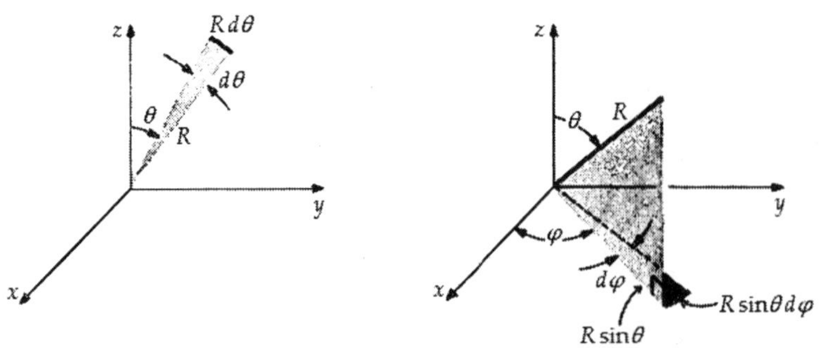

FIGURE 2.19 The differential lengths $R\,d\theta$ and $R\sin\theta\, d\varphi$.

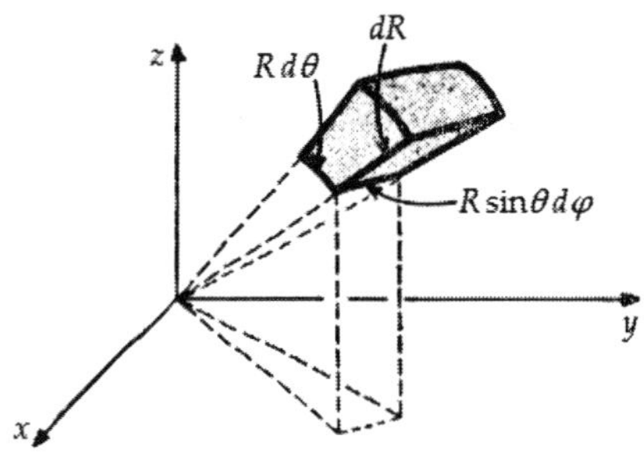

FIGURE 2.20 The differential volume in the spherical coordinates.

$$\mathbf{A}(R, \theta, \varphi) = A_R(R, \theta, \varphi)\hat{\mathbf{R}} + A_\theta(R, \theta, \varphi)\hat{\boldsymbol{\theta}} + A_\varphi(R, \theta, \varphi)\hat{\boldsymbol{\varphi}}$$

의 형태로 나타내어질 수 있다.

기본 vector가 θ와 φ에 따라 방향이 바뀜에 유의하라. 이 변화는 구 좌표계에서 기본 vector를 미분하고 적분할 때 명심해야 한다. 이 어려움 때문에, 어떤 형태의 문제에서는 그에 반하는 강력한 대칭성의 논증이 없는 한 구 좌표계의 사용이 바람직하지 않다.

2.5 ADDITION AND MULTIPLICATION OF VECTORS REPRESENTED IN THE THREE STANDARD COORDINATE SYSTEMS

세 개의 좌표계에서는 변수와 기본 vector 사이의 관계에 명백한 유사성이 있다. 예를 들어, $\hat{\mathbf{x}} \times \hat{\mathbf{y}} = \hat{\mathbf{z}}$, $\hat{\mathbf{r}} \times \hat{\boldsymbol{\varphi}} = \hat{\mathbf{z}}$, 그리고 $\hat{\mathbf{R}} \times \hat{\boldsymbol{\theta}} = \hat{\boldsymbol{\varphi}}$는 비슷한 관계이다. 또한 표현

$$\mathbf{A}(x, y, z) = A_x(x, y, z)\hat{\mathbf{x}} + A_y(x, y, z)\hat{\mathbf{y}} + A_z(x, y, z)\hat{\mathbf{z}}$$

$$\mathbf{A}(r, \varphi, z) = A_r(r, \varphi, z)\hat{\mathbf{r}} + A_\varphi(r, \varphi, z)\hat{\boldsymbol{\varphi}} + A_z(r, \varphi, z)\hat{\mathbf{z}}$$

$$\mathbf{A}(R, \theta, \varphi) = A_R(R, \theta, \varphi)\hat{\mathbf{R}} + A_\theta(R, \theta, \varphi)\hat{\boldsymbol{\theta}} + A_\varphi(R, \theta, \varphi)\hat{\boldsymbol{\varphi}}$$

의 유사성에 유의하라. 조금만 생각해보면, 논의된 모든 표현이 유사성이 있음을 본다.

x, y, 그리고 z; r, φ, 그리고 z; 또는 R, θ, 그리고 φ 중 어느 하나를 나타내는 세 개의 새로운 독립 변수 u_1, u_2, 그리고 u_3을 정의하여 이 유사성의 이점을 취하자. 더하여, $\hat{\mathbf{x}}, \hat{\mathbf{y}}$, 그리고 $\hat{\mathbf{z}}$; $\hat{\mathbf{r}}, \hat{\boldsymbol{\varphi}}$, 그리고 $\hat{\mathbf{z}}$; 또는 $\hat{\mathbf{R}}, \hat{\boldsymbol{\theta}}$, 그리고 $\hat{\boldsymbol{\varphi}}$ 중 어느 하나를 나타내는 세 개의 새로운 단위 기본 vector $\hat{\mathbf{u}}_1, \hat{\mathbf{u}}_2$, 그리고 $\hat{\mathbf{u}}_3$을 정의하자. 그러면 임의의 세 가지 좌표계 중 한 가지로 표현된 vector는 일반화된 형태로

$$\mathbf{A}(u_1, u_2, u_3) = A_1(u_1, u_2, u_3)\,\hat{\mathbf{u}}_1 + A_2(u_1, u_2, u_3)\,\hat{\mathbf{u}}_2 + A_3(u_1, u_2, u_3)\,\hat{\mathbf{u}}_3$$

으로 적어질 수 있다. 여기서 A_1은 $A_x, A_r,$ 또는 $A_R,$ 등등을 나타낸다. 그러면 관계

$$\hat{\mathbf{u}}_1 \cdot \hat{\mathbf{u}}_1 = 1, \;\; \hat{\mathbf{u}}_1 \cdot \hat{\mathbf{u}}_2 = 0, \;\; \hat{\mathbf{u}}_1 \cdot \hat{\mathbf{u}}_3 = 0, \;\; \cdots$$

$$\hat{\mathbf{u}}_1 \times \hat{\mathbf{u}}_2 = \hat{\mathbf{u}}_3$$

그리고

$$A_1 = \hat{\mathbf{u}}_1 \cdot \mathbf{A}, \;\; \cdots$$

을 가진다.

u_2와 u_3이 각도일 수 있기 때문에, 미분 길이와 미분 체적을 나타내기 위해서는 부가적인 정의가 요구된다.

$$\begin{aligned} dl_1 &= h_1\,du_1 \\ dl_2 &= h_2\,du_2 \\ dl_3 &= h_3\,du_3 \end{aligned} \tag{2.14}$$

로 정의하자. 여기서 $dl_1, dl_2,$ 그리고 dl_3은 $u_1, u_2,$ 그리고 u_3이 각각, $du_1, du_2,$ 그리고 du_3만큼 증가되었을 때의 결과적인 미분 *길이*이다 양 $h_1, h_2,$ 그리고 h_3은 식 (2.14)를 정당하게 만들기 위해 필요한 척도 인자(scale factor)이다. 각 좌표계 마다 다른 h의 집합이 있을 것이다. 앞에서 주어진 미분 길이의 논의로부터, 예를 들어, 원통 좌표계에서는,

$$\begin{aligned} dl_1 &= dr && \text{and} \quad h_1 = 1 \\ dl_2 &= r\,d\varphi && \text{and} \quad h_2 = r \\ dl_3 &= dz && \text{and} \quad h_3 = 1 \end{aligned}$$

임이 명백하다. 표 2.1은 세 가지 좌표계에 대한 척도 인자를 요약한 것이다. 총 미분 호 길이는

$$\begin{aligned} (dl)^2 &= (dl_1)^2 + (dl_2)^2 + (dl_3)^2 \\ &= (h_1\,du_1)^2 + (h_2\,du_2)^2 + (h_3\,du_3)^2 \end{aligned}$$

으로 주어진다.

TABLE 2.1 Summary of the scale factors

Rectangular coordinates	*Cylindrical coordinates*	*Spherical coordinates*
$h_1 = 1$	$h_1 = 1$	$h_1 = 1$
$h_2 = 1$	$h_2 = r$	$h_2 = R$
$h_3 = 1$	$h_3 = 1$	$h_3 = R\sin\theta$

미분 체적이

$$dV = h_1\,du_1\,h_2\,du_2\,h_3\,du_3$$

으로 주어짐은 쉽사리 따라온다.

Vector 덧셈은 세 좌표계 중의 어느 표현으로 편리하게 논의될 수 있다. 일반적인 표현

$$\mathbf{A} = A_1\hat{\mathbf{u}}_1 + A_2\hat{\mathbf{u}}_2 + A_3\hat{\mathbf{u}}_3$$
$$\mathbf{B} = B_1\hat{\mathbf{u}}_1 + B_2\hat{\mathbf{u}}_2 + B_3\hat{\mathbf{u}}_3$$

을 가진 두 개의 vector **A**와 **B**를 더하려 한다고 가정한다. 여기서, 간결을 위하여, vector 성분의 u_1, u_2, 그리고 u_3에 대한 함수적인 종속성(functional dependence)은 명백하게 적어지지 않았다. 그러면

$$\mathbf{A} + \mathbf{B} = A_1\hat{\mathbf{u}}_1 + A_2\hat{\mathbf{u}}_2 + A_3\hat{\mathbf{u}}_3 + B_1\hat{\mathbf{u}}_1 + B_2\hat{\mathbf{u}}_2 + B_3\hat{\mathbf{u}}_3$$

이다 vector 덧셈은 결합적이기 때문에, 이것은

$$\mathbf{A} + \mathbf{B} = (A_1\hat{\mathbf{u}}_1 + B_1\hat{\mathbf{u}}_1) + (A_2\hat{\mathbf{u}}_2 + B_2\hat{\mathbf{u}}_2) + (A_3\hat{\mathbf{u}}_3 + B_3\hat{\mathbf{u}}_3)$$

와 같이 적어질 수 있다. 그림 2.3에 보여진 vector 덧셈이 도식적 방법으로부터,

$$A_1\hat{\mathbf{u}}_1 + B_1\hat{\mathbf{u}}_1 = (A_1 + B_1)\hat{\mathbf{u}}_1$$

이 따라오며 그러므로

$$\mathbf{A} + \mathbf{B} = (A_1 + B_1)\hat{\mathbf{u}}_1 + (A_2 + B_2)\hat{\mathbf{u}}_2 + (A_3 + B_3)\hat{\mathbf{u}}_3 \tag{2.15}$$

이다. 식 (2.15)로부터, 좌표계에서의 vector의 표현은 덧셈을 간단하게 한다는 것이 명백하다.

다음으로 **A**와 **B**의 내적,

$$\mathbf{A} \cdot \mathbf{B} = (A_1\hat{\mathbf{u}}_1 + A_2\hat{\mathbf{u}}_2 + A_3\hat{\mathbf{u}}_3) \cdot (B_1\hat{\mathbf{u}}_1 + B_2\hat{\mathbf{u}}_2 + B_3\hat{\mathbf{u}}_3)$$

을 고려한다. 내적은 분배적이기 때문에(식 (2.6)을 보라),

$$\begin{aligned}\mathbf{A} \cdot \mathbf{B} = A_1\hat{\mathbf{u}}_1 \cdot (B_1\hat{\mathbf{u}}_1 + B_2\hat{\mathbf{u}}_2 + B_3\hat{\mathbf{u}}_3) + A_2\hat{\mathbf{u}}_2 \cdot (B_1\hat{\mathbf{u}}_1 + B_2\hat{\mathbf{u}}_2 + B_3\hat{\mathbf{u}}_3)\\ + A_3\hat{\mathbf{u}}_3 \cdot (B_1\hat{\mathbf{u}}_1 + B_2\hat{\mathbf{u}}_2 + B_3\hat{\mathbf{u}}_3)\end{aligned}$$

으로 적으며, 이는 다시 $A_1\hat{\mathbf{u}}_1 \cdot B_1\hat{\mathbf{u}}_1$과 같은 항을 얻기 위해 전개될 수 있다. 식 (2.

4)로부터

$$A_1\hat{\mathbf{u}}_1 \cdot B_1\hat{\mathbf{u}}_1 = A_1B_1\hat{\mathbf{u}}_1 \cdot \hat{\mathbf{u}}_1$$

이 보여질 수 있다. 기본 vector가 상호 직교이기 때문에, $\mathbf{A}\cdot\mathbf{B}$는 매우 중요한 결과인

$$\mathbf{A}\cdot\mathbf{B} = A_1B_1 + A_2B_2 + A_3B_3 \tag{2.16}$$

으로 줄어든다.

외적의 분배적 성질이 $\mathbf{A}\times\mathbf{B}$를 전개하는데 비슷한 방식으로 사용될 수 있지만, 외적이 교환적이 아니기 때문에 옳은 순서를 유지하기 위해 주의를 기울여야 한다. 따라서

$$\mathbf{A}\times\mathbf{B} = (A_1\hat{\mathbf{u}}_1 + A_2\hat{\mathbf{u}}_2 + A_3\hat{\mathbf{u}}_3)\times(B_1\hat{\mathbf{u}}_1 + B_2\hat{\mathbf{u}}_2 + B_3\hat{\mathbf{u}}_3)$$

이다. 기본 vector의 외적 관계를 사용하여, $\mathbf{A}\times\mathbf{B}$는

$$\mathbf{A}\times\mathbf{B} = (A_2B_3 - B_2A_3)\hat{\mathbf{u}}_1 + (A_3B_1 - B_3A_1)\hat{\mathbf{u}}_2 + (A_1B_2 - B_1A_2)\hat{\mathbf{u}}_3 \tag{2.17}$$

로 줄어든다. 식 (2.17)은 행렬식(determinant)

$$\mathbf{A}\times\mathbf{B} = \begin{vmatrix} \hat{\mathbf{u}}_1 & \hat{\mathbf{u}}_2 & \hat{\mathbf{u}}_3 \\ A_1 & A_2 & A_3 \\ B_1 & B_2 & B_3 \end{vmatrix} \tag{2.18}$$

의 전개에 의해 편리하게 기억될 수 있다.

일반적으로, 기본 vector가 변수 vector일 수 있기 때문에, $\hat{\mathbf{u}}_1, \hat{\mathbf{u}}_2$, 그리고 $\hat{\mathbf{u}}_3$ 사이의 관계는 주어진 좌표 점에서만 참(진, true)임에 유의해야 할 것이다. 예를 들어, 원통 좌표계에서는, $\hat{\mathbf{r}}$는 φ의 함수이다. 그림 2.21로부터 확실히 볼 수 있는 바와 같이

$$\hat{\mathbf{r}}(\varphi)\cdot\hat{\mathbf{r}}(\varphi) = 1$$

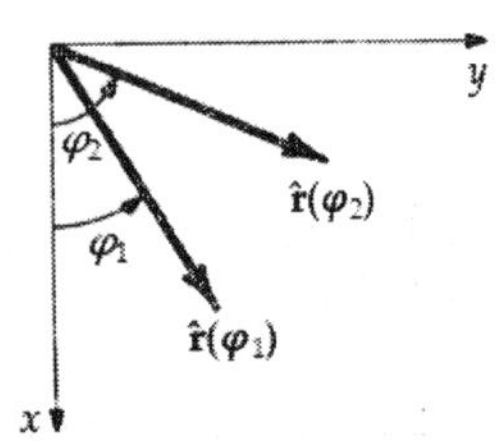

FIGURE 2.21 Illustration of the vector of Equation (2.19).

이지만

$$\hat{\mathbf{r}}(\varphi_1) \cdot \hat{\mathbf{r}}(\varphi_2) \neq 1 \tag{2.19}$$

임이 명백하다. 이 점이 식 (2.15), (2.16), 그리고 (2.18)의 사용과 관련하여 중요하다. 예를 들어, 원통 좌표계에서 그림 2.22에 보여진 두 개의 vector의 내적과 외적을 찾는다고 하자.

$$\mathbf{A} = A_r\hat{\mathbf{r}}$$
$$\mathbf{B} = B_r\hat{\mathbf{r}}$$

로 적고 싶어져 식 (2.18)로부터 $\mathbf{A} \times \mathbf{B} = 0$이라고 성급하게 그릇된 결론을 내릴 수 있다. 2.2절에서 주어진 외적의 기본 정의로부터 $\mathbf{A} \times \mathbf{B}$는 0이 아님이 명백하다. 식 (2.18)로부터 옳은 답을 얻기 위해서는, *같은 좌표 점에서(at the same coordinate point)* **A**와 **B**를 계산해야 하며, 이는 두 vector 중 한 개 또는 다른 것이 φ 성분을 가질 것임을 의미한다.

Generalized Orthogonal Curvilinear Coordinates

앞의 논의에서 변수 u_1, u_2, 그리고 u_3과 기본 vector $\hat{\mathbf{u}}_1, \hat{\mathbf{u}}_2$, 그리고 $\hat{\mathbf{u}}_3$이 직각, 원통, 그리고 구 좌표계의 변수와 기본 vector를 나타내는 것으로만 사용되었지만, 정의는 다른 좌표계에 적용될 수 있다. $\hat{\mathbf{u}}_1, \hat{\mathbf{u}}_2$, 그리고 $\hat{\mathbf{u}}_3$이 상호 직교이지만, 그렇지 않으면 일반적으로, 단위 기본 vector로 규정함으로써 일반화할 수 있다. 이것은 $u_1 = \text{constant}, u_2 = \text{constant}$, 그리고 $u_3 = \text{constant}$ 인 면(surface)이 상호 직교면(mutually orthogonal surface)임을 의미한다. 결과적인 좌표계는 *일반화 직교 곡선 좌표계(generalized orthogonal curvilinear coordinate system)*라 불린다. 앞 절의 모든 결과가 일반화 좌표계에 적용된다. 이 교재에서는 주로 이미 논의된 세 가지 좌표계가 고려될 것이지만, 다른 좌표계에서 더 쉽게 풀어지는 문제도 있다. 덧붙여, 특정한 좌표계와는 독립적으로 vector 관계를 표현하는 것이 가능하다는 점이 매우 편리하다. 이런 이유로 일반화 직교 곡선 좌표계의 개념을 도입했고, 이 교재를

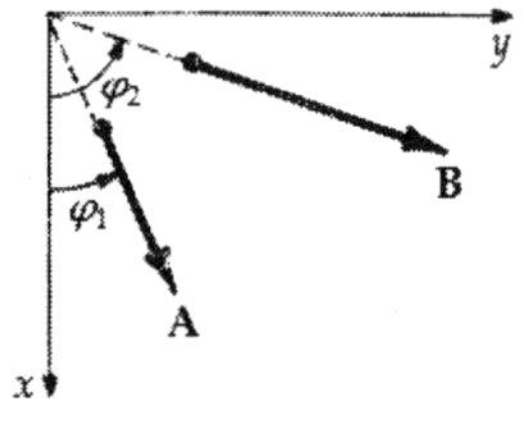

FIGURE 2.22 Vectors used in example of dot and cross products in the cylindrical coordinate system.

통하여 한층 더 이용한다.

비직교 좌표계(nonorthogonal coordinate system)가 정의될 수 있지만, 그러한 좌표계를 요구하는 문제는 보통 어렵다. 따라서, 비직교계는 이 교재에서는 필요하지 않을 것이며 관심은 직교 좌표계로 한정될 것이다.

2.6 TRANSFORMATIONS BETWEEN COORDINATE SYSTEMS

종종 한 좌표계에서의 vector의 표현을 다른 좌표계에서의 표현으로부터 얻을 수 있으면 편리하다. 이것은 한 좌표계로부터 다른 좌표계로의 *변환(transforming)*이라 불린다.

Rectangular-to-Cylindrical Transformation

$$\mathbf{A}(x, y, z) = A_x(x, y, z)\,\hat{\mathbf{x}} + A_y(x, y, z)\,\hat{\mathbf{y}} + A_z(x, y, z)\,\hat{\mathbf{z}} \tag{2.20}$$

와 같이 직각 좌표계에서 표현된 vector $\mathbf{A}$를 가지며 이것을

$$\mathbf{A}(r, \varphi, z) = A_r(r, \varphi, z)\,\hat{\mathbf{r}} + A_\varphi(r, \varphi, z)\,\hat{\boldsymbol{\varphi}} + A_z(r, \varphi, z)\,\hat{\mathbf{z}} \tag{2.21}$$

와 같이 원통 좌표계에서 나타내려고 한다고 가정하자. 이것은 직각 좌표계로부터 원통 좌표계로의 $\mathbf{A}$의 변환이라고 불린다.

두 가지 필요한 단계가 있다: A_r, A_φ, 그리고 A_z가 $A_x(x, y, z)$, $A_y(x, y, z)$, 그리고 $A_z(x, y, z)$의 항으로 얻어져야 하며, 그 다음 A_r, A_φ, 그리고 A_z가 x, y, 그리고 z가 아니라 r, φ, 그리고 z의 함수가 되도록 x, y, 그리고 z가 r, φ, 그리고 z의 항으로 얻어져야 한다.

먼저 A_r이 A_x, A_y, 그리고 A_z의 항으로 얻어진다. 식 (2.21)로부터, 식의 양변에 $\hat{\mathbf{r}}$의 내적을 취함으로써

$$\hat{\mathbf{r}} \cdot \mathbf{A} = A_r$$

을 찾는다. 식 (2.20)으로부터, 비슷하게

$$\hat{\mathbf{r}} \cdot \mathbf{A} = A_x \hat{\mathbf{r}} \cdot \hat{\mathbf{x}} + A_y \hat{\mathbf{r}} \cdot \hat{\mathbf{y}} + A_z \hat{\mathbf{r}} \cdot \hat{\mathbf{z}}$$

를 찾는다. 그러므로

$$A_r = A_x \hat{\mathbf{r}} \cdot \hat{\mathbf{x}} + A_y \hat{\mathbf{r}} \cdot \hat{\mathbf{y}} + A_z \hat{\mathbf{r}} \cdot \hat{\mathbf{z}} \tag{2.22}$$

이다. $\hat{\mathbf{r}}$와 $\hat{\mathbf{x}}, \hat{\mathbf{y}}$, 그리고 $\hat{\mathbf{z}}$가 단위 vector이기 때문에, 식 (2.22)에 있는 내적은 단위

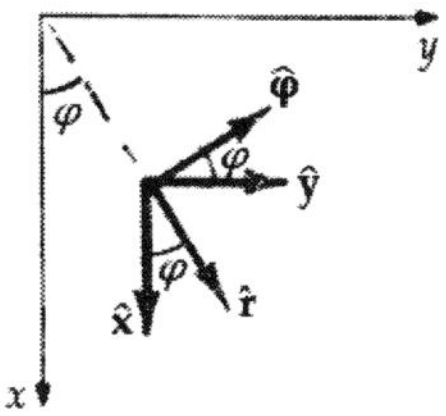

FIGURE 2.23 The relations between unit vectors.

vector 사이의 각도의 여현(cosine)으로 줄어든다. 좌표계의 정의로부터 $\hat{\mathbf{r}}\cdot\hat{\mathbf{z}}=0$임은 명백하다. 다른 내적은 그림 2.23을 참조하여 추론될 수 있다.

$$\hat{\mathbf{r}}\cdot\hat{\mathbf{x}}=\cos\varphi$$
$$\hat{\mathbf{r}}\cdot\hat{\mathbf{y}}=\cos\left(\frac{\pi}{2}-\varphi\right)$$
$$=\sin\varphi$$

임은 분명하다. 그러므로

$$A_r=\cos\varphi\,A_x+\sin\varphi\,A_y$$

이다. 비슷하게,

$$A_\varphi=-\sin\varphi\,A_x+\cos\varphi\,A_y$$
$$A_z=A_z$$

가 찾아진다.

두 좌표계의 독립 변수 사이의 관계는 그림 2.24를 참조하여 찾아질 수 있다. 간단한 삼각법(trigonometry)으로부터

$$x=r\cos\varphi$$
$$y=r\sin\varphi$$

이고 z는 각 좌표계에서 같으며 변환될 필요가 없다. 역 관계(inverse relation)는

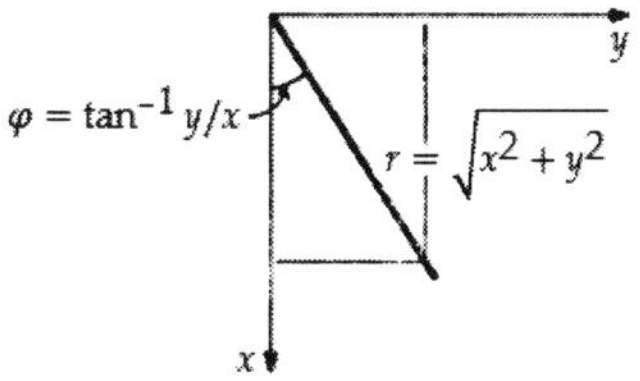

FIGURE 2.24 Relations between the independent variables of the rectangular and cylindrical coordinate systems.

$$r = \sqrt{x^2 + y^2}$$
$$\varphi = \tan^{-1}\frac{y}{x}$$

이다.

세 개의 좌표계 중의 어떤 한 가지로의 또는 로부터의 vector의 변환에 같은 과정이 따라온다. 사실, 이 방법은 어떤 직교 좌표계에든 사용될 수 있다.

Example 2.2 Rectangular-to-cylindrical transformation 직각-원통 변환의 간단한 설명으로서, vector $\mathbf{A} = \hat{\mathbf{x}} + \hat{\mathbf{y}}$를 고려한다. z 성분은 직접 변환되므로 고려할 필요가 없다; 즉, 직각 좌표계에서의 vector의 z 성분은 원통 좌표계에서의 z 성분과 같다. 원통 좌표계에서는 $\mathbf{A} = A_r\hat{\mathbf{r}} + A_\varphi\hat{\boldsymbol{\varphi}}$이다. 여기서

$$A_r = \hat{\mathbf{r}} \cdot \mathbf{A}$$
$$A_\varphi = \hat{\boldsymbol{\varphi}} \cdot \mathbf{A}$$

이다. 식 (2.22)로부터,

$$A_r = A_x\hat{\mathbf{r}} \cdot \hat{\mathbf{x}} + A_y\hat{\mathbf{r}} \cdot \hat{\mathbf{y}}$$

이지만 $A_x = A_y = 1$이기 때문에,

$$A_r = \hat{\mathbf{r}} \cdot \hat{\mathbf{x}} + \hat{\mathbf{r}} \cdot \hat{\mathbf{y}}$$

이다. A_φ에 대한 대응하는 표현은

$$A_\varphi = \hat{\boldsymbol{\varphi}} \cdot \hat{\mathbf{x}} + \hat{\boldsymbol{\varphi}} \cdot \hat{\mathbf{y}}$$

이다. 단위 vector의 내적은 간단히 단위 vector 사이의 각도의 여현이다; 따라서 식 (2.23)으로부터

$$A_r = \cos\varphi + \sin\varphi$$
$$A_\varphi = -\sin\varphi + \cos\varphi$$

임을 본다. Vector 성분에 독립 변수가 나타나지 않음으로써, 독립 변수를 변환할 필요는 없다; 따라서 vector는 원통형(cylindrical form)

$$\begin{aligned}\mathbf{A} &= A_r\hat{\mathbf{r}} + A_\varphi\hat{\boldsymbol{\varphi}} \\ &= (\cos\varphi + \sin\varphi)\hat{\mathbf{r}} + (-\sin\varphi + \cos\varphi)\hat{\boldsymbol{\varphi}}\end{aligned}$$

로 직접 적어질 수 있다.

Vector의 원통형과 직각형(rectangular form)

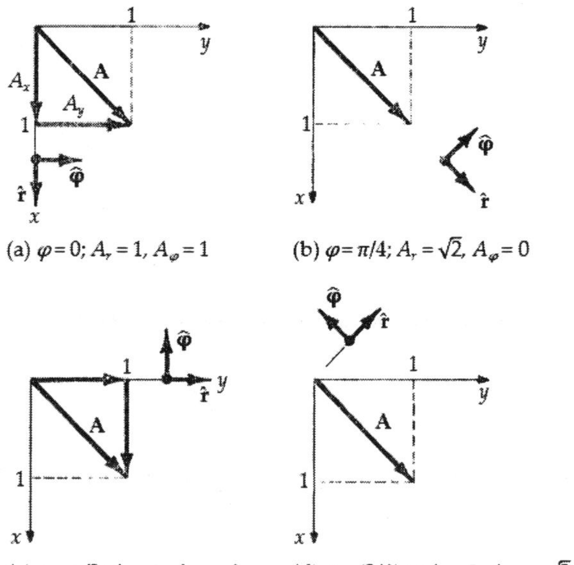

FIGURE 2.25 Construction of a constant vector from the cylindrical form with varying φ.

$$\mathbf{A} = \hat{\mathbf{x}} + \hat{\mathbf{y}}$$

를 비교하는 것이 흥미롭다. 원통형이 훨씬 더 복잡하며, 성분이, 직각형에서는 상수인데 대해, 변수이다. 이것은, 물론, $\hat{\mathbf{r}}$와 $\hat{\boldsymbol{\varphi}}$가 변수이기 때문에 필연적이다. 성분이 변수이기 때문에 vector가 변수인 것으로 보기 쉽지만, φ에 대한 기본 vector의 변화가 성분의 변화와 결합하여 일정한 vector를 준다. 이것은 그림 2.25에서와 같이, 서로 다른 φ 값에서의 vector의 도식적 구성에 의해 쉽사리 증명된다. 각 경우에서 vector 성분이 합해져서 같은 vector $\mathbf{A} = \hat{\mathbf{x}} + \hat{\mathbf{y}}$가 된다. ■

Rectangular-to-Spherical Transformation

직각-구 변환은 직각-원통 변환과 같은 방법으로 수행된다. 기본적으로 필요한 것은 단위 vector의 내적의 계산과 독립 변수의 변환이다. 직각과 구 기본 vector의 내적을 찾는데 있어서는, 먼저 구 기본 vector를 xy-평면에 수직과 평행인 성분으로 분해하는 것이 편리하다. 겹쳐진 직각과 구 좌표계가 그림 2.26에 그려져 있으며, 여기에 반경(방사) 방향 구 기본 vector $\hat{\mathbf{R}}$가 보여졌다. 구 좌표계에서의 $\hat{\mathbf{R}}$는 원통 좌표계에서의 $\hat{\mathbf{r}}$와 다름을 기억하라. $\hat{\mathbf{R}}$의 성분은

$$\hat{\mathbf{R}} = \mathbf{R}_{\parallel} + \mathbf{R}_{\perp}$$

이다. 그러므로

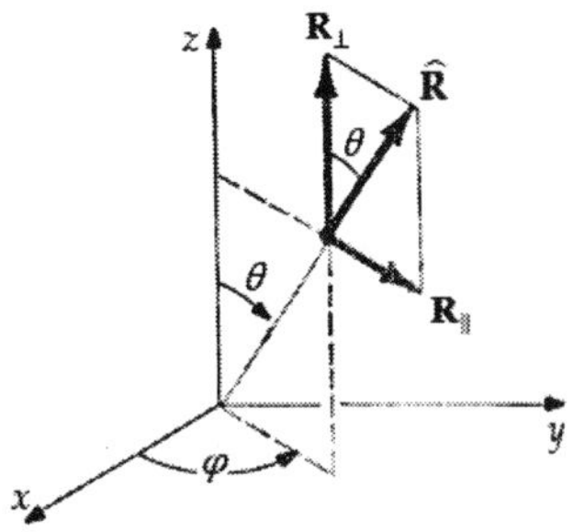

FIGURE 2.26 The vector $\hat{R}$ resolved into components perpendicular and parallel to the xy-plane.

$$\hat{\mathbf{x}} \cdot \widehat{\mathbf{R}} = \hat{\mathbf{x}} \cdot \mathbf{R}_\parallel + \hat{\mathbf{x}} \cdot \mathbf{R}_\perp$$

이다. $\mathbf{R}_\parallel$과 $\mathbf{R}_\perp$은 단위 vector가 아니지만, 단위 vector의 성분임에 유의하라. $\mathbf{R}_\perp$은 xy-평면에 수직이기 때문에,

$$\hat{\mathbf{x}} \cdot \mathbf{R}_\perp = 0$$
$$\hat{\mathbf{y}} \cdot \mathbf{R}_\perp = 0$$

이다. 그림 2.27은 $\hat{\mathbf{x}}$, $\hat{\mathbf{y}}$, 그리고 $\mathbf{R}_\parallel$ 사이의 관계를 나타낸다. $\mathbf{R}_\parallel$의 크기는 $\sin\theta$이기 때문에,

$$\hat{\mathbf{x}} \cdot \mathbf{R}_\parallel = \sin\theta\cos\varphi$$
$$\hat{\mathbf{y}} \cdot \mathbf{R}_\parallel = \sin\theta\sin\varphi$$

와 그러므로

$$\hat{\mathbf{x}} \cdot \widehat{\mathbf{R}} = \sin\theta\cos\varphi$$
$$\hat{\mathbf{y}} \cdot \widehat{\mathbf{R}} = \sin\theta\sin\varphi$$

를 찾는다.

독립 변수 사이의 관계는 그림 2.17을 참조하고 간단한 삼각법을 사용함으로써 쉽게 얻어질 수 있다. 그것은

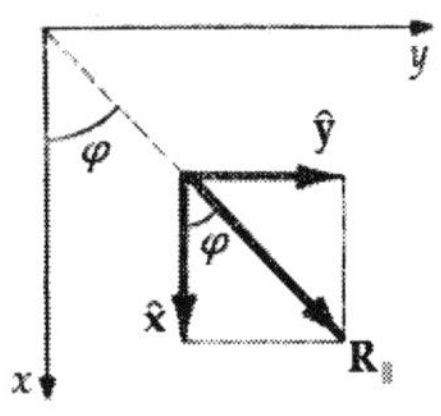

FIGURE 2.27 The relations between $\hat{x}$, $\hat{y}$ and $R_\parallel$.

$$x = R\sin\theta\cos\varphi$$
$$y = R\sin\theta\sin\varphi$$
$$z = R\cos\theta$$

이다. 역 관계는

$$R = \sqrt{x^2 + y^2 + z^2}$$
$$\varphi = \tan^{-1}\frac{y}{x}$$
$$\theta = \tan^{-1}\frac{\sqrt{x^2 + y^2}}{z}$$

이다.

Transformations from Another Point of View

지금 막 전개된 정상적인 변환 기법을 대신하는 과정은 한 좌표계의 기본 vector를 다른 좌표계의 기본 vector로 표현하는 것이다. 예를 들어,

$$\mathbf{A} = A_r\hat{\mathbf{r}} + A_\varphi\hat{\boldsymbol{\varphi}} + A_z\hat{\mathbf{z}}$$

를

$$\hat{\mathbf{r}} = \cos\varphi\,\hat{\mathbf{x}} + \sin\varphi\,\hat{\mathbf{y}}$$
$$\hat{\boldsymbol{\varphi}} = -\sin\varphi\,\hat{\mathbf{x}} + \cos\varphi\,\hat{\mathbf{y}}$$
$$\hat{\mathbf{z}} = \hat{\mathbf{z}}$$

의 치환(substitution)과 그 다음 정상적인 방법에서와 같이 독립 변수의 같은 변화를 만들어, 직각 좌표계에서 표현할 수 있다. 위의 $\hat{\mathbf{r}}$, $\hat{\boldsymbol{\varphi}}$, $\hat{\mathbf{z}}$, $\hat{\mathbf{x}}$, $\hat{\mathbf{y}}$, 그리고 $\hat{\mathbf{z}}$ 사이의 관계는 그림 2.23을 참조하고 $\hat{\mathbf{r}}$를 한 개는 $\hat{\mathbf{x}}$ 방향이며 또 한 개는 $\hat{\mathbf{y}}$ 방향인 두 개의 vector의 합 등등으로 적음으로써 얻어질 수 있다.

$\hat{\mathbf{x}}$, $\hat{\mathbf{y}}$, 그리고 $\hat{\mathbf{z}}$로 나타낸 $\hat{\mathbf{r}}$와 $\hat{\boldsymbol{\varphi}}$는 물론 $\hat{\mathbf{R}}$, $\hat{\boldsymbol{\theta}}$, 그리고 $\hat{\boldsymbol{\varphi}}$의 표현은 이 vector가 변수 vector임을 명백하게 보여준다($\hat{\mathbf{x}}$, $\hat{\mathbf{y}}$, 그리고 $\hat{\mathbf{z}}$는 상수 vector임을 기억하라). 다음 절에서 보게 될 바와 같이, 종종 상수 vector로 표현된 변수 기본 vector를 가지는 것이 유용하다. $\hat{\mathbf{x}}$, $\hat{\mathbf{y}}$, 그리고 $\hat{\mathbf{z}}$로 나타낸 $\hat{\mathbf{R}}$, $\hat{\boldsymbol{\theta}}$, 그리고 $\hat{\boldsymbol{\varphi}}$에 대한 표현을 얻는 것을 Problem 2-25에 남긴다. 결과는

$$\hat{\mathbf{R}} = \sin\theta\cos\varphi\,\hat{\mathbf{x}} + \sin\theta\sin\varphi\,\hat{\mathbf{y}} + \cos\theta\,\hat{\mathbf{z}} \tag{2.23}$$

$$\hat{\boldsymbol{\theta}} = \cos\theta\cos\varphi\,\hat{\mathbf{x}} + \cos\theta\sin\varphi\,\hat{\mathbf{y}} - \sin\theta\,\hat{\mathbf{z}} \tag{2.24}$$

$$\hat{\boldsymbol{\varphi}} = -\sin\varphi\,\hat{\mathbf{x}} + \cos\varphi\,\hat{\mathbf{y}} \tag{2.25}$$

이다.

2.7 DIFFERENTIATION OF VECTORS

Vector의 미분에 대해 잘 이해하는 것이 전기공학에서 필수적이다. 엄격한 수학적 전개의 결과를 복습하고 실제적인 이해를 위해 노력할 것이며, 그러면 전기공학의 이해에 있어서의 도구로서 벡터 미적분학(vector calculus)의 사용이 가능할 것이다.

Vector의 도함수(derivative)에 관한 정의는 다른 임의의 함수에 대한 정의와 같다. f가 x의 함수라면, 그러면 df/dx의 정의는

$$\frac{df}{dx} = \lim_{\Delta x \to 0} \frac{f(x + \Delta x) - f(x)}{\Delta x} \tag{2.26}$$

임을 상기하자. 비슷하게, $\mathbf{A}$가 x의 함수라면, 그러면

$$\frac{d\mathbf{A}}{dx} = \lim_{\Delta x \to 0} \frac{\mathbf{A}(x + \Delta x) - \mathbf{A}(x)}{\Delta x} \tag{2.27}$$

이다. 이 정의로부터 vector의 합(sum)과 적(곱, product)의 도함수는, 중요한 사항인 vector의 곱셈에서 적절한 순서가 유지된다는 것을 조건으로, scalar에서의 경우와 같은 방식으로 찾아질 수 있다. 따라서

$$\begin{aligned}
\frac{d(\mathbf{A} + \mathbf{B})}{dx} &= \frac{d\mathbf{A}}{dx} + \frac{d\mathbf{B}}{dx} \\
\frac{d(\Phi\mathbf{A})}{dx} &= \mathbf{A}\frac{d\Phi}{dx} + \Phi\frac{d\mathbf{A}}{dx} \\
\frac{d(\mathbf{A} \cdot \mathbf{B})}{dx} &= \frac{d\mathbf{A}}{dx} \cdot \mathbf{B} + \mathbf{A} \cdot \frac{d\mathbf{B}}{dx} \\
\frac{d(\mathbf{A} \times \mathbf{B})}{dx} &= \frac{d\mathbf{A}}{dx} \times \mathbf{B} + \mathbf{A} \times \frac{d\mathbf{B}}{dx} \\
&\vdots
\end{aligned}$$

이다. 임의의 vector는

$$\mathbf{A}(x) = A(x)\,\widehat{\mathbf{A}}$$

의 형태로 적어질 수 있기 때문에(2.2절을 보라), 때때로 도함수를 계산하기 위한 편리한 방법인

$$\frac{d\,\mathbf{A}(x)}{dx} = \widehat{\mathbf{A}}\frac{dA}{dx} + A\frac{d\widehat{\mathbf{A}}}{dx} \tag{2.28}$$

로 적을 수 있다. 직각 좌표계에서는, $\hat{\mathbf{x}}, \hat{\mathbf{y}}$, 그리고 $\hat{\mathbf{z}}$가 상수이며, 그 도함수는 따라서 0이기 때문에 간단히

$$\begin{aligned}\frac{d\mathbf{A}}{dx} &= \hat{\mathbf{x}}\frac{dA_x}{dx} + \hat{\mathbf{y}}\frac{dA_y}{dx} + \hat{\mathbf{z}}\frac{dA_z}{dx} + A_x\frac{d\hat{\mathbf{x}}}{dx} + A_y\frac{d\hat{\mathbf{y}}}{dx} + A_z\frac{d\hat{\mathbf{z}}}{dx} \\ &= \hat{\mathbf{x}}\frac{dA_x}{dx} + \hat{\mathbf{y}}\frac{dA_y}{dx} + \hat{\mathbf{z}}\frac{dA_z}{dx}\end{aligned} \tag{2.29}$$

를 가진다. Vector가 직각 좌표계에서 표현되었을 때, A_x, A_y, 그리고 A_z의 도함수를 취함으로써 그 도함수를 간단히 찾을 수 있다. 비슷한 설명이 편도함수(partial derivative)에 대해서도 이루어질 수 있다.

Vector가 원통 또는 구 좌표계에서 표현되었을 때에는, 하지만, 기본 vector의 일부 또는 전부가 좌표의 함수이며, 도함수는 더 복잡하다. 그러나 도함수가 적(곱, product)의 도함수로 적어질 수 있기 때문에, 변수 기본 vector는 그 도함수를 찾을 수 있다면, 큰 문제가 되지는 않는다. 기본 vector의 도함수를 찾는 한 가지 방법은 그것들을 직각 좌표계로 변환하여, 도함수를 취하고, 그 다음 거꾸로 변환하는 것이다. 일반적으로, 기본 vector는 모든 세 개의 변수의 함수일 수 있다; 따라서

$$\frac{\partial\mathbf{A}}{\partial u_1} = \hat{\mathbf{u}}_1\frac{\partial A_1}{\partial u_1} + A_1\frac{\partial\hat{\mathbf{u}}_1}{\partial u_1} + \hat{\mathbf{u}}_2\frac{\partial A_2}{\partial u_1} + A_2\frac{\partial\hat{\mathbf{u}}_2}{\partial u_1} + \hat{\mathbf{u}}_3\frac{\partial A_3}{\partial u_1} + A_3\frac{\partial\hat{\mathbf{u}}_3}{\partial u_1}$$

이며 $\partial\hat{\mathbf{u}}_1/\partial u_1$, $\partial\hat{\mathbf{u}}_2/\partial u_1$, …을 찾아야 할 필요가 있다. 이 편도함수를 찾는 쉬운 방법은, 2.6절에서처럼, 기본 vector를 $\hat{\mathbf{x}}, \hat{\mathbf{y}}$, 그리고 $\hat{\mathbf{z}}$의 항으로 적는 것이다.

먼저 원통 좌표계를 고려하자. 2.6절에서

$$\hat{\mathbf{r}} = \cos\varphi\,\hat{\mathbf{x}} + \sin\varphi\,\hat{\mathbf{y}} \tag{2.30}$$

$$\hat{\boldsymbol{\varphi}} = -\sin\varphi\,\hat{\mathbf{x}} + \cos\varphi\,\hat{\mathbf{y}} \tag{2.31}$$

$$\hat{\mathbf{z}} = \hat{\mathbf{z}}$$

이 찾아졌다. 여기에는 r에 대한 종속성이 없기 때문에,

$$\frac{\partial\hat{\mathbf{r}}}{\partial r} = 0 \tag{2.32}$$

$$\frac{\partial\hat{\boldsymbol{\varphi}}}{\partial r} = 0 \tag{2.33}$$

을 가진다. 다른 편도함수는

$$\frac{\partial \hat{\mathbf{r}}}{\partial \varphi} = -\sin\varphi\,\hat{\mathbf{x}} + \cos\varphi\,\hat{\mathbf{y}} \\ = \hat{\boldsymbol{\varphi}} \tag{2.34}$$

$$\frac{\partial \hat{\boldsymbol{\varphi}}}{\partial \varphi} = -\cos\varphi\,\hat{\mathbf{x}} - \sin\varphi\,\hat{\mathbf{y}} \\ = -\hat{\mathbf{r}} \tag{2.35}$$

이다. 그림 2.28로부터 어떻게 $\partial\hat{\mathbf{r}}/\partial\varphi = \hat{\boldsymbol{\varphi}}$가 정의

$$\frac{\partial \hat{\mathbf{r}}}{\partial \varphi} = \lim_{\Delta\varphi \to 0} \frac{\hat{\mathbf{r}}(\varphi + \Delta\varphi) - \hat{\mathbf{r}}(\varphi)}{\Delta\varphi}$$

와 일치하는 지를 보는 것은 쉽다. 그림 2.28에 보여진 바와 같이,

$$\hat{\mathbf{r}}(\varphi + \Delta\varphi) - \hat{\mathbf{r}}(\varphi) = \Delta\varphi\,\hat{\boldsymbol{\varphi}}$$

이며 그러므로

$$\frac{\partial \hat{\mathbf{r}}}{\partial \varphi} = \lim_{\Delta\varphi \to 0} \frac{\Delta\varphi\,\hat{\boldsymbol{\varphi}}}{\Delta\varphi} \\ = \hat{\boldsymbol{\varphi}}$$

이다.

구 기본 vector의 도함수의 유도는 Problem 2-26에 주어졌다. 결과는

$$\frac{\partial \hat{\mathbf{R}}}{\partial \theta} = \hat{\boldsymbol{\theta}} \tag{2.36}$$

$$\frac{\partial \hat{\mathbf{R}}}{\partial \varphi} = \sin\theta\,\hat{\boldsymbol{\varphi}} \tag{2.37}$$

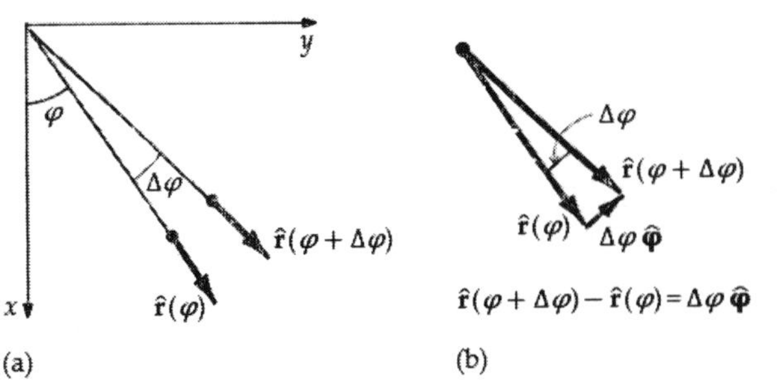

FIGURE 2.28 (a) The vectors $\hat{\mathbf{r}}(\varphi)$ and $\hat{\mathbf{r}}(\varphi+\Delta\varphi)$; (b) the vectors $\hat{\mathbf{r}}(\varphi)$ and $\hat{\mathbf{r}}(\varphi+\Delta\varphi)$ transferred to the same point to show their difference.

$$\frac{\partial \hat{\boldsymbol{\theta}}}{\partial \theta} = -\hat{\mathbf{R}} \tag{2.38}$$

$$\frac{\partial \hat{\boldsymbol{\theta}}}{\partial \varphi} = \cos\theta\,\hat{\boldsymbol{\varphi}} \tag{2.39}$$

$$\frac{\partial \hat{\boldsymbol{\varphi}}}{\partial \theta} = 0 \tag{2.40}$$

$$\frac{\partial \hat{\boldsymbol{\varphi}}}{\partial \varphi} = -\frac{\mathbf{R}_{\|}}{\sin\theta} \quad \text{(see Section 2.6)} \tag{2.41}$$

이다.

Example 2.3 Velocity in cylindrical coordinates Vector 미분의 간단한 예제로서, 점의 속도(원통 좌표계에서 표현된)를 찾자. xy-평면에 있는 점은 그림 2.29에 보여진 바와 같이 vector

$$\mathbf{r} = r\hat{\mathbf{r}}$$

로 나타내어진다. 점의 속도는

$$\mathbf{v} = \frac{d\mathbf{r}}{dt} = \hat{\mathbf{r}}\frac{dr}{dt} + r\frac{d\hat{\mathbf{r}}}{dt}$$

로 주어진다.

$$\frac{d\hat{\mathbf{r}}}{dt} = \frac{\partial \hat{\mathbf{r}}}{\partial r}\frac{dr}{dt} + \frac{\partial \hat{\mathbf{r}}}{\partial \varphi}\frac{d\varphi}{dt} = 0 + \hat{\boldsymbol{\varphi}}\frac{d\varphi}{dt}$$

이기 때문에, 원통 좌표계에서 표현된 속도로서 익숙한 표현인

$$\mathbf{v} = \hat{\mathbf{r}}\frac{dr}{dt} + \hat{\boldsymbol{\varphi}}r\frac{d\varphi}{dt} \tag{2.42}$$

를 가진다.

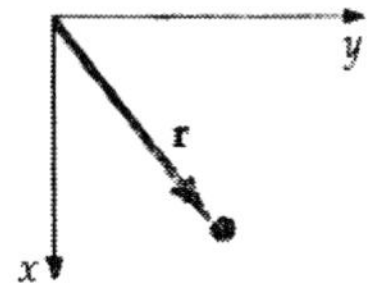

FIGURE 2.29 A point in the xy-plane located by vector r.

■

2.8 INTEGRATION OF VECTORS

Vector를 포함하는 두 가지 적분을 고려할 것이다. 한 가지는 vector의 내적을 포함하는 피적분 함수를 내포한다; 이것은 간단히 보통의 방식으로 적분될 수 있는 스칼라 적분(scalar integral)이다. 다른 종류는 vector 피적분 함수를 포함하며, 벡터 선적분(vector line integral), 벡터 면적 적분(vector surface integral), 그리고 스칼라 체적 적분(scalar volume integral)으로 고려될 것이다.

Line Integrals

먼저 형태

$$\int_a^b A(l)\,dl$$

의 보통의 스칼라 선적분(scalar line integral)을 고려하자. 여기서, 그림 2.30에 보여진 바와 같이, l은 공간에 있는 어떤 곡선을 따른 호 길이(arc length)이며 a와 b는 곡선 위에 있는 두 점이다. 선적분의 기본 정의는 $N \to \infty$와 Δl_i의 최대치 $\Delta l_i \to 0$에 따른

$$\sum_{i=1}^{N} A(l_i)\,\Delta l_i$$

의 극한(limit)이다. 그림 2.30에 보여진 바와 같이, Δl_i는 경로(path)를 따른 호 길이의 선분(segment)이며, $A(l_i)$는 선분 Δl_i 내에 있는 점 l_i에서의 $A(l)$의 값이다. 기본 정의에 대한 이해가 종종 많은 통찰력을 주기 때문에 중요하지만, 여기에서의 주된 고려는 좌표계의 항으로 이런 형태의 적분을 계산하는 것이다. 2.5절에서와 같이 dl을 du_1, du_2, 그리고 du_3으로 표현하고, $A(l)$을 $A(u_1, u_2, u_3)$으로 적어 이것을 행할 것이다. 그러면 선적분의 계산은 보통의 적분의 계산으로 줄어질 수 있다.

정의에 의해, l과 dl은 항상 양(정, positive)이며, 선적분은

$$\int_a^b A(l)\,dl = \int_b^a A(l)\,dl$$

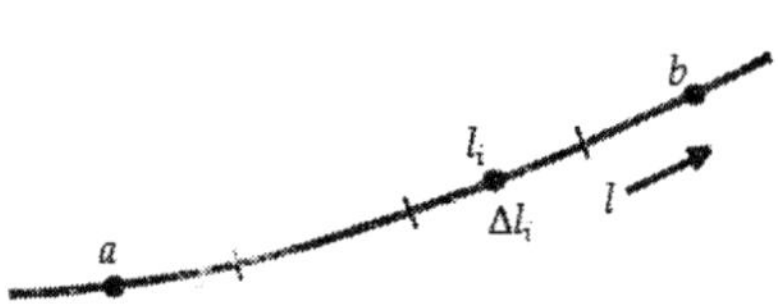

FIGURE 2.30 The variables in the scalar line integral.

과 같은 성질을 가진다. 좌표 변수와 미분은, 하지만, 부호가 있는 양(signed quantity)이다. 따라서 dl을 du_1, du_2, 그리고 du_3으로 표현할 때 적절한 부호의 선택에 주의해야 한다.

관계

$$(dl)^2 = (h_1\, du_1)^2 + (h_2\, du_2)^2 + (h_3\, du_3)^2$$

은 세 가지 형태

$$dl = \pm\sqrt{1 + \left(\frac{h_2}{h_1}\right)^2\left(\frac{du_2}{du_1}\right)^2 + \left(\frac{h_3}{h_1}\right)^2\left(\frac{du_3}{du_1}\right)^2}\; h_1\, du_1 \tag{2.43}$$

$$dl = \pm\sqrt{1 + \left(\frac{h_1}{h_2}\right)^2\left(\frac{du_1}{du_2}\right)^2 + \left(\frac{h_3}{h_2}\right)^2\left(\frac{du_3}{du_2}\right)^2}\; h_2\, du_2 \tag{2.44}$$

$$dl = \pm\sqrt{1 + \left(\frac{h_1}{h_3}\right)^2\left(\frac{du_1}{du_3}\right)^2 + \left(\frac{h_2}{h_3}\right)^2\left(\frac{du_2}{du_3}\right)^2}\; h_3\, du_3 \tag{2.45}$$

로 다시 적어질 수 있다. 풀어지는 문제는 세 가지 형태 중 어느 것이 사용하기에 가장 편리한 가를 규정할 것이다. 적분이 수행되는 곡선 l은 u_1, u_2, 그리고 u_3 사이의 관계에 이해 정이될 것이다. 표현 du_1/du_2, 등등은, 이 관계로부터 계산될 수 있다. 부호 $\pm$는 dl이 항상 양이라는 것을 확실하게 하기 위해 포함되었다. 따라서, u_1이 감소하는 방향으로 적분이 수행되었다면, 부(음, 빼기) 부호(minus sign)가 식 (2.43)에 있는 dl에 대한 표현에 사용될 것이다.

Example 2.4 Evaluation of a scalar line integral 그림 2.31에 보여진 곡선을 따른 매우 간단한 선적분

$$\int_a^b dl$$

을 고려한다. 적분 경로는 $y = 1$과 $z = 0$에 의해 정의된다. $u_1 = x, u_2 = y$, 그리고 $u_3 = z$로,

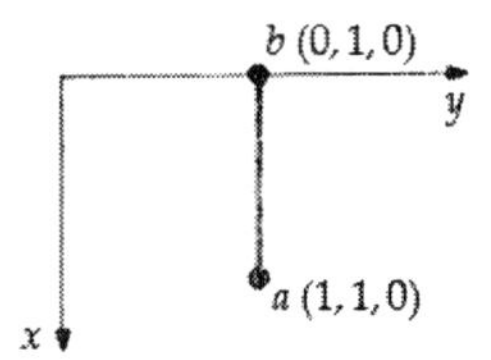

FIGURE 2.31 The path of integration in Example 2.4.

적분 경로의 정의에 따라

$$\frac{dy}{dx} = 0$$
$$\frac{dz}{dx} = 0$$

이기 때문에, 식 (2.43)이 사용하기에 가장 편리한 것이다. x가 적분의 방향에서 감소하기 때문에, 식 (2.43)에서 부 부호가 사용되며,

$$dl = -dx$$

이다. 그러므로

$$\int_a^b dl = \int_1^0 -dx$$
$$= 1$$

이며, 이것은, 그래야 한다고 알고 있는 바와 같이, 단순히 적분 경로의 길이이다.

$\int_b^a dl$을 계산하기 위해서는 x가 적분의 방향에서 증가하기 때문에

$$dl = dx$$

인 것을 제외하고는 같은 과정을 사용할 것이다. 결과는, 그래야 하는 바와 같이, 같다. ■

Example 2.5 Evaluation of a scalar line integral 더 설명하기 위하여, 그림 2.32에 보여진 경로를 따라 $\int_a^b dl$을 계산하자. 경로는

$$x^2 + y^2 = 1$$
$$z = 0$$

으로 정의된다. 그러므로

$$\frac{dy}{dx} = -\frac{x}{y}$$
$$\frac{dz}{dx} = 0$$

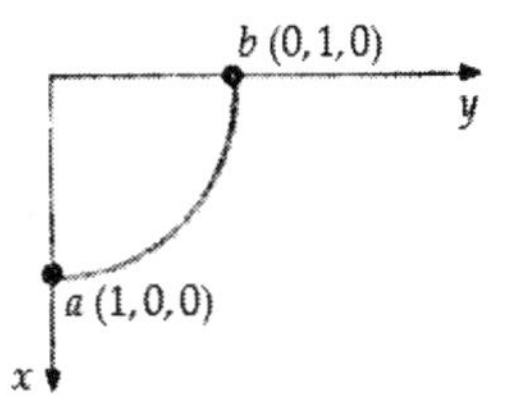

FIGURE 2.32 The path of integration in Example 2.5.

이다. 식 (2.43)을 사용하여,

$$dl = \pm \sqrt{1 + \frac{x^2}{y^2}}dx$$

을 얻는다. $x^2 + y^2 = 1$이기 때문에,

$$dl = \pm \sqrt{\frac{1}{1 - x^2}}dx$$

이다. x가 적분의 방향에서 감소하기 때문에, 부 부호가 사용된다. 따라서

$$\begin{aligned}\int_a^b dl &= -\int_1^0 \sqrt{\frac{1}{1-x^2}}dx \\ &= -\sin^{-1} x\Big|_1^0 \\ &= \frac{\pi}{2}\end{aligned}$$

이며, 이것은 단위원(unit radius circle)의 4분의 1 원주(circumference)이다.
식 (2.44)를 사용하여 y를 따라 적분하는 것도 가능하다. 그러면

$$\frac{dx}{dy} = -\frac{y}{x}$$

$$\frac{dz}{dy} = 0$$

을 사용할 것이다. y가 적분의 방향에서 증가하기 때문에, 정(양, 더하기) 부호(plus sign)이 사용되며,

$$dl = + \sqrt{\frac{1}{1 - y^2}}dy$$

이다. 그러면

$$\begin{aligned}\int_a^b dl &= -\int_0^1 \sqrt{\frac{1}{1-y^2}}dy \\ &= \frac{\pi}{2}\end{aligned}$$

이다.
이 예제에서는 식 (2.43)이나 (2.44)를 사용하는데 따른 특별한 이점이 없지만, 어떤 경우에는 한 가지 형태가 다른 것보다 사용하기에 훨씬 더 쉬울 것이다. ■

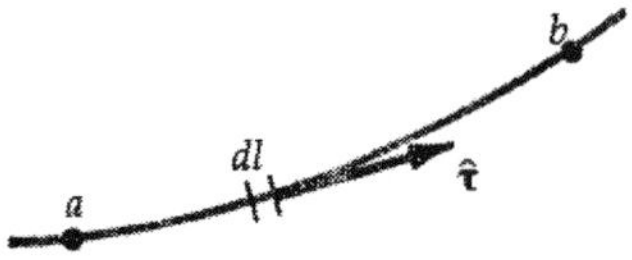

FIGURE 2.33 An illustration of dl: $\hat{\boldsymbol{\tau}}$ is defined as pointing in the direction of integration.

자주 만나는 다른 형태의 선적분은

$$\int_a^b \mathbf{A} \cdot d\mathbf{l}$$

이다. 여기서 $d\mathbf{l}$은 미분 벡터(differential vector)이다. $d\mathbf{l}$의 정의는

$$d\mathbf{l} = dl\,\hat{\boldsymbol{\tau}} \tag{2.46}$$

이다. 여기서 $\hat{\boldsymbol{\tau}}$는, 그림 2.33에 보여진 바와 같이, 곡선에 접선이며 *적분 방향을 가리키는(pointing in the direction of integration)* 단위 vector이다. 이 종류의 적분의 예는 $W = \int \mathbf{F} \cdot d\mathbf{l}$이다. 여기서 $\mathbf{F}$는 가해진 힘(applied force)이며 W는 질량(mass)에 한 일이다.

2차원에서는, $\hat{\boldsymbol{\tau}}$가 그림 2.34를 참조함으로써 $\hat{\mathbf{u}}_1$과 $\hat{\mathbf{u}}_2$의 항으로

$$\hat{\boldsymbol{\tau}} = \cos\psi\,\hat{\mathbf{u}}_1 + \sin\psi\,\hat{\mathbf{u}}_2 \tag{2.47}$$

과 같이 표현될 수 있다.

$$\cos\psi = \frac{h_1\,du_1}{dl} \tag{2.48}$$

$$\sin\psi = \frac{h_2\,du_2}{dl} \tag{2.49}$$

이기 때문에

$$dl\,\hat{\boldsymbol{\tau}} = h_1\,du_1\hat{\mathbf{u}}_1 + h_2\,du_2\hat{\mathbf{u}}_2$$

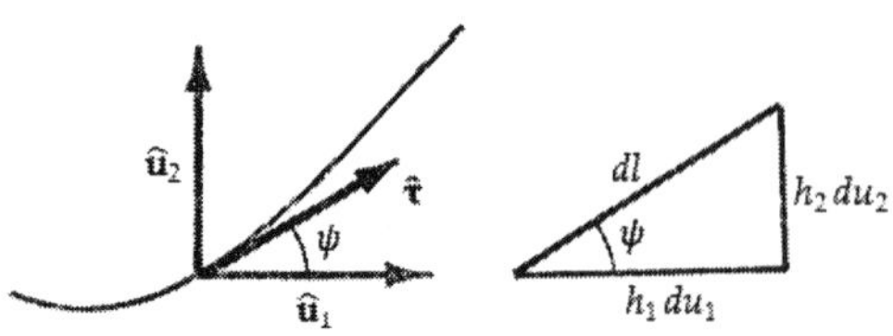

FIGURE 2.34 The two-dimensional relation between $\hat{\boldsymbol{\tau}}$ and the base vectors.

를 얻는다. 이것을 3차원으로 일반화하면

$$dl\,\hat{\boldsymbol{\tau}} = h_1\,du_1\hat{\mathbf{u}}_1 + h_2\,du_2\hat{\mathbf{u}}_2 + h_3\,du_3\hat{\mathbf{u}}_3 \tag{2.50}$$

을 준다. 그러므로

$$\int_a^b \mathbf{A}\cdot d\mathbf{l} = \int_{u_{1a}}^{u_{1b}} A_1h_1\,du_1 + \int_{u_{2a}}^{u_{2b}} A_2h_2\,du_2 + \int_{u_{3a}}^{u_{3b}} A_3h_3\,du_3 \tag{2.51}$$

이다. 여기서 u_{1a}, u_{2a} 및 u_{3a} 그리고 u_{1b}, u_{2b} 및 u_{3b}는 점 a 그리고 b의 좌표이다. Scalar 선적분에 대비하여,

$$\int_a^b \mathbf{A}\cdot d\mathbf{l} = -\int_b^a \mathbf{A}\cdot d\mathbf{l}$$

을 본다. 이 이유는, scalar 선적분에서는 부호가 바뀌지 않는 dl만 나타나는 반면, $\hat{\boldsymbol{\tau}}$는 적분의 방향에 따라 부호가 바뀌며 따라서 $dl\,\hat{\boldsymbol{\tau}}$의 부호가 바뀌기 때문이다. $\hat{\boldsymbol{\tau}}$를 기본 vector로 표현하면 적분이 u_1, u_2, 또는 u_3이 감소하는 방향에 있을 수 있다는 사실이 자동적으로 설명되기 때문에, 식 (2.51)에는 정부부호(plus-minus sign)가 없다. 설명으로서, 그림 2.31에 보여진 a로부터 b까지의 적분 경로에 대한 $dl\,\hat{\boldsymbol{\tau}}$를 고려한다. 이 경우에는 $dl = -dx$ 그리고 $\hat{\boldsymbol{\tau}} = -\hat{\mathbf{x}}$이어서, $dl\,\hat{\boldsymbol{\tau}} = -dx(-\hat{\mathbf{x}}) = dx\,\hat{\mathbf{x}}$이다. 적분 경로가 b로부터 a까지로 바뀌면, $dl = dx$, $\hat{\boldsymbol{\tau}} = \hat{\mathbf{x}}$이며, 다시 $dl\,\hat{\boldsymbol{\tau}} = dx\,\hat{\mathbf{x}}$이다. 따라서, 식 (2.50)에 의해 예측된 바와 같이, $dl\,\hat{\boldsymbol{\tau}}$에 있는 부호는 적분의 방향과는 무관하다.

Example 2.6 Evaluation of a line integral $\mathbf{A} = y\hat{\mathbf{x}} + x\hat{\mathbf{y}}$, 점 a는 원점, 점 b는 (1, 1, 0), 그리고 적분이 수행되는 곡선은, 그림 2.35에 그려진 것과 같은, $y = x^2$이라고 가정한다. 그러면

$$\begin{aligned}\int_a^b \mathbf{A}\cdot d\mathbf{l} &= \int_a^b (y\hat{\mathbf{x}} + x\hat{\mathbf{y}})\cdot(dx\,\hat{\mathbf{x}} + dy\,\hat{\mathbf{y}}) \\ &= \int_0^1 y\,dx + \int_0^1 x\,dy\end{aligned}$$

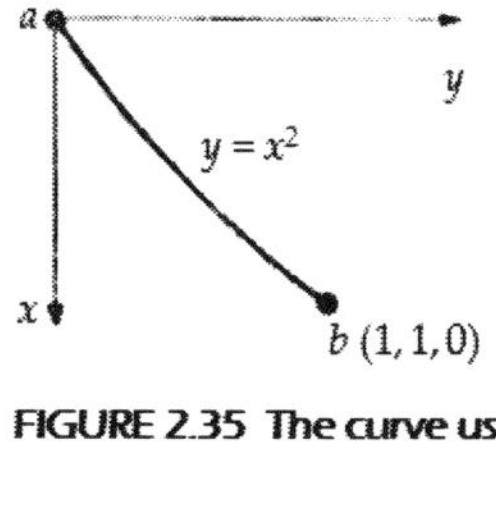

FIGURE 2.35 The curve used in connection with Example 2.6.

이다. 적분은 식 (2.51)로부터 직접 적어졌음에 유의하라. 적분 경로를 따라 $y = x^2$ 그리고 $dy = 2x\,dx$이기 때문에, 적분은

$$\int_a^b \mathbf{A} \cdot d\mathbf{l} = \int_0^1 x^2\,dx + \int_0^1 x2x\,dx$$
$$= 1$$

이 된다. ■

고려할 다른 선적분은 형태

$$\int_a^b \mathbf{A} \cdot \mathbf{B}\,dl$$

의 적분이다. 이 적분은, 피적분 함수가 scalar이기 때문에, 바로 scalar 선적분이다.

Vector 피적분 함수를 가진 선적분도 비슷한 방식으로 다루어지지만, 그 경우에는 적분 변수로서 원통과 구 좌표계에서의 기본 vector를 다루는데 주의가 기울여져야 한다. Vector의 미분에서처럼, 적분에서 변수 기본 vector를 다루는 편리한 방법은 그것들을 $\hat{\mathbf{x}}$, $\hat{\mathbf{y}}$, 그리고 $\hat{\mathbf{z}}$의 항으로 적는 것이다.

Example 2.7 Evaluation of a vector line integral 간단한 vector 선적분 $\int_a^b d\mathbf{l}$을 고려한다. 꼭 $\int_a^b dl$가 점 a와 b 사이의 총 호 길이인 것과 같이, $\int_a^b d\mathbf{l}$는 a로부터 b로 향하는, 점 a와 b 사이의 vector $\mathbf{P}_{ab}$이다. 예를 들어, 그림 2.36 (a)에 보여진 경로의 경우, $d\mathbf{l} = dl\,\hat{\boldsymbol{\tau}} = -dx(-\hat{\mathbf{x}}) = dx\,\hat{\mathbf{x}}$이며,

$$\int_a^b d\mathbf{l} = \int_1^0 dx\,\hat{\mathbf{x}}$$
$$= -\hat{\mathbf{x}}$$

로서, 바로 $\mathbf{P}_{ab}$이다. 조금 더 복잡한 예가 그림 2.36 (b)에 그려져 있다. 여기에서는 원통 좌표계의 사용이 편리하며, 그러면 $d\mathbf{l} = d\varphi\,\hat{\boldsymbol{\varphi}}$이다. 따라서 $\hat{\boldsymbol{\varphi}} = -\sin\varphi\,\hat{\mathbf{x}} + \cos\varphi\,\hat{\mathbf{y}}$이기 때문에, 그리고 $\hat{\mathbf{x}}$와 $\hat{\mathbf{y}}$가 상수 vector이기 때문에,

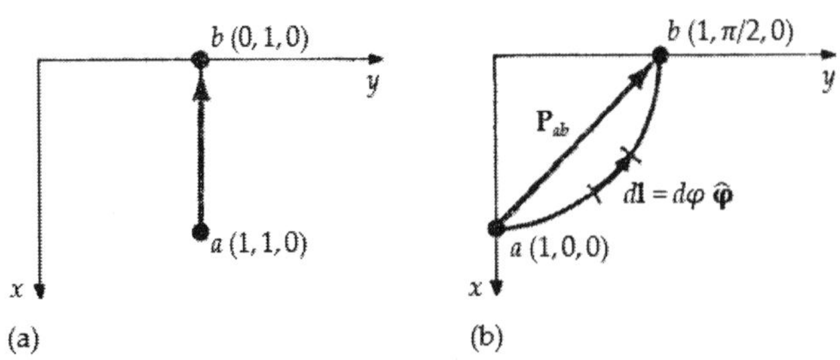

FIGURE 2.36 Path of integration used in Example 2.7.

$$\begin{aligned}\int_a^b d\mathbf{l} &= \int_0^{\pi/2} d\varphi\, \hat{\boldsymbol{\varphi}} \\ &= \int_0^{\pi/2} (-\sin\varphi\,\hat{\mathbf{x}} + \cos\varphi\,\hat{\mathbf{y}})\, d\varphi \\ &= -\hat{\mathbf{x}} + \hat{\mathbf{y}} = \mathbf{P}_{ab}\end{aligned}$$

이다. 식을

$$\begin{aligned}\int_a^b d\mathbf{l} &= \int_0^{\pi/2} d\varphi\, \hat{\boldsymbol{\varphi}} \\ &= \hat{\boldsymbol{\varphi}} \int_0^{\pi/2} d\varphi \\ &= \frac{\pi}{2}\hat{\boldsymbol{\varphi}} \quad \textit{incorrect}\end{aligned}$$

와 같이 적는 것은 명백하게 틀렸다. ■

경험에 의하면 종종 좌표에 의해 dl과 $d\mathbf{l}$을 적절하게 표현하는데 있어서, 주로 부호의 선택에서, 많은 혼란이 있음을 보였다. 그림 2.37은 dl과 $d\mathbf{l}$에 대한 적절한 표현을 상기하는데 도움을 주기 위한 것이다.

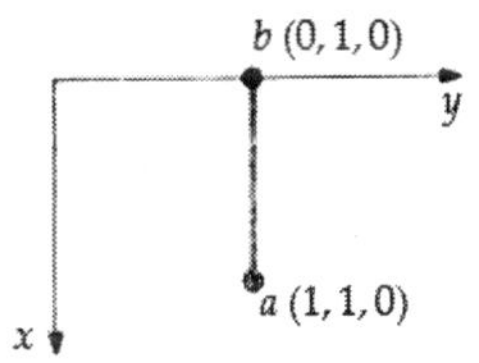

FIGURE 2.37 A summary of the signs involved in line integrals.

dl과 $d\mathbf{l}$에 포함된 부호가 혼동스럽기 때문에, 보여진 간단한 경로를 따른 선적분을 포함하는 다음과 같은 간단한 예제가 요약과 적절한 부호를 상기하는데 도움이 되게 하기 위하여 주어졌다. (a) *적분 경로*: 보여진 적분 경로에 대한 식은 $y = 1, z = 0$이다. 그러므로, 적분 경로를 따라서 어디서든 $dy = 0, dz = 0$이다. (b) *Scalar 선적분*: dl은 적분 방향에서 정(양, positive)이라고 정의된다. 따라서 좌표로 dl을 표현함에 있어서(식 (2.43)에서 (2.45)), 적분 방향이 좌표가 증가하는 방향이면 정(양, plus) 부호를, 그렇지 않으면 부(음, minus) 부호를 선택한다. 예를 들어: 위의 (a)에서 주의된 바와 같이 $dy = 0, dz = 0$이어서

$$\int_a^b dl = \int_1^0 (-dx) = 1 \qquad \int_b^a dl = \int_0^1 dx = 1$$

이다. (c) *Vector 선적분*: dl은 적분 방향에서 정이기 때문에, 그리고 $\hat{\boldsymbol{\tau}}$는 적분 방향으로 향하기 때문에 (그림 2.33), 좌표계의 항으로 표현될 때 $d\mathbf{l} = dl\,\hat{\boldsymbol{\tau}}$의 부호는 적분 방향과 무관하다. 따라서 $d\mathbf{l}$은 부호가 바뀔 필요 없이 식 (2.50)으로 주어진다. 직각 좌표계에서는 *항상* $d\mathbf{l} = dx\,\hat{\mathbf{x}} + dy\,\hat{\mathbf{y}} + dz\,\hat{\mathbf{z}}$이다. 하지만, dx, dy, 그리고 dz는 위의 (a)에서 주의된 바와 같이 적분 경로에 종속할 것이다. $d\mathbf{l}$은 또한 적분 방향에 대응하는 dl과 $\hat{\boldsymbol{\tau}}$의 부호의 선택에 의해 찾아질 수 있다. 예를 들어: 식 (2.50)과 위의 (a)로부터 $d\mathbf{l} = dx\,\hat{\mathbf{x}}$ 또는 $d\mathbf{l} = dl\,\hat{\boldsymbol{\tau}} = (-dx)(-\hat{\mathbf{x}}) = dx\,\hat{\mathbf{x}}$이므로

$$\int_a^b d\mathbf{l} = \int_1^0 dx\,\hat{\mathbf{x}} = -\hat{\mathbf{x}}$$

이다. 그리고, 식 (2.50)과 위의 (a)로부터 $d\mathbf{l} = dx\,\hat{\mathbf{x}}$ 또는 $d\mathbf{l} = dl\,\hat{\boldsymbol{\tau}} = dx\,\hat{\mathbf{x}}$이므로

$$\int_b^a d\mathbf{l} = \int_0^1 dx\,\hat{\mathbf{x}} = \hat{\mathbf{x}}$$

이다. (d) *형태* $\int \mathbf{A}\cdot d\mathbf{l}$*의 선적분*: $\mathbf{A}\cdot d\mathbf{l}$을 포함하는 선적분은 $d\mathbf{l}$을 식 (2.50)에서와 같이 적고, 내적을 취하고 적분함으로써 쉽게 다루어질 수 있다. 위의 (c)에서 설명한 바와 같이, $d\mathbf{l}$의 부호는 적분 방향과는 관계없다. 예를 들어, $\mathbf{A} = x^2\,\hat{\mathbf{x}}$라 가정한다; 그러면 위의 (a)에서 주의된 바와 같이 $dy = 0, dz = 0$이어서

$$\int_a^b \mathbf{A}\cdot d\mathbf{l} = \int_1^0 x^2\,\hat{\mathbf{x}}\cdot dx\,\hat{\mathbf{x}} = \int_1^0 x^2\,dx = -\frac{1}{3}$$
$$\int_b^a \mathbf{A}\cdot d\mathbf{l} = \int_0^1 x^2\,\hat{\mathbf{x}}\cdot dx\,\hat{\mathbf{x}} = \int_0^1 x^2\,dx = \frac{1}{3}$$

이다.

Surface Integrals

Scalar와 vector 면적 적분이 있다. 보통의 scalar 면적 적분은 $\int_S \mathbf{A}\cdot d\mathbf{S}$이다. 여기서 $d\mathbf{S}$는 미분 벡터 면적 요소(differential vector surface element)이며 S는 적분이 수행되는 면이다. $d\mathbf{S}$는

$$d\mathbf{S} = \hat{\mathbf{n}}\,dS$$

로 정의된다. 여기서 dS는 scalar 미분 면적이며 $\hat{\mathbf{n}}$는 면 dS에 법선(수직)인(normal) 단위 vector이다. S가 폐곡면(closed surface)일 때, $\hat{\mathbf{n}}$는 외향 단위 법선(outward unit normal)이다. S가 폐곡면이 아닐 때에는, 단위 법선 $\hat{\mathbf{n}}$의 윗면(top surface)과 아랫면(bottom surface)에 수직인 두 가지 가능한 방향 중 어느 것을 취할 것인지가 결정되어야 한다. 이것은 면을 둘러싸는 폐곡선(closed curve)인 면 경계(surface boundary)의 방위(orientation)에 대한 $\hat{\mathbf{n}}$의 방향을 정의함으로써 이루어진다. $\hat{\mathbf{n}}$은 연속일 것이기 때문에, S의 경계 위에 있는 점에서 $\hat{\mathbf{n}}$을 정의할 수 있으며 그러면 S위에서 그것을 연속적으로 변화시킴으로써 다른 점에서의 $\hat{\mathbf{n}}$을 결정할 수 있다. 먼저 그림 2.38에 보여진 평면(planar surface)을 고려한다. 경계 l의 방위는 반시계 방향(counterclockwise direction)에서 정(양, positive)인 것으로 고려된다. $\hat{\mathbf{t}}$는 경계에 수직이고, 경계로부터 안으로(inward) 향하는 방향이며, S에 접하는(tangent) 단

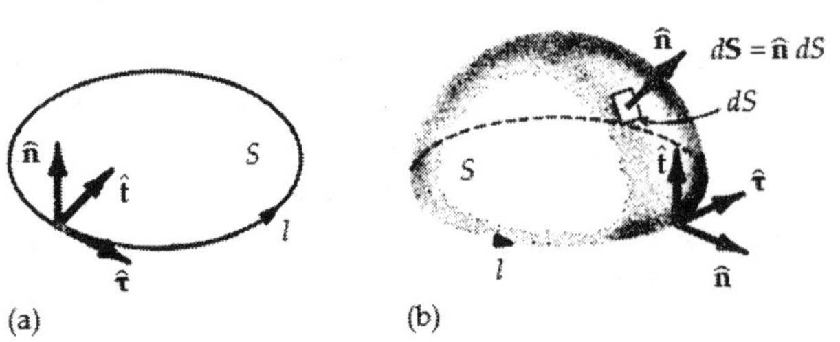

FIGURE 2.38 Definition of $\hat{\mathbf{n}}$ and the differential vector surface $d\mathbf{S}$.

위 vector로 정의된다. $\hat{\boldsymbol{\tau}}$는 S의 경계 l에 접하며 경계를 따라 정방향(positive direction)인 방향의 단위 vector로 정의된다. 그러면, 그 점에서, $\hat{\mathbf{n}}$은

$$\hat{\mathbf{n}} = \hat{\boldsymbol{\tau}} \times \hat{\mathbf{t}}$$

로 정의된다. 경계 l의 방위($\hat{\boldsymbol{\tau}}$의 방향)가 바뀌면 $\hat{\mathbf{n}}$의 부호가 바뀜에 유의하라. 경계에 대한 면의 방위는 오른손 법칙에 따른다: 오른손의 손가락을 $\hat{\boldsymbol{\tau}}$의 방향으로 감을 때 엄지가 $\hat{\mathbf{n}}$의 방향이다. 그림 2.38 (b)는 더 일반적인 면에 대한 $\hat{\mathbf{n}}$의 정의를 보인다.

면적 적분 $\int_S \mathbf{A} \cdot d\mathbf{S}$를 고려하기 전에, 벡터 면(vector surface)에 대하여 논의할 필요가 있다. 그림 2.38 (b)에 보여진 면적 요소에 대한 미분 vector 면은 $d\mathbf{S} = \hat{\mathbf{n}}\, dS$이다. 단위 vector $\hat{\mathbf{n}}$은, $\hat{\mathbf{n}}$의 정의에 따라, 윗면에 수직이다. 전체(total) vector 면은

$$\mathbf{S} = \int_S d\mathbf{S} \qquad (2.52)$$

로 정의된다. $\mathbf{S}$는 무수히 많은 면을 나타낼 수 있음에 유의하라(Problem 2-33을 보라); S가 닫혔다면, $\mathbf{S}$는, 물론, 0이다. S가 평면일 때는, 그러면 $\mathbf{S} = S\hat{\mathbf{n}}$이다. 여기서 S는 면적(surface area)이며 $\hat{\mathbf{n}}$은 평면에 수직이다.

$d\mathbf{S}$의 정의로, $\int_S \mathbf{A} \cdot d\mathbf{S}$의 계산은 바로 면적 적분이다. 표기 $\oint_S \mathbf{A} \cdot d\mathbf{S}$는 S가 폐곡면이라는 것을 나타내기 위해 사용된다.

Example 2.8 Evaluation of a surface integral $\mathbf{A} = (x-1)\hat{\mathbf{x}} + xy\hat{\mathbf{z}}$라 하고, $\int_S \mathbf{A} \cdot d\mathbf{S}$를 계산하려고 한다. 여기서 S는 그림 2.39에 보여진 $x = 1$과 $z = 1$ 평면에 있는 두 개의 면으로 이루어진 면이다. 적분은

$$\int_S \mathbf{A} \cdot d\mathbf{S} = \int_{S_1} \mathbf{A} \cdot d\mathbf{S} + \int_{S_2} \mathbf{A} \cdot d\mathbf{S}$$

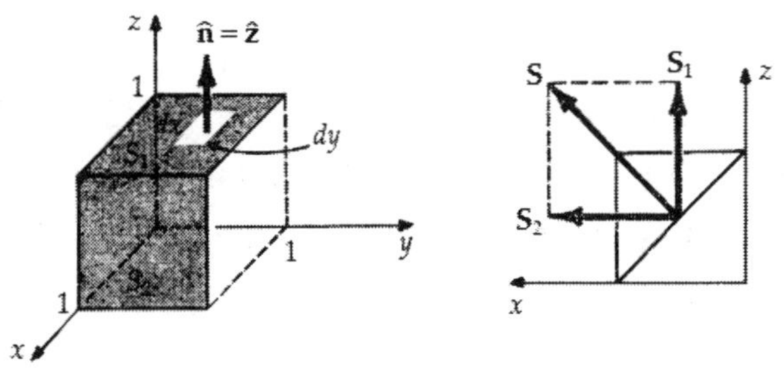

FIGURE 2.39 Addition of vector surfaces.

와 같이 두 개의 항의 합으로 적어질 수 있다. 여기서 S_1은 $z=1$ 평면에 있는 면이며 S_2는 $x=1$ 평면에 있는 면이다. S_1 위에서는, $z=1$이며 $d\mathbf{S}=dx\,dy\,\hat{\mathbf{z}}$이다. S_2 위에서는, $x=1$이며 $d\mathbf{S}=dy\,dz\,\hat{\mathbf{x}}$이다. 따라서

$$\int_S \mathbf{A}\cdot d\mathbf{S} = \iint_0^1 [(x-1)\hat{\mathbf{x}}+xy\hat{\mathbf{z}}]_{z=1}\cdot dx\,dy\,\hat{\mathbf{z}} + \iint_0^1 [(x-1)\hat{\mathbf{x}}+xy\hat{\mathbf{z}}]_{x=1}\cdot dy\,dz\,\hat{\mathbf{x}}$$
$$= \frac{1}{4}$$

이다. 면 위에서 피적분 함수를 계산한다는 것을 기억하는 것이 매우 중요하다. $\mathbf{A}$의 x 성분이 S_2 위에서는 0이기 때문에, 우변의 두번째 항은 0임에 유의하라. ■

Example 2.9 Vector surface integration 그림 2.39에 보여진 것과 같은 $x=1$과 $z=1$ 평면을 점유하는 두 개의 인접한 면을 고려한다. $z=1$ 평면에 있는 미분 면적 요소는 $d\mathbf{S}=dx\,dy\,\hat{\mathbf{z}}$이며, 전체 면적은 명백히

$$\mathbf{S}_1 = \int_{S_1} d\mathbf{S} = \iint_0^1 dx\,dy\,\hat{\mathbf{z}}$$
$$= 1\,\hat{\mathbf{z}}$$

이다. 비슷하게, $x=1$ 평면을 점유하는 면은

$$\mathbf{S}_2 = 1\,\hat{\mathbf{x}}$$

로 보여질 수 있으며 전체 면적은 간단히 그림 2.39에 보여진 바와 같이

$$\mathbf{S} = \hat{\mathbf{x}} + \hat{\mathbf{z}}$$

이다. Vector 면 $\mathbf{S}$의 크기는 $\sqrt{2}$이지, 단순한 두 개의 성분 vector 면 $\mathbf{S}_1$과 $\mathbf{S}_2$의 크기의 합 $(1+1=2)$이 아니다. Vector 면은 다른 임의의 vector와 마찬가지로 합해져야 하며, scalar적으로 합해서는 안된다. 결과적인 전체 면은 그림 2.39에 보여진 면 $\mathbf{S}$로서, $\mathbf{S}_1$과 $\mathbf{S}_2$의 $\mathbf{S}$의 방향을 따른 사영이다. ■

Volume Integrals

Vector 미분 체적은 정의되지 않기 때문에, vector를 포함하는 체적 적분은, 변수 기본 vector를 적분 변수로 다루어야 한다는 것을 제외하고는, scalar 체적 적분과 다른 것이 없다. 여기서 다시, 변수 기본 vector를 $\hat{\mathbf{x}}$, $\hat{\mathbf{y}}$, 그리고 $\hat{\mathbf{z}}$로 표현하는 것이 주의를 기울이는데 있어서 좋은 방법이다.

2.9 GRADIENT

2.7절에서 논의된 일반적인 vector 미분에 덧붙여, 미분을 포함하는 매우 중요한 몇 가지 특별한 vector 연산이 있다. 그 중 한 가지는 scalar 점함수의 경도(구배, 기울기, gradient)이다.

정의에 의해, *scalar 점함수 Φ의 경도*는 (1) 그 방향은 함수 Φ의 최대 변화율(maximum rate of change)의 방향이며, (2) 그 크기는 최대 변화율의 크기인 vector 이다. 경도에 대한 표현은 방향 도함수(directional derivative)를 가지고 출발하면 얻어질 수 있다. Scalar 점함수 $\Phi(x, y, z)$의 방향 도함수는

$$\frac{\partial \Phi}{\partial n} = \frac{\partial \Phi}{\partial x}\cos\alpha + \frac{\partial \Phi}{\partial y}\cos\beta + \frac{\partial \Phi}{\partial z}\cos\gamma \tag{2.53}$$

이다. 여기서 $\cos\alpha$, $\cos\beta$, 그리고 $\cos\gamma$는 방향 n의 방향 여현(direction cosine)이다; 즉,

$$\cos\alpha = \hat{\mathbf{x}} \cdot \hat{\mathbf{n}} \tag{2.54}$$

$$\cos\beta = \hat{\mathbf{y}} \cdot \hat{\mathbf{n}} \tag{2.55}$$

$$\cos\gamma = \hat{\mathbf{z}} \cdot \hat{\mathbf{n}} \tag{2.56}$$

이다. Vector $\hat{\mathbf{n}}$은 방향 도함수가 취해지는 방향의 단위 vector이다. 식 (2.53)은 또한

$$\frac{\partial \Phi}{\partial n} = \left(\frac{\partial \Phi}{\partial x}\hat{\mathbf{x}} + \frac{\partial \Phi}{\partial y}\hat{\mathbf{y}} + \frac{\partial \Phi}{\partial z}\hat{\mathbf{z}}\right) \cdot \hat{\mathbf{n}} \tag{2.57}$$

로 적어질 수 있다. 편의를 위하여,

$$\mathbf{G} = \frac{\partial \Phi}{\partial x}\hat{\mathbf{x}} + \frac{\partial \Phi}{\partial y}\hat{\mathbf{y}} + \frac{\partial \Phi}{\partial z}\hat{\mathbf{z}} \tag{2.58}$$

로 나타내면

$$\frac{\partial \Phi}{\partial n} = \mathbf{G} \cdot \hat{\mathbf{n}} = G\cos\theta \tag{2.59}$$

이다. 여기서 θ는 $\mathbf{G}$와 $\hat{\mathbf{n}}$ 사이의 각도이다. 식 (2.59)로부터, $\partial\Phi/\partial n$은 θ가 0일 때, 즉, $\hat{\mathbf{n}}$가 $\mathbf{G}$의 방향에 있을 때 최대임을 본다. $\hat{\mathbf{n}}$가 단위 vector이기 때문에, $\partial\Phi/\partial n$의 최대치는 G이다. 따라서 $\mathbf{G}$의 방향은 Φ의 최대 변화율의 방향이고, $\mathbf{G}$의 크기는 Φ의 최대 변화율이며, 따라서, 정의에 의해, $\mathbf{G}$는 Φ의 경도이다. 그러므로

$$\mathrm{grad}\,\Phi = \frac{\partial \Phi}{\partial x}\hat{\mathbf{x}} + \frac{\partial \Phi}{\partial y}\hat{\mathbf{y}} + \frac{\partial \Phi}{\partial z}\hat{\mathbf{z}} \tag{2.60}$$

이다.

직각 좌표계에서

$$\nabla = \hat{\mathbf{x}}\frac{\partial}{\partial x} + \hat{\mathbf{y}}\frac{\partial}{\partial y} + \hat{\mathbf{z}}\frac{\partial}{\partial z} \tag{2.61}$$

로 표현되는 *델(나블라, del, nabla)*라고 불리는 연산자를 정의하는 것이 실제적인 표준으로 되어서

$$\mathrm{grad}\,\Phi = \nabla\Phi \tag{2.62}$$

이다. 이 연산자 그리고 비슷한 표기가 다음 절에서 논의될 발산(divergence)과 회전(curl, rotation)을 나타내는데 편리하게 사용될 수 있다.

지금까지의 논의는 직각 좌표계에 의하였지만, 경도의 정의는 임의의 좌표계와는 무관하다. 방향 도함수가 일반 직교 곡선 좌표계로 적어졌으며 같은 방식을 따랐다면,

$$\mathrm{grad}\,\Phi = \frac{1}{h_1}\frac{\partial \Phi}{\partial u_1}\hat{\mathbf{u}}_1 + \frac{1}{h_2}\frac{\partial \Phi}{\partial u_2}\hat{\mathbf{u}}_2 + \frac{1}{h_3}\frac{\partial \Phi}{\partial u_3}\hat{\mathbf{u}}_3 \tag{2.63}$$

을 찾았을 것이다. 식 (2.63)은 $h_1, h_2,$ 그리고 h_3이 쉽게 기억되거나 그 좌표계애서의 호 길이의 표현으로부터 쉽게 얻어지기 때문에 다른 좌표계에서의 경도를 기억하기에 편리한 수단이다.

식 (2.61)로 주어진 연산자 ∇의 정의는, 직각 좌표계에서만 유용한, 순전히 형식적인 것이며, *다른 좌표계에서는 대응하는 정의가 없다.* 하지만, 비록 연산자 ∇가 정의되지는 않지만, 모든 좌표계에서 $\mathrm{grad}\,\Phi$를 의미하기 위하여 $\nabla\Phi$를 사용하는 것이 관례로 되었다. 어떤 경우에서든, $\nabla\Phi$는 식 (2.63)에 주어진 표현을 의미한다.

Example 2.10 Use of the gradient in mechanics 경사면(sloping surface)의 높이(elevation)의 경도는 경사면을 내려오는 공의 가속도(acceleration)를 결정한다. 그림 2.40에 보여진 것과 같은 z 방향의 변화가 없는 면을 고려한다. Scalar 높이 함수 h는 xh-평면에 놓인 선 l을 따라 가장 빠르게 변한다; 따라서 h의 경도는, 정의에 의해, $\mathrm{grad}\,h = (dh/dl)\hat{\mathbf{l}}$이다. 점 x_1에서의 공의 가속도는 l을 따른 중력 가속도(gravity) g의 성분과 같거나, $\mathbf{a} = g\sin\theta\,\hat{\mathbf{l}}$이다. 그러나 $\sin\theta = dh/dl$이기 때문에 가속도는 $\mathbf{a} = g\,\mathrm{grad}\,h$이다.

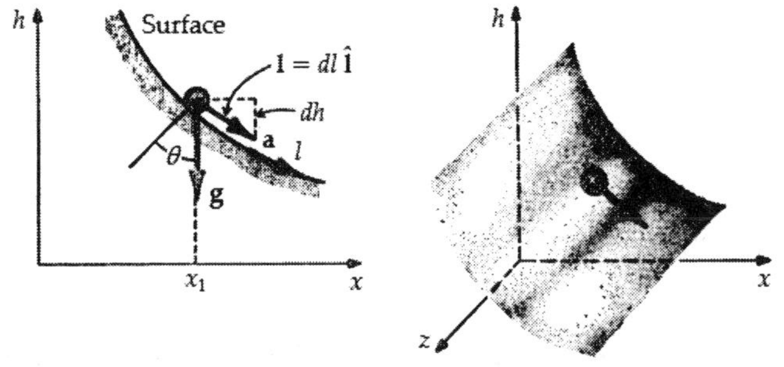

FIGURE 2.40 A ball rolling down a sloping surface.

■

Example 2.11 The gradient in spherical coordinates 구 좌표계에서 $\nabla\Phi$를 정의하는 식으로 식 (2.63)을 사용한다면, 표 2.1로부터 표현 $u_1 = R$, $u_2 = \theta$, 그리고 $u_3 = \varphi$와 h의 값과 함께,

$$\nabla\Phi = \frac{\partial\Phi}{\partial R}\hat{\mathbf{R}} + \frac{1}{R}\frac{\partial\Phi}{\partial\theta}\hat{\boldsymbol{\theta}} + \frac{1}{R\sin\theta}\frac{\partial\Phi}{\partial\varphi}\hat{\boldsymbol{\varphi}}$$

를 얻는다. ■

2.10 DIVERGENCE

Vector 장의 발산의 개념은 vector 장의 원천(source)을 이해하는데 있어서 매우 중요하다. 폐곡선 S가 vector 장 **A**에 대한 원천을 둘러싼다면, 그러면 장, 또는 "속(flux)"선은 그림 2.41에 보여진 바와 같이, 면을 통하여 나갈 것이다. 폐곡선이 싱크(sink)를 둘러싼다면, 장선(field line)은 면 안으로 흐를 것이다. 유체 상사(fluid analog)로 고려하는 것이 유용하며, 거기에서는 vector 장선이 유체 유출(유동)(fluid flow)을 나타낸다.

원천의 세기 또는 크기는 면 S를 통한 순 유출(net flow)로 주어진다. 미분 면 $d\mathbf{S}$를 통한 **A**의 유출이 그림 2.42에 그려졌다. **A**가 속 밀도(flux density)를 나타낸다면, 그러면 $d\mathbf{S}$를 통한 총 유출은, $A_\perp$은 면에 평행한 유동을 나타내며 그러므로

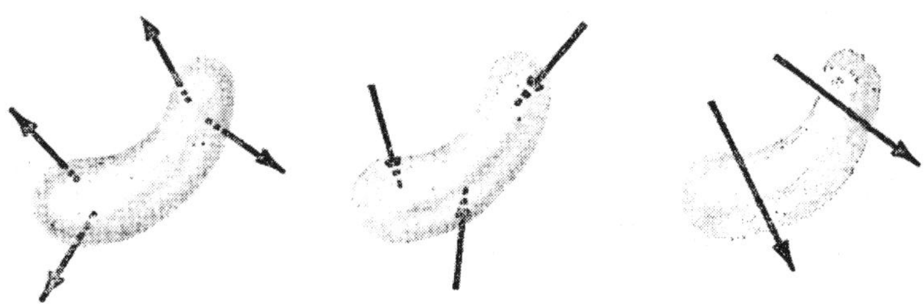

FIGURE 2.41 Illustration of flux lines and sources and sinks.

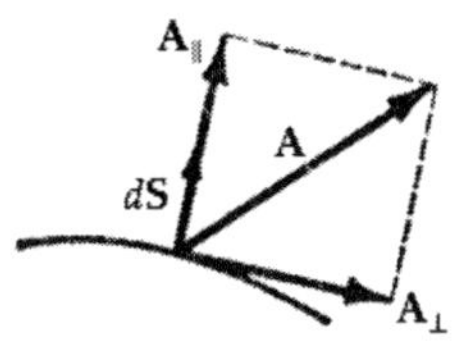

FIGURE 2.42 Illustration of flow of A through a differential surface dS.

면을 가로지르지 않기 때문에, $A_{\parallel} dS$이다. 그러나 $A_{\parallel} dS$는 간단히 $\mathbf{A} \cdot d\mathbf{S}$이다; 따라서 증분 속(incremental flux)은 $\mathbf{A} \cdot d\mathbf{S}$ 이며, 폐곡면 S를 통한 총 속(total flux)은 $\oint_S \mathbf{A} \cdot d\mathbf{S}$이다. $\oint_S \mathbf{A} \cdot d\mathbf{S}$가 정(양, positive)이라면, S는 원천을 둘러싼다. $\oint_S \mathbf{A} \cdot d\mathbf{S}$가 부(음, negative)라면, S는 sink를 둘러싼다; $\oint_S \mathbf{A} \cdot d\mathbf{S}$가 0이라면, S는 $\mathbf{A}$의 원천이나 sink를 둘러싸지 않는다. 단위 체적당 총 속(total flux per unit volume)은

$$\frac{\oint_S \mathbf{A} \cdot d\mathbf{S}}{V}$$

이다. 여기서 V는 면 S에 의해 둘러싸이는 체적이다. 이 양(quantity)은 V 내에 있는 원천 밀도의 측도(measure)이며 V가 미분 체적으로 줄어들 때 매우 유용하다. 그러면 점 관계(point relation)는 그 점에서 단위 체적당 원천 밀도를 줌으로써 얻어진다. 원천 밀도가, 일반적으로, 점에 따라 변할 것이기 때문에, 임의의 점에 $\mathbf{A}$에 대한 원천을 줌으로써 스칼라 장함수(scalar field function)가 생성된다. 이 scalar 장함수는 $\mathbf{A}$*의 발산*(*divergence of* $\mathbf{A}$)이라 불린다.

주어진 점에서 vector 장 $\mathbf{A}$의 발산의 기본적인 정의는

$$\operatorname{div} \mathbf{A} = \lim_{V \to 0} \frac{\oint_S \mathbf{A} \cdot d\mathbf{S}}{V} \tag{2.64}$$

이다. 여기서 S는 점을 둘러싸는 폐곡면이며 V는 S에 의해 둘러싸인 체적이다. $\mathbf{A}$의 발산은, 정의로부터 분명하듯이, scalar이며, 덧붙여 말하면, 어떤 좌표계에 대해서도 독립이다. 식 (2.64)를 일반 직교 곡선 좌표계에서 계산할 수 있지만, 간단하게 하기 위하여, div $\mathbf{A}$의 표현을 직각 좌표계에서 유도할 것이며 곡선 좌표계에서의 표현은 간단히 기술할 것이다.

그림 2.43에 보여진 입방체(cube)의 면은 S이며, 입방체의 중심에 있는 점 (x_0, y_0, z_0)는 발산이 계산되는 점이다. 면적 적분은

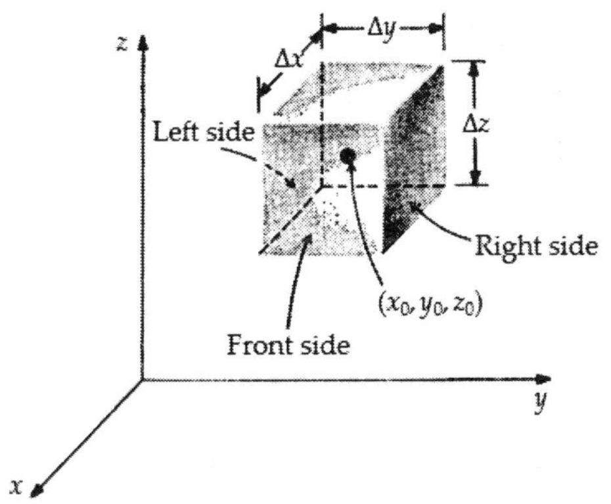

FIGURE 2.43 Differential cube used in derivation of divergence.

$$\oint_S \mathbf{A}\cdot d\mathbf{S} = \int_{\text{front}} \mathbf{A}\cdot d\mathbf{S} + \int_{\text{back}} \mathbf{A}\cdot d\mathbf{S} + \int_{\text{left}} \mathbf{A}\cdot d\mathbf{S} + \int_{\text{right}} \mathbf{A}\cdot d\mathbf{S} + \int_{\text{top}} \mathbf{A}\cdot d\mathbf{S} + \int_{\text{bottom}} \mathbf{A}\cdot d\mathbf{S} \tag{2.65}$$

와 같이 적어질 수 있다. 극한을 취하려 하기 때문에, 식 (2.65)에 있는 항을 계산하는데 있어서 **A**를 (x_0, y_0, z_0)에 관한 3차원 테일러 급수(Taylor series)로 전개하는 것이 편리하다. **A**에 대한 급수 전개는

$$\mathbf{A}(x, y, z) = \mathbf{A}(x_0, y_0, z_0) + (x - x_0)\left.\frac{\partial \mathbf{A}}{\partial x}\right|_{(x_0, y_0, z_0)} + (y - y_0)\left.\frac{\partial \mathbf{A}}{\partial y}\right|_{(x_0, y_0, z_0)} + (z - z_0)\left.\frac{\partial \mathbf{A}}{\partial z}\right|_{(x_0, y_0, z_0)} + \text{higher-order terms}$$

이다.

첫 째항 $\int_{\text{front}} \mathbf{A}\cdot d\mathbf{S}$를 고려한다. 앞 면에서는 $x = x_0 + \Delta x/2$이며 $d\mathbf{S} = dy\,dz\,\hat{\mathbf{x}}$이기 때문에,

$$\int_{\text{front}} \mathbf{A}\cdot d\mathbf{S} = \Delta y\,\Delta z\left[A_x(x_0, y_0, z_0) + \frac{\Delta x}{2}\left.\frac{\partial A_x}{\partial x}\right|_{(x_0, y_0, z_0)}\right] + \text{higher-order terms in } \Delta x, \Delta y \text{ and } \Delta z$$

이다. 뒷면에서는, $d\mathbf{S} = dy\,dz\,(-\hat{\mathbf{x}})$이며

$$\int_{\text{back}} \mathbf{A}\cdot d\mathbf{S} = \Delta y\,\Delta z\left[-A_x(x_0, y_0, z_0) - \frac{\Delta x}{2}\frac{-\partial A_x}{\partial x}\bigg|_{(x_0,\,y_0,\,z_0)}\right]$$
$$+ \text{ higher-order terms in } \Delta x,\ \Delta y \text{ and } \Delta z$$

이다. 그러므로

$$\int_{\text{front}} \mathbf{A}\cdot d\mathbf{S} + \int_{\text{back}} \mathbf{A}\cdot d\mathbf{S} = \Delta x\,\Delta y\,\Delta z \frac{\partial A_x}{\partial x}\bigg|_{(x_0,\,y_0,\,z_0)}$$
$$+ \text{ higher-order terms in } \Delta x,\ \Delta y \text{ and } \Delta z$$

이다. 비슷하게,

$$\int_{\substack{\text{left}\\ \text{side}}} \mathbf{A}\cdot d\mathbf{S} + \int_{\substack{\text{right}\\ \text{side}}} \mathbf{A}\cdot d\mathbf{S} = \Delta x\,\Delta y\,\Delta z \frac{\partial A_y}{\partial y}\bigg|_{(x_0,\,y_0,\,z_0)}$$
$$+ \text{ higher-order terms in } \Delta x,\ \Delta y \text{ and } \Delta z$$

그리고

$$\int_{\text{top}} \mathbf{A}\cdot d\mathbf{S} + \int_{\text{bottom}} \mathbf{A}\cdot d\mathbf{S} = \Delta x\,\Delta y\,\Delta z \frac{\partial A_z}{\partial z}\bigg|_{(x_0,\,y_0,\,z_0)}$$
$$+ \text{ higher-order terms in } \Delta x,\ \Delta y \text{ and } \Delta z$$

가 찾아진다. $V = \Delta x\,\Delta y\,\Delta z$이기 때문에,

$$\lim_{\Delta x\,\Delta y\,\Delta z\to 0} \frac{\text{higher-order terms}}{\Delta x\,\Delta y\,\Delta z} = 0$$

이어서

$$\lim_{V\to 0}\frac{\oint_S \mathbf{A}\cdot d\mathbf{S}}{V} = \left(\frac{\partial A_x}{\partial x} + \frac{\partial A_y}{\partial y} + \frac{\partial A_z}{\partial z}\right)_{(x_0,\,y_0,\,z_0)}$$

이다. 그러므로 주어진 점에서의 div **A**는

$$\operatorname{div}\mathbf{A} = \frac{\partial A_x}{\partial x} + \frac{\partial A_y}{\partial y} + \frac{\partial A_z}{\partial z} \tag{2.66}$$

이다. 여기서 편도함수(partial derivative)는 그 점에서 계산된다. div **A**는 점 관계

(point relation)이라는 것이 명백해야 할 것이다; 즉, 그것은 scalar 점함수이다.

식 (2.66)에 있는 표현이 div **A**를 찾는데 편리한 방법을 제공하기는 하지만, 기본적인 정의와 발산 연산의 결과적인 물리적 의미를 마음에 새겨야 할 것이다.

식 (2.64)를 곡선 좌표계에서 계산하면

$$\operatorname{div}\mathbf{A} = \frac{1}{h_1h_2h_3}\left[\frac{\partial}{\partial u_1}(h_2h_3A_1) + \frac{\partial}{\partial u_2}(h_3h_1A_2) + \frac{\partial}{\partial u_3}(h_1h_2A_3)\right] \tag{2.67}$$

의 결과가 된다. 직각 좌표계의 특별한 경우에는,

$$\operatorname{div}\mathbf{A} = \nabla\cdot\mathbf{A} \tag{2.68}$$

이다. 여기서 연산자 ∇는 식 (2.61)로 정의되었으며 내적은 명백한 방식으로 정식화되었다. 여기서 다시, 식 (2.67)의 조사로부터 명백한 바와 같이, 연산자 ∇는 h_1, h_2 또는 h_3이 u_1, u_2 또는 u_3의 함수인 다른 좌표계에서는 정의될 수 없지만, $\nabla\cdot\mathbf{A}$가 모든 좌표계에서 div **A**를 의미하는 것으로 두는 것이 관례이다.

2.11 CURL

앞 절에서는 면 $d\mathbf{S}$를 통과하는 미분 장속(differential field flux)이 $d(\text{flux}) = \mathbf{A}\cdot d\mathbf{S}$로 정의되었다. Vector **A**의 발산이 그 다음 장의 속 밀도 특성의 원친의 측도로서 전개되었다. 장의 매우 중요한 두 번째 성질은 그것의 순환(circulation)이다. 누구든 욕조 또는 sink에서 물이 배수되는 것을 눈 여겨 본 사람은 배수구 둘레의 물의 순환을 알아차렸을 것이다. 장의 순환의 거동은 $\operatorname{div}\mathbf{A} = 0$인 곳에서 있을 수 있기 때문에, 장의 순환 성질을 설명하기 위한 다른 기구(기법, mechanism)이 필요하다. 각속도(angular velocity) ω인 완전히 대칭적인 순환 유체의 경우, 순환의 측도는 circulation = angular velocity × circumference로써 정의될 수 있다. 미분 순환(differential circulation)을

$$d(\text{circulation}) = \mathbf{A}\cdot d\mathbf{l}$$

로 정의함으로써 이 개념을 물리적으로 움직이지 않을 수도 있는 임의의 vector 장 **A**로 확장할 수 있다. 미분 순환은 **l**을 따른 vector **A**의 성분에 dl을 곱한 것임에 유의하라. 임의의 폐 루프(폐곡선, closed loop) l에 대한 총(total) 또는 순 순환(net circulation)은 그러면

$$\text{Net circulation} = \oint_l \mathbf{A} \cdot d\mathbf{l}$$

이다.

일반적인 장 **A**와 열린 면(개곡면, open surface) S의 경계가 되는 폐 루프 l을 고려한다. 단위 면적당 순 순환은

$$\frac{\oint_l \mathbf{A} \cdot d\mathbf{l}}{S}$$

이다. 단위 면적당 순 순환에 대한 방향을 지정하면 편리하다. 이 방향은, 그림 2.38에 보여진 바와 같이, vector 면 $\mathbf{S} = S\hat{\mathbf{S}}$의 방향으로 선택된다. S는 vector 면 **S**의 크기이며 $\hat{\mathbf{S}}$는 **S**의 방향에 있는 단위 vector이다(2.8절을 보라).

*벡터의 회전(curl(rotation) of a vector)*이라고 불리는 중요한 함수는 S가 0으로 접근함에 따른 vector의 *최대(maximum)* 순 순환의 극한으로 정의된다. S가 0으로 접근함에 따른 순 순환의 극한을 **C**라 부르면,

$$\mathbf{C} = \lim_{S \to 0} \frac{\oint_l \mathbf{A} \cdot d\mathbf{l}}{S} \hat{\mathbf{S}} \tag{2.69}$$

이다. 그러면 curl **A**는 $\hat{\mathbf{S}}$가 모든 가능한 방향을 통하여 변함에 따른 vector **C**의 최대치로써 정의되는 vector 점함수이다.

발산의 경우처럼, 식 (2.69)로 주어진 표현은 편도함수로 훨씬 더 편리한 표현을 얻기 위하여 주어진 좌표계에서 일반적인 점에 대해 계산될 수 있다. 그러면 curl **A**는 그 최대치를 찾음으로써 이 표현으로 찾아질 수 있다. 이 유도는 2.12절에서 수행되었으며, 직각 좌표계에서

$$\text{curl}\,\mathbf{A} = \left(\frac{\partial A_z}{\partial y} - \frac{\partial A_y}{\partial z}\right)\hat{\mathbf{x}} + \left(\frac{\partial A_x}{\partial z} - \frac{\partial A_z}{\partial x}\right)\hat{\mathbf{y}} + \left(\frac{\partial A_y}{\partial x} - \frac{\partial A_x}{\partial y}\right)\hat{\mathbf{z}} \tag{2.70}$$

임이 보여졌다.

식 (2.70)이 vector **A**의 회전을 계산하기 위해서는 매우 편리하지만, 회전의 물리적인 의미를 이해하기 위해서는 편리하지 않다. 회전의 물리적 의미는 정의로부터 명백하다; 주어진 점에서의 vector의 회전은 그 점에서의 vector의 단위 면적당 최대 순 순환이다. 이 물리적 의미가 Example 2.12에서 설명되었다.

식 (2.70)의 기억을 위한 편리한 방법은 행렬식형(determinant form)

$$\text{curl}\,\mathbf{A} = \begin{vmatrix} \hat{\mathbf{x}} & \hat{\mathbf{y}} & \hat{\mathbf{z}} \\ \dfrac{\partial}{\partial x} & \dfrac{\partial}{\partial y} & \dfrac{\partial}{\partial z} \\ A_x & A_y & A_z \end{vmatrix} \tag{2.71}$$

이다. 여기서 편미분 연산자(partial-derivative operator)는 아래 행(bottom row)에 있는 항에 대해서만 연산한다.

식 (2.71)과 (2.18)의 비교는 직각 좌표계에서 회전은

$$\text{curl}\,\mathbf{A} = \nabla \times \mathbf{A} \tag{2.72}$$

와 같이 적어질 수 있음을 보인다. 여기서 ∇는 식 (2.61)로 정의되었으며 외적은 보통의 방법으로 계산된다.

곡선 좌표계에서는, 회전이 표현

$$\text{curl}\,\mathbf{A} = \frac{1}{h_1 h_2 h_3} \begin{vmatrix} h_1\hat{\mathbf{u}}_1 & h_2\hat{\mathbf{u}}_2 & h_3\hat{\mathbf{u}}_3 \\ \dfrac{\partial}{\partial u_1} & \dfrac{\partial}{\partial u_2} & \dfrac{\partial}{\partial u_3} \\ h_1 A_1 & h_2 A_2 & h_3 A_3 \end{vmatrix} \tag{2.73}$$

으로 주어지며, 발산의 경우에서처럼, h_1, h_2 그리고 h_3이 u_1, u_2 또는 u_3의 함수일 때에는 의미있는 ∇가 정의될 수 없다. 하지만, 다시 한번, $\nabla \times \mathbf{A}$가 일반적으로 식 (2.73)에서 주어진 표현을 의미한다고 이해하는 것이 관례이다.

Example 2.12 Net circulation of a fluid in shear motion 간단한 예제가 vector 장의 회전을 수학을 통하여 보고 물리적 의미를 이해하는데 도움을 줄 것이다. 수면 위의 속도 장을 고려한다. 면 위에서의 속도가 그림 2.44에 도식적으로 표현된 것과 같이

$$\mathbf{v} = x\hat{\mathbf{y}} \tag{2.74}$$

로 주어졌다고 가정한다. 장 선(field line)의 밀도는 장의 상대적인 크기를 가리킨다(2.3절을

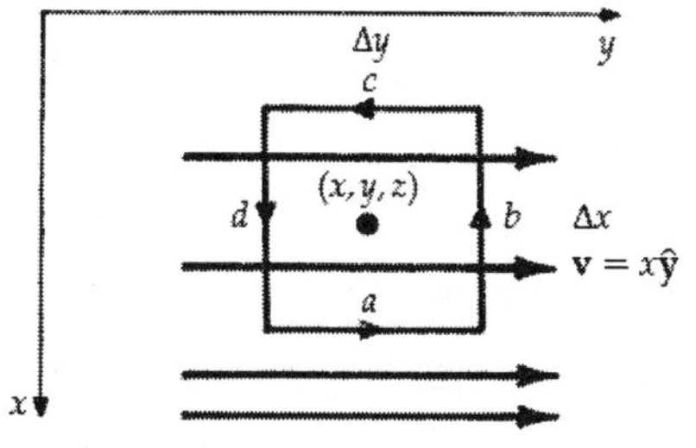

FIGURE 2.44 Representation of the velocity field on a water surface.

보라). 변(side) a에서의 장이 변 c에서 보다 더 강하며, 변 b와 d에 대한 선적분은 아무런 기여가 없기 때문에, 그림 2.44에 가리켜진 경로를 도는 순 순환 $\oint_l \mathbf{v}\cdot d\mathbf{l}$이 있음을 쉽게 볼 수 있다. 사실, 식 (2.69)는 이 간단한 경우에는 계산하기가 꽤 쉽다. 변 a가 $x+\Delta x/2$에, 변 c가 $x-\Delta x/2$에, 변 d가 $y-\Delta y/2$에, 그리고 변 b가 $y+\Delta y/2$에 있다면, 그러면, $\mathbf{v}$가 y에 따라서는 변하지 않기 때문에,

$$\oint_l \mathbf{v}\cdot d\mathbf{l} = \left(x+\frac{\Delta x}{2}\right)\Delta y - \left(x-\frac{\Delta x}{2}\right)\Delta y$$
$$= \Delta x\,\Delta y$$

이다. 또한, $S=\Delta x\Delta y$이며, 보여진 경계의 방위의 경우에는, $\hat{\mathbf{S}}=\hat{\mathbf{z}}$이다. 그러므로, 식 (2.69)의 정의로부터, $\mathbf{C}=\hat{\mathbf{z}}$이다. 이것이 $\hat{\mathbf{S}}$의 다른 값으로 시도하여 얻어질 수 있는 최대의 $\mathbf{C}$임을 보는 것이 쉽지는 않지만, 조금만 더 생각하면 그렇다는 것을 알 수 있다. 따라서

$$\nabla\times\mathbf{v}=\hat{\mathbf{z}}$$

이며, 물론, 식 (2.70)을 사용하여 얻어지는 것과 같은 결과이다. 이제, 무한히 작은 나무 조각(infinitesimal wood chip)을 지금 회전이 계산된 수면 위의 한 점에 놓는다고 가정한다. 물의 속도는 a에서가 c에서보다 더 크기 때문에, 조각은, 그 점에서, *회전(curl)*, 또는 속도의 순 순환(net circulation of velocity)을 가리키는, 반시계 방향으로 회전하려 할 것이다. 정의 때문에, 회전의 vector 방향은 순 순환을 내포하는 면에 수직이다. ■

2.12 DERIVATION OF AN EXPRESSION FOR THE CURL OF A VECTOR

이 절에서는, 식 (2.69)로 주어진 정의로부터 시작하여, vector의 회전에 대한 표현을 유도한다. 간단하게 하기 위하여, 유도는 직각 좌표계에서 수행된다. 유도 과정은 점 (x_0, y_0, z_0)에 대한 $\mathbf{A}$의 Taylor 급수 전개로 그 점에서의 순환을 계산하고, 순 순환을 계산한 후, 극한을 취하여 최대치를 찾는 것이다. 극한을 취하는 과정에서 편리하기 때문에 급수 전개가 사용된다. Vector 면 $\mathbf{S}$는 두 개의 단위 vector $\hat{\mathbf{u}}$와 $\hat{\mathbf{v}}$ 그리고 각각, 점 (x_0, y_0, z_0)으로부터 $\hat{\mathbf{u}}$와 $\hat{\mathbf{v}}$의 방향으로 측정된 변수 u와 v로 나타내어진다. 이 단위 vector들은 $\hat{\mathbf{u}}\cdot\hat{\mathbf{v}}=0$이라는 제약을 조건으로 임의의 방향이 될 수 있다; 즉, 그것들은 수직이다. $\operatorname{curl}\mathbf{A}$가 계산된다면 $\mathbf{S}$가 모든 가능한 방향으로 취해질 수 있어야 하기 때문에, $\hat{\mathbf{u}}$와 $\hat{\mathbf{v}}$의 방향은 특정되지 않는다. S가 0으로 접근함에 따른 극한이 취해지기 때문에, S의 경계는 결정적이지 않다. 그것은 직사각형, 원통, 또는 임의일 수 있다. 간단하게 하기 위하여, 직사각형으로 선택되었다.

좌표계와 $\mathbf{S}$의 한 가지 방위가 그림 2.45에 그려져 있다. 가리켜진 바와 같이, 단위 vector $\hat{\mathbf{S}}$는 $\hat{\mathbf{S}}=\hat{\mathbf{u}}\times\hat{\mathbf{v}}$이며, $S=\Delta u\Delta v$이다. $\mathbf{A}$를 Taylor 급수 전개로 적기 위한

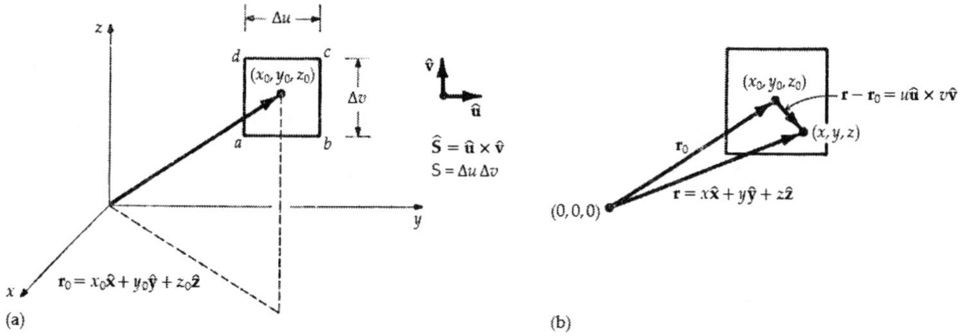

FIGURE 2.45 (a) Illustration of the coordinate system and the surface used in the derivation of the curl; (b) illustration of the relation between x, y, z and u, v.

준비로서, $x, y,$ 그리고 z와 u와 v 사이의 관계가 필요하다. 이것은 그림 2.45 (b)를 참조하여 얻어질 수 있다. 면 S 위에 있는 임의의 점 (x, y, z)는 vector $\mathbf{r}_0 + u\hat{\mathbf{u}} + v\hat{\mathbf{v}}$에 의해 나타내어질 수 있다. 여기서 $\mathbf{r}_0 = x_0\hat{\mathbf{x}} + y_0\hat{\mathbf{y}} + z_0\hat{\mathbf{z}}$이다. 덧붙여, 점은 $\mathbf{r} = x\hat{\mathbf{x}} + y\hat{\mathbf{y}} + z\hat{\mathbf{z}}$에 의해 나타내어질 수 있다. 그러므로, 그림 2.45 (b)에서 가리키는 바와 같이,

$$\mathbf{r} = \mathbf{r}_0 + u\hat{\mathbf{u}} + v\hat{\mathbf{v}}$$
$$\mathbf{r} - \mathbf{r}_0 = u\hat{\mathbf{u}} + v\hat{\mathbf{v}}$$

그리고

$$(x - x_0)\hat{\mathbf{x}} + (y - y_0)\hat{\mathbf{y}} + (z - z_0)\hat{\mathbf{z}} = u\hat{\mathbf{u}} + v\hat{\mathbf{v}} \tag{2.75}$$

이다. 더욱이, $\hat{\mathbf{u}}$와 $\hat{\mathbf{v}}$는 $\hat{\mathbf{x}}, \hat{\mathbf{y}},$ 그리고 $\hat{\mathbf{z}}$로

$$\hat{\mathbf{u}} = a_1\hat{\mathbf{x}} + a_2\hat{\mathbf{y}} + a_3\hat{\mathbf{z}} \tag{2.76}$$
$$\hat{\mathbf{v}} = b_1\hat{\mathbf{x}} + b_2\hat{\mathbf{y}} + b_3\hat{\mathbf{z}} \tag{2.77}$$

과 같이 표현될 수 있다. 직각 좌표계에서는, a와 b들은 $\hat{\mathbf{u}}$와 $\hat{\mathbf{v}}$의 방향에 의존하는 상수($x, y,$ 그리고 z에 무관한)이다($\hat{\mathbf{u}}$와 $\hat{\mathbf{v}}$가 $\hat{\mathbf{r}}, \hat{\boldsymbol{\varphi}},$ 그리고 $\hat{\mathbf{z}}$로 적어졌다면, a와 b의 어떤 것은 φ에 종속일 것이다). 식 (2.76)과 (2.77)로부터 다음과 같은 관계가 얻어진다:

$$a_1 = \hat{\mathbf{x}} \cdot \hat{\mathbf{u}} \tag{2.78}$$
$$a_2 = \hat{\mathbf{y}} \cdot \hat{\mathbf{u}} \tag{2.79}$$
$$a_3 = \hat{\mathbf{z}} \cdot \hat{\mathbf{u}} \tag{2.80}$$
$$b_1 = \hat{\mathbf{x}} \cdot \hat{\mathbf{v}} \tag{2.81}$$

$$b_2 = \hat{\mathbf{y}} \cdot \hat{\mathbf{v}} \tag{2.82}$$

$$b_3 = \hat{\mathbf{z}} \cdot \hat{\mathbf{v}} \tag{2.83}$$

이제 $x, y,$ 그리고 z로부터 u와 v로의 변환은 $\hat{\mathbf{x}}, \hat{\mathbf{y}},$ 그리고 $\hat{\mathbf{z}}$와 식 (2.75)의 내적을 차례로 취하고 그 다음 식 (2.78)에서 (2.83)을 사용함으로써 얻어질 수 있다. 결과는

$$x = x_0 + a_1 u + b_1 v \tag{2.84}$$

$$y = y_0 + a_2 u + b_2 v \tag{2.85}$$

$$z = z_0 + a_3 u + b_3 v \tag{2.86}$$

이다. 이 변환으로, S 위에 있는 임의의 점 (x, y, z)에 대한 $\mathbf{A}(x, y, z)$가 u와 v의 함수, 즉 $\mathbf{A}(u, v)$로 적어질 수 있음이 명백하다.

따라서 S 위에서, $\mathbf{A}(x, y, z)$는 Taylor 급수

$$\mathbf{A}(u, v) = \mathbf{A}(x_0, y_0, z_0) + u \left.\frac{\partial \mathbf{A}}{\partial u}\right|_{(x_0, y_0, z_0)} + v \left.\frac{\partial \mathbf{A}}{\partial v}\right|_{(x_0, y_0, z_0)} + \text{ higher-order terms}$$

로 적어질 수 있다. $\mathbf{A}$의 순환은, $d\mathbf{l} = du\,\hat{\mathbf{u}} + dv\,\hat{\mathbf{v}}$이기 때문에(식 (2.50)을 보라),

$$\oint_l \mathbf{A} \cdot d\mathbf{l} = \int_a^b A_u\,du + \int_b^c A_v\,dv + \int_c^d A_u\,du + \int_d^a A_v\,dv$$

이다. 급수 전개는

$$\begin{aligned}\int_a^b A_u\,du &= \int_{-\Delta u/2}^{\Delta u/2} A_u\,du + \frac{\partial A_u}{\partial u}\int_{-\Delta u/2}^{\Delta u/2} u\,du + \frac{\partial A_u}{\partial v}\int_{-\Delta u/2}^{\Delta u/2} \frac{-\Delta v}{2}\,du \\ &\qquad + \text{ higher-order terms} \\ &= \Delta u\,A_u + 0 - \frac{\Delta v}{2}\frac{\partial A_u}{\partial v}\Delta u + \text{ higher-order terms} \\ &= \left(A_u - \frac{\Delta v}{2}\frac{\partial A_u}{\partial v}\right)\Delta u + \text{ higher-order terms}\end{aligned}$$

의 결과가 된다. 여기서, 명백하게 적어지지는 않았지만, A_u와 $\partial A_u/\partial v$가 $x_0, y_0,$ 그리고 z_0에서 계산된다. 경로 ab를 따라서는, v가 일정한 값 $-\Delta v/2$를 가짐에 유의하라.

비슷하게,

$$\int_b^c A_v\,dv = \left(A_v + \frac{\Delta u}{2}\frac{\partial A_v}{\partial u}\right)\Delta v + \text{ higher-order terms}$$

$$\int_c^d A_u\,du = -\left(A_u + \frac{\Delta v}{2}\frac{\partial A_u}{\partial v}\right)\Delta u + \text{ higher-order terms}$$
$$\int_d^a A_v\,dv = -\left(A_v - \frac{\Delta u}{2}\frac{\partial A_v}{\partial u}\right)\Delta v + \text{ higher-order terms}$$

그리고

$$\oint_l \mathbf{A}\cdot d\mathbf{l} = \Delta u\,\Delta v\left(\frac{\partial A_v}{\partial u} - \frac{\partial A_u}{\partial v}\right) + \text{ higher-order terms}$$

이다. $S = \Delta u\,\Delta v$이기 때문에,

$$\lim_{S\to 0}\frac{\text{higher-order terms}}{\Delta u\,\Delta v} = 0$$

이어서,

$$\begin{aligned}\mathbf{C} &= \lim_{S\to 0}\frac{\oint_l \mathbf{A}\cdot d\mathbf{l}}{S}\widehat{\mathbf{S}} \\ &= \lim_{S\to 0}\left(\frac{\partial A_v}{\partial u} - \frac{\partial A_u}{\partial v} + \frac{\text{higher-order terms}}{\Delta u\,\Delta v}\right)\widehat{\mathbf{S}} \\ &= \left(\frac{\partial A_v}{\partial u} - \frac{\partial A_u}{\partial v}\right)\widehat{\mathbf{S}}\end{aligned} \tag{2.87}$$

이다.

다음 단계는 식 (2.87)에 있는 **C**를, 식 (2.84)에서 (2.86)에 주어진 변환의 사용에 의해 만들어지는, x, y, 그리고 z로 적는 것이다. 연쇄 법칙(chain rule)에 의해,

$$\frac{\partial}{\partial u} = \frac{\partial x}{\partial u}\frac{\partial}{\partial x} + \frac{\partial y}{\partial u}\frac{\partial}{\partial y} + \frac{\partial z}{\partial u}\frac{\partial}{\partial z}$$
$$\frac{\partial}{\partial v} = \frac{\partial x}{\partial v}\frac{\partial}{\partial x} + \frac{\partial y}{\partial v}\frac{\partial}{\partial y} + \frac{\partial z}{\partial v}\frac{\partial}{\partial z}$$

이다. 식 (2.84)에서 (2.86)으로부터,

$$\frac{\partial x}{\partial u} = a_1$$
$$\frac{\partial y}{\partial u} = a_2$$
$$\frac{\partial z}{\partial u} = a_3$$

$$\frac{\partial x}{\partial v} = b_1$$
$$\frac{\partial y}{\partial v} = b_2$$
$$\frac{\partial z}{\partial v} = b_3$$

이다. 그러므로

$$\frac{\partial}{\partial u} = a_1 \frac{\partial}{\partial x} + a_2 \frac{\partial}{\partial y} + a_3 \frac{\partial}{\partial z} \tag{2.88}$$
$$\frac{\partial}{\partial v} = b_1 \frac{\partial}{\partial x} + b_2 \frac{\partial}{\partial y} + b_3 \frac{\partial}{\partial z} \tag{2.89}$$

이다. 또한,

$$\begin{aligned} A_v &= \mathbf{A} \cdot \mathbf{v} = A_x \hat{\mathbf{x}} \cdot \mathbf{v} + A_y \hat{\mathbf{y}} \cdot \mathbf{v} + A_z \hat{\mathbf{z}} \cdot \mathbf{v} \\ &= b_1 A_x + b_2 A_y + b_3 A_z \end{aligned} \tag{2.90}$$

그리고 비슷하게,

$$A_u = a_1 A_x + a_2 A_y + a_3 A_z \tag{2.91}$$

이다. 식 (2.88)에서 (2.91)을 사용하고 항을 모으면

$$\begin{aligned} \frac{\partial A_v}{\partial u} - \frac{\partial A_u}{\partial v} = (a_1 b_2 - a_2 b_1)\left(\frac{\partial A_y}{\partial x} - \frac{\partial A_x}{\partial y}\right) + (a_1 b_3 - a_3 b_1)\left(\frac{\partial A_z}{\partial x} - \frac{\partial A_x}{\partial z}\right) \\ + (a_2 b_3 - a_3 b_2)\left(\frac{\partial A_z}{\partial y} - \frac{\partial A_y}{\partial z}\right) \end{aligned} \tag{2.92}$$

의 결과가 된다. 식 (2.76)과 (2.77)로부터

$$\hat{\mathbf{u}} \times \hat{\mathbf{v}} = \hat{\mathbf{x}}(a_1 b_2 - a_2 b_1) + \hat{\mathbf{y}}(a_1 b_3 - a_3 b_1) + \hat{\mathbf{z}}(a_2 b_3 - a_3 b_2)$$

를 찾는다. 이제, 검토에 의해, 식 (2.92)가

$$\frac{\partial A_v}{\partial u} - \frac{\partial A_u}{\partial v} = \left[\left(\frac{\partial A_z}{\partial y} - \frac{\partial A_y}{\partial z}\right)\hat{\mathbf{x}} + \left(\frac{\partial A_x}{\partial z} - \frac{\partial A_z}{\partial x}\right)\hat{\mathbf{y}} + \left(\frac{\partial A_y}{\partial x} - \frac{\partial A_x}{\partial y}\right)\hat{\mathbf{z}}\right] \cdot \hat{\mathbf{u}} \times \hat{\mathbf{v}}$$

와 같이 적어질 수 있음이 보일 수 있다. $\hat{\mathbf{S}} = \hat{\mathbf{u}} \times \hat{\mathbf{v}}$이기 때문에,

$$\frac{\partial A_v}{\partial u} - \frac{\partial A_u}{\partial v} = \mathbf{F} \cdot \hat{\mathbf{S}} \tag{2.93}$$

이다. 여기서 **F**는

$$\mathbf{F} = \left(\frac{\partial A_z}{\partial y} - \frac{\partial A_y}{\partial z}\right)\hat{\mathbf{x}} + \left(\frac{\partial A_x}{\partial z} - \frac{\partial A_z}{\partial x}\right)\hat{\mathbf{y}} + \left(\frac{\partial A_y}{\partial x} - \frac{\partial A_x}{\partial y}\right)\hat{\mathbf{z}} \tag{2.94}$$

로 정의된다. 따라서 식 (2.87)과 (2.93)으로부터, **C**는

$$\mathbf{C} = \mathbf{F} \cdot \hat{\mathbf{S}}\hat{\mathbf{S}}$$

또는

$$\mathbf{C} = F\cos\alpha\,\hat{\mathbf{S}} \tag{2.95}$$

이다. 여기서 α는 **F**와 $\hat{\mathbf{S}}$ 사이의 각도이다.

A의 회전이 모든 가능한 방향을 통해 변화된 $\hat{\mathbf{S}}$의 방위에 따른 **C**의 최대로써 정의되기 때문에, 이제 $\hat{\mathbf{S}}$의 방향, 또는 등가적으로, **C**가 최대가 되는 각도 α를 찾는 것이 남았다. 식 (2.95)로부터 **C**는, **S**가 **F**의 방향에 있음을 의미하는, $\alpha = 0$일 때 최대임이 명백하다. 그러면 $\hat{\mathbf{S}} = \hat{\mathbf{F}}$이고, 최대 **C**는 $\mathbf{C}_{max} = F\hat{\mathbf{F}} = \mathbf{F}$이다. 따리서, 정의에 의해, curl **A** = **F**, 또는, **F**를 고스란히 그대로 적어,

$$\text{curl}\,\mathbf{A} = \left(\frac{\partial A_z}{\partial y} - \frac{\partial A_y}{\partial z}\right)\hat{\mathbf{x}} + \left(\frac{\partial A_x}{\partial z} - \frac{\partial A_z}{\partial x}\right)\hat{\mathbf{y}} + \left(\frac{\partial A_y}{\partial x} - \frac{\partial A_x}{\partial y}\right)\hat{\mathbf{z}}$$

이다.

다른 좌표계에서의 회전에 대한 표현은 식 (2.87)을 적절히 변환함으로써 얻어질 수 있다. 하지만, 기본 vector가 상수가 아닌 좌표계에서는($\hat{\mathbf{r}}$와 $\hat{\boldsymbol{\varphi}}$는, 예를 들어, φ의 함수이다), 식 (2.76)과 (2.77)에 있는 대응하는 a와 b들이 좌표의 함수일 것이기 때문에 주의를 기울여야 한다.

2.13 THE DIVERGENCE THEOREM (GAUSS' THEOREM)

Vector 장의 발산은 주어진 점에서 단위 체적당 속의 유출(outflow)이다. 주어진 체적에 대해 발산을 적분하는 것은 체적을 둘러싸는 면을 통한 속의 총 유출을 산출할 것이라는 것이 타당하다고 보인다. 이것은 발산 정리(divergence theorem)

$$\int_V \nabla \cdot \mathbf{A}\, dV = \oint_S \mathbf{A} \cdot d\mathbf{S} \tag{2.96}$$

에 의해 설명되는 바와 같이, 과연 그렇다. 여기에서 V는 폐곡면 S에 의해 둘러싸

이는 체적이다. 2.5절에서 지적된 바와 같이, S가 닫혔을 때, $d\mathbf{S}$는 둘러싸여진 체적으로부터 나오는 방향으로 정의된다. 발산 정리를 엄밀하게 증명하지는 않을 것이지만, 어떻게 식 (2.96)이 식 (2.64)와 같이 주어진 발산의 정의로부터 따라오는지를 보이는 것은 쉽다. 보여진 것과 같이 이름 붙여진 미분 체적을 둘러싸는 미분면을 가진 그림 2.46 (a)에 그려진 미분 체적을 고려한다. 식 (2.64)로부터, dV가 매우 작아서 $\mathbf{A}$가 미분 체적에 걸쳐 본래 일정하다고 가정하여,

$$\begin{aligned}\nabla \cdot \mathbf{A}\, dV &= \oint \mathbf{A} \cdot d\mathbf{S} \\ &= \mathbf{A} \cdot d\mathbf{S}_1 + \mathbf{A} \cdot d\mathbf{S}_2 + \mathbf{A} \cdot d\mathbf{S}_3 + \mathbf{A} \cdot d\mathbf{S}_4 + \mathbf{A} \cdot d\mathbf{S}_5 + \mathbf{A} \cdot d\mathbf{S}_6\end{aligned} \tag{2.97}$$

을 적을 수 있다. 이제, 그림 2.46 (b)에 보여진 두 개의 미분 체적 dV_1과 dV_2를 고려한다. 식 (2.97)과 같이 두 개의 식을 적고 그들을 합하면

$$\begin{aligned}\nabla \cdot \mathbf{A}\, V_1 + \nabla \cdot \mathbf{A}\, V_2 = {} & \mathbf{A} \cdot d\mathbf{S}_{11} + \mathbf{A} \cdot d\mathbf{S}_{12} + \mathbf{A} \cdot d\mathbf{S}_{13} + \mathbf{A} \cdot d\mathbf{S}_{14} \\ & + \mathbf{A} \cdot d\mathbf{S}_{15} + \mathbf{A} \cdot d\mathbf{S}_{16} + \mathbf{A} \cdot d\mathbf{S}_{21} + \mathbf{A} \cdot d\mathbf{S}_{22} \\ & + \mathbf{A} \cdot d\mathbf{S}_{23} + \mathbf{A} \cdot d\mathbf{S}_{24} + \mathbf{A} \cdot d\mathbf{S}_{25} + \mathbf{A} \cdot d\mathbf{S}_{26}\end{aligned} \tag{2.98}$$

의 결과가 된다. 이제 두 개의 미분 체적이 나란히 위치하여, $d\mathbf{S}_{23} = -d\mathbf{S}_{14}$라고 가정한다. 그러면 식 (2.98)의 우변에 있는 $\mathbf{S}_{23}$과 $\mathbf{S}_{14}$를 포함하는 두 개의 항은 상쇄된다. 식 (2.98)의 우변에 유일하게 남는 항은 결합된 체적 $dV_1 + dV_2$의 *바깥(outer)* 면에 대한 항이다. 이제 체적 V가 많은 미분 체적이 함께 배열되어 구성되었다고 가정한다. 그러면 식 (2.98)과 같은 식은

$$\begin{aligned}\nabla \cdot \mathbf{A}\, V_1 + \nabla \cdot \mathbf{A}\, V_2 + \nabla \cdot \mathbf{A}\, V_3 + \cdots = {} & \mathbf{A} \cdot d\mathbf{S}_{11} + \mathbf{A} \cdot d\mathbf{S}_{12} + \cdots \\ & + \mathbf{A} \cdot d\mathbf{S}_{21} + \mathbf{A} \cdot d\mathbf{S}_{22} + \cdots + \cdots\end{aligned} \tag{2.99}$$

로 적어질 수 있다. 공통 면에 기인하는 식 (2.99)의 우변에 있는 모든 항은 상쇄될 것이어서, 바깥 면에 기인하는 항만 남는다. 미분 체적과 면이 0으로 접근하고 그 수가 무한대로 되는 극한에서는, 식 (2.99)가 발산 정리의 기술(statement)

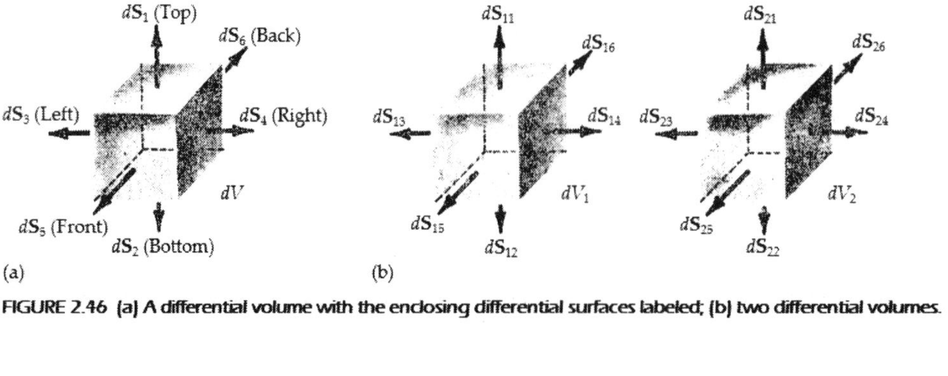

FIGURE 2.46 (a) A differential volume with the enclosing differential surfaces labeled; (b) two differential volumes.

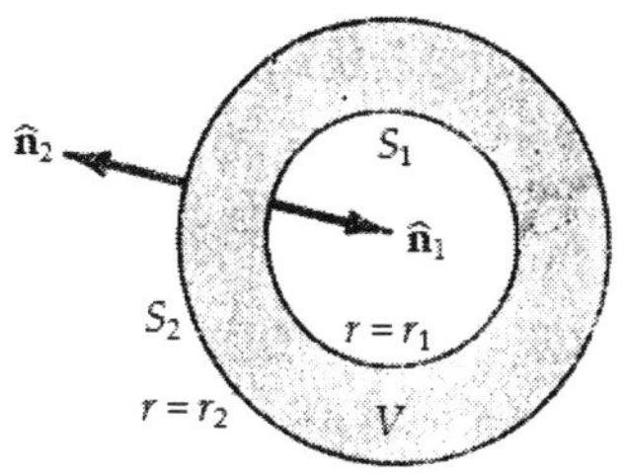

FIGURE 2.47 Multiply-connected volume: S_1 and S_2 are spherical surfaces.

$$\int_V \nabla \cdot \mathbf{A}\, dV = \oint_S \mathbf{A} \cdot d\mathbf{S}$$

로 된다. 여기서 좌변에 있는 V는 dV의 합산에 의해 만들어진 체적이며, 우변에 있는 S는 V를 둘러싸는 면이다. 이것은 어떻게 발산 정리가 식 (2.64)에서 주어진 발산의 정의로부터 따라오는 지를 설명한다.

발산 정리는 V가 다중 연결(multiply connected)되었을 때에도, 즉, 내부에 "구멍(빈 곳, hole)"을 가졌을 때에도, 성립한다.* V가 다중 연결되었을 때에는 면적 적분이 V를 제한하는 성분 면의 합(sum)에 대해 취해진다. 예를 들어, V가 그림 2.47에 보여진 두 개의 동심구(concentric sphere) 사이의 체적이라면, 면적 적분은 S_1과 S_2에 대해 취해진다. 각 경우에서 $\hat{\mathbf{n}}$은 *V로부터 나가는(away from V)* 방향임에 유의하라.

2.14 STOKES' THEOREM

스토크스의 정리(Stokes' theorem)의 수학적 기술은

$$\int_S \nabla \times \mathbf{A} \cdot d\mathbf{S} = \oint_l \mathbf{A} \cdot d\mathbf{l} \tag{2.100}$$

이다. 여기서 S는 방위가 있는 경계(oriented boundary) l에 의해 한정되는 면이며 $d\mathbf{S}$는 2.8절에서와 같이 l과 관련하여 정의된다. 회전은 단위 면적당 순 순환이기 때문에, 경계를 도는 총 순환은 면에 대한 회전의 적분에 의해 얻어질 것이라는 것이 기대될 것이다. 이것은, 간단하게 하기 위하여 평면을 보이는, 그림 2.48을 참조함으로써 증명될 수 있다. 면은 무한히 작은 면 요소로 분할된다. 요소가 무한히 작기 때문에, 요소 1에 대하여, 회전의 정의로부터,

* W. Kaplan, *Advanced Calculus*, Reading, Mass.: Addison-Wesley Publishing Company, Inc., 1961을 보라.

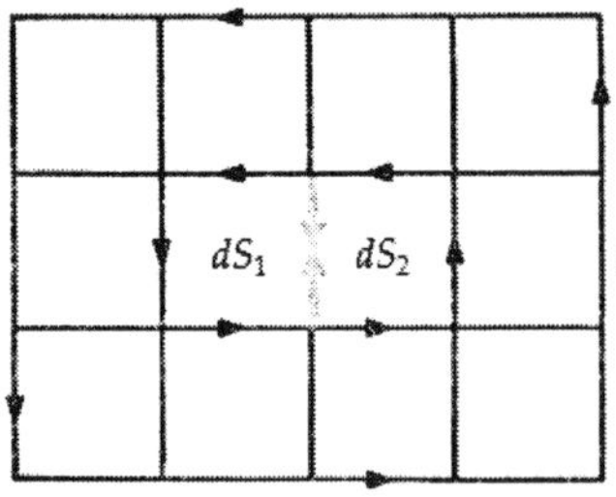

FIGURE 2.48 Illustration of Stokes' theorem.

$$\nabla \times \mathbf{A} = \frac{\oint_{l_1} \mathbf{A} \cdot d\mathbf{l}\,\hat{\mathbf{S}}_1}{dS_1}$$

그리고

$$\nabla \times \mathbf{A} \cdot d\mathbf{S}_1 = \oint_{l_1} \mathbf{A} \cdot d\mathbf{l}$$

을 얻는다. 모든 면 요소로부터 항을 합산하면

$$\nabla \times \mathbf{A} \cdot d\mathbf{S}_1 + \nabla \times \mathbf{A} \cdot d\mathbf{S}_2 + \cdots = \oint_{l_1} \mathbf{A} \cdot d\mathbf{l} + \oint_{l_2} \mathbf{A} \cdot d\mathbf{l} + \cdots$$

을 준다. 미분 요소가 0으로 접근하고 그 수가 무한대로 되는 극한에서는, 임의의 두 요소 사이의 공통 경계로부터 일어나는 항이 상쇄되기 때문에, 좌변은 $\int_S \nabla \times \mathbf{A} \cdot d\mathbf{S}$로 되며 우변은 $\oint_l \mathbf{A} \cdot d\mathbf{l}$로 된다. 결과는 Stokes의 정리에 대한 기술(statement)이다.

면이 닫혀지면, 모든 경계가 공통이기 때문에, 우변의 모든 항이 상쇄된다. 그러므로 폐곡면의 경우에는

$$\oint_S \nabla \times \mathbf{A} \cdot d\mathbf{S} = 0 \tag{2.101}$$

이다.

$\nabla \times \mathbf{A} = 0$일 때에는, vector 장 $\mathbf{A}$가 어떤 종류인 지에 상관없이 $\mathbf{A}$는 *보존장(보존계, conservative field)*이라 말해진다. 이 명칭은 역장(force field)과의 상사(analogy)로부터 유래한다. $\mathbf{A}$가 주어진 점에서 입자에 가해지는 힘이라면, 그러면 $\int_1^2 -\mathbf{A} \cdot d\mathbf{l}$은 입자가 점 1로부터 점 2로 움직일 때 공급되어야 하는 에너지(energy)이다. $\oint_l \mathbf{A} \cdot d\mathbf{l} = 0$일 때에는, 입자가 폐경로(closed path) 주위를 움직이기 위해 요구되는 순

(net) energy는 없다; 즉, 마찰(friction)이나 소산(dissipation)이 없으며, energy는 보존된다. Stokes의 정리는 $\nabla \times \mathbf{A} = 0$일 때, $\oint_l \mathbf{A} \cdot d\mathbf{l} = 0$이며, 따라서 장은 그 회전이 0일 때 보존적이라 일컬어진다는 것을 말한다.

2.15 OTHER OPERATIONS INVOLVING ∇

논의된 기본 vector 연산에 덧붙여, 하나 보다 많은 ∇ 연산자의 응용을 포함하는 종종 사용되는 몇 가지 관계가 있다. 이 중 한 가지는 경도의 회전이다. Scalar 점 함수의 경도가 vector이기 때문에, 그것의 회전이 얻어질 수 있다. 직각 좌표계에서는

$$\begin{aligned}\nabla \times \nabla \Phi &= \left(\hat{\mathbf{x}}\frac{\partial \Phi}{\partial x} + \hat{\mathbf{y}}\frac{\partial \Phi}{\partial y} + \hat{\mathbf{z}}\frac{\partial \Phi}{\partial z}\right) \\ &= \hat{\mathbf{x}}\left(\frac{\partial^2 \Phi}{\partial y \partial z} - \frac{\partial^2 \Phi}{\partial z \partial y}\right) + \hat{\mathbf{y}}\left(\frac{\partial^2 \Phi}{\partial z \partial x} - \frac{\partial^2 \Phi}{\partial x \partial z}\right) + \hat{\mathbf{z}}\left(\frac{\partial^2 \Phi}{\partial x \partial y} - \frac{\partial^2 \Phi}{\partial y \partial x}\right)\end{aligned}$$

이며 따라서

$$\nabla \times \nabla \Phi = 0 \tag{2.102}$$

이다. 경도와 회전이 좌표계에 무관하기 때문에, 식 (2.102)는, 비록 직각 좌표계에서만 참(진, true)인 것처럼 보여지지만, 역시 좌표계에 무관하다.

다른 vector 연산은 회전의 발산,

$$\nabla \cdot \nabla \times \mathbf{A} = 0 \tag{2.103}$$

이다. 이 표현 역시 직접 전개에 의해 증명될 수 있다.

세 번째 유용한 관계는 경도의 발산을 취함으로써 얻어진다. 결과는, 직각 좌표계에서는,

$$\begin{aligned}\nabla \cdot \nabla \Phi &= \left(\hat{\mathbf{x}}\frac{\partial}{\partial x} + \hat{\mathbf{y}}\frac{\partial}{\partial y} + \hat{\mathbf{z}}\frac{\partial}{\partial z}\right) \cdot \left(\hat{\mathbf{x}}\frac{\partial \Phi}{\partial x} + \hat{\mathbf{y}}\frac{\partial \Phi}{\partial y} + \hat{\mathbf{z}}\frac{\partial \Phi}{\partial z}\right) \\ &= \frac{\partial^2 \Phi}{\partial x^2} + \frac{\partial^2 \Phi}{\partial y^2} + \frac{\partial^2 \Phi}{\partial z^2}\end{aligned} \tag{2.104}$$

이다. 식 (2.104)는 또한 scalar 연산자

$$\begin{aligned}\nabla\cdot\nabla &= \left(\hat{\mathbf{x}}\frac{\partial}{\partial x}+\hat{\mathbf{y}}\frac{\partial}{\partial y}+\hat{\mathbf{z}}\frac{\partial}{\partial z}\right)\cdot\left(\hat{\mathbf{x}}\frac{\partial}{\partial x}+\hat{\mathbf{y}}\frac{\partial}{\partial y}+\hat{\mathbf{z}}\frac{\partial}{\partial z}\right)\\ &= \frac{\partial^2}{\partial x^2}+\frac{\partial^2}{\partial y^2}+\frac{\partial^2}{\partial z^2}\\ &= \nabla^2\end{aligned} \tag{2.105}$$

를 정의함으로써 얻어질 수 있다. 경도의 발산은, $\nabla^2\Phi = 0$이 *라플라스의 방정식 (Laplace's equation)*이라 불리기 때문에, 역시 이름이 ∇^2, 또는 라플라스 연산자(Laplacian)라 불린다. 일반 직교 곡선 좌표계에서는, ∇^2은

$$\nabla^2\Phi = \frac{1}{h_1h_2h_3}\left[\frac{\partial}{\partial u_1}\left(\frac{h_2h_3}{h_1}\frac{\partial\Phi}{\partial u_1}\right)+\frac{\partial}{\partial u_2}\left(\frac{h_3h_1}{h_2}\frac{\partial\Phi}{\partial u_2}\right)+\frac{\partial}{\partial u_3}\left(\frac{h_1h_2}{h_3}\frac{\partial\Phi}{\partial u_3}\right)\right] \tag{2.106}$$

과 같은 경도의 발산으로 정의된다.

직각 좌표계에서 회전의 회전과 관련하여 정의되는 대응하는 vector 연산이 있다. 이 vector 연산은 다음과 같이 계산될 수 있다:

$$\begin{aligned}\nabla\times\nabla\times\mathbf{A} &= \nabla\times\left[\hat{\mathbf{x}}\left(\frac{\partial A_z}{\partial y}-\frac{\partial A_y}{\partial z}\right)+\hat{\mathbf{y}}\left(\frac{\partial A_x}{\partial z}-\frac{\partial A_z}{\partial x}\right)+\hat{\mathbf{z}}\left(\frac{\partial A_y}{\partial x}-\frac{\partial A_x}{\partial y}\right)\right]\\ &= \hat{\mathbf{x}}\left[\frac{\partial}{\partial y}\left(\frac{\partial A_y}{\partial x}-\frac{\partial A_x}{\partial y}\right)-\frac{\partial}{\partial z}\left(\frac{\partial A_x}{\partial z}-\frac{\partial A_z}{\partial x}\right)\right]\\ &\quad+\hat{\mathbf{y}}\left[\frac{\partial}{\partial z}\left(\frac{\partial A_z}{\partial y}-\frac{\partial A_y}{\partial z}\right)-\frac{\partial}{\partial x}\left(\frac{\partial A_y}{\partial x}-\frac{\partial A_x}{\partial y}\right)\right]\\ &\quad+\hat{\mathbf{z}}\left[\frac{\partial}{\partial x}\left(\frac{\partial A_x}{\partial z}-\frac{\partial A_z}{\partial x}\right)-\frac{\partial}{\partial y}\left(\frac{\partial A_z}{\partial y}-\frac{\partial A_y}{\partial z}\right)\right]\end{aligned}$$

$\nabla(\nabla\cdot\mathbf{A})$는

$$\begin{aligned}\nabla(\nabla\cdot\mathbf{A}) &= \left(\hat{\mathbf{x}}\frac{\partial}{\partial x}+\hat{\mathbf{y}}\frac{\partial}{\partial y}+\hat{\mathbf{z}}\frac{\partial}{\partial z}\right)\left(\frac{\partial A_x}{\partial x}+\frac{\partial A_y}{\partial y}+\frac{\partial A_z}{\partial z}\right)\\ &= \hat{\mathbf{x}}\left(\frac{\partial^2 A_x}{\partial x^2}+\frac{\partial^2 A_y}{\partial x\partial y}+\frac{\partial^2 A_z}{\partial x\partial z}\right)+\hat{\mathbf{y}}\left(\frac{\partial^2 A_x}{\partial y\partial x}+\frac{\partial^2 A_y}{\partial y^2}+\frac{\partial^2 A_z}{\partial y\partial z}\right)\\ &\quad+\hat{\mathbf{z}}\left(\frac{\partial^2 A_x}{\partial z\partial x}+\frac{\partial^2 A_y}{\partial z\partial y}+\frac{\partial^2 A_z}{\partial z^2}\right)\end{aligned}$$

임을 유의하면 따라서

$$\nabla \times \nabla \times \mathbf{A} = \nabla(\nabla \cdot \mathbf{A}) - \hat{\mathbf{x}}\left(\frac{\partial^2 A_x}{\partial x^2} + \frac{\partial^2 A_x}{\partial y^2} + \frac{\partial^2 A_x}{\partial z^2}\right)$$
$$-\hat{\mathbf{y}}\left(\frac{\partial^2 A_y}{\partial x^2} + \frac{\partial^2 A_y}{\partial y^2} + \frac{\partial^2 A_y}{\partial z^2}\right) - \hat{\mathbf{z}}\left(\frac{\partial^2 A_z}{\partial x^2} + \frac{\partial^2 A_z}{\partial y^2} + \frac{\partial^2 A_z}{\partial z^2}\right)$$

이다. 그 (2.104), (2.105)로부터 위의 식의 어떤 항은 $\nabla^2 A_x$, $\nabla^2 A_y$, 그리고 $\nabla^2 A_z$와 같이 적을 수 있음을 보며,

$$\nabla \times \nabla \times \mathbf{A} = \nabla(\nabla \cdot \mathbf{A}) - \left(\hat{\mathbf{x}}\, \nabla^2 A_x + \hat{\mathbf{y}}\, \nabla^2 A_y + \hat{\mathbf{z}}\, \nabla^2 A_z\right)$$

를 얻는다. 이것은 간략 표기로

$$\nabla \times \nabla \times \mathbf{A} = \nabla(\nabla \cdot \mathbf{A}) - \nabla^2 \mathbf{A} \tag{2.107}$$

와 같이 적어진다. 여기서

$$\nabla^2 \mathbf{A} = \hat{\mathbf{x}}\, \nabla^2 A_x + \hat{\mathbf{y}}\, \nabla^2 A_y + \hat{\mathbf{z}}\, \nabla^2 A_z \tag{2.108}$$

이다. 이 유도는 단지 직각 좌표계에서만 타당하다.

다른 좌표계에서는 식 (2.108)과 같은 편리한 관계가 존재하지 않기 때문에, 식 (2.107)은 일반적으로 $\nabla^2 \mathbf{A}$를 정의하기 위해 사용된다:

$$\nabla^2 \mathbf{A} = \nabla(\nabla \cdot \mathbf{A}) - \nabla \times \nabla \times \mathbf{A} \tag{2.109}$$

식 (2.109)는 파동 방정식(wave equation)의 논의에 있어서 중요하다.

∇를 포함하는 다른 vector 관계는 Appendix B에서 찾아진다.

2.16 COMPLEX VECTOR NOTATION

장 이론의 방정식은 시간에 따라 정현적으로 변화하는 해를 가정함으로써 크게 간단하게 될 수 있다. 정현적 시간 변화는 매우 특별한 경우에 허용되지만, 이 기법은 일반해(general solution)가 Fourier 변환법에 의해 정현해(sinusoidal solution)로부터 전개될 수 있기 때문에 강력한 수단이다(7장을 보라). 더욱이, 정현적인 경우는 종종 실제적으로 매우 중요하다.

장 이론에서는, 회로 이론에서처럼, 복소 표기를 사용하는 것이 편리하다(3장을 보라). 실수 vector 장량(field quantity) $\mathbf{A}'$는

$$\mathbf{A}'(x, y, z, t) = \mathrm{Re}\left[\mathbf{A}(x, y, z)\, e^{j\omega t}\right] \tag{2.110}$$

으로 정의된다.* 여기서 Re는 실수부(real part)를 의미하며 ω는 호도 주파수(각주파수, radian frequency, angular frequency)이다. 예를 들어, 실제 물리적 vector가 $\mathbf{A}' = \hat{\mathbf{x}} \sin \omega t$로 주어진다면, Euler의 방정식으로부터,

$$e^{j\omega t} = \cos \omega t + j \sin \omega t$$

이기 때문에, $\hat{\mathbf{x}} \sin \omega t = \text{Re}\,(-j\hat{\mathbf{x}}e^{j\omega t})$로 적을 것이다. 양 $\mathbf{A}(x, y, z)$는 *페이서(phasor)*라 불리며 공간만의 함수인 복소 vector 량이다. Phasor는

$$\mathbf{A}(x, y, z) = \mathbf{A}_r(x, y, z) + j\,\mathbf{A}_i(x, y, z) \tag{2.111}$$

로 쓸 수 있다. 여기서 $\mathbf{A}_r$과 $\mathbf{A}_i$는 실수량(real quantity)이다. 식 (2.110)에서 Re와 $e^{j\omega t}$를 적지 않음으로써 표기를 생략하지만, 복소 함수 $\mathbf{A}(x, y, z)$로 vector 장을 나타내는 것이 실제적인 관례로 되었다. 따라서 위의 예에서는, $\mathbf{A} = -j\hat{\mathbf{x}}$가

$$\mathbf{A}' = \hat{\mathbf{x}} \sin \omega t$$

에 대한 생략 표기일 것이다. 실제 vector 장은 항상 $\mathbf{A}(x, y, z)$에 $e^{j\omega t}$를 곱하고 실수부를 취함으로써 얻어진다고 가정된다.

표기의 한 가지 이점은

$$\begin{aligned} \frac{\partial}{\partial t}\mathbf{A}' &= \frac{\partial}{\partial t}\text{Re}\,(\mathbf{A}e^{j\omega t}) \\ &= \text{Re}\,(j\omega\mathbf{A}e^{j\omega t}) \end{aligned} \tag{2.112}$$

이어서 Re와 $e^{j\omega t}$가 적어지지 않은 생략 표기에서는 $\partial/\partial t$가 $j\omega$로 대체될 수 있다는 것이다.

식과 연산이 선형이기만 하면, 아무런 문제도 없다. 항상 $\mathbf{A}$로 다루고, 그럴 때가 오면, 실제 vector 장을 얻기 위해서 $e^{j\omega t}$를 곱하고 실수부를 취할 수 있다. 하지만, 두 양의 적(곱, product)이 나타날 때, 문제가 생긴다. 이것은, 예를 들어,

$$\text{Re}\,(\mathbf{A}e^{j\omega t}) \cdot \text{Re}\,(\mathbf{B}e^{j\omega t}) \neq \text{Re}\,(\mathbf{A} \cdot \mathbf{B}e^{j2\omega t}) \tag{2.113}$$

때문에 발생한다. 이 같은 것은 외적과 복소 scalar 함수의 곱의 경우에도 그렇다. 문제를 피하기 위하여, 식 (2.113)의 옳은 형태를 결정해야 한다. 이것을 하기 위한 쉬운 방법은

* $\mathbf{A}'(x, y, z, t) = \text{Im}[\mathbf{A}(x, y, z)\,e^{j\omega t}]$으로도 정의할 수 있다. 여기서 Im은 허수부(imaginary part)를 의미한다.

$$\text{Re}\,\mathbf{C} = \frac{\mathbf{C} + \mathbf{C}^*}{2} \tag{2.114}$$

를 상기하는 것이다. 여기서 별표(asterisk, *)는 복소 공액(complex conjugate)을 나타낸다; 즉, $\mathbf{C}^*$는 $\mathbf{C}$의 복소 공액이다. 따라서

$$\begin{aligned}\text{Re}\,(\mathbf{A}e^{j\omega t}) \cdot \text{Re}\,(\mathbf{B}e^{j\omega t}) &= \frac{\mathbf{A}e^{j\omega t} + (\mathbf{A}e^{j\omega t})^*}{2} \cdot \frac{\mathbf{B}e^{j\omega t} + (\mathbf{B}e^{j\omega t})^*}{2} \\ &= \frac{\mathbf{A}e^{j\omega t} + \mathbf{A}^* e^{-j\omega t}}{2} \cdot \frac{\mathbf{B}e^{j\omega t} + \mathbf{B}^* e^{-j\omega t}}{2}\end{aligned}$$

이다. 곱하고 항을 모으면

$$\text{Re}\,(\mathbf{A}e^{j\omega t}) \cdot \text{Re}\,(\mathbf{B}e^{j\omega t}) = \frac{\mathbf{A}\cdot\mathbf{B}^* + \mathbf{A}^*\cdot\mathbf{B}}{4} + \frac{\mathbf{A}\cdot\mathbf{B}e^{j2\omega t} + (\mathbf{A}\cdot\mathbf{B}e^{j2\omega t})^*}{4}$$

의 결과가 된다. 우변에 다시 식 (2.114)를 사용하면, 이것을

$$\text{Re}\,(\mathbf{A}e^{j\omega t}) \cdot \text{Re}\,(\mathbf{B}e^{j\omega t}) = \frac{1}{2}\text{Re}\,(\mathbf{A}\cdot\mathbf{B}^* + \mathbf{A}\cdot\mathbf{B}e^{j2\omega t}) \tag{2.115}$$

와 같이 적을 수 있다.

적(곱, product)의 *시간 평균(time average)*이 종종 요구된다; 예를 들어, 시간 평균 에너지 또는 전력(time-average energy or power)을 원할 수 있다. 임의의 양 F의 시간 평균은

$$\langle F\rangle = \frac{1}{T}\int_0^T F\,dt \tag{2.116}$$

으로 정의된다. 여기서 T는 평균이 취해지는 시간이다. 보통 정현적인 양의 평균은 한 주기(one period)에 대해 취해진다; 그러면 $T = 1/f = 2\pi/\omega$이다. 여기서 f는 주파수(frequency)이다. 각진 괄호(angular bracket, ⟨ ⟩)는 평균을 나타낸다. 종종 식 (2.115)에 있는 적(곱, product)의 시간 평균이 중요하다. 식 (2.116)으로부터

$$\langle\text{Re}\,(\mathbf{A}e^{j\omega t}) \cdot \text{Re}\,(\mathbf{B}e^{j\omega t})\rangle = \frac{1}{2}\text{Re}\,(\mathbf{A}\cdot\mathbf{B}^*) \tag{2.117}$$

을 찾는다. 비슷한 관계가 외적과 scalar의 적(곱)의 경우에도 성립한다.

2.17 SOURCE-POINT AND FIELD-POINT NOTATION

장 이론의 전개에 있어서는, 종종 두 개조(two sets)의 좌표 점을 서로 구별하는 것이 중요하다. 한 조의 좌표 점은, 예를 들어, 전계의 원천인 점 전하 같은, 장의 원천의 위치를 나타내기 위해 필요해진다. 이런 점은 *원천점(source point)*이라 불린다. 좌표 점의 다른 조는 거기에서의 장이 찾아지는 점인 *장점(field point)*을 나타내기 위해 필요해진다. 원천점은 프라임 기호가 붙은 좌표(primed coordinates) (x', y', z')로 나타내어진다. 장점은 prime 기호가 없는 좌표 (x, y, z)로 나타내어진다. 원천점과 장점은 *같은* 좌표계 내에 있는 점의 일반적인 두 개의 조라는 것을 이해하는 것이 중요하다; 점들이 둘 다 (x, y, z)로 나타내어질 수 없으며 여전히 구별되어야 하기 때문에, 원천점은 (x', y', z')로, 그리고 장점은 (x, y, z)로 나타내어진다. 가끔 $(\mathbf{r}')$가 (x', y', z')를 나타내고 $(\mathbf{r})$이 (x, y, z)를 나타내는 생략 표기가 사용된다.

그림 2.49에 그려진 것과 같은, 원천점과 장점 사이의 거리 vector가 장 이론에서 종종 사용된다. 원점으로부터 원천점까지의 vector는 $\mathbf{r}'$라 불린다. 직각 좌표계에서는,

$$\mathbf{r}' = x'\hat{\mathbf{x}}' + y'\hat{\mathbf{y}}' + z'\hat{\mathbf{z}}' \tag{2.118}$$

이다. 원점으로부터 장점까지의 vector는

$$\mathbf{r} = x\hat{\mathbf{x}} + y\hat{\mathbf{y}} + z\hat{\mathbf{z}} \tag{2.119}$$

인 $\mathbf{r}$이라 불린다. 이 두 vector 사이의 거리는 $\mathbf{R} = \mathbf{r} - \mathbf{r}'$로 나타내어진다. 직각 좌표계에서는,

$$\mathbf{R} = x\hat{\mathbf{x}} + y\hat{\mathbf{y}} + z\hat{\mathbf{z}} - (x'\hat{\mathbf{x}}' + y'\hat{\mathbf{y}}' + z'\hat{\mathbf{z}}')$$

이다. 그러나 $\hat{\mathbf{x}}' = \hat{\mathbf{x}}$, 등등 이기 때문에,

$$\begin{aligned}\mathbf{R} &= \mathbf{r} - \mathbf{r}' \\ &= (x - x')\hat{\mathbf{x}} + (y - y')\hat{\mathbf{y}} + (z - z')\hat{\mathbf{z}}\end{aligned} \tag{2.120}$$

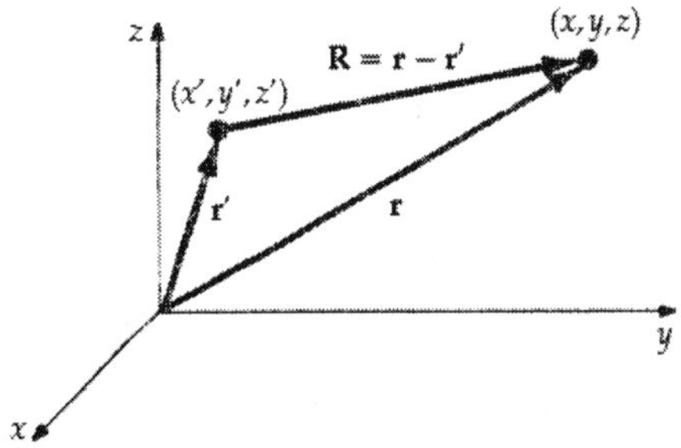

FIGURE 2.49 The source-point and field-point vectors.

이다. 표준 표기에 따르면

$$R = \sqrt{(x - x')^2 + (y - y')^2 + (z - z')^2} \tag{2.121}$$

그리고

$$\mathbf{R} = R\hat{\mathbf{R}} \tag{2.122}$$

이다. 여기서 $\hat{\mathbf{R}}$은 $\mathbf{R}$을 따른 단위 vector이다. 때때로 $\mathbf{R}$을 다른 좌표계에서 표현하는 것이 편리하다. 이것은, 기본 vector가 좌표의 함수인 좌표계에서 뺄셈을 적절하게 수행하는데 주의를 기울여, $\mathbf{r}$과 $\mathbf{r}'$를 좌표계의 항으로 적고 정의 $\mathbf{R} = \mathbf{r} - \mathbf{r}'$를 사용함으로써 바로 이루어질 수 있다. 예를 들어, 원통 좌표계에서는 $\hat{\mathbf{r}}'$가 $\hat{\mathbf{r}}$와 반드시 같지는 않다는 등등을 기억하는 것이 중요하다.

Example 2.13 Change in R due to a change in the source or field point 종종 (x, y, z)가 바뀌거나 (x', y', z')가 바뀜에 따른 $\mathbf{R}$이 변화하는 상태를 계산하는 것이 필요하다. 원천점은 $(0, 0, z')$이며 장점은 $(0, y, 0)$이라고 가정한다. 그러면 $\mathbf{R}$은 그림 2.50에 보여진 것과 같다. 명백히, z'가 일정하게 남아있고 y가 바뀐다면, $\mathbf{R}$의 $\hat{\mathbf{y}}$ 성분은 바뀌며, $\mathbf{R}$도 따라서 바뀐다. 변화율은

$$\begin{aligned}\frac{\partial \mathbf{R}}{\partial y} &= \frac{\partial (y\hat{\mathbf{y}} - z'\hat{\mathbf{z}})}{\partial y} \\ &= \hat{\mathbf{y}}\end{aligned}$$

로 주어진다. y에 대한 R($\mathbf{R}$이 아닌)의 변화율 또한 중요할 수 있다. 그러면

$$\begin{aligned}\frac{\partial R}{\partial y} &= \frac{\partial \sqrt{y^2 + z'^2}}{\partial y} \\ &= \frac{y}{\sqrt{y^2 + z'^2}}\end{aligned}$$

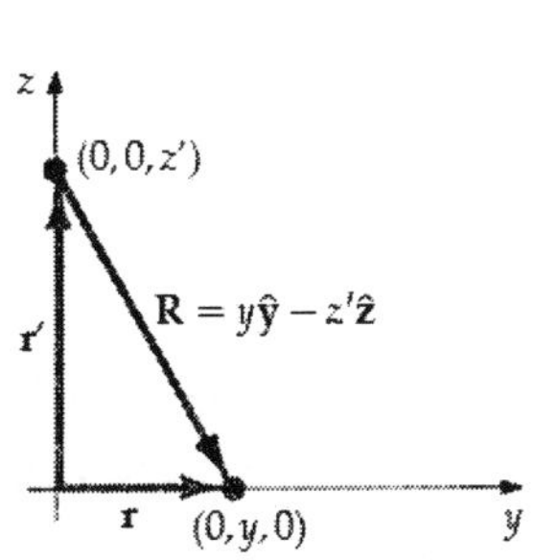

FIGURE 2.50 The vector R used in Example 2.13.

이다. y가 고정되고 z'가 바뀜에 따른 $\mathbf{R}$의 변화 상태도 또한 중요할 수 있다. 그러면

$$\begin{aligned}\frac{\partial \mathbf{R}}{\partial z'} &= \frac{\partial}{\partial z'}(y\hat{\mathbf{y}} - z'\hat{\mathbf{z}}) \\ &= -\hat{\mathbf{z}}\end{aligned}$$

그리고

$$\begin{aligned}\frac{\partial R}{\partial z'} &= \frac{\partial\sqrt{y^2 + z'^2}}{\partial y} \\ &= \frac{-z'}{\sqrt{y^2 + z'^2}}\end{aligned}$$

이다. ■

이 개념은, 두 좌표 표현에 적용되는 것으로서, 표현

$$\nabla R = \hat{\mathbf{x}}\frac{\partial R}{\partial x} + \hat{\mathbf{y}}\frac{\partial R}{\partial y} + \hat{\mathbf{z}}\frac{\partial R}{\partial z} \tag{2.123}$$

그리고

$$\nabla' R = \hat{\mathbf{x}}\frac{\partial R}{\partial x'} + \hat{\mathbf{y}}\frac{\partial R}{\partial y'} + \hat{\mathbf{z}}\frac{\partial R}{\partial z'} \tag{2.124}$$

에 의해 구배 연산자(gradient operator)를 정의함으로써 일반화될 수 있다. Prime 표시가 붙은 좌표계에서만 연산하는 ∇' 연산자는

$$\nabla' = \hat{\mathbf{x}}\frac{\partial}{\partial x'} + \hat{\mathbf{y}}\frac{\partial}{\partial y'} + \hat{\mathbf{z}}\frac{\partial}{\partial z'} \tag{2.125}$$

로 정의됨에 유의하라.

∇와 R을 포함하는 몇 가지 유용한 관계가 Problem 2-64부터 2-66에 주어져 있다. 몇 개의 특별히 유용한 관계는

$$\nabla\left(\frac{1}{R}\right) = -\frac{\mathbf{R}}{R^3}, \quad \nabla'\left(\frac{1}{R}\right) = \frac{\mathbf{R}}{R^3} \tag{2.126}$$

이다.

Prime 기호가 붙은 좌표계 또는 붙지 않은 좌표계에 관한 미분에 덧붙여, 때때로 그런 좌표계에 관해 적분하는 것도 필요하다. 종종 모든 원천에 걸쳐 적분하는 것이 필요하게 될 것이며, 그런 경우에는 prime 기호가 붙은 좌표계에 관한 적분만이 수행된다. 예를 들어,

$$\int_V \frac{f(x', y', z')}{R^2} dV'$$

와 같은 형태의 원천 함수(source function) f의 적분을 고려한다. 여기서 $dV' = dx' dy'dz'$이다. 이 적분을 계산함에 있어서, R에 있는 prime 기호가 붙지 않은 좌표계는 적분에서 상수이다.

다른 매우 유용한 수학적 관계는

$$\nabla^2 \left(\frac{1}{R}\right) = -4\pi\, \delta(R) \tag{2.127}$$

이다. 여기서 $\delta(R)$은

$$\int_V \mathbf{A}(R)\, \delta(R)\, dV = \begin{cases} \mathbf{A}(0) & \text{if } V \text{ includes the point } R = 0 \\ 0 & \text{otherwise} \end{cases} \tag{2.128}$$

또는, 목적에 더 적절하게, $x' = x, y' = y$, 그리고 $z' = z$일 때 $R = 0$이기 때문에

$$\int_V \mathbf{A}(x', y', z', x, y, z)\, \delta(R)\, dV' = \begin{cases} \mathbf{A}(x, y, z) & \text{if } V \text{ includes the point } R = 0 \\ 0 & \text{otherwise} \end{cases} \tag{2.129}$$

로 정의되는 *디랙 델타 함수(Dirac delta function)*이다. 식 (2.127)은 다음절에서 유도된다.

2.18 THE DELTA FUNCTION

식 (2.127)을 증명하는 것이 이 절의 목적이다. 이것은

$$\int_V \mathbf{A}(x', y', z', x, y, z)\, \nabla^2 \left(\frac{1}{R}\right) dV' = \begin{cases} -4\pi\, \mathbf{A}(x, y, z) & \text{if } V \text{ includes the point } R = 0 \\ 0 & \text{otherwise} \end{cases} \tag{2.130}$$

을 보임으로써 이루어질 수 있다. 직접 적분에 의해

$$\nabla^2 \left(\frac{1}{R}\right) = 0 \quad \text{when } R \neq 0 \tag{2.131}$$

이 보여질 수 있다. 식 (2.131) 때문에, 식 (2.130)의 두 번째 항이 참(true)임을 보는 것은 쉽다. 주 과업은, 그러면, 특이점 $R = 0$에서 적분을 계산하는 것이다.

그림 2.51에 보여진 바와 같이, V_0가 점 (x, y, z)에 중심이 있는 반경 ϵ인 구의

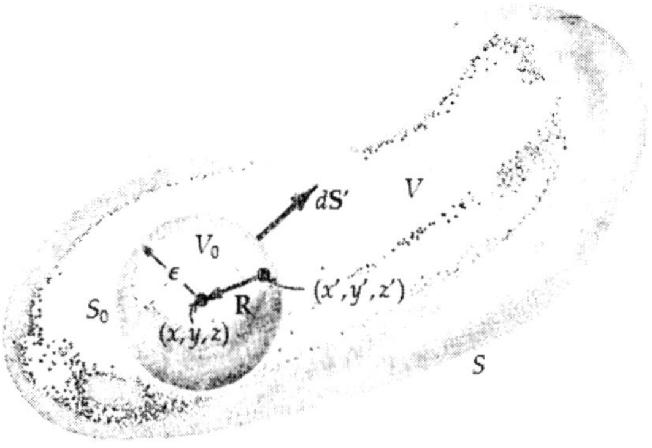

FIGURE 2.51 Illustration of V_0.

체적이라 하자. 식 (2.131) 때문에,

$$\int_V \mathbf{A}(x', y', z', x, y, z)\nabla^2\left(\frac{1}{R}\right)dV' \\ = \int_{V_0} \mathbf{A}(x', y', z', x, y, z)\nabla^2\left(\frac{1}{R}\right)dV' + 0 \tag{2.132}$$

를 가진다. 이제 V_0가 충분히 작아서 $\mathbf{A}$가 V_0 내의 어디에서든 (x, y, z)에서 가지는 값과 근사적으로 같은 값을 가진다고 가정한다. 그러면

$$\int_V \mathbf{A}(x', y', z', x, y, z)\nabla^2\left(\frac{1}{R}\right)dV' = \mathbf{A}(x, y, z)\int_{V_0} \nabla^2\left(\frac{1}{R}\right)dV'$$

이다. Problem 2-66의 결과와 식 (2.126)을 사용하여,

$$\int_{V_0} \nabla^2\left(\frac{1}{R}\right)dV' = \int_{V_0} \nabla'\cdot\nabla'\left(\frac{1}{R}\right)dV' = \int_{V_0} \nabla'\cdot\left(\frac{\mathbf{R}}{R^3}\right)dV'$$

를 가진다. 그러면 발산 정리는

$$\int_{V_0} \nabla^2\left(\frac{1}{R}\right)dV' = \oint_{S_0} \frac{\mathbf{R}}{R^3}\cdot d\mathbf{S}'$$

를 준다. 원천점 적분에서 발산 정리를 사용하기 위해서는 원천점 발산의 항으로 피적분 함수를 얻어야 할 필요가 있음에 유의하라. 면적 적분을 계산함에 있어서, 피적분 함수 $\mathbf{R}/R^3$는 면 위에서 계산되어야 한다. 그림 2.51로부터, (x', y', z')가 S_0 위에 있을 때

$$\mathbf{R} \cdot d\mathbf{S}' = -R\, dS'$$

임은 명백하다. 그러면

$$\int_{V_0} \nabla^2 \left(\frac{1}{R}\right) dV' = -\oint_{S_0} \frac{dS'}{R^2}$$

이며, 이것은 $d\Omega$가 입체각(solid angle)의 요소일 때, $dS'/R^2 = d\Omega$임을 유의하거나, 또는 dS'를 (x, y, z)에 원점을 가진 구좌표계로 적음으로써 계산될 수 있다. 그 결과는

$$-\oint_{S_0} \frac{dS'}{R^2} = -4\pi$$

이며, 이로부터

$$\int_V \mathbf{A}(x', y', z', x, y, z)\, \nabla^2 \left(\frac{1}{R}\right) dV' = -4\pi\, \mathbf{A}(x, y, z) \qquad \text{when } V \text{ includes } R = 0$$

이라고 결론짓는다. 따라서, 식 (2.127)에 따라

$$\nabla^2 \left(\frac{1}{R}\right) = \ \ 4\pi\, \delta(R)$$

이다.

PROBLEMS

2-1 식 (2.1)과 (2.2)가 임의의 vector **A**, **B**, 그리고 **C**에 대해 참임을 도식적인 구성에 의해 보여라.

2-2 내적은 교환적이며 분배적임을 보여라.

2-3 $\mathbf{A} \cdot \mathbf{B}$는 **B**에 대한 **A**의 사영에 B를 곱한 것은 물론 **A**에 대한 **B**의 사영에 A를 곱한 것과 같음을 보여라.

2-4 $\mathbf{A} \times \mathbf{B} = -\mathbf{B} \times \mathbf{A}$임을 보여라.

2-5 $|\mathbf{A} \times \mathbf{B}|$는 그림 2.52에 보여진 것과 같은 평행사변형의 면적과 같음을 증명하라. $\mathbf{A} \times \mathbf{B}$는 $\mathbf{A} \times \mathbf{B}_\perp$과 같음에 유의하라. 여기서 $\mathbf{B}_\perp$은 **A**에 수직인 **B**의 성분 vector이다.

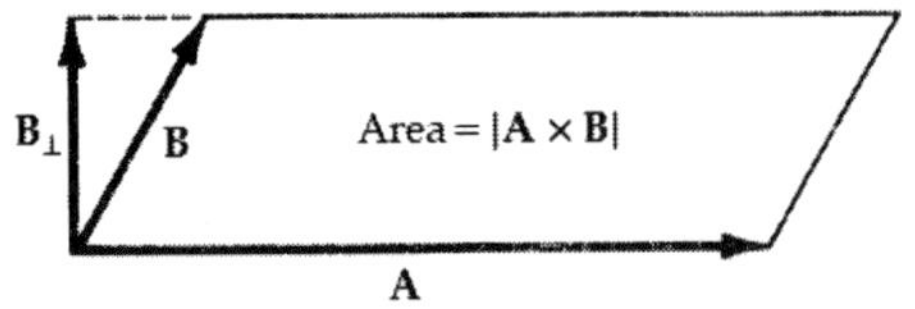

FIGURE 2.52 Problem 2-5.

2-6 외적은 분배적임을 보여라.
Hint $\mathbf{A} \times \mathbf{B} = \mathbf{A} \times \mathbf{B}_{\perp}$이라는 것을 사용해도 된다.

2-7 $\mathbf{A} \cdot \mathbf{B} \times \mathbf{C}$는 **A**, **B**, 그리고 **C**가 공통 기점(common-base point)을 가질 때, vector **A**, **B**, 그리고 **C**에 의해 정의되는 평행육면체의 체적임을 보여라.

2-8 두 개의 작은 구멍이 무한 평판 위에 위치되어 있다. 한 개는 유체 흐름의 원천이며 다른 것은 sink이다. 평면 위에서 유체 흐름에 대한 기대되는 vector 장을 대략적으로 그려라.

2-9 알려진 vector **A**를 직교가 *아닌* 세 개의 기본 vector $\hat{\mathbf{a}}$, $\hat{\mathbf{b}}$, 그리고 $\hat{\mathbf{c}}$의 항으로 표현하라. $\mathbf{A} = A_a\hat{\mathbf{a}} + A_b\hat{\mathbf{b}} + A_c\hat{\mathbf{c}}$로 적고 각 기본 vector에 스칼라적으로(scalarly) 곱한 후, 결과적인 A_a, A_b, 그리고 A_c에 대한 계(연립) 방정식을 풀어라. A_a, A_b, 그리고 A_c에 대한 표현은 $\hat{\mathbf{a}} \cdot \hat{\mathbf{b}}$, 등등을 포함할 것이다. $\hat{\mathbf{a}}$, $\hat{\mathbf{b}}$, 그리고 $\hat{\mathbf{c}}$가 상호 직교였다면 훨씬 더 간단한 표현이 얻어질 것임에 유의하라.

2-10 원점으로부터 점 (x_1, y_1, z_1)까지의 vector를 $\mathbf{A} = A_x\hat{\mathbf{x}} + A_y\hat{\mathbf{y}} + A_z\hat{\mathbf{z}}$의 형태로 표현하라. 점 (x_1, y_1, z_1)로부터 점 (x_2, y_2, z_2)까지의 vector를 같은 형태로 표현하라.

2-11 xy-평면에 놓여 있는 원점으로부터 점 $(x_1, y_1, 0)$까지의 선과 직교하는 두 개의 단위 vector를 찾아라.

2-12 직각 좌표계에서의 점 $x = 3, y = 2, z = 4$에 대한 r, φ, 그리고 z와 R, θ, 그리고 φ 좌표(각각 원통과 구 좌표계에 대한)를 찾아라.

2-13 무한히 긴 반경 a의 원통면에 대한 식을 직각과 구 좌표계에서 적어라. 어느 쪽이 더 쉬운가?

2-14 원통 좌표계에서 점 $r = 2, \varphi = \pi$, 그리고 $z = 0$으로부터 점 $r = 3, \varphi = \pi/2$, 그리고 $z = 1$까지의 vector를 직각 기본 vector의 항으로 적어라. 그 다음 vector를 원통 기본 vector의 항으로 적어라. $\hat{\mathbf{r}}$와 $\hat{\boldsymbol{\varphi}}$는 φ에 따라 바뀜을 기억하라; 어떤 $\hat{\mathbf{r}}$와 $\hat{\boldsymbol{\varphi}}$를 사용할 것인지 결정하고, 그에 따라 기호를 붙여라.

2-15 그림 2.22에 보여진 두 개의 vector에 대하여, $\cos(\varphi_2 - \varphi_1)$의 전개에 의하여

$$\mathbf{A} \cdot \mathbf{B} \equiv AB \cos(\varphi_2 - \varphi_1) = A_x B_x + A_y B_y$$

임을 보여라

2-16

$$\Psi \mathbf{A} \times \Phi \mathbf{B} = \Psi \Phi \mathbf{A} \times \mathbf{B}$$

를 보여라

2-17 $\hat{\mathbf{u}}_1 \times \hat{\mathbf{u}}_2 = \hat{\mathbf{u}}_3$과 $\hat{\mathbf{u}}_1, \hat{\mathbf{u}}_2$, 그리고 $\hat{\mathbf{u}}_3$가 상호 직교라는 정의로 출발하여, 이 정의의 결과로서

$$\hat{\mathbf{u}}_2 \times \hat{\mathbf{u}}_3 = \hat{\mathbf{u}}_1$$
$$\hat{\mathbf{u}}_3 \times \hat{\mathbf{u}}_1 = \hat{\mathbf{u}}_2$$

임을 보여라. 다른 외적은 이것과 $\mathbf{A} \times \mathbf{B} = -\mathbf{B} \times \mathbf{A}$라는 사실로부터 얻어질 수 있다. 외적을 기억하는 편리한 방법은 $u_1 u_2 u_3 u_1 u_2 u_3$을 적고 오른쪽으로 이동하면 정 부호(plus sign)의 결과가 되며 왼쪽으로 이동하면 부 부호(minus sign)의 결과가 됨을 기억하는 것이다. 예를 들어, $\hat{\mathbf{u}}_2 \times \hat{\mathbf{u}}_3 = \hat{\mathbf{u}}_1$이며 $\hat{\mathbf{u}}_1 \times \hat{\mathbf{u}}_3 = -\hat{\mathbf{u}}_2$이다.

2-18 A_x, A_y, 그리고 A_z의 항으로 원통 좌표계에서의 A_φ와 A_z를 찾고 직각과 원통 기본 vector의 내적을 구하라.

2-19 $\hat{\boldsymbol{\varphi}}$가 원통 좌표계에서의 기본 vector일 때, $\hat{\boldsymbol{\varphi}} \cdot \hat{\mathbf{x}}$와 $\hat{\boldsymbol{\varphi}} \cdot \hat{\mathbf{y}}$를 찾아라.

2-20 Vector $\mathbf{A} = x\hat{\mathbf{x}} + y\hat{\mathbf{y}}$를 원통 좌표계로 변환하라.

2-21 원통 좌표계의 원점에 위치하는 vector가 $\mathbf{A} = \hat{\mathbf{r}}$로 주어졌다. 여기서 $\hat{\mathbf{r}}$는 $\varphi = \pi/4$로 원점에서 정의된 단위 vector이다. Vector가 x-축을 따라 거리 d만큼 움직였지만 크기와 방향에서 그 외의 변화는 없다. Vector가 위치한 점 $x = d, y = 0$에서 정의된 단위 vector를 사용하여, 원통 좌표계에서 vector에 대한 표현을 적어라.

2-22 $\hat{\mathbf{x}} \cdot \hat{\boldsymbol{\theta}}$와 $\hat{\mathbf{y}} \cdot \hat{\boldsymbol{\theta}}$를 찾아라.

2-23 Vector $\mathbf{A} = A_x \hat{\mathbf{x}} + A_y \hat{\mathbf{y}} + A_z \hat{\mathbf{z}}$를 직각 좌표계로부터 구 좌표계로 변환하라.

2-24 $\mathbf{r}$을 원점으로부터 점 (R, θ, φ)까지 이며 원점으로부터 나오는 방향의 vector라 하자. $\mathbf{r}$을 구 좌표계에서 적고, 그 다음 $\mathbf{r}$을 직각 좌표계로 변환하고 그 다음 원통 좌표계로 변환하라.

2-25 식 (2.23), (2.24), 그리고 (2.25)를 유도하라.

2-26 식 (2.36)에서 (2.41)을 유도하라.

2-27 $d\mathbf{v}/dt$를 찾아라. 여기서 $\mathbf{v}$는 식 (2.42)로 주어졌다.

2-28 구 좌표계에서 점의 속도에 대한 표현을 유도하라.

2-29 $\mathbf{r}$을 원점으로부터 선 $y = -2x + 2, z = 0$ 위에 있는 점까지의 vector라 하자. 점이 선을 따라 3 [m/s]의 속도로 움직인다면, $d\mathbf{r}/dt$를 찾아라.

2-30 점 1이 (1, 0, 0), 점 2가 (0, 1, 0), 그리고 곡선이 점 1과 2 사이의 xy-평면 내에 있는 단위원의 일부일 때 $\int_1^2 \mathbf{A} \cdot d\mathbf{l}$을 계산하라. $\mathbf{A} = y\hat{\mathbf{x}} - x\hat{\mathbf{y}}$이다.

2-31 그림 2.32에 보여진 경로를 따른 $\int_a^b \hat{\mathbf{r}}\, d\varphi$를 계산하라.

2-32 그림 2.32에 보여진 경로를 따른 $\int_a^b (\cos\varphi\, \hat{\mathbf{r}} + \sin\varphi\, \hat{\boldsymbol{\varphi}})\, d\varphi$를 계산하라.

2-33 식 (2.52)를 사용하여 그림 2.53에 보여진 반구의 vector 면 $\mathbf{S}$를 찾아라. 어떤 평면 (planar surface)이 같은 $\mathbf{S}$로 나타내어지는가?

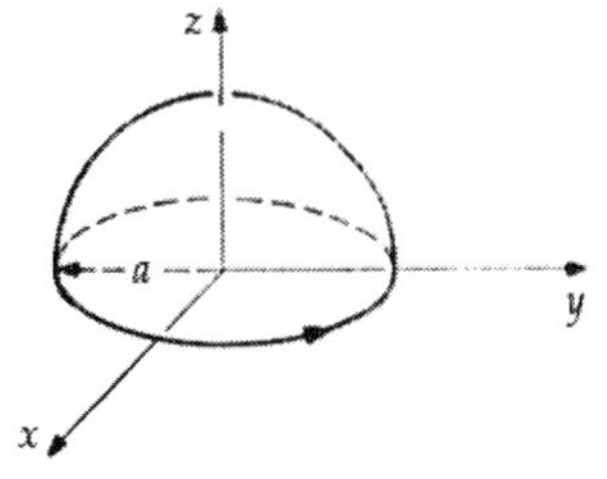

FIGURE 2.53 Problem 2-33.

2-34 S가 원점 부근에 중심을 둔 임의의 구라면, $\oint_S \cos\theta\, \hat{\mathbf{R}} \cdot d\mathbf{S}$임을 보여라.

2-35 $\int_V \sin\varphi\, \hat{\mathbf{R}}\, dV$를 계산하라. 여기서 V는 원점에 중심을 둔 단위 반경의 구의 체적이다.

2-36 $\oint_S x\hat{\mathbf{x}} \cdot d\mathbf{S}$를 찾아라. 여기서 S는 직각 좌표계의 원점에 모퉁이가 있으며 세 변이 좌표축을 따라 있는 단위 정육면체(unit cube)의 면이다.

2-37 Vector 장 함수 $\mathbf{A}$가 $\mathbf{A} = x^2\hat{\mathbf{x}} + 3y\hat{\mathbf{y}} + yz\hat{\mathbf{z}}$로 주어졌다. 원점과 점 (1, 1)이 마주 보는 모퉁이인 xy-평면 내에 있는 정사각형 주위를 취하여 선적분 $\oint \mathbf{A} \cdot d\mathbf{l}$을 결정하라. 적분의 방향은 (0, 0)으로부터 (1, 0)으로, 등등이다.

2-38 반경 2의 원이 직각 좌표계의 원점에 중심이 있으며 xy-평면에 놓여 있다. Vector 장 $\mathbf{A} = 2y\hat{\mathbf{x}} + 3yz\hat{\mathbf{y}} + y\hat{\mathbf{z}}$에 대한 $\oint_l \mathbf{A} \cdot d\mathbf{l}$을 찾아라. 여기서 l은 $+\varphi$ 방향에 있는 원을 따른다.

2-39 거미줄의 가닥이 점 (1, 1, 0)으로부터 점 (4, 16, 0)까지 경로 $y = x^2$과 $z = 0$을 따라 놓여 있다. 가닥의 직경은 균일하지만, 가닥의 질량 밀도(mass density)는 $\rho_l(x, y, z) = y/x$로 주어진다. ρ_l은 선 질량 밀도(line mass density)를 나타낸다; 즉, 가닥의 길이 dl은 $\rho_l\, dl$로 주어지는 질량을 가진다. 가닥의 총 질량을 찾아라. ρ_l은 [mg/m]이며 x와 y는 [m]이다.

2-40 입자가 그림 2. 54에 보여진 경로를 따라 a로부터 b까지 움직이기 위해 요구되는 일(work)을 찾아라. 입자가 움직이기 위해 요구되는 힘은 $\mathbf{F} = x\hat{\mathbf{x}} + y\hat{\mathbf{y}} + z\hat{\mathbf{z}}$로 주어졌다. $\mathbf{F}$는 [mN]이며 $x, y,$ 그리고 z는 [m]이다.

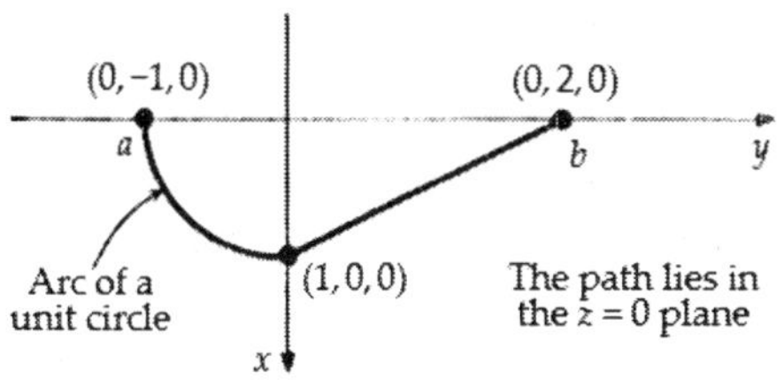

FIGURE 2.54 Problem 2-40.

2-41 Vector 장이 $\mathbf{F} = \mathbf{A} \times \mathbf{B}$로 주어졌다. 여기서

$$\mathbf{A} = \frac{z\hat{\mathbf{x}}}{\sqrt{x^2 + y^2 + z^2}} + \frac{\sqrt{x^2 + y^2}\hat{\mathbf{y}}}{\sqrt{x^2 + y^2 + z^2}}$$

$$\mathbf{B} = \hat{\mathbf{x}} + \hat{\mathbf{y}}$$

이다. $\int_S \mathbf{F} \cdot d\mathbf{S}$를 계산하라. 여기서 S는 그림 2-55에 보여진 반구이다.

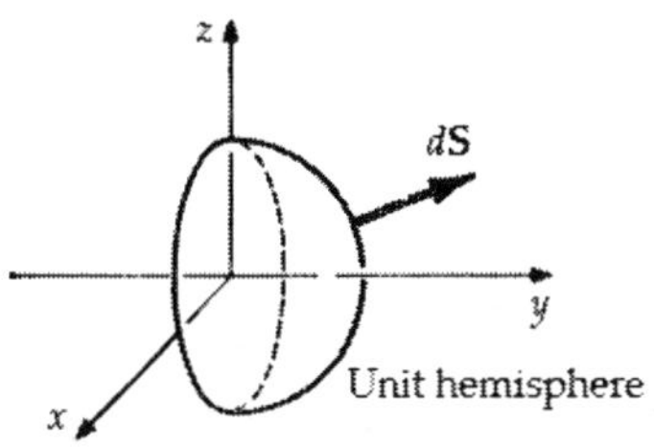

FIGURE 2.55 Problem 2-41.

2-42 $\nabla\Phi$는 일정 Φ인 면에 수직임을 보여라.

2-43 $\nabla\Phi$에 대하여 풀어라. 여기서 $\Phi = a^2 - x^2 - y^2$이다.

2-44 임의의 점 (x, y, z)에서 scalar 점함수 $\Phi = x^2 + y^2$의 최대 변화율을 찾아라. 점 $(1, 2, 0)$에서 Φ의 최대 변화율의 방향을 찾아라.

2-45 입자가 그림 2. 32에 보여진 경로를 따라 a로부터 b까지 움직이기 위해 요구되는 일을 찾아라. 입자가 움직이기 위해 극복해야 하는 힘은 L^2의 최대 변화율과 크기가 같으며 L^2의 최대 변화율의 방향이다. L은 점 a로부터 힘이 계산되는 점까지의 직선 거리(straight-line distance)이다. 입자가 움직이기 위해 요구되는 일은 $\int_a^b \mathbf{F} \cdot d\mathbf{l}$로 주어진다. 여기서 $\mathbf{F}$는 입자를 움직이는 힘이다.

2-46 Vector 장 $\mathbf{A} = 3xy^2\hat{\mathbf{x}} + 5z\hat{\mathbf{y}} + xz\hat{\mathbf{z}}$가 점 $(1, 3, 2)$에서 원천을 갖는지 sink를 갖는지를 결정하라.

2-47 식 (2.67)로부터 원통과 구 좌표계에서 $\text{div}\,\mathbf{A}$를 계산하라.

2-48 원점으로부터 점 (x, y, z)까지의 위치 vector는 $\mathbf{R} = x\hat{\mathbf{x}} + y\hat{\mathbf{y}} + z\hat{\mathbf{z}}$이다. $\nabla \cdot \mathbf{R}$에 대하여 풀고 임의의 폐곡면에 대한 $\oint_S \mathbf{R} \cdot d\mathbf{S}$는 면에 의해 둘러싸이는 체적의 3배와 같음을 보여라

2-49 식 (2.64)를 계산함으로써 $\nabla \cdot \mathbf{A}$를 찾아라. 여기서 이경우에서의 S와 V는 각각, 원점에 중심을 둔 정육면체의 면과 체적이다. $\mathbf{A} = x\hat{\mathbf{x}} + y\hat{\mathbf{y}} + z\hat{\mathbf{z}}$이다. 또한 식 (2.66)을 사용하여 $\nabla \cdot \mathbf{A}$를 찾고, 결과를 비교하라.

2-50 Problem 2-49를 반복하되, 정육면체 대신 원점 부근에 중심을 둔 구를 사용하라. 식 (2.67)을 사용하여 $\nabla \cdot \mathbf{A}$를 찾고, 결과를 비교하라.

2-51 대칭 순환 장(symmetrical circulating field) $\mathbf{A} = r\hat{\boldsymbol{\varphi}}$가 $r\varphi$-평면에 존재한다. 식 (2.69)와 따라오는 회전의 정의로부터 반경 r의 원형 경로를 도는 선적분을 계산하고 $r \to 0$으로 둠으로써 $r = 0$에서의 $\text{curl}\,\mathbf{A}$를 찾아라. 그 다음 식 (2.73)으로부터 같은 결과가 얻어짐을 보여라.

2-52 구 좌표계에서 $\mathbf{A} = R^2\hat{\mathbf{R}}$인 경우, $\nabla \cdot \mathbf{A}$를 계산하고, 그 다음 $\int_V \nabla \cdot \mathbf{A}\, dV = \oint_S \mathbf{A} \cdot d\mathbf{S}$임을 보여라. 여기서 V는 그림 2.47에 보여진 것과 같은 두 개의 구에 의해 둘러싸이는 다중 연결 체적이다.

2-53 $\mathbf{A} = x\hat{\mathbf{x}} + y\hat{\mathbf{y}} + z\hat{\mathbf{z}}$일 때 $\nabla \cdot \mathbf{A}$를 계산하고, 그 다음 $\int_V \nabla \cdot \mathbf{A}\, dV = \oint_S \mathbf{A} \cdot d\mathbf{S}$임을 보여라. 여기서 V는 원점에 중심을 둔 단위 정육면체의 체적이며 S는 그 단위 정육면체의 면이다.

2-54 구 좌표계에서 $\mathbf{A} = \sin\theta\,\hat{\boldsymbol{\varphi}}$이며 S는 그림 2-53에 보여진 것과 같이 위치하는 단위 반경의 반구의 면일 때 Stokes의 정리를 증명하라.

2-55 $\mathbf{A} = \sin\varphi\,\hat{\mathbf{R}} + \cos\varphi\,\hat{\boldsymbol{\theta}} + \hat{\boldsymbol{\varphi}}$이며 면은 단위 반구일 때 Stokes의 정리를 증명하라. 반구의 방위(orient)는 임의로 취하라.

2-56 Problem 2-37의 정사각형으로 제한된 평면에 대하여 $\nabla \times \mathbf{A} \cdot d\mathbf{S}$를 적분하고 이 경우 Stokes의 정리가 성립함을 보여라.

2-57 $\nabla \times \nabla \Phi$를 일반 직교 곡선 좌표계에서 전개함으로써 식 (2.102)를 증명하라.

2-58 일반 직교 곡선 좌표계에서 전개함으로써 식 (2.103)을 증명하라.

2-59 식 (2.106)을 증명하라.

2-60 Vector 장 $\mathbf{A} = \sinh x \cos y\, \hat{\mathbf{x}} - \cosh x \sin y\, \hat{\mathbf{y}}$가 공간 내에 존재한다. $\nabla^2 \mathbf{A}$를 찾아라.

2-61 $\mathbf{A}' = \cos \omega t\, \hat{\mathbf{x}}$라면, 식 (2.116)으로부터 직접, 그리고 $\mathbf{A}' = \mathrm{Re}\,(\hat{\mathbf{x}} e^{j\omega t})$로 적고 식 (2.117)을 사용하여 간접적으로 $\langle \mathbf{A}' \cdot \mathbf{A}' \rangle$를 찾아라. 두 결과가 같음을 보여라.

2-62 $\mathbf{A}' = 4y\hat{\mathbf{x}} \sin \omega t + xz\hat{\mathbf{y}} \cos \omega t$라면, $\mathbf{A}$를 찾아라.

2-63 $\mathbf{A}' = A_0 \hat{\mathbf{x}} \sin \omega t$ 그리고 $\mathbf{B}' = B_0 \hat{\mathbf{x}} \sin(\omega t + \phi)$라면, $\langle \mathbf{A}' \cdot \mathbf{B}' \rangle$를 찾아라.

2-64

$$\nabla R = \widehat{\mathbf{R}}$$
$$\nabla' R = -\widehat{\mathbf{R}}$$

를 보여라.

2-65

$$\nabla f(R) = -\nabla' f(R)$$

을 보여라. 여기서 $f(R)$은 R의 어떤 함수이다.

$$\frac{\partial f}{\partial x} = \frac{df}{dR}\frac{\partial R}{\partial x}, \text{ etc.}$$

임에 유의하라.

2-66 $\nabla^2(1/R) = \nabla'^2(1/R)$임을 보여라.

2-67 식 (2.126)을 증명하라.

2-68 $\int_V x' R^2 dV'$를 계산하라. 여기서 V는 원점에 중심을 둔 단위 정육면체이다.

2-69 직접 미분에 의하여 식 (2.131)을 증명하라.

SELECTED BIBLIOGRAPHY

1. C. H. Durney and C. C. Johnson, *Introduction to Modern Electromagnetics*, New York: McGraw-Hill Book Company, 1969.
2. Eugene Jahnke and Fritz Emde, *Tables of Functions* (4th ed.), New York: Dover Publications, Inc., 1945.
3. Wilfred Kaplan, *Advanced Calculus*, Reading, Mass.: Addison-Wesley Publishing Company, Inc., 1961.
4. B. W. Lindgren, *Vector Calculus*, New York: The Macmillan Company, 1964.
5. R. B. McQuistan, *Scalar and Vector Fields*, New York: John Wiley & Sons, Inc., 1965.
6. C. R. Wylie, Jr., *Advanced Engineering Mathematics Systems* (3rd ed.), New York: McGraw-Hill Book Company, 1966.

CHAPTER 3

Complex Variables and Contour Integration

3.1 INTRODUCTION

실변수(real variable) x, y, z의 성질을 연구함에 있어서 $x^2 < 0$와 같은 실수 x는 없다; 비슷하게, $x^2 + y^2 = \rho^2 < 0$인 반경(radius) ρ의 원(circle)은 없다; 마지막으로, $x^2 + y^2 + z^2 = r^2 < 0$인 반경(radius) r의 구(sphere)는 없다. 요컨대, 실변수를 연구할 때 실변수의 제곱(square)을 양(정)의 양(positive quantity)으로 정의한다.

양(quantity)

$$j^2 = -1 \tag{3.1}$$

이 존재하는 경우로 확장하는 것은 $(\pm j)^2 = -1$이 되는 허수 단위(imaginary unit) $j \equiv \sqrt{-1}$의 정의를 요구한다. 허수 양 $j = \sqrt{-1}$은 그러면 일련의 항등식(series of identities)을 만족한다: $j^2 = -1, j^3 = -j, j^4 = +1$, 등등. 일반적으로, $n \geq 0$인 정수(integer) n에 대하여

$$\begin{aligned} j^{2n} &= (-1)^n \\ j^{2n+1} &= (-1)^n j \end{aligned} \tag{3.2}$$

이다.

3.2 ARITHMETIC OPERATION

$j = \sqrt{-1}$을 가지고, 복소변수(complex variable) z는

$$z = x + jy \tag{3.3}$$

으로써 정의된다. 여기서 x, y는 실수이다. 식 (3.3)은 z의 *직각형(rectangular form)*이다. $x = y = 0$이면 또 그 때에 한해서(필요충분) $z = 0$임에 유의하라.

종종 $\text{Re}(z) = x$("z의 실수부(real part)는 x와 같다"로 읽는다)와 $\text{Im}(z) = y$ ("z의 허수부(imaginary part)는 y와 같다"로 읽는다)로 적는다.

$$\begin{aligned} x &= r\cos\theta \\ y &= r\sin\theta \end{aligned} \tag{3.4}$$

와 같이 적음으로써 식 (3.3)은

$$z = r(\cos\theta + j\sin\theta) \tag{3.5}$$

가 된다. 오일러 공식(Euler's formula) $e^{j\theta} = \cos\theta + j\sin\theta$의 덕택으로, 식 (3.5)는

$$z = re^{j\theta} \tag{3.6a}$$

또는, 공학에서의 보통의 표기로

$$z = r\angle\theta \tag{3.6b}$$

로 써진다. 식 (3.6a)의 표현은 z의 *지수형(exponential form)*으로 알려져 있는 한편, 식 (3.6b)는 *극형식(polar form)*이다. 식 (2.4)에 따라 $x^2 + y^2 = r^2$과 $\tan\theta = y/x$를 가진다. 양 r은 z의 *절대치(modulus, absolute value)*(또는 *크기(magnitude)*)이며 θ는 그것의 *편각(argument)*이다.

그림 3.1은, 한편으로는 변수 x, y와, 다른 편으로는 r, θ 사이의 관계를 보인다.

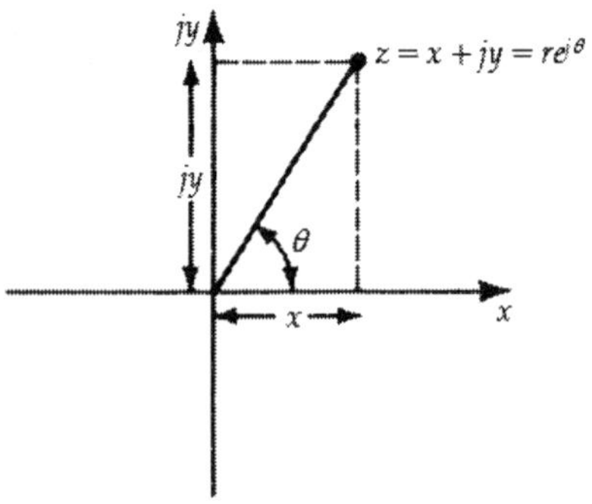

FIGURE 3.1 Rectangular and polar representation of the quantity $z = x + jy = re^{j\theta}$.

Example 3.1 $r = 1$이어서 $z = e^{j\theta}$이라면, 몇 가지 흥미로운 항등식이 생긴다. $\theta = \pi/2$인 경우,

$$e^{j\pi/2} = \cos\frac{\pi}{2} + j\sin\frac{\pi}{2}$$

는

$$e^{j\pi/2} \equiv j$$

로 축약되는 한편, $\theta = \pi$인 경우에는,

$$e^{j\pi} \equiv -1$$

이다. 임의의 정수 n에 대하여 $\theta = 2n\pi$인 경우,

$$e^{j2n\pi} \equiv 1$$

이다. ■

고정된 x_1, y_1에 대하여, 양 $z_1 = x_1 + jy_1$은 복소 평면(complex plane)에서 하나의 점(point)이다; 그와 같은 경우, $z_1 = x_1 + jy_1$은 복소수(complex number)라 불린다. $z_1 = z_2 = x_2 + jy_2$라면, 그러면 $x_1 = x_2$와 $y_1 = y_2$이다.

덧셈, 뺄셈, 곱셈, 그리고 나눗셈의 산술 연산(arithmetic operation)이 이제 논의된다. 두 개의 복소수 z_1, z_2의 경우 z_1과 z_2의 합(sum) 또는 차(difference)는

$$z_1 \pm z_2 = (x_1 \pm x_2) + j(y_1 \pm y_2) \tag{3.7}$$

로 주어진다. 따라서 두 복소수의 합 또는 차는 그 자체로 복소수이다.

직각 표현(rectangular representation)에서, 두 복소수 z_1, z_2의 곱(적, product)은

$$z_1 z_2 = (x_1 + jy_1)(x_2 + jy_2)$$

로 주어져

$$z_1 z_2 = x_1 x_2 - y_1 y_2 + j(y_1 x_2 + y_2 x_1) \tag{3.8}$$

이 된다. 따라서 두 복소수의 곱은 복소수이다.

Example 3.2 $z_1 = 4 + j3, z_2 = 1 - j$라 하자. 여기에서는,

$$\mathrm{Re}(z_1) = 4, \quad \mathrm{Im}(z_1) = 3$$
$$\mathrm{Re}(z_2) = 1, \quad \mathrm{Im}(z_2) = -1$$

이다. 극 형식에서는

$$z_1 = \sqrt{4^2+3^2}e^{j\theta_1}$$

을 가진다. 여기서

$$\sqrt{4^2+3^2} = r_1$$

그리고 $\theta_1 = \tan^{-1}(3/4)$이다. 따라서 $z_1 = 5e^{j\theta_1}$이다. 비슷하게,

$$r_2 = \sqrt{1^2+(-1)^2} = \sqrt{2}, \theta_2 = \tan^{-1}(-1/1) = -\pi/4$$

그리고

$$z_2 = \sqrt{2}e^{-j\pi/4}$$

이다. z_3이 z_1과 z_2의 합을 나타낸다면, 그러면 $z_3 = (4+1)+j(3-1) = 5+j2$이다. z_1과 z_2의 곱은 $z_4 = (4+j3)(1-j) = 7-j$ 이다. ■

두 복소수의 몫(quotient)의 논의를 진행하기 전에, 약간의 정의가 주어진다. 양 $z = x+jy$의 *복소 공액(complex conjugate)*은

$$z^* = x - jy \tag{3.9}$$

로 주어진다. 그러면 곱셈의 법칙에 의해,

$$zz^* = (x+jy)(x-jy) = x^2+y^2 \tag{3.10}$$

를 얻는다. 그러나 $x^2+y^2 = r^2$이어서

$$zz^* = r^2 \tag{3.11a}$$

가 된다. $|z|$로 나타내어지는 복소수 z의 *절대치(absolute value)*는

$$|z| = +\sqrt{zz^*} = r \tag{3.11b}$$

로써 정의된다.

이제 두 개의 복소수 $z_1 = x_1 + jy_1$과 $z_2 = x_2 + jy_2$의 몫을 논의하는 것이 가능하다. 몫을 z_3으로 나타내면, $z_2 \neq 0$에 대하여

$$z_3 = \frac{z_1}{z_2} = \frac{x_1+jy_1}{x_2+jy_2} \tag{3.12}$$

를 가진다. 분자(numerator)와 분모(denominator)에 z_2^*를 곱하면 분모에 실수를 생성하고, 그러면

$$z_3 = \frac{z_1}{z_2} = \frac{x_1x_2 + y_1y_2 + j(y_1x_2 - y_2x_1)}{x_2^2 + y_2^2} \tag{3.13}$$

가 된다. 다시, 몫 z_3은 일반적으로 복소수임이 보여진다.

많은 응용에서는 계산의 용이함 때문에 복소 변수의 지수 또는 극 표현의 사용이 바람직하다. 먼저 곱셈을 고려하고 $z_1 = r_1e^{j\theta_1}$과 $z_2 = r_2e^{j\theta_2}$라 하자. 그러면

$$z_1z_2 = r_1r_2e^{j(\theta_1+\theta_2)} \tag{3.14}$$

이다. 일반적으로, n개의 복소수 $z_1, z_2, \cdots, z_n$의 곱은

$$z_1z_2\cdots z_n = r_1r_2\cdots r_ne^{j\psi} \tag{3.15}$$

로 주어진다. 여기서 $\psi = \theta_1 + \theta_2 + \cdots + \theta_n$이다. 복소수 $z_1, z_2, \cdots, z_n$의 곱은 r_i $(i = 1, 2, \cdots, n)$ 중 인의의 한 개가 0이라면, 즉 $x_i^2 + y_i^2 \equiv 0$이리면 0괴 같디. x_i, y_i가 실수이기 때문에, 곱은 한 개가 $z_i \equiv 0$이면 또 그 때에 한해서 0이다.

두 복소수의 몫은, 같은 표현에서, $z_2 = r_2e^{j\theta_2} = r_2\angle\theta_2 \neq 0$에 대해,

$$z_3 = \frac{z_1}{z_2} = \frac{r_1}{r_2}e^{j(\theta_1-\theta_2)} = r_3\angle(\theta_1 - \theta_2) \tag{3.16}$$

이다.

극 표현은 z^n과 같은 양의 값을 찾는데 특히 사용되는 표현이다.

$$z^n = r^ne^{jn\theta} \tag{3.17}$$

을 가진다. 이로부터

$$\begin{aligned} \mathrm{Re}\,(z^n) &= r^n \cos n\theta \\ \mathrm{Im}\,(z^n) &= r^n \sin n\theta \end{aligned} \tag{3.18}$$

을 얻는다.

식 (3.18)과 상사인(analogous) 식으로 이끄는 직각형에서의 계산은 큰 n의 경우 매우 지겹다. 극 표현의 사용이 그래서 바람직하다.

Example 3.3 그림 2.2에 보여진 연산 증폭기(op-amp) 회로에서, 정현 이득(sinusoidal gain)

$$G = E_{\text{out}}(j\omega)/E_{\text{in}}(j\omega)$$

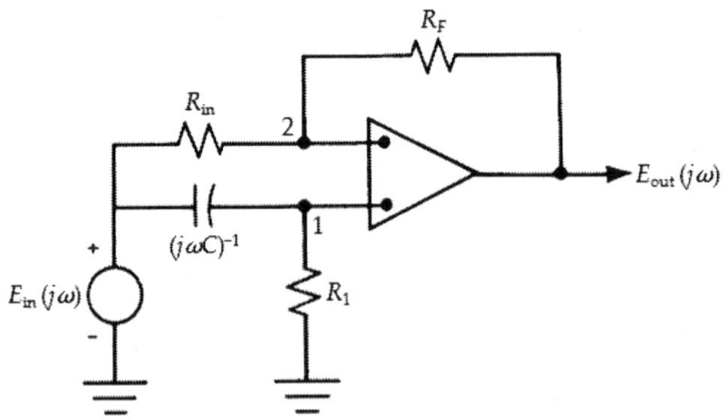

FIGURE 3.2 Example 3.3.

을 찾아라.
분압기(voltage divider)의 결과로서,

$$V_1 = \left[\frac{E_{in}(j\omega)}{\frac{1}{j\omega C} + R_1}\right] R_1$$

을 가진다. 또한, 절점 2에서의 Kirchhoff의 전류 법칙은, $V_2 = V_1$과 함께,

$$\frac{V_1 - E_{\text{in}}}{R_{\text{in}}} + \frac{V_1 - E_{\text{out}}}{R_F} = 0$$

이다. 이 두 식을 결합함으로써

$$G = \frac{-R_F + j\omega C R_1 R_{\text{in}}}{R_{\text{in}} + j\omega C R_1 R_{\text{in}}}$$

를 얻는다. $R = R_1 = R_{\text{in}} = R_F$라 하면, 그러면

$$G = \frac{-R_F + j\omega C R_1 R_{\text{in}}}{R_{\text{in}} + j\omega C R_1 R_{\text{in}}} = \frac{\sqrt{1 + \omega^2 R^2 C^2} e^{j \tan^{-1}(-\omega RC)}}{\sqrt{1 + \omega^2 R^2 C^2} e^{j \tan^{-1}(\omega RC)}} = e^{-j2\tan^{-1}(\omega RC)}$$

또는

$$G = 1\angle\{-2\tan^{-1}(\omega RC)\}$$

즉, 크기는 $E_{\text{out}} = E_{\text{in}}$이지만 두 전압 사이에 위상차(phase shift)

$$E_{\text{out}}(j\omega) = E_{in}(j\omega)\angle\{-2\tan^{-1}(\omega RC)\}$$

가 있다. ■

n이 정수인 $z^{1/n}$과 같은 z의 분수 멱(거듭 제곱)(fractional power)을 찾기 위해서는, 극 표현이 유용하다. 다시 한번

$$z = re^{j\theta} \tag{3.19a}$$

라 하자. 임의의 정수 p에 대하여 $e^{j2\pi p} \equiv 1$임에 유의하면, 그러면, 또한

$$z = re^{j\theta} e^{j2\pi p} \tag{3.19b}$$

를 가진다. 그러므로, $z^{1/n}$은 쉽사리

$$z^{1/n} = r^{1/n} e^{j(\theta+2\pi p)/n} \tag{3.20}$$

와 같은 형태로 된다.

Example 3.4 j의 3승근(cube roots)을 찾아라.

$$j = e^{j\pi/2} e^{j2\pi p} \quad (p \text{ an integer})$$

이기 때문에

$$j^{1/3} = e^{j\pi/6} e^{j2\pi p/3}$$

이다.
$p = 0$의 경우 첫 번째 근은

$$j_1 = e^{j\pi/6}$$

이다. $p = 1, 2$의 경우 두 개의 추가되는 근은

$$j_2 = e^{j\pi/6} e^{j2\pi/3} = e^{j5\pi/6}$$

와

$$j_3 = e^{j\pi/6} e^{j4\pi/3} = e^{j3\pi/2}$$

이다. 근은 그림 3.3에 보여졌다.
p에 대한 다음 정수 값 $p = 3$을 사용하려 한다면, j_1로 돌아감에 유의하라. 바꾸어 말하면, 여기에서는 3개의 해 만이 있다.

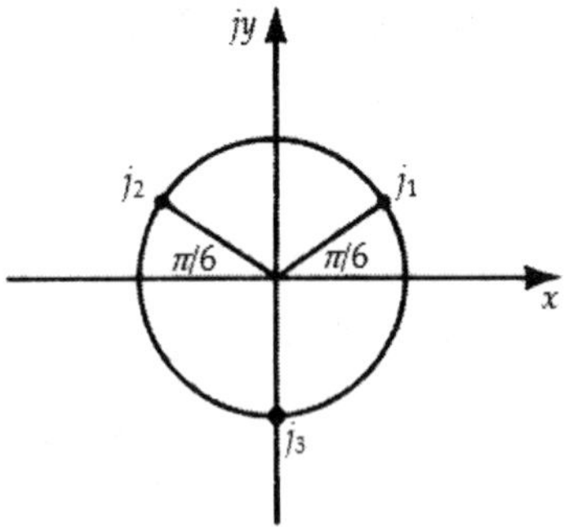

FIGURE 3.3 The three cube roots of j.

■

Example 3.5 $z = (3 + j4)$의 제곱근(square roots)을 찾아라. 여기에서는

$$\theta = \tan^{-1}\frac{4}{3} \approx 53.1^\circ$$

을 가지고

$$z^{1/2} = (3 + j4)^{1/2} = 5^{1/2}e^{j\theta/2}e^{jp\pi}$$

로 쓴다.

$p = 0$의 경우 첫 번째 제곱근은

$$(3 + j4)_1^{1/2} = 5^{1/2}e^{j\theta/2}$$

이다. $p = 1$의 경우 두 번째 제곱근은

$$(3 + j4)_2^{1/2} = 5^{1/2}e^{j(\theta/2+\pi)}$$

이다. 여기에서는, 그림 3.4에 보여진 바와 같이, 근이 π [rad] 또는 180° 만큼 떨어져 있다.

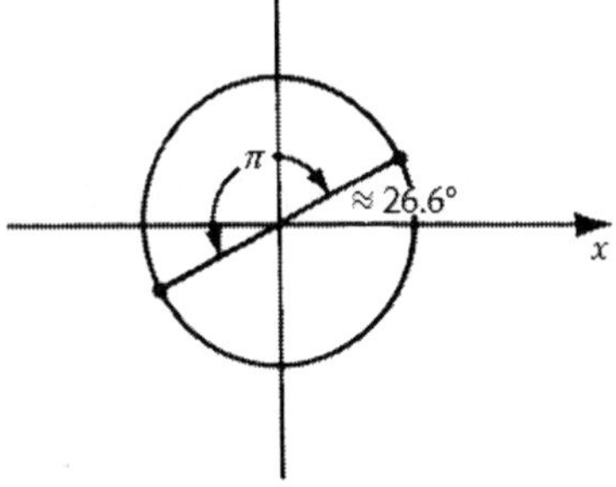

FIGURE 3.4 The square roots of z = 3 + j4.

■

3.3 FUNCTIONS OF A COMPLEX VARIABLE

복소 변수 $z = x + jy$의 함수 $f(z)$는, 일반적으로, 합(sum)

$$f(z) = f(x + jy) = u(x, y) + jv(x, y) \tag{3.21}$$

으로서 주어진다. 여기서 $u(x, y)$와 $v(x, y)$는 모두 실수이다. 어떤 점 $z = z_0 = x_0 + jy_0$에서 $f(z)$를 연속*으로 만드는 조건은 $u(x_0, y_0)$와 $v(x_0, y_0)$가 모두 그 점 (x_0, y_0)에서 연속이라는 것이다.

Example 3.6 $f(z) = e^{\pm z}$의 $u(x, y), v(x, y)$를 찾아라.

$$e^{\pm z} = e^{\pm(x+jy)} = e^{\pm x}(\cos y \pm j \sin y)$$

로 쓴다. 따라서,

$$u(x, y) = e^{\pm x} \cos y$$

와

$$v(x, y) = \pm e^{\pm x} \sin y$$

이다. ■

Example 3.7 $f(z) = \sin z$의 $u(x, y), v(x, y)$를 찾아라. $\sin z = \sin(x + jy)$이기 때문에, 두 개의 각도(angle)의 합(sum)의 정현(sine)에 대한 삼각 항등식(trigonometric identity)으로부터,

$$\sin(x + jy) = \sin x \cos(jy) + \cos x \sin(jy)$$

를 가진다. 그러나 $\cos(jy) = \cosh y$와 $\sin(jy) = j \sinh y$이어서,

$$\sin z = \sin x \cosh y + j \cos x \sinh y$$

이다. 따라서,

$$u(x, y) = \sin x \cosh y$$

와

$$v(x, y) = \cos x \sinh y$$

이다. ■

* 한 개(또는 더 많은) 실변수(*real* variable)의 함수의 경우 한 점에서의 연속의 정의를 안다고 가정한다.

Example 3.8 $f(z) = \ln z$의 $u(x, y)$, $v(x, y)$를 찾아라. 여기서 "ln"은 자연 대수(natural logarithm이다. 이 경우에는, $z = re^{j\theta}$로 쓰는 것이 바람직하다. 그러면

$$\ln z = \ln(re^{j\theta}) = \ln r + j\theta$$

이다. 따라서, $r = \sqrt{x^2 + y^2}$과 $\theta = \tan^{-1}(y/x)$이기 때문에,

$$u(x, y) = \frac{1}{2}\ln(x^2 + y^2)$$

와

$$v(x, y) = \tan^{-1}\left(\frac{y}{x}\right)$$

이다.
주의: $2n\pi$ $(n = \pm 1, \pm 2, \cdots)$가 z에 영향을 주지 않으면서 더해질 수 있기 때문에, 그러면

$$\ln z = \ln r + j(\theta \pm 2\pi n)$$

이며, $\ln z$는 *다가* 함수(*multi-valued* function)이다. 이러한 함수는 뒤에 논의될 것이다. ■

3.4 DERIVATIVES OF A COMPLEX FUNCTION

$f(z) = u(x, y) + jv(x, y)$로, 복소 평면에 있는 어떤 점 z_0에서 $f(z)$의 도함수(미분 계수, derivative)를 고려하자. $z = z_0$에서 $f(z)$의 1계 도함수(1계 미분, first derivative)는

$$\frac{df}{dz} = \lim_{\Delta z \to 0} \frac{f(z_0 + \Delta z) - f(z_0)}{\Delta z} \tag{3.22}$$

로 정의된다. 이 도함수의 유일성(uniqueness)의 문제는 $\Delta z = \Delta x + j\Delta y$가 0으로 접근하는 방식의 결정에 있다. 기하학적으로, 복소 평면에서 Δz가 0으로 접근하는 방식은 무수히 많은 경로(path)가 있음이 명백하다. 그림 3.5를 보라. 어떤 경로가 선택되든지에 관계없이, 표현 df/dz가 유일하게 되는 것을 원한다.

이제, $f(z) = u(x, y) + jv(x, y)$이기 때문에,

$$\begin{aligned} &\lim_{\Delta z \to 0} \frac{f(z_0 + \Delta z) - f(z_0)}{\Delta z} \\ &= \lim_{\substack{\Delta x \to 0 \\ \Delta y \to 0}} \frac{u(x_0 + \Delta x, y_0 + \Delta y) + jv(x_0 + \Delta x, y_0 + \Delta y) - u(x_0, y_0) - jv(x_0, y_0)}{\Delta x + j\Delta y} \end{aligned} \tag{3.23}$$

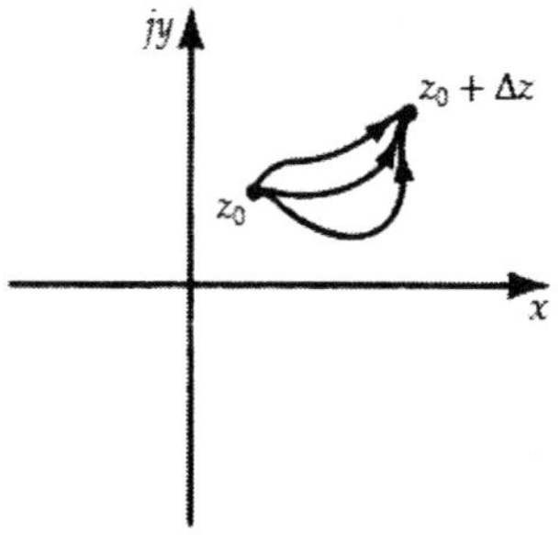

FIGURE 3.5 Paths of Δz

을 가진다. 일반적으로, $\Delta z \to 0$의 조건에서, 직선(line)의 기울기(slope) m을 가지고 $\Delta y = m\Delta x$로 쓸 수 있는 어떤 기울기가 있을 것이다. 따라서, df/dz가 유일하게 되는 조건을 찾기 위하여, 두 가지 경우를 고려하면 충분하다: 첫 째는 $\Delta y \equiv 0$일 때이며, 그 다음은 $\Delta x \equiv 0$일 때이다. 첫 번째 경우에는,

$$\frac{df}{dz} = \lim_{\Delta x \to 0} \frac{u(x_0 + \Delta x, y_0) + jv(x_0 + \Delta x, y_0) - u(x_0, y_0) - jv(x_0, y_0)}{\Delta x} \tag{3.24}$$

이다. $u(x_0 + \Delta x, y_0)$를 x_0에 관한 테일러의 급수(Taylor's series)로 전개하면,

$$u(x_0 + \Delta x, y_0) = u(x_0, y_0) + \frac{\partial u}{\partial x}\Delta x + \cdots$$

을 얻는 한편, $v(x_0 + \Delta x, y_0)$에 대한 표현은

$$v(x_0 + \Delta x, y_0) = v(x_0, y_0) + \frac{\partial v}{\partial x}\Delta x + \cdots$$

이다. 그러면

$$\frac{df}{dz} = \lim_{\Delta x \to 0} \frac{\frac{\partial u}{\partial x}\Delta x + j\frac{\partial v}{\partial x}\Delta x}{\Delta x}$$

는

$$\frac{df}{dz} = \frac{\partial u}{\partial x} + j\frac{\partial v}{\partial x} \tag{3.25}$$

가 된다. 두 번째 경우에는, $\Delta x \equiv 0$와 함께, $\Delta z = j\Delta y$와

$$\frac{df}{dz} = \lim_{\Delta y \to 0} \frac{u(x_0, y_0 + \Delta y) + jv(x_0, y_0 + \Delta y) - u(x_0, y_0) - jv(x_0, y_0)}{j\Delta y}$$

은, 비슷한 방식으로,

$$\frac{df}{dz} = \lim_{\Delta y \to 0} (j\frac{\partial v}{\partial y} + \frac{\partial u}{\partial y})\frac{\Delta y}{j\Delta y}$$

또는

$$\frac{df}{dz} = -j\frac{\partial u}{\partial y} + \frac{\partial v}{\partial y} \tag{3.26}$$

이 된다. 이제 도함수 df/dz에 대한, 식 (3.25)와 (3.26)으로 주어진, 두 개의 표현이 있다. 그것들의 실수부와 허수부를 같게 두면, $f(z)$의 유일한 도함수의 존재를 위한 *코시-리만 조건(Cauchy-Riemann condition)*을 얻는다. 그것은

$$\frac{\partial u}{\partial x} = \frac{\partial v}{\partial y} \quad \text{and} \quad \frac{\partial v}{\partial x} = -\frac{\partial u}{\partial y} \tag{3.27}$$

이다. 함수 $f(z)$가 어떤 점 $z = z_0$에서 Cauchy-Riemann 조건을 만족하면, $f(z)$는 z_0에서 유일한 도함수를 가진다고 말한다. 그것은 z_0에서 *해석함수(analytic function)*이다. 따라서 Cauchy-Riemann 조건은 $f(z)$의 해석성(analyticity)을 위한 필요조건(necessary)이다. 그것은 또한 식 (3.27)에 있는 편도함수(편미분, partial derivative)가 점 (x_0, y_0)에서 연속이 되기 위한 충분조건(sufficient)이다.

Example 3.9 주어진 $f(z) = \sin z$에서, $f(z)$는 복소 평면의 모든 점에서 해석적인가? Example 2.7에서와 같이, $\sin z = \sin x \cosh y + j\cos x \sinh y$이기 때문에,

$$u(x, y) = \sin x \cosh y \quad \text{and} \quad v(x, y) = \cos x \sinh y$$

임을 밝힌다. 해석성을 판단하기 위해,

$$\frac{\partial u}{\partial x} = \cos x \cosh y, \quad \frac{\partial v}{\partial y} = \cos x \cosh y$$

$$\frac{\partial v}{\partial x} = -\sin x \sinh y, \quad \frac{\partial u}{\partial y} = \sin x \sinh y$$

를 찾는다. 그러므로, Cauchy-Riemann 조건이 이 편도함수가 정의되는 z-평면 내의 모든 유한한(finite) 점에서 만족된다. ■

Example 3.10 주어진 $f(z) = e^{-z}$에서, $f(z)$는 복소 평면의 모든 점에서 해석적인가? $e^{-z} = e^{-(x+jy)} = e^{-x}(\cos y - j\sin y)$이기 때문에,

$$u(x, y) = e^{-x}\cos y \quad \text{and} \quad v(x, y) = -e^{-x}\sin y$$

임을 밝힌다. 따라서,

$$\frac{\partial u}{\partial x} = -e^{-x}\cos y = \frac{\partial v}{\partial y}$$

와

$$\frac{\partial u}{\partial y} = -e^{-x}\sin y = -\frac{\partial v}{\partial x}$$

이다. 다시, Cauchy-Riemann 조건이 $|z|$가 유한한 z-평면 내의 모든 점에서 만족된다. ■

Example 3.11 Example 3.8에서와 같이 주어진 $f(z) = \ln z$에서, $f(z)$는 해석적인가?

$$u(x, y) = \frac{1}{2}\ln(x^2 + y^2)$$

와

$$v(x, y) = \tan^{-1}\left(\frac{y}{x}\right) + 2\pi n$$

를 가지고 편도함수를 계산한다:

$$\frac{\partial u}{\partial x} = \frac{\partial v}{\partial y} = \frac{x}{x^2 + y^2} = \frac{\cos\theta}{r}$$

그리고

$$\frac{\partial u}{\partial y} = -\frac{\partial v}{\partial x} = \frac{y}{x^2 + y^2} = \frac{\sin\theta}{r}$$

따라서 Cauchy-Riemann 조건은 $r = 0\ (x = y = 0)$을 제외한 모든 유한한 점에서 만족된다. 원점(origin) $x = y = 0$은 $f(z) = \ln z$에 대한 특이점(singular point)이라 불린다. ■

$f(z)$가 해석적이지 않은 z-평면 내의 점은 $f(z)$의 *특이점(singular point* or *singularity)*이라 불린다. 몇 가지 형태의 특이점이 있다. $z = z_0$의 근방(neighborhood)에서, 어떠한 방식으로 작아지더라도, 다른 특이점이 없으면 $f(z)$는 $z = z_0$에서 *고립* 특이점(*고립*점, *isolated* singularity)을 가진다고 말한다. 바꾸어 말하면, $f(z)$는 $z = z_0$을 제외한 $z = z_0$의 모든 근방을 통하여 해석적이다.

$(z-z_0)^n f(z)$가 z_0에서 해석적이라면 함수 $f(z)$는 $z=z_0$에서 *차수 n의 극(pole of order n)*(또한 *제거할 수 있는* 특이점(*removable* singularity)이라 불린다)을 가진다. 정수 n을 찾을 수 없으면, 그러면 $z=z_0$는 *진성* 특이점(*essential* singularity)이다.

Example 3.12

$$f(z)=\frac{z-2}{z^2(z+1)}$$

는 $z=0$과 $z=-1$에서 고립 특이점을 가진다. $z=0$에서의 특이점은 차수 2의 극이며, $z=-1$에서의 특이점은 차수 1의 극(*단극*(*simple* pole))이다. ■

Example 3.13 함수 $f(z)=z^{p-1}, 0<p<1$는 $z=0$에서 진성 특이점을 가지는 한편, 함수 $f(z)=\csc z$는, n이 임의의 양(정) 또는 음(부)의 정수인 무한히 많은 점 $z_n=n\pi$에서, 실축 위에 고립 특이점을 가진다. ■

마지막으로, 복소 함수의 특이점은 가지점(분기점, branch point)이라 불린다. 함수 $f(z)=z^{1/2}$을 고려한다. 극 표시로는,

$$f(z)=r^{1/2}e^{j\theta/2} \tag{3.28}$$

이다. $\theta=0$이라면, $f(z)=r^{1/2}$인 한편, $\theta=2\pi$라면, $f(z)=-r^{1/2}$이다. 즉, 함수 $f(z)=z^{1/2}$은 각도 θ가 2π 만큼 증가하면 부호(sign)가 바뀔 것이다. 이것은 그림 3.6을 참조하여 더 설명된다.

z가 "위쪽(upper)" 가지를 따라 변화할 때, $f(z)=\sqrt{z}$는, 편의상 정(양)의 부호로 선택한, $\sqrt{x}$로 변화한다. θ가 반경 r의 원에 대해 2π 만큼 증가할 때, 그러면, "아래쪽(lower)" 가지에서

$$f(z)=\sqrt{xe^{j2\pi}}=-\sqrt{x}$$

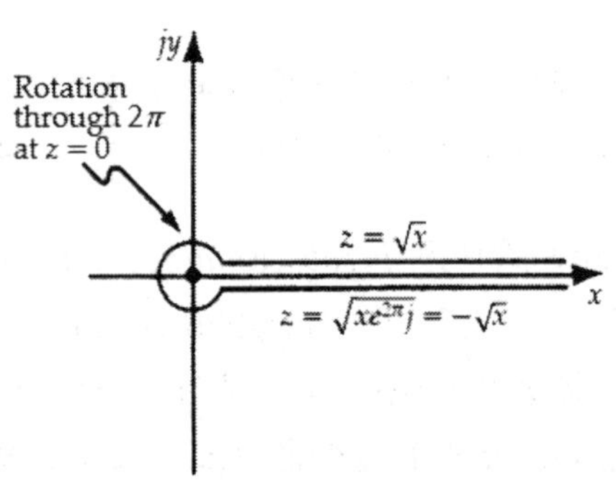

FIGURE 3.6 Sign change of complex function at the branch point.

이다. 즉, $f(z)=z^{1/2}$은, 분기 다중 값(branching multiple value)이 생기는, 함수의 *분기점(가지점, branch point)*이 되는 $z=0$에서 다중 값이 된다.

p가 유리 분수(rational fraction)인 함수 $(z-z_0)^p$를 가정한다. $z=z_0+\rho e^{j\theta}$라 하면, $(z-z_0)^p=\rho^p e^{jp\theta}$이다. 그러면, θ가 2π 만큼 증가할 때, $(z-z_0)^p$의 편각은 $e^{jp\theta}$에 의해 바뀐다. p가 정수가 아니기 때문에, $e^{jp\theta}\neq 1$이어서, $z=z_0$는 함수 $f(z)=(z-z_0)^p$의 분기점이다. $p=1/3$이라 하면, θ를 6π 만큼 증가시키고 그것에 의해 $(z-z_0)^{1/3}$의 원래의 부호를 되찾을 수 있다.

함수 $f(z)=\ln z$는 $z=0$에서 분기점과 무한히 많은 가지(branch)를 가진다. 이것을 보이기 위하여, $z=re^{j\theta}e^{j2\pi n}$로 쓴다. 여기서 n은 정수이다. 그러면

$$\ln z=\ln r+j(\theta+2\pi n) \tag{3.29}$$

이다. $\theta=0$으로 두더라도, 임의의 값 $n=0,\pm1,\pm2,\cdots$ 등등을 고를 수 있다. 함수 $f(z)=\ln z$의 주 가지(principal branch)는 $n=0$에 대한 것이다. 그것에 의해 $r^2=x^2+y^2$과 $\theta=\tan^{-1}(y/x)$에 대해 정의되는 함수는 r과 θ가 정의되는 모든 점에서 해석적이다. 주 가지에서, $\tan\theta$가 정의되는 구간(정의(영)역, interval)은 $-\pi/2\leq\theta\leq\pi/2$이다.

복소 평면에는 진성 특이점이 있다. 함수 $f(z)=e^{1/z}$을 고려한다. $f(z)(z-0)^n$이 $z=0$에서 해석적인 정수 n은 없다. 따라서 $z=0$은 $f(z)=e^{1/z}$의 진성 특이점이다.

몇 가지 추가 예제와, 이렇게 하여, 리만 면 또는 판(Riemann surface or sheet)을 정의하고 특이점에 관한 이 절을 끝낸다.

Example 3.14 $f(z)=z^{1/3}$이라 하자. $z=re^{j\theta}e^{j2\pi n}$로, $z^{1/3}$에 대한 세 개의 근이 있다. 그것은

$$z_1=r^{1/3}re^{j\theta/3}$$
$$z_2=r^{1/3}re^{j\theta/3}e^{j2\pi/3}$$
$$z_3=r^{1/3}re^{j\theta/3}e^{j4\pi/3}$$

이다. 선 $\theta=0$을 따라 움직이고 점 $z=0$에 대해 2π [rad]까지 회전하면, 값 z_1에서 z_2까지 움직인다. 그 다음 2π [rad]의 그 위의 회전은 값 z_3을 준다. 여기에서는 점 $z=0$은, 다시 한번, 세 개의 판(sheet)의 리만 면(Riemann surface)으로 정의되는 복소 z-평면 내에 있는 면을 가진 분기점이다. 이 예제에서는, 주어진 z_3에서 2π [rad]의 그 위의 회전은 원래의 값 z_1을 산출할 것이기 때문에, 서로 다른 세 개의 판만 있다. ■

Example 3.15 $f(z)=\ln z$라 하자. $z=re^{j\theta}e^{j2\pi n}$로, 앞에서 논의된 바와 같이, 다가 함수(multi-valued function)

$$\ln z = \ln r + j\theta + j2\pi n$$

을 가진다. 더욱이, 임의의 θ와 n에 대하여, $\ln z$는 $|z| = r = 0$에서 진성 특이점을 가진다. 편의상 $\theta = 0$이라 두면, 2π까지의 회전은 임의의 $r = r_0 \neq 0$에서 $\ln z$의 다른 값을 생성함이 보여진다. 무한히 많은 수의 판은 함수 $f(z) = \ln z$에 대한 Riemann 면을 만든다; 함수의 주치(주 값, principal value)는, 앞에서 언급된 바와 같이, $\theta = n = 0$에 대한 값으로 정의된다. ■

Example 3.16 $f(z) = e^{-k\sqrt{z}}$이라 하자. 여기서 k는 실수이다. 이 함수는, $f(z) = z^{1/2}$에서 한 것처럼, 그리고 같은 이유로 $z = 0$에서 분기점을 가진다. $z \to 0$이 됨으로써, $\theta = 0$로부터 $\theta = 2\pi$ 까지의 회전 후에 축($z = x$인)을 따라 $f(z)$는 두 개의 값

$$f(x) = e^{-k\sqrt{x}}$$

과

$$f(x) = e^{k\sqrt{x}}$$

을 가진다. ■

Example 3.17 Riemann 면, 또는 Riemann 면 위의 판을 그림으로 그리는 것은 어느 정도 어렵다. 함수 $f(z) = z^{1/2}$을 다시, 그리고 그림 3.7을 고려한다. 그것은 분기점을 가진 복소변수 함수의 거동에 대한 약간의 도식적인 이해를 준다. (*n개의 판으로 된(n-sheeted)* Riemann 면의 그림은 왕성한 상상력을 요구한다.) 선 $y = 0$을 따라 자르는 것(cut)은 면 $f(z) = z^{1/2}$을, 이 경우에는 $x > 0$에 존재하는, 두 개의 판으로 분리한다. 명백하게, 허축을 따라 움직이면, $f(z) = z^{1/2} = \sqrt{jy}$($x = 0$에 대하여)로 둠으로써, $\theta = \pi/2$에 대해, $y = 0$에 대한 2π [rad]의 회전이 만들어질 때, 한 개의 판에서는

$$\sqrt{jy} = \sqrt{e^{j\pi/2}y}$$

그리고

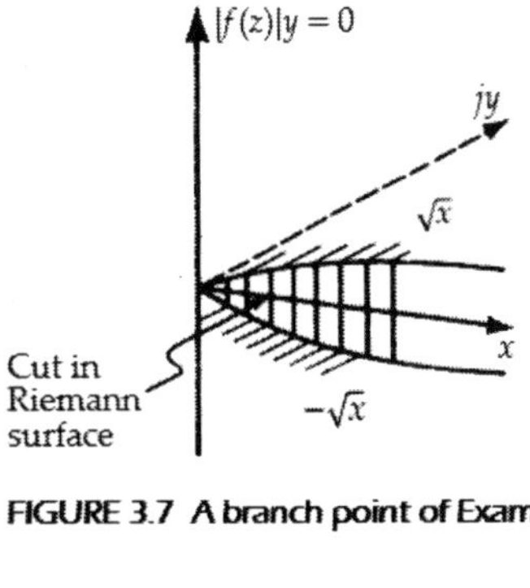

FIGURE 3.7 A branch point of Example 3.17.

$$\sqrt{e^{j5\pi/2}y} = \sqrt{-jy}$$

를 가진다. ■

특이점과 그것의 분류(classification)는 다음과 같은 기본적인 이유 때문에 공학자에게 중요하다: 그것의 위치와 형태는 계통(system)의 응답(response)의 특성(nature)을 결정한다.

3.5 LAPLACE'S EQUATION

이제 $u(x, y)$ 또는 $u(r, \theta)$와 같은 $f(z)$의 실수부 뿐만 아니라, $v(x, y)$ 또는 $v(r, \theta)$와 같은 $f(z)$의 허수부에 대한 표현을 고찰한다. 이것들은 과학과 공학의 많은 문제에서 중요하다; 이 중에는 정전기학(electrostatics)과 정자기학(magnetostatics)에서의 문제들이 있다. 이제, 그런 문제와 관련된, 직각좌표계(rectangular coordinates)에서의 라플라스 방정식(Laplace's equation)을 유도한다.

Cauchy Riemann 방정식은, 다시,

$$\frac{\partial u}{\partial x} = \frac{\partial v}{\partial y} \quad \text{and} \quad \frac{\partial v}{\partial x} = -\frac{\partial u}{\partial y} \tag{3.27}$$

이다. 이 식이 성립하면, 그러면 $f(z)$는 해석적이어서 $f(z)$와, 그러므로 $u(x, y)$와 $v(x, y)$가 유한(finite), 단가(single valued), 그리고 연속(continuous)인 임의 계수(order)의 도함수를 가진다. 따라서

$$\frac{\partial^2 u}{\partial x^2} = \frac{\partial^2 v}{\partial x \partial y} \tag{3.30a}$$

와

$$\frac{\partial^2 v}{\partial y \partial x} = -\frac{\partial^2 u}{\partial y^2} \tag{3.30b}$$

를 만들 수 있다. u와 v 둘 다와 그것들의 임의 계수의 도함수가 연속일 때 미분순서(order of differentiation) 상호 교환의 정당성이 보장된다. 식 (3.30a)와 (3.30b)로부터 표현

$$\frac{\partial^2 v}{\partial x \partial y} = \frac{\partial^2 v}{\partial y \partial x}$$

를 소거함으로써,

$$\frac{\partial^2 u}{\partial x^2} + \frac{\partial^2 u}{\partial y^2} = 0 \tag{3.31a}$$

를 얻는다. 식 (3.31a)에 주어진 표현은 2차원에서의 Laplace의 방정식으로 알려져 있다. 편미분 연산자(partial differential operator)는 보통 ∇^2("델 제곱(del square)"), 즉

$$\nabla^2 \equiv \frac{\partial^2}{\partial x^2} + \frac{\partial^2}{\partial y^2}$$

으로 나타내어져 식 (3.31a)는

$$\nabla^2 u = 0 \tag{3.31b}$$

와 같이 써질 수 있다. 식 (3.30)으로부터 u의 소거에 의해

$$\nabla^2 v = 0 \tag{3.31c}$$

를 보이는 것은 똑같이 쉽다. 따라서, 함수 $f(z) = u(x, y) + jv(x, y)$가 복소 평면의 어떤 영역(region)에서 해석적이라면, u와 v는 둘 다 같은 영역을 통하여 Laplace의 방정식을 만족한다.

Example 3.18 앞에서

$$u(x, y) = \sin x \cosh y$$

와

$$v(x, y) = \cos x \sinh y$$

를 찾은 $f(z) = \sin z$를 고려하라.

$$\frac{\partial^2 u}{\partial x^2} = -\sin x \cosh y$$

와

$$\frac{\partial^2 u}{\partial y^2} = \sin x \cosh y$$

를 계산한다. 따라서, $\nabla^2 u = 0$이다. 비슷하게,

$$\frac{\partial^2 v}{\partial x^2} = -\cos x \sinh y$$

와

$$\frac{\partial^2 v}{\partial y^2} = \cos x \sinh y$$

이다. 그러므로 $\nabla^2 v = 0$이다.
u와 v는 둘 다 z-평면 내의 유한한 모든 점에서 Laplace의 방정식을 만족한다. ■

Example 3.19 정전기학 문제의 예제로서, 영역 $0 \le x \le \infty$와 $0 \le y \le b$ 내에서의 전압을 $u(x, y)$로 나타내자. 그림 3.8을 보라. 주어진 영역 내에 자유 전하(free charge)가 없다면, 그러면 전압은 Laplace의 방정식 $\nabla^2 u(x, y) = 0$을 따른다. 물리적으로 전압은 어디에서건 유한하다는 것이 요구되어, $\lim_{x\to\infty} u(x, y) \to 0$이다. 그러면 $\nabla^2 u = 0$에 대한 해는

$$u_1(x, y) = e^{-kx} \sin ky$$
$$u_2(x, y) = e^{-kx} \cos ky$$

이다. 덧붙여, 경계 조건(boundary condition)으로서, $\lim_{y\to 0} u(x, y) \equiv 0$이 요구된다면, 그러면

$$u(x, y) = u_0 e^{-kx} \sin ky$$

이다. 여기서 u_0는, 주어진 경계 조건에 의해 구해지는, 임의의 상수 전압이다.

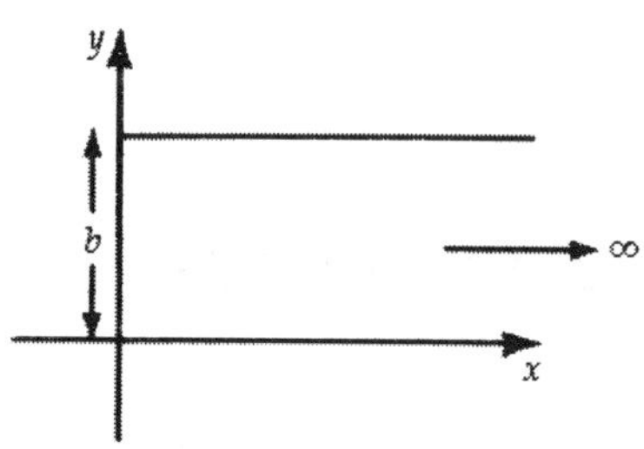

FIGURE 3.8 A two-dimensional electrostatic potential.

■

Example 3.20 $u(x, y)$를 그림 3.9에 보여진 바와 같은 영역 $0 \le x \le a$, $0 \le y \le b$ 내에서의 포텐셜(전위, potential)이라 하자. 규정된 전압이 $u(0, y) = u(a, y) = 0$, $u(x, 0) = 0$ 및 $u(x, b) = V(x)$로 주어졌을 때, 사각형 내부의 임의의 점에서의 $u(x, y)$를 다음과 같이 찾을 수 있다:

$$u(x, y) = (A \sin kx + B \cos kx)(C \sinh ky + D \cosh ky)$$

라 하자. 여기서 각 개별 곱(적)(individual product)과, 그러므로 각 곱의 합은 Laplace의 방

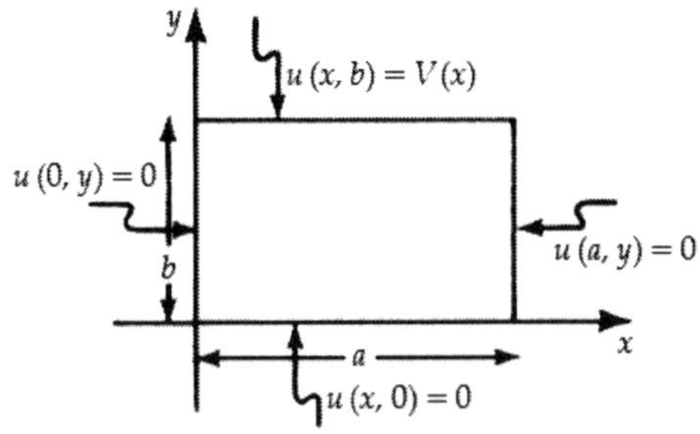

FIGURE 3.9 A two-dimensional potential.

정식의 해이다. $u(0, y) = 0$이기 때문에, $B \equiv 0$인 한편, $u(x, 0) = 0$이기 때문에 $D \equiv 0$이다. $u(x, y)$에 대한 표현은 그러면

$$u(x, y) = A \sin kx \sinh ky$$

로 줄어든다. 조건 $u(a, y) = 0$이 만족되어야 하기 때문에,

$$k \equiv k_n = \frac{n\pi}{a}$$

를 의미하는

$$\sin ka = 0$$

을 요구한다. 그러면

$$u(x, y) = \sum_{n=0}^{\infty} A_n \sin \frac{n\pi x}{a} \sinh \frac{n\pi y}{a}$$

와 같은 형태의 합 역시 해이다. 이제 만족되어야 하는 남은 한 개의 경계 조건은

$$u(x, b) = V(x) = \sum A_n' \sin \frac{n\pi x}{a}$$

이다. 여기서 $A_n' \equiv A_n \sinh(n\pi b/a)$이다. 마지막 표현에서, 익숙한 푸리에 급수(Fourier series)를 알아본다; 그러므로 계수(coefficient) A_n'는 통상적인 방식으로

$$A_n' = \frac{2}{a} \int_0^a V(x') \sin \frac{n\pi x'}{a} dx'$$

와 같이 얻어진다. 따라서,

$$u(x, y) = \frac{2}{a}\sum \sin\frac{n\pi x}{a}\frac{\sinh\frac{n\pi y}{a}}{\sinh\frac{n\pi b}{a}}\int_0^a V(x')\sin\frac{n\pi x'}{a}dx'$$

이다. ■

Laplace의 방정식을 푸는데 있어서의 해석 함수의 사용에 관한 그 이상의 설명으로서 함수

$$f(z) = z^{\pm n} \tag{3.32}$$

를 검토하자. 여기서 $|z| \to \infty$에 따라 $|f(z)| \to 0$을 요구할 것이다. 극좌표(polar coordinates)로 쓰면, 그것은

$$f(re^{j\theta}) = r^{\pm n}e^{jn\theta} \tag{3.33}$$

이다. 실수부와 허수부로 잘라내고, 임의의 상수를 곱하면, $\nabla^2 u(r, \theta) = 0$의 해로서

$$u(r, \theta) = (Ar^n + Br^{-n})(C\cos n\theta + D\sin n\theta) \tag{3.34a}$$

를 얻는다. 더욱이,

$$u(r, \theta) = \sum (A_n r^n + B_n r^{-n})(C_n\cos n\theta + D_n\sin n\theta) \tag{3.34b}$$

와 같이 써진 그러한 항의 합(summation)도 역시 해이다. (증명하라!)

앞에서와 같이, $u(r, \theta)$를 임의의 상수의 계산을 허용하도록 주어진 경계 조건을 가진 전압으로 고려할 것이다. 몇 가지 예제가 다음에서 설명된다.

Example 3.21 반경 a의 무한장(infinite length) 원통(cylinder)이 z-축을 따라 놓여 있다. 함수 $u(a, \theta) = u_0\cos^2\theta$는 원통의 표면에서 주어진 정전위(electrostatic potential)이다. $u(r, \theta)$는 모든 r과 θ에 대해 유한하고 연속이며 $\lim_{r\to\infty} u(r, \theta) \to u_0$라고 가정된다. 이 주어진 경계 조건 하에서 모든 r, θ에 대한 $u(r, \theta)$를 찾는 것을 원한다.

$0 \le r \le a$에서는,

$$u(r, \theta) = \sum_{n=0}^{\infty} r^n(A_n\cos n\theta + B_n\sin n\theta)$$

로 두고, $a \le r \le \infty$에서는

$$u(r, \theta) = \sum_{n=0}^{\infty} r^{-n}(C_n \cos n\theta + D_n \sin n\theta)$$

로 둔다.

$\cos^2\theta = {}^1\!/_2(1 + \cos 2\theta)$ 이기 때문에, 경계 조건 $u(a, \theta) = u_0 \cos^2\theta$ 는 모든 n에 대해 $B_n \equiv D_n \equiv 0$인 경우 외에는 만족될 수 없다. $r = a$에서는, 그러면, $u(a, \theta)$가 연속이기 때문에,

$$a^n A_n = a^{-n} C_n$$

또는

$$C_n = A_n a^{2n}$$

을 가진다. $r = a$에서의 경계 조건은 이제 유일하게 남은 임의의 상수, 즉 A_n을 찾는데 적용될 수 있다. 경계 조건은

$$u(a, \theta) = \frac{u_0}{2}(1 + \cos 2\theta) = \sum A_n a^n \cos n\theta$$

로 해석되어 이로부터

$$A_n = \frac{u_0}{2\pi a^n} \int_0^{2\pi} (1 + \cos 2\theta) \cos n\theta \, d\theta$$

또는

$$A_n = \frac{u_0}{2\pi a^n}(2\pi\delta_{n,0} + \pi\delta_{n,2})$$

가 된다. 여기서

$$\delta_{n,p} = \begin{cases} 1 & p = n \\ 0 & p \neq n \end{cases}$$

는 크로넥커 델타(Kronecker delta)라 불린다. 따라서,

$$A_0 = u_0$$

과

$$A_2 = \frac{u_0}{2a^2}$$

은 유일하게 없어지지 않는 상수이다. 따라서 potential은

$$u(r,\theta) = \begin{cases} u_0(1+\dfrac{r^2}{2a^2}\cos 2\theta) & 0 \le r \le a \\ u_0(1+\dfrac{a^2}{2r^2}\cos 2\theta) & a \le r \le \infty \end{cases}$$

와 같이 주어진다. ■

Example 3.22 z-축과 일치하는 축을 가진 반경 a의 무한장 도체 원통이 $r=a$에서 규정된 다음과 같은 전압의 법선 도함수(normal derivative)를 가진다:

$$\left.\frac{\partial u}{\partial r}\right]_{r=a} = \frac{u_0}{a}\sin 3\theta$$

$\lim_{r\to\infty} u(r,\theta) = 0$일 때, $r \ge a$에 대한 $u(r,\theta)$를 찾는 것을 원한다.
이 마지막 조건을 만족하기 위해서,

$$u(r,\theta) = \sum_n r^{-n}(A_n \sin n\theta + B_n \cos n\theta)$$

를 가져야 한다. 그러면

$$\left.\frac{\partial u}{\partial r}\right]_{r=a} = -\sum_n na^{-(n+1)}(A_n \sin n\theta + B_n \cos n\theta)$$

이다. 모든 n에 대하여 $B_n \equiv 0$인 경우 외에는, 경계 조건이 만족될 수 없다. 따라서, $B_n \equiv 0$과 함께

$$\frac{u_0}{a}\sin 3\theta = -\sum_n na^{-(n+1)}A_n \sin n\theta$$

를 가진다. 유일하게 상수 A_3만 0이 아닌 값을 가질 것이다. 그것은

$$-3a^{-4}A_3 = \frac{u_0}{a}$$

즉,

$$A_3 = -\frac{u_0}{3}a^3$$

으로 주어져

$$u(r,\theta) = -\frac{u_0}{3}\left(\frac{a}{r}\right)^3 \sin 3\theta \quad (a \le r \le \infty)$$

이다. ■

3.6 LAPLACE AND FOURIER TRANSFORMS

이제, Laplace의 방정식의 어떤 해를 검토함으로써, 형식적인 의미에서 라플라스 변환(Laplace transform)과 푸리에 변환(Fourier transform)을 소개할 수 있음이 보여진다. 이 변환은 뒤의 장에서 보다 상세하게 논의된다. 여기에서는 복소 변수 이론(complex variable theory)과의 관련성을 강조하기 위해 그것들을 형식적으로 소개한다.

$z = x + jy$와 실수인 $k > 0$를 가진 함수

$$f(z) = e^{-kz} \tag{3.35}$$

를 고려한다. 그러면

$$\begin{aligned} u(x, y) &= e^{-kx}\cos ky \\ v(x, y) &= -e^{-kx}\sin ky \end{aligned} \tag{3.36}$$

이다. $u(x, y)$ 또는 $v(x, y)$가 2차원에서 Laplace의 방정식을 만족함을 증명하는 것은 쉽다. 예를 들어,

$$\frac{\partial^2 u}{\partial x^2} + \frac{\partial^2 u}{\partial y^2} = (k^2 - k^2)e^{-kx}\cos ky \equiv 0 \tag{3.37}$$

이다. 함수

$$f(z) = e^{-k(x+jy)}$$

가 방정식

$$\nabla^2 f(z) = 0 \tag{3.38}$$

을 만족하는 것을 보이는 것도 또한 쉽다.

다음으로,

$$G(x, y) \equiv \int_0^\infty a(k)e^{-k(x+jy)}dk \tag{3.39}$$

로 정의되는 함수 $G(z) = G(x, y)$를 고려한다. 여기서 $a(k)$는 매개변수(parameter) k의 함수이다. $G(x, y)$는 그 자체로 Laplace의 방정식의 해임을 보이자. 그것의 x와 y에 관한 2계 편도함수(second partial derivative)를 취하면,

$$\frac{\partial^2 G}{\partial x^2} = \int_0^\infty a(k)k^2 e^{-k(x+jy)}dk$$
$$\frac{\partial^2 G}{\partial y^2} = \int_0^\infty a(k)(-k^2)e^{-k(x+jy)}dk \tag{3.40}$$

과, 그러므로,

$$\nabla^2 G = \frac{\partial^2 G}{\partial x^2} + \frac{\partial^2 G}{\partial y^2} = 0 \tag{3.41}$$

을 얻는다.

이제 $G(x, 0) = A(x)$를 $y = 0$에서의 경계 조건이라 하자. 그러면, 식 (3.39)로부터

$$G(x, 0) = A(x) = \int_0^\infty a(k)e^{-kx}dk \tag{3.42}$$

를 얻는다. 식 (3.42)는 우변에 나타난 적분이 존재한다는 것을 조건으로 함수 $a(k)$의 *라플라스 변환(Laplace transform)* $A(x)$로 정의된다.*

$$u(x, y) = \int_0^\infty a(k)e^{-kx}\cos ky\, dk \tag{3.43}$$

의 형태로 $u(x, y)$(식 (3.36)에 있는)로부터 유도되는 함수는 또한 Laplace의 방정식을 만족한다. $u(0, y) = F_1(y)$라면, 그러면

$$F_1(y) = \int_0^\infty a(k)\cos ky\, dk \tag{3.44}$$

는 $a(k)$의 *푸리에 여현(코사인) 변환(Fourier cosine transform)*으로 정의된다. $x \to 0$로써 $v(x, y)$로부터 유도되는 함수 $F_2(y)$를 비슷하게 정의할 수 있다. 이 함수는

$$F_2(y) = \int_0^\infty a(k)\sin ky\, dk \tag{3.45}$$

이며 이것은 $a(k)$의 *푸리에 정현(사인) 변환(Fourier sine transform)*이다.

이 변환들은 계속되는 장에서 논의된다. 지금은, 하지만, 적어도 형식적으로, Laplace의 방정식의 해에 경계 조건을 적용함으로써 이루어지는 적분과 계통(system)

* Laplace 변환의 통상의 표기는

$$F(s) = \int_0^\infty f(t)\, e^{-st}dt$$

이며 뒤의 장에서는 이것을 사용한다.

것으로 충분하다.

3.7 INTEGRATION IN THE COMPLEX PLANE

적분의 어떤 성질은 학생들에게 익숙하다고 가정한다. 실변수(real variable) x의 경우,

$$\int_a^b f(x)\,dx = \int_a^c f(x)\,dx + \int_c^b f(x)\,dx \tag{3.46}$$

과

$$\int_a^b f(x)\,dx = -\int_b^a f(x)\,dx \tag{3.47}$$

을 상기한다. 더욱이 $\Delta x_i \to 0$에 따라

$$\sum_i f(x_i)\,\Delta x_i \to \int_a^b f(x)\,dx \tag{3.48}$$

이다.

식 (3.46)과 (3.47)을 구간(interval) $[a, b]$가 평면 내에서 곡선 C를 따라 정해져 있다는 이해 하에 복소 평면 안에서 수행한다. 따라서 a와 b는, 일반적으로, 복소수이다.

복소 평면 내에서의 그러한 적분을 위한 결정적으로 중요한 두 가지 정리가 있다. 그것들은 코시의 제 1 그리고 제 2 (또는 유수) 정리(Cauchy's first and second (or residue) theorem)라 불린다.

Cauchy의 제 1 적분 정리는 함수 $f(z)$가 복소 평면의 어떤 영역 R과 R의 경계가 되는(R을 둘러싸는) 곡선 C 위의 모든 점에서 해석적이라면, 그러면 폐곡선(closed curve) C를 도는 $f(z)$의 적분은 0으로 되어,

$$\oint_{C\circlearrowleft} f(z)\,dz = 0 \tag{3.49}$$

이라고 주장한다.

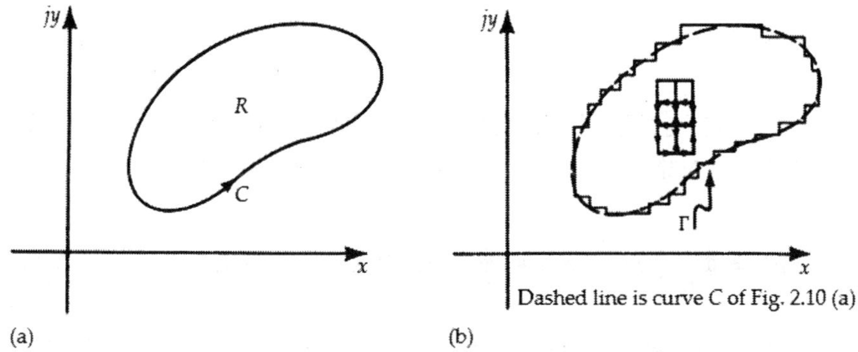

FIGURE 3.10 A region R bounded (a) a simple curve C and (b) its approximation.

Proof 단일 폐곡선(closed simple curve) C(단일 곡선(simple curve)은 그 자체가 교차하지 않는 곡선이다)가 명확을 위해 취해졌다. 그림 3.10 (a)는 C에 의해 둘러싸인 영역 R을 보이며, 그림 3.10 (b)는 C에 대한 근사(approximation)인 들쭉날쭉한 선(톱니 모양의 선, jagged line)인 곡선 Γ를 보인다. 이제 그림 3.10 (b)에 보여진 몇 개의 기본 사각형(elementary square)의 확대판(enlarged version)인 그림 3.11을 고려한다.

그림 3.10 (a)의 곡선 C가 반시계 방향(정 방향, 양의 방향, counterclockwise (positive) direction)으로 돌게 되면, 그러면 그림 3.11의 작은 사각형 각각은 반시계 방향으로 돌아져야 한다. 식 (3.47)에 의해, 근사 곡선 Γ의 내부에 있는 경로(path)로부터의 모든 기여는 서로 상쇄될 것이다. 결과는 C를 도는 적분은 C를 도는 적분의 근사가 될 Γ를 도는 적분으로 대체되는 것이다. 그것은 직선 조각(straight-line segment)을 따라 취해진 Γ를 따른 그러한 적분의 합일 것이며, 각 직선 조각으로부터의 기여의 합은 Γ를 따른 적분의 값일 것이다. 식 (3.48)에 의해, 각각이 $\Delta x_i \to 0$가 됨으로써, Γ에 대한 적분은 C에 대한 적분과 같게 될 것이다. 이 모두는, 식 (3.49) 보다는

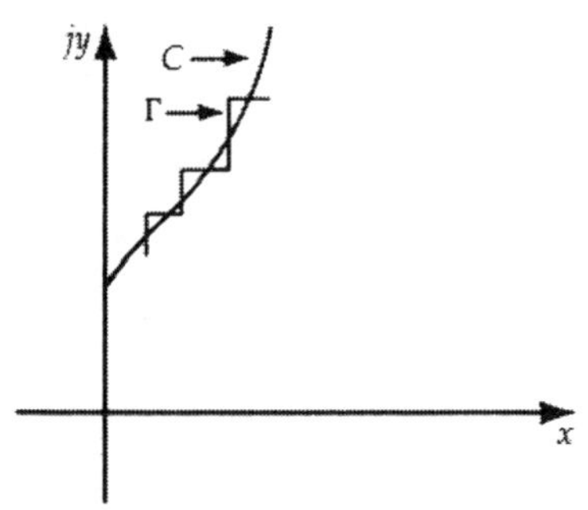

FIGURE 3.11 A enlarged portion of curve C.

$$\oint_{C'\circlearrowleft} f(z)\,dz$$

와 같은 형태의 적분을 검토할 수 있다는 것을 의미한다. 여기서 경로 C'는 그림 3.12에 보여진 것이다. 이제, $f(z) = u + jv$와 $dz = dx + jdy$를 가지고,

$$\oint_{C'\circlearrowleft} f(z)\,dz = \oint_{C'\circlearrowleft} (udx - vdy) + j\oint_{C'\circlearrowleft} (vdx + udy) \equiv I_1 + I_2 \tag{3.50}$$

이다. 두 개의 적분 I_1과 I_2를 따로따로 고려한다. I_1의 경우,

$$\begin{aligned} I_1 = &\int_x^{x+\Delta x} u(y, x')dx' - \int_y^{y+\Delta y} v(x + \Delta x, y')dy' \\ &+ \int_{x+\Delta x}^{x} u(y + \Delta y, x')dx' - \int_{y+\Delta y}^{y} v(x, y')dy' \end{aligned} \tag{3.51}$$

을 가진다. 식 (3.48)에 의해,

$$I_1 = -\int_x^{x+\Delta x} [u(y + \Delta y, x') - u(y, x')]dx' - \int_y^{y+\Delta y} [v(x + \Delta x, x') - v(x, y')]dy' \tag{3.52}$$

를 가진다. $\Delta y = 0$에 대한 $u(y + \Delta y, x')$와 $\Delta x = 0$에 대한 $v(x + \Delta x, y')$의 테일러 급수 전개(Taylor series expansion)는

$$I_1 = \int_x^{x+\Delta x} -\frac{\partial u}{\partial y}dx'\,\Delta y - \int_y^{y+\Delta y} \frac{\partial v}{\partial x}dy'\,\Delta x \tag{3.53}$$

또는, $\Delta x \to 0$, $\Delta y \to 0$로써,

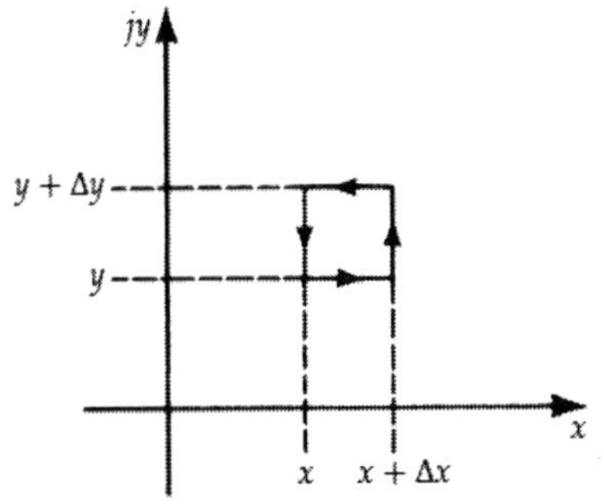

FIGURE 3.12 A curve enclosing an area $\Delta x\,\Delta y$.

$$I_1 = -\left[\frac{\partial u}{\partial y} + \frac{\partial v}{\partial x}\right]\Delta x \Delta y \tag{3.54}$$

를 산출한다. 그러나 Cauchy-Riemann 방정식에 의해

$$\frac{\partial u}{\partial y} \equiv -\frac{\partial v}{\partial x}$$

이어서,

$$I_1 \equiv 0 \tag{3.55}$$

이다. I_2의 경우에는, 비슷한 방식으로,

$$I_2 = \left[\frac{\partial u}{\partial x} - \frac{\partial v}{\partial y}\right]\Delta x \Delta y \tag{3.56}$$

을 가진다. 다시, Cauchy-Riemann 방정식에 의해, $I_2 \equiv 0$이다.

$\oint_{C'} f(z)\,dz \equiv 0$이기 때문에, 그러한 적분의 합도 역시 0이다. 그러나 그러한 적분의 합은 그림 3.10 (b)의 곡선 Γ를 따른, 그리고 $\Delta x \to 0, \Delta y \to 0$일 때의 값이어서, Γ를 따른 적분의 값은 C를 따른 값과 같게 된다. 따라서

$$\oint_{C\circlearrowleft} f(z)\,dz \equiv 0 \tag{3.49}$$

가 증명되었다.

Cauchy의 제 2 적분 정리, 또는 유수 정리(residue theorem)는 $z = z_0$에서의 $f(z)$의 값에 대한 표현을 준다. 그것은

$$f(z_0) = \frac{1}{2\pi j}\oint_{\Gamma_1\circlearrowleft} \frac{f(\zeta)}{\zeta - z_0}\,d\zeta \tag{3.57}$$

와 같이 써질 수 있다. 여기서 $f(\zeta)$는 어떤 영역 R 내부와 R을 둘러싸는 곡선 C 위의 모든 점에서 해석적이며 점 z_0은 R 내부에 있다. 식 (3.57)에서 주어진 관계는 그림 3.13에서 보여진 곡선 C에 대해 증명될 것이다.

Proof 윤곽선(폐곡선, contour) C는 점 $z = z_0$이 R 내부에 있지 않도록 선택된다. 이제, $f(\zeta)$는 R 내부와 C 위의 어디에서든 해석적이다. 점 $z = z_0$이 보여진 바와 같이 제외됨으로써, 함수 $\phi(\zeta) \equiv f(\zeta)/(\zeta - z_0)$역시 R을 통하여 그리고 C 위에서 해석

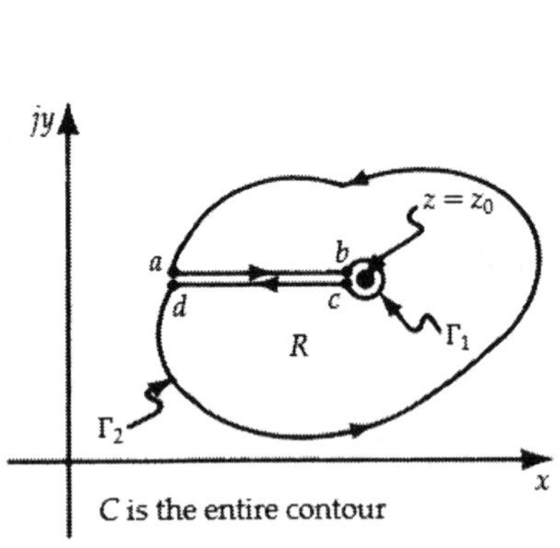

FIGURE 3.13 A curve C bounding R in which the point z = z_0 is excluded.

적이다. 따라서, Cauchy의 제 1 적분 정리에 의해,

$$\oint_{C\circlearrowleft} \phi(\zeta)\, d\zeta = 0 \tag{3.58}$$

이다. 이와 같은 폐곡선 C는

$$\oint_{C\circlearrowleft} \phi(\zeta)\, d\zeta = \int_a^b \phi(\zeta)\, d\zeta + \oint_{\Gamma_1\circlearrowright} \phi(\zeta)\, d\zeta + \int_c^d \phi(\zeta)\, d\zeta + \oint_{\Gamma_2\circlearrowleft} \phi(\zeta)\, d\zeta = 0 \tag{3.59}$$

이다. 이제, $a \to d$와 $b \to c$가 됨으로써 (즉, 이 점들이 일치함으로써), 적분에 대한 식 (3.47)에 의해

$$\int_a^b \phi(\zeta)\, d\zeta + \int_c^d \phi(\zeta)\, d\zeta = 0 \tag{3.60}$$

이다. 따라서,

$$0 = \oint_{\Gamma_1\circlearrowright} \phi(\zeta)\, d\zeta + \oint_{\Gamma_2\circlearrowleft} \phi(\zeta)\, d\zeta \tag{3.61}$$

이다. Γ_2와 Γ_1에 대한 적분은 각각 반시계와 시계 방향으로 취해짐에 유의하라. 다시, 식 (3.47)에 의해

$$\oint_{\Gamma_1\circlearrowleft} \phi(\zeta)\, d\zeta = \oint_{\Gamma_2\circlearrowleft} \phi(\zeta)\, d\zeta \tag{3.62}$$

를 가진다. 폐곡선 Γ_1 위에 있는 점 ζ는 $\zeta = z_0 + \rho e^{j\theta}$로 주어진다. 여기서 ρ는 z_0를 둘러싸는 원의 반경이다. 따라서, 앞에서 정의된 바와 같이, 함수 $\phi(\zeta)$는, Γ_1 위에

서,

$$\phi(\zeta) = \frac{f(z_0 + \rho e^{j\theta})}{e^{j\theta}} \tag{3.63}$$

이 된다. $d\zeta = j\rho e^{j\theta} d\theta$를 가지고 적분 $\oint_{\Gamma_1} \phi(\zeta)\, d\zeta$는 이제

$$I = j\int_0^{2\pi} \frac{f(z_0 + \rho e^{j\theta})}{\rho e^{j\theta}} \rho e^{j\theta} d\theta \tag{3.64}$$

로 주어진다. $\lim_{\rho\to 0} I$를 조사한다. 그것은

$$\lim_{\rho\to 0} I = jf(z_0)\int_0^{2\pi} d\theta = 2\pi j f(z_0) \tag{3.65}$$

이다. 식 (3.65)를 (3.62)에 대입하고 양변을 $2\pi j$로 나눈 마지막 결과는 원하는 결과, 즉

$$f(z_0) = \frac{1}{2\pi j}\oint \frac{f(\zeta)}{\zeta - z_0} d\zeta \tag{3.66}$$

이다.

Cauchy의 제 2 적분 정리를 유수 정리로 부르는 이유는 다음과 같다: 함수 $f(\zeta)/(\zeta - z_0)$는 점 $\zeta = z_0$을 제외한 영역 R의 모든 점에서 해석적이다. 거기에서,

$$\lim_{\zeta\to z_0} \frac{(\zeta - z_0) f(\zeta)}{(\zeta - z_0)} = f(z_0) \tag{3.67}$$

은 해석적이며 임의의 고정된 z_0에서 상수로 된다. 앞에서의 정의에 따라, 함수 $\phi(\zeta) = f(\zeta)/(\zeta - z_0)$는 점 $\zeta = z_0$에서 차수 1의 극(pole of order 1)을 가지며 $f(z_0)$은 $\zeta = z_0$에서의 *유수(residue)*라 불린다. 따라서, 식 (3.66)은

$$2\pi j[\operatorname{Res} f(\zeta)]_{\zeta = z_0} = \oint \frac{f(\zeta)}{\zeta - z_0} d\zeta \tag{3.68}$$

과 같이 써질 수 있다. 식 (3.67)을 사용함으로써, 이제 차수 n의 극에서의 유수를 찾는 것은 간단한 문제이다. z를 변수로 다루고, $f(z)$가 해석적임을 알면, 그러면 $f(z)$는 임의의 계수의 도함수를 가짐을 안다. 따라서

$$\frac{df}{dz} = \frac{1}{2\pi j}\oint \frac{f(\zeta)}{(\zeta - z)^2}d\zeta \tag{3.69}$$

와

$$\frac{1}{2}\frac{d^2f}{dz^2} = \frac{1}{2\pi j}\oint \frac{f(\zeta)}{(\zeta - z)^3}d\zeta \tag{3.70}$$

그리고, 일반적으로,

$$\frac{1}{(n-1)!}\frac{d^{n-1}f(\zeta)}{dz^{n-1}} = \frac{1}{2\pi j}\oint \frac{f(\zeta)}{(\zeta - z)^n}d\zeta \tag{3.71}$$

와 같이 구성하는 것이 허용된다. 이제, 함수 $\phi(\zeta) = f(\zeta)/(\zeta - z)^n$는, $f(\zeta)$가 $\zeta = z$에서 해석적이기 때문에, $\zeta = z$에서 차수 n의 극을 가진다. 따라서 차수 n의 극에서의 유수는

$$\text{Res}_n = \lim_{\zeta \to z}\frac{1}{(n-1)!}\frac{d^{n-1}f(\zeta)}{d\zeta^{n-1}} \tag{3.72}$$

로 주어진다. 앞에서의 논의는 곡선 C에 의해 둘러싸이는 어떤 영역 R 내에 있는 여러 개의 극의 경우로 쉽게 확장된다. 적분

$$I = \frac{1}{2\pi j}\oint_C \frac{f(\zeta)\,d\zeta}{(\zeta - z_1)(\zeta - z_2)\cdots(\zeta - z_n)} \tag{3.73}$$

을 고려한다. 여기서 각 $z_i\,(i = 1, 2, \cdots, n)$는 *별개이다(distinct)*. $\zeta = z_1$에서의 유수는, $\phi(\zeta) = f(\zeta)/(\zeta - z_1)(\zeta - z_2)\cdots(\zeta - z_n)$으로 두어, $(\zeta - z_1)\phi(\zeta)$가 z_1에서 해석적이기 때문에,

$$\lim_{\zeta \to z_1}(\zeta - z_1)\phi(\zeta) = \frac{f(z_1)}{(z_1 - z_2)(z_1 - z_3)\cdots(z_1 - z_n)} \tag{3.74}$$

로 정의된다. z_2에서의 유수의 경우에는

$$[\text{Res}]_{z=z_2} = \frac{f(z_2)}{(z_2 - z_1)(z_2 - z_3)\cdots(z_2 - z_n)} \tag{3.75}$$

그리고 등등으로 찾는다. 따라서 유수 정리에 의해, 각 z_i가 별개의 극일 때,

$$2\pi j \sum_{i=1}^{n} [\mathrm{Res}]_{z=z_i} = \oint \frac{f(\zeta)\, d\zeta}{\prod_i (\zeta - z_i)} \tag{3.76}$$

이다. 식 (3.76)은 식 (3.68)의 확장이다.

여기에 있는 것은 논의된 방법에 의해 유수를 찾는 몇 개의 예제이다. 로피탈의 법칙(L'Hôspital's rule)이 필요하게 되는 경우도 있다.

Example 3.23 $z = 3$에서

$$f(z) = \frac{1}{z-3}$$

의 유수를 찾아라. 이 경우에는

$$\lim_{z\to 3} (z-3)f(z) = 1$$

을 가진다. 따라서 유수는 $z = 3$에서 단위 값(unity, 1)과 같다. ■

Example 3.24 $z = -3$과 $z = 5$에서의 함수

$$f(z) = \frac{z-2}{(z+3)(z-5)}$$

의 유수의 합을 찾아라. $z = -3$에서의 유수는

$$\lim_{z\to -3} (z+3)f(z) = \lim_{z\to -3} \frac{z-2}{z-5} = \frac{5}{8}$$

이다. $z = 5$에서의 유수는

$$\lim_{z\to 5} (z-5)f(z) = \lim_{z\to 5} \frac{z-2}{z+3} = \frac{3}{8}$$

에 따라 계산된다. 따라서 유수의 합은

$$\frac{5}{8} + \frac{3}{8} = 1$$

이다. ■

Example 3.25 $z = 0$에서

$$f(z) = \frac{1 + \sin z}{1 - \cos z}$$

의 유수를 찾아라. 여기에서는 먼저 $z \to 0$에 따른 $f(z)$의 극의 차수를 결정할 필요가 있다. $\cos z = 1 - (z^2/2!) + \cdots$이기 때문에, 그러면 $z \to 0$에 따라 $(1 - \cos z) \approx z^2/2$이며, $z = 0$에 2차 극(second-order pole)이 있다. 함수 $(1 + \sin z)$는 $z = 0$에서 해석적이어서 유수는 계산

$$\left[2 \frac{d}{dz}(1 + \sin z)\right]_{z=0} = 2$$

에 의해 결정된다. ■

Example 3.26 $z = n\pi$ 에서 $f(z) = \cot z$ 의 유수를 찾아라. 여기서 n은 정수이다. $\cot z = \cos z/\sin z$이기 때문에, 그리고 $z = n\pi$에 대해 $\sin z \equiv 0$이기 때문에, 함수 $\cot z$의 무한히 많은 극이 있다. 고정된 n의 경우에는, 하지만, 중간 형태인

$$\lim_{z \to n\pi} (z - n\pi) f(z) = \lim_{z \to n\pi} (z - n\pi) \frac{\cos z}{\sin z}$$

를 요구한다; L'Hôspital's의 법칙이 z에 관한 분자와 분모 둘 다의 미분에 의해 적용되어야 한다. 그러면 유수의 값이

$$\lim_{z \to n\pi} \frac{(z - n\pi)}{\sin z} \cos z = \left.\frac{\cos z}{\cos z}\right)_{z=n\pi} = 1$$

로 얻어진다. ■

Example 3.27 $z = \pi/2$에서

$$f(z) = \frac{\sin z}{(z - \pi/2)^3}$$

의 유수를 찾아라. $z = \pi/2$에 차수 3의 극이 있다. 따라서 유수는

$$\frac{1}{2!}\left[\frac{d^2}{dz^2} \sin z\right]_{z=\pi/2} = -\frac{1}{2}$$

을 계산함에 의해 찾아진다. ■

Example 3.28 $z = j\pi$에서 $f(z) = e^{az}/(1 + e^z)$의 유수를 찾아라. $1 + e^{j\pi} \equiv 0$이기 때문에 $z = j\pi$에 1차 극(pole of first order)이 있다. 그러므로

$$\lim_{z \to j\pi} \frac{(z - j\pi)e^{az}}{1 + e^z}$$

를 계산할 필요가 있다. 다시, $z \to j\pi$에 따라, 중간 형태가 있다. L'Hôspital's의 법칙을 적용함에 의하여,

$$e^{ja\pi}\lim_{z\to j\pi}\frac{(z-j\pi)}{1+e^z}=e^{ja\pi}\lim_{z\to j\pi}\frac{1}{e^z}=e^{ja\pi}e^{-j\pi}$$

또는, $e^{-j\pi}\equiv -1$이기 때문에,

$$[\operatorname{Res} f(z)]_{z=j\pi}=-e^{ja\pi}$$

를 얻는다. ■

3.8 THE TAYLOR SERIES

식 (3.57)

$$f(z)=\frac{1}{2\pi j}\oint\frac{f(\zeta)}{\zeta-z}d\zeta \tag{3.57}$$

에서와 같은 Cauchy의 유수 정리와 $f(z)$가 영역 R을 통하여 해석적이며, 그러므로 R을 통하여 임의 계수의 도함수를 가진다는 사실로부터, R 내의 점 z_0에 관한 $f(z)$의 테일러 급수(Taylor series) 전개를 나타낼 수 있다. 다음과 같이 나아간다: R 내에서 점 z_0을 선택하고

$$\frac{1}{\zeta-z}=\frac{\zeta-z_0}{(\zeta-z)(\zeta-z_0)}=\frac{1}{\zeta-z_0}\frac{1}{[1-(z-z_0)/(\zeta-z_0)]} \tag{3.77}$$

로 적는다. $|z-z_0|<|\zeta-z_0|$에 대하여, 양

$$(\zeta-z)^{-1}=(\zeta-z_0)^{-1}\sum_{l=0}^{\infty}\frac{(z-z_0)^l}{(\zeta-z_0)^l} \tag{3.78}$$

은 일양 절대 수렴 급수(uniformly and absolutely convergent series)이다. 따라서,

$$f(z)=\frac{1}{2\pi j}\oint\frac{f(\zeta)}{\zeta-z_0}\sum_{l=0}^{\infty}\frac{(z-z_0)^l}{(\zeta-z_0)^l}d\zeta \tag{3.79}$$

는

$$f(z)=\sum_{l=0}^{\infty}a_l(z-z_0)^l \tag{3.80}$$

와 같이 써질 수 있다. 여기서 계수 a_l은

$$a_l = \frac{1}{l!}\frac{d^l f}{dz_0{}^l} = \frac{1}{2\pi j}\oint \frac{f(\zeta)}{(\zeta - z_0)^{l+1}} d\zeta \tag{3.81}$$

로 주어진다. 계수가 식 (3.81)로 주어진 식 (3.80)은 점 $z = z_0$에 대한 $f(z)$의 Taylor 급수 전개이다.

Example 3.29 점 $z = z_0 = \pi/2$에 대한 $\cos z$의 Taylor 급수 전개를 계산하라.

$$\cos z = \cos\frac{\pi}{2} + \frac{d}{dz}(\cos z)_{z=\pi/2}\left(z - \frac{\pi}{2}\right) + \frac{1}{2!}\frac{d^2}{dz^2}(\cos z)_{z=\pi/2}\left(z - \frac{\pi}{2}\right)^2 + \frac{1}{3!}\frac{d^3}{dz^3}(\cos z)_{z=\pi/2}\left(z - \frac{\pi}{2}\right)^3 + \cdots$$

을 가진다. 단순화하면,

$$\cos z \approx -\left(z - \frac{\pi}{2}\right) + \frac{1}{6}\left(z - \frac{\pi}{2}\right)^3 + \cdots$$

이 된다. ■

Example 3.30 $z_0 = 0$일 때 Taylor 급수는 맥클로린 급수(Maclaurin series)라 불린다. 따라서, 예를 들어, 다음 함수의 Maclaurin 급수가 조사에 의해 써질 수 있다:

(a) $e^z = 1 + z + \frac{z^2}{2!} + \cdots$

(b) $\sin z = z - \frac{z^3}{3!} + \frac{z^5}{5!} + \cdots$

(c) $\tan z = z + \frac{z^3}{3} + \frac{2z^5}{15} + \frac{17z^7}{315} + \cdots$ ■

3.9 THE EVALUATION OF DEFINITE INTEGRALS THROUGH CONTOUR INTEGRATION

이 절에서는 실, 정적분(real, definite integral)을 계산하기 위하여 폐곡선 적분을 사용한다. 주어진 폐곡선의 선택에 대한 이유에 상당한 강조가 주어진다.

$a, b, \cdots$가 실 매개변수(real parameter)인

$$I(a, b, \cdots, \theta) = \int_0^{2\pi} f(a, b, \cdots, \theta)\, d\theta \tag{3.82}$$

와 같은 형태의 적분이 주어지면, I의 복소 평면에서의 등가 적분으로의 변환은 Cauchy 유수 정리에 의해 등가 적분의 손쉬운 계산을 허용함이 보여진다.

Example 3.31

$$I(a, b, \pi) = \int_0^{2\pi} \frac{d\theta}{(a + b\cos\theta)}$$

로 정의되는 적분 I를 고려하라. 여기서 a와 b는 실수이며, $b < a$이다. I에 대한 표현을 등가 폐곡선 적분으로 바꾸기 위해, $z = e^{j\theta}$로 둔다. 복소 평면에서 적분의 경로(또는 폐곡선)은, 그러면, 단위 반경의 원(단위원)(circle of unit radius)일 것이다. $\cos\theta = (e^{j\theta} + e^{-j\theta})/2$이기 때문에,

$$\cos\theta = (z + z^{-1})/2 = (z^2 + 1)/2z$$

을 가진다. 더욱이, $z = e^{j\theta}$, $dz = je^{j\theta}d\theta$와 함께,

$$d\theta = dz/jz$$

이다. 적분 I는, 등가적으로,

$$I = \oint \frac{2dz}{j[2az + b(z^2 + 1)]}$$

또는

$$I = \frac{2}{jb}\oint \frac{dz}{(z^2 + \frac{2a}{b}z + 1)} = \frac{2}{jb}\oint \frac{dz}{(z - z_+)(z - z_-)}$$

가 되며 피적분 함수의 극이 있는 위치는 점

$$z_+ = -\frac{a}{b} + \sqrt{\left(\frac{a}{b}\right)^2 - 1}$$

그리고

$$z_- = -\frac{a}{b} - \sqrt{\left(\frac{a}{b}\right)^2 - 1}$$

이다. 가정에 의해 $b < a$이기 때문에, 극은 둘다 실수이며,

$$|z_+| < 1, \quad |z_-| > 1$$

이다. 따라서 근 z_+ 만이 단위원 내에 있다. 그러므로 Cauchy 유수 정리의 적용은 결과

$$I = \frac{2}{jb} 2\pi j \operatorname{Res}\left[\frac{1}{z - z_-}\right]_{z=z_+}$$

즉,

$$I = \frac{4\pi}{b} \frac{1}{z_+ - z_-}$$

로 이끈다. z_+와 z_-에 대한 표현을 넣으면, 답은 예측된 바와 같이 a, b, π의 함수

$$I = \frac{2\pi}{\sqrt{a^2 - b^2}}$$

이다. 다시, $a > b$와 함께, I는 실수임에 유의하라. ■

다른 동류 적분(allied integral)의 값이 알려져 있다면 적분을 계산하기 위해 사용해도 좋은 몇 가지 흥미로운 지름길이 있다.

Example 3.32 적분

$$I' = \int_0^{2\pi} \frac{d\theta}{(a + b\cos\theta)^2}$$

를 고려하라. 여기서 $a > b$이며 a와 b는 실수이다. Example 3.31에서 주어진 적분이 방금 계산되었다. 양 a를 변수로 고려하고 동류 적분

$$I = \int_0^{2\pi} \frac{d\theta}{(a + b\cos\theta)}$$

를 a에 대해 미분하라. 그 결과는

$$\frac{\partial I}{\partial a} = -\int_0^{2\pi} \frac{d\theta}{(a + b\cos\theta)^2}$$

이다. 따라서 적분 I'는 $\partial I/\partial a$의 부(음, negative)이다. 그러나 앞의 예제로부터,

$$-\frac{\partial I}{\partial a} = \frac{2\pi a}{(a^2 - b^2)^{3/2}}$$

이어서

$$I' = \int_0^{2\pi} \frac{d\theta}{(a + b\cos\theta)^2} = \frac{2\pi a}{(a^2 - b^2)^{3/2}}$$

이다. ■

3.10 THE EVALUATION OF REAL DEFINITE INTEGRALS OVER INFINITE OR SEMI-INFINITE INTERVALS

이 절에서는, 실변수 x의 함수이며, 일반적으로, 부가적인 일정한(상수인) 매개변수(constant parameter)에 종속할 수 있는 $f(x)$의 형태 $\int_0^\infty f(x)\,dx$ 또는 $\int_{-\infty}^\infty f(x)\,dx$의 적분이 고려된다. 각각이 복소 평면에 있는 다른 폐곡선을 포함하는 몇 가지 예제가 주어진다. 강조하는 점은 그러한 적분이 나타날 수 있는 물리적 상황뿐만 아니라, 주어진 폐곡선의 선택에 대한 이유이다.

$$I(a,t) = \int_{-\infty}^{\infty} \frac{e^{j\omega t}}{\omega^2 + a^2}\,d\omega \tag{3.83}$$

라 하자. 여기에서, ω는 각주파수(angular frequency), t는 $t \gtreqless 0$인 시간, 그리고 a는 정(양)의 상수인 매개변수이다. 더 많은 노력이 Fourier 변환에 대한 6장에서 이 형태의 적분의 논의에 충당될 것이다; 여기에서는 주파수 ω의 영역에 걸친 지수(exponential) Fourier 변환의 형태인 식 (3.83)에 대해 설명하는 것으로 충분하다.

복소 변수 이론의 사용에 의한 식 (3.83)에 있는 적분의 계산에서 첫 번째 일은 폐곡선을 선택하는 것이다. ω는 구간 $[-\infty, \infty]$에 걸치며, ω는 실수이기 때문에, 폐곡선의 한 부분은 실축을 포함해야 한다. 그러면 폐곡선은 상 또는 하 반평면(upper or lower half-plane) 중 한 쪽에 있는 반원(semicircle)에 의해 닫힐 수 있다. 앞에서 언급된 바와 같이, 적분이 폐곡선에 대하여 정(반시계) 방향으로 취해지는 것을 요구한다면, 그러면 상반평면에서 닫히는 경로를 선택할 것이다. 따라서 그림 3.14에 보여진 폐곡선을 고려한다.

$-R \le z \le R$에 대해서는, $z = \omega$인 한편, $0 \le \theta \le \pi$인 호(arc)위에서는, $z = Re^{j\theta}$를

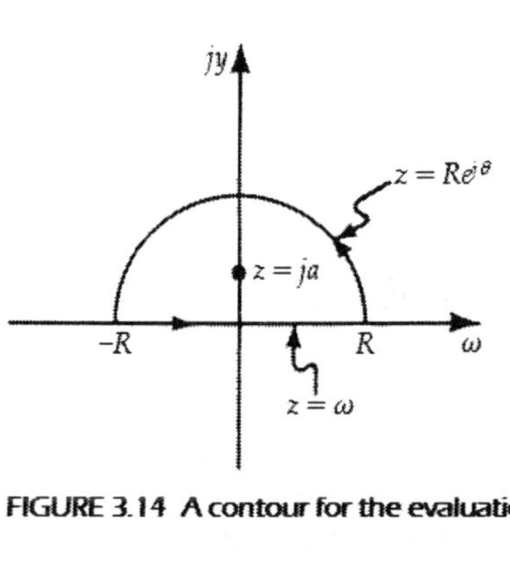

FIGURE 3.14 A contour for the evaluation of the integral in Equation (3.83).

를 가진다. 결국에는, R이 무한대(infinity)로 접근하는 것을 고려한다. 폐곡선 C에 대한 적분

$$J(a, t) = \oint \frac{e^{jzt}}{z^2 + a^2} dz \tag{2.84}$$

를 고려한다. 식 (3.84)의 피적분 함수는 점 $z^2 + a^2 = 0$, 즉 점 $z = \pm ja$에서 특이점을 포함한다. $z = ja$에서의 특이점 만이 폐곡선 내에 있다. 따라서 $z = ja$에서의 유수는

$$\left[\frac{e^{jzt}}{z + ja}\right]_{z=ja} = \frac{e^{-a|t|}}{2ja} \tag{3.85}$$

이며, 그 결과로서, Cauchy의 유수 정리에 의해,

$$J(a, t) = \frac{\pi e^{-a|t|}}{a} \tag{3.86}$$

이다. 이제

$$\frac{\pi e^{-a|t|}}{a} = \oint \frac{e^{jzt}}{z^2 + a^2} dz \tag{3.87}$$

을 가지며 폐곡선 C의 개별 부분으로부터의 식 (3.87)의 우변의 기여를 결정해야 한다.

$$\oint \frac{e^{jzt}}{z^2 + a^2} dz = \int_{-R}^{R} \frac{e^{j\omega t}}{\omega^2 + a^2} d\omega + j\int_0^{\pi} \frac{e^{jtRe^{j\theta}} Re^{j\theta}}{R^2 e^{2j\theta} + a^2} d\theta \tag{3.88}$$

을 가진다. $R \to \infty$로써 식 (3.88)의 우변에 있는 두 개의 적분 중 두 번째 것을 절대치(absolute value)로 고려한다. 부등식

$$\left| j\int_0^{\pi} \frac{e^{jtRe^{j\theta}} Re^{j\theta}}{(R^2 e^{2j\theta} + a^2)} d\theta \right| \le R^{-1} \int_0^{\pi} e^{-Rt\sin\theta} d\theta \tag{3.89}$$

가 정당하며, 그리고 $R \to \infty$로써, 식 (3.89)의 우변은 0이 된다.*

따라서, $R \to \infty$로써,

* 형태 $\int_0^{\pi} f(Re^{j\theta})\,d\theta$ 의 임의의 적분에서, $f(Re^{j\theta})$ 가 R에 따라 $k > 0$ 인 $R^{-(1+k)}$ 로 변한다면, 그러면 $\lim_{R\to\infty} \int_0^{\pi} f(Re^{j\theta})\,d\theta \to \lim_{R\to\infty} R^{-k} \to 0$이다. 즉, $f(Re^{j\theta})$가 1 보다 더 큰 임의의 멱(power)으로 R에 따라 역으로(inversely) 변한다면, 적분은 반원호(semicircular arc)에 대해 계산될 때 0이 된다.

$$\oint \frac{e^{jzt}}{z^2 + a^2} dz = \int_{-\infty}^{\infty} \frac{e^{j\omega t}}{\omega^2 + a^2} d\omega \tag{3.90}$$

이어서

$$\frac{\pi e^{-a|t|}}{a} = \int_{-\infty}^{\infty} \frac{e^{j\omega t}}{\omega^2 + a^2} d\omega \tag{3.91}$$

이다. $a > 0$의 선택이 $|t| \to \infty$에 따라 $I(a, t)$가 유계된다는(bounded) 것을 나타냄에 유의하라.

식 (3.91)에는 추가 정보가 있다. 좌변은 실수인 반면, 우변은

$$\int_{-\infty}^{\infty} \frac{e^{j\omega t}}{\omega^2 + a^2} d\omega = \int_{-\infty}^{\infty} \frac{\cos \omega t}{\omega^2 + a^2} d\omega + j \int_{-\infty}^{\infty} \frac{\sin \omega t}{\omega^2 + a^2} d\omega \tag{3.92}$$

와 같이 써질 수 있다. 양변의 실수부와 허수부를 같게 두면

$$\frac{\pi e^{-a|t|}}{a} = \int_{-\infty}^{\infty} \frac{\cos \omega t}{\omega^2 + a^2} d\omega \tag{3.93}$$

과

$$0 = \int_{-\infty}^{\infty} \frac{\sin \omega t}{\omega^2 + a^2} d\omega \tag{3.94}$$

의 두 가지 표현을 산출한다. 여기서, 식 (3.93)의 피적분 함수가 t의 우함수(even function)이기 때문에, t의 절대치가 좌변에서 요구된다. 식 (3.93)에 있는 표현은 지수 펄스(exponential pulse) $\pi e^{-a|t|}/a$가 우변에 주어진 주파수 성분(frequency component)에 대한 합(summation), 또는 적분으로부터 합성될 수 있음을 보인다.

우함수와 기함수(odd function)의 적분에 관한 약간의 설명을 한다. $f(x) = f(-x)$를 만족하는 함수는 우함수인 한편, 기함수는 $f(x) = -f(-x)$이다. 이제, 기함수는, 우구간(even interval)(여기에서는 $-\infty$에서 $+\infty$ 까지)에 대하여 적분될 때, 항등적으로 0일 것이다. 따라서 우구간에 대하여 계산될 때, 우함수의 적분만이 0이 아닌 값을 가진다.

Example 3.33 이제 $t \geq 0$에 대한 적분

$$I(\omega) = \int_{0}^{\infty} \frac{\sin \omega t}{t} dt$$

가 조사된다. $\omega t = x$로 둠으로써,

$$I(\omega) = \int_0^{\infty} \frac{\sin x}{x} dx$$

를 가진다. 이 표현의 모양으로부터, I의 값이 ω와는 독립일 것이라는 것이 바로 추측될 수 있다. 이제, $\sin x/x$는 x의 우함수이다. 따라서

$$I(\omega) = \frac{1}{2}\int_{-\infty}^{\infty} \frac{\sin x}{x} dx$$

또는

$$I(\omega) = \frac{1}{2}\ \mathrm{Im}\int_{-\infty}^{\infty} \frac{e^{jx}}{x} dx$$

로 쓸 수 있다. 이 적분을 계산하기 위하여, 관련된 적분

$$J = \oint \frac{e^{jz}}{z} dz$$

를 검토한다. 여기에서는 피적분 함수가 점 $z = 0$에서 극을 가진다. Cauchy의 제 1과 제 2 적분 정리 둘 다에 따라, 고려중인 함수는 폐곡선 C 위의 모든 점에서 해석적이어야 한다. 이것은, C를 선택함에 있어서, 점 $z = 0$이 폐곡선에서 제외되어야 한다는 것을 의미한다; 이것은, 다음에는, 그림 3.15에 보여진 폐곡선으로 이끈다.

이제 선택된 C를 가지고, C에 의해 유계된 영역 내부에는 특이점이 없으며, 또한 C 위에도 특이점이 없음을 보는 것은 쉽다. Cauchy의 제 1 적분 정리에 의해,

$$J = 0 = \oint \frac{e^{jz}}{z} dz$$

를 바로 적는다. C의 네 부분으로부터의 기여가 이제 찾아져야 한다.

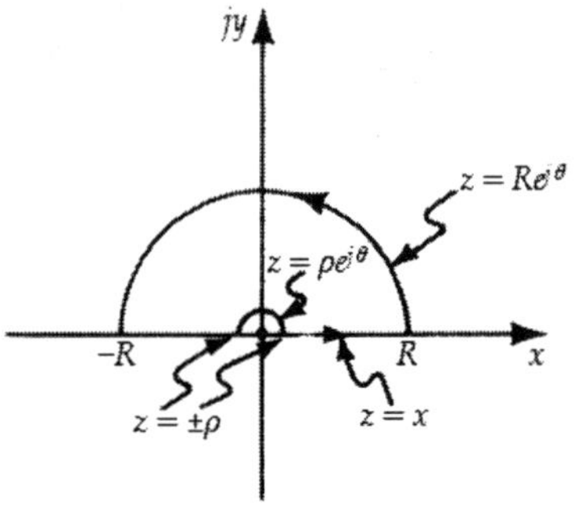

FIGURE 3.15 The contour for evaluation of the integral in Example 3.33.

$$0 = \int_{-R}^{-\rho} \frac{e^{jx}}{x} dx + j \int_{\pi}^{0} \frac{e^{j\rho e^{j\theta}} \rho e^{j\theta}}{\rho e^{j\theta}} d\theta + \int_{\rho}^{R} \frac{e^{jx}}{x} dx + j \int_{0}^{\pi} \frac{e^{jRe^{j\theta}} Re^{j\theta}}{Re^{j\theta}} d\theta$$

를 가진다. 우변의 두 번째 항의 값은, $\rho \to 0$에 따라, $-j\pi$이다; 첫 번째와 세 번째 항은 결합되어,

$$0 = -j\pi + \int_{-R}^{R} \frac{e^{jx}}{x} dx + j \int_{0}^{\pi} e^{jRe^{j\theta}} d\theta$$

가 된다. θ에 대한 적분의 절대치는 부등식

$$\left| j \int_{0}^{\pi} e^{jRe^{j\theta}} d\theta \right| \le \int_{0}^{\pi} e^{-R\sin\theta} d\theta$$

를 만족한다. 더욱이, $\sin\theta$가 $\pi/2$에 대해 우함수이기 때문에,

$$\int_{0}^{\pi} e^{-R\sin\theta} d\theta = 2 \int_{0}^{\pi/2} e^{-R\sin\theta} d\theta$$

를 가지며 $0 \le \theta < \pi/2$내의 모든 θ에 대해 $\sin\theta \ge 2\theta/\pi$이다. 따라서,

$$2 \int_{0}^{\pi/2} e^{-R\sin\theta} d\theta \le 2 \int_{0}^{\pi/2} e^{-2R\theta/\pi} d\theta = \frac{\pi}{R}(1 - e^{-R})$$

이다. 명백히, $R \to \infty$에 따라, 마지막 결과는 0으로 접근한다. 따라서,

$$0 = -j\pi + \int_{-\infty}^{\infty} \frac{e^{jx}}{x} dx$$

즉,

$$I(\omega) = \frac{1}{2} \ \text{Im} \int_{-\infty}^{\infty} \frac{e^{jx}}{x} dx = \frac{\pi}{2}$$

또는, 마지막으로,

$$\int_{0}^{\infty} \frac{\sin \omega t}{t} dt = \frac{\pi}{2}$$

이다. ■

Example 3.34 이제 적분

$$I(t, \tau) = \int_{-\infty}^{\infty} \frac{e^{j\omega t}}{\cosh \omega\tau} d\omega$$

를 검토한다. 여기서 $\tau > 0$는 어떤 고정된 시간이며, 다시, ω는 적분이 이루어지는 각주파수이다. 어떤 폐곡선 C에 대한 관련된 적분

$$J(t,\tau) = \oint_C \frac{e^{jzt}}{\cosh z\tau} dz$$

를 고려함으로써 양 $I(t,\tau)$를 계산한다. 함수 $\cosh z\tau$는 임의의 정수 n, $n \geqslant 0$에 대하여 관계

$$z_n \tau = j(2n+1)\pi/2$$

를 만족하는 점 z_n에서 0을 가진다. 적분 $I(t,\tau)$를 폐곡선 적분 $J(t,\tau)$의 항으로 계산하기 위하여, 적분 경로의 일부가, 다시, $z = \omega$인 실축이어야 한다. 그러면 경로가 반경 Ω의 반원에 의해 닫히고 Ω가 무한대로 접근하는 것이 고려된다면, 무한히 많은 수의 극이 폐곡선에 의해 둘러싸일 것이며, 따라서 무한히 많은 수의 유수의 계산을 요구한다. 하지만, 폐곡선이 오직 한 개의 극 만을 둘러싸도록 구성될 수 있다. 명백하게, 그러한 경로는 Cauchy 유수 정리의 적용을 매우 더 쉬운 과업으로 만든다! 그 폐곡선이 그림 3.16에 보여진다. $n = 0$에 대응하는 단 한 개의 극이 이제 폐곡선 C에 의해 둘러싸인다.
Cauchy의 유수 정리의 적용은 결과

$$J(t,\tau) = 2\pi j \,\mathrm{Res}\left[\frac{e^{jzt}}{\cosh z\tau}\right]_{z=j\pi/2\tau}$$

를 준다. 유수는 다음과 같이 계산된다:

$$\mathrm{Res} = \lim_{z\to j\pi/2\tau} \frac{(z - j\pi/2\tau)e^{jzt}}{\cosh z\tau}$$

그리고, L'Hôspital's의 법칙의 적용으로, 값

$$\mathrm{Res} = -\frac{je^{-\pi t/2\tau}}{\tau}$$

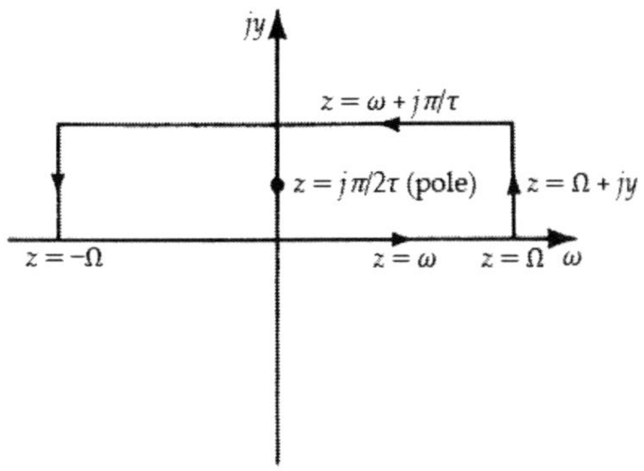

FIGURE 3.16 A contour C for evaluating the integral of Example 3.34.

를 가져

$$J(t, \tau) = \frac{2\pi e^{-\pi t/2\tau}}{\tau}$$

이다. 폐곡선 C를 도는 적분은 이제

$$\frac{2\pi}{\tau} e^{-\pi t/2\tau} = \int_{-\Omega}^{\Omega} \frac{e^{j\omega t}}{\cosh \omega\tau} d\omega + j\int_{0}^{\pi/\tau} \frac{e^{j(\Omega+jy)t}}{\cosh(\Omega + jy)} dy + \int_{\Omega}^{-\Omega} \frac{e^{j(\omega+j\pi/\tau)t}}{\cosh(\omega + j\pi/\tau)\tau} d\omega + j\int_{\pi/\tau}^{0} \frac{e^{j(-\Omega+jy)t}}{\cosh(-\Omega + jy)} dy$$

로 써진다. $\Omega \to \infty$에 따라, 위의 표현에 있는 두 번째와 네 번째 적분은 $e^{-\Omega}$로서 0으로 접근한다. 세 번째 적분에서는, 항등식 $\cosh(\omega + j\pi/\tau)\tau = \cosh \omega\tau$가 사용되어, $\Omega \to \infty$에 따라,

$$\frac{2\pi}{\tau} e^{-\pi t/2\tau} = \int_{-\infty}^{\infty} \frac{e^{j\omega t}}{\cosh \omega\tau} (1 + e^{-\pi t/\tau})\, d\omega$$

또는

$$\frac{\pi}{\tau \cosh(\pi t/2\tau)} = \int_{-\infty}^{\infty} \frac{e^{j\omega t}}{\cosh \omega\tau} d\omega$$

이다. 마지막 식의 양변의 실수부와 허수부를 같게 두어,

$$\frac{\pi}{\tau \cosh(\pi t/2\tau)} = \int_{-\infty}^{\infty} \frac{\cos \omega t}{\cosh \omega\tau} d\omega$$

와

$$0 = \int_{-\infty}^{\infty} \frac{\sin \omega t}{\cosh \omega\tau} d\omega$$

를 찾는다. ■

3.11 ESSENTIAL SINGULARITIES. BRANCH POINTS

여기까지는 값을 구하기 위해 선택한 폐곡선 내에 단극(simple pole) 만을 갖거나 특이점이 없는 적분을 고려하였다. 이제 진성 특이점 또는 분기점을 포함하는 피적분 함수와 그러한 적분을 계산하기 위한 폐곡선의 선택에 대한 몇 개의 예제를 본다.

Example 3.35

$$J = \oint \frac{z^{p-1}}{1+z} dz \quad 0 < p < 1$$

을 고려하라. 적분

$$I = \int_0^\infty \frac{x^{p-1}}{1+x} dx \quad 0 < p < 1$$

을 계산하기 위해 J의 값에 대한 정보를 사용한다. 양 $f(z) = z^{p-1}/(1+z)$는 점 $z = 0$에서 진성 특이점을 가진다. 함수 $f(z)$의 1차 극이 또한 $z = -1$에 있다. $z = 0$에 진성 특이점이 있기 때문에, 폐곡선 C는 C에 의해 둘러싸이는 영역 R 내에 점 $z = 0$을 포함하는 것을 피하도록 선택되어야 한다. 적분 I의 적분 한계는 또한 양의 실축(positive real axis)이 C의 일부가 될 것임을 가리킨다. 그림 3.17에 보여진 폐곡선이 적분 J를 계산하기에 적합하다. $z = 0$이 폐곡선 C로부터 제외되기 때문에, C에 의해 둘러싸이는 (또는 C 위에 있는) 단 한 개의 특이점은 $z = -1$에 있는 극이다. 따라서

$$J = 2\pi j \operatorname{Res}\left[\frac{z^{p-1}}{1+z}\right]_{z=-1}$$

또는, $e^{j\pi} = -1$이기 때문에

$$J = 2\pi j\, e^{j\pi(p-1)}$$

로 적는다.

$$\oint_C \frac{z^{p-1}}{1+z} dz = \int_\rho^R \frac{x^{p-1}}{1+x} dx + j\int_0^{2\pi} \frac{R^p e^{jp\theta}}{1+Re^{j\theta}} d\theta + \int_R^\rho \frac{(xe^{2\pi j})^{p-1}}{1+x} dx + j\int_{2\pi}^0 \frac{\rho^p e^{jp\theta}}{1+\rho e^{j\theta}} d\theta$$

로 적고 $R \to \infty$와 $\rho \to 0$을 참작하면, 앞에서 논의된 바와 같이, 두 번째와 네 번째 적분은 0이 된다. 그러므로,

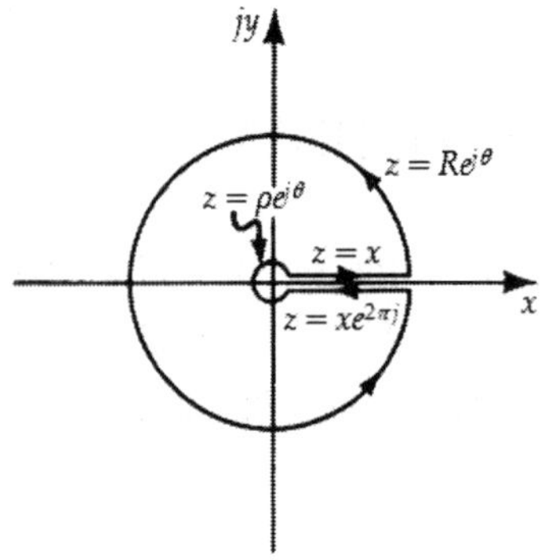

FIGURE 3.17 A contour for use in evaluating the integral given in Example 3.35.

$$\oint \frac{z^{p-1}}{1+z}dz = (1 - e^{2\pi j(p-1)})\int_0^\infty \frac{x^{p-1}}{1+x}dx$$

이다. 적분 J의 값을 넣고, 간단히 하면,

$$\int_0^\infty \frac{x^{p-1}}{1+x}dx = \frac{\pi}{\sin p\pi} \quad (0 < p < 1)$$

을 얻는다. ■

Example 3.36 보여진 폐곡선에 대해 계산되는 적분

$$J = \oint \frac{e^{jz}}{\sqrt{z}}dz$$

을 고려하라. 이로부터, 적분

$$I = \int_0^\infty \frac{e^{jx}}{\sqrt{x}}dx$$

의 값이 결정될 것이다. 폐곡선 내에는 특이점이 없기 때문에,

$$J = 0 = \oint \frac{e^{jz}}{\sqrt{z}}dz$$

이다. 그러므로,

$$0 = \int_\rho^\infty \frac{e^{jx}}{\sqrt{x}}dx + jR^{1/2}\int_0^{\pi/2} e^{jRe^{j\theta}}e^{j\theta/2}\,d\theta + \sqrt{j}\int_R^\rho \frac{e^{-y}}{\sqrt{y}}dy + j\rho^{1/2}\int_{\pi/2}^0 e^{j\rho e^{j\theta}}e^{j\theta/2}\,d\theta$$

이다. 두 번째와 네 번째 적분은 $R \to \infty$와 $\rho \to 0$에 따라 각각 0이 된다. $\sqrt{j} = (1+j)/\sqrt{2}$임을 상기하면,

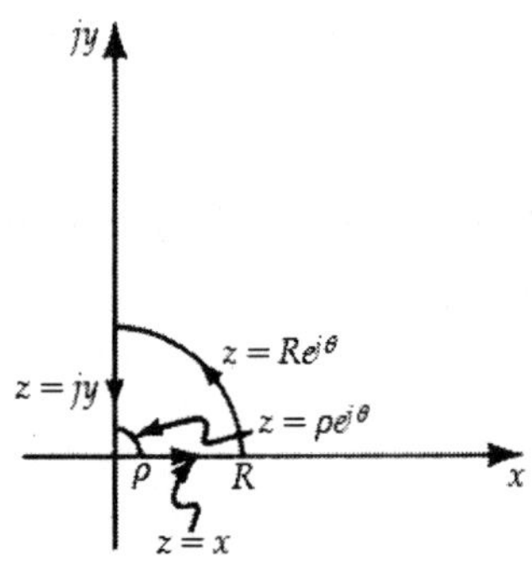

FIGURE 3.18 Contour for J in Example 3.36.

$$I = \int_0^\infty \frac{\cos x + j \sin x}{\sqrt{x}} dx = \frac{1+j}{\sqrt{2}} \int_0^\infty \frac{e^{-y}}{\sqrt{y}} dy$$

를 가진다. 따라서

$$\int_0^\infty \frac{\cos x}{\sqrt{x}} dx = \int_0^\infty \frac{\sin x}{\sqrt{x}} dx = \frac{1}{\sqrt{2}} \int_0^\infty \frac{e^{-y}}{\sqrt{y}} dy$$

이다. $y = w^2$으로 두면,

$$\int_0^\infty e^{-w^2} dw = \frac{1}{2} \int_{-\infty}^\infty e^{-w^2} dw = \frac{\sqrt{\pi}}{2}$$

이기 때문에

$$\int_0^\infty \frac{\cos x}{\sqrt{x}} dx = \int_0^\infty \frac{\sin x}{\sqrt{x}} dx = \sqrt{2} \int_0^\infty e^{-w^2} dw$$

또는

$$\int_0^\infty \frac{\cos x}{\sqrt{x}} dx = \int_0^\infty \frac{\sin x}{\sqrt{x}} dx = \sqrt{\frac{\pi}{2}}$$

를 얻는다. 이 마지막 표현은, 뒤의 장에서 논의되는, 확률론(probability theory)과 확산 이론(diffusion theory)에서 중요하게 응용되는 비정규화(정규화되지 않은) 가우스 곡선(unnormalized Gaussian curve)의 적분이다. ■

앞의 예제에서, 일반적인 형태 $\int_0^\infty x^{a-1} f(x)\, dx$의 실적분(real integral)은 특정한 폐곡선을 사용하여 계산된다. 다른 선택에 대한 이유는 $z = Re^{j\theta}$ 인 그림 3.17의 호(arc)에 대한 적분의 수렴(convergence)에 관련된다. $f(x)$가 $x > 0$에 대해서 유한하다는 조건과 함께 $x^{a-1} f(x)$가 요구 조건

$$\begin{aligned} &\lim_{x \to a} x^{a-1} f(x) \to 0 \\ &\lim_{x \to \infty} x^{a-1} f(x) \to 0 \end{aligned} \tag{3.95}$$

를 만족한다는 것을 조건으로 그림 3.17의 폐곡선의 사용을 허용할 정리(theorem)가 있다. 그 정리는 다음과 같이 해석된다: $(-z)^{a-1} f(z)$의 극에서

$$\int_0^\infty x^{a-1} f(x)\, dx = \frac{\pi}{\sin a\pi} \sum \mathrm{Res}\,[(-z)^{a-1} f(z)] \tag{3.96}$$

이며, 폐곡선은 그림 3.17의 것이다. 정리는 $-z = \lambda e^{j\theta}$, 즉 각도 θ가 구간(interval)

$-\pi \le \theta \le \pi$ 내에 있다는 것을 조건으로 성립한다. 이 결과를 증명하자.

Proof 그림 3.17에 보여진 폐곡선에 대하여

$$J = \oint (-z)^{a-1} f(z)\, dz \tag{3.97}$$

을 고려한다.

$$(-z)^{a-1} = e^{(a-1)\ln(-z)} \tag{3.98}$$

와 $|\pm z| = \lambda$와 함께, $z = \lambda e^{j\theta}$로 둔다면

$$(-z)^{a-1} = e^{(a-1)(\ln|z| + j\theta)} \tag{3.99}$$

로 적을 수 있다. θ의 구간(range)은, 요구되는 바와 같이, $-\pi \le \theta \le \pi$이다.

피적분 함수 $(-z)^{a-1} f(z)$는 C 위와, 어쩌면 $f(z)$의 극은 제외하고, C에 의해 둘러싸이는 R 내에서 해석적이다. Cauchy 적분 정리에 의해,

$$J = \oint (-z)^{a-1} f(z)\, dz = 2\pi j \sum \text{Res}\,[f(z)] \tag{3.100}$$

이다. 폐곡선의 여러 부분으로부터의 적분에 미치는 기여의 의문이 남는다. $z = 0$을 둘러싸는 원 위에서는, $z = \rho e^{j\theta}$로,

$$\lim_{\rho \to 0} -j \int_{-\pi}^{\pi} (\rho e^{j\theta})^{a-1} f(\rho e^{j\theta})\, \rho e^{j\theta}\, d\theta = 0 \tag{3.101}$$

인 한편, 반경 R의 원 위에서는, $z = Re^{j\theta}$로,

$$\lim_{R \to \infty} j \int_{-\pi}^{\pi} (Re^{j\theta})^{a-1} f(Re^{j\theta})\, Re^{j\theta}\, d\theta = 0 \tag{3.102}$$

를 보이는 것은 쉽다. 폐곡선 C와 관련된 남은 두 개의 적분은 x-축 위에 있다. ρ로부터 R까지와 R로부터 ρ까지의 선을 따라서는, 각각, $-z = xe^{-\pi j}$와 $-z = xe^{\pi j}$를 가진다. 따라서,

$$\lim_{\substack{\rho \to 0 \\ R \to \infty}} \oint_C (-z)^{a-1} f(z)\, dz = \int_0^{\infty} x^{a-1} [e^{-(a-1)\pi j} - e^{(a-1)\pi j}] f(x)\, dx \tag{3.103}$$

이다.

식 (3.100)과 (3.103)에 주어진 표현을 같게 두는 것이 식 (3.96)의 요구되는 결과를 증명한다.

3.12 THE LAURENT EXPANSION; MORE ON RESIDUES

폐곡선 C에 의해 둘러싸이는 복소 평면의 어떤 *환상* 영역(*annular* region)에서 해석적인 함수 $f(z)$가 있다. 그림 3.19를 보라. 그것은 해석성(analyticity)의 영역 내에서 수렴 급수(convergent series)로 전개될 수 있다; 결과적인 표현은 함수 $f(z)$의 로랑 전개(로랑 급수, Laurent expansion, Laurent series)라 불린다.

폐곡선 C가 그림 3.19 (b)에 보여진 것과 같은 곳에서 형태

$$f(z) = \frac{1}{2\pi j}\oint_C \frac{f(\zeta)}{\zeta - z}d\zeta \tag{3.104}$$

의 Cauchy 유수 정리를 고려한다..

점 z_0이 중심이며 반경이 ρ_0과 ρ_1인 두 개의 원이 그려져 있다. 폐곡선이 보여진 바와 같이 잘라진다. 그러면, 반경 ρ_0과 ρ_1의 원에 의해 둘러싸이는 환형 내의 임의의 점 z에 대하여,

$$\rho_0 \le |z| \le \rho_1 \tag{3.105}$$

가 명백하다. 식 (3.104)는 그러면

$$2\pi j f(z) = \int_a^b \frac{f(\zeta)}{\zeta - z}d\zeta + \oint_{C_1 \circlearrowleft} \frac{f(\zeta)}{\zeta - z}d\zeta + \int_c^d \frac{f(\zeta)}{\zeta - z}d\zeta + \oint_{C_2 \circlearrowright} \frac{f(\zeta)}{\zeta - z}d\zeta \tag{3.106}$$

이 된다. a가 d와 그리고 c가 b와 일치할 때,

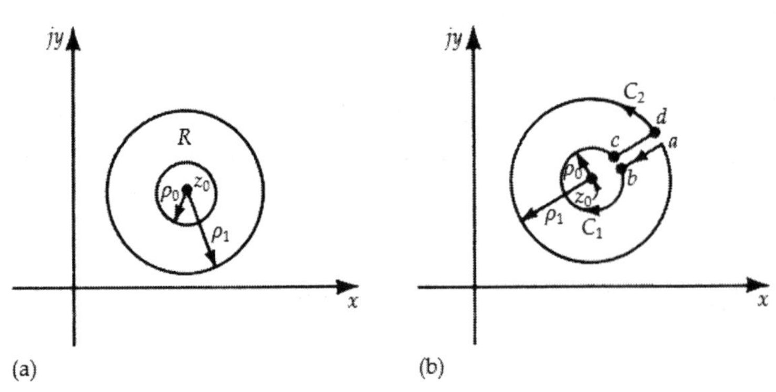

FIGURE 3.19 (a) The annular region of analyticity and (b) the contour of establishing the Laurent series.

$$2\pi j f(z) = -\oint_{C_1 \circlearrowleft} \frac{f(\zeta)}{\zeta - z} d\zeta + \oint_{C_2 \circlearrowleft} \frac{f(\zeta)}{\zeta - z} d\zeta \tag{3.107}$$

을 가진다.

$$f(z) = f_1(z) + f_2(z) \tag{3.108}$$

로 쓰자. 여기서

$$f_1(z) = \frac{1}{2\pi j} \oint_{C_1 \circlearrowleft} \frac{f(\zeta)}{z - \zeta} d\zeta \tag{3.109}$$

와

$$f_2(z) = \frac{1}{2\pi j} \oint_{C_2 \circlearrowleft} \frac{f(\zeta)}{\zeta - z} d\zeta \tag{3.110}$$

이다. C_1 위에서 $\zeta = \rho_0 e^{j\theta}$ 이기 때문에, 폐곡선 C_1 위의 임의의 점에서, $|z| > |\zeta|$ 이나. 항등식

$$z - \zeta = (z - z_0)\left(1 - \frac{\zeta - z_0}{z - z_0}\right) \tag{3.111}$$

과

$$\left|\frac{\zeta - z_0}{z - z_0}\right| < 1 \tag{3.112}$$

의 사실을 양(quantity)

$$\frac{1}{z - \zeta} = \frac{1}{z - z_0}\left(1 - \frac{\zeta - z_0}{z - z_0}\right)^{-1} \tag{3.113}$$

이

$$(z - \zeta)^{-1} = (z - z_0)^{-1} \sum_n \left(\frac{\zeta - z_0}{z - z_0}\right)^n \tag{3.114}$$

에 따라 일양 절대 수렴 급수(uniformly and absolutely convergent series)로 전개될 수 있음을 알아보기 위해 사용한다. 그러면 $f_1(z)$는

$$f_1(z) = \frac{1}{2\pi j}\oint_{C_1 \circlearrowleft} \sum_{n=0}^{\infty} \frac{f(\zeta)}{(z - z_0)^{n+1}} (\zeta - z_0)^n \, d\zeta \tag{3.115}$$

또는 적분과 합산(summation)의 순서를 바꿔,

$$f_1(z) = \sum a_n (z - z_0)^{-(n+1)} \tag{3.116}$$

이 된다. 여기서 상수 a_n은

$$a_n = \frac{1}{2\pi j}\oint_{C_1 \circlearrowleft} f(\zeta)\,(\zeta - z_0)^n d\zeta \tag{3.117}$$

로 주어진다. 식 (3.110)으로 주어진 $f_2(z)$에 대한 표현을 고려한다. C_2 위에서는, $|\zeta| > |z|$이어서,

$$(\zeta - z) = (\zeta - z_0)\left(1 - \frac{z - z_0}{\zeta - z_0}\right) \tag{3.118}$$

이다. C_2 위의 모든 점에서,

$$\left|\frac{z - z_0}{\zeta - z_0}\right| < 1$$

이어서 양(quantity)

$$\left(1 - \frac{z - z_0}{\zeta - z_0}\right)^{-1}$$

을 일양 절대 수렴 급수로 전개할 수 있다. 결과는

$$(\zeta - z)^{-1} = \sum_{n=0}^{\infty} \frac{(z - z_0)^n}{(\zeta - z_0)^{n+1}} \tag{3.119}$$

이다. 따라서

$$f_2(z) = \sum_{n=0}^{\infty} b_n (z - z_0)^n \tag{3.120}$$

이다. 여기서 계수 b_n은

$$b_n = \frac{1}{2\pi j}\oint_{C_2\circlearrowleft} \frac{f(\zeta)}{(\zeta - z_0)^{n+1}} d\zeta \tag{3.121}$$

로 주어진다. $f(z)$의 일양 절대 수렴 전개는 그러면 환형 영역 $\rho_0 \le |z| \le \rho_1$ 내에서

$$f(z) = \sum_{n=0}^{\infty} a_n(z - z_0)^{-(n+1)} + \sum_{n=0}^{\infty} b_n(z - z_0)^n \tag{3.122}$$

가 된다. 이 표현은 계수 a_n을 포함하는 급수에서 $n = -m$으로 둠으로써 더 간결하게 만들어질 수 있다. 그러면

$$f(z) = \sum_{m=0}^{-\infty} a_{-m}(z - z_0)^{-(m+1)} + \sum_{m=0}^{\infty} b_m(z - z_0)^m \tag{3.123}$$

을 가진다. 이것은, a_{-m}을 부(음, negative)의 m에 대한 b_m으로 나타냄으로써, *로랑 급수(Laurent series)*

$$f(z) = \sum_{m=-\infty}^{\infty} b_m(z - z_0)^m \tag{3.124}$$

로 써질 수 있다. 여기서, 정(양) 또는 부(음)인 모든 정수 m에 대하여, b_m은

$$b_m = \frac{1}{2\pi j}\oint_{C\circlearrowleft} \frac{f(\zeta)}{(\zeta - z_0)^{m+1}} d\zeta \tag{3.125}$$

로 주어진다.

$$\begin{aligned} f(z) = &\frac{b_{-k}}{(z - z_0)^k} + \frac{b_{-k+1}}{(z - z_0)^{k-1}} + \cdots + \frac{b_{-1}}{z - z_0} \\ &+ b_0 + b_1(z - z_0) + \cdots + b_p(z - z_0)^p \end{aligned} \tag{3.126}$$

과 같이 써진 식 (3.125)에 있는 급수를 고려한다. $f(z)$가 $z = z_0$에서 1차의 극을 가진다고 가정한다. 그러면 $m > 1$에 대하여 $b_{-m} \equiv 0$임이 보여질 수 있기 때문에

$$\lim_{z \to z_0} (z - z_0) f(z) = b_{-1} \tag{3.127}$$

이다. 사용 목적을 위한 Laurent 전개의 중요성이 이제 보여질 수 있다. 그것은 어떤 환형 내부에 있는 함수의 유수를 찾는데 빠른 방법을 제공한다.

Example 3.37 $|z| < 2$에 대한 $f(z) = (z-2)^{-1}$의 Laurent 전개를 찾아라. $|z| < 2$에 대하여,

$$\frac{1}{z-2} = \frac{1}{2\left(1-\frac{z}{2}\right)}$$

을 가지며 $|z/2| < 1$이기 때문에,

$$\left(1-\frac{z}{2}\right)^{-1} = \sum_{n=0}^{\infty}\left(\frac{z}{2}\right)^n$$

이다. 따라서 $f(z)$의 Laurent 전개는

$$f(z) = \sum_{n=0}^{\infty} a_n z^n \quad |z| < 2$$

이다. 여기서

$$a_n = -(2)^{-(n+1)}$$

이다. 여기에서는 항 a_{-1}/z이 없음이 관찰된다. 따라서 함수 $(z-2)^{-1}$은 $z = 0$에서 해석적이다. ∎

Example 3.38 $|z| > 2$에 대한 $(z-2)^{-1}$의 Laurent 전개를 찾아라. $|z| > 2$에 대하여,

$$(z-2)^{-1} = \frac{1}{z}\left(1-\frac{2}{z}\right)^{-1}$$

을 가지며 이 경우에는 $|z/2| < 1$이기 때문에,

$$(z-2)^{-1} = \sum \frac{2^n}{z^{n+1}}$$

이다. $z^{-1}(n = 0)$의 계수는 1이다. 따라서 $z = 2$에서 $f(z) = 1/(z-2)$의 유수는 1이다. ∎

Example 3.39 $z = 0$에 대한 $f(z) = 1/\sin z$의 Laurent 전개를 찾아라.

$$\frac{1}{\sin z} = \frac{1}{z - \frac{z^3}{6} + \frac{z^5}{120} - \cdots}$$

이기 때문에, $z = 0$에 1차 극이 있다. 즉,

$$\lim_{z\to 0}\frac{z}{\sin z} = 1$$

이다.[1] Laurent 급수는 그러므로 항 a_{-1}/z로 시작해야 하며, $m > 1$에 대하여 계수 $a_{-m} \equiv 0$을 가진 형태

$$\frac{a_{-1}}{z} + a_0 + a_1 z + a_2 z^2 + \cdots$$

일 것이다. 그러므로

$$\frac{1}{z - \frac{z^3}{6} + \frac{z^5}{120} - \cdots} = \frac{a_{-1}}{z} + a_0 + a_1 z + a_2 z^2 + a_3 z^3 + \cdots$$

또는, 그 대신으로,

$$1 = \left(z - \frac{z^3}{6} + \frac{z^5}{120} - \cdots\right)\left(\frac{a_{-1}}{z} + a_0 + a_1 z + a_2 z^2 + a_3 z^3 + \cdots\right)$$

을 가진다. 양변에 있는 z의 같은 멱(power)의 계수를 같게 두면 Laurent 전개에 있는 첫 번째 계수들을 준다. 그것은 $a_{-1} = 1, a_0 = 0, a_1 = 1/3!, a_2 = 0, a_3 = -1/3! + 1/5!, \cdots$ 이어서 $z = 0$에 대한 $1/\sin z$의 Laurent 전개는

$$\frac{1}{\sin z} = \frac{1}{z} + \frac{z}{3!} + \left(-\frac{1}{3!} + \frac{1}{5!}\right) z^3 + \cdots$$

이며 $z = 0$에서의 $1/\sin z$의 유수는 1, 즉 $a_{-1} = 1$이다. ■

Example 3.40

$$f(z, t) = e^{\frac{z}{2}(t-1/t)} = \sum_{n=-\infty}^{\infty} a_n(z)\, t^n$$

라 하자. $t = e^{j\phi}$라 하면

$$e^{\frac{z}{2}(t-1/t)} = e^{jz\sin\phi}$$

이다. 그러면

$$e^{jz\sin\phi} = \sum_{n=-\infty}^{\infty} a_n e^{jn\phi}$$

이다. 계수 a_n을 결정하는 것이 남는다. 식 (3.121)에 의해, 전개가 $z_0 = 0$에 대해서 일 때, 그러면

$$a_n(z) = \frac{1}{2\pi j}\oint \frac{f(\zeta)}{\zeta^{n+1}} d\zeta$$

를 가진다. 여기서, 이 경우에는,

$$f(\zeta) = e^{j\zeta \sin\phi}$$

이다. 따라서, $\zeta = t = e^{j\phi}$ 이기 때문에 $d\zeta = je^{j\phi}d\phi$ 이며 적분은 $0 \le \phi \le 2\pi$ 인 반경 1의 원에 대하여 이루어져,

$$a_n(z) = \frac{1}{2\pi}\int_0^{2\pi} e^{jz\sin\phi}e^{-jn\pi}d\phi$$

를 찾는다. 이 표현은 베셀 함수(Bessel function) $J_n(z)$ 에 대한 적분 표현이다; 즉, $a_n(z) \equiv J_n(z)$ 이다. Bessel 함수는 공간 2차원(two spatial dimensions)에서 푸리에 변환(Fourier transform)을 고려할 때 더 논의될 것이다. ■

3.13 CONCLUDING REMARKS

이 장에서는 Laplace와 Fourier 변환에 대한 역 정리(inversion theorem)를 이해하도록 하기 위해 충분한 자료를 소개하는데 목적이 있었다. Cauchy 유수 정리는, 사실, 엄청나게 나타날 수 있는 적분을 계산하는 문제를 간단한 대수적 과정(algebraic process)으로 축약하는데 있어서 아주 주목할 만 하다.

공학에 있어서는, 앞에서 언급된 바와 같이, 특이점의 위치와 성질에 대한 정보가 복합 계통(complex system)의 해석에 있어서 중요하다. 계통의 제어(control)와 안정도(stability)의 문제는 (복소) 주파수 평면((complex) frequency plane)에 있는 특이점의 성질에 밀접하게 관련된다. 분포 선형 계통(distributed linear system) 뿐만 아니라, 더 익숙한 집중 정수 계통(lumped-parameter system)의 거동은 폐곡선 적분에 대한 정보를 가지고 더 쉽게 다루어질 수 있다.

PROBLEMS

3-1 다음을 계산하라.

(a) j^j; (b) $j^{1/j}$; (c) $\ln(\ln j)$; (d) $(1+j)^j$

3-2 다음을 계산하라.

(a) $(1-j)^6$; (b) $(1+j\sqrt{3})^{1/3}$; (c) $\sqrt[5]{j}$; (d) $\sqrt[3]{-j}$

3-3 복소 평면에서 다음을 만족하는 점의 궤적(locus)을 보여라: (a) $\mathrm{Re}(z^2) \ge 1$; (b) $2 \le z-1$;

(c) $\mathrm{Im}(1/z) < 1$.

3-4 계통 이론(system theory)에서 복소 변수(Laplace 변환에서 사용되는)는 $s = \sigma + j\omega$이다.

$$(-1)^n s^{2n} + 1 = 0$$

의 $2n$개의 근(root)을 찾고 s-평면 위에서 그 위치를 보여라.

3-5 Problem 2-4에 있는 식은 필터 이론(filter theory)과 설계에서 나타난다. 실수부가 음($\sigma < 0$)인 근 $s_1, s_2, \cdots, s_n$ 만을 고려하라.

$$B_n(s) = (s - s_1)(s - s_2)\cdots(s - s_n)$$

과 같이 정의되는 *n차 버터워스 다항식(n^{th} Butterworth polynomial)*으로부터 $B_1(s)$, $B_2(s)$, $B_3(s)$, 그리고 $B_4(s)$를 찾아라. 그 다음 이 Butterworth filter의 이득(크기) 응답(magnitude response)을 산출하는, 전달함수(transfer function)

$$H_n(s) = \frac{1}{B_n(s)} \quad (n = 1, 2, 3, 4) \quad s = j\omega$$

를 구성하고 ω에 대하여 $|H_n(\omega)|$를 그려라.

3-6 $f(z)$가 다음과 같이 주어진 경우의 $u(x, y)$와 $v(x, y)$를 찾아라: (a) $\cos z$; (b) $\cosh z$; (c) $\tan z$.

3-7 극 표현(polar representation)에서 Cauchy-Riemann 방정식이

$$\frac{\partial u}{\partial r} = \frac{1}{r}\frac{\partial v}{\partial \theta}$$

그리고

$$\frac{\partial v}{\partial r} = -\frac{1}{r}\frac{\partial u}{\partial \theta}$$

임을 보여라

3-8 다음의 각 경우에서, Cauchy-Riemann 방정식이 성립하는지 아닌 지와, 해석적인 영역(region of analyticity)을 결정하라: (a) $f(z) = \sec z$; (b) $f(z) = \tan z$; (c) $f(z) = \tanh z$.

3-9 $r^n(\cos n\theta + j\sin n\theta)$로 주어진 $f(z)$의 경우 Cauchy-Riemann이 성립하는지 아닌 지와, 해석적인 영역을 결정하라.

3-10 ψ가 $u(r, \theta)$ 또는 $v(r, \theta)$ 어느 쪽이든 나타낸다고 하고

$$\frac{1}{r}\frac{\partial}{\partial r}\left(r\frac{\partial \psi}{\partial r}\right)-\frac{1}{r^2}\frac{\partial^2 \psi}{\partial \theta^2}=0$$

이 극좌표계(polar coordinates)에서의 Laplace의 방정식임을 보여라.

3-11 z-축을 따라 놓인 반경 a의 무한장 원통에서, 다음과 같은 경우의 $0 \le r \le \infty$와 $0 \le \theta \le 2\pi$에 대한 potential $u(r, \theta)$를 찾아라:

(a) $\lim_{r\to\infty} u(r, \theta) = \frac{u_0}{2}$, $u(a, \theta) = u_0(\cos^2\theta - \sin\theta)$

(b) $\lim_{r\to\infty} u(r, \theta) = 0$, $u(a, \theta) = u_0(\cos 2\theta - \sin 2\theta)$

3-12 반경 a와 b의 동심 원통에서, $u(a, \theta) = u_0 \cos\theta$ 그리고 $u(b, \theta) = (u_0 a/b)\sin\theta$일 때, $a \le r \le b$에 대한 $u(r, \theta)$를 찾아라:
Hint $u = u_1 + u_2$으로 두라. 여기서 u_1은 $u_1(a, \theta) = u_0\cos\theta$와 $u_1(b, \theta) \equiv 0$이며, u_2는 $u_2(b, \theta) = (u_0 a/b)\sin\theta$와 $u_2(a, \theta) \equiv 0$이다. 이 문제는 풀이에 있어서의 *중첩의 원리(principle of superposition)*를 예증한다.

3-13 원 $|z| = 1$ 주위를 돌며 $(z+1)/[z^2(z+2)]$을 적분하라

3-14 다음과 같은 원 주위를 돌며 $1/\sinh z$을 적분하라: (a) $|z| = 1$; (b) $|z| = 4$.

3-15 $f(z)$가 다음과 같이 주어졌을 때, 가리켜진 점에서의 $f(z)$의 유수를 찾아라:

(a) $\frac{1}{z(z-b)}$ at $z = 0, b$

(b) $\frac{z}{z^2+1}$ at $z = \pm j$

(c) $1/(\sin z - z)$ at $z = 0$

3-16 극 $z = \pm ja$에서의 함수 $f(z) = e^{jz}/(z^2 + a^2)$의 유수의 합을 찾아라.

3-17 $z = e^{j\theta}$로 두고 그 다음 Cauchy의 적분 정리에 의해 결과적인 적분을 계산함으로써 Example 2.32의 마지막 결과를 증명하라.

3-18 a와 b가 실수이며 $a > b > 0$인 경우 적분 $\int_0^{2\pi} \frac{\sin^2\theta\, d\theta}{a + b\cos\theta}$를 계산하라.

3-19 $a > b > 0$인 경우 적분 $\int_0^{2\pi} \frac{\cos 2\theta}{a + b\cos\theta} d\theta$를 계산하라.

3-20 복소 평면에서의 폐곡선 적분을 고려함으로써 다음과 같은 적분을 계산하라:

(a) $\int_{-\infty}^{\infty} \frac{e^{j\omega t}}{(\omega^2\tau^2 + 1)} d\omega$

(b) $\int_{-\infty}^{\infty} \frac{e^{j\omega t}}{(\omega^2 - \omega_0{}^2 + 2a\omega)} d\omega$ for a, ω_0 real and positive

피적분 함수 $e^{jzt}/(z^2 - \omega_0{}^2 + 2az)$를 포함하는 대응하는 적분에서는, 인자(factor) $z^2 + 2az - \omega_0{}^2$가 나타남을 상기하라. 이 2차 방정식(quadratic equation)의 근은 점 $z_1 = -a + \sqrt{a^2 + \omega_0{}^2}$과 $z_2 = -a - \sqrt{a^2 + \omega_0{}^2}$에 있으며, 이들은 둘다 실축(real axis) 위에 있다. 따라서 그림 2.20에 보여진 것과 같은 폐곡선을 선택할 것이다.

(c) $\int_0^{\infty} \frac{\cos \omega t \sin \omega\tau}{\omega} d\omega \ (t < \tau)$

(d) $\int_0^{\infty} \frac{\sin \omega t \sin \omega\tau}{(\omega^2 - \omega_0{}^2)} d\omega$ for both $\binom{t > \tau}{t < \tau}$

(e) $\int_0^{\infty} \frac{e^{j\omega t}}{\sqrt{\omega}(\omega + \tau^{-1})} d\omega$

Hint 그림 2.17의 폐곡선을 사용하라.

(f) $\int_0^{\infty} \frac{\omega^{-(1/2)} \sin \omega t}{(\omega^2\tau^2 + 1)^2} d\omega$ for both $(t, \tau) > 0$

Hint 그림 2.17의 폐곡선을 사용하라.

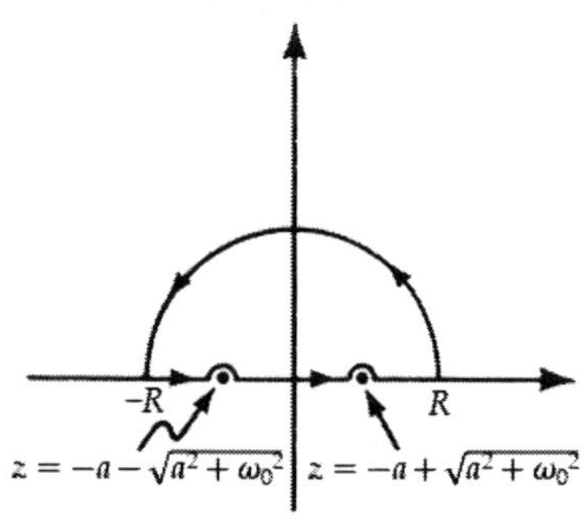

FIGURE 3.20 Problem 3-20 (b).

3-21 다음을 계산하기 위하여 폐곡선 적분을 사용하라:

(a) $I = \int_0^{\infty} \frac{dx}{1 + x^2}$

(b) $I = \int_0^{\infty} \frac{dx}{1 + x^4}$

3-22 $f(z)$가 다음과 같이 주어졌을 때 $f(z)$의 Laurent 전개를 찾아라:

(a) $z/(z^2-1)$ for $|z|>1$

(b) $(z-1)^{-1}(2-z)^{-1}$ in $1<|z|<2$

(c) $(z-1)^{-1}(2-z)^{-1}$ for $|z|>2$

3-23 다음과 같은 각 경우에서, 만일 있다면, 유수를 밝혀라. $f(z)$가 다음과 같이 주어졌을 때 $f(z)$의 Laurent 전개를 찾아라:

(a) $e^z z^{-2}$ at $z=0$

(b) $\dfrac{1-\sin z}{\cos z}$ about $z=\pi/2$ ($z=\rho-\pi/2$로 두고 $\rho=0$에 대하여 전개하라)

3-24 복소 평면의 우반평면(right half)과 허축(imaginary axis) 위에서 해석적인 함수 $f(z)$를 고려하라. 그러한 함수는 집중 정수 안정 계통(lumped-parameter stable system)에서 일반적으로 만나진다.

(a) 그림 3.21에 보여진 것과 같은 적분 폐곡선 C를 사용하라. $f(z)$에 대한 표현을 적기 위하여 Cauchy의 적분 정리를 사용하라. 여기서 z는 C 내에 있는 점이며 δ는 C 위에 있다. 그 다음 $f(-z)$에 대한 표현을 적어라.

(b) $f(z)$에 대한 두 개의 적분 표현을 얻기 위하여 이 두 표현을 더하고 빼라.

(c) 반원 경로에서의 적분의 기여가 0이 된다면 $f(z)$에 대한 표현을 더 간단하게 하라. 이 표현은, $f(z)$를 그것의 실수부 및 허수부와 관련짓는, $f(z)$의 *힐버트(힐베르트) 변환(Hilbert transform)*이다.

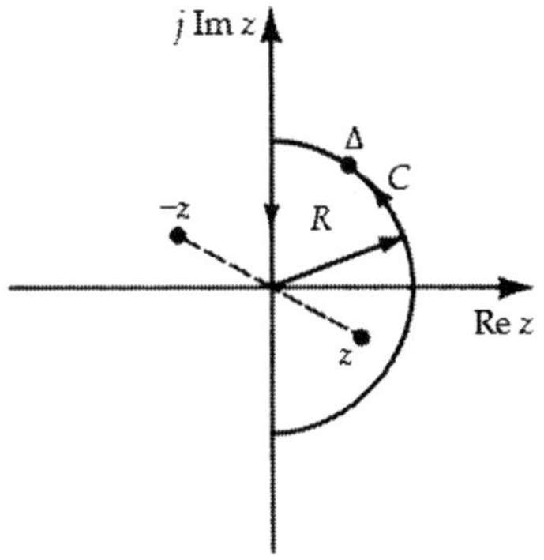

FIGURE 3.21 Problem 3-24.

3-25 Hilbert 변환의 한 가지 유용한 형태(Problem 3-24를 보라)는

$$X(\omega) = -\frac{2\omega}{\pi}\int_0^\infty \frac{R(\eta)\,d\eta}{\omega^2 - \eta^2}$$

이다. 여기서 $Z(j\omega) = R(\omega) + jX(\omega)$는 $s = j\omega$에 대한 임피던스(impedance) $Z(s)$의 직각 형식(rectangular form)이며, $R(\omega)$와 $X(\omega)$는, 각각, $Z(j\omega)$의 실수부와 허수부이다.

(a) 높은 주파수($\omega \to \infty$)에 대한 $X(\omega)$의 거동을 조사하라. 이 거동이 용량성 리액턴스(capacitive reactance)의 그것 임을 보여라. 여기서 용량기(capacitor) C의 값은

$$\frac{\pi}{2C} = \int_0^\infty R(\eta)\,d\eta$$

로 주어진다. 이 결과는 *저항 적분 공식(resistance integral formula)*으로 알려져 있다.

(b) $\omega \to 0$에 대하여 반복하라. 그 다음 거동이

$$\frac{\pi L}{2} = \int_0^\infty \frac{R(\eta)}{\eta^2}\,d\eta$$

인 유도성(inductive)임을 보여라.

3-26 저항 적분 공식을 유도하는 다른 방법은 다음과 같은 단계로 주어진다:

(a) $Z(s)$가 복소 평면의 우반평면에서 해석적이라 하고, 또한 $s \to \infty$에 따라 $Z(s) \to 1/Cs$이라 하자. $\oint Z(s)\,ds$를 적분하기 위하여 Cauchy의 적분 공식을 사용하라. 여기서 적분 폐곡선은 전체 $j\omega$-축과 s-평면의 우반평면에 있는 큰 반원으로 이루어진다.

(b) 단계 (a)에서 $j\omega$-축을 따른 폐곡선 적분의 기여는

$$j\int_{-\infty}^\infty Z(\omega)\,d\omega = 2j\int_0^\infty R(\omega)\,d\omega$$

임을 입증하라

(c) 반원을 도는 적분의 기여는 $-j\pi/C$임을 입증하라.

(d) 단계 (a), (b), 그리고 (c)로부터, Problem 3-25에서 주어진 것과 같은, 마지막 결과를 입증하라.

SELECTED BIBLIOGRAPHY

1. R. V. Churchill, J. W. Brown, and R. F. Verhey, *Complex Variables and Applications* (3rd ed.), New York: McGraw-Hill Book Co., Inc., 1974.
2. E. A. Guillemin, *The Mathematics of Circuit Analysis*, New York: John Wiley & Sons, Inc. and M.I.T. Press, 1949.
3. W, Kaplan, *Advanced Mathematics for Engineers*, Reading, Mass.: Addison-Wesley Publishing Co., Inc., 1981.
4. W, Kaplan, *Operational Methods for Linear Systems*, Reading, Mass.: Addison-Wesley

Publishing Co., Inc., 1962.

5. E. Kreyszig, *Advanced Engineering Mathematics* (4th ed.), New York: John Wiley & Sons, Inc., 1979.
6. N. W. McLachlan, *Complex Variable Theory and Transform Calculus,* Cambridge, England: Cambridge University Press, 1953.
7. E. T. Whittaker and G. N. Watson, *Modern Analysis,* New York: Macmillan Book Co., Inc., 1943.
8. C. R. Wylie, *Advanced Engineering Mathematics* (4th ed.), New York: McGraw-Hill Book Co., Inc., 1975.

CHAPTER 4

Mapping by Elementary Functions

4.1 INTRODUCTION

사상(mapping) 또는 변환(transformation)에 의한 복소 변수의 함수에 대한 기하학적인 설명이 이 장에서 소개된다. 어떤 곡선과 영역을 사상하는 방식에 의해, 어느 정도까지, 그러한 함수의 성질이 도식적으로 나타내지는 지를 지적한다. 이 장에서는 여러가지 곡선과 영역이 기본적인 해석 함수에 의해 어떻게 사상되는 지를 볼 것이다. 공학이나 물리학에서의 사상의 응용에 관해서는 이 장의 끝에 나열된 참고 문헌을 참조하기 바란다.

4.2 LINEAR FUNCTIONS

식

$$w = z + C \tag{4.1}$$

에 의한 w-평면으로의 z-평면의 사상은 C가 나타내는 vector에 의한 이동(translation)이다. 여기서 C는 복소 상수이다. 즉,

$$z = x + jy, \quad C = C_1 + jC_2$$

이라면 그러면 z-평면 내에 있는 임의의 점 (x, y)의 상(image)은 w-평면 내에 있는 점

$$(x + C_1, y + C_2)$$

이다. z-평면의 임의의 주어진 영역 내에 있는 각 점은 이 방식으로 w-평면 내로 사상되기 때문에, 상 영역(image region)은 원래의 영역과 기하학적으로 합동(geometrically congruent)이다.

식

$$w = Bz \quad (B \neq 0) \tag{4.2}$$

에 의해 정의되는 사상의 성질은 B와 z의 극 형식(polar form)을 사용함으로써 바로 얻어진다. 여기서 B는 복소수이다. $B = be^{j\beta}$ 그리고 $z = re^{j\theta}$라면, 그러면

$$w = bre^{j(\beta+\theta)}$$

이다. 따라서, 식 (4.2)에 의해 정의되는 변환은 극 좌표 (r, θ)인 임의의 0이 아닌 점 z를 극 좌표가 $(br, \beta + \theta)$인 0이 아닌 점으로 사상한다. 이 사상은 z를 나타내는 vector의 각도 $\beta = \arg B$를 통한 원점(origin)에 대한 회전(rotation)과 또한 인자(factor) $b = |B|$에 의한 vector의 확대(expansion) 또는 축소(contraction) 등 두 가지로 이루어진다. z-평면 내의 주어진 영역의 상은, 그러므로, 그 영역과 기하학적으로 닮은 꼴(geometrically similar)이다.

식 (4.2)에 있는 변수 w에 변환 (4.1)을 적용함으로써, 회전과 확대 또는 축소, 그리고 뒤따르는 이동으로 이루어지는 일반적인 *선형 변환(linear transformation)*

$$w = Bz + C \quad (B \neq 0) \tag{4.3}$$

을 얻는다.

도해(illustration)로서, 변환

$$w = (1 + j)z + 2 - j \tag{4.4}$$

는 그림 4.1의 z-평면 내에 보여진 직사각형 영역을 w-평면 내에 보여진 직사각형 영역으로 사상한다. 이것은 변환 (4.4)가 변환 $Z = (1 + j)z$와 $w = Z + 2 - j$의 합성이라는 것을 주목하면 보여진다. $1 + j = \sqrt{2}\exp(j\pi/4)$이기 때문에, 이 변환의 첫 번

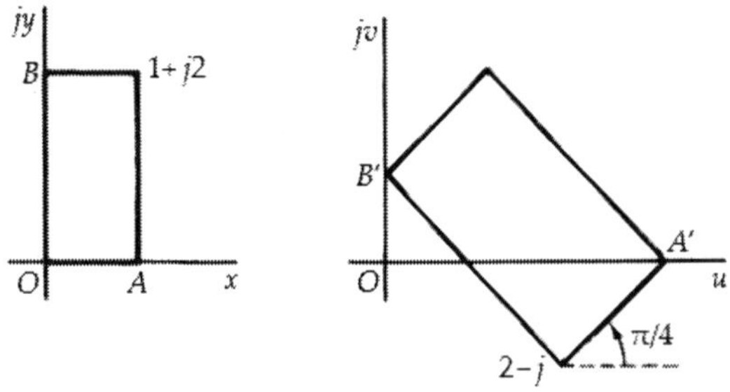

FIGURE 4.1 $w = (1+j)z + 2 - j$.

째 것은 인자 $\sqrt{2}$에 의한 확대와 함께 각도 $\pi/4$를 통한 회전이다. 두 번째 것은 $2-j$가 나타내는 vector에 의한 이동이다.

4.3 THE FUNCTION 1/Z

식

$$w = \frac{1}{z} \tag{4.5}$$

는 z-와 w-평면의 0이 아닌 점 사이의 일대 일 대응(one to one correspondence)을 만든다. $z\bar{z} = |z|^2$이기 때문에, 사상은 연속적인 변환

$$Z = \frac{1}{|z|^2} z, \quad w = \overline{Z} \tag{4.6}$$

에 의해 나타내어질 수 있다.

이 변환의 첫 번째 것은 원 $|z| = 1$에 관한 역(상)(inversion)이다. 즉, 0이 아닌 점 z의 상은 성질

$$Z = \frac{1}{|z|} \quad \text{and} \quad \arg Z = \arg z$$

를 가지는 점 Z이다. 따라서 원 $|z| = 1$ 외부의 점은 그것의 내부에 있는 0이 아닌 점으로, 그리고 거꾸로도 사상된다(그림 4.2). 원 위에 있는 임의의 점은 그 자신으로 사상된다. 변환 (4.6)의 두 번째 것은 간단히 실축(real axis)에 대한 반영(reflection)이다.

원 $|z| = \epsilon$의 상은 원 $|w| = 1/\epsilon$임을 주목하라. 또한, 원점을 제외한 원점의 ϵ 근방 $|z| < \epsilon$은 무한원(infinity)에 있는 점의 ϵ 근방 $|w| > 1/\epsilon$이다. 그러므로 $T(0) = \infty$, $T(\infty) = 0$, 그리고 z의 남은 값에 대해서는 $T(z) = 1/z$로 적음으로써 확장 복소 평면

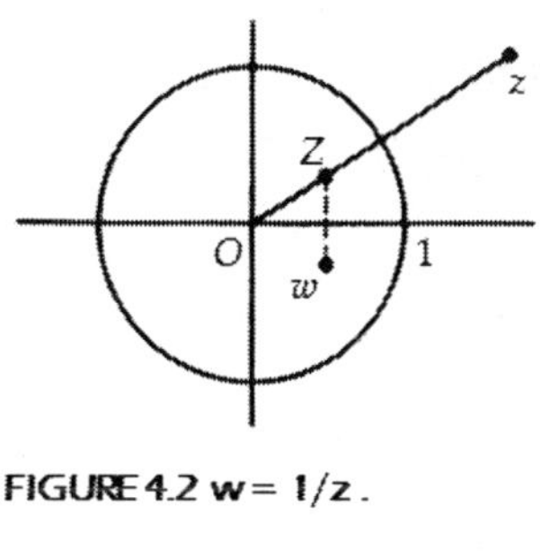

FIGURE 4.2 w = 1/z.

(extended complex plane)에서의 변환 T로 정의하는 것이 자연스럽다. 변환 T는 그러면 그 자신으로의 확장 복소 평면의 일대 일 연속 사상(one to one continuous mapping)이다.

$a, b, c,$ 그리고 d가 실수(real number)라면, 식

$$a(x^2+y^2)+bx+cy+d=0$$

은 $a \neq 0$ 또는 $a=0$에 따라, 각각, 임의의 원 또는 직선을 나타낸다. $w=1/z$일 때, 이 식은

$$d(u^2+v^2)+bu-cv+a=0$$

이 된다. 이것은 직각 좌표계(Cartesian coordinates)를 사용하고 식

$$u+jv=\frac{1}{x+jy}$$

은 관계

$$u=\frac{x}{x^2+y^2}, \quad v=-\frac{y}{x^2+y^2}$$

또는

$$x=\frac{u}{u^2+v^2}, \quad y=-\frac{v}{u^2+v^2}$$

를 산출함에 유의하면 바로 보여질 수 있다.

따라서, z-평면 내에 있는 원점을 통과하지 않는($d \neq 0$) 원($a \neq 0$)은 w-평면 내에 있는 원점을 통과하지 않는 원으로 변환된다. z-평면 내에 있는 원점을 통과하는 원은 w-평면 내에 있는 원점을 통과하지 않는 직선으로 변환된다. z-평면 내에 있는 원점을 통과하지 않는 직선은 w-평면 내에 있는 원점을 통과하는 원으로 변환되며, z-평면 내에 있는 원점을 통과하는 직선은 w-평면 내에 있는 원점을 통과하는 직선으로 변환된다. 확장 평면 내에 있는 직선을 무한원에 있는 점을 통과하는 원으로 고려한다면, 위에서 정의된 함수 T는 항상 원을 원으로 변환한다고 말할 수 있다.

직선 $x=c_1$ ($c_1 \neq 0$)은 원점에서 v-축에 접하는(tangent) 원

$$u^2+v^2-\frac{u}{c_1}=0 \tag{4.7}$$

로 변환됨을 상기하라; 그리고 직선 $y = c_2\ (c_2 \neq 0)$는 원점에서 u-축과 접하는 원

$$u^2 + v^2 + \frac{v}{c_2} = 0 \tag{4.8}$$

로 변환된다(그림 4.3을 보라).

반평면(half plane) $x > c_1\ (c_1 > 0)$은 그것의 상으로 영역

$$\frac{u}{u^2 + v^2} > c_1 \tag{4.9}$$

또는

$$\left(u - \frac{1}{2c_1}\right)^2 + v^2 < \left(\frac{1}{2c_1}\right)^2$$

을 가져, 반평면 내에 있는 임의의 점의 상은 식 (4.7)로 주어진 원의 내부에 놓인다. 역으로, 원의 내부에 있는 모든 점은 부등식 (4.9)를 만족하며 그러므로 반평면에 있는 점의 상이다. 따라서 반평면의 상은 전체 원 영역이다.

함수 $1/z$은 무한원에 있는 점이 포함될 때 함수 f의 성질을 검토하는데 유용하다. z가 무한대로 감에 따른 $f(z)$의 극한(limit)이 수(number) w_0이라면, f가 ∞에서 w_0이 되어서 거기에서 연속인 것으로 정의할 수 있다; 그러면 $f(\infty) = w_0$으로 적는다. 수 w_0은 또한 z가 0으로 접근함에 따른 $f(1/z)$의 극한을 계산함에 의해서도 결정될 수 있다. 극한의 정의에 따라,

$$\lim_{z\to\infty} f(z) = w_0 \quad \text{if and only if} \quad \lim_{z\to 0} f\left(\frac{1}{z}\right) = w_0 \tag{4.10}$$

이다. 비슷한 방식으로, z가 z_0으로 접근함에 따른 $1/f(z)$의 극한이 0일 때, $f(z_0) = \infty$로 적음으로써 f가 점 z_0에서 연속이 되도록 만들 수 있다. 이것은 모두 이 절의 앞에서 함수 $1/z$의 정의 영역(정의역, domain of definition)을 확장함으로써 함수 T

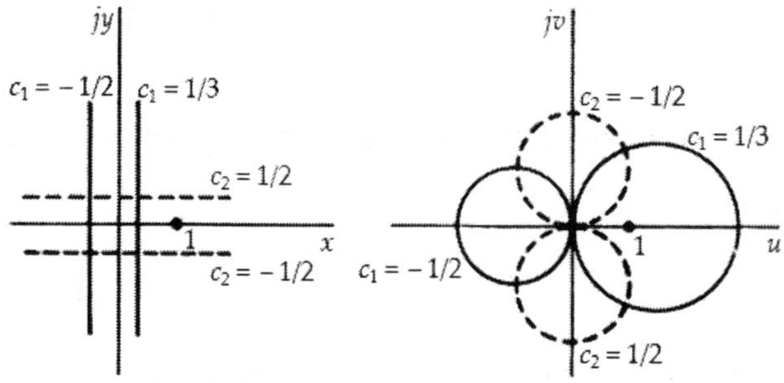

FIGURE 4.3 w = 1/z.

를 정의한 방식에 따른 것임에 주목하라.

설명을 위하여, 함수

$$f(z) = \frac{4z^2}{(1-z)^2}$$

을 고려한다. f를 ∞에서 연속으로 만들기 위하여, z가 0으로 접근함에 따른

$$f(\frac{1}{z}) = \frac{4}{(z-1)^2}$$

의 극한이 4이기 때문에 $f(\infty) = 4$로 적는다. 또한 z가 1로 접근함에 따른 $1/f(z)$의 극한이 0이기 때문에 $f(1) = \infty$로 적음으로써 점 $z = 1$에서 f가 연속이도록 만들 수 있다.

마지막으로, z가 0으로 접근함에 따른 함수 $1/f(1/z)$의 극한이 0이라면 $f(\infty) = \infty$로 적을 수 있다.

4.4 LINEAR FRACTIONAL TRANSFORMATIONS

변환

$$w = \frac{az+b}{cz+d} \quad (ad - bc \neq 0) \tag{4.11}$$

은 *선형 분수 변환(linear fractional transformation)* 또는 뫼비우스 변환(Möbius transformation)이라 불린다. 여기서 a, b, c, 그리고 d는 복소 상수이다. $c = 0$일 때, 그것은 간단한 선형 변환이다(4.2절). $c \neq 0$일 때, 식 (4.11)은

$$w = \frac{a}{c} + \frac{bc - ad}{c}\frac{1}{cz+d} \tag{4.12}$$

로 적어질 수 있으며 조건 $ad - bc \neq 0$이 선형 분수 변환이 상수 함수가 아님을 보증함이 명백하다.

분수가 정리될 때, 식 (4.11)은 z에 대해서 선형이며 w에 대해서 선형이거나, z와 w에 대해 쌍일차(bilinear)인 형태

$$Azw + Bz + Cw + D = 0 \tag{4.13}$$

을 가진다. 따라서 선형 분수 변환에 대한 다른 이름은 *쌍일차 변환(bilinear trans-*

*formation)*이다.

식 (4.11)을 z에 대해 풀면,

$$z = \frac{-dw + b}{cw - a} \tag{4.14}$$

를 찾는다. 따라서 $c = 0$이라면, w-평면 내에 있는 각 점은 z-평면에 있는 한 개의 그리고 오직 한 개의 점의 상이다; $c \neq 0$이라면, $w = a/c$인 경우는 제외하고, 같은 것이 참(진, true)이다. 이제 확장 z-평면에서의 선형 분수 변환 T를 정의하기 위하여 변환 (4.11)의 정의역을 확장한다. 먼저

$$T(z) = \frac{az + b}{cz + d} \tag{4.15}$$

를 적는다. 그 다음 $c = 0$ 이라면 $T(\infty) = \infty$ 를 적는다; 그리고 $c \neq 0$ 이라면 $T(-d/c) = \infty$와 $T(\infty) = a/c$를 적는다. 이것은 앞 절의 마지막에서 세운 규칙에 부합한다.

정의역이 이 방식으로 확장될 때, 선형 분수 변환 (4.11)은 자기 자신*으로의(onto)* 확장 복소 평면의 *일대 일(one to one)* 사상이다. 즉, $z_1 \neq z_2$이면 항상 $T(z_1) \neq T(z_2)$이며, 확장 평면 내에 있는 각 점 w에 대하여 평면 내에 $T(z) = w$와 같은 점 z가 있다. 따라서, 변환 T와 관련하여, 다음과 같이 확장 평면에서 정의되는 *역변환(inverse transformation)* T^{-1}이 있다:

$$T^{-1}(w) = z \quad \text{if and only if} \quad T(z) = w$$

이 정의와 식 (4.14)에서 z와 w를 상호 교환하면,

$$T^{-1}(z) = \frac{-dz + b}{cz - a} \quad (ad - bc \neq 0)$$

을 찾는다. 따라서, T^{-1}은 그 자신이, $c = 0$이라면 $T^{-1}(\infty) = \infty$이며, $c \neq 0$이라면 $T^{-1}(a/c) = \infty$와 $T^{-1}(\infty) = -d/c$인, 선형 분수 변환이다.

T와 S가 두 개의 선형 분수 변환이라면, 그러면 합성(composition) $S[T(z)]$도 그렇다. 이것은 형태 (4.15)의 표현을 결합함으로써 증명될 수 있다.

$c = 0$이라면, 선형 분수 변환 (4.11)은 $w = Bz + C\ (B \neq 0)$의 특별한 형태임을 이미 확인하였다. 한편, $c \neq 0$이라면, 식 (4.11)의 형태 (4.12)는 특별한 형태

$$Z = cz + d, \quad W = \frac{1}{Z}, \quad w = \frac{a}{c} + \frac{bc - ad}{c} W$$

의 합성인 선형 분수 변환임을 드러낸다. 그것은 따라서, 이 특별한 선형 분수 변환이 이렇기 때문에, *선형 분수 변환은 항상 원을 원으로 변환한다*는 사실이 따라온다(4.2, 4.3절을 보라). 여기에서 직선은 무한원에 있는 점을 통과하는 원으로 고려된다.

세 개의 서로 다른 점 z_1, z_2, 그리고 z_3을 세 개의 특정한 서로 다른 점 w_1, w_2, 그리고 w_3으로 각각 사상하는 선형 분수 변환은 단 한 개가 있다. 게다가, 식

$$\frac{(w-w_1)}{(w-w_3)}\frac{(w_2-w_3)}{(w_2-w_1)}=\frac{(z-z_1)}{(z-z_3)}\frac{(z_2-z_3)}{(z_2-z_1)} \tag{4.16}$$

은 그러한 변환을 정의한다. 이것을 보기 위하여, 먼저 식 (4.16)은, 이 다음에 곱셈(product)을 전개함에 의해 형태 (4.13)으로 두어질 수 있는

$$(z-z_3)(w-w_1)(z_2-z_1)(w_2-w_3)=(z-z_1)(w-w_3)(z_2-z_3)(w_2-w_1) \tag{4.17}$$

과 같이 적어질 수 있음에 유의하라. 그 다음 $z=z_1$이라면, 식 (4.17)의 우변은 0이며 $w=w_1$이 따라옴을 확인하라. 비슷하게, $z=z_3$이라면, 좌변이 0이며 그 결과로 $w=w_3$이다. $z=z_2$라면, 유일해(unique solution)가 $w=w_2$인 선형 방정식(linear equation)

$$(w-w_1)(w_2-w_3)=(w-w_3)(w_2-w_1)$$

을 얻는다. 식 (4.16)이 점 z_1, z_2, 그리고 z_3을 점 w_1, w_2, 그리고 w_3으로 각각 사상하는 유일한 선형 분수 변환을 정의함을 보이는 것은 문제로 남긴다(Problem 4-39).

식 (4.16)에서, 무한원에 있는 점은 z- 또는 w-평면 어느 쪽엔가 있는 규정된 점의 하나로 받아들여질 수 있다. 예를 들어, w_2가 ∞에 있다면, 식 (4.16)에서 w_2를 $1/w_2$로 대체하고, 그 다음 좌변에 있는 분자와 분모에서 분수를 정리한 후, $w_2=0$으로 적는다. 이것은 식

$$\frac{w-w_1}{w-w_3}=\frac{(z-z_1)}{(z-z_3)}\frac{(z_2-z_3)}{(z_2-z_1)} \tag{4.18}$$

을 산출한다.

설명을 위하여, $z_1=1, z_2=0, z_3=-1$을 각각 $w_1=j, w_2=\infty, w_3=1$로 사상하는 선형 분수 변환 T를 결정한다. z_1, z_2, z_3과 w_1, w_3의 주어진 값을 식 (4.18)에 대입하면,

$$w=\frac{(1+j)z+(j-1)}{2z}$$

을 찾는다. z-평면 내에 있는 주어진 점이 w-평면 내에 있는 특정한 점으로 사상됨이 바로 증명된다.

4.5 SPECIAL LINEAR FRACTIONAL TRANSFORMATIONS

상반평면(upper half plane) $\mathrm{Im}\, z \geq 0$을 단위 원판(unit disk) $|w| \leq 1$으로 사상하는 모든 선형 분수 변환을 결정하자.

선형 분수 변환

$$w = \frac{az+b}{cz+d} \quad (ad - bc \neq 0) \tag{4.19}$$

가 z-평면 내에 있는 직선을 w-평면 내에 있는 원 또는 직선으로 변환하기 때문에, 반평면의 경계 $\mathrm{Im}\, z = 0$은 원 또는 직선으로 변환됨을 안다. 경계 $\mathrm{Im}\, z = 0$은, 사실, 그 상이 원판 $|w| \leq 1$ 내에 놓이며 따라서 경계가 되어야 하기 때문에, 원으로 변환되어야 한다. 이제 원판의 내부에 놓인 이 원 위에 있는 점을 가정한다. 그러면, 식 (4.19)가 z의 연속 함수를 정의하기 때문에, x-축 바로 아래에 있는 점은 그 원 가까이 그리고 원판 내부에 있는 점으로 사상될 것이다. 구하는 변환이 반평면을 원판 *위로(onto)* 사상하기 때문에, 이 상점(image point)은 또한 x-축 또는 바로 위에 있는 점이 상일 것이다. 이것은, 하지만, 전 평면(entire plane)에서 정의된 선형 분수 변환은 일대 일 이라는 사실과 모순된다. 따라서, 반평면의 경계 $\mathrm{Im}\, z = 0$의 상은 원판의 경계 $|w| = 1$이어야 한다.

이제 직선 $\mathrm{Im}\, z = 0$의 원 $|w| = 1$로의 선형 분수 변환은, 직선 위의 주어진 세 개의 점을 원 위의 특정한 세 개의 점으로 사상하도록 규정한다면, 유일하게 결정된다. 직선 위에 있는 점 $z = 0, z = 1$, 그리고 $z = \infty$를 선택하고 이 점을 원 위에 있는 점으로 사상하는 모든 변환을 결정하자.

식 (4.19)로부터, $z = 0$ 그리고 $z = \infty$일 때 $|w| = 1$이라는 요구 조건은 식

$$|d| = |b| \tag{4.20}$$

$$|c| = |a| \tag{4.21}$$

을 이끈다. 식 (4.21)과 $ad - bc \neq 0$라는 사실로부터, $a \neq 0$ 그리고 $c \neq 0$이 따라온다. 따라서

$$w = \frac{a}{c}\,\frac{z + b/a}{z + d/c}$$

또는, $|a/c| = 1$이기 때문에,

$$w = e^{j\alpha}\frac{z - z_0}{z - z_1} \tag{4.22}$$

이다. 여기서 α는 임의의 실 상수(real constant)이며 z_0, z_1은 복소 상수이다. 식 (4.20)과 (4.21)에 따라 $|d/c| = |b/a|$이기 때문에, $|z_1| = |z_0|$임을 안다.

이제 $z = 1$일 때 $|w| = 1$이라는 조건을 식 (4.22)에 부과한다. 이것은

$$|1 - z_1| = |1 - z_0|$$

또는

$$(1 - z_1)(1 - \bar{z}_1) = (1 - z_0)(1 - \bar{z}_0)$$

를 산출한다. 그러나 $|z_1| = |z_0|$이기 때문에 $z_1\bar{z}_1 = z_0\bar{z}_0$이며, 위의 관계는

$$z_1 + \bar{z}_1 = z_0 + \bar{z}_0$$

또는 $\operatorname{Re} z_1 = \operatorname{Re} z_0$으로 줄어든다. 이로부터, 다시 $|z_1| = |z_0|$이기 때문에 $z_1 = z_0$이거나 $z_1 = \bar{z}_0$이라는 것이 따라온다. 조건 $z_1 = z_0$은 z-평면을 한 개의 점으로 변환하는 사상 $w = \exp(j\alpha)$로 이끈다; 따라서 $z_1 = \bar{z}_0$이다.

요구되는 변환은 그러므로

$$w = e^{j\alpha}\frac{z - z_0}{z - \bar{z}_0} \tag{4.23}$$

의 형태를 가져야 한다. 점 $w = 0$은 z_0의 상임을 확인하라. 그래서 점 z_0은 실축(real axis)의 위, 또는

$$\operatorname{Im} z > 0 \tag{4.24}$$

에 놓여야 한다.

조건 (4.24)와 함께, 변환 (4.23)이 실제로 반평면 $\operatorname{Im} z \geq 0$을 원판 $|w| \leq 1$ 위로 사상하는 지를 보이는 것이 남았다. 식

$$|w| = \frac{|z - z_0|}{|z - \bar{z}_0|}$$

를 기하학적으로 다룸으로써 이것을 행한다. 점 z가 실축의 위에 놓여 있다면, 그것과 점 z_0은 둘 다 z_0과 $\bar{z}_0$를 연결한 선분의 수직 이등분선(perpendicular bisector)

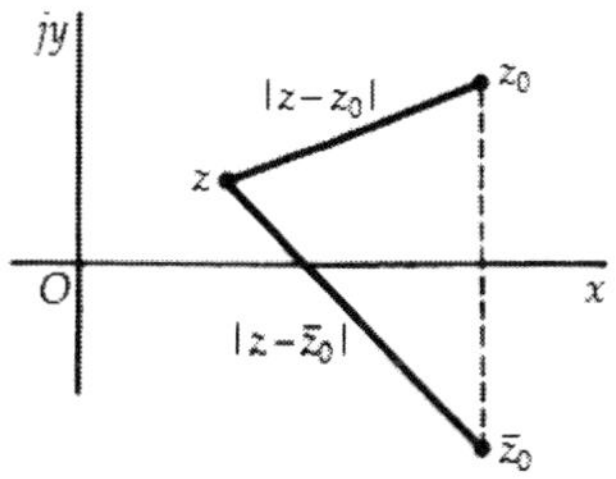

FIGURE 4.4 $|z-z_0|$ and $|z-\bar{z}_0|$.

이 그 축의 같은 쪽에 있다. 이로부터 거리 $|z-z_0|$이 거리 $|z-\bar{z}_0|$ 보다 더 작다는 것이 따라온다(그림 4.4); 즉, $|w|<1$이다. 마찬가지로, z가 실축의 아래에 놓여 있다면, 거리 $|z-z_0|$은 거리 $|z-\bar{z}_0|$ 보다 더 커서, $|w|>1$이다. 임의의 선형 분수 변환은 그 자신으로의 확장 평면의 일대 일 사상이기 때문에, $|w|<1$인 각각의 모든 점 w는 그러므로 실축의 위에 있는 정확히 한 개의 점 z의 상이어야 한다.

실수 α가 임의이며 복소수 z_0의 허수부가 양(정, positive)인, 형태 (4.23)의 임의의 선형 분수 변환은 일대 일의 방식으로 반평면 $\mathrm{Im}\,z \geq 0$을 원판 $|w| \leq 1$으로 사상힌다고 결론짓는다.

이 결과는 주어진 영역을 자기 자신으로 사상하는 항등 변환(identity transformation)이 반드시 한 개만은 아닌 이유를 설명하는데 사용될 수 있다. 사실, α는 실수이고 $|z_0|<1$인 형태

$$w = e^{j\alpha}\frac{z-z_0}{\bar{z}_0 z - 1} \tag{4.25}$$

의 임의의 선형 분수 변환은 일대 일의 방식으로 원판 $|z| \leq 1$을 원판 $|w| \leq 1$으로 사상한다. 이것의 증명은 문제로 남긴다(Problem 4-16).

4.6 THE FUNCTION Z^n

먼저 극 좌표 형으로 쉽게 표현될 수 있는 변환

$$w = z^2 \tag{4.26}$$

을 고려하자. $z = re^{j\theta}$ 그리고 $w = \rho e^{j\phi}$이라면, 그러면

$$\rho e^{j\phi} = r^2 e^{j2\theta}$$

이다. 따라서 임의의 0이 아닌 점 z의 상은 z의 크기(modulus)를 제곱하고 편각

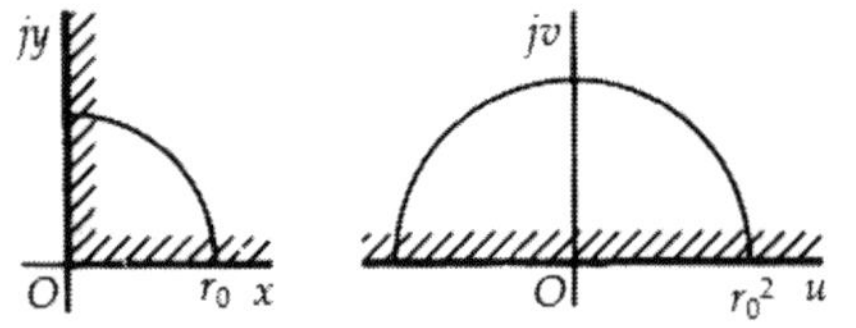

FIGURE 4.5 $w = z^2$.

(argument)을 2배함으로써 찾아진다; 즉, $|w| = |z|^2$ 그리고 $\arg w = 2 \arg z$이다.

변환 (4.26)은 전체 z-평면을 전체 w-평면으로 사상함을 확인하라. 변환은 z-평면에 있는 1상한(1사분면, first quadrant) $r \geq 0, 0 \leq \theta \leq \pi/2$의 w-평면의 상반평면(upper half) $\rho \geq 0, 0 \leq \phi \leq \pi$으로의 일대 일 사상이다(그림 4.5). 그것은 또한 상반평면 $r \geq 0, 0 \leq \theta \leq \pi$의 전체 w-평면으로의 사상이다. 하지만, 이 경우에는 z-평면 내에 있는 정(양)과 부(음)의 실축이 둘 다 w-평면 내에 있는 양의 실축으로 사상되기 때문에 일대 일이 아니다.

원 $r = r_0$은 원 $\rho = r_0^2$으로 변환되며, 부채꼴(sector) $r \leq r_0, 0 \leq \theta \leq \pi/2$는 일대 일의 방식으로 반원 영역(semicircular region) $\rho \leq r_0^2, 0 \leq \phi \leq \pi$로 사상된다(그림 4. 5).

직각 좌표계에서는 변환 $w = z^2$은

$$u + jv = x^2 - y^2 + j2xy$$

가 된다. 따라서 그림 4.6에 보여진 쌍곡선(hyperbola) $x^2 - y^2 = c_1$ $(c_1 \neq 0)$의 상은 직선 $u = c_1$이며 쌍곡선 $2xy = c_2$ $(c_2 \neq 0)$의 상은 직선 $v = c_2$이다.

두 개의 0이 아닌 점 z와 $-z$는 항상 같은 상을 가지며, 직선 $u = c_1$ 위에 있는

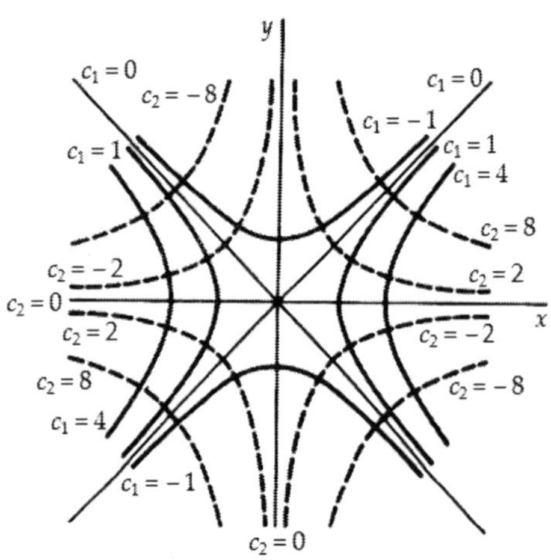

FIGURE 4.6 Hyperbolas $x^2 - y^2 = c_1$ and $2xy = c_2$.

각 점은 정확히 z-평면 내에 있는, 두 점이 쌍곡선 $x^2 - y^2 = c_1$의 서로 다른 가지(branch)에 놓여 있는, 두 개의 점의 상이다. 따라서, 이 쌍곡선의 특정 가지 위에 있는 점들은 직선 $u = c_1$ 위에 있는 점들과 일대 일로 대응된다.

마찬가지로, 쌍곡선 $2xy = c_2$의 직선 $v = c_2$로의 사상도 그렇게 각 가지가 직선으로 일대 일의 방식으로 사상된다.

그러한 쌍곡선을 포함하는 경계를 가진 영역의 상은 쉽게 얻어진다. 예를 들어, $0 < c < 1$인 쌍곡선 족(family) $xy = c$의 상부 가지(upper branch)에 놓인 모든 점으로 이루어진 영역 $x > 0, y > 0, xy < 1$을 주목하라. 영역의 상은 그러므로 직선 $v = 2c$ 위에 놓인 모든 점으로 이루어진다. 즉, 영역의 상은 수평 띠(horizontal strip) $0 < v < 2$이다.

n이 양(정)의 정수(positive integer)일 때, 변환

$$w = z^n \quad \text{or} \quad \rho e^{j\phi} = r^n e^{jn\theta} \tag{4.27}$$

은 영역 $r \geq 0, 0 \leq \theta \leq \pi/n$를 상반평면 $\rho \geq 0, 0 \leq \phi \leq \pi$로 사상한다(그림 4.7). 전체 z-평면은 전체 w-평면으로 사상된다. 여기서 w-평면에 있는 각 점은 z-평면에 있는 서로 다른 n개의 점의 상이다. 원 $r = r_0$은 원 $\rho = r_0{}^n$으로 사상된다; 그리고 호(arc) $r = r_0, 0 \leq \theta < 2\pi/n$는 일대 일의 방식으로 원 $\rho = r_0{}^n$으로 사상된다.

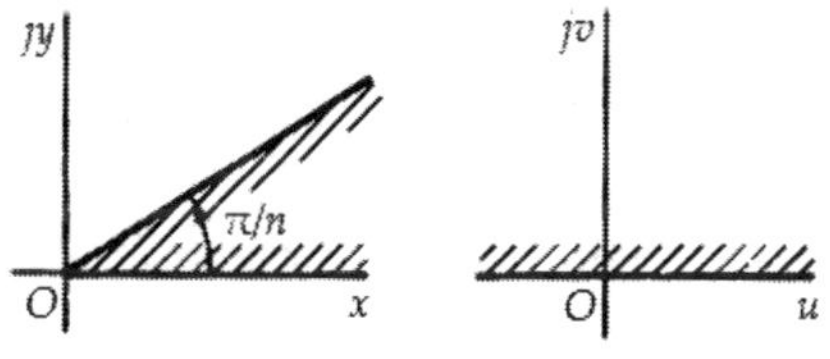

FIGURE 4.7 $w = z^n$.

4.7 THE FUNCTION $Z^{1/2}$

3.2절에 따라, $z^{1/2}$의 값은 $z \neq 0$일 때 z의 두 개의 제곱근(square root)이다. 복소수의 일반 멱(general power)으로부터, 이 다가 함수(multiple-valued function)는 또한

$$z^{1/2} = \exp\left(\frac{1}{2}\ln z\right) \quad (z \neq 0) \tag{4.28}$$

로 적어질 수 있음을 본다.

극 좌표계와 $\ln z = \text{Ln}\, r + j(\Theta + 2k\pi)$라는 사실을 사용한다면, 식 (4.28)은 형태

$$z^{1/2} = \sqrt{r}\exp\frac{j(\Theta + 2k\pi)}{2} \quad (r > 0, k = 0, 1) \tag{4.29}$$

로 적을 수 있다. 여기서 $r = |z|, \Theta = \mathrm{Arg}\, z,$ 그리고 $k = 0, \pm1, \pm2, \cdots$이다. 복소 지수 함수(complex exponential function)는 주기 $j2\pi$를 가지기 때문에, 이것은 $k = 0$과 $k = 1$일 때 각 0이 아닌 복소수 z에 대한 $z^{1/2}$의 두 개의 값을 준다.

다가 함수 $z^{1/2}$의 *주 가지(principal branch)* F_0은 $\ln z$의 주 가지의 사용에 의해 식 (4.28)로부터 얻어진 해석 함수(analytic function)이다. 따라서, 식 (4.29)에서 k를 0과 같게 둔다면,

$$F_0(z) = \sqrt{r}\exp\frac{j\Theta}{2} \quad (r > 0, \ -\pi < \Theta < \pi) \tag{4.30}$$

을 찾는다. 반직선(ray) $\Theta = \pi$는 F_0에 대한 가지 절단(branch cut)이며, 점 $z = 0$은 가지 점(branch point)이다. 식 (4.30)의 우변이 F_0의 가지 절단 위에 있는 점에 대해 정의되었음에 주목하라; 하지만, 이 확장에 의해 얻어진 함수는 거기에서 조차도 연속이 아니다. 이것은 부(음)의 실축(negative real axis) 위에 있는 점의 임의의 근방(neighborhood)에서 π에 가까운 Θ의 값 뿐만 아니라 $-\pi$에 가까운 값도 있다는 사실에 기인한다.

변환 $w = F_0(z)$는 영역 $r > 0, \ -\pi < \Theta < \pi$를 w-평면의 우반평면(right-hand half) $\rho > 0, \ -\pi/2 < \phi < \pi/2$로 사상한다. 여기서 $w = \rho e^{j\phi}$이다. 이것은 또한 $\rho = \sqrt{r}$ 그리고 $\phi = \Theta/2$이기 때문에 영역 $0 < r \le r_0, \ -\pi < \Theta < \pi$를 반 원판(half disk) $0 < \rho \le \sqrt{r_0}, \ -\pi/2 < \phi < \pi/2$로 사상한다(그림 4.8).

식 (4.29)에서 $k = 1$일 때, 가지

$$F_1(z) = \sqrt{r}\exp\frac{j(\Theta + 2\pi)}{2} \quad (r > 0, \ -\pi < \Theta < \pi) \tag{4.31}$$

을 가진다. $\exp(j\pi) = -1$이기 때문에, $F_1(z) = -F_0(z)$가 따라온다. 값 $\pm F_0(z)$는 따라서 영역 $r > 0, \ -\pi < \Theta < \pi$ 내에 있는 모든 점에서 $z^{1/2}$의 값의 총계(totality)를 나타낸다. 표현 (4.30)에 의하여, F_0의 정의역을 반직선 $\Theta = \pi$를 포함하도록 확장한

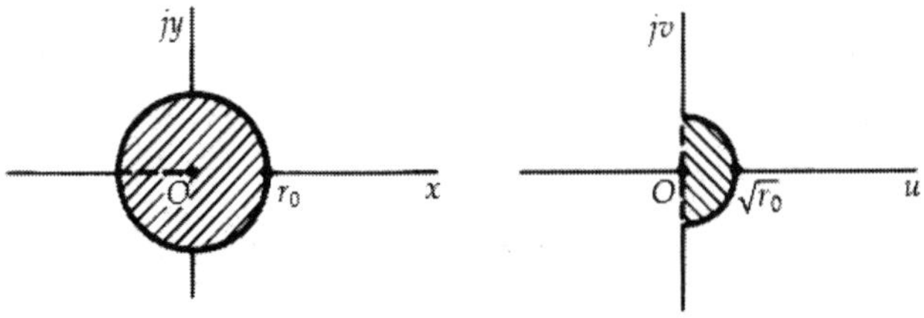

FIGURE 4.8 $w = F_0(z) = \sqrt{r}\, e^{j\Theta/2}$ $(r > 0, -\pi < \Theta < \pi)$.

다면, 그리고 $F_0(0) = 0$으로 적는다면, 값 $\pm F_0(z)$는 전체 z-평면에서 $z^{1/2}$의 값의 총계를 나타낸다.

$z^{1/2}$의 후속되는 가지는 표현 (4.28)에서 $\ln z$의 여러가지 다른 가지를 사용함으로써 얻어진다. 반직선 $\theta = \alpha$에 있는 가지는

$$f_\alpha(z) = \sqrt{r}\exp\frac{j\theta}{2} \quad (r > 0, \alpha < \theta < \alpha + 2\pi) \tag{4.32}$$

로 주어지는 가지 절단이다. $\alpha = -\pi$일 때 가지 $F_0(z)$를 가지며 $\alpha = \pi$일 때 가지 $F_1(z)$를 가짐을 확인하라. 꼭 F_0과 F_1의 경우처럼, f_α의 정의역은 가지 절단 위에 있는 0이 아닌 점에서 f_α를 정의하기 위해서 표현 (4.32)를 사용하고 $f_\alpha(0) = 0$으로 적음으로써 전체 복소 평면으로 확장될 수 있다. 그러한 확장은, 물론, 전체 복소 평면에서 연속이 아니다.

때때로 $w = f_\alpha(z)$라면, 그러면 $z = w^2$임을 유의하는 것이 유용하다. 예를 들어, 함수 $w = z^2$은 z-평면의 1상한에 놓인 쌍곡선 $2xy = 1$의 가지의 w-평면에 있는 직선 $v = 1$로의 일대 일 사상임을 안다(4.5절). 따라서, z-와 w-평면을 상호 교환한 후에, 가지 절단 $\theta = 0$인 가지 f_0은 z-평면 내에 있는 직선 $y = 1$을 w-평면의 1상한에 놓인 쌍곡선 $2uv = 1$의 가지로 일대 일의 방식으로 사상함을 찾는다.

4.8 OTHER IRROTATIONAL THE FUNCTIONS

n을 1보다 큰 임의의 양의 정수라 하자. $z^{1/n}$의 값은 $z \neq 0$일 때 z의 n승근(nth root)이다; 그리고, 복소수의 일반 멱으로부터, 다가 함수 $z^{1/n}$은

$$z^{1/n} = \exp\left(\frac{1}{n}\ln z\right) \quad (z \neq 0)$$

으로 적어질 수 있다. $\ln z = \operatorname{Ln} r + j(\Theta + 2k\pi)$이기 때문에,

$$z^{1/n} = \sqrt[n]{r}\exp\frac{j(\Theta + 2k\pi)}{n} \quad (r > 0, k = 0, 1, 2, \cdots, n-1) \tag{4.33}$$

을 찾는다. 여기서 $r = |z|, \Theta = \operatorname{Arg} z$, 그리고 $k = 0, \pm1, \pm2, \cdots$이다.

$n = 2$인 경우가 앞 절에서 고려되었다. 일반적인 경우에서는, n개의 함수

$$F_k(z) = \sqrt[n]{r}\exp\frac{j(\Theta + 2k\pi)}{n} \quad (r > 0, -\pi < \Theta < \pi, k = 0, 1, 2, \cdots, n-1) \tag{4.34}$$

의 각각은 $z^{1/n}$의 가지이다. 변환 $w = F_k(z)$는 영역 $r > 0, -\pi < \Theta < \pi$의 영역 $\rho >$

$0, (2k-1)\pi/n < \phi < (2k+1)\pi/n$로의 일대 일 사상이다. 여기서 $w = \rho e^{j\phi}$이다. 이 $z^{1/n}$의 n개의 가지는 영역 $r > 0, -\pi < \Theta < \pi$ 내에 있는 임의의 점 z에서 z의 서로 다른 n개의 n승근을 산출한다. 주 가지는 $k = 0$일 때 생기며, 앞 절에서의 형태 (4.32)의 후속되는 가지는 바로 세워진다.

2가 함수(double-valued function) $(z-z_0)^{1/2}$의 가지는 그것이 2가 함수 $Z^{1/2}$과 이동 $Z = z - z_0$의 합성임을 상기함으로써 얻어질 수 있다. $Z^{1/2}$의 각 가지는 $(z - z_0)^{1/2}$의 가지를 산출한다. $(z-z_0)^{1/2}$의 가지에 대한 표현을 얻기 위하여, $r_0 = |z - z_0|$과 $\theta_0 = \arg(z - z_0)$은 물론, $\Theta_0 = \mathrm{Arg}(z - z_0)$을 적는다. 그러한 두 개의 가지는

$$G_0(z) = \sqrt{r_0}\exp\frac{j\Theta_0}{2} \quad (r_0 > 0, -\pi < \Theta_0 < \pi) \tag{4.35}$$

그리고

$$g_0(z) = \sqrt{r_0}\exp\frac{j\theta_0}{2} \quad (r_0 > 0, 0 < \theta_0 < 2\pi) \tag{4.36}$$

이다.

$G_0(z)$를 적는데 사용된 $Z^{1/2}$의 가지는 원점과 반직선(half line) $\mathrm{Arg}\,Z = \pi$ 위에 있는 점을 제외한 Z-평면 내에 있는 모든 점에서 정의된다. 변환 $w = G_0(z)$는 그러므로 영역 $|z - z_0| > 0, -\pi < \mathrm{Arg}(z - z_0) < \pi$의 w-평면의 우반평면 $\mathrm{Re}\,w > 0$으로의 일대 일 사상이다(그림 4.9). 변환 $w = g_0(z)$는 영역 $|z - z_0| > 0, 0 < \arg(z - z_0) < 2\pi$를 상반평면 $\mathrm{Im}\,w > 0$으로 일대 일의 방식으로 사상한다.

도움이 되지만 덜 기본적인 예로서, 이제 2가 함수 $(z^2-1)^{1/2}$을 고려한다. 대수(logarithm)의 확립된 성질을 사용하여,

$$\begin{aligned}(z^2-1)^{1/2} &= \exp\left[\frac{1}{2}\ln(z^2-1)\right] = \exp\left[\frac{1}{2}\ln(z-1)\right] + \exp\left[\frac{1}{2}\ln(z+1)\right] \\ &= (z-1)^{1/2}(z+1)^{1/2} \quad (z \neq \pm 1)\end{aligned} \tag{4.37}$$

을 적는다. 따라서, $f_1(z)$가 영역 D_1에서 정의된 $(z-1)^{1/2}$의 가지이며 $f_2(z)$가 영역

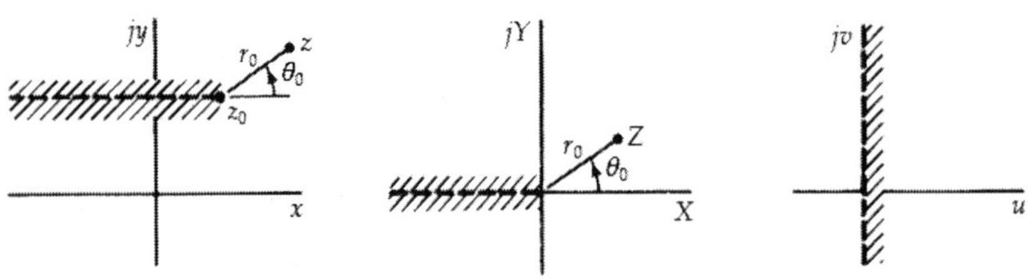

FIGURE 4.9 Branch of $w = z^{1/2}$.

D_2에서 정의된 $(z+1)^{1/2}$의 가지라면, 그러면 적(곱, product) $f_1(z)f_2(z)$은 D_1과 D_2 둘 다 내에 놓인 모든 점에서 정의된 $(z^2-1)^{1/2}$의 가지이다.

$(z^2-1)^{1/2}$의 특정한 가지를 얻기 위하여, 식 (4.36)으로 주어진 $(z-1)^{1/2}$의 가지와 $(z+1)^{1/2}$의 가지를 사용한다. $r_1 = |z-1|$ 그리고 $\theta_1 = \arg(z-1)$으로 적는다면, $(z-1)^{1/2}$의 그 가지는

$$\sqrt{r_1}\exp\frac{j\theta_1}{2} \quad (r_1 > 0, 0 < \theta_1 < 2\pi)$$

이다. 식 (4.36)으로 주어진 $(z+1)^{1/2}$의 가지는

$$\sqrt{r_2}\exp\frac{j\theta_2}{2} \quad (r_2 > 0, 0 < \theta_2 < 2\pi)$$

이다. 여기서 $r_2 = |z+1|$ 그리고 $\theta_2 = \arg(z+1)$이다. 이 두 가지의 적(곱)은 그러므로 식

$$f(z) = \sqrt{r_1 r_2}\exp\frac{j(\theta_1+\theta_2)}{2} \quad (r_1 > 0, r_2 > 0, 0 < \theta_k < 2\pi, k = 1, 2) \tag{4.38}$$

로 정의된 $(z^2-1)^{1/2}$의 가지 f이다. 그림 4.10에서 설명된 바와 같이, 가지 f는 반직선 $x \geq -1, y = 0$ 위를 제외한 z-평면 내의 어디에서나 정의된다.

식 (4.38)로 주어진 $(z^2-1)^{1/2}$의 가지 f는 선분 $-1 \leq x \leq 1, y = 0$ 위를 제외한 z-평면 내에 있는 어디에서나 해석적인(analytic) 함수

$$F(z) = \sqrt{r_1 r_2}\exp\frac{j(\theta_1+\theta_2)}{2} \quad (r_1 > 0, r_2 > 0, r_1 + r_2 > 2, 0 \leq \theta_k < 2\pi, k = 1, 2) \tag{4.39}$$

로 확장될 수 있다. 반직선 $x > 1, y = 0$ 위를 제외한 F의 정의역 내에 있는 모든 z에 대해 $F(z) = f(z)$이기 때문에, F가 그 반직선 위에서 해석적임을 보이는 것만이 필요하다. 이를 하기 위하여, 식 (4.35)로 주어진 $(z-1)^{1/2}$과 $(z+1)^{1/2}$의 가지의 적(곱)을 형성한다. 즉, 함수

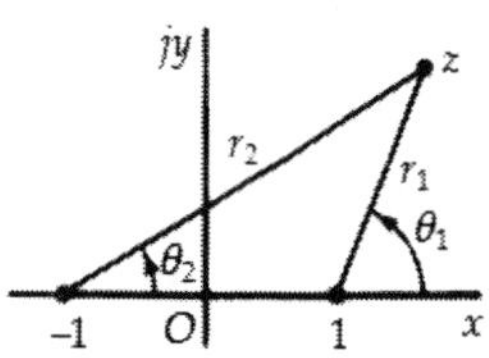

FIGURE 4.10 Product of two branches.

$$G(z) = \left(\sqrt{r_1}\exp\frac{j\Theta_1}{2}\right)\left(\sqrt{r_2}\exp\frac{j\Theta_2}{2}\right) \quad (r_1 > 0, r_2 > 0, -\pi < \Theta_k < \pi, k = 1, 2)$$

를 고려한다. 여기서 $r_1 = |z-1|, r_2 = |z+1|, \Theta_1 = \mathrm{Arg}(z-1)$, 그리고 $\Theta_2 = \mathrm{Arg}(z+1)$이다. G는 반직선 $x \le 1, y = 0$을 제외한 전체 z-평면에서 해석적임을 확인하라. 이제 점 z가 반직선 $x > 1, y = 0$의 상부(above) 또는 위에(on) 있을 때 $F(z) = G(z)$이다; 그러면 $\theta_k = \Theta_k\ (k = 1, 2)$이다. z가 그 반직선의 아래에(below) 놓여 있을 때에는, $\theta_k = \Theta_k + 2\pi\ (k = 1, 2)$이다. 따라서, $\exp(j\theta_k/2) = -\exp(j\Theta_k/2)$이며 다시 $F(z) = G(z)$이다. 반직선 $x > 1, y = 0$을 포함하는 영역에서 $F(z) = G(z)$이기 때문에 그리고 $G(z)$가 그 영역에서 해석적이기 때문에, $F(z)$는 거기에서 해석적이다. 따라서, $F(z)$는 선분 $-1 \le x \le 1, y = 0$ 위를 제외한 어디에서든 해석적이다.

식 (4.39)에서 정의된 함수 F는 그 자체로 선분 $-1 \le x \le 1, y = 0$ 위에 있는 점에서 해석적인 함수로 확장될 수 없다. 점 z가 선분을 가로질러 아래로 움직임에 따라 식 (4.39)의 우변에 있는 값이 $j\sqrt{r_1 r_2}$로부터 $-j\sqrt{r_1 r_2}$에 가까운 수로 도약한다(jump). 따라서 거기에서 연속이긴 하지만 확장은 되지 않을 것이다.

변환 $w = F(z)$는 선분 $-1 \le x \le 1, y = 0$ 위에 있는 점을 제외한 z-평면 내의 모든 점으로 이루어진 영역 D_z의 선분 $u = 0, -1 \le v \le 1$을 제외한 전체 w-평면으로 이루어진 영역 D_w로의 일대 일 사상이다(그림 4.11).

이것을 보이기 전에, $z = jy\ (y > 0)$일 때, $\theta_1 + \theta_2 = \pi$ 그리고 $r_1 = r_2 > 1$임을 주목한다; 따라서 양의 y-축은 $v > 1$인 v-축의 부분으로 사상된다. 음의 y-축은, 또한, $v < -1$인 v-축의 부분으로 사상된다. 영역 D_z의 상반부 $y > 0$ 내에 있는 각 점은 w-평면의 상반부 $v > 0$으로 사상되며, 영역 D_z의 하반부 $y < 0$ 내에 있는 각 점은 w-평면의 하반부 $v < 0$으로 사상된다. 반직선 $x > 1, y = 0$은 w-평면 내에 있는 양의 실축으로 사상되며, 반직선 $x < -1, y = 0$은 거기의 음의 실축으로 사상된다.

변환 $w = F(z)$가 *일대 일(one to one)*임을 보이기 위하여, $F(z_1) = F(z_2)$라면, 그러면 $z_1{}^2 - 1 = z_2{}^2 - 1$임을 주목한다. 이것으로부터 $z_1 = z_2$ 또는 $z_1 = -z_2$가 따라온다. 하지만, F가 영역 D_z의 상반과 하반은 물론, D_z 내에 놓인 실축의 일부를 사상하는

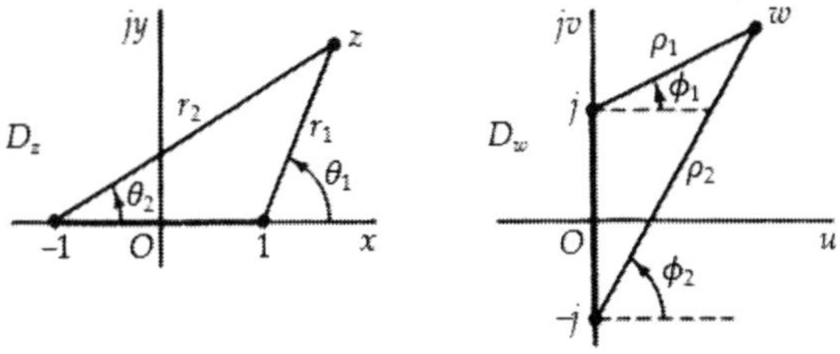

FIGURE 4.11 $w = F(z)$.

방식이기 때문에, 경우 $z_1 = -z_2$은 불가능하다. 따라서, $F(z_1) = F(z_2)$라면, $z_1 = z_2$이다; 그리고 F는 일대 일이다.

$z = H(w)$라면, $w = F(z)$라는 성질로 D_w를 D_z로 사상하는 함수 H를 찾음으로써 F가 영역 D_z를 영역 D_w로(onto) 사상함을 보인다. 이것은 D_w 내에 있는 임의의 w에 대하여, $F(z) = w$ 와 같은 D_z 내의 점 z가 있는 것을 보일 것이다; 그리고 사상은 그러므로 그렇게 된다. 사상 H는 F의 역(inverse)일 것이다.

H를 찾기 위하여, 먼저 w가 특정한 z에 대한 $(z^2-1)^{1/2}$의 값이라면, 그러면 z는 그 w에 대한 $(w^2+1)^{1/2}$의 값임을 상기한다. 함수 H는 다가 함수

$$(w^2+1)^{1/2} = (w-j)^{1/2}(w+j)^{1/2}$$

의 가지일 것이다. $(z^2-1)^{1/2}$의 가지 $F(z)$를 얻는 과정에 따라, $w - j = \rho_1 \exp(j\phi_1)$ 그리고 $w + j = \rho_2 \exp(j\phi_2)$를 적는다. 제한 $\rho_1 > 0, \rho_2 > 0, \rho_1 + \rho_2 > 2$ 그리고 $-\pi/2 \le \phi_k < 3\pi/2, k = 1, 2$와 함께, 그 다음 정의역이 D_w인

$$H(w) = \sqrt{\rho_1\rho_2}\exp\frac{j(\phi_1+\phi_2)}{2} \tag{4.40}$$

을 적는다. 이 가지는 u-축의 위 또는 아래에 놓인 D_w의 점을 각각 x-축의 위 또는 아래에 있는 점으로 사상한다. 그것은 양의 u-축을 $x > 1$인 양의 x-축의 부분으로 그리고 음의 u-축을 $x < -1$인 음의 x-축의 부분으로 사상한다. $z = H(w)$라면, 그러면 $z^2 = w^2 + 1$이며, 그래서 $w^2 = z^2 - 1$이다. z가 D_z 내에 있기 때문에 그리고 $F(z)$와 $-F(z)$는 D_z 내에 있는 점에 대한 $(z^2-1)^{1/2}$의 두 개의 값이기 때문에, $w = F(z)$ 또는 $w = -F(z)$임을 본다. 그러나 F와 H가, 그 정의역 내에 놓인 실축의 일부를 포함하여, 그 정의역의 절반들인 상부와 하부를 사상하는 방식으로부터 $w = F(z)$임이 명백하다.

2가 함수

$$w = (z^2 + Az + B)^{1/2} = \left[(z-z_0)^2 - {z_1}^2\right]^{1/2} \quad (z_1 \ne 0) \tag{4.41}$$

의 가지와 그 가지에 의한 사상은 위의 F를 찾은 결과와 연속 변환(successive transformation)

$$Z = \frac{z - z_0}{z_1}, \quad W = (Z^2-1)^{1/2}, \quad w = z_1 W \tag{4.42}$$

을 채용하여 다루어질 수 있다. 여기서 $A = -2z_0$ 그리고 $B = {z_0}^2 - {z_1}^2$이다.

4.9 THE TRANSFORMATION W = EXP Z

변환

$$w = e^z \quad \text{or} \quad \rho e^{j\phi} = e^x e^{jy}$$

는

$$\rho = e^x, \quad \phi = y$$

로 적어질 수 있다. 여기서 $z = x + jy$ 그리고 $w = \rho \exp(j\phi)$이다.

이 변환은 직선 $y = c$의 원점이 제외된 반직선 $\phi = c$로의 일대 일 사상이다. 직선 $x = c$는 원 $\rho = e^c$로 사상된다. 하지만, 직선 $x = c$ 위에 같은 상점을 가지는 무한히 많은 점이 있음을 확인하라.

직사각형 영역 $a \le x \le b, c \le y \le d$는 원과 반직선의 일부로 제한되는 영역

$$e^a \le \rho \le e^b, \quad c \le \phi \le d$$

로 사상된다. 이 사상은 $d - c < 2\pi$라면 일대 일이다. 두 개의 영역과 그 경계의 대응하는 부분이 그림 4.12에 보여졌다. 특히, $c = 0$ 그리고 $d = \pi$라면, 그러면 $0 \le y \le \pi$ 그리고 직사각형은, Appendix C의 그림 C.8에 보여진 바와 같이, 원환(circular ring)의 절반으로 사상된다.

복소 지수 함수의 성질에 따라, 변환 $w = e^z$은 띠(strip) $(2n-1)\pi < y \le (2n+1)\pi$의 w-평면 내에 있는 0이 아닌 점의 집합(set)으로의 일대 일 사상이다. 여기서 n은 임의의 정수(integer)이다. 복소 대수 함수(complex logarithmic function)의 성질로부터 z가 띠 내에 놓여 있으며 $w = e^z$이라면, 그러면

$$z = \text{Ln}\, w + j2n\pi$$

임을 안다.

무한 띠 $0 < y < \pi$는 w-평면의 상반평면 $\rho > 0, 0 < \phi < \pi$로 사상된다. 두 개의 영역의 경계의 대응하는 부분이 Appendix C의 그림 C.6에 보여졌다. 띠의 반평면

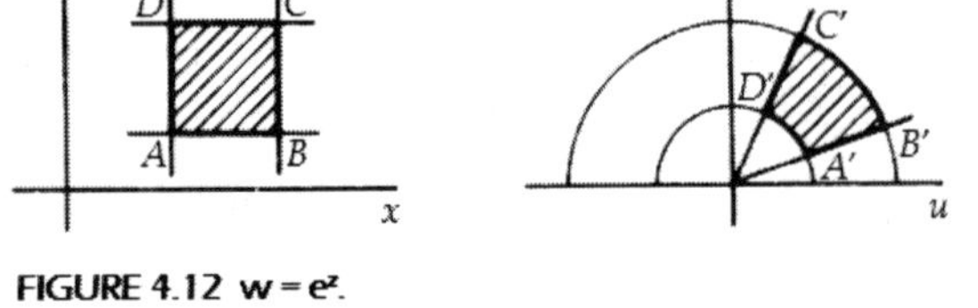

FIGURE 4.12 $w = e^z$.

으로의 이 사상은 응용에서 특히 유용하다.

반무한 띠(semi-infinite strip) $x \le 0, 0 \le y \le \pi$는 반원 영역 $0 < \rho \le 1, 0 \le \phi \le \pi$로 사상된다(Appendix C, 그림 C.7). 점 $w = 0$은 e^z이 결코 0일 수 없기 때문에 상 영역(image region)에 포함되지 않음에 유의하라.

4.10 THE TRANSFORMATION W = SIN Z

$$\sin z = \sin x \cosh y + j \cos x \sinh y$$

이기 때문에 변환 $w = \sin z$는

$$u = \sin x \cosh y, \quad v = \cos x \sinh y \tag{4.43}$$

으로 적어질 수 있다.

응용에서 특히 중요한 점은, Appendix C의 그림 C.9에서 보여진 바와 같이, 변환 $w = \sin z$가 z-평면 내에 있는 띠

$$-\frac{\pi}{2} \le x \le \frac{\pi}{2}, \quad y \ge 0$$

의 w-평면의 상반평면 $v \ge 0$로의 일대 일 사상이라는 사실이다. 이제 $-\pi/2 \le c \le \pi/2$인 수직선(vertical line) $x = c$의 상을 고려함으로써 이것을 증명한다.

y-축($x = 0$)은 일대 일의 방식으로 v-축($u = 0$)으로 사상되며, 위 쪽 부분(upper portion)이 그런 것처럼, 이 축의 아래 쪽 부분(lower portion)이 서로 대응한다. y-축 위에 있는 점 $(0, y)$의 상은 v-축 위에 있는 점 $(0, \sinh y)$이다.

$0 < c < \pi/2$라면, 직선 $x = c$는 곡선

$$u = \sin c \cosh y, \quad v = \cos c \sinh y \tag{4.44}$$

로 사상되는데, 이것은 초점(focus) $(\pm 1, 0)$인 쌍곡선(hyperbola)

$$\frac{u^2}{\sin^2 c} - \frac{v^2}{\cos^2 c} = 1 \tag{4.45}$$

의 우측 가지(right-hand branch)이다. 그림 4.13을 보라.

식 (4.43)에서 $x = \pi/2$로 적음으로써 얻어지는, 직선 $x = \pi/2$의 상은 $u \ge 1$인 u-축 위에 있는 점 $(u, 0)$으로 이루어진다. 직선 $x = \pi/2$의 사상은 점 $\pi/2 + jy$와 $\pi/2 - jy$가 같은 상을 가지기 때문에 일대 일이 아니다. 사상은, 하지만, 그 위 또는 아래의 절반에 대해서는 일대 일이다.

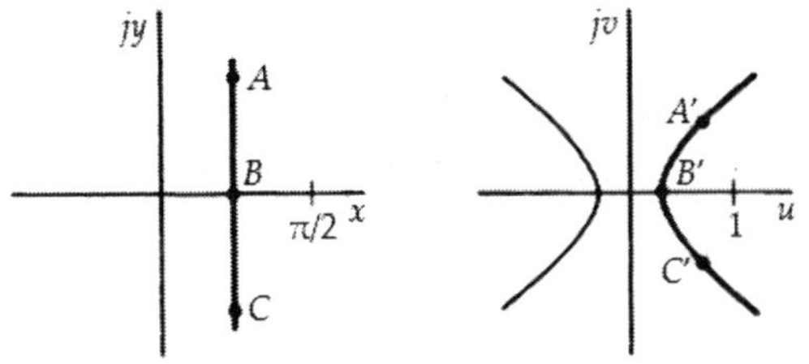

FIGURE 4.13 w = sin z

직선 $x = c,\ -\pi/2 \le c < 0$의 상은 항등식(identity) $\sin z = -\sin(-z)$에 의해 위의 결과로부터 바로 얻어진다. 상은, $c = -\pi/2$일 때를 제외하고, 쌍곡선 (4.45)의 왼쪽 가지이다. 그 경우에서는 상이 $u \le -1$인 점 $(u, 0)$로 이루어진다.

이제, 바로 이 모든 직선의 위의 절반의 상임을 상기하면, 변환 $w = \sin z$는 반무한 띠 $-\pi/2 \le x \le \pi/2,\ y \ge 0$를 일대 일의 방식으로 w-평면의 상반평면 $v \ge 0$로 사상한다. 띠의 오른 쪽 절반은 Appendix C의 그림 C.10에서 보여진 바와 같이 w-평면의 1상한으로 사상된다.

변환 $w = \sin z$는 수평선 $y = c$를 곡선

$$u = \sin x \cosh c, \quad v = \cos x \sinh c \tag{4.46}$$

으로 사상한다. $c \ne 0$이라면, 이 곡선은 타원(ellipse)

$$\frac{u^2}{\cosh^2 c} + \frac{v^2}{\sinh^2 c} = 1 \tag{4.47}$$

이다. 선분 $0 \le x \le \pi,\ y = c$는 일대 일의 방식으로 타원의 오른 쪽 절반으로 사상되는 한편, 선분 $\pi \le x \le 2\pi,\ y = c$는 일대 일의 방식으로 왼 쪽 절반으로 사상된다. 그림 4.14를 보라. 식 (4.46)에서 $c = 0$으로 적음으로써 얻어지는 x-축의 상은 $-1 \le u \le 1$인 u-축의 일부이다.

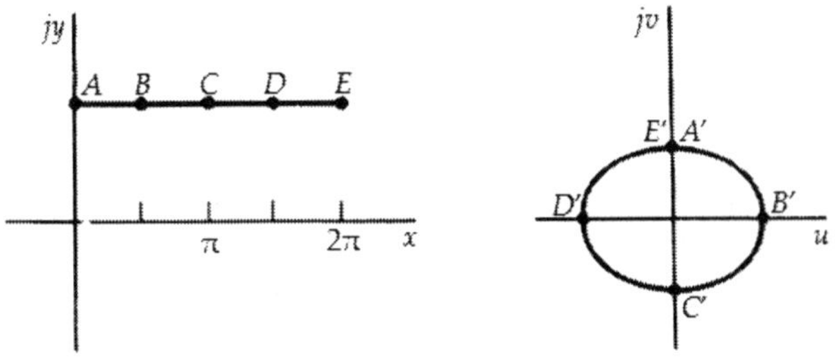

FIGURE 4.14 w = sin z

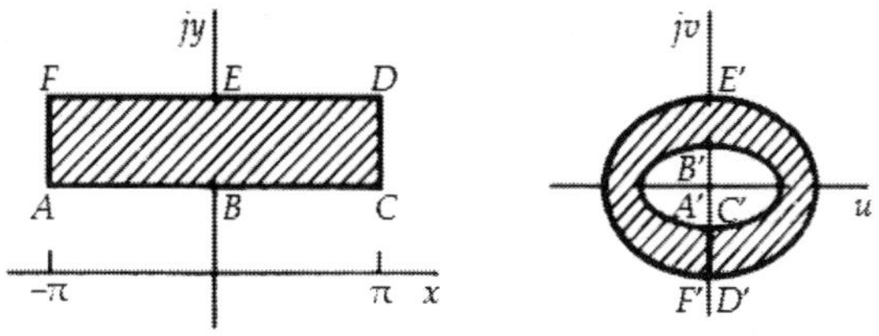

FIGURE 4.15 w = sin z

직사각형 영역 $-\pi \le x \le \pi$, $c_1 \le y \le c_2$는, 그림 4.15에 보여진 바와 같이, 두 개의 공초점 타원(confocal ellipse)으로 경계지어지는 영역으로 사상된다. 변(side) $x = \pm\pi$, $c_1 \le y \le c_2$는 둘 다 선분 $u = 0$, $-\sinh c_2 \le v \le -\sinh c_1$로 사상된다. 따라서, $c_1 > 0$이라면, 직사각형 영역의 상은 음의 v-축을 따라 절단(cut)이 있는 타원환(elliptic ring)으로 사상된다. 점 z가 경계를 나타냄에 따라, 그 상은 한 개의 타원을 돌며 순회(circuit)한 다음, 절단을 따라 갔다가 다른 다원을 돌고, 다시 절단을 따라서 시작점으로 되돌아 간다.

직사각형 영역 $-\pi/2 \le x \le \pi/2, 0 \le y \le c$는 Appendix C의 그림 C.11에 보여진 바와 같이 반타원 영역(semielliptic region)으로 일대 일의 방식으로 사상된다.

4.11 SUCCESSIVE TRANSFORMATIONS

$\cos z = \sin(z + \pi/2)$이기 때문에. 변환

$$w = \cos z$$

는

$$Z = z + \frac{\pi}{2}, \quad w = \sin Z$$

와 같이 연속으로 적어질 수 있다. 따라서 이 변환은 오른 쪽으로 $\pi/2$ 단위를 통한 이동(translation)이 먼저 되는 정현 변환(sine transformation)과 같다.

변환

$$w = \sinh z$$

는 $w = -j\sin(jz)$, 또는

$$Z = jz, \quad W = \sin Z, \quad w = -jW$$

로 적어질 수 있다. 그것은 그러므로 직각(right angle)을 통한 회전과 정현 변환의 결합이다. 변환

$$w = \cosh z$$

는, 마찬가지로, 본질적으로 여현 변환(cosine transformation)이다.

분수 멱(fractional power)이 주 가지(principal branch)를 나타내는 변환

$$w = (\sin z)^{1/2}$$

은 연속 변환(successive transformation)

$$Z = \sin z, \quad w = Z^{1/2}$$

으로 적어질 수 있다. 앞 절에서의 내용을 상기하면, 첫 번째 변환은 반무한 띠 $0 \le x \le \pi/2$, $y \ge 0$을 Z-평면 내의 1상한 $X \ge 0$, $Y \ge 0$으로 사상한다; 두 번째의 것은 상한을 w-평면 내에 있는 8분면(octant)으로 변환한다. 연속 변환이 그림 4.16에 설명되었다.

연속 변환의 다른 설명을 위하여, 먼저 선형 분수 변환

$$Z = \frac{z-1}{z+1}$$

을 고려하라. 이 변환이 반평면 $y > 0$을 Z-평면 내에 있는 반평면 $Y > 0$으로 사상함이 바로 보여진다. 그 다음으로 변환 $w = \mathrm{Ln}\, Z$는 반평면 $Y > 0$을 w-평면 내에 있는 띠 $0 < v < \pi$로 사상함을 확인하라. 그러면 변환

$$w = \mathrm{Ln}\frac{z-1}{z+1}$$

은 반평면 $y > 0$을 띠 $0 < v < \pi$로 사상한다고 결론짓는다. 경계 위에 있는 대응하는 점이 Appendix C의 그림 C.19에 보여졌다.

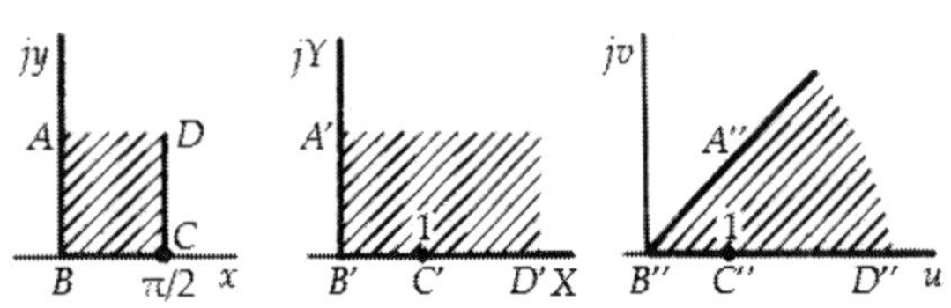

FIGURE 4.16 $w = (\sin z)^{1/2}$.

4.12 TABLE OF TRANSFORMATIONS OF REGION

Appendix C는 여러가지 기본 함수에 의해 몇 가지 간단하고 유용한 영역의 변환을 보여주는 그림의 조합으로 이루어졌다. 각 경우에서 주어진 영역의 내부점(interior point)과 영역의 상의 내부점 사이에 일대 일 대응이 있다. 경계의 대응하는 부분은 문자로 표시되었다. 이 교재에서 논의되지 않은 몇 가지 사상이 보여졌다. 그것의 증명은 독자들을 위한 문제로 남긴다. Appendix C에 주어진 변환의 몇 가지는 참고 문헌에 소개된 Schwartz-Christoffel 변환에 의해 유도될 수 있다.

PROBLEMS

4-1 변환 $w = jz$는 각도 $\pi/2$를 통한 z-평면의 회전임을 보여라. 무한 띠 $0 < x < 1$의 상을 찾아라.

Answer: $0 < v < 1$.

4-2 변환 $w = jz + j$는 반평면 $x > 0$을 반평면 $v > 1$로 사상함을 보여라.

4-3 변환 $w = (1 + j)z$에 의해 반평면 $y > 0$이 사상되는 영역을 (a) 극 좌표계를 사용하여; (b) 직각 좌표계를 사용하여 찾아라. 이 영역을 그려라.

Answer: $v > u$.

4-4 변환 $w = (1 - j)z$ 아래에서 영역 $y > 1$의 상을 찾아라.

4-5 변환 $w = jz + 1$ 아래에서 반무한 띠 $x > 0,\ 0 < y < 2$의 상을 찾아라. 띠와 그 상을 그려라.

Answer: $-1 < u < 1,\ v > 0$.

4-6 B와 C가 복소 상수이며 $B \neq 0$일 때 변환 $w = B(z + C)$의 기하학적인 표현을 구하라.

4-7 $c_1 < 0$이라면, 변환 $w = 1/z$ 아래에서의 반평면 $x < c_1$의 상이 원의 내부임을 보여라. $c_1 = 0$일 때의 상은 무엇인가?

4-8 변환 $w = 1/z$ 아래에서의 반평면 $y > c_2$의 상이, $c_2 > 0$을 조건으로, 원의 내부임을 보여라. $c_2 < 0$일 때의 상을 찾아라; 또한 $c_2 = 0$일 때의 상을 찾아라.

4-9 변환 $w = 1/z$ 아래에서 무한 띠 $0 < y < 1/(2c)$의 상을 찾아라. 띠와 그 상을 그려라.

Answer: $u^2 + (v + c)^2 > c^2,\ v < 0$.

4-10 변환 $w = 1/z$ 아래에서 사분면 $x > 1,\ y > 0$의 상을 찾아라.

Answer: $\left|w - \frac{1}{2}\right| < \frac{1}{2},\ v < 0.$

4-11 $w = 1/z$일 때 Appendix C의 (a) 그림 C.4; (b) 그림 C.5에 표시된 영역과 경계의 부분의 사상을 증명하라.

4-12 변환 $w = 1/(z-1)$을 기하학적으로 나타내어라.

4-13 변환 $w = j/z$을 기하학적으로 나타내어라; 또한 그것이 원과 직선을 원과 직선으로 변환함을 보여라.

4-14 변환 $w = j/z$ 아래에서 반무한 띠 $x \geq 0,\ 0 \leq y \leq 1$의 상을 찾아라. 띠와 그 상을 그려라.

Answer: $0 \leq \phi \leq \pi/2,\ \rho \geq \cos\phi$, 여기서 $w = \rho e^{j\phi}$.

4-15 변환 $w = 1/z$ 아래에서 쌍곡선 $x^2 - y^2 = 1$의 상을 찾아라.

Answer: $\rho^2 = \cos 2\phi$, 여기서 $w = \rho e^{j\phi}$.

4-16 원 $|z| = 1$이 양(정, positive), 또는 반시계 방향(counterclockwise) 방위를 가진다고 하자. 변환 $w = 1/z$ 아래에서 그 상의 방위를 결정하라.

4-17 변환 $w = 1/z$ 아래에서 원이 원으로 변환될 때, 원래 원(original circle)의 중심은 상원(image circle)의 중심으로는 절대 사상되지 않음을 보여라.

4-18 4.3절의 식 (4.10)을 증명하라.

4-19

$$\lim_{z\to\infty} f(z) = \infty \quad \text{if and only if} \quad \lim_{z\to 0} \frac{1}{f(1/z)} = 0$$

임을 보여라.

4-20

$$f(z) = \frac{-z+1}{z+1} \quad (z \neq -1, \infty)$$

라면 함수 f가 확장 평면에서 연속인 $f(-1)$ 그리고 $f(\infty)$를 결정하라.

Answer: $f(-1) = \infty,\ f(\infty) = -1.$

4-21 점 $z_1 = 2, z_2 = j, z_3 = -2$를 $w_1 = 1, w_2 = j, w_3 = -1$로 사상하는 선형 분수 변환을 찾아라.

Answer: $w = (3z + j2)/(jz + 6)$.

4-22 점 $z_1 = -j, z_2 = 0, z_3 = j$를 $w_1 = -1, w_2 = j, w_3 = 1$로 사상하는 선형 분수 변환을 찾아라. 허축(imaginary axis)은 어떤 곡선으로 변환되는가?

4-23 점 $z_1 = \infty, z_2 = j, z_3 = 0$을 $w_1 = 0, w_2 = j, w_3 = \infty$로 사상하는 쌍일차 변환을 찾아라.

Answer: $w = -1/z$.

4-24 점 z_1, z_2, z_3을 $w_1 = 0, w_2 = 1, w_3 = \infty$로 사상하는 쌍일차 변환을 찾아라.

Answer: $w = [(z - z_1)(z_2 - z_3)]/[(z - z_3)(z_2 - z_1)]$.

4-25 두 개의 선형 분수 변환의 합성은 다시 선형 분수 변환임을 보여라.

4-26 변환 $w = f(z)$의 *고정점(fixed point)*은 $z_0 = f(z_0)$인 점 z_0이다. 항등 변환 $w = z$를 제외한 모든 쌍일차 변환은 확장 평면 내에서 많아야 두 개의 고정점을 가짐을 보여라.

4-27 변환 (a) $w = (z-1)/(z+1)$; (b) $w = (6z-9)/z$의 고정점(Problem 4-26)을 찾아라.

Answer: (a) $z = \pm j$; (b) $z = 3$.

4-28 z_2와 w_2가 둘 다 무한원에 있는 점인 경우에 대하여 4.4절의 식 (4.16)을 수정하라. 그 다음 임의의 선형 분수 변환은 그 고정점(Problem 4-26)이 0과 ∞일 때 형태 $w = az$이어야 함을 보여라.

4-29 원점이 쌍일차 변환의 고정점(Problem 4-26)이라면, 변환은 형태 $w = z/(cz + d)$로 적어질 수 있음을 증명하라.

4-30 $w = (z-1)/(z+1)$일 때 Appendix C의 그림 C.12에 보여진 사상을 증명하라.

4-31 반평면 $\text{Im}\, z \geq 0$을 원판 $|w| \leq 1$로 사상하도록 4.5절의 변환 (4.23)에 있는 상수를 결정하라. 여기서 점 $z = \infty, z = 0$, 그리고 $z = 1$의 상은 각각 점 $w = -1, w = 1$, 그리고 $w = j$이다. 양의 x-축의 상은 원 $|w| = 1$의 상반임을 보여라. 그 다음 Appendix C의 그림 C.13에 표현된 사상을 증명하라.

4-32 원판 $|z-1| \leq 1$는 선형 분수 변환 $w = (z-2)/z$에 의해 반평면 $\text{Re}\, w \leq 0$으로 사상됨을 보이기 위하여 Appendix C의 그림 C.13에 표현된 변환 $w = (j-z)/(j+z)$을 사용하라.
Hint 먼저 주어진 원판을 왼쪽으로 1 단위만큼 이동하라. 그 다음 Appendix C에 있는 변환의 역을 적용하고, 이것을 $\pi/2$ [rad]만큼 회전시켜라.

4-33 4.5절의 조건 (4.24)와 함께 변환 (4.23)은 점 $z = \infty$를 원판 $|w| \leq 1$의 경계에 놓인 점 $w = \exp(j\alpha)$ 로 사상한다. $0 < \alpha < 2\pi$ 이며 점 $z = 0$ 과 $z = 1$ 이 각각 점 $w = 1$ 과 $w = \exp(j\alpha/2)$로 사상된다면, 변환이

$$w = \exp(j\alpha)\frac{z + \exp(-j\alpha/2)}{z + \exp(j\alpha/2)}$$

와 같이 적어질 수 있음을 보여라.

4-34 $\alpha = \pi/2$일 때, Problem 4.33에 있는 변환은

$$w = \frac{jz + \exp(j\pi/4)}{z + \exp(j\pi/4)}$$

가 됨을 상기하라. 이 특별한 경우는 반평면 $\text{Im}\, z > 0$과 그 경계의 부분을 그림 4.17에 표시된 방식으로 사상함을 증명하라.

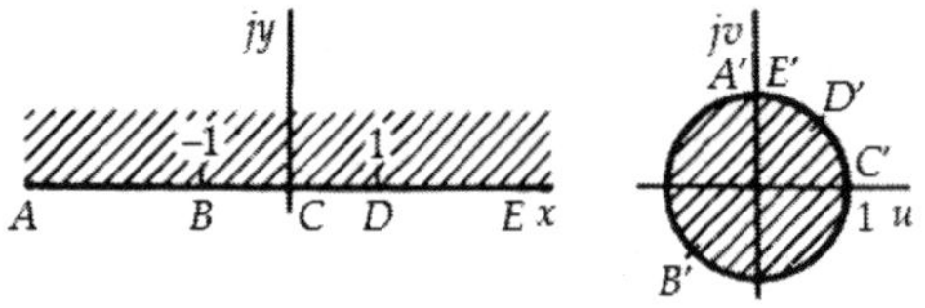

FIGURE 4.17 $w = \frac{jz + e^{j\pi/4}}{z + e^{j\pi/4}}$.

4-35 $\text{Im}\ z_0 < 0$일 때, 4.5절의 변환 (4.23)은 하반평면 $\text{Im}\ z \le 0$을 단위 원판 $|w| \le 1$로 사상함을 보여라.

4-36 4.5절의 변환 (4.25)를 유도하라.
Hint 연속 선형 분수 변환이 먼저 원판 $|z| \le 1$을 반평면 $\text{Im}\, Z \ge 0$으로 사상하며 그 다음 그 반평면을 원판 $|w| \le 1$로 사상하는데 사용될 수 있다.

4-37 $z_0 = 0$일 때, 4.5절의 변환 (4.25)는 각도 $\alpha + \pi$를 통한 원점에 대한 회전임을 보여라.

4-38 점 $z_1 = 1, z_2 = j, z_3 = -1$이 상 $w_1 = 1, w_2 = -j, w_3 = -1$을 갖도록 원판 $|z| \le 1$을 원판 $|w| \le 1$로 사상하는 4.5절의 형태 (4.25)와 같은 선형 분수 변환은 없음을 보여라.

4-39 4.4절의 식 (4.16)은 세 개의 주어진 서로 다른 점 z_1, z_2, 그리고 z_3을 각각 세 개의 특정한 서로 다른 점 w_1, w_2, 그리고 w_3으로 사상하는 유일한 선형 분수 변환을 정의함을 보여라.
Hint T와 S를 두 개의 그러한 선형 분수 변환이라 둔다. 그 다음, Problem 4-26의 결과를 사용하여, $w = S^{-1}[T(z)]$가 항등 변환 $w = z$임을 보인다.

4-40 쌍일차 변환이 x-축의 각 점을 u-축으로 사상한다면, 그러면 변환 내에 있는 계수(coefficient)는, 어쩌면 공통 복소 인자(common complex factor)인 경우는 제외하고, 모두 실수임을 증명하라. 역 설명(converse statement)은 명백하다.

4-41 부채꼴 $r<1,\ 0<y<\pi/4$이 변환 (a) $w=z^2$; (b) $w=z^3$; (c) $w=z^4$에 의해 사상되는 영역을 나타내어라.

4-42 변환 $w=z^2$은 직선 $x=c\ (c\neq 0)$의 포물선(parabola) $v^2=-4c^2(u-c^2)$로의, 그리고 직선 $y=d\ (d\neq 0)$의 포물선 $v^2=4d^2(u+d^2)$으로의 일대일 사상임을 보여라. 이 포물선 모두는 점 $w=0$에 초점을 가짐에 유의하라.

4-43 변환 $w=z^2$ 아래에서 상이 w-평면 내에서 직선 $u=1, u=2, v=1, v=2$로 제한되는 직사각형 영역인 z-평면 내의 영역을 찾아라.

4-44 함수 $z^{1/2}$의 주 가지는 y-축과 포물선 $y^2=-4(x-1)$에 의해 제한되는 영역을 직선 $v=u, v=-u$, 그리고 $u=1$로 제한되는 삼각형 영역으로 사상함을 보여라. 두 영역의 경계의 대응하는 부분을 보여라. Problem 4-42를 보라.

4-45 다가 함수 $z^{1/2}$의 가지 $w=\sqrt{r}\exp(j\theta/2),\ r>0,\ 0<\theta<2\pi$는 두 개의 포물선

$$r=\frac{2a^2}{1-\cos\theta},\quad r=\frac{2b^2}{1-\cos\theta}$$

사이의 영역의 $b>a>0$인 때 $a<v<b$로의 일대 일 사상임을 보여라. Problem 4-42를 보라.

4-46 $n=4$일 때 4.8절 식 (4.34)로 주어진 $z^{1/4}$의 네 개의 가지로 정의된 각 변환 아래에서 영역 $r>0,\ -\pi<\theta<\pi$의 상을 결정하라. j의 4승근(4th root)을 결정하기 위하여 $z^{1/4}$의 네 개의 가지를 사용하라.

4-47 4.8절에서 $(z^2-1)^{1/2}$의 가지 F는 좌표 $r_1, r_2, \theta_1, \theta_2$의 항으로 정의되었다. 왜 조건 $r_1>0,\ 0<\theta_1+\theta_2<\pi$가 z-평면의 사분면 $x>0, y>0$을 나타내는지를 기하학적으로 설명하라. 그 다음 변환 $w=F(z)$가 그 사분면을 w-평면 내에 있는 사분면 $u>0, v>0$으로 사상함을 보여라.

Hint z-평면 내에 있는 사분면 $x>0, y>0$이 나타내어 진다는 것을 보이기 위하여, 양의 y-축 위의 각 점에서 $\theta_1+\theta_2=\pi$이며 $\theta_1+\theta_2$는 점 z가 반직선 $\theta_2=c\ (0<c<\pi/2)$을 따라 오른 쪽으로 움직임에 따라 감소함에 유의하라.

4-48 z-평면의 1상한의 w-평면의 1상한으로의 변환 $w=F(z)$의 경우(Problem 4-47),

$$u=\frac{1}{\sqrt{2}}\sqrt{r_1r_2+x^2-y^2-1},\quad v=\frac{1}{\sqrt{2}}\sqrt{r_1r_2-x^2+y^2+1}$$

임과, 1상한 내에 있는 쌍곡선 $x^2-y^2=1$의 일부의 상이 반직선 $u>0, v=u$임을 보여라. 여기서 $r_1{}^2r_2{}^2=(x^2+y^2+1)^2-4x^2$이다.

4-49 Problem 4-48에서 쌍곡선의 아래 그리고 z-평면의 1상한에 놓인 영역 D는 조건 $r_1 > 0$, $0 < \theta_1 + \theta_2 < \pi/2$에 의해 나타내어 짐을 보여라. 그 다음 D의 상은 팔분면 $0 < v < u$임을 보여라. 영역을 그려라.

4-50 F를 4.8절에서 정의된 $(z^2-1)^{1/2}$의 가지라 하고, $r_0 > 0$ 그리고 $0 \le \theta_0 < 2\pi$인 $z_0 = r_0 \exp(j\theta_0)$를 고정점이라 하자. 가지 절단이 점 z_0과 $-z_0$ 사이의 선분인 $(z^2 - z_0{}^2)^{1/2}$의 가지 F_0은 공식 $F_0(z) = z_0 F(Z)$에 의해 주어짐을 보여라 여기서 $Z = z/z_0$이다.

4-51 함수

$$\text{(a) } (z^2-1)^{1/2}; \text{ (b) } \left(\frac{z-1}{z+1}\right)^{1/2}$$

의 가지를 정의하는 $z - 1 = r_1 \exp(j\theta_1)$ 그리고 $z + 1 = r_2 \exp(j\Theta_2)$를 적어라. 여기서 $0 < \theta_1 < 2\pi$ 그리고 $-\pi < \Theta_2 < \pi$이다. 각 경우에서 가지 절단은 두 개의 반직선 $\theta_1 = 0$ 그리고 $\Theta_2 = \pi$로 이루어져야 할 것이다.

4-52 4.8절의 표기를 사용하여, 함수

$$\left(\frac{z-1}{z+1}\right)^{1/2} = \sqrt{\frac{r_1}{r_2}} \exp\frac{j(\theta_1 - \theta_2)}{2}$$

는 같은 정의역 D_z를 가진 가지이며 F로서 같은 가지 절단임을 보여라. 이 변환은 D_z를 우반평면 $\rho > 0, -\pi/2 < \phi < \pi/2$로 사상함을 보여라. 여기서 점 $w = 1$은 점 $z = \infty$의 상이다. 역변환(inverse transformation)은

$$z = \frac{1 + w^2}{1 - w^2} \quad (u > 0)$$

이다.

4-53 Problem 4-52의 변환은 z-평면의 상반평면 내에 있는 단위원 $|z| = 1$의 외부 영역을 직선 $v = u$와 u-축 사이의 1상한 내에 있는 영역으로 사상함을 보여라. 영역을 그려라.

4-54 $z = r\exp(j\Theta)$, $z - 1 = r_1 \exp(j\Theta_1)$, $z + 1 = r_2 \exp(j\Theta_2)$을 적어라. 여기서 세 개의 각도의 모두의 값은 $-\pi$와 π 사이에 놓여 있으며, 가지 절단이 x-축의 두 개의 선분 $x \le -1, y = 0$ 그리고 $0 \le x \le 1, y = 0$으로 이루어진 함수 $[z(z^2-1)]^{1/2}$의 가지를 정의한다.

4-55 직선 $ky = x$는 변환 $w = \exp z$ 아래에서 나선(spiral) $\rho = \exp(k\phi)$로 사상됨을 보여라. 여기서 $w = \rho \exp(j\phi)$이다.

4-56 Appendix C의 그림 C.7에 보여진 영역과 경계의 사상을 증명하라. 여기서 변환은 $w = e^z$이다.

4-57 변환 $w = \exp z$ 아래에서 반무한 띠 $x \geq 0, 0 \leq y \leq \pi$의 상을 찾고, 경계의 대응하는 부분을 표시하라.

4-58 실축의 부분 $x \geq 1, y = 0$ 위에 있는 점을 제외한 모든 점으로 이루어진 z-평면의 절단을 w-평면 내에 있는 띠 $0 < v < 2\pi$로 사상하는 $\ln(z-1)$의 가지를 정의하라.

4-59 변환 $w = \sin z$가 직선 $x = c\ (0 < c < \pi/2)$를 일대 일의 방식으로 4.10절의 식 (4.45)로 주어진 쌍곡선의 오른 쪽 가지로 사상함을 증명하라.

4-60 변환 $w = \sin z$ 아래에서 직선 $x = c\ (\pi/2 < c < \pi)$를 4.10절의 식 (4.45)로 주어진 쌍곡선의 오른 쪽 가지로 사상함을 보여라. 사상은 일대 일이며 직선의 위 쪽과 아래 쪽 절반이 각각 가지의 위 쪽과 아래 쪽 절반으로 사상됨에 유의하라.

4-61 변환 $w = \sin z$ 아래에서 직선 $x = c\ (-\pi < c < -\pi/2)$의 상을 결정하라.

4-62 Appendix C의 그림 C.10에 보여진 $\sin z$에 의한 사상을 증명하라.

4-63 변환 $w = \sin z$ 아래에서 직사각형 영역 $0 \leq x \leq \pi/2,\ 0 \leq y \leq 1$의 경계를 이루는 선분이 상이 그림 4.18에 표시된 선분과 호 $D'E'$임을 임을 보여라. 호 $D'E'$는 타원 $(u/\cosh 1)^2 + (v/\sinh 1)^2 = 1$의 4분의 1(quarter)이다.

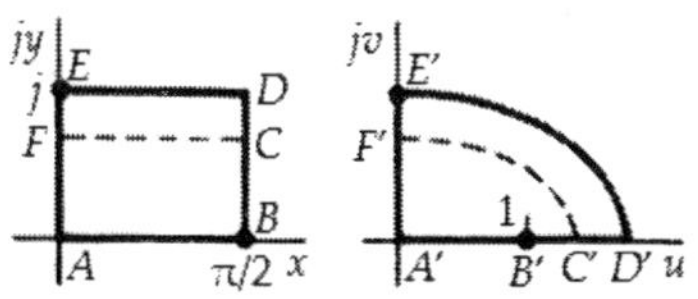

FIGURE 4.18 w = sin z

4-64 변환 $w = \sin z$가 직사각형 영역의 점과 영역 $A'B'D'E'$ 의 점 사이에 일대 일 대응을 확립함을 증명하기 위하여 선분 $0 \leq x \leq \pi/2,\ y = c$의 사상을 사용하여 그림 4.18에 표시된 사상을 완성하라.

4-65 Appendix C의 그림 C.11에 보여진 $\sin z$에 의한 사상을 증명하라.

4-66 변환 $w = \cosh z$가 점 $z = jy\ (0 \leq y \leq \pi/2)$를 u-축의 선분 $0 \leq u \leq 1,\ v = 0$으로 사상함을 보여라.

4-67 변환 $w = \cosh z$ 아래에서 반무한 띠 $x \geq 0,\ 0 \leq y \leq \pi/2$의 상이 w-평면의 1상한임을

보여라. 영역의 경계의 대응하는 부분을 표시하라.

4-68 변환 $w = \cosh z$를 변환 $w = \sin z$와 회전 그리고 이동의 항으로 나타내어라.

4-69 변환 $w = \sin^2 z$가 영역 $0 \le x \le \pi/2,\ y \ge 0$을 영역 $v \ge 0$으로 사상함을 보이고, 경계의 대응하는 부분을 표시하라.

4-70 변환 $w = (\sin z)^{1/4}$ 아래에서 반무한 띠 $-\pi/2 \le x \le \pi/2,\ y \ge 0$는 직선 $v = u$의 아래쪽에 놓인 1상한의 부분으로 사상됨을 보이고, 경계의 대응하는 부분을 결정하라.

4-71 선형 분수 변환 $Z = (z-1)/(z+1)$은 x-축을 X-축으로, x-축의 선분 $-1 < x < 1,\ y = 0$을 X-축의 음의 절반으로, 그리고 반평면 $y > 0$와 $y < 0$을 반평면 $Y > 0$와 $Y < 0$으로 각각 사상함을 보여라. 주 가지가 사용될 때, 합성 함수

$$w = Z^{1/2} = \left(\frac{z-1}{z+1}\right)^{1/2}$$

은 x-축의 선분 $-1 \le x \le 1,\ y = 0$을 제외한 z-평면을 반평면 $u > 0$으로 사상함을 보여라. (Problem 4-52와 비교하라.)

4-72 z의 극 표현(polar presentation)을 사용하여, 변환

$$w = z + \frac{1}{z}$$

이 원 $r = 1$의 위와 아래 쪽 절반 둘 다를 선분 $-2 \le u \le 2,\ v = 0$으로 사상함을 보여라.

4-73 변환 $w = z + 1/z$이 원 $r = c$를 타원

$$u = \left(c + \frac{1}{c}\right)\cos\theta, \quad v = \left(c - \frac{1}{c}\right)\sin\theta$$

으로 사상함을 보여라.

4-74 Appendix C의 그림 C.16에 표시된 사상을 증명하라. 여기서 $w = z + 1/z$이다.

4-75 사상 $w = \cosh z$를 변환

$$Z = e^z, \quad w = \frac{1}{2}\left(Z + \frac{1}{Z}\right)$$

의 항으로 나타내어라.

SELECTED BIBLIOGRAPHY

1. R. V. Churchill, J. W. Brown and R. F. Verhey, *Complex Variables and Applications* (3rd ed.), New York: McGraw-Hill Book Company, Inc., 1974.
2. L. Bieberbach, *Conformal Mapping*, New York: Chelsea Publishing Co., 1953.
3. C. Caratheodory, *Conformal Representation*, London: Cambridge University Press, 1952.
4. H. Kober, *Dictionary of Conformal Representations*, New York: Dover Publications, 1964.
5. N. N. Lebedev, *Special Functions, and their Applications*, Englewood Cliffs, N.J.: Prentice-Hall, Inc., 1965.
6. R. Rothe, F. Ollendorff and K. Pohlhausen, *Theory of Functions as Applied to Engineering Problems*, Cambridge, Mass.: Technology Press, Massachusetts Institute of Technology, 1948.
7. M. Walker, *Conjugate Functions for Engineers*, London: Oxford University Press, 1933.

CHAPTER 5

The Laplace Transform and Its Inversion

5.1 INTRODUCTION

이 장에서는 Laplace 변환과 공학에서의 약간의 응용을 검토한다. Laplace 변환을 정의한 후에, 그것의 존재(existence)를 위한 조건을 짧게 논의한 다음 몇 가지 간단한 함수의 Laplace 변환을 찾는다. 각각이 더 나아간 변환을 찾는 것을 가능하게 하는 몇 가지 정리가 그 뒤에 따라온다. 이 방식에서, Appendix H에 주어진 것과 같은, Laplace 변환의 표(table)가 구성될 수 있다.

Laplace 변환의 역(inversion)이 그 다음에 고려된다. 이 연산은, 3장의 작업의 많은 부분을 직접 응용할 수 있는, 복소 평면의 영역에서 정의된 적분을 포함한다; 특히, Cauchy의 유수 정리가 여기에서는 중요하다.

공학에서 나타나는 전미분방정식과 편미분방정식(total and partial differential equation) 모두에 대한 Laplace 변환의 응용이, 그러한 방정식이 일어나는 물리적 상황에 대한 강조와 함께, 논의된다.

5.2 THE LAPLACE TRANSFORM

부분 연속(piecewise continuous)이며 지수 차수(exponential order)인 함수 $f(t)$가 주어졌을 때,

$$F(s) = \mathcal{L}\{f(t)\} = \int_{0_-}^{\infty} f(t)\, e^{-st} dt \tag{5.1}$$

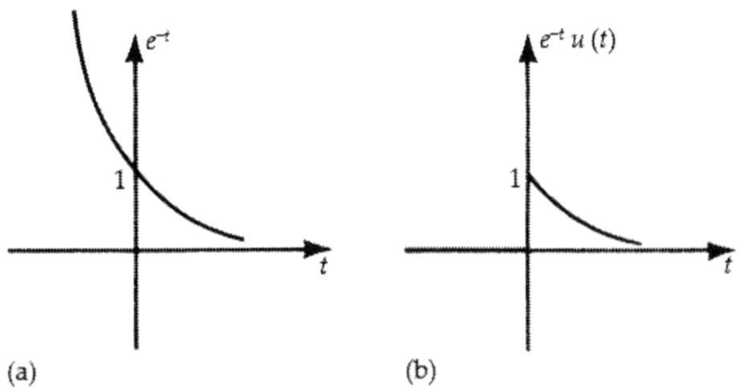

FIGURE 5.1 (a) f(t) = e^{-t}; (b) f(t) u(t) = e^{-t} u(t).

인, $f(t)$의 Laplace 변환이라 불리는, 함수 $F(s)$가 존재한다. 함수 $f(t)$는 M이 실수이며 유계(bounded)이고 α가 실수일 때 모든 t에 대하여 $|f(t)| \le Me^{\alpha t}$라면 지수 차수이다.

또한, $t < 0$에 대하여 0으로 고려되는 $f(t)$를 다룬다. 공학에서 보통인 그러한 함수는 때때로 $f(t)\,u(t)$로 나타내어진다. 여기서 $u(t)$는

$$u(t) = \begin{cases} 1 & t > 0 \\ 0 & t < 0 \end{cases} \tag{5.2}$$

로 주어지는 단위 계단 함수(unit step function)이다. 그림 5.1을 보라.

양(quantity) st는 항 e^{-st}에서 무차원(dimensionless)이어야 하기 때문에, s는 주파수(frequency)임이 따라온다는 것에 유의하라. s는 일반적으로 복소수로 취해지며,

$$s = \sigma + j\omega$$

로 적는다. s-평면이 그림 5.2에 보여졌다.

그 다음

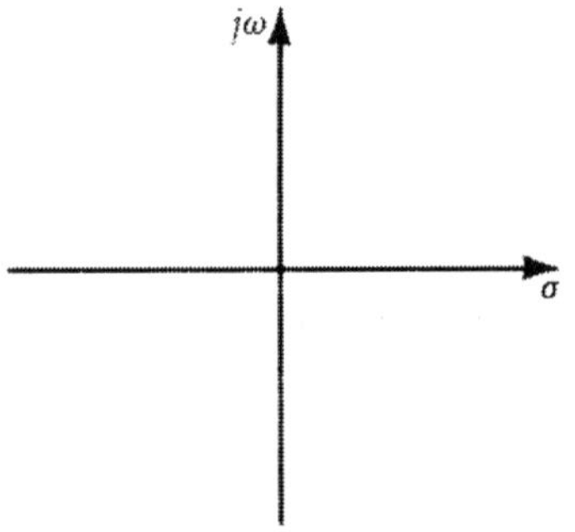

FIGURE 5.2 The complex s-plane.

$$G(s) = \int_{0_-}^{\infty} |f(t)| e^{-st} dt \le M \int_{0_-}^{\infty} |f(t)| e^{-(s-\alpha)t} dt \tag{5.3}$$

을 정의한다면, $\mathrm{Re}\, s > \alpha$에 대해,

$$G(s) \le \frac{M}{s-\alpha} \tag{5.4}$$

를 찾는다. 따라서 함수 $f(t)$의 유일한 Laplace 변환 $F(s)$의 존재성을 위한 조건은 $f(t)$가 부분 연속이고 지수 차수의 함수이며, 마지막으로, $\mathrm{Re}\, s > \alpha$ 이어야 한다는 것이다. 여기서 α는 어떤 양의 실 상수(real positive constant)이다.

식 (5.1)로부터 $f(t) = f_1(t) + f_2(t)$라면, 그러면

$$\mathcal{L}\{f_1(t) + f_2(t)\} = \mathcal{L}\{f_1(t)\} + \mathcal{L}\{f_2(t)\} \tag{5.5}$$

임이 직접 따라온다. 또한, a가 상수라면,

$$\mathcal{L}\{af(t)\} = a\mathcal{L}\{f(t)\} \tag{5.6}$$

즉, Laplace 변환은 선형 연산(linear operation)이다.

이 절의 나머지에서는, Laplace 변환의 계산의 몇 가지 예제가 주어진다.

Example 5.1 복소수이며 $\mathrm{Re}\, a > 0$인 a로 $f(t) = e^{-at}$라 하자. 그러면, 식 (5.1)에 따라,

$$\mathcal{L}\{e^{-at}\} = \int_{0_-}^{\infty} e^{-(s+a)t} dt$$

이다. 적분은 쉽게 계산되며 $\mathrm{Re}\{s+a\} > 0$을 조건으로

$$\mathcal{L}\{e^{-at}\} = \frac{1}{s+a}$$

을 산출한다. ■

Example 5.2 이제 a의 실수부가 0과 같다고 하면, $a \equiv j\omega$는 순 허수(purely imaginary)여서,

$$\mathcal{L}\{e^{-j\omega t}\} = \frac{1}{s+j\omega}$$

인 한편

$$\mathcal{L}\{e^{j\omega t}\} = \frac{1}{s-j\omega}$$

이다. ■

Example 5.3 이제 삼각함수(trigonometric function) $\cos \omega t$와 $\sin \omega t$의 Laplace 변환을 찾는 것은 쉬운 문제이다.

$$\cos \omega t = \frac{e^{j\omega t} + e^{-j\omega t}}{2}$$

를 가진다. 식 (5.5)와 (5.6), 그리고 앞의 예제를 사용하여,

$$\mathcal{L}\{\cos \omega t\} = \frac{s}{s^2 + \omega^2}$$

를 가진다. $\sin \omega t$의 변환은, 비슷하게,

$$\mathcal{L}\{\sin \omega t\} = \mathcal{L}\left\{\frac{1}{2j}(e^{j\omega t} - e^{-j\omega t})\right\} = \frac{\omega}{s^2 + \omega^2}$$

가 된다. ■

Example 5.4 쌍곡 여현과 정현(hyperbolic cosine and sine)의 Laplace 변환이 이제 찾아진다. 쌍곡 정현과 여현의 지수 표현의 사용은

$$\mathcal{L}\{\cosh at\} = \frac{s}{s^2 - a^2}$$

와

$$\mathcal{L}\{\sinh at\} = \frac{a}{s^2 - a^2}$$

를 산출한다. ■

Example 5.5 n이 정수인

$$\mathcal{L}\{t^n\} = \int_{0_-}^{\infty} t^n e^{-st} dt$$

를 계산하라. $st = x$라 두면 $t^n dt = x^n dx/s^{n+1}$이다. 그러면

$$\mathcal{L}\{t^n\} = \frac{1}{s^{n+1}} \int_{0_-}^{\infty} e^{-x} x^n dx$$

이다. 반복적인 부분 적분(integration by parts)에 의해, 항등식

$$n\,! = \int_{0_-}^{\infty} e^{-x} x^n dx$$

가 입증되어[*1]

$$\mathcal{L}\{t^n\} = \frac{n!}{s^{n+1}}$$

의 결과가 얻어진다. 특히, $n = 0$인 경우

$$\mathcal{L}\{\,u\,(t)\,\} = \frac{1}{s}$$

을 가진다. 여기서 단위 계단 함수 $u\,(t)$는 앞에서 정의된 것이다.[*2] ■

이제 디랙 델타 함수(Dirac delta function)를 소개하고 단위 계단 함수와 그것과의 관계를 보인다.

Appendix D에서 Dirac delta 함수, 또는 단위 임펄스 함수(unit impulse function)가 어느 정도 상세하게 논의된다. 여기에서의 목적은 "함수" $\delta(t - t_0)$의 Laplace 변환을 찾는 것이다. 여기에서, $\delta(t - t_0)$는

$$\int_{0}^{\infty} \delta(t - t_0)\, dt = 1 \tag{5.7}$$

과 같은 모든 $t \neq t_0$에 대하여 0이며, $t = t_0$에서 $\delta(t - t_0) \to \infty$인 함수이다. 더욱이,

$$\int_{-\infty}^{\infty} f(t)\, \delta(t - t_0)\, dt = f(t_0) \tag{5.8}$$

즉, delta 함수는 $f(t)$를 골라내고 (또는 "걸러내고") $t = t_0$에서 그것의 값을 찾는다.

위의 논평을 염두에 두면,

$$\mathcal{L}\{\delta(t - t_0)\} = \int_{0_-}^{\infty} \delta(t - t_0)\, e^{-st} dt = e^{-st_0} \tag{5.9}$$

임이 명백하다. $t_0 = 0$이라면, $\mathcal{L}\{\delta(t)\} = 1$임에 유의하라.

[*1] 양 $\int_0^\infty e^{-x}x^n dx$는 감마 함수(gamma function)에 대한 관계, 즉, 정수 n에 대하여, $\Gamma(n+1) = \int_0^\infty e^{-x}x^n dx$ 또는 $\Gamma(n+1) = n!$를 정의하기 위해 종종 취해진다.

[*2] 함수 $u\,(t)$는 Laplace 변환이 다듬어진 "변환" 미적분학("transform" calculus)을 발전시킨 영국의 공학자 Oliver Heaviside를 기리기 위하여 가끔 Heaviside 단위 계단 함수라 불린다. 추정되는 엄밀성의 결핍으로 인한 수학자들과 그의 반목은 잘 알려져 있으며 흥미로운 읽을 거리를 제공한다.

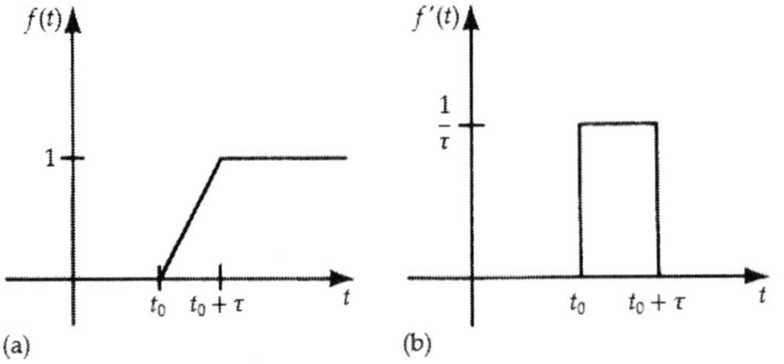

FIGURE 5.3 (a) The unit step and (b) the unit impulse as $\tau \to 0$.

단위 계산 함수와의 관계는 그림 5.3 (a), (b)의 조사에 의해 이해될 수 있다. 그림 5.3 (a)에서는 $t \le t_0$에 대하여 $f(t) \equiv 0$이며 $t \ge t_0 + \tau$에 대하여 $f(t) = 1$이다. 그림 5.3 (b)에서는 함수 $f(t)$의 도함수(미분, derivative)이 보여졌다. $\tau \to 0$에 따라, $f(t) \to u(t - t_0)$인 한편, $f'(t) \to \delta(t - t_0)$이다.

앞에서 언급된 바와 같이, delta 함수에 관련된 더 이상의 정보는 Appendix D에서 찾아질 수 있다.

5.3 LAPLACE TRANSFORMS OF DERIVATIVES AND INTEGRALS

변환

$$\mathcal{L}\left\{\frac{df}{dt}\right\} = \int_{0_-}^{\infty} \frac{df(t)}{dt} e^{-st} dt \tag{5.10}$$

을 고려한다. 부분 적분은

$$\mathcal{L}\left\{\frac{df}{dt}\right\} = f(t)\, e^{-st}\Big|_{0_-}^{\infty} + s\int_{0_-}^{\infty} f(t)\, e^{-st} dt \tag{5.11}$$

을 준다. $f(t)$가 지수 차수이기 때문에, 식 (5.11)의 우변 첫째 항은 $t \to \infty$에 따라 0이 된다.

$$\mathcal{L}\left\{\frac{df}{dt}\right\} = sF(s) - f(0_-) \tag{5.12}$$

를 얻기 위하여 식 (5.10)을 사용한다. 여기에서 Laplace 변환의 다른 유익한 성질이 있다; 즉, 함수 $f(t)$에 대한 초기 조건(initial condition)은 1계 도함수(first derivative)의 Laplace 변환을 찾은 결과에 ″짜 넣어진다(built-in)″.

이제

$$\mathcal{L}\left\{\frac{d^2f}{dt^2}\right\} = \mathcal{L}\left\{\frac{d}{dt}\left(\frac{df}{dt}\right)\right\} \tag{5.13}$$

을 계산한다. 임시로 f의 1계 도함수를 $g(t)$로, 즉

$$\frac{df}{dt} = g(t) \tag{5.14}$$

로 나타내면, 그러면 식 (5.12)로부터

$$\mathcal{L}\left\{\frac{d^2f}{dt^2}\right\} = s\,G(s) - g(0_-) \tag{5.15}$$

를 얻는다. 여기서

$$G(s) = \mathcal{L}\{g(t)\} = \mathcal{L}\left\{\frac{df}{dt}\right\} = s\,F(s) - f(0_-) \tag{5.16}$$

이다. 그러므로,

$$\mathcal{L}\left\{\frac{d^2f}{dt^2}\right\} = s[s\,F(s) - f(0_-)] - f'(0_-) = s^2\,F(s) - s\,f(0_-) - f'(0_-) \tag{5.17}$$

이다.

$f(t)$의 n계 도함수의 Laplace 변환은 같은 방식으로 계산된다. 결과는

$$\mathcal{L}\left\{\frac{d^nf}{dt^n}\right\} = s^n\,F(s) - s^{n-1}f(0_-) - s^{n-2}f'(0_-) - \cdots - f^{(n-1)}(0_-) \tag{5.18}$$

이다. 여기서 $F(s) = \mathcal{L}\{f(t)\}$이며

$$\lim_{t\to 0_-}\frac{d^kf}{dt^k} \equiv f^{(k)}(0_-) \quad (k = 0, 1, \cdots, n-1) \tag{5.19}$$

이다. 여기에서 (더 일찍이 아니었다면) Laplace 변환을 정의하는 적분의 하한(lower limit)에 대한 의문이 생길 수 있다: Laplace 변환이 원래 하한으로서 0_+로 정의되었을 수 있기 때문에, $f(0_-) \neq f(0_+)$이라면 어떤 일이 일어나는가? 그 답은 매우 단순하다.* 이 선택(0_- 또는 0_+) 중, 뒤따르는 모든 유도를 통하여 일관된 결과를

주는 한 가지가 정당하다. 하지만, 0_-를 선택하는 것이 $f(0_-) \neq f(0_+)$이더라도 옳은 답을 자동적으로 주기 때문에, Laplace 적분에 있는 하한으로서 0_-를 대상으로 하는 것이 더 쉽다. 다음의 예제는 이 점을 설명한다.[1]

Example 5.6 그림 5.4에 보여진 회로에서, 용량기(커패시터, capacitor)는 전류원(current source) $i(t) = \delta(t)$가 인가되는 시간인 $t = 0$ 까지 충전되지 않았다. $t > 0$에 대한 계통을 나타내는 미분방정식은

$$C\frac{dv}{dt} + \frac{1}{R}v = \delta(t)$$

이다. 하한으로서 0_-를 사용하여, 이 방정식에 대해 Laplace 변환을 적용한다.

$$C\,[s\,V(s) - v\,(0_-)\,] + \frac{1}{R}V(s) = 1$$

을 얻는다. $v\,(0_-) = 0$(즉, 용량기가 $t = 0$ 까지 충전되지 않았다)이기 때문에, 변환 방정식은

$$C\,s\,V(s) + \frac{1}{R}V(s) = 1$$

이 된다.
하한으로서 0_+인 Laplace 변환을 사용한다면,

$$C\,[s\,V(s) - v\,(0_+)\,] + \frac{1}{R}V(s) = 0$$

을 얻는다. Impulse $\delta(t)$가 적분 한계의 바깥에서 일어나기 때문에

$$\int_{0_+}^{\infty} \delta(t)\, e^{-st} dt = 0$$

이어서 이 식의 우변은 0이다. $v\,(0_+)$를 계산하는 것이 아직 필요하다. 이것은 물리적인 고려에 기초를 둔 "부분 문제(하위 문제, subproblem)"로 분리함으로써 이루어진다. 전류 $i\,(t)$

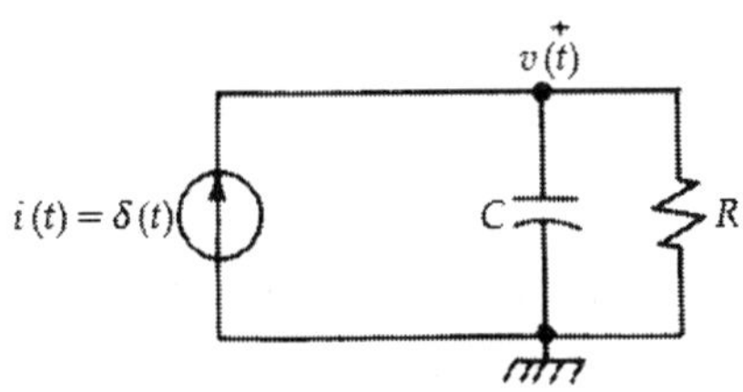

FIGURE 5.4 Example 5.6.

* 여기에서, 표기 $f(0_-)$는 "t가 부(음, negative)의 값을 통하여 (왼쪽으로부터) 0으로 접근함에 따른 $f(t)$의 극한"으로 해석될 것이다.

$= \delta(t)$는 용량기에 즉시 충전되는 단위 전하(one unit of charge)의 양이다. 그러므로, $q(0_+) = 1$이며 $v(0_+) = q(0_+)/C = 1/C$이다. 이 값을 변환 방정식에 삽입하면,

$$C\left[s\,V(s) - \frac{1}{C}\right] + \frac{1}{R}V(s) = 0$$

또는 앞의 계산에서와 정확히 같은

$$C\,s\,V(s) + \frac{1}{R}V(s) = 1$$

을 얻는다. ■

식 (5.1)에 의해 정의된 함수 $F(s)$의 도함수나 적분으로 표현될 수 있는 변환을 가지는 함수가 있다.

$$\mathcal{L}\{t\,f(t)\} = \int_{0_-}^{\infty} t\,f(t)\,e^{-st}dt \tag{5.20}$$

을 고려힌디. 이제, 괸계

$$F(s) = \int_{0_-}^{\infty} f(t)\,e^{-st}dt \tag{5.1}$$

을 다시 한번 적고 식 (5.1)의 양변을 s에 대해 미분하면,

$$\frac{dF(s)}{ds} = -\int_{0_-}^{\infty} t\,f(t)\,e^{-st}dt \tag{5.21}$$

을 가진다. 따라서, 식 (5.20)과 (5.21)로부터 정리

$$\mathcal{L}\{t\,f(t)\} = -\frac{dF(s)}{ds} \tag{5.22}$$

를 얻는다. $f(t)$에 t를 곱하는 것은 $F(s)$의 s에 대한 미분의 부(음, negative)에 대응한다. 몇 가지 예제에 의해 설명한다.

Example 5.7 이미

$$\mathcal{L}\{\cos\omega t\} = \frac{s}{s^2+\omega^2}$$

를 세웠다. 그러면, 식 (5.22)에 주어진 정리로부터,

$$\mathcal{L}\{t\cos\omega t\} = -\frac{d}{ds}\left(\frac{s}{s^2+\omega^2}\right)$$

또는

$$\mathcal{L}\{t\cos\omega t\} = \frac{s^2-\omega^2}{s^2+\omega^2}$$

을 얻는다. ■

Example 5.8 비슷한 방식으로,

$$\mathcal{L}\{e^{-at}\} = \frac{1}{s+a}$$

이기 때문에,

$$\mathcal{L}\{te^{-at}\} = -\frac{d}{ds}\left(\frac{1}{s+a}\right)$$

또는

$$\mathcal{L}\{te^{-at}\} = \frac{1}{(s+a)^2}$$

이다. ■

Example 5.9 이제

$$\mathcal{L}\{t^n f(t)\} = \int_{0_-}^{\infty} t^n f(t)\, e^{-st} dt$$

를 찾는다. 식 (5.1)로부터

$$\frac{d^n F(s)}{ds^n} = (-1)^n \int_{0_-}^{\infty} t^n f(t)\, e^{-st} dt$$

를 가져

$$\mathcal{L}\{t^n f(t)\} = (-1)^n \frac{d^n F(s)}{ds^n}$$

이다. ■

이제 Laplace 변환을 변환 함수 $F(s)$의 적분으로써 표현할 수 있는 경우로 돌아간다.

$$\mathcal{L}\left\{\frac{f(t)}{t}\right\} = \int_{0_-}^{\infty} \frac{f(t)}{t} e^{-st} dt \tag{5.23}$$

을 계산한다. 적분

$$I(s) = \int_{s}^{\infty} e^{-\xi t} d\xi \tag{5.24}$$

는 $\operatorname{Re}\xi > 0$에 대하여

$$I(s) = \frac{1}{t} e^{-st} \tag{5.25}$$

의 값을 가진다. 따라서,

$$\mathcal{L}\left\{\frac{f(t)}{t}\right\} = \int_{0_-}^{\infty} \int_{s}^{\infty} e^{-\xi t} f(t)\, d\xi\, dt \tag{5.26}$$

과 같이 쓸 수 있다. 적분의 순서를 서로 바꾸는 것이 허용된다고 가정하면,

$$\mathcal{L}\left\{\frac{f(t)}{t}\right\} = \int_{s}^{\infty} \int_{0_-}^{\infty} e^{-\xi t} f(t)\, dt\, d\xi \tag{5.27}$$

또는

$$\mathcal{L}\left\{\frac{f(t)}{t}\right\} = \int_{s}^{\infty} F(\xi)\, d\xi \tag{5.28}$$

Example 5.10

$$\mathcal{L}\{\sin \omega t\} = \frac{\omega}{s^2 + \omega^2}$$

이기 때문에, 그러면

$$\mathcal{L}\left\{\frac{\sin \omega t}{t}\right\} = \int_{s}^{\infty} \frac{\omega\, d\xi}{\xi^2 + \omega^2}$$

이다. $\xi/\omega = x$로 두어 마지막 적분을

$$\mathcal{L}\left\{\frac{\sin \omega t}{t}\right\} = \int_{s/\omega}^{\infty} \frac{dx}{1 + x^2}$$

로 변환하면

$$\mathcal{L}\left\{\frac{\sin \omega t}{t}\right\} = \frac{\pi}{2} - \tan^{-1}\left(\frac{s}{\omega}\right) = \tan^{-1}\left(\frac{\omega}{s}\right)$$

이다. ■

Example 5.11 $(1/t)(e^{-at} - e^{-bt})$의 Laplace 변환을 찾아라.

$$f_1(t) = e^{-at}, \ f_2(t) = e^{-bt}$$

로 쓴다. 그러면

$$\mathcal{L}\left\{\frac{e^{-at} - e^{-bt}}{t}\right\} = \int_s^\infty (F_1(\xi) - F_2(\xi))\, d\xi$$

이다. 여기서 $F_1(\xi) = 1/(\xi + a)$와 $F_2(\xi) = 1/(\xi + b)$이다. 따라서,

$$\mathcal{L}\left\{\frac{e^{-at} - e^{-bt}}{t}\right\} = \ln\left(\frac{s+b}{s+a}\right)$$

이다. ■

5.4 SHIFTING THEOREMS

이 절에서는 상당한 유용성이 있는 두 가지 정리가 증명된다. 첫째로 Laplace 변환이 $F(s)$인 함수 $f(t)$를 고려한다. $F(s)$와 함수 $e^{-\lambda t} f(t)$의 Laplace 변환 사이의 관계를 조사한다.

$$\mathcal{L}\{e^{-\lambda t} f(t)\} = \int_{0_-}^\infty f(t)\, e^{-\lambda t} e^{-st} dt \tag{5.29}$$

또는

$$\mathcal{L}\{e^{-\lambda t} f(t)\} = \int_{0_-}^\infty f(t)\, e^{-(s+\lambda)t} dt \tag{5.30}$$

를 가진다. 그러나 식 (5.30)은, 식 (5.21)로부터, 함수 $F(s+\lambda)$의 정의 그 이상도 이하도 아니다:

$$F(s+\lambda) = \int_{0_-}^\infty f(t)\, e^{-(s+\lambda)t} dt \tag{5.31}$$

따라서 s-영역에서의 추이 정리(shifting theorem)는 다음과 같다:

$$F(s) = \mathcal{L}\{f(t)\} \tag{5.32a}$$

이면, 그러면

$$F(s+\lambda) = \mathcal{L}\{e^{-\lambda t} f(t)\} \tag{5.32b}$$

이다. 식 (5.32)에 보여진 관계는, 다시, $f(t)$와 $e^{-\lambda t}f(t)$가 지수 차수라는 것을 조건으로 성립한다. $f(t)$가 지수 차수라면, 그러면 $e^{-\lambda t}f(t)$는 명백히 $\mathrm{Re}\,\lambda > 0$에 대하여 지수 차수이다. $\mathrm{Re}\,\lambda < 0$ 이라면, 그러면 $e^{\lambda t}f(t)$ 는, $\lim_{t\to\infty} f(t) \to e^{at}$ 이라면, 그러면 $\mathrm{Re}\,s > \mathrm{Re}\,(\lambda + a)$를 조건으로 Laplace 변환 $F(s-\lambda)$를 가진다.

Example 5.12 $f(t) = \cos\omega_0 t$라면, $\mathcal{L}\{e^{-\lambda t}f(t)\}$를 찾아라. $\mathcal{L}\{\cos\omega_0 t\} = s/(s^2+\omega_0{}^2)$이기 때문에, 정리는 결과

$$\mathcal{L}\{e^{-\lambda t}\cos\omega_0 t\} = \frac{s+\lambda}{(s+\lambda)^2+\omega_0{}^2}$$

를 바로 산출한다. ■

Example 5.13 $\mathcal{L}\{t^2\} = 2/s^3$가 주어졌다. 그러면, s-영역 추이 정리를 적용함에 의해,

$$\mathcal{L}\{e^{-\lambda t}t^2\} = \frac{2}{(s+\lambda)^3}$$

이다. ■

Example 5.14 $f(t)$가 그림 5.5에 보여진 것과 같은 사각 펄스(square pulse)라 하자. 그러면

$$\mathcal{L}\{f(t)\} = \int_{0_-}^{t_0} e^{-st}dt = \frac{1}{s}(1-e^{-st_0})$$

이다. 위와 같은 $f(t)$로, $e^{-\lambda t}f(t)$의 Laplace 변환은

$$\mathcal{L}\{e^{-\lambda t}f(t)\} = \frac{1}{s+\lambda}(1-e^{-(s+\lambda)t_0})$$

이다. 이 예제는 또한 t-축의 일부에서만 0이 아닌 값이 찾아지는 함수의 Laplace 변환을 설명한다.

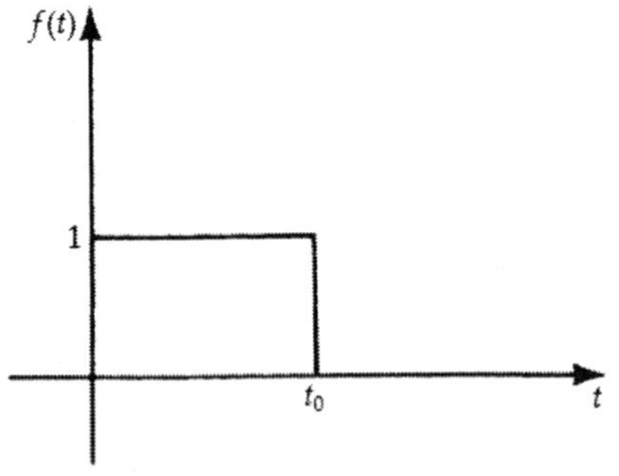

FIGURE 5.5 Example 5.14.

■

두 번째 추이 정리는 시간 추이 함수(time-shifted function)를 다룬다. 여기에서는 단위 계단 함수의 노골적인 사용이 도움이 된다. 먼저,

$$u(\cdot) = \begin{cases} 1 & (\cdot) > 0 \\ 0 & (\cdot) < 0 \end{cases} \tag{5.33}$$

로써 추이 단위 계단 함수(shifted unit step function)를 정의하자. 그러므로, 그것은

$$u(t-\tau) = \begin{cases} 1 & t > \tau \\ 0 & t < \tau \end{cases} \tag{5.34}$$

이며, 그림 5.6에 보여졌다.

이제 Laplace 변환이 $F(s)$인, 그림 5.7 (a)에 보여진 것과 같은, 원래의 시간 함수 $f(t)u(t)$를 고려한다. 시간 추이(시간 지연, time-delayed) 함수는 그러면, 그림 5.7 (b)에 보여진 것과 같은, $f(t-\tau)u(t-\tau)$이다. 시간 추이 함수의 Laplace 변환을 찾기를 원한다. 정의하는 적분을 나타내면,

$$\mathcal{L}\{f(t-\tau)u(t-\tau)\} = \int_{0_-}^{\infty} f(t-\tau)u(t-\tau)e^{-st}dt \tag{5.35}$$

를 가진다. $0 < t < \tau$에 대하여 $u(t-\tau) = 0$이며 $t > \tau$에 대하여 $u(t-\tau) = 1$이기 때

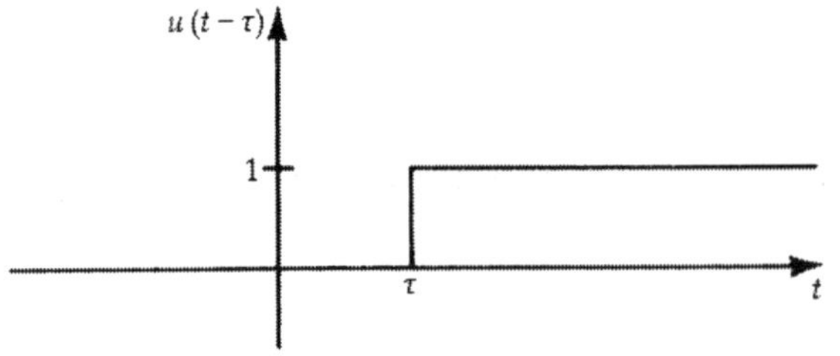

FIGURE 5.6 A shifted unit step function.

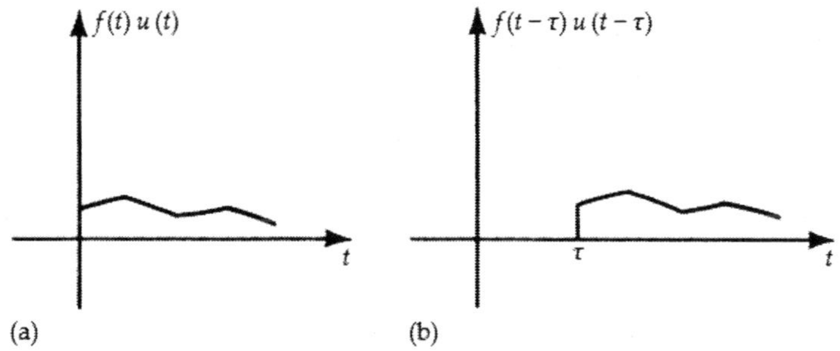

FIGURE 5.7 (a) Original, nonshifted and (b) time-shifted functions.

문에, 마지막 적분은

$$\mathcal{L}\{f(t-\tau)\,u(t-\tau)\} = \int_{\tau}^{\infty} f(t-\tau)\,e^{-st}dt \tag{5.36}$$

으로 된다. 변수 변환

$$t-\tau = w, \quad dt = dw \tag{5.37}$$

은

$$\mathcal{L}\{f(t-\tau)\,u(t-\tau)\} = e^{-s\tau}F(s) \tag{5.38}$$

로서 적분의 값을 산출한다. 말로 하면, 시간 추이 함수의 Laplace 변환은 원래의 시간 함수의 Laplace 변환 $F(s)$에 $e^{-s\tau}$를 곱함으로써 얻어진다고 말할 수 있다.

Example 5.15 그림 5.8에 보여진 것과 같은 추이된 사각 pulse를 고려하고 Example 5.14에 있는 추이되지 않은 pulse와 비교하라. 그것의 Laplace 변환은 식 (5.38)을 사용함으로써

$$F_1(s) = \mathcal{L}\{f_1(t)\} = e^{-s\tau}\left(\frac{1-e^{-st_0}}{s}\right)$$

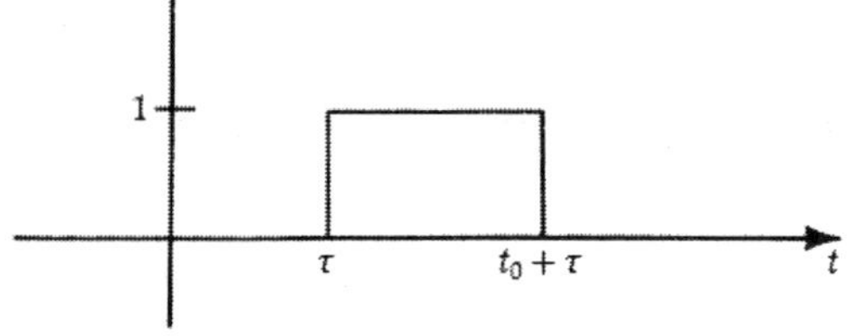

FIGURE 5.8 A shifted square pulse.

로 얻어진다. 여기서 $F(s)$는, Example 5.14에 있는 것과 같은, 원래의 추이되지 않은 pulse의 Laplace 변환이다. 결과에 대한 점검으로서, 식 (5.1)을 사용함으로써 $F_1(s)$를 직접 계산할 수 있다:

$$F_1(s) = \int_{0_-}^{\infty} f_1(t)\, e^{-st} dt = \int_{0_-}^{t_0+\tau} e^{-st} dt = \frac{e^{-s\tau} - e^{-s(t_0+\tau)}}{s}$$ ■

5.5 INITIAL AND FINAL VALUE THEOREMS

Laplace 변환 이론의 초기치 정리(initial value theorem)는 간결하게

$$\lim_{s\to\infty} s\,F(s) = \lim_{t\to 0_-} f(t) \tag{5.39}$$

로 나타내며 $F(s)$로부터 직접 $\lim_{t\to 0_-} f(t)$에 대한 정보를 제공한다. 정리의 증명은 $f(t)$의 도함수의 Laplace 변환의 정의로부터 따라온다. 앞에서의 유도로부터,

$$\mathcal{L}\left\{\frac{df}{dt}\right\} = s\,F(s) - f(0_-) = \int_{0_-}^{\infty} \frac{df}{dt} e^{-st} dt \tag{5.40}$$

를 가진다. 이제, $f(t)$와 그 도함수가 Laplace 변환 가능하다면 모든 $t > 0$에 대해, $s \to \infty$에 따라,

$$\lim_{s\to\infty} \int_{0_-}^{\infty} \frac{df}{dt} e^{-st} dt \to 0 \tag{5.41}$$

이다. 따라서,

$$\lim_{s\to\infty} s\,F(s) = f(0_-) \tag{5.42}$$

또는

$$\lim_{s\to\infty} s\,F(s) = \lim_{t\to 0_-} f(t) \tag{5.43}$$

이다.

Laplace 변환 이론의 최종치 정리(final value theorem)는 그 극한이 존재한다는 것을 조건으로

$$\lim_{s\to 0} s\,F(s) = \lim_{t\to\infty} f(t) \tag{5.44}$$

로 주어진다. 다시, $t \to \infty$에 대한 $f(t)$의 거동은 그 변환으로부터 직접 추정될 수

있다. 정리의 증명을 위해서는 다시

$$sF(s) - f(0_-) = \int_{0_-}^{\infty} \frac{df}{dt} e^{-st} dt \tag{5.45}$$

를 쓰는 것이 필요하다. $s \to 0$에 따라,

$$\lim_{s\to 0} \int_{0_-}^{\infty} \frac{df}{dt} e^{-st} dt \to \int_{0_-}^{\infty} \frac{df}{dt} dt = \lim_{t\to\infty} f(t) - f(0_-) \tag{5.46}$$

을 얻는다. 따라서,

$$\lim_{s\to 0} sF(s) = \lim_{t\to\infty} f(t) \tag{5.44}$$

이다.

간결하게, 이 정리의 정당성을 위한 조건은 $F(s)$의 항으로 나타내어질 것이다. 이 조건은 다음과 같다: $sF(s)$가 모든 $\text{Re}\, s \geq 0$에 대하여 해석적이어야 한다.

이 정리이 사용의 몇 가지 설명이, 정리가 성립하지 않는 경우를 포함하여, 이제 주어진다. 뒤의 경우로 시작한다.

Example 5.16

$$F(s) = \frac{s}{s^2 + \omega_0^2}$$

라 하자. 외견상으로

$$\lim_{s\to 0} sF(s) = 0$$

이지만, 최종치 정리는 $F(s)$가 $s = \pm j\omega_0$ ($\text{Re}\, s = 0$)에 대하여 유계되지 않기 때문에 적용할 수 없다. 실로, 대응하는 시간 함수는 $f(t) = \cos \omega_0 t$이며, $\lim_{t\to\infty} f(t)$가 정의되지 않는다. ■

Example 5.17 $f(t) = \cos \omega t$라 하자. $t \to 0$에 따라, $\lim_{t\to 0} \cos \omega t \to 1$임을 안다. 초기치 정리는 이 결과를 옳게 준다:

$$\lim_{s\to\infty} sF(s) = \lim_{s\to\infty} \frac{s^2}{s^2 + \omega_0^2} = 1$$ ■

Example 5.18 (a) 최종치 정리의 사용에 의해 $\lim_{t\to\infty} e^{-at}$ $(a > 0)$를 찾아라. 여기에서는

$$F(s) = \frac{1}{s + a}$$

그리고

$$\lim_{s\to 0} s\,F(s) = 0 = \lim_{t\to\infty} e^{-at}$$

이다.

(b) 초기치 정리에 의해 $\lim_{t\to 0} e^{-at}$ $(a > 0)$를 찾아라. 바로

$$\lim_{s\to\infty} \frac{s}{s+a} = 1$$

을 가진다. ■

초기치 그리고 최종치 정리의 다른 가능한 응용이 있다. 예를 들어, Laplace 변환 함수

$$F(s) = \frac{\omega}{s^2 + \omega^2} \tag{5.48}$$

을 고려한다. 이제,

$$F(s) = \frac{\omega}{s^2}\left(1 + \frac{\omega^2}{s^2}\right)^{-1} \tag{5.49}$$

이며 $\left|\frac{\omega}{s}\right| < 1$이라면 (즉, $s \to \infty$로 두면), 그러면

$$F(s) = \frac{\omega}{s^2}\left(1 - \frac{\omega^2}{s^2} + \frac{\omega^4}{s^4} - \cdots + (-1)^n \frac{\omega^{2n}}{s^{2n}}\right) \tag{5.50}$$

에 따라 수렴 급수로 $F(s)$를 전개할 수 있다. Example 5.5의 사용에 의해, 항 마다 역으로 하면,

$$f(t) = \omega t - \frac{\omega^3 t^3}{3!} + \frac{\omega^5 t^5}{5!} - \cdots \tag{5.51}$$

을 찾는다. $f(t)$에 대한 표현은 정현 함수(sine function)의 급수 전개(series expansion), 즉

$$f(t) = \sin \omega t \tag{5.52}$$

이다. 따라서 초기치 및 최종치 정리의 정당성의 범위는, 위의 예제에서 보여진 바와 같이, 어느 정도 확장될 수 있다.

5.6 THE CONVOLUTION INTEGRAL

이 절에서는 Laplace 변환 이론의 가장 중요한 정리 중 한 가지를 논의한다. 마찬가지의 중요성은 물리적인 의미이다.

$f(t)$가 두 개의 함수 $f_1(t)$와 $f_2(t)$의 *합성(convolution)*

$$f(t) = \int_{0_-}^{t} f_1(\tau) f_2(t-\tau)\, d\tau \tag{5.53}$$

과 같이 주어졌다고 하자. 그러면

$$\mathcal{L}\{f(t)\} = F(s) = F_1(s) F_2(s) \tag{5.54}$$

이다. 여기서 $F_1(s) = \mathcal{L}\{f_1(t)\}$이고 $F_2(s) = \mathcal{L}\{f_2(t)\}$이다.

Proof

$$\mathcal{L}\{f(t)\} = \int_{0_-}^{\infty} e^{-st} \int_{0_-}^{t} f_1(\tau) f_2(t-\tau)\, d\tau\, dt \tag{5.55}$$

에서 적분은 선 $t=\tau$와 전체 t-축에 의해 유계되는 (t, τ)-평면 내에 있는 면적에 걸친다. (t, τ)-평면의 이 부분이 그림 5.9에 보여졌다. t가 구간 $\tau \le t \le \infty$에 걸쳐 지나가게 두고 그 다음 τ가 구간 $0 \le \tau \le \infty$ 내에 있도록 요구하여 아주 똑 같이 보이는 면적으로 걸칠 수 있다. 이것은 간단히 식 (5.55)에 있는 적분의 순서를 바꾸게 하고 $\mathcal{L}\{f(t)\}$가 적분의 순서와는 무관한 유한한 극한(definite limit)을 가질 것이라고 가정하게 한다. 상호 교환으로

$$\mathcal{L}\{f(t)\} = \int_{0_-}^{\infty} f_1(\tau) \int_{\tau}^{\infty} e^{-st} f_2(t-\tau)\, dt\, d\tau \tag{5.56}$$

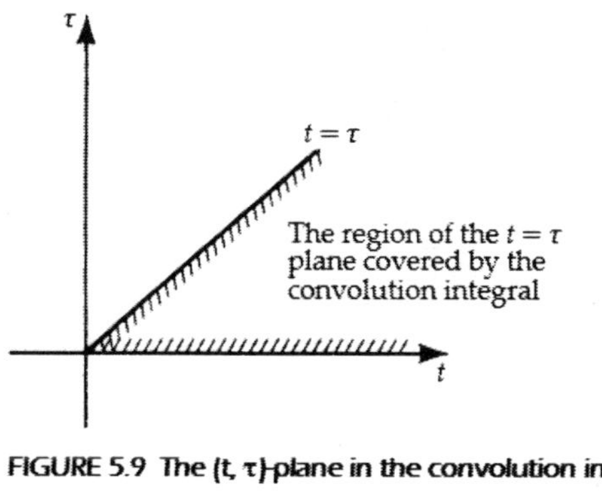

FIGURE 5.9 The (t, τ)-plane in the convolution integral.

이 된다. 식 (5.56)에 나타난 t에 대한 적분에서, 양 τ는 일정하게 유지된다. 이제, $t-\tau=u$로 둠으로써,

$$\int_{\tau}^{\infty} e^{-st} f_2(t-\tau)\,dt = \int_{0}^{\infty} e^{-s(u+\tau)} f_2(u)\,du \tag{5.57}$$

를 가지며 그러면 식 (5.56)은

$$\mathcal{L}\{f(t)\} = \int_{0_-}^{\infty} e^{-st} f_1(t)\,dt \int_{0_-}^{\infty} e^{-su} f_2(u)\,du \tag{5.58a}$$

가 된다. 그러나 이 표현은 $F_1(s)$와 $F_2(s)$의 적(곱, product)이다. 여기서

$$F_1(s) = \int_{0_-}^{\infty} e^{-st} f_1(t)\,dt, \quad F_2(s) = \int_{0_-}^{\infty} e^{-su} f_2(u)\,du \tag{5.58b}$$

이어서

$$F(s) = F_1(s)F_2(s) \tag{5.59}$$

이다. 즉, 두 개의 시간 함수의 합성(convolution)의 Laplace 변환은 간단히 이 두 함수의 Laplace 변환의 곱이다.

식 (5.59)의 중요성은 이 장의 후속되는 절에서 충분히 검토된다.

5.7 THE CONVOLUTION INTEGRAL AND LINEAR SYSTEM RESPONSE

이 절에서는 간단한 계통 응답(system response)의 논의로 시작하여, 그 다음 합성 적분(convolution integral)과 그 응답 사이에 밀접한 관계가 있음을 보이기 위하여 결과를 일반화한다. 그림 5.10에 보여진 것과 같은, 전압원(voltage source)을 포함하는 RL 회로를 고려한다. 모든 초기 조건은 0이다: $i(0_-)=i'(0_-)=0$. 이 조건 하에서의 응답은 *영상태* 응답(*zero-state* response)이라 불린다.

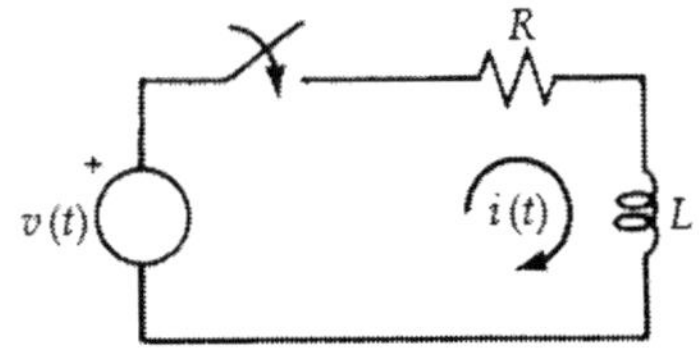

FIGURE 5.10 An RL circuit.

스위치(switch)가 $t = 0$에 닫히고 Kirchhoff의 전압 법칙의 적용은 그러면

$$L\frac{di}{dt} + Ri = v(t) \tag{5.60}$$

을 준다. 식 (5.60)에 Laplace 변환을 적용하면

$$(Ls + R)\,I(s) = V(s) \tag{5.61}$$

또는

$$I(s) = G(s)\,V(s) \tag{5.62}$$

를 얻는다. 여기서

$$G(s) = \frac{1}{Ls + R} = \frac{1}{L}\frac{1}{(s + R/L)} \tag{5.63}$$

이다. 따라서, 식 (5.62)에 대응하는 영상태 전류 응답(zero-state current response)은 $g(t)$와 $v(t)$의 합성이며

$$i(t) = \int_{0_-}^{t} g(\tau)\,v(t-\tau)\,d\tau \tag{5.64}$$

로 주어진다. 여기서 식 (5.63)에 따라

$$g(t) = \frac{1}{L}e^{-(R/L)t}\,u(t) \tag{5.65}$$

이다.

이 방법이 이제 일반화된다. 출력이 $y(t)$인 계통에 입력 $p(t)$가 작용한다고 하자. 그러면, 계통이 선형(linear)이며 시불변(time invariant)이라면, 입출력 관계(input-output relationship)는

$$a_0\frac{d^n y}{dt^n} + a_1\frac{d^{n-1}y}{dt^{n-1}} + \cdots + a_n y = b_0\frac{d^m p}{dt^m} + b_1\frac{d^{m-1}p}{dt^{m-1}} + \cdots + b_m p \tag{5.66a}$$

와 같은 형태의 n-계 미분방정식(nth-order differential equation)이다. 여기서, 대부분의 물리 계통에서는, $n \geq m$이다.

우변(알려진 입력과 그것의 알려진 도함수를 포함하는)을 $f(t)$로 나타낸다면, 그리고

$$M = a_0 \frac{d^n}{dt^n} + a_1 \frac{d^{n-1}}{dt^{n-1}} + \cdots + a_n \tag{5.66b}$$

와 같은 선형 연산자(linear operator) M*1을 사용하면, 그러면 계통을 나타내는 미분방정식으로서

$$M\{y(t)\} = f(t) \tag{5.66c}$$

를 가진다.

영상태 응답을 찾기를 원한다; 이것은 계통이 입력의 적용 직전인 영상태(zero state)에 있었던 식 (5.66)의 해(solution)이다. 바꾸어 말하면, 모든 초기 조건을 0으로 가정하여 해를 찾는다:

$$y(0_-) = \frac{dy}{dt}(0_-) = \cdots = \frac{d^{n-1}y}{dt^{n-1}}(0_-) = 0 \tag{5.66d}$$

$y(t)$의 Laplace 변환이 $Y(s)$이고, $f(t)$의 변환이 $F(s)$라 하자. 그러면, 식 (5.66c)는, 양변의 Laplace 변환이 취해질 때,

$$P(s)\,Y(s) = F(s) \tag{5.67}$$

의 형태를 가진다. 여기서 $P(s)$는 M에 나타난 최고계 도함수의 계수(order)인 차수(degree) n의 s의 다항식이다. 식 (5.67)을

$$Y(s) = G(s)\,F(s) \tag{5.68}$$

의 형태로 만든다. 여기서 $G(s) \equiv P^{-1}(s)$이다. 그러면, 합성 정리로부터, 응답 $y(t)$는 바로 써질 수 있다; 그것은

$$y(t) = \int_{0_-}^{t} f(\tau)\,g(t-\tau)\,d\tau \tag{5.69}$$

이다. 여기서 $g(t)$는 Laplace 변환이 $G(s)$인 함수이다.

확립된 것은 다음과 같다: 임의의 선형 시불변*2 계통의 응답은 식 (5.69)에 주어진 형태의 합성 적분으로 써질 수 있다.

*1 M은 조건 $M\{y_1 + y_2\} = M\{y_1\} + M\{y_2\}$와, 상수 a에 대하여, $M\{ay\} = aM\{y\}$를 만족하면 선형 연산자이다.

*2 시불변이라는 것은, 시불변 계통인 일반적인 경우의 $g(t, \tau)$에서, g는 차이(difference) $(t-\tau)$ 만의 함수이며, t와 τ 둘 다의 함수는 아님을 의미한다.

이제 선형 시불변 계통이 입력 $f(t)$로 구동된다면, 그것의 영상태 응답 $y(t)$을 찾기 위해서는 단위 impulse 함수에 대한 계통의 응답을 찾는 것 만이 필요함이 보여진다. 이 사실은 합성 정리로부터 직접 따라온다. 영상태 응답을 나타내는 미분방정식이, 다시 한번,

$$M\{y(t)\} = f(t) \tag{5.66c}$$

라 하고 함수 $g(t)$가 미분방정식

$$M\{g(t)\} = \delta(t) \tag{5.70a}$$

을 따른다고, 즉 $g(t)$가 계통의 임펄스 응답(impulse response)이라고 하자. 또한,

$$M\{g(t-\tau)\} = \delta(t-\tau) \tag{5.70b}$$

이다. 식 (5.66)의 해를 다음과 같이 규정한다:

$$y(t) = \int_{-\infty}^{\infty} f(\tau)\, g(t-\tau)\, d\tau \tag{5.71}$$

그리고 그것의 정당성을 증명하는 것으로 나아간다. 연산자 M은 시간 변수 t에만 작용한다. 적분 기호 아래의 미분에 대해 법칙을 적용하면, 그러므로,

$$M\{y(t)\} = \int_{-\infty}^{\infty} f(\tau)\, M\{g(t-\tau)\}\, d\tau \tag{5.72}$$

를 가진다. 그러나 식 (5.70b)에 의해 식 (5.72)의 우변은

$$M\{y(t)\} = \int_{-\infty}^{\infty} f(\tau)\, \delta(t-\tau)\, d\tau \tag{5.73}$$

으로 축약되어, delta 함수의 "걸러내는" 성질에 의해,

$$M\{y(t)\} = f(t) \tag{5.66c}$$

가 된다. 즉, 식 (5.71)은, 함수 $g(t-\tau)$가 식 (5.70)과 아래에서 세워지는 어떤 초기 조건을 만족한다는 것 만을 조건으로 하여, 식 (5.66)에 대한 해이다. 식 (5.71)과 (5.69) 사이의 관계가 쉽사리 세워졌다. 계통에 $t = 0$ 때 계통으로 강제 함수(forcing function)를 인가하는 switch가 있다면, 그러면 식 (5.71)에 나타난 양 $f(\tau)$는 $\tau \le 0$에 대하여 항등적으로(identically) 0이다. 이것을 염두에 두면, 식 (5.71)이

$$y(t) = \int_{0_-}^{\infty} f(\tau)\, g(t-\tau)\, d\tau \tag{5.74}$$

로 축약됨을 본다. 이 적분에서의 τ의 범위가 분해될 수 있어 $y(t)$는

$$y(t) = \int_{0_-}^{t} f(\tau)\, g_<(t-\tau)\, d\tau + \int_{t}^{\infty} f(\tau)\, g_>(t-\tau)\, d\tau \tag{5.75}$$

가 된다. 여기서 방정식 $M\{g(t-\tau)\} = \delta(t-\tau)$에 대한 해가 $t \lessgtr \tau$인지 어떤지에 따라 다를 수 있다는 것을 표기 $g_{\lessgtr}$로 나타내었다.

적분

$$I_< = \int_{0_-}^{t} f(\tau)\, g_<(t-\tau)\, d\tau \tag{5.76a}$$

와

$$I_> = \int_{t}^{\infty} f(\tau)\, g_>(t-\tau)\, d\tau \tag{5.76b}$$

를 고려한다. 식 (5.75)에 따라 $y(t)$를

$$y(t) = I_< + I_>$$

로 나타낼 수 있다. 여기서 $I_<$는 시간 t $(\tau \le t)$ 까지의 경과의 과정에 종속되며 $I_>$는 시간 t $(\tau \ge t)$ 이후에 일어나는 경과에 종속된다. 물리 계통이 *인과적(causal, 비예기적, nonanticipative)*이기 때문에, 출력 $y(t)$가 계통이 미래에 어떤 일이 일어날 것인가에 종속하는 것은 가능할 수 없다. 이 인과 관계 주장(causality argument)은 그러면 식 (5.75)를 구동 함수(driving function)와 단위 impulse 응답의 합성 적분

$$y(t) = \int_{0_-}^{t} f(\tau)\, g(t-\tau)\, d\tau \tag{5.77}$$

로 축약한다

따라서 선형 시불변 계통에 대한 합성 적분으로써

$$M\{y(t)\} = f(t) \tag{5.66c}$$

의 영상태 해(zero-state solution)를 적기 위해서는

$$M\{g(t-\tau)\} = \delta(t-\tau) \tag{5.70}$$

에 대한 해를 찾는 것 만이 필요함을 보였다.

이 증명에 대한 얼마간 다른 접근이 Problem 5-7에 주어졌다.

Impulse 응답에 대한 초기 조건의 의문이 이제 2계 연산자(second-order operator) M에 대하여 검토된다. 방정식 쌍(pair)

$$M\{y(t)\} = f(t) \tag{5.66c}$$

와

$$M\{g(t-\tau)\} = \delta(t-\tau) \tag{5.70b}$$

를 다시 검토한다.

$$M \equiv \frac{d^2}{dt^2} + a\frac{d}{dt} + b$$

이라 하자. 여기서 a, b는 상수이다. 이 2차 선형 계통의 영상태 응답은

$$y(t) = \int_{0_-}^{t} f(\tau)\, g(t-\tau)\, d\tau \tag{5.77}$$

로 써지며 미분(differentiation)에 의해

$$\frac{dy}{dt} = f(t)\, g(t-t) + \int_{0_-}^{t} f(\tau)\frac{dg}{dt}\, d\tau \tag{5.78}$$

을 가진다. $g(t-t) \equiv 0$로 두면, 2계 미분은

$$\frac{d^2y}{dt^2} = \left[f(t)\frac{dg(t-\tau)}{dt}\right]_{t=\tau} + \int_{0}^{t} f(\tau)\frac{d^2g}{dt^2}\, d\tau \tag{5.79}$$

를 산출할 것이다. 그러면

$$M\{y\} \equiv \frac{d^2y}{dt^2} + a\frac{dy}{dt} + by = f(t) \tag{5.80}$$

은 $\left.\frac{dg}{dt}\right]_{t=\tau} = 1$이라면, 그리고 $t \neq \tau$에 대하여 $M\{g\} = 0$이라면 확실히 만족된다. 따라서, 2차 선형 계통의 단위 impulse 응답을 세움에 있어서는, 조건

$$g(t-\tau)]_{t=\tau} = 0 \quad \text{and} \quad \left.\frac{dg}{dt}\right]_{t=\tau} = 1 \tag{5.81}$$

을 가정하여 미분방정식(식 (5.66(c))을 푼다. 두 번째 조건은 그러면 $t = \tau$에서 계산되는 $g(t-\tau)$의 t에 대한 2계 미분이 $t = \tau$에서 델타 함수 불연속(delta function discontinuity)을 가질 것임을 의미한다.

n-계 미분방정식이 행렬형(matrix form)으로 n개의 1계 미분방정식의 조합(family)으로 나타내어질 수 있음이 1장에서 보여졌다. 따라서 고계 방정식(higher order equation)은 논의하지 않는다. 하지만, 많은 선형 (또는 비선형) 계통을 지배하는 기초가 되는 물리 법칙이, 벡터형(vector form)으로, 2계 미분방정식인 뉴튼의 제 2 법칙(Newton's second equation)에 관련되기 때문에, 2계 미분방정식에 대한 주된 관심이 상당히 자연스럽다.

이제 합성 적분으로 써지는 계통 응답(system response)의 몇 개의 예제를 고려한다.

Example 5.19 $y(t)$가 지수(exponential)에 의해 구동되는 *RLC* 회로의 미분방정식을 만족한다고, 즉 $y(0_-) = 0$ 그리고 $y'(0_-) = 0$와 함께

$$\frac{d^2y}{dt^2} + 4\frac{dy}{dt} + 4y = e^{-2t}\,u(t)$$

라고 하자. 영상태 응답은 합성 적분에 의해

$$y(t) = \int_{0_-}^{t} e^{-2\tau}\,g(t-\tau)\,d\tau$$

로 주어진다. 여기서

$$\frac{d^2g}{dt^2} + 4\frac{dg}{dt} + 4g = \delta(t-\tau)$$

이다. 단위 impulse 응답 함수 $g(t-\tau)$는 초기 조건

$$g(t-\tau)]_{t=\tau} = 0, \quad \frac{dg}{dt}(t-\tau)\Big]_{t=\tau} = 1$$

을 만족할 것이다. g에 대한 방정식을 Laplace 변환하면,

$$(s^2 + 4s + 4)\,G(s) = e^{-s\tau}$$

또는

$$G(s) = \frac{e^{-s\tau}}{(s+2)^2}$$

를 얻는다. 추이 정리를 사용하여,

$$\mathcal{L}\{te^{-2t}u(t)\} = 1/(s+2)^2$$

이기 때문에, 그러면

$$g(t-\tau) = (t-\tau)e^{-2(t-\tau)}u(t-\tau)$$

이며, 그러면

$$y(t) = \int_{0_-}^{t} (t-\tau)e^{-2(t-\tau)}e^{-2\tau}d\tau = e^{-2t}\int_{0_-}^{t}(t-\tau)\,d\tau$$

또는

$$y(t) = \frac{t^2}{2}e^{-2t}u(t)$$

를 찾는다. ■

Example 5.20 $y(t)$가 정현 입력에 의해 구동되는 LC 회로의 미분방정식을 만족한다고, 즉 $y(0_-) = y'(0_-) = 0$와 함께

$$\frac{d^2y}{dt^2} + \omega_0{}^2 y = \sin\omega_0 t\,u(t)$$

라고 하자. 영상태 응답은

$$y(t) = \int_{0_-}^{t} \sin\omega_0\tau\, g(t-\tau)\,d\tau$$

로 주어진다. 여기서 단위 impulse 응답은

$$\frac{d^2g}{dt^2} + \omega_0{}^2 g = \delta(t-\tau)$$

에 대한 해이다. Laplace 변환으로,

$$G(s) = \frac{e^{-s\tau}}{s^2+\omega_0{}^2}$$

여서, 추이 정리를 적용하여,

$$g(t-\tau) = \frac{1}{\omega_0}\sin\omega_0(t-\tau)\,u(t-\tau)$$

를 가진다. 따라서,

$$y(t) = \frac{1}{\omega_0}\int_{0_-}^{t} \sin \omega_0 \tau \sin \omega_0 (t-\tau)\, d\tau$$

이다. ■

Example 5.21 미분방정식

$$\frac{d^2 y}{dt^2} + 2a\frac{dy}{dt} + {\omega_0}^2 y = e^{-\lambda t} u(t)$$

를 고려하라. 여기서 a는 실수로서 ${\omega_0}^2 - a^2 > 0$ 그리고 $\lambda > 0$이다. 초기 조건이 $y(0_-) = 1$과 $y'(0_-) = 0$이라 하자. 이제 영상태 응답뿐만 아니라 영입력 응답(zero-input response)도 필요하다. 두 가지의 합(sum)은 완전 응답(complete response)을 구성한다. 그러한 미분방정식(이 경우에는 지수 펄스(exponential pulse)에 의해 구동되는 RLC 회로에서의 전류를 나타내는)을 풀기 위하여, Laplace 변환을 취하고

$$s^2 Y(s) - s\,y(0_-) - y'(0_-) + 2a[s\,Y(s) - y(0_-)] + {\omega_0}^2 Y(s) = \frac{1}{s+\lambda}$$

또는

$$\left(s^2 + 2as + {\omega_0}^2\right) Y(s) = \frac{1}{s+\lambda} + s + 2a$$

를 얻는다. 즉,

$$Y(s) = \frac{s+2a}{s^2+2as+{\omega_0}^2} + \frac{1}{(s^2+2as+{\omega_0}^2)} \cdot \frac{1}{(s+\lambda)}$$

이다. 첫 번째 항은 영입력(제차해, homogeneous solution)이며 두 번째 항은, 해의 영상태 부분을 나타내는, 합성 적분의 변환

$$\int_0^t \frac{e^{-a(t-\tau)} \sin \overline{\omega}(t-\tau)}{\overline{\omega}} e^{-\lambda\tau} d\tau, \quad \overline{\omega}^2 = {\omega_0}^2 - a^2 > 0$$

으로 받아들여진다. ■

5.8 THE LAPLACE TRANSFORM OF PERIODIC FUNCTIONS

$f(t) = f(t+T)$가, $t > 0$에 대하여, 주기(period) T의 구분 연속 주기 함수(piecewise continuous periodic function)라 하자. 그러면 그것의 Laplace 변환은

$$\mathcal{L}\{f(t)\} = \frac{\int_{0_-}^{\infty} f(t)\, e^{-st} dt}{1 - e^{-sT}} \tag{5.82}$$

이다.

Proof

$$\mathcal{L}\{f(t)\} = \int_{0_-}^{\infty} f(t)\, e^{-st} dt$$

는

$$\mathcal{L}\{f(t)\} = \int_{0_-}^{T} f(t)\, e^{-st} dt + \int_{T}^{2T} f(t)\, e^{-st} dt + \cdots + \int_{(n-1)T}^{nT} f(t)\, e^{-st} dt + \cdots \tag{5.83}$$

또는

$$\mathcal{L}\{f(t)\} = \sum_{n=0}^{\infty} \int_{nT}^{(n+1)T} f(t)\, e^{-st} dt \tag{5.84}$$

와 같이 써질 수 있다. 정수 p에 대하여, 적분

$$\int_{pT}^{(p+1)T} f(t)\, e^{-st} dt$$

를 고려하고 $u = t - pT$라 하자. 그러면

$$\int_{pT}^{(p+1)T} f(t)\, e^{-st} dt = e^{-spT} \int_{0}^{T} e^{-su} f(u + pT)\, du \tag{5.85}$$

이다. 그러나 주기성(periodicity)의 정의에 의하여, 모든 p에 대하여 $f(u + pT) \equiv f(u)$이다. 따라서,

$$\int_{pT}^{(p+1)T} f(t)\, e^{-st} dt = e^{-spT} \int_{0}^{T} f(u)\, e^{-su} du \tag{5.86}$$

이어서

$$\mathcal{L}\{f(t)\} = \sum_{n=0}^{\infty} e^{-snT} \int_{0}^{T} f(u)\, e^{-su} du \tag{5.87}$$

이며

$$\sum_{n=0}^{\infty} e^{-snT} = \frac{1}{1-e^{-sT}} \tag{5.88}$$

이다. 식 (5.87)은 식 (5.82)에 있는 원하는 결과를 산출한다. 이 결과는 *첫 번째 주기(first period)* 만의 변환과 인자 $(1-e^{-sT})$의 비(ratio)로써 주기 함수의 변환을 표현한다. 다음에 나오는 파형(waveform)은 공학과 이학(science)에서의 일반적인 주기 함수의 몇 가지이다.

Example 5.22 그림 5.11에 보여진 것과 같은 사각 펄스 열(square pulse train) $f(t)$의 Laplace 변환을 찾아라.

$$\mathcal{L}\{f(t)\} = \frac{\int_0^1 e^{-st}dt}{1-e^{-2s}} = \frac{(1-e^{-s})}{s(1-e^{-2s})} = \frac{1}{s(1+e^{-s})}$$

이다.

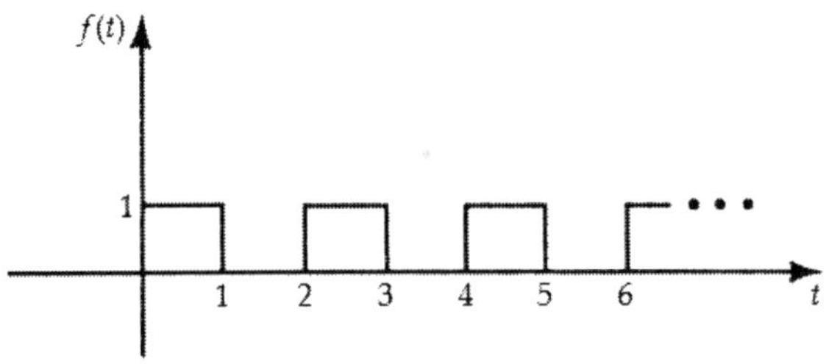

FIGURE 5.11 Example 5.22.

■

Example 5.23 그림 5.12에 보여진 톱니파(sawtooth wave)는 주기 T를 가지는 주기 함수 $f(t) = t/T$이다. 따라서,

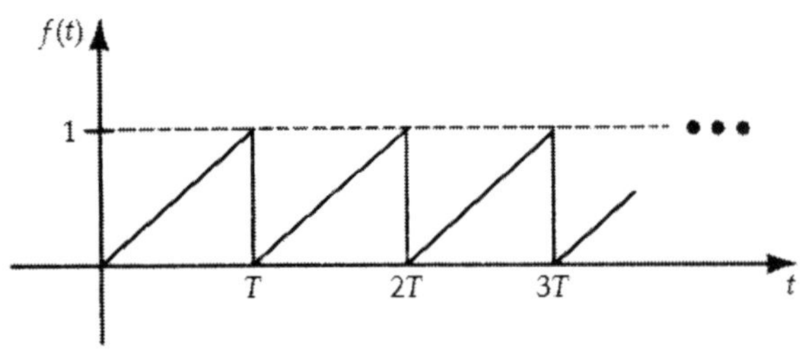

FIGURE 5.12 Example 5.23.

$$\mathcal{L}\{f(t)\} = \frac{1}{1-e^{-sT}}\int_0^T \frac{t}{T}e^{-st}dt$$

이다. 적분의 계산은 결과

$$\mathcal{L}\{f(t)\} = \frac{Ts+1-e^{-Ts}}{Ts^2(1-e^{-Ts})}$$

를 산출한다. ■

Example 5.24 그림 5.13에 보여진 전파 정류 사인파(fully rectified sine wave)는 Laplace 변환

$$\mathcal{L}\{f(t)\} = \frac{1}{1-e^{-s\pi T}}\int_0^{\pi T} \sin\left(\frac{t}{T}\right)e^{-st}dt = \frac{T^{-1}}{s^2+T^{-2}}\cdot\frac{1+e^{-s\pi T}}{1-e^{-s\pi T}}$$

를 가진다.

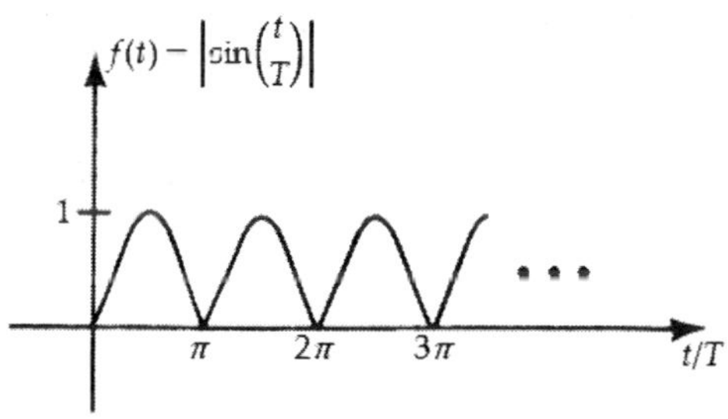

FIGURE 5.13 Example 5.24.

■

Example 5.25 그림 5.14에 보여진 반파 정류 사인 함수(half-wave rectified sine function)는 Laplace 변환

$$\mathcal{L}\{f(t)\} = \frac{1}{1-e^{-s2\pi T}}\int_0^{\pi T} \sin(T^{-1}t)\,e^{-st}dt = \frac{T}{s^2+T^2}\cdot\frac{1}{1-e^{-s\pi T}}$$

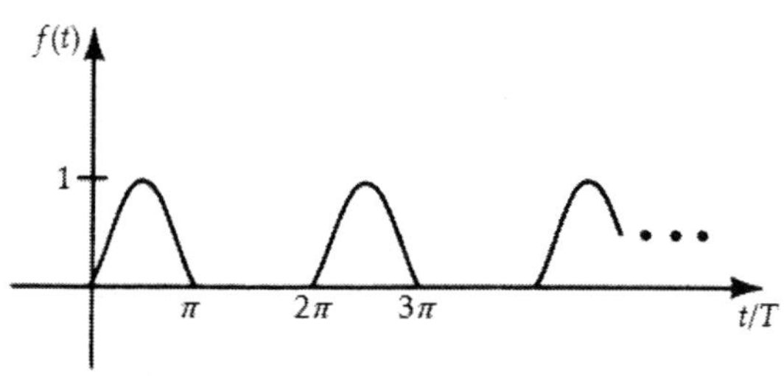

FIGURE 5.14 Example 5.25.

을 가진다.

5.9 THE LAPLACE INVERSION THEOREM

종종 Laplace 변환 $F(s)$가 주어졌을 때 $f(t)$를 찾는 것이 필요하다. 즉, 관계

$$F(s) = \int_{0_-}^{\infty} f(t)\, e^{-st} dt \tag{5.89}$$

에서 $F(s)$가 알려졌으며 $f(t)$가 미지일 때, $f(t)$를 찾기 위하여 식 (5.89)를 역으로 하는 것을 원한다.

Theorem 함수 $f(t)$는

$$\mathcal{L}^{-1}\{F(s)\} \equiv f(t) = \frac{1}{2\pi j}\int_{\gamma-j\infty}^{\gamma+j\infty} e^{st}\, F(s)\, ds \tag{5.90}$$

로부터 찾을 수 있다. 여기서 γ는 실수이며 s-평면에서 모든 극(pole)의 오른 쪽에 있는 값이다.

단위 impulse 함수의 적분 표현을 사용하도록 만들어, 정리의 증명을 개략적으로 나타내자.

Proof 식 (5.89)에 있는 것과 같이 $F(s)$를 쓰고

$$\oint_C F(s)\, e^{s\tau} ds = \oint_C e^{s\tau} \int_0^{\infty} e^{-st} f(t)\, dt\, ds \tag{5.91}$$

을 구성한다. 여기서 C는, 그림 5.15에 보여진 것과 같은, 적절한 폐곡선(contour)이다. 우변에 있는 2중 적분(double integral)의 수렴성을 가정하면, 적분 순서의 상

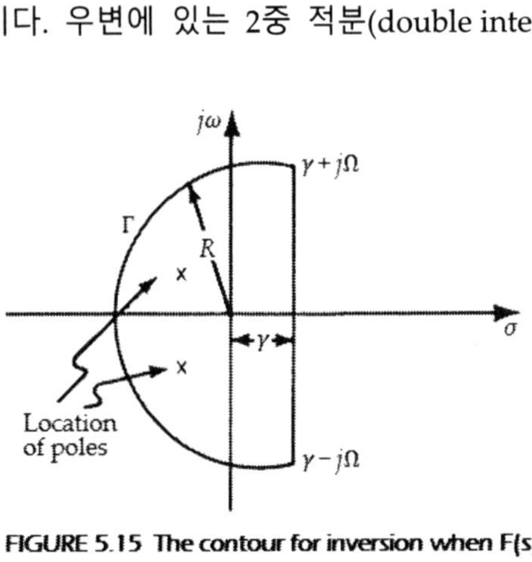

FIGURE 5.15 The contour for inversion when F(s) has poles only.

호 교환으로,

$$\oint_C F(s)\,e^{st}ds = \int_0^\infty f(t)\oint_C e^{-s(t-\tau)}ds\,dt \tag{5.92}$$

를 가진다. 이제, delta 함수의 적분 표현은

$$2\pi\delta(t-\tau) = \int_{-\infty}^{\infty} e^{j\omega(t-\tau)}d\omega \tag{5.93}$$

으로(Appendix D를 보라), 또는, 그 대신으로, 적절하게 선택된 폐곡선에 대하여

$$2\pi j\delta(t-\tau) = \oint e^{s(t-\tau)}ds \tag{5.94}$$

로 주어진다. 따라서,

$$2\pi j\int_0^\infty f(t)\,(t-\tau)\,dt = \oint_C e^{s\tau}F(s)\,ds \tag{5.95}$$

또는

$$f(t) = \frac{1}{2\pi j}\oint_C e^{st}F(s)\,ds \tag{5.96}$$

이다. 폐곡선은 $F(s)$의 모든 극이 둘러싸이도록 되어야 한다. 그렇지 않은 경우에는, $f(t)$의 성질에 관련된 모든 정보가 결핍하게 될 것이다. 그림 5.15에 보여진 것과 같이 선택된 폐곡선은 반시계 방향으로 돌게 된다; 그러면, 3장에서 보여진 바와 같이, 호(arc) Γ에 대한 적분은 $R \to \infty$에 따라 0으로 갈 것이다. 그러면

$$f(t) = \frac{1}{2\pi j}\int_{\gamma-j\infty}^{\gamma+j\infty} e^{st}F(s)\,ds \tag{5.97}$$

이 남게 된다.

$F(s)$가 진성 특이점(essential singularity)을 포함한다면, 폐곡선은 적절한 절단을 만듦으로써 그러한 점을 제외하도록 변형되어야 한다.

식 (5.97)에서는 Cauchy 유수 정리의 사용이 주된 역할을 할 것이다.

5.10 HEAVISIDE'S EXPANSION THEOREM

많은 실제 문제에서 $F(s)$는 유리 함수(rational function)

$$F(s) = \frac{P(s)}{Q(s)} \tag{5.98}$$

로 주어질 것이다. 여기서 $P(s)$와 $Q(s)$는 공통 인수(common factor)가 없는 s의 다항식(polynomial)이다. 물리적인 이유로, $Q(s)$는 일반적으로 $P(s)$ 보다 더 높은 차수(higher degree)이다. $F(s)$가 서로 다른 1차 극 만을 가진다고 가정한다. 그러면 $Q(s)$는, 차수 n이라면, 적(곱, product)

$$Q(s) = \prod_{i=1}^{n}(s - s_i) \tag{5.99}$$

와 같이 인수분해될 수 있다. 함수 $f(t)$는 그러면

$$f(t) = \sum_{i=1}^{n}\frac{P(s_i)}{Q'(s_i)}e^{s_i t} \tag{5.100}$$

으로 주어진다. 여기서 $Q'(s_i)$는 $s = s_i$에서 계산된 $Q(s)$의 1계 도함수이다. 식 (5.100)의 형태는 Heaviside에 기인한다.

Proof 역산 정리(inversion theorem)에 의해, 여기에서는

$$f(t) = \frac{1}{2\pi j}\int_{\gamma-j\infty}^{\gamma+j\infty} e^{st}\frac{P(s)}{Q(s)}ds \tag{5.101}$$

을 가진다. 여기서, 앞에서 나타내어진 바와 같이, γ는 $P(s)/Q(s)$의 모든 극(pole)의 오른 쪽에 있는 값이다. 주어진 극, 즉 $s = s_k$에서의 유수는 표현

$$\mathrm{Res}\,(s = s_k) = \lim_{s\to s_k}(s - s_k)\frac{P(s)\,e^{st}}{(s - s_k)\Pi'_i(s - s_i)} \tag{5.102}$$

에 의해 찾아진다. 여기서 Π'는 $i \neq k$를 의미한다; 달리 말하면,

$$\Pi' = (s - s_1)(s - s_2)\cdots(s - s_{k-1})(s - s_{k+1})\cdots(s - s_n) \tag{5.103}$$

이다.

$$\Pi'(s_k - s_i) = \frac{d}{ds}Q(s)\Big]_{s=s_k} = Q'(s_k) \tag{5.104}$$

를 보이는 것은 쉬우며 그러므로 식 (5.102)에 있는 유수는

$$\text{Res}\,[s = s_k] = \frac{P(s_k)}{Q'(s_k)} e^{s_k t} \tag{5.105}$$

이다. 그러한 유수의 합은 $2\pi j$가 곱해질 때, Cauchy 유수 정리에 따라, $f(t)$의 값이다. 따라서, 정리가 생긴다.

Example 5.26 주어진,

$$F(s) = \frac{1}{(s+a)(s+b)}$$

의 $f(t)$를 찾아라.

$$f(t) = \frac{1}{2\pi j}\int_{\gamma - j\infty}^{\gamma + j\infty} \frac{e^{st}}{(s+a)(s+b)} ds$$

를 가진다. 이것은, 한 개는 $s = -a$에 그리고 한 개는 $s = -b$에 등, 두개의 극이 있다. 여기에서는 $Q'(s) = 2s + a + b$이다. 따라서, 유수 정리 또는 Heaviside 전개 정리에 의해,

$$f(t) = \frac{e^{-at}}{(b-a)} + \frac{e^{-bt}}{(a-b)}$$

를 가진다. ■

Example 5.27 주어진,

$$F(s) = \frac{1}{(s+a)(s+b)^2}$$

의

$$f(t) = \frac{1}{2\pi j}\int_{\gamma - j\infty}^{\gamma + j\infty} \frac{e^{st}}{(s+a)(s+b)^2} ds$$

를 찾아라. 이것은 $s = -a$에 1차 극 그리고 $s = -b$에 2차 극이 있다. 1차 극에서의 유수는

$$\frac{e^{-at}}{(b-a)^2}$$

이다. 2차극에서의 유수는

$$\mathrm{Res}\,[s=-b]=\frac{d}{ds}\left(\frac{e^{st}}{(s+a)}\right)\Bigg]_{s=-b}$$

즉,

$$\mathrm{Res}\,[s=-b]=\frac{te^{-bt}}{(a-b)}-\frac{e^{-bt}}{(a-b)^2}$$

이며 그러므로

$$f(t)=\frac{e^{-at}-e^{-bt}}{(b-a)^2}+\frac{te^{-bt}}{(a-b)}$$

이다. ■

Example 5.28 주어진

$$F(s)=\frac{e^{-s\tau}}{(s+a)(s+b)(s+c)}$$

의 $f(t)$를 찾아라.

$$f(t)=\frac{1}{2\pi j}\int_{\gamma-j\infty}^{\gamma+j\infty}\frac{e^{s(t-\tau)}}{(s+a)(s+b)(s+c)}ds$$

를 가진다. 함수 $f(t)$는 Heaviside 전개 정리와 추이 정리로부터 찾아질 수 있다. 결과는

$$f(t)=\left[\frac{e^{-a(t-\tau)}}{(b-a)(c-a)}+\frac{e^{-b(t-\tau)}}{(a-b)(c-b)}+\frac{e^{-c(t-\tau)}}{(a-c)(b-c)}\right]\cdot u\,(t-\tau)$$

이다. ■

Example 5.29 *RC* 회로의 방정식

$$\frac{dy}{dt}+\frac{y}{\tau}=be^{-at}\,u\,(t)\quad\text{with } y\,(0_-)=1$$

이 주어졌다. 여기서 τ는 시정수(시상수, time constant)이다. $Y(s)=\mathcal{L}\{y\,(t)\}$라 하자. 그러면

$$\left(s+\frac{1}{\tau}\right)Y\,(s)=1+\frac{b}{(s+a)}$$

로부터

$$Y(s) = \frac{1}{s+\frac{1}{\tau}} + \frac{b}{(s+a)\left(s+\frac{1}{\tau}\right)}$$

가 얻어진다. 그러면 $y(t)$는

$$y(t) = \frac{1}{2\pi j}\int_{\gamma-j\infty}^{\gamma+j\infty} e^{st}\left\{\frac{1}{s+\tau^{-1}} + \frac{b}{(s+a)(s+\tau^{-1})}\right\} ds$$

로부터 찾아진다. 응답의 영입력 부분은 $s=-\tau^{-1}$에서의 단극(single pole)을 포함하는 한편, 영상태 부분은 $s=-a$와 $s=-\tau^{-1}$에서의 극을 포함한다. 따라서, 유수 정리에 의해,

$$y(t) = e^{-t/\tau}\left(1+\frac{b\tau}{a\tau-1}\right) - \frac{b\tau e^{-at}}{a\tau-1}$$

이다. ■

Example 5.30 $\omega_0{}^2 - a^2 > 0$와 $y(0_-)=0$ 및 $y'(0_-)=1$인

$$\frac{d^2y}{dt^2} + 2a\frac{dy}{dt} + \omega_0{}^2 y = 0$$

의 $y(t)$를 찾아라. 이 방정식의 Laplace 변환은 $\bar{\omega}^2 = \omega_0{}^2 - a^2 > 0$인

$$Y(s) = \frac{1}{(s+a)^2 + \bar{\omega}^2}$$

을 산출한다. 그러면

$$y(t) = \frac{1}{2\pi j}\int_{\gamma-j\infty}^{\gamma+j\infty} \frac{e^{st}}{(s+a)^2+\bar{\omega}^2} ds$$

이다. 적분이 $s = -a \pm j\bar{\omega}$에 극을 가지고 있어,

$$y(t) = e^{-at}\left(\frac{e^{j\bar{\omega}t}}{2j\bar{\omega}} - \frac{e^{-j\bar{\omega}t}}{2j\bar{\omega}}\right)$$

또는

$$y(t) = \frac{e^{-at}}{\bar{\omega}}\sin\bar{\omega}t$$

이다. ■

이 단계에서 역산 정리(inversion theorem)(Heaviside의 정리)와 쉬운 *부분 분수*

*전개*법(*partial fraction expansion* method) 사이의 등가(equivalence)를 알아보는 것이 매우 적절하다. 뒤의 방법에서는 함수 $F(s) = P(s)/Q(s)$가, 식 (5.98)과 (5.99)에서와 같이, $F(s)$의 극이 별개일 때 부분 분수 전개

$$F(s) = \frac{P(s)}{Q(s)} = \sum_i \frac{K_i}{s - s_i} \tag{5.106}$$

를 가진다는 것을 상기한다. 또한

$$K_i = \frac{P(s)}{Q(s)}(s - s_i)\Big]_{s=s_i} \tag{5.107}$$

과, 따라서,

$$f(t) = \sum_i K_i e^{s_i t} u(t) \tag{5.108}$$

임을 상기한다. 이것은, 식 (5.107)에서 항 $(s - s_i)$의 실제 소거가 일어나며 결과적인 분모는 그러면

$$Q'(s_i) = \Pi' \tag{5.109}$$

라는 것을 알아본다면, 식 (5.100)-(5.105)에 있는 결과와 일치한다.

Example 5.27에서와 같은 고차 극의 경우에는, 부분 분수 전개가 보통, 다음의 예제에서 설명되는 것과 같이, 반복적인 미분을 요구한다.

Example 5.31 Example 5.27에서와 같은 $F(s)$를 고려한다:

$$F(s) = \frac{1}{(s+a)(s+b)^2}, \quad a \neq b$$

이것의 전개는

$$F(s) = \frac{K_1}{s+a} + \frac{K_{2,1}}{s+b} + \frac{K_{2,2}}{(s+b)^2}$$

가 될 것이다. 여기서 K_1과 $K_{2,2}$는 앞에서와 같이 계산될 수 있다. 즉,

$$K_1 = F(s)(s+a)]_{s=-a} = \frac{1}{(b-a)^2}$$

$$K_{2,2} = F(s)(s+b)^2\Big]_{s=-b} = \frac{1}{a-b}$$

이다. 대부분의 교재에서는 $K_{2,1}$에 대한 표현이

$$K_{2,1} = \frac{d}{ds}\left[F(s)(s+b)^2\right]_{s=-b}$$

로 주어지며 지적된 미분을 요구한다. 여기에서

$$K_{2,1} = \frac{d}{ds}\left[\frac{1}{s+a}\right]_{s=-b} = \frac{-1}{(a-b)^2}$$

을 얻는다. 함수 $f(t)$는 그러면 앞에서 얻어진 결과와 일치하는

$$f(t) = \left[K_1 e^{-at} + K_{2,1} e^{-bt} + K_{2,2} t e^{-bt}\right] \cdot u(t)$$

이다. ■

고차 극의 경우 요구되는 미분은 1차 극 만을 가진 보조 함수(auxiliary function)를 사용한다면 피해질 수 있다. 고차 극은 후속 나눗셈(subsequent division)에 의해 복원된다. 이 새로운 방법[3]은 간단하고, 순전히 대수적이며(purely algebraic), 귀납적(반복적)이다(recursive); 그러므로 그것은 기계 계산(machine calculation)에도 적합하다. 그것이 다음의 예제에서 설명된다.

Example 5.32 앞의 예제에서와 같은 $F(s)$를 고려한다. 1차 극 만을 기지는 보조 힘수 $F_a(s)$를 형성한다:

$$F_a(s) = \frac{1}{(s+a)(s+b)}$$

이것은 식 (5.107)을 사용하여 부분 분수로 전개될 수 있다. 그 결과는

$$F_a(s) = \frac{1/(b-a)}{s+a} + \frac{1/(a-b)}{s+b}$$

이다. $F_a(s)$를 $(s+b)$로 한번 나누면 원래의 $F(s)$를 산출한다. 즉,

$$\frac{1}{s+b} F_a(s) = \frac{1/(b-a)}{(s+b)(s+a)} + \frac{1/(a-b)}{(s+b)^2}$$

이다. 우변의 첫째 항은 식 (5.107)에 의해 다시 전개될 수 있다. 그러므로 앞에서와 같은

$$F(s) = \frac{1/(b-a)^2}{s+a} + \frac{-1/(b-a)^2}{s+b} + \frac{1/(a-b)}{(s+b)^2}$$

를 얻는다. ■

이제 $F(s)$가 진성 특이점, 또는 s의 분수 멱(fractional power)을 포함하는 경우의 Laplace 변환의 역산에 대한 몇 가지 예제를 고려한다.

Example 5.33

$$F(s) = s^{-1}e^{-kx\sqrt{s}}$$

라 하자. 함수

$$f(x,t) = \frac{1}{2\pi j}\int_{\gamma-j\infty}^{\gamma+j\infty}\frac{1}{s}e^{st}e^{-kx\sqrt{s}}ds$$

를 찾는다. 이것은 복소 s-평면의 원점에 분기점을 가진다. 이런 이유로 변환의 역산을 위한 폐곡선은 그림 5.16에 보여진 것과 같을 것이다. 보여진 폐곡선에 대한

$$I = \frac{1}{2\pi j}\oint_C \frac{e^{st}e^{-kx\sqrt{s}}}{s}ds$$

로 나타내어진 적분은 폐곡선으로 둘러싸진 내부에 특이점이 없기 때문에 0과 같다. R(그리고 Ω) $\to \infty$에 따라, 호(arc) Γ_1과 Γ_2를 따른 적분은 0에 접근하는 한편, $\rho \to 0$에 따라, 반경 ρ의 원을 도는 적분은 값 $-2\pi j$에 접근한다. 각각 $s = \sigma e^{j\pi}$와 $s = \sigma e^{-j\pi}$인 R로부터 ρ 까지와 ρ로부터 R 까지의 적분을 결합하면,

$$I = 0 = \frac{1}{2\pi j}\int_{\gamma-j\infty}^{\gamma+j\infty}\frac{e^{st}e^{-kx\sqrt{s}}}{s}ds - 2\pi j + 2j\int_0^\infty \frac{e^{-\sigma t}}{\sigma}\sin(kx\sigma^{1/2})\,d\sigma$$

또는, $2\pi j$로 나눈 후에,

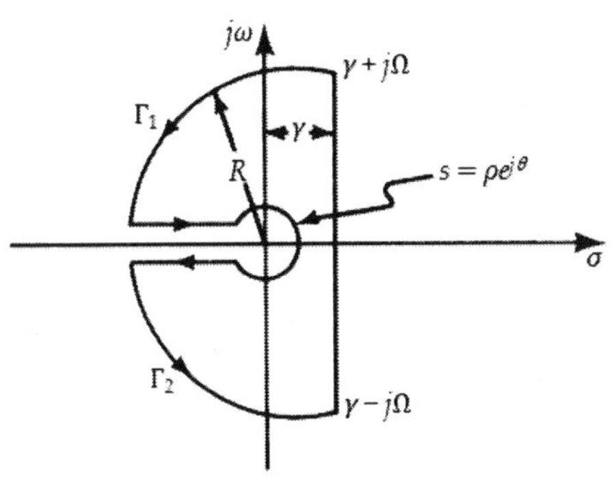

FIGURE 5.16 Example 5.33.

$$f(x,t) = 1 - \frac{1}{\pi}\int_0^{\infty} \frac{e^{-\sigma t}}{\sigma} \sin(kx\sigma^{1/2})\, d\sigma$$

를 가진다. 마지막 적분을 표준형(standard form)으로 만들기 위해, $\sigma = u^2$으로 두어 변수를 바꾸면,

$$f(t) = 1 - \frac{2}{\pi}\int_0^{\infty} \frac{e^{-u^2 t}}{u} \sin(kxu)\, du$$

이며

$$\int_0^{kx} \cos \beta u\, d\beta = \frac{1}{u}\sin(kxu)$$

를 상기하라. 적분의 순서를 바꾸면, 피적분 함수가 u의 우함수이기 때문에

$$f(x,t) = 1 - \frac{1}{\pi}\int_0^{kx}\int_{-\infty}^{\infty} e^{-u^2 t} \cos \beta u\, du\, d\beta$$

이다. 적분 J가

$$J \equiv \int_{-\infty}^{\infty} e^{-u^2 t}\cos\beta u\, du = \mathrm{Re}\int_{-\infty}^{\infty} e^{-u^2 t} e^{-j\beta u} du$$

로 정의되었다고 하자. 지수에 있는 제곱을 완성함으로써,

$$J = \sqrt{\frac{\pi}{t}}\, e^{-\beta^2/4t}$$

이어서

$$f(x,t) = 1 - \frac{1}{\sqrt{\pi t}}\int_0^{kx} e^{-\beta^2/4t} d\beta$$

임이 보여진다. 변수의 마지막 변화 $\beta^2/4t = \alpha^2$는, $d\beta = 2\sqrt{t}\, d\alpha$이어서,

$$f(x,t) = 1 - \frac{2}{\sqrt{\pi}}\int_0^{kx/2\sqrt{t}} e^{-\alpha^2} d\alpha$$

를 산출한다. 오차 함수(error function)는 보통

$$\mathrm{erf}\left(\frac{kx}{2\sqrt{t}}\right) \equiv \frac{2}{\sqrt{\pi}}\int_0^{kx/2\sqrt{t}} e^{-\alpha^2} d\alpha$$

로 정의되는 한편, 여오차함수(complementary error function)는

$$\operatorname{erfc}\left(\frac{kx}{2\sqrt{t}}\right) \equiv 1 - \operatorname{erf}\left(\frac{kx}{2\sqrt{t}}\right)$$

로 정의된다. 마지막으로, 그러면

$$f(x, t) = \operatorname{erfc}\left(\frac{kx}{2\sqrt{t}}\right)$$

이다. 이 예제는, 역 라플라스 변환(inverse Laplace transform)의 계산에 있어서의 폐곡선의 선택을 설명할 뿐만 아니라, 고체 물리 확산 이론(solid state diffusion theory)의 문제, 확률론, 그리고 열 유동(heat flow)에서의 오차 함수와 그것의 여(함)수(complement)의 중요성 때문에, 어느 정도 상세하게 풀었다. 이 문제는 이 장의 뒤의 절에서 충분히 논의된다. ■

Example 5.34

$$F(s) = s^{-1/2} e^{-kx\sqrt{s}}$$

라 하자.

$$f(x, t) = \frac{1}{2\pi j}\int_{\gamma - j\infty}^{\gamma + j\infty} \frac{1}{\sqrt{s}} e^{st} e^{-kx\sqrt{s}} ds$$

를 계산한다. 앞의 예제에서와 같은 폐곡선을 사용하여, 앞에서처럼

$$I = 0 = \oint_C \frac{e^{st}}{\sqrt{s}} e^{-kx\sqrt{s}} ds$$

로 적음으로써 $f(x, t)$를 찾을 수 있다. $R, \Omega \to \infty$에 따라, Γ_1과 Γ_2에 대한 적분은 0으로 가는 한편, 원점 둘레의 원에 대한 적분은 $\rho \to 0$에 따라 0으로 간다. 경로 $s = \sigma e^{\pm j\pi}$를 따른 적분이 결합되어

$$0 = \frac{1}{2\pi j}\int_{\gamma - j\infty}^{\gamma + j\infty} \frac{e^{st}}{\sqrt{s}} e^{-kx\sqrt{s}} ds - \frac{1}{\pi}\int_0^{\infty} \frac{e^{-\sigma t}}{\sigma^{1/2}} \cos(kx\sigma^{1/2})\, d\sigma$$

를 가진다. 따라서 $f(x, t)$는

$$f(x, t) = \frac{1}{\pi}\int_0^{\infty} \frac{e^{-\sigma t}}{\sigma^{1/2}} \cos(kx\sigma^{1/2})\, d\sigma$$

이다. $\sigma = u^2$라 하면 $\frac{d\sigma}{\sigma^{1/2}} = 2du$이다. 그러면

$$f(x, t) = \frac{1}{\pi}\int_{-\infty}^{\infty} e^{-u^2 t} \cos(kxu)\, du$$

이다. 적분은 앞의 예제에서와 같이

$$f(x,t) = \frac{1}{\sqrt{\pi t}} e^{-k^2x^2/4t}$$

의 결과로 계산될 수 있다. ■

Example 5.35 다음과 $y(t)$를 위한 적분방정식(integral equation)을 고려한다:

$$y(t) = f(t) + \int_0^t g(t-\tau)\, y(\tau)\, d\tau$$

합성 적분을 포함하는 이러한 방정식은 여러 가지 물리적인 경우에 나타난다. 그것은 볼테라 적분방정식(Volterra integral equation)이라 불린다. 특별히, 상수 매개 변수(constant parameter) γ를 가진

$$y(t) = \sin\omega_0 t - \gamma \int_0^t y(\tau)\, e^{-a(t-\tau)} d\tau \quad (a > 0)$$

라 하자. 그러면, Laplace 변환을 적용히여,

$$Y(s) = \frac{\omega_0}{s^2 + {\omega_0}^2} - \gamma\, Y(s) \cdot \frac{1}{(s+a)}$$

또는

$$Y(s) = \frac{\omega_0(s+a)}{(s^2 + {\omega_0}^2)(s+a+\gamma)}$$

를 얻는다. 그러면

$$y(t) = \frac{\omega_0}{2\pi j} \int_{\gamma - j\infty}^{\gamma + j\infty} \frac{e^{st}(s+a)}{(s^2 + {\omega_0}^2)(s+a+\gamma)} ds$$

이다. 이것은 점 $s = \pm j\omega_0$과 $s = -(a+\gamma)$에 극이 있다. Cauchy 유수 정리에 의한 계산은 결과

$$y(t) = K_1 e^{-(a+\gamma)t} + K_2 \sin(\omega_0 t + \beta)$$

를 준다. 여기서 K_1, K_2, 그리고 β는 상수이다. ■

5.11 FURTHER APPLICATIONS OF THE LAPLACE TRANSFORM

이 장의 앞 절에서는, Laplace 변환 이론에 있어서의 여러가지 정리가, 그것의 사용에 대한 설명과 함께, 증명되었다. 이 장의 나머지에서는 분포 (연속) 계통(distributed (continuous) system)에 대한 편미분방정식을 포함한 전기공학에서의 몇 가지 응용을 고려한다.

The Transmission Line

전송(송전)선로(transmission line)는 그림 5.17에 보여진 연속 분포 회로망(continuously distributed network)에 의해 모델링 될 수 있다. 여기에서 L, R, C, 그리고 G는, 각각, 선로의 단위 길이당 유도용량(인덕턴스, inductance), 저항(resistance), 정전용량(커패시턴스, capacitance), 그리고 콘덕턴스(conductance)이다. x로부터 $x+\Delta x$까지 걸친 선로의 부분에 Kirchhoff의 전압과 전류 법칙을 각각 적용하면, 길이 $\Delta x \to 0$에서의 전압 강하(voltage drop)에 대한

$$-\frac{dv}{dx} = L\frac{di}{dt} + Ri \tag{5.110}$$

과, 같은 길이에서의 전류 감소(current loss)로서

$$-\frac{di}{dx} = C\frac{dv}{dt} + Gv \tag{5.111}$$

을 가진다. 여기서 $v = v(x, t)$ 그리고 $i = i(x, t)$이다.

전송선로의 동작을 이해하기 위하여, 이 두 개의 방정식을 어느 정도 상세하게 검토하는 것이 목적이다.

식 (5.110)을 x에 대하여 미분하면, $\partial i/\partial x$에 식 (5.111)을 대입하여

$$-\frac{\partial^2 v}{\partial x^2} = L\frac{\partial^2 i}{\partial x \partial t} + R\left(-C\frac{dv}{dt} - Gv\right) \tag{5.112}$$

를 얻는다. 식 (5.111)은, 시간에 대해 미분될 때,

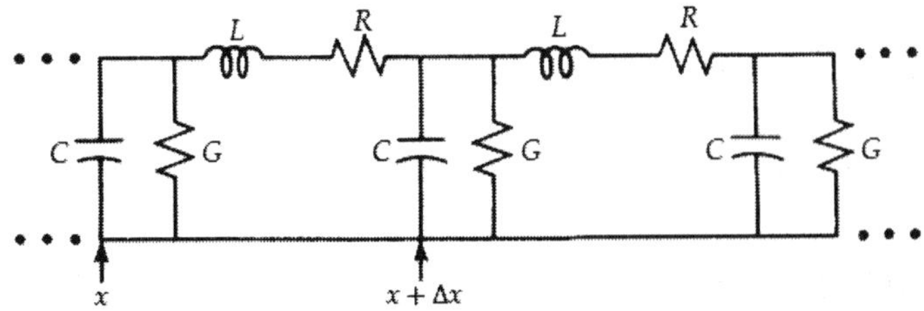

FIGURE 5.17 Model of a transmission line.

$$-\frac{\partial^2 i}{\partial t \partial x} = C\frac{\partial^2 v}{\partial t^2} + G\frac{dv}{dt} \tag{5.113}$$

을 산출하여, 식 (5.112)는

$$\frac{\partial^2 v}{\partial x^2} = LC\frac{\partial^2 v}{\partial t^2} + (LG + RC)\frac{dv}{dt} + RGv \tag{5.114}$$

로 써질 수 있다. 전류 $i(x, t)$가 같은 형태의 식을 만족함을 보이는 것은 쉽다. 그러나 식 (5.114)를 풀 수 있다면, 전류 $i(x, t)$는 식 (5.111)로부터 찾아질 수 있다. 그러므로 식 (5.114)와 그것의 특별한 경우에 노력을 집중한다.

식 (5.114)는, 손실이 요소 R과 G를 통하여 나오는 1차원 손실이 있는 파동 방정식(one-dimensional lossy wave equation)이다. 첫 번째 경우로서,

$$R = G = 0 \tag{5.115}$$

로 정의되는 *무손실(손실이 없는) 선로(lossless line)*를 검토한다.

이 경우에는, 선로에서의 전압파(voltage wave)의 전파 속도(speed of propagation)의 제곱 $(LC)^{-1} = c^2$을 두면, 전압 $v = v(x, t)$에 대한 파동 방정식

$$\frac{\partial^2 v}{\partial x^2} = \frac{1}{c^2}\frac{\partial^2 v}{\partial t^2} \tag{5.116}$$

을 가진다. 전류 $i(x, t)$는 무손실의 경우에서는 같은 방정식을 따른다. 이제 시간에 대한 전압의 Laplace 변환을

$$\mathcal{L}\{v(x, t)\} \equiv V(x, s) = \int_{0_-}^{\infty} v(x, t)e^{-st}dt \tag{5.117}$$

이라 하자. 그러면, 식 (5.116)을 시간에 대하여 Laplace 변환하면, $v(x, 0)$과 $v'(x, 0)$이 0이라고 가정되는 경우에는

$$\frac{d^2V(x, s)}{dx^2} - \frac{s^2}{c^2}V(x, s) = 0 \tag{5.118}$$

을 얻는다. 식 (5.118)에 대한 해는

$$V(x, s) = V_1 e^{-sx/c} + V_2 e^{sx/c} \tag{5.119}$$

와 같이 써질 수 있다. 여기서 V_1과 V_2는 s의 함수일 수 있는 두 개의 상수이다.

$V_1e^{-sx/c}$은 정방향으로 진행하는(forward traveling) 전압파이며, $V_2e^{sx/c}$는 음(부)의 x 방향(negative x-direction)으로 진행하는 전압이라는 규약을 채용한다.

무손실의 경우에는

$$-\frac{dV}{dx} = Ls\,I(x, s) \tag{5.120}$$

을 가진다. 여기서 $I(x, s) = \mathcal{L}\{i(x, t)\}$이다. 전류에 대한 표현은 다음과 같이 바로 써질 수 있다:

$$I(x, s) = \frac{1}{Lc}(V_1e^{-sx/c} - V_2e^{sx/c}) \tag{5.121}$$

또는, $c = (LC)^{-1/2}$이기 때문에,

$$I(x, s) = \sqrt{\frac{C}{L}}(V_1e^{-sx/c} - V_2e^{sx/c}) \tag{5.122}$$

임피던스(impedance) $Z(x, s)$인, 비(ratio) $V(x, s)/I(x, s)$는

$$Z(x, s) = Z_c\frac{(V_1e^{-sx/c} + V_2e^{sx/c})}{(V_1e^{-sx/c} - V_2e^{sx/c})} \tag{5.123}$$

으로 찾아진다. 여기서 $Z_c = (L/C)^{1/2}$는 무손실 선로의 특성 임피던스(characteristic impedance)이다.

전송선로 이론에서는, 전압 $V_2e^{sx/c}$를 임피던스 불연속(impedance discontinuity)으로부터의 반사(reflection)의 결과로서 고려하는 것이 보통이다. 이 경우에는 전압 반사 계수(voltage reflection coefficient) $\rho = V_2/V_1$가

$$Z(x, s) = Z_c\frac{(1 + \rho e^{2sx/c})}{(1 - \rho e^{2sx/c})} \tag{5.124}$$

와 같이 정의된다.

그림 5.18에 보여진 회로를 고려한다. 길이 l과 특성 impedance Z_c의 전송선로가 부하 임피던스(load impedance) Z_L에서 종결된다. 좌표계(coordinate system)의 원점이, 이러한 문제에서 널리 사용되는 다른 규약으로, 부하에 있음을 유의하라. 그러면 $x = 0$에서 다음을 가진다:

$$Z(0, s) \equiv Z_L = Z_c(1 + \rho)/(1 - \rho) \tag{5.125}$$

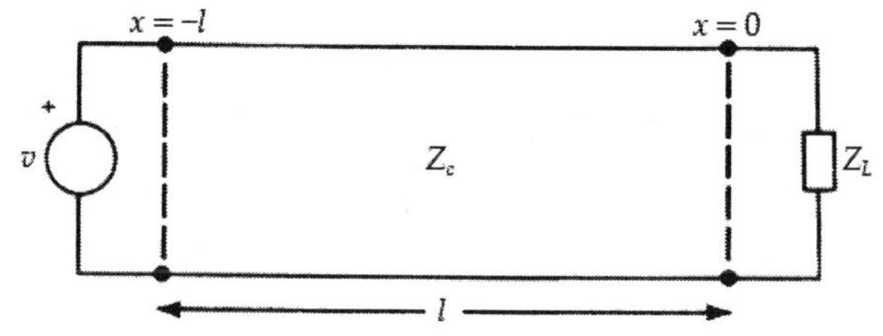

FIGURE 5.18 A transmission-line circuit

ρ에 대하여 풀면, 전압 반사 계수가

$$\rho = \frac{Z_L - Z_c}{Z_L + Z_c} \tag{5.126}$$

으로 주어진다는 것을 찾는다. 이 표현을 식 (5.124)에 대입하면

$$Z(x, s) = Z_c \frac{[Z_L(1 + \rho e^{2sx/c}) + Z_c(1 - \rho e^{2sx/c})]}{[Z_L(1 - \rho e^{2sx/c}) + Z_c(1 + \rho e^{2sx/c})]} \tag{5.127}$$

을 산출한다. 쌍곡 정접 함수(hyperbolic tangent function)의 사용으로, 식 (5.127)을

$$Z(x, s) = Z_c \frac{[Z_L - Z_c \tanh(sx/c)]}{[Z_c - Z_L \tanh(sx/c)]} \tag{5.128}$$

로 적는다.

$x = -l$에서 선로의 입력 임피던스(input impedance)는

$$Z(-l, s) = Z_{in} = Z_c \frac{[Z_L + Z_c \tanh(sl/c)]}{[Z_c + Z_L \tanh(sl/c)]} \tag{5.129}$$

로 주어진다. 식 (5.129)에서, 이제 s를 복소 주파수(complex frequency) $s = \sigma + j\omega$로 둘 수 있다. $\mathrm{Re}\, s \equiv 0$이라면, 정현 임피던스(sinusoidal impedance)

$$Z_{in}(j\omega) = Z_c \frac{[Z_L + jZ_c \tan(\omega l/c)]}{[Z_c + jZ_L \tan(\omega l/c)]} \tag{5.130}$$

을 가진다. 흥미로운 두 가지 경우가 있다. $\tan(\omega l/c) \to \infty$라면, 즉, 선로의 "전기적 길이(electrical length)"가 $\omega l/c = \pi/2$라면, 그러면

$$Z_{in} Z_L = Z_c^2 \tag{5.131}$$

인 한편, $\omega l/c = \pi$라면,

$$Z_{in} = Z_L \tag{5.132}$$

이다. 식 (5.130)에 주어진 impedance에 대한 표현은 임피던스(또는 어드미턴스) 정합(impedance (or admittance) matching) 계산에서 매우 유용한 스미스 선도(스미스 차트, Smith chart)의 구성을 위한 기본을 이룬다는 것이 주목할 만 하다.

$$\overline{Z}_{in} = \frac{Z_{in}}{Z_c} \tag{5.133}$$

그리고

$$\overline{Z}_L = \frac{Z_L}{Z_c} \tag{5.134}$$

와 같이 써서 정규화(normalized) 입력 impedance와 정규화 부하 impedance를 정의하는 것이 통상적이어서, 식 (5.130)은

$$\overline{Z}_{in} = \frac{\overline{Z}_L + j\tan(\omega l/c)}{1 + j\overline{Z}_L \tan(\omega l/c)} \tag{5.135}$$

가 된다. $\overline{Z}_{in}$은 명백히 복소수이기 때문에,

$$\overline{Z}_{in} = \overline{R} + j\overline{X} \tag{5.136}$$

와 같이 써도 된다. 여기서 $\overline{R}$는 입력 impedance의 정규화 저항 성분(normalized resistive part)이며 $\overline{X}$는 정규화 리액턴스 성분(normalized reactive part)이다. 이 전개는 장의 끝에 있는 문제에서 더 알아보게 된다.

R, G가 0이 아니라면, *손실 선로(lossy line)*를 가지며, 전압은 방정식

$$\frac{\partial^2 v}{\partial x^2} = \frac{1}{c^2}\frac{\partial^2 v}{\partial t^2} + 2a\frac{dv}{dt} + bv \tag{5.137}$$

을 따른다. 여기서 $2a = (LG + RC)$ 그리고 $b = RG$ 이다.

$v(x, 0) = v'(x, 0) = 0$ 그리고 $V(x, s) = \mathcal{L}\{v(x, t)\}$로 한 이 식의 Laplace 변환은

$$\frac{d^2V}{dx^2} - \beta^2(s)V = 0 \tag{5.138}$$

을 산출한다. 여기서

$$\beta^2(s) = \frac{s^2}{c^2} + 2as + b \tag{5.139}$$

이다. 식 (5.138)에 대한 해는

$$V(x, s) = V_1 e^{-\beta(s)x} + V_2 e^{\beta(s)x} \tag{5.140}$$

이다. 여기서, 앞에서 채용한 규약에 따라, 첫 번째 항은 전진 이동파(forward traveling wave)이며 두 번째 항은 후진 이동 전압파(backward traveling voltage wave)이다. 그러면,

$$-\frac{dV(x, s)}{dx} = (Ls + R)\, I(x, s) \tag{5.141}$$

이기 때문에

$$I(x, s) = \frac{\beta(s)}{Ls + R}(V_1 e^{-\beta(s)x} - V_2 e^{\beta(s)x}) \tag{5.142}$$

를 얻는다. $I(x, s)$에 대한 $V(x, s)$의 비는, 다시, impedance $Z(x, s)$이다. 따라서

$$Z(x, s) = Z_c(s) \frac{(V_1 e^{-\beta(s)x} + V_2 e^{\beta(s)x})}{(V_1 e^{-\beta(s)x} - V_2 e^{\beta(s)x})} \tag{5.143}$$

을 가진다. 여기서 이 경우의 특성 impedance는, 앞에서 논의된 무손실 선로의 경우와는 대조적으로, s의 함수

$$Z_c(s) = \frac{Ls + R}{\beta(s)} = \sqrt{\frac{Ls + R}{Cs + G}} \tag{5.144}$$

이다. 이것은 손실 선로에서 pulse의 왜형(distortion)을 초래한다. 이제 마지막 논평의 의미를 조사한다. s가 복소 주파수라는 사실은 각 주파수가 그것의 유일한 특성 impedance $Z_c(s)$를 가질 것임을 의미한다. 어떤 주파수가 손실 선로에서 다른 것 보다 더 빨리 감쇠된다면, 그러면 시간 종속 pulse는 그 모양이 선로를 따라 움직이는 것처럼 바뀔 것이다. 이 현상은 펄스 왜형(pulse distortion)이라 불린다. 식 (5.137)로부터,

$$v(x, t) = e^{-\beta t}\, u(x, t) \tag{5.145}$$

로 두고 그 다음 $\beta = ac^2$을 선택하면,

$$\frac{\partial^2 u}{\partial x^2} = \frac{1}{c^2}\frac{\partial^2 u}{\partial t^2} - (a^2c^2 - b)u = 0 \tag{5.146}$$

을 가진다. $\beta = ac^2 > 0$임에 유의하면, 손실 선로를 따라 이동하는 것 같은 전압의 감쇠(attenuation)가 있을 것임을 본다. 이제 새로운 impedance 변수

$$z \equiv \sqrt{c^2t^2 - x^2} > 0 \tag{5.147}$$

을 정의한다. 식 (5.142)는 그러면, 허수 변수(imaginary argument)의 0차 베셀 함수(zero-order Bessel function)에 대한 표준형(standard form)인, 변수 z에 관한 전미분방정식(total differential equation), 즉

$$\frac{d^2u}{dz^2} + \frac{1}{z}\frac{du}{dz} - k^2u = 0 \tag{5.148}$$

이 된다(Appendix G를 보라).

하지만, 식 (5.148)의 Laplace 변환을 취하고 역산 정리의 사용에 의하여 $u(z)$에 대하여 풀 것이다. $U(s) = \mathcal{L}\{u(z)\}$라 하고 식 (5.148)을 다음과 같이 다시 적는다:

$$z\frac{d^2u}{dz^2} + \frac{du}{dz} - k^2zu = 0 \tag{5.149}$$

또한, $u(0_-) = 1$과 $u'(0_-) = 0$으로 두자; 이 초기 조건은 차수 0의 Bessel 함수의 급수 전개(series expansion)로부터 따라온다(Appendix G를 보라).

식 (4.149)의 Laplace 변환은

$$-\frac{d}{ds}[s^2U(s) - s] + sU(s) - 1 + k^2\frac{dU(s)}{ds} = 0 \tag{5.150}$$

이 된다. 간단히 정리하면 1계(first-order) 미분방정식

$$\frac{dU}{ds} = \frac{sU(s)}{k^2 - s^2} \tag{5.151}$$

의 결과가 되며, 그 해는, 적분 상수(constant of integration) u_0를 가진

$$U(s) = \frac{u_0}{\sqrt{s^2 - k^2}} \tag{5.152}$$

이다. 그러므로, 역산 정리를 사용하여,

$$u(z) = \frac{u_0}{2\pi j}\int_{\gamma-j\infty}^{\gamma+j\infty} \frac{e^{sz}}{\sqrt{s^2-k^2}}ds \tag{5.153}$$

을 적는다. 이제 그림 5.19에 보여진 폐곡선을 따라 적분

$$I = \oint_C \frac{e^{sz}}{\sqrt{s^2-k^2}}ds \tag{5.154}$$

를 계산하는 것을 원한다. 여기서 $s=\pm k$에 있는 분기점은, $u(z)$를 찾기 위하여, 회피되어야 한다.

보여진 폐곡선 내부에는 특이점이 없기 때문에, $I \equiv 0$임을 안다. $R, \Omega \to \infty$에 따라, 호 Γ_1과 Γ_2를 따른 적분은 0이 된다. l_1과 l_2를 따른 적분은 서로 상쇄된다. 점 $\pm k$를 둘러싸는 작은 원에서는, $s = \rho e^{j\phi} \pm k$로 두고, $\rho \to 0$에 따라, 이 원에 대한 적분은 0이 된다. 따라서, $R, \Omega \to \infty$ 그리고 $\rho \to 0$에 따라,

$$0 = \int_{\gamma-j\infty}^{\gamma+j\infty} \frac{e^{sz}}{\sqrt{s^2-k^2}}ds + \int_{-k}^{k} \frac{e^{\sigma z}}{\sqrt{\sigma^2-k^2}}d\sigma - \int_{k}^{-k} \frac{e^{\sigma z}}{\sqrt{\sigma^2-k^2}}d\sigma \tag{5.155}$$

를 가진다. 그러므로,

$$\frac{1}{2\pi j}\int_{\gamma-j\infty}^{\gamma+j\infty} \frac{e^{sz}}{\sqrt{s^2-k^2}}ds = -\frac{1}{\pi j}\int_{-k}^{k} \frac{e^{\sigma z}}{\sqrt{\sigma^2-k^2}}d\sigma \tag{5.156}$$

또는, $k \geq \sigma$이기 때문에,

$$\frac{1}{2\pi j}\int_{\gamma-j\infty}^{\gamma+j\infty} \frac{e^{sz}}{\sqrt{s^2-k^2}}ds = -\frac{1}{\pi}\int_{-k}^{k} \frac{e^{\sigma z}}{\sqrt{k^2-\sigma^2}}d\sigma \tag{5.157}$$

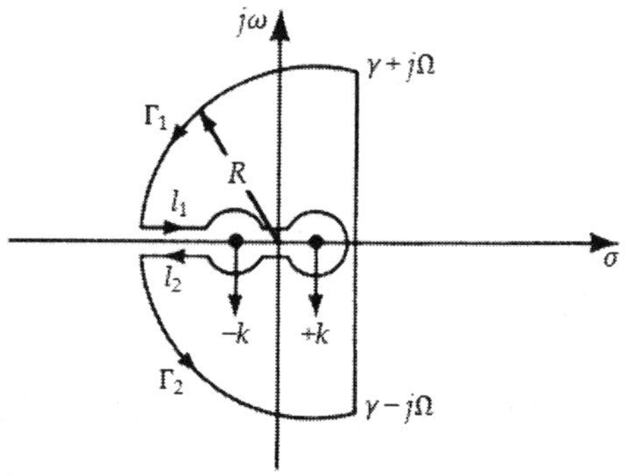

FIGURE 5.19 Contour of integration for Equation (5.153).

이다. $\sigma = k\cos\phi$라 하면 $d\sigma/\sqrt{k^2-\sigma^2} = -d\phi$이다. 마지막으로,

$$u(z) = \frac{u_0}{2\pi j}\int_{\gamma-j\infty}^{\gamma+j\infty} \frac{e^{sz}}{\sqrt{s^2-k^2}}ds = \frac{u_0}{\pi}\int_0^{\pi} e^{kz\cos\phi}d\phi \tag{5.158}$$

을 가진다. 우변은, Appendix G에 나타낸 것과 같은, 허수 변수의 그리고 0차의 Bessel 함수인, 함수 $I_0(kz)$의 적분 표현이다.

표현

$$z = \sqrt{c^2t^2 - x^2} > 0$$

을 삽입하면

$$u(\sqrt{c^2t^2-x^2}) = u_0 I_0(k\sqrt{c^2t^2-x^2}) \tag{5.159}$$

를 가져 전압 $v(x,t)$는

$$v(x,t) = \begin{cases} u_0 e^{-ac^2t} I_0(k\sqrt{c^2t^2-x^2}) & |ct| > |x| \\ 0 & \text{otherwise} \end{cases} \tag{5.160}$$

이다. 전압은 손실 선로에서는 감쇠될 뿐만 아니라, 그 거동이 시간이 진전함에 따라 심하게 변한다. 선로의 주어진 위치 x의 경우에는, $|ct| >> |x|$로 가정한다. 그러면, Bessel 함수에 대한 점근 표현(asymptotic expression)

$$\lim_{t\to\infty} I_0\left(kct\sqrt{1-x^2/c^2t^2}\right) \sim \frac{e^{kct(1-x^2/2c^2t^2)}}{\sqrt{t}} \tag{5.161}$$

을 사용하면, $v(x,t)$는 감쇠 가우스 펄스(attenuated Gaussian pulse), 즉

$$\lim_{t\to\infty} v(x,t) \sim u_0 e^{-\lambda t}\frac{e^{-kx^2/2ct}}{\sqrt{t}} \tag{5.162}$$

가 된다. 여기서 $\lambda = c(ac-k) > 0$이다.

5.12 THE DIFFUSION EQUATION

확산 방정식(diffusion equation)은 확률론, 도전율(conductivity)이 높은 매질 내에서의 전자파(electromagnetic wave)의 전파(propagation), 물질 내에서의 열의 유동(flow), 그리고 고체 내에서의 하전 입자(전하 운반체, charge carrier)의 유동 등을

포함한 공학에서의 많은 응용에서 중요하다. 반도체 공학(solid state engineering)에서 표준인 방법으로 식을 유도한다.

원천(source)이 있는 곳에서의 전하와 전류의 연속 방정식(continuity equation)은

$$\frac{\partial \rho}{\partial t} + \nabla \cdot \mathbf{j} = S \tag{5.163}$$

이다. 여기서 ρ는 단위 체적당 전하, $\mathbf{j}$는 전류밀도 벡터(current density vector), 그리고 S는 단위 시간당 원천을 특정하는 함수이다. 전자장(전자계, electromagnetic field)이 없는 경우 전류밀도는 픽의 법칙(Fick's law)에 의해

$$\mathbf{j} = -\lambda \nabla \rho \tag{5.164}$$

와 같이 주어진다. 즉, 전류밀도는 전하밀도의 부(음)의 구배(경도, 기울기, 그래디언트) (negative gradient)에 비례한다. 그러면

$$\frac{\partial \rho}{\partial t} - \lambda \nabla^2 \rho = S \tag{5.165}$$

이다. 여기서 상수 λ는 [m²/s, square meters/second]의 차원(dimension)을 가지며, 종종 확산 상수(계수)(diffusion constant)라 불린다. $\rho = \rho(x, t)$인 경우에 대하여 식 (5.165)를 검토할 것이다.

Example 5.36 원천이 없으면, $\rho(x, t)$는 방정식

$$\frac{1}{\lambda}\frac{\partial \rho}{\partial t} = \frac{\partial^2 \rho}{\partial x^2}$$

를 만족한다. 이 예제에서는, $\rho(x, t)$가, $\rho(x, 0) = 0$과 $\rho(0, t) = \rho_0$으로, $0 \le x \le \infty$ 내에서 그리고 $t \ge 0$에 대하여 정의된다고 가정하자. $\rho(x, t)$의 t에 관한 Laplace 변환

$$\mathcal{L}\{\rho(x, t)\} \equiv R(x, s) = \int_{0_-}^{\infty} \rho(x, t) e^{-st} dt$$

을 두자. 변환 방정식은 그러면

$$\frac{d^2 R(x, s)}{dx^2} - \frac{s}{\lambda} R(x, s) = 0$$

이다. $\rho(0, t) = \rho_0$이기 때문에, $R(0, s) = \rho_0/s$이다. $x \to \infty$에 따라 유계되고(bounded) $x \to 0$에 따라 ρ_0/s으로 줄어드는 변환 방정식의 해를 요구한다. 그러한 해는

$$R(x, s) = \frac{\rho_0}{s} e^{-\sqrt{s/\lambda}\, t}$$

이다. $\rho(x, t)$를 산출하는 이 표현의 역산은 Example 5.32에서 논의되었다. 그러므로,

$$\rho(x, t) = \rho_0 \operatorname{erfc}\left(\frac{x}{2\sqrt{\lambda t}}\right)$$

를 가진다. ■

초기 그리고/또는 경계조건이 바뀔 때 마다, $\rho(x, t)$에 대응하는 변화가 있다. 이 사실이 다음 예제에서 설명된다.

Example 5.37 $x \in (0, \infty)$ 그리고 $t \geq 0$에 대하여

$$\frac{1}{\lambda}\frac{\partial \rho}{\partial t} = \frac{\partial^2 \rho}{\partial x^2}$$

라 하자. $\rho(x, 0) = 0$이라 하고 $\rho(0, t) = f(t)$라 하자. 그러면 $R(x, s)$는 조건 $R(0, s) = F(s)$를 만족하는

$$\frac{d^2 R(x, s)}{dx^2} - \frac{s}{\lambda} R(x, s) = 0$$

에 대한 해이다. 여기서 $F(s) = \mathcal{L}\{f(t)\}$이다. 유계된 해는

$$R(x, s) = F(s)\, e^{-\sqrt{s/\lambda}\, x}$$

이다. 그러면, $R(x, s)$가 두 개의 Laplace 변환의 곱(적, product)이기 때문에, $\rho(x, t)$는 합성적분

$$\rho(x, t) = \int_{0_-}^{t} f(t, \tau)\, g(x, \tau)\, d\tau$$

로 써질 수 있다. 여기서

$$g(x, t) = \mathcal{L}^{-1}\{e^{-\sqrt{s/\lambda}\, x}\} = \frac{1}{2}\frac{x}{\sqrt{\lambda}}\frac{e^{-x^2/4\lambda t}}{t^{3/2}}$$

이다. 적분은 알려진 $f(t)$에 대해 수행된다. ■

5.13 MATRIX DIFFERENTIAL EQUATIONS

이 절에서는 행렬 미분방정식을 풀기 위해 Laplace 변환법을 사용한다. 전형적으로, 다중 입력과 다중 출력이 있는 선형계(linear system)를 포함하는 문제에서는, 계통이 상태 vector $\mathbf{x} = (x_1, x_2, \cdots, x_n)^T$와 출력 vector $\mathbf{y} = (y_1, y_2, \cdots, y_m)^T$에 의해 특성지워진다. 상태 방정식(state equation)은 1계 행렬 미분방정식[4]

$$\frac{d\mathbf{x}}{dt} = \mathbf{Ax} + \mathbf{Bu} \tag{5.166}$$

으로 써질 수 있다. $\mathbf{u} = \mathbf{0}$인 이 방정식의 제차(homogeneous)인 경우는 1장, 1.11절에서 고려되었다. 출력 $\mathbf{y}(t)$는 대수 방정식(algebraic equation)

$$\mathbf{y} = \mathbf{Cx} + \mathbf{Du} \tag{5.167}$$

에 의해 $\mathbf{x}$와 관련된다. 여기에서, 언급된 바와 같이, $\mathbf{x}$와 $\mathbf{y}$는 열 벡터(a column vector)이며, 계통이 또한 시불변이라면 **A**, **B**, **C**, **D**는 상수 행렬이다. vector $\mathbf{u}(t)$는 입력(강제 함수, forcing function)이다.

식 (5.166)과 (5.167)에 대한 블록 선도(block diagram)가 그림 5.20에 보여졌다. 아날로그 컴퓨터(analog computer)에서 계통을 모사하는데 뿐만 아니라 변수들 사이의 관계에 대한 시각화 보조기(visual aid)로서 유용한 도구로 사용된다.

식 (5.167)은 단순히 상태 vector $\mathbf{x}$를 통하여 $\mathbf{y}$와 $\mathbf{u}$를 연결하는 대수적 관계이기 때문에, 여기에서의 수된 강조는 식 (5.166), 특히, 해 $\mathbf{x}(t)$를 찾기 위한 Laplace 변환의 사용에 집중된다.

먼저, 1장에서 했던 것처럼, 식 (5.166)의 스칼라 형(scalar form), 즉

$$\frac{dx}{dt} = ax + f(t) \quad f(t) = b\,u(t) \tag{5.168}$$

을 고려하는 것이 편리하다. 여기서 a는 상수이다. 식 (5.168)에 Laplace 변환을 사용하여,

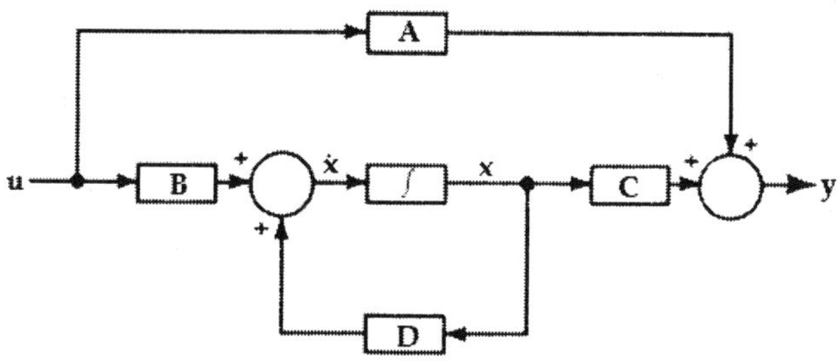

FIGURE 5.20 Block diagram for state equations.

$$X(s) = \frac{1}{s-a} x(0_-) + \frac{1}{s-a} F(s) \tag{5.169}$$

를 얻는다. 역산에 의해, 그리고 합성 적분을 사용하여,

$$x(t) = e^{at} x(0_-) + \int_{0_-}^{t} e^{a(t-\tau)} f(\tau)\, d\tau \tag{5.170}$$

을 얻는다.

식 (5.170)과 완전한 상사(analogy)로, 식 (5.166)의 해를

$$\mathbf{x}(t) = e^{\mathbf{A}t} \mathbf{x}(0_-) + \int_{0_-}^{t} e^{\mathbf{A}(t-\tau)} \mathbf{B}\, \mathbf{u}(\tau)\, d\tau \tag{5.171}$$

로 적는다. 식 (5.171)이 정말 해임을 증명하기 위하여, Laplace 변환 기법을 사용한다. 식 (5.166)의 전형적인 성분(component)은 scalar 미분방정식

$$\frac{dx_i}{dt} = \sum_k a_{ik} x_k + f_i(t) \tag{5.172}$$

이다. 여기서 $f_i(t)$는 vector $\mathbf{B}\,\mathbf{u}$의 i번째 성분으로 정의된다. $X_i(s) = \mathcal{L}\{x_i(t)\}$ 그리고 $F_i(s) = \mathcal{L}\{f_i(t)\}$라 하자. 그러면, 식 (5.172)를 변환하여,

$$sX_i(s) - x_i(0_-) = \sum_k a_{ik} X_k(s) + F_i(s) \tag{5.173}$$

또는

$$\sum_k (s\delta_{ik} - a_{ik}) X_k(s) = x_i(0_-) + F_i(s) \tag{5.174}$$

를 얻는다. 여기서 δ_{ik}는 다음과 같이 정의되는 크로넥커 델타 기호(Kronecker delta symbol)이다:

$$\delta_{ik} = \begin{cases} 1 & i = k \\ 0 & i \neq k \end{cases} \tag{5.175}$$

식 (5.174)는 단일 행렬 방정식

$$(s\mathbf{I} - \mathbf{A})\mathbf{X}(s) = \mathbf{x}(0_-) + \mathbf{F}(s) \tag{5.176}$$

으로써 모든 성분에 대하여 적어질 수 있다. 여기서 $\mathbf{I}$는 단위행렬이다. 양변에 행

렬 $(s\mathbf{I}-\mathbf{A})$의 역을 앞에서 곱하면,

$$\mathbf{X}(s) = (s\mathbf{I}-\mathbf{A})^{-1}\mathbf{x}(0_-) + (s\mathbf{I}-\mathbf{A})^{-1}\mathbf{F}(s) \tag{5.177}$$

을 가진다. 행렬 지수 함수(matrix exponential function)를

$$e^{\mathbf{A}t} = \mathcal{L}^{-1}\{(s\mathbf{I}-\mathbf{A})^{-1}\} \tag{5.178}$$

라 하자. 그러면, 식 (5.177)의 역을 취하고 합성 정리를 사용하여,

$$\mathbf{x}(t) = e^{\mathbf{A}t}\mathbf{x}(0_-) + \int_{0_-}^{t} e^{\mathbf{A}(t-\tau)}\mathbf{B}\,\mathbf{u}(\tau)\,d\tau \tag{5.179}$$

를 얻는다. 여기서 $\mathbf{F}(\tau) = \mathbf{B}\,\mathbf{u}(\tau)$가 삽입되었다. 또한 Problem 5-19와 5-20을 보라.

Example 5.38 행렬 미분방정식

$$\frac{d\mathbf{x}}{dt} = \mathbf{A}\mathbf{x} + \mathbf{B}\mathbf{u}$$

의 해를 찾아라. 단, $\mathbf{A} = \begin{bmatrix} 3/2 & 1 \\ -1/4 & 1/2 \end{bmatrix}$, $\mathbf{B} = \begin{bmatrix} 1 \\ 1 \end{bmatrix}$, $u = e^{-t}$, 그리고 $\mathbf{x}(0_-) = \begin{bmatrix} 1 \\ 0 \end{bmatrix}$이다. 해

$$\mathbf{x}(t) = e^{\mathbf{A}t}\begin{bmatrix} 1 \\ 0 \end{bmatrix} + \int_{0_-}^{t} e^{\mathbf{A}(t-\tau)}\begin{bmatrix} 1 \\ 1 \end{bmatrix} e^{-\tau} d\tau$$

를 가진다.

$$e^{\mathbf{A}t} = \mathcal{L}^{-1}\{(s\mathbf{I}-\mathbf{A})^{-1}\}$$

을 계산하는 것만 필요하다.

$$(s\mathbf{I}-\mathbf{A}) = \begin{bmatrix} s-3/2 & -1 \\ 1/4 & s-1/2 \end{bmatrix}$$

을 가진다. 그러면 역행렬은 수반행렬을 $(s\mathbf{I}-\mathbf{A})$의 행렬식으로 나눈 것이다:

$$(s\mathbf{I}-\mathbf{A})^{-1} = \begin{bmatrix} \dfrac{s-1/2}{(s-1)^2} & \dfrac{1}{(s-1)^2} \\ -\dfrac{1/4}{(s-1)^2} & \dfrac{s-3/2}{(s-1)^2} \end{bmatrix}$$

그러므로

$$e^{\mathbf{A}t} = \mathcal{L}^{-1}\{(s\mathbf{I}-\mathbf{A})^{-1}\} = \begin{bmatrix} e^t + 1/2\,te^t & te^t \\ -te^t/4 & e^t - 1/2\,te^t \end{bmatrix}$$

를 가진다. 그러면 $\mathbf{x}(t)$에 대한 표현은

$$\mathbf{x}(t) = \begin{bmatrix} e^t(1+t/2) & te^t \\ -te^t/4 & e^t(1-t/2) \end{bmatrix}\begin{bmatrix} 1 \\ 0 \end{bmatrix} + \int_{0_-}^{t} \begin{bmatrix} e^{\lambda}(1+\lambda/2) & \lambda e^{\lambda} \\ -\lambda e^{\lambda}/4 & e^{\lambda}(1-\lambda/2) \end{bmatrix}\begin{bmatrix} e^{-\tau} \\ e^{-\tau} \end{bmatrix} d\tau$$

가 된다. 여기서 $\lambda = (t-\tau)$이다. ■

Example 5.39 이제 행렬 미분방정식의 전개를 보이기 위하여 그림 5.21에 보여진 회로를 검토한다. Capacitor C_1을 가로지르는 전압 강하(voltage drop)를 v_{C_1} 그리고 C_2를 가로지르는 것을 v_{C_2}로 나타내자. 그러면, 절점 1에서, Kirchhoff의 전류 법칙 방정식은

$$C_1\frac{dv_{C_1}(t)}{dt} = \frac{v(t)-v_{C_1}(t)}{R_1} + \frac{v_{C_2}(t)-v_{C_1}(t)}{R_2}$$

로 읽어지며 절점 2에서는

$$C_2\frac{dv_{C_2}(t)}{dt} = -\frac{v_{C_2}(t)-v_{C_1}(t)}{R_2}$$

이다. 시정수로서 $\tau^{-1} = \tau_{11}{}^{-1} + \tau_{12}{}^{-1}, \tau_{11} = R_1C_1, \tau_{22} = R_2C_2$, 그리고 $\tau_{12} = R_2C_1$을 사용하면, 이 방정식은

$$\frac{dv_{C_1}}{dt} = -\frac{1}{\tau}v_{C_1} + \frac{v(t)}{\tau_{11}} + \frac{1}{\tau_{12}}v_{C_2}$$

그리고

$$\frac{dv_{C_2}}{dt} = \frac{v_{C_1}}{\tau_{22}} - \frac{v_{C_2}}{\tau_{22}}$$

와 같이 써질 수 있다. 상태 vector $\mathbf{x}(t)$를

$$\mathbf{x}(t) = \begin{bmatrix} v_{C_1}(t) \\ v_{C_2}(t) \end{bmatrix}$$

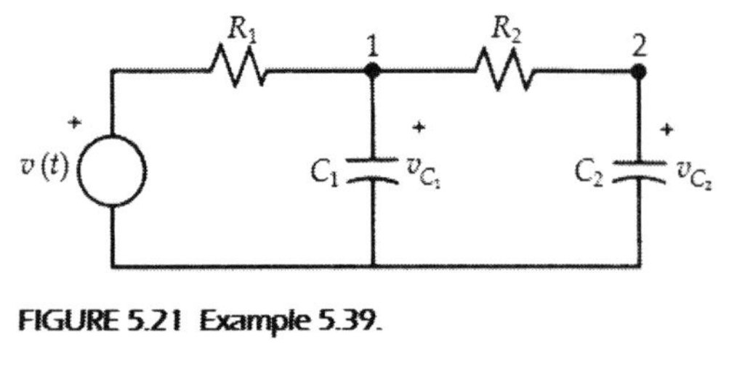

FIGURE 5.21 Example 5.39.

그리고 행렬 **A**를

$$\mathbf{A} = \begin{bmatrix} -\dfrac{1}{\tau} & \dfrac{1}{\tau_{12}} \\ \dfrac{1}{\tau_{22}} & -\dfrac{1}{\tau_{22}} \end{bmatrix}$$

로 정의한다. 그러면 두 개의 전류 방정식이 여기에서는

$$\frac{d\mathbf{x}}{dt} = \mathbf{A}\mathbf{x} + \mathbf{u}$$

와 같이 써질 수 있다. 여기서 $\mathbf{u} = [v(t)]$이다. 두 개의 초기 조건 $v_{C_1}(0_-)$와 $v_{C_2}(0_-)$는, 아주 적절하게, 초기 상태 벡터(initial state vector)

$$\mathbf{x}(0_-) = \begin{bmatrix} v_{C_1}(0_-) \\ v_{C_2}(0_-) \end{bmatrix}$$

를 구성함을 상기하라.

이 예제는 또한 용어 "상태 벡터(state vector)"에 대한 정당성을 설명한다. 그 성분(여기에서는, 두 개의 용량성 전압(capacitive voltage))은, 주어진 입력과 함께, 모든 $t \geq 0$에서 회로망의 상태를 유일하게 결정한다. 달리 말하면, 모든 순시(every instant)에서 $\mathbf{x}(t)$를 앎으로써, $\mathbf{u}(t)$와 함께, 기껏해야 순 대수 연산(purely algebraic calculation)에 의해, 쉽게 $\mathbf{y}(t)$를 찾을 수 있다.

위상적(topological) 고려를 기초로 한, 회로에 대한 상태 행렬 방정식의 정식화(formulation)에 대한 일반적인 방법은 Problem 5-22에서 주어진다. ■

상태 vector의 중요한 논제와 그 식에 관한 이 짧은 소개는 확실히 불충분하다. 여기에서는 Laplace 변환이 행렬 미분방정식을 푸는데 있어서 유용하다는 것을 보이는 것이 포함되었다. 9장에서, 더 완전한 논의가, 그 응용과 함께, 주어진다.

PROBLEMS

5-1 다음의 함수 $f(t)$가 지수 차수인지 아닌지를 확증하라: (a) $e^{t\sin t}$; (b) e^{t^2}; (c) $e^{\cos t/t}$.

5-2 $\mathcal{L}\{\sin\omega_0 t\} = \omega_0/(s^2+\omega_0^2)$임을 보였다. 이 사실로부터, 그리고 Laplace 변환의 성질을 사용하여, 다음 함수의 Laplace 변환을 찾아라:

(a) $t\sin\omega_0 t$;

(b) $\dfrac{\sin \omega_0 t}{t}$;

(c) $e^{-at} \sin \omega_0 t \quad (a > 0 \text{ and real})$;

(d) $\sin \omega_0 (t - \tau) \begin{cases} \text{for } t > \tau \\ 0 \text{ otherwise} \end{cases}$;

(e) $(\sin \omega_0 t - \omega_0 t \cos \omega_0 t)/2\omega_0^2$

5-3 식 (5.149)-(5.151)에서 시변 계수를 가진 미분방정식에서의 Laplace 변환의 사용을 본다. 그러한 접근이 항상 유익하지는 않을 수 있다: 때때로, 원래의 방정식보다 풀기가 쉽지 않은 s-영역에서의 *미분*방정식으로 이끌 수 있다. (이것은 변환 방정식이 *대수적(algebraic)*이 되는 상수 계수의 경우와 대비된다.) 다음의 방정식을 Laplace 변환을 사용하여 풀어라[1]:

(a) $\dfrac{d^2y}{dt^2} + \dfrac{1}{t}\dfrac{dy}{dt} + y = 0,\ y(0_-) = 1,\ y'(0_-) = 0$;

(b) $(t^2 + 1)\dfrac{dy}{dt} + ty = 0,\ y(0_-) = 0$

Note 경우 (b)는, 변수 분리에 의해, 직접 풀 수 있다. 이렇게 풀어 결과를 비교하라.

5-4 주어진

$$F(s) = \frac{-3s^3 + 2s^2 + 10s + 2}{(s^2 + 2s + 10)^2}$$

에서 $f(t)$를 찾음이 없이, $f(0_-)$, $f(\infty)$, $f'(0_-)$, $f'(\infty)$를 계산하라.

5-5 보여진 회로에서, capacitor C는 $t = 0$ 전에는 충전되지 않았다. 즉, $v_C(0_-) = 0$이다. $t = 0$ 때 전압 입력 $v_i(t) = A\,u(t)$가 인가된다. 여기서 $u(t)$는 단위 계단 함수이며 출력은 전류 $i_C(t)$이다.

(a) 입-출력 방정식 (4.66a)가 여기에서는

$$R\frac{di_C}{dt} + \frac{1}{C}i_C = \frac{dv_i}{dt}$$

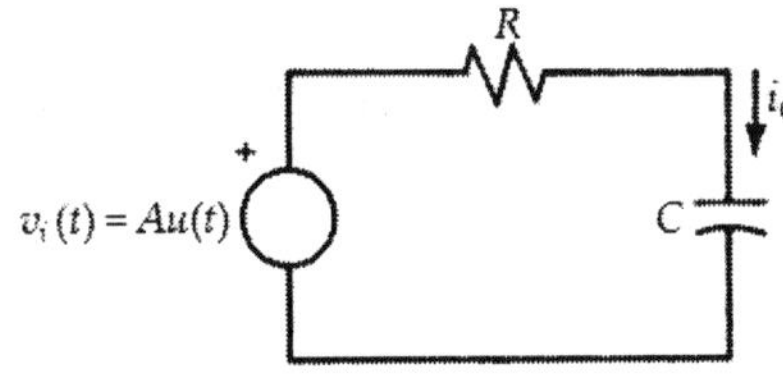

FIGURE 5.22 Problem 5-5.

그리고

$$\frac{dv_i}{dt} = A\delta(t)$$

임을 보여라.

(b) i_C가 $t = 0$에서는 불연속임을, 즉 $i_C(0_-) \neq i_C(0_+)$를 증명하라. $i_C(0_+) = A/R$임을 보여라.

(c) 이 계의 impulse 응답을 찾아라.

(d) 합성에 의해, 정현 입력 $v_i(t) = V_m \sin \beta t$에 대한 영상태 응답을 찾아라.

5-6 계를 나타내는 식 (3.66a)가

$$\frac{d^2y}{dt^2} + 2\frac{dy}{dt} + 10y = \frac{d^2p}{dt^2} - 3\frac{dp}{dt} + 5p$$

라 하자. Impulse 응답을 찾아라. 이 응답에서 나타나는 여러 가지 항을 물리적으로 설명하라.

5-7 선형 시불변 계통의 경우 합성 적분 식 (5.69)의 다른 유도는 다음과 같은 단계로 주어진다. 여기에서는 입력이 출력을 생성하는 연산으로서 선형 계통 연산자(linear system operator) L을 나타내기 위해 표기

$$L\{\text{input}\} = \text{output}$$

을 사용한다.

각 단계에서, 선형성과 시불변성을 포함하여, 정당성을 적절하게 밝혀라. 정의인 첫 번째 단계는 완전히 적혀 있다:

$L\{\delta(t)\} = h(t)$, Impulse 응답의 정의

$L\{\delta(t-\tau)\} = h(t-\tau)$, ? ?

$L\{f(\tau)\,\delta(t-\tau)\} = f(\tau)\,h(t-\tau)$, ? ?

$L\{\int_{0_-}^{t} f(\tau)\,\delta(t-\tau)\,d\tau\} = \int_{0_-}^{t} f(\tau)\,h(t-\tau)\,d\tau$, ? ?

$L\{f(t)\} = \int_{0_-}^{t} f(\tau)\,h(t-\tau)\,d\tau$, ? ?

$y(t) = \int_{0_-}^{t} f(\tau)\,h(t-\tau)\,d\tau$, ? ?

5-8 많은 경우에 있어서, 합성 적분을 구할 때 기하학적인 설명이 매우 유용하다. 특히, 두 개의 함수 $g(t)$와 $h(t)$의 합성

$$\int_{0_-}^{t} g(t-\tau)\,h(\tau)\,d\tau$$

을 고려한다. 여기서 $g(t)$와 $h(t)$는 t의 다른 범위에 걸쳐 다른 형태를 가진다. 특정한 경우로서, 그림 5.23에 보여진 것과 같은

$$g(t) = \begin{cases} 1 & 0 \le t \le 0.5 \\ 0 & \text{elsewhere} \end{cases}$$

와

$$h(t) = \begin{cases} t & 0 \le t \le 0.5 \\ 0.5 & 0.5 \le t \le 1.0 \\ 1.5 - t & 1.0 \le t \le 1.5 \\ 0 & \text{elsewhere} \end{cases}$$

를 고려하라[2].

특히 적절한 적분 구간(limit)과 피적분 함수에 관한, 시간 축의 타당한 범위가 포함된 해석적인 답(analytic answer)을 얻기를 원한다. 이 목적을 위하여, (t, τ)-평면에 필요로 하는 모든 정보를 그린다. 이 예제의 경우, 다음과 같은 단계로 나아간다:

1. 주어진 $h(t)$로부터 $h(\tau)$, 즉 이 경우에는

$$h(\tau) = \begin{cases} \tau & 0 \le \tau \le 0.5 \\ 0.5 & 0.5 \le \tau \le 1.0 \\ 1.5 - \tau & 1.0 \le \tau \le 1.5 \\ 0 & \text{elsewhere} \end{cases}$$

를 적는다.

2. 주어진 $g(t)$로부터 $g(t-\tau)$를, 여기에서는

$$g(t-\tau) = \begin{cases} 1 & 0 \le t-\tau \le 0.5 \\ 0 & \text{elsewhere} \end{cases}$$

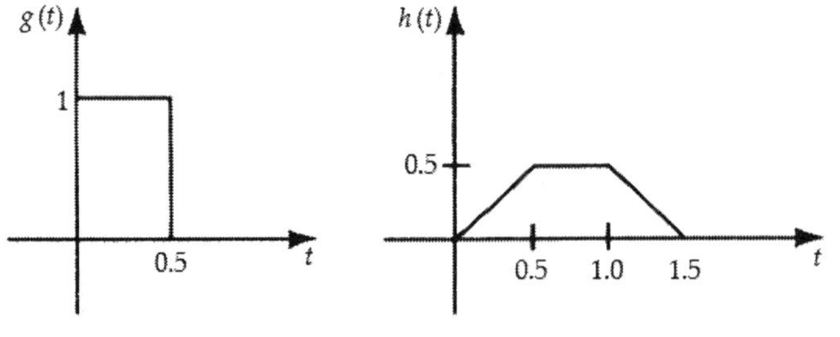

FIGURE 5.23 Problem 5-8.

를 적는다.

3. $g(t-\tau)$에 있는 부등식(inequality)을 τ 만의 항으로, 즉

$$g(t-\tau) = \begin{cases} 1 & t-0.5 \le \tau \le t \\ 0 & \text{elsewhere} \end{cases}$$

로 재배열한다.

4. (t, τ)-평면에서, 단계 1과 3에 있는 τ에 대한 모든 한계의 부등식을 그린다. 특히, 이 예제에 대한 그림이 그림 5.24에 보여졌다.

5. 이 그림에 $g(t-\tau)h(\tau)$의 대응하는 곱(적, product)이 0이 아닌 대응하는 면적을 표시한다. 이 곱 각각이 피적분 함수이다.

6. 적절한 적분 구간, 피적분 함수, 그리고 (t, τ) 그림에서 주어진 것과 같은 τ에 대한 제한으로, τ에 관한 합성 적분을 세운다.

이 예제에서는, 그러므로, 마지막 답으로서

$$\int_0^t 1 \cdot \tau \, d\tau = \frac{t^2}{2} \qquad 0 \le t \le 0.5$$

$$\int_{t-0.5}^{0.5} \tau \, d\tau + \int_{0.5}^{t} 0.5 \, d\tau = 1/2\,[0.25 - (t-0.5)^2 + (t-0.5)] \qquad 0.5 < t < 1.0$$

와 두 개의 부가적인 적분을 가진다. 이것을 완성한다. 완전한 답(total answer)을 t에 대하여 그린다.

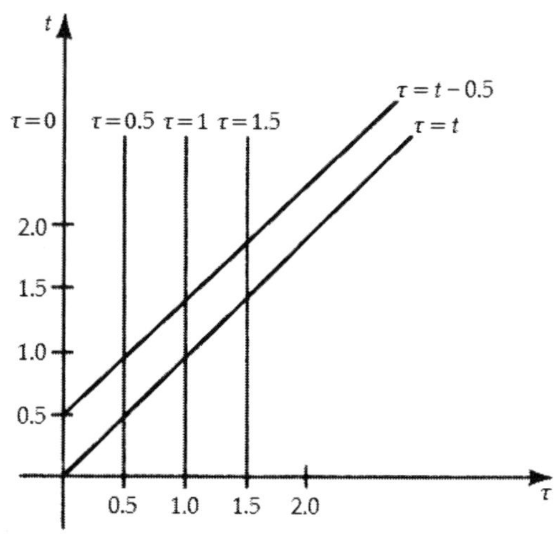

FIGURE 5.24 Problem 5-8: (t, τ)-plane plots.

5-9 $g(t)$를 $h(t)$와 합성하기 위해 Problem 5-8에서 개략된 방법을 사용하라. 여기서 두 개의 함수는 그림 5.25에 주어진 것과 같다. 답은 t의 적절한 범위에 대해 해석적인 형태일 것이

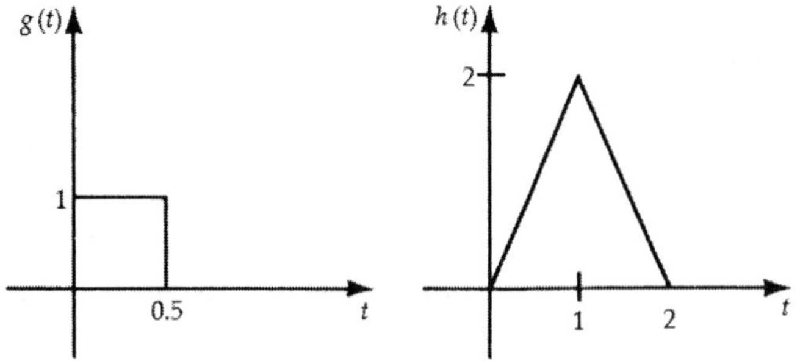

FIGURE 5.25 Problem 5-9.

다. 그것을 그려라.

5-10 다음 함수의 Laplace 변환을 찾아라:

(a) $\dfrac{1}{2\sqrt{\pi t^3}}(e^{-at} - e^{-bt})\,u(t)$;

(b) $e^{-at}\,\mathrm{erf}(\lambda\sqrt{t})\,u(t)$;

(c) $\dfrac{1}{\sqrt{t}}\cos 2\sqrt{kt}\,u(t)$;

(d) $\dfrac{1}{\sqrt{\pi t}}e^{-\lambda^2/4t}\,u(t)$

5-11 Laplace 역산 정리의 사용에 의해, 다음 함수의 역 Laplace 변환을 찾아라:

(a) $\dfrac{1}{s(s^2 + a^2)}$;

(b) $\dfrac{1}{s^2(s^2 + a^2)}$;

(c) $\dfrac{1}{s^4 - a^4}$;

(d) $\dfrac{1}{(s^2 + a^2)^n}$ $(n > 0)$;

(e) $\dfrac{1}{s(e^{sT} - a)}$;

(f) $\dfrac{1}{s\cosh sT}$;

(g) $e^{-k\sqrt{s}}$

Note 문제 (e)와 (f)에서, T는 주기 함수 $f(t)$의 주기이다.

5-12 무손실 전송선로의 논의에서, impedance Z_L을 가진 부하에서의 반사 계수가

$$\rho = \frac{Z_L - Z_c}{Z_L + Z_c}$$

임을 보였다. 정규화 부하 impedance의 항으로, ρ에 대한 표현은

$$\rho = \frac{\overline{Z}_L - 1}{\overline{Z}_L + 1}$$

이다. 이것이 식 (5.124)의 정규화 형에 대입된다면,

$$\overline{Z}(x, s) = \frac{1 + \rho e^{2sx/c}}{1 - \rho e^{2sx/c}}$$

를 가져, 선로의 임의의 점에서, ρ는

$$\rho - \frac{\overline{Z} - 1}{\overline{Z} + 1} e^{-2sx/c}$$

와 같이 써질 수 있다. $\overline{Z} = \overline{R} + j\overline{X}$를 이 교재에서 논의된 것과 같은 정규화 임피던스(normalized impedance)라 하자. 그러면 $x = -l$ 에서, 반사 계수

$$\bar{\rho} = \frac{\overline{R} + j\overline{X} - 1}{\overline{R} + j\overline{X} + 1} = \rho e^{-2sl/c}$$

는 *복소량(complex quantity)*이다. $\bar{\rho} = u + jv$라 두고

$$\left(u - \frac{\overline{R}}{\overline{R} + 1}\right)^2 + v^2 = \frac{1}{(\overline{R} + 1)^2}$$

를 보여라. Reactance 변수 $\overline{X}$를 포함하는 반경의 원의 다른 집단(족)(another family of circle)에 대한 방정식을 찾아라. 이러한 원의 직교 족(orthogonal family)의 그림은 유용한 스미스도(스미스 차트, Smith chart)로 이용할 수 있다.

5-13 전송선로 해석에서 사용하는 개념은 *전압 정재파(정상파)비(voltage standing wave ratio)* (VSWR)이다. 선로 위의 임의의 점에서의 전압은 Laplace 변환 표현으로

$$V(x, s) = V_1(e^{-sx} + \rho e^{sx})$$

와 같이 써질 수 있다. 여기서 $\rho = V_2/V_1$는 반사 계수이다. $s = j\omega$라 두면, 감쇠하지 않는 정현파(unattenuated sinusoidal wave)가 전파된다. 그러면

$$V(x, \omega) = V_1(e^{-j\omega x} + \rho e^{j\omega x}) = V_1 e^{-j\omega x}(1 + \rho e^{j2\omega x})$$

이다. 선로 위의 어떤 점에서 이 표현은 최대(maximum)인 한편, 다른 점에서는 최소(minimum)가 될 것이다. 최소치에 대한 최대치의 절대치(absolute value)의 비는 VSWR로 알려져 있다. 결과가

$$\text{VSWR} = \frac{1 + |\rho|}{1 - |\rho|}$$

임을 입증하라. 여기서 $|\rho|$는 반사 계수의 절대치이다.

5-14 전송선로의 구간(section)은 지연 선로(delay line)로 종종 사용된다. 무손실 전송선로에서의 신호(signal)의 전파속도(speed of propagation)는 $c = (LC)^{-1/2}$로 주어짐을 안다. 자유공간(free space)에서 $c_{\text{vac}} \cong 3 \times 10^8$[m/s]의 속도로 전파하는 신호에 대해 시간이 2×10^{-8} 초(second) 지연된 신호의 원인이 될 2[m] 길이의 선로를 설계하라.
Note L과 C의 선택에 따라, 문제에 대한 무한히 많은 수의 해가 있다. 실제적으로 하라; 상업적으로 허용되는 inductance와 capacitance의 값을 선택하라.

5-15 무손실 확산 방정식(lossless diffusion equation)이 이 교재에서 논의되었다. 하전 입자(전하 운반자, charge carrier)의 흡수(absorption)가 있다면 연속 방정식은

$$\frac{\partial \rho}{\partial t} + \nabla \cdot \mathbf{j} + \sigma_a \rho = 0$$

이다. 여기서 σ_a는 역행주시(시간의 역, reciprocal time)이다. Fick의 법칙은, 전자장이 없는 경우,

$$\mathbf{j} = -\lambda \nabla \rho$$

가 된다. $\rho = \rho(x, t)$라 하면, 손실이 있는 확산 방정식은

$$\frac{\partial \rho}{\partial t} - \lambda \frac{\partial^2 \rho}{\partial x^2} + \sigma_a \rho = 0$$

가 된다.
Laplace 변환법을 사용하여, $\rho(x, 0) = 0$ 그리고 $\rho(0, t) = \rho_0$인 상수일 때 $x, t \geq 0$에 대한 이 방정식의 해를 찾아라.

5-16 공간의 어떤 영역에 전계(전(기)장, electric field)이 있는 경우에는, 전류밀도(current density)에 대한 Fick의 법칙이, 그러한 영역에서는,

$$\mathbf{j} = -(\lambda \nabla \rho + \mathbf{K} \rho)$$

이다. 여기서 **K**는 전계에 의해 전하밀도 ρ에 가해지는 힘에 비례하는 vector이다. 이 조건 하에서는, 그리고 입자(particle)의 흡수가 없으면, 1차원 연속 방정식은, 일정한 **K**의 경우에,

$$\frac{\partial\rho}{\partial t}-\lambda\frac{\partial^2\rho}{\partial x^2}-K\frac{\partial\rho}{\partial x}=0$$

으로 줄어든다. 여기서 K는 **K**의 크기이다. Laplace 변환법에 의해, $\rho(x, 0) = 0$ 그리고 $\rho(0, t) = \rho_0$인 상수일 때 $x, t \geq 0$에 대한 $\rho(x, t)$를 나타내는 해를 찾아라. $\rho(x, t)$의 Laplace 변환 $R(x, s)$는 미분방정식

$$\frac{d^2R}{dx^2}+\beta\frac{dR}{dx}-\frac{s}{\lambda}R=0$$

의 해이다. 여기서 $\beta = K/\lambda$이다

Hint 먼저

$$R(x, s) = T(x, s)\, e^{-\beta x/2}$$

를 세우는 것을 원할 수 있다. 이것은 $T(x, s)$ 내에 1계 미분이 나타나지 않는 방정식을 산출할 것이다. 그러면 $T(x, s)$에 대한 방정식의 해가 조사에 의해 적어질 수 있다. 역적분(inversion integral)은 가지 특이점(branch point singularity)을 포함할 것이다.

5-17 안정도(stability)는 계통의 해석과 설계에 있어서 중요한 양상이다. 선형 시불변 계통의 *임펄스 응답 안정도(impulse response stability)*를 다음과 같이 고려한다: 전달함수(transfer function)를 두 개의 다항식 $P(s)$와 $Q(s)$ 사이에 공통 인자가 없는 s의 유리 함수(rational function) $H(s) = P(s)/Q(s)$라 하자. 대부분의 물리 계통에서는 $P(s)$의 차수가 $Q(s)$의 그것보다 작다. 계통의 impulse 응답은 그러면

$$h(t)=\mathcal{L}^{-1}\left\{\frac{P(s)}{Q(s)}\right\}$$

이다.

(a) 다음의 경우에 대하여, $h(t)$를 명확하게 $H(s)$의 극, 즉 $Q(s) = 0$의 특성근(characteristic root)의 항으로 적어라:

(1) 모든 극이 실수이고, 별개이며, 그리고 s-평면의 좌반부(left half)에 있는 경우

(2) 모든 극이 실수, 몇 개는 반복되며, 그리고 s-평면의 좌반부에 있는 경우

(3) 경우 (1), (2)에 덧붙여, 몇 개의 극이 $j\omega$-축 위에 있으며 별개인 경우

모든 경우에 있어서, $h(t)$에 대한 표현을 적고 $h(t)$가 유계, 즉

$$\lim_{t\to\infty} h(t) = 0$$

또는

$$\lim_{t\to\infty} h(t) \le M, \text{ a constant}$$

이며 계통이 안정함을 보여라

(b) 남은 경우, 즉 몇 개의 극이 $j\omega$-축 위 그리고/또는 s-평면의 우반부(right half)에 있을 때, $h(t)$는 유계되지 않아

$$\lim_{t\to\infty} h(t) \to \infty$$

이며 그러므로 계통은 불안정함을 보여라.

5-18 기본적인 선형 궤환 계통(linear feedback system)이 그림 5.26에 보여졌다.

(a) $H(s)$를 통한 궤환을 가진 계통의 전체(overall) 전달함수 $R(s)/E(s)$가

$$\frac{\mathcal{L}\{\text{output}\}}{\mathcal{L}\{\text{input}\}} = \frac{R(s)}{E(s)} = \frac{G(s)}{1 + G(s)H(s)}$$

로 주어짐을 보여라

(b) $G(s)$가

$$G(s) = \frac{1}{s(s+\alpha)}, \quad \alpha > 0$$

이며, 단위 값(1)의 궤환 루프(feedback loop), 즉

$$H(s) = 1$$

을 가진 2상 유도전동기(two-phase induction motor)를 고려하라. 이 전체 계통에 대하여, 전달함수가

$$\frac{R(s)}{E(s)} = \frac{B}{s^2 + 2\zeta\omega_n s + \omega_n{}^2}$$

와 같이 적어질 수 있음을 보여라.

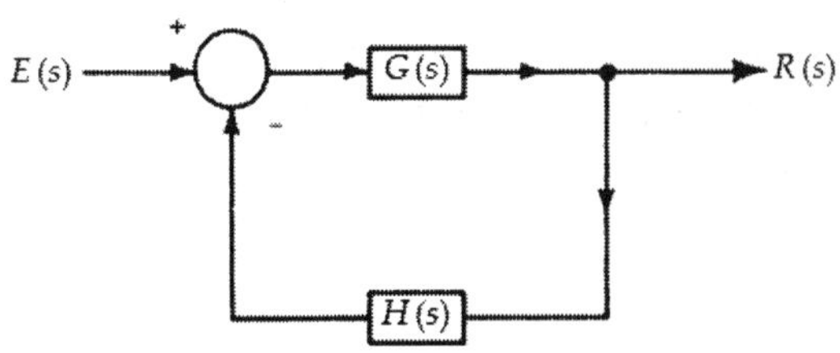

FIGURE 5.26 Problem 5-18.

다음과 같은 경우에 대하여 단위 계단 입력에 대한 전체 응답을 조사하라:

(1) $\zeta < 1$로 제동 계수(damping coefficient)가 1보다 작을 때 (*부족제동(underdamped)*, 또는 진동(oscillating)의 경우)

(2) $\zeta > 1$로 제동 계수 ζ가 1보다 클 때 (*과제동(overdamped)*의 경우)

(3) $\zeta = 1$로 제동 계수 ζ가 1일 때 (*임계제동(critical damped)*의 경우)

5-19 행렬 상태 방정식

$$\dot{\mathbf{x}} = \mathbf{A}\mathbf{x} + \mathbf{B}\mathbf{u}$$

의 시간 영역 해(time-domain solution)는 지수 행렬 함수(exponential matrix function) $e^{\mathbf{A}t}$의 정의를 요구한다. 그것은

$$e^{\mathbf{A}t} = \mathbf{I} + \mathbf{A}t + \mathbf{A}^2\frac{t^2}{2!} + \cdots = \sum_{k=0}^{\infty} \mathbf{A}^k \frac{t^k}{k!}$$

이며 e^{at}의 스칼라 급수(scalar series)와 상사이다(analogous). $e^{\mathbf{A}t}$에 있는 급수가 모든 $\mathbf{A}$에 대해 그리고 모든 유한한 t에 대해 수렴함이 보여질 수 있다.
행렬 상태 방정식의 해가 확실히 식 (5.171)에 주어진 것과 같음을, 즉

$$\mathbf{x}(t) = e^{\mathbf{A}t}\,\mathbf{x}(0_-) + \int_{0_-}^{t} e^{\mathbf{A}(t-\tau)}\mathbf{B}\,\mathbf{u}(\tau)\,d\tau$$

임을 보이기 위해 다음의 두 가지 단계를 수행하라:

(a) 초기 상태 vector $\mathbf{x}(0_-)$는 해 $\mathbf{x}(t)$에 의해 $t = 0_-$에서 만족됨을 보여라.

(b) 주어진 해를 미분방정식에 대입하여 만족되는지를 확인하라.

5-20 지수 행렬 함수 $e^{\mathbf{A}t}$는 종종 $\boldsymbol{\phi}(t)$

$$\boldsymbol{\phi}(t) = e^{\mathbf{A}t}$$

로 나타내어지며 *상태 천이 행렬(state transition matrix)*이라 불린다. 따라서 상태 방정식에 대한 영입력 해(zero-input solution)는

$$\mathbf{x}(t) = \boldsymbol{\phi}(t)\,\mathbf{x}(0_-)$$

로 주어지며 용어 "천이(transition)"의 설명이 분명하다: 초기 상태 $\mathbf{x}(0_-)$가 시간 t에서의 다른 상태로 변환되거나, 천이된다. $\boldsymbol{\phi}(t)$를 사용하여 행렬 상태 방정식의 완전해(complete solution)를 적어라. $\boldsymbol{\Phi}(s) = \mathcal{L}\{\boldsymbol{\phi}(t)\}$를 사용하여, s-영역에서의 대응하는 표현을 적어라. 식 (5.177)과 (5.178)을 비교하라.

5-21 식 (5.178)에 있는 것과 같은 $(s\mathbf{I} - \mathbf{A})^{-1}$을 계산함에 있어서, $(s\mathbf{I} - \mathbf{A})$의 행렬식

$$\Delta = \det(s\mathbf{I} - \mathbf{A})$$

를 사용한다. 특성 방정식

$$\Delta = \det(s\mathbf{I} - \mathbf{A}) = 0$$

의 근(root)은 특성치(characteristic value)이다.
상태 vector가 유계일 때, 즉

$$\lim_{t\to\infty}\|\mathbf{x}(t)\| = 0$$

일 때, 복소 s-평면에서의 특성치의 위치에 대한 제한을 세워라. 또한 Problem 5-17을 보라.

5-22 회로에 대한 1계 행렬 미분방정식의 체계적 정식화(systematic formulation)는 다음과 같이 이루어진다:

(a) 모든 회로망 소자(network element)에 대한 가지(branch)를 사용하여, 회로망의 도표(graph)를 그린다.

(b) 모든 전압원, 최대한(maximal number)의 정전용량기(capacitor), 그리고 최소한(minimal number)의 유도용량기(inductor)를 포함하는 tree를 선택한다. 몇 개의 저항기(resistor)가 이 tree를 완성하기 위해 필요해질 수 있다.

(c) 이 tree 내에 있는 각 용량성 전압(capacitive voltage)과 같은 tree 내에 있는 각 유도성 전류(inductive current)가 상태 vector $\mathbf{x}(t)$에 있는 상태 변수(state variable)로, 즉

$$\mathbf{x}(t) = [v_{C_1}(t) \quad v_{C_2}(t) \quad \cdots \quad i_{L_1}(t) \quad i_{L_2}(t) \quad \cdots]^T$$

가 된다.

(d) Tree 내에 있는 각 capacitor에 대한 기본 cut-set 방정식과 같은 tree 내에 있는 각 inductor에 대한 기본 loop 방정식을 적는다. 이 방정식은, 행렬형으로,

$$\dot{\mathbf{x}} = \mathbf{A}\mathbf{x} + \mathbf{B}\mathbf{u}$$

가 된다.

그림 5.27에 보여진 회로망에 대한 이 상태 행렬 방정식을 유도하라. $R_1 = 1$ [Ω], $R_2 = 2$ [Ω], $L = 1$ [H], $C_1 = C_2 = 0.1$ [F], $v_1(t) = u(t)$, $i_1(t) = \delta(t)$일 때, $\mathbf{x}(t)$에 대하여 풀어라. 모든 초

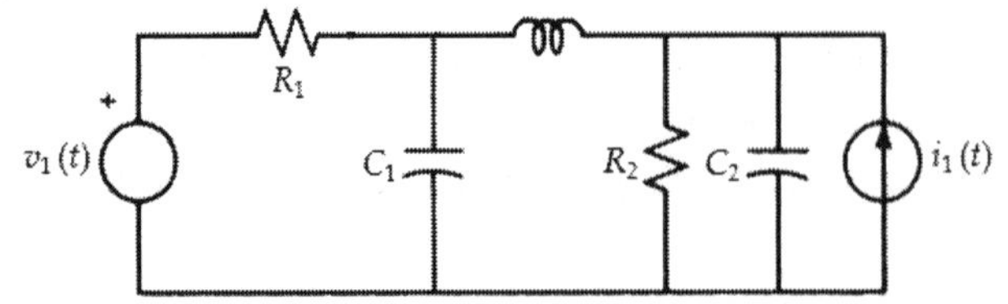

FIGURE 5.27 Problem 5-22.

초기 조건은 0이다.

5-23 앞의 문제에서와 같이, 그림 5.28에 보여진 회로망에 대한 상태 행렬 방정식을 유도하라. 다음과 같은 값에 대하여 그것을 풀어라: $R_1 = R_2 = 1$ [Ω], $C_1 = 1/2$ [F], $C_2 = 1/4$ [F], $L = 1$ [H], $v_1(t) = 2e^{-t}u(t)$. Capacitor는 보여진 바와 같이, $q_{C_1}(0_-) = 2$ [C], $q_{C_2}(0_-) = 1$ [C]으로 초기 충전되어 있다.

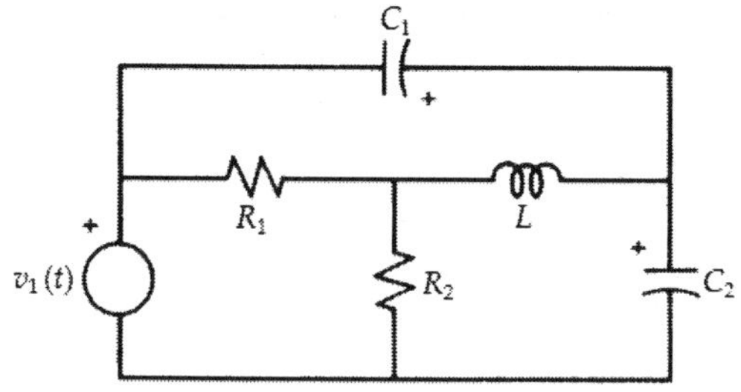

FIGURE 5.28 Problem 5-23.

5-24 그림 5.29에 보여진 연산 증폭기 회로(op-amp circuit)에 대하여 상태 행렬 방정식을 유도하라.

Hint 절점 A와 B에서 Kirchhoff의 전류 법칙을 적어라.

$R_1 = 10$ [kΩ], $R_2 = 2$ [Ω], $C_1 = 1$ [μF], $C_2 = 0.1$ [μF], $K = -10^5$ 에 대하여 상태 행렬 방정식을 풀어라. Capacitor는 초기에 충전되지 않았다. 상태 vector $\mathbf{x}(t)$와 입력의 항으로 출력 방정식(output equation) ($\mathbf{y}(t) = v_{out}$)을 적어라. 식 (5.167)을 보라.

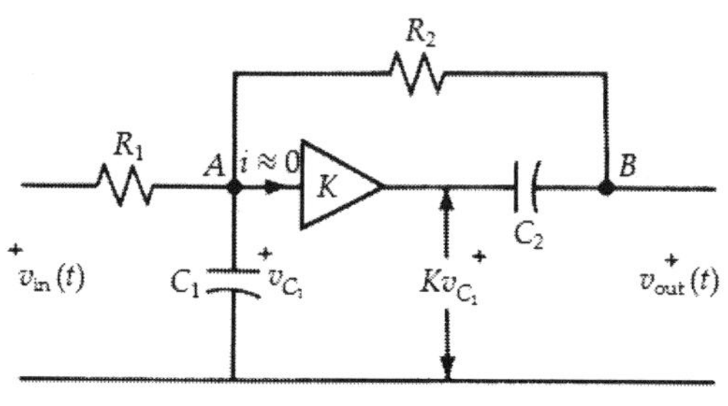

FIGURE 5.29 Problem 5-24.

SELECTED BIBLIOGRAPHY

1. S. Karni, *Intermediate Network Analysis*, Boston: Allyn & Bacon, Inc., 1971.
2. D. E. Cartier, "Mirror Mirror on the Wall ⋯ Convolution Isn't Hard at All," *EDN*, pp. 55-59, March, 1975.

3. S. Karni and E. Etter, "An Algebraic-Recursive Algorithm for Partial Fraction Expansion with Multiple Poles," *IEEE Transactions on Education*, vol. E-22, no. 1, pp. 25-27, February, 1979.
4. L. S. Zadeh and C. A. Desoer, *Linear Systems Theory: The State Space Approach*, New York: McGraw-Hill Book Co., Inc., 1963.
5. T. Kailath, *Linear Systems*, Englewood Cliffs, N.J.: Prentice-Hall, Inc., 1980.
6. A. Erdelyi, *Operational Calculus and Generalized Functions*, New York: Holt, Rinehart &Winston, 1962.
7. G. Doetsch, *Guide to the Applications of the Laplace and Z-Transforms*, London: Van Nostrand Reinhold Company, 1971.
8. R. V. Churchill, *Operational Mathematics*, New York: McGraw-Hill Book Co., Inc., 1958.
9. P. K. Kuhfittig, *Introduction to the Laplace Transform*, New York: Plenum Press, 1978.
10. H. S. Carslaw and J. C. Jaeger, *Operational Methods in Applied Mathematics*, Cambridge, England: Oxford University Press, 1948. (Also available in paperback, New York: Dover Publications, 1963.)

CHAPTER 6

Fourier Series and Signal Spectra

6.1 FOURIER SERIES

5장에서, 그림 6.1에 보여진 것과 같은 주기 입력(periodic input)을 갖는 회로망에 대한 시간 영역 응답(time-domain response)을 논의하였다. 응답이 입력 신호와 적절한 회로망 함수(network function)의 변환의 적(곱, product)의 역 Laplace 변환에 의해 결정될 수 있음을 찾았다. 이 장에서는, 언제나 시작 시간에서 이상적으로 출발하여 마지막까지 결정된 주기 입력에 대한 정상 상태 응답 만을 고려한다. 덧붙여, *주파수 성분(frequency content)*의 항으로 입력 신호와 회로망 응답에 관심을 가진다. 주기 신호 파형의 주파수 성분의 개념은 특히 공학 문제에서 유용하며, 보게 될 바와 같이, 전기공학자가 서로 소통하는데 있어서의 많은 전문 언어 또는 특수 용어에 대한 기초이다.

프랑스 수학자인 J. B. L. Fourier(1758-1830)는, 열 유동(flow of heat)에 있어서의 문제를 연구하던 중에 (1822년에는 전기적인 응용은 드물었다), 임의의 주기 함수는 고조파 관련 주파수(harmonically related frequencies)의 사인 곡선(sinusoid)의 무한 급수(infinite series)에 의해 표현될 수 있음을 보였다. 이 설명에서 사용된 많은 용어들은 정교함을 요구한다. 신호 $f(t)$는 모든 t에 대하여 $f(t) = f(t + T)$라면 주기(period) T로 주기적이라고 한다. 이 요구를 충족하는 몇 가지 신호 파형이 그림 6.2에 보여졌다. 그림 (a)는 펄스 열(train of pulses), 그림 (b)는 반 사인파(half sine

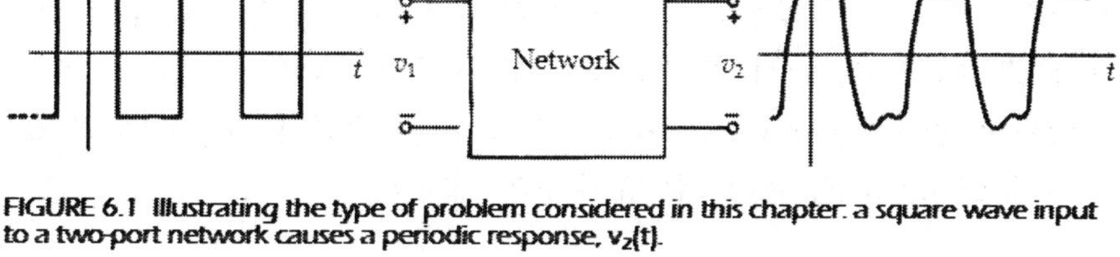

FIGURE 6.1 Illustrating the type of problem considered in this chapter: a square wave input to a two-port network causes a periodic response, $v_2(t)$.

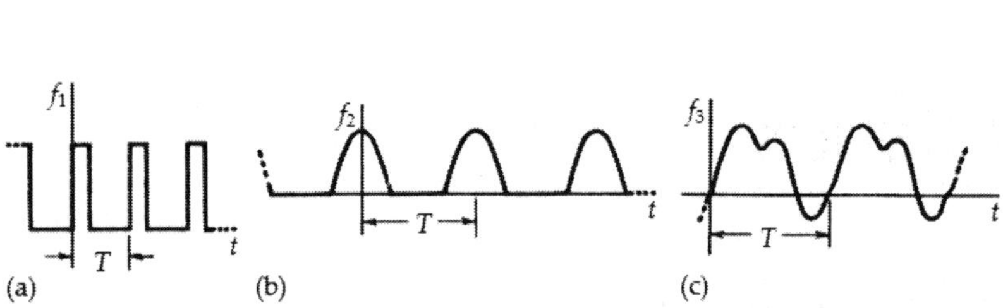

FIGURE 6.2 There periodic wave forms, each with the period T identified.

wave)의 열(반파 정류(half-wave rectified)라 하는), 그리고 그림 (c)는 연속(그러나 다른 것은 알 수 없는) 주기 신호이다. 특별히 관심이 있는 것은 사인 곡선

$$f_1(t) = \cos\frac{2\pi n}{T}t = \cos n\omega_0 t \tag{6.1}$$

그리고

$$f_2(t) = \sin\frac{2\pi n}{T}t = \sin n\omega_0 t \tag{6.2}$$

이다. 여기서 n은 임의의 정수(integer)(또는 0)이다. 사인 곡선의 각각의 주파수 $n\omega_0 = 2\pi n/T$는 *기본* 주파수(*fundamental* frequency) ω_0의 *n차 고조파(nth harmonic)* 라 말해진다. 따라서 주기파(periodic wave)는 그것의 기본 주파수, 2차 고조파, 3차 고조파, 등등으로 나타내어질 것이며, 그것들의 각각의 주파수는 간단히 주기 T와 관련될 것이다.

$f(t)$가 주기적이며 6.4절에서 논의되는 *디리끌레 조건(Dirichlet condition)*을 만족하면, 그러면 *푸리에 급수(Fourier series)*는

$$\begin{aligned} f(t) = a_0 + a_1\cos\omega_0 t + a_2\cos 2\omega_0 t + \cdots + a_n\cos n\omega_0 t + \cdots \\ + b_1\sin\omega_0 t + b_2\sin 2\omega_0 t + \cdots + b_n\sin n\omega_0 t + \cdots \end{aligned} \tag{6.3}$$

이다. $a_1 = 1, b_2 = -1$이며, 다른 모든 계수는 0과 같은 경우에 대해 그 두 개의 항의 합(summation)이 주기 함수를 준다는 것이 그림 6.3에 보여졌다. *푸리에 해석(Fourier analysis)*은 두 가지 연산으로 이루어진다: (1) 계수 $a_0, a_1, a_2, \cdots, b_1, b_2, \cdots$의 값의 결정, 그리고 (2) 부분 합(partial sum)이 허용 오차(allowable error) 내에서 함수를 나타낼 *절단* 급수(*truncated* series) 내에 포함되는 항의 수의 결정. 급수의 수렴(convergence)이 빠르다면, 단지 몇 개의 항으로 충분할 것이다.

식 (6.3)의 급수는 등가형(equivalent form)이긴 하지만 명백히 다른 다수의 표현으로 적어질 수 있으며, 그 중 한가지는 모든 n에 대하여

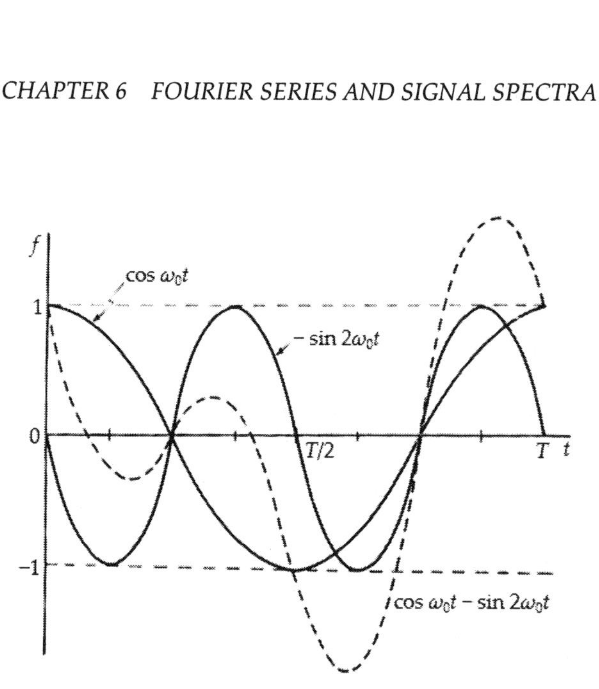

FIGURE 6.3 An example of the combination of two sinusoids of harmonically related frequencies to give a nonsinusoidal periodic function shown by the dashed line.

$$a_n \cos n\omega_0 t + b_n \sin n\omega_0 t = c_n \cos (n\omega_0 t + \theta_n) \tag{6.4}$$

를 알아봄으로써 얻어진다. 여기서

$$c_n = \sqrt{a_n^2 + b_n^2} \quad \text{and} \quad \theta_n = \tan^{-1} \frac{b_n}{a_n} \tag{6.5}$$

이다.

식 (6.3)에 있는 항의 쌍을 결합하면 $c_0 = a_0$이며 모든 다른 c_n과 θ_n은 식 (6.5)로 정의되는 Fourier 급수의 등가형

$$f(t) = c_0 + c_1 \cos (\omega_0 t + \theta_1) + c_2 \cos (2\omega_0 t + \theta_2) + \cdots + c_n \cos (n\omega_0 t + \theta_n) + \cdots \tag{6.6}$$

을 준다. 계수 c_n과 θ_n은 n차 고조파(nth harmonic)의 *크기(진폭, amplitude)*와 *위상(phase)*이다.

Fourier 급수가 식 (6.6)의 형태로 세워진 것을 안다면, 그러면 수(number) c_n과 θ_n의 집합이 필요로 하는 모든 정보를 내포하고 있음을 확인하라. 이 정보가 표시될 수 있는 구성이 그림 6.4에 보여졌다. n 또는 $n\omega_0$(이 둘은 간단한 선형 축척(linear scaling)에 의해 관련된다)의 함수로 나타낸 c_n은 진폭 스펙트럼(amplitude spectrum)으로 알려져 있다; n 또는 $n\omega_0$의 함수로 나타낸 θ_n은 위상 스펙트럼(phase spectrum)이다. 이 장(chapter)의 뒤에서, 지금 막 논의한 선(line) (또는 이산, discrete) spectrum과 모든 주파수에 대해 정의되는 연속 스펙트럼(continuous spec-

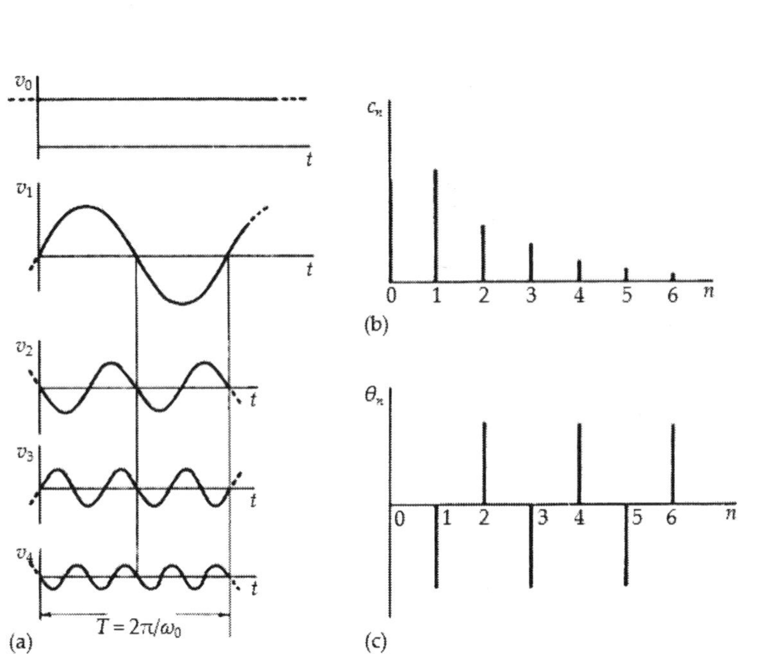

FIGURE 6.4 (a) The terms in the Fourier series are shown as a function of time. The wave forms of (a) may be described by the amplitude spectrum of (b) together with the phase spectrum of (c).

tra)을 구별하기 위하여 이 정의를 상세하게 논한다. 이 장은 신호 표현과 회로 문제의 풀이(solution)를 위한 수단으로서 spectrum의 검토를 강조한다.

6.2 EVALUATION OF FOURIER COEFFICIENTS*

식 (6.3)에서 계수 a와 b의 계산은 포함된 함수, 즉 정수 값(integer value) n과 m인 $\cos n\omega_0 t$와 $\sin m\omega_0 t$의 집합의 *직교성(orthogonality property)*의 사용으로 유도될 수 있는 간단한 적분방정식(integral equation)의 사용에 의해 수행된다. 이 함수들은 어떤 t_0에 대해서든 구간(interval) t_0으로부터 t_0+T까지에 걸쳐 직교이다(orthogonal). 종종 값 $t_0=0$ 또는 $t_0=-T/2$를 사용할 것이지만, 어떤 주기든 사용될 수 있다는 것의 이해와 함께, 따라오는 식에서 t_0에서 t_0+T까지를 0에서 T까지로 대체할 것이다.

먼저, 주기 T에서 n 또는 m개의 완전한 주파(complete cycle)에 걸친 사인 곡선의 평균치(average value)가 0이기 때문에

$$\int_0^T \sin m\omega_0 t\, dt = 0 \quad \text{for all } m \tag{6.7}$$

* Fourier 계수를 구하기 위한 수치 해법(numerical method)의 요약에 대해서는 *Reference Data for Radio Engineers* (5th ed.), Indianapolis, Ind.: Howard W. Sams & Co., Inc., 1970을 보라.

그리고

$$\int_0^T \cos n\omega_0 t\, dt = 0 \quad \text{for all } n \neq 0 \tag{6.8}$$

이다. 다음의 세 개의 교차 곱 항(cross-product term) 역시 m과 n의 설명된 관계의 경우 0이다:

$$\int_0^T \sin m\omega_0 t \cos n\omega_0 t\, dt = 0 \quad \text{for all } m, n \tag{6.9}$$

$$\int_0^T \sin m\omega_0 t \sin n\omega_0 t\, dt = 0 \quad \text{for } m \neq n \tag{6.10}$$

그리고

$$\int_0^T \cos m\omega_0 t \cos n\omega_0 t\, dt = 0 \quad \text{for } m \neq n \tag{6.11}$$

0이 아닌 적분 값은 m과 n이 같을 때 나타난다; 따라서

$$\int_0^T \sin^2 m\omega_0 t\, dt = \frac{T}{2} \quad \text{for all } m \tag{6.12}$$

그리고

$$\int_0^T \cos^2 n\omega_0 t\, dt = \frac{T}{2} \quad \text{for all } n \tag{6.13}$$

이다.

계산 과정은 3단계로 설명되는 형태를 따른다: (1) 식 (6.3)의 양변에 적당한 인자(factor)를 곱하고, (2) 0으로부터 T까지의 시간 구간에 걸쳐 항 별로 결과적인 표현을 적분하며, 그리고 (3) 대부분이 0이 될 적분을 계산하기 위하여 식 (6.7)부터 (6.13)을 사용한다. 이 과정을 a_0에 적용하면, 곱셈 인자(multiplying factor)는 1이며 적분방정식은

$$\int_0^T f(t)\, dt = a_0 \int_0^T dt + \int_0^T f_1(t)\, dt \tag{6.14}$$

이다. 여기서 $f_1(t)$는 합산(summation)

$$f_1(t) = \sum_{n=1}^{\infty} (a_n \cos n\omega_0 t + b_n \sin n\omega_0 t) \tag{6.15}$$

를 간결하게 적은 것이다. 이 특별한 나눔은 식 (6.14)의 우변에 있는 첫 번째 항은 값 a_0T를 갖는 한편, $f_1(t)$의 무한 합산에 있는 각 항마다, 0에서 T까지 적분될 때, 식 (6.7)과 (6.8)에 의해 0의 값을 가지기 때문에 만들어진다. 식 (6.14)의 좌변을 a_0T와 같게 두면, a_0은, 때때로 신호의 직류 값(d-c value)으로 알려져 있는, 단순히 주기에 걸친 $f(t)$의 평균치를 나타내는

$$a_0 = \frac{1}{T}\int_0^T f(t)\,dt \tag{6.16}$$

을 가진다.

a_n을 계산하기 위한 곱셈 인자는 $\cos n\omega_0 t$이며, 이 인자와 식 (6.3)의 적(곱, product)이 0에서 T까지 적분되면

$$\int_0^T f(t)\cos n\omega_0 t\,dt = \int_0^T a_0 \cos n\omega_0 t\,dt + \int_0^T f_1(t)\cos n\omega_0 t\,dt \tag{6.17}$$

이다. 이 경우에는, 이 식의 우변에 있는 모든 항은, 값 $T/2$를 갖는 식 (6.13)의 형태의 한 개의 항은 제외하고, 0이다. 따라서 계수* a_n에 대해서는

$$a_n = \frac{2}{T}\int_0^T f(t)\cos n\omega_0 t\,dt \tag{6.18}$$

을 가진다. 세워진 단계에 따라, 식 (6.3)에 $\sin n\omega_0 t$가 곱해지고 적분되면

$$\int_0^T f(t)\sin n\omega_0 t\,dt = \int_0^T a_0 \sin n\omega_0 t\,dt + \int_0^T f_1(t)\sin n\omega_0 t\,dt \tag{6.19}$$

를 주며 0이 아닌 유일한 적분은, 값 $T/2$를 갖는 식 (6.12)의 형태인, 이 식의 우변 두 번째 항 한 개이다. 따라서 b_n의 값은 식

$$b_n = \frac{2}{T}\int_0^T f(t)\sin n\omega_0 t\,dt \tag{6.20}$$

으로 주어지며 모든 Fourier 계수가 계산되었다. 세 개의 식 (6.16), (6.18), 그리고

* 어떤 저자들은 식 (6.18)이 $n = 0$으로 식 (6.16)을 통합하도록 식 (6.3)에 있는 첫째 항을 $a_0/2$으로 적는다. 이 규약으로는, a_0은 한 주기에 걸친 $f(t)$의 평균치의 2배이다.

(6.20)의 사용은 다음의 예제에 의해 설명된다.

Example 6.1 그림 6.5는 Fourier 급수로 나타내려고 하는 구형파 전압 신호(square-wave voltage signal)를 보인다. 이 파형은 다음과 같이 적어진다:

$$v(t) = \begin{cases} V, & 0 < t < T/4 \\ -V, & T/4 < t < 3T/4 \\ V, & 3T/4 < t < T \end{cases} \tag{6.21}$$

구형파의 조사에 의해, 한 주기에 걸친 평균치가 0이어서 $a_0 = 0$이 식 (6.16)의 사용없이 얻어짐을 본다. a_1의 값은 $n = 1$로 식 (6.18)을 사용하여 얻어지게 된다; 따라서

$$a_1 = \frac{2}{T}\left(V\int_0^{T/4} \cos\omega_0 t\,dt - V\int_{T/4}^{3T/4} \cos\omega_0 t\,dt + V\int_{3T/4}^{T} \cos\omega_0 t\,dt\right) \tag{6.22}$$

$$= \frac{2V}{\omega_0 T}\left[\sin\frac{\omega_0 T}{4} - \left(\sin\frac{3\omega_0 T}{4} - \sin\frac{\omega_0 T}{4}\right) + \left(\sin\omega_0 T - \sin\frac{3\omega_0 T}{4}\right)\right] \tag{6.23}$$

이다. $\omega_0 T = 2\pi$이기 때문에, a_1에 대하여

$$a_1 = \frac{V}{\pi}(1 + 2 + 1) = \frac{4V}{\pi} \tag{6.24}$$

를 얻는다. 모든 n에 대해 같은 과정을 적용하면,

$$a_n = \begin{cases} \dfrac{+4V}{n\pi}, & n = 1, 5, 9, \cdots \\ \dfrac{-4V}{n\pi}, & n = 3, 7, 11, \cdots \\ 0, & n = \text{even integer} \end{cases} \tag{6.25}$$
$$b_n = 0 \quad \text{for all } n$$

를 찾는다. 따라서 Fourier 급수는

$$v(t) = \frac{4V}{\pi}\left(\cos\omega_0 t - \frac{1}{3}\cos 3\omega_0 t + \frac{1}{5}\cos 5\omega_0 t - \frac{1}{7}\cos 7\omega_0 t + \cdots\right) \tag{6.26}$$

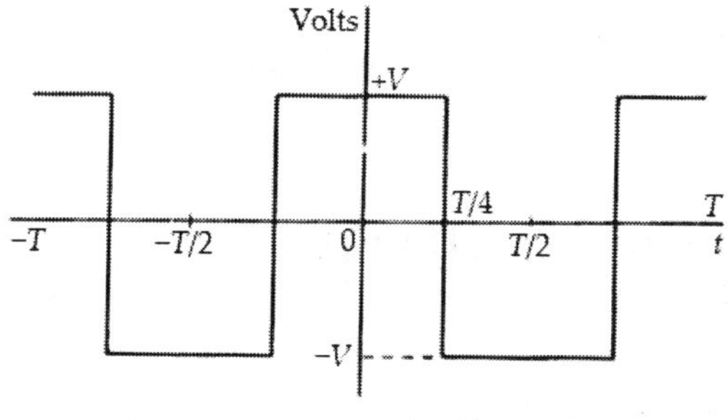

FIGURE 6.5 A square or rectangular wave of amplitude 2V and period $T = 2\pi/\omega_0$.

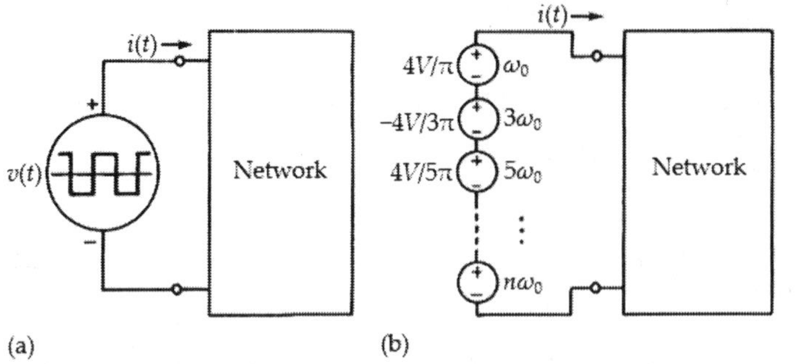

FIGURE 6.6 By means of the Fourier series, a periodic function as voltage source may be replaced by n sinusoidal voltage sources in series, each having an amplitude given by the Fourier coefficients and each at harmonically related frequencies, $n\omega_0$ where n is an integer.

이다.

그림 6.6에 설명된 바와 같이, 고조파적으로 관련된 전압의 이 합(sum)은 구형파와 같으며, 그림 (b)의 다중 발전기 회로망(multi-generator network)의 경우 총 응답(total response)은 중첩(superposition)에 의해 결정될 수 있다. 구형파에 대한 진폭 및 위상 spectrum이 그림 6.7에 보여졌다.

식 (6.25)와 (6.26)으로부터, Fourier 계수의 대부분은 0임을 확인한다. 뒤에서 이것은 신호에 있어서의 어떤 대칭성(symmetry)의 결과이고, 이 정보가 파형으로부터 직접 결정될 수 있으며, 따라서 0의 값을 가져야 하는 적분 계산의 필요성을 회피함을 보인다.

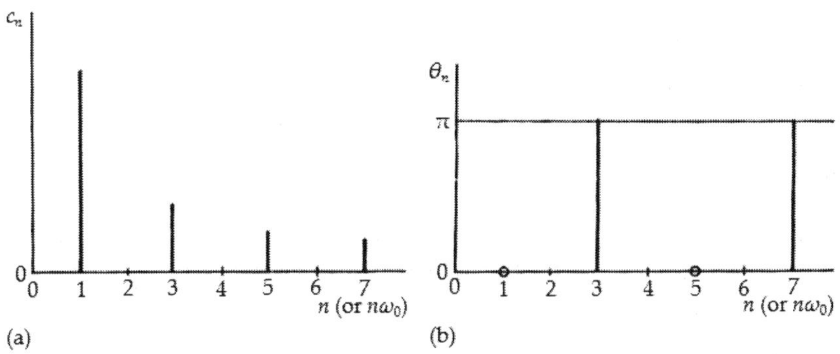

FIGURE 6.7 The magnitude and phase spectra for the waveform of Figure 6.5. The plots are shown as a function of n, but may be frequency scaled and plotted as a function of $n\omega_0$ as indicated on the figure.

■

6.3 WAVEFORM SYMMETRIES AS RELATED TO FOURIER COEFFICIENTS

이 절에서는, 주기 신호의 몇 가지 성질을 검토하고, Fourier 계수의 계산을 간단하

게 할 법칙을 유도한다. 조건

$$f(t) = f(-t) \tag{6.27}$$

을 만족하는 함수 $f(t)$는 *우함수(even function)*라 말해진다. $|\sin t|$, 우수(짝수, even) n에 대한 t^n, 그리고 그림 6.8 (a)의 구형파(square wave)와 같은 다른 많은 우함수가 있지만, 특별히 관심을 갖는 우함수는 함수 $\cos n\omega_0 t$와 상수 a_0이다. 비슷하게, $f(t)$가 조건

$$f(t) = -f(-t) \tag{6.28}$$

을 만족한다면, 그것은 *기함수(odd function)*이다. 관심은 함수 $\sin n\omega_0 t$에 있다; 다른 기함수는 기수(홀수, odd) n에 대한 t^n, $\theta = \tan^{-1}\omega$, 그리고 그림 6.8 (b)의 삼각파(triangular wave) 등이다.

지금까지의 논의에서 예제로 사용된 기본 함수는 우함수이거나 기함수이다. 다수의 우함수가 합해지면, 결과는 우함수이며, 기함수의 합은 마찬가지로 기함수이다:

$$\text{Sum of even functions} = \text{even function} \tag{6.29}$$
$$\text{Sum of odd functions} = \text{odd function} \tag{6.30}$$

하지만, 한 개의 우함수가 기함수의 합에 더해지면, 결과는 우함수도 기함수도 아니지만, 우함수와 기함수 부분을 갖는 것으로 말해질 수 있다:

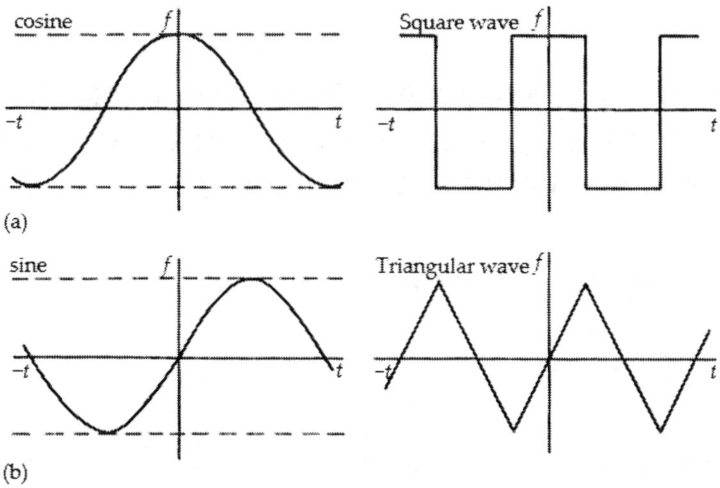

FIGURE 6.8 Example of (a) even functions and (b) odd functions.

$$f(t) = f_e(t) + f_o(t) \tag{6.31}$$

여기서

$$f_e(t) = \text{Ev } f(t) \tag{6.32}$$

그리고

$$f_o(t) = \text{Od } f(t) \tag{6.33}$$

이다. 이제

$$f(-t) = f_e(-t) + f_o(-t) \tag{6.34}$$

와 식 (6.27)과 (6.28)의 결과로부터

$$f(-t) = f_e(t) + f_o(t) \tag{6.35}$$

이다. 식 (6.31)과 (6.35)를 더하고 빼면,

$$f_e(t) = \frac{1}{2}[f(t) + f(-t)] \tag{6.36}$$

그리고

$$f_o(t) = \frac{1}{2}[f(t) - f(-t)] \tag{6.37}$$

을 얻는다.

다음으로 이 결과를 Fourier 계수에 대한 식에 적용한다. $f(t)$와 $f(-t)$를 비교하는데 관심이 있기 때문에, 적분 구간(integration interval)을 $-T/2$로부터 $T/2$ 까지로(6.2절에서 $t_0 = -T/2$에 대응하는) 선택한다. 그러면 식 (6.18)은

$$a_n = \frac{2}{T}\left[\int_{-T/2}^{T/2} f_e \cos n\omega_0 t\, dt + \int_{-T/2}^{T/2} f_o \cos n\omega_0 t\, dt\right] \tag{6.38}$$

로 적어질 수 있으며 식 (6.20)으로부터,

$$b_n = \frac{2}{T}\left[\int_{-T/2}^{T/2} f_e \sin n\omega_0 t\, dt + \int_{-T/2}^{T/2} f_o \sin n\omega_0 t\, dt\right] \tag{6.39}$$

이다. 이 적분에 함수의 적(곱)(function product)이 포함되기 때문에,

$$\text{Odd function} \times \text{odd function} = \text{even function} \tag{6.40}$$
$$\text{Even function} \times \text{even function} = \text{even function} \tag{6.41}$$
$$\text{Even function} \times \text{odd function} = \text{odd function} \tag{6.42}$$

그리고, $t_0 = -T/2$를 사용할 것이지만, 임의의 t_0에 대해, 임의의 우함수 f_e에 대해서는

$$\int_{-t_0}^{t_0} f_e(t)\,dt = 2\int_0^{t_0} f_e(t)\,dt \tag{6.43}$$

인 한편, 임의의 기함수 f_o에 대해서는

$$\int_{-t_0}^{t_0} f_o(t)\,dt = 0 \tag{6.44}$$

임을 알아낸다. 이 결과의 각 항에서, 주기 함수에 존재할 수 있는 몇 가지 중요한 대칭성을 다음으로 고려한다.

1. F(t) is an Even Function 식 (6.29)로부터 $f_o = 0$은 $b_n = 0$을 함축함을 안다. 이것은 또한, $f_e \sin n\omega_0 t$가 모든 n에 대하여 기함수이며 적분은 식 (6.44)로부터 0이기 때문에, $f_o = 0$인 식 (6.39)로부터 보일 수 있다. 같은 조건을 a_n에 대한 식 (6.38)에 적용하면, 식 (6.43)으로부터 다음을 얻는다:

$$a_n = \frac{4}{T}\int_0^{T/2} f(t)\cos n\omega_0 t\,dt \tag{6.45}$$

그리고

$$a_0 = \frac{2}{T}\int_0^{T/2} f(t)\,dt \tag{6.46}$$

따라서 *우주기 함수(even periodic function)의 Fourier 급수 전개는 여현 항(cosine term)과 상수(constant) 만을 포함한다.*

2. F(t) is an Odd Function 비슷한 해석에 의해, 식 (6.30)은 $f_e = 0$은 $a_n = 0$와 $a_0 = 0$을 말한다. 이것은 또한 $f_e = 0$인 식 (6.38)과 $f_o \cos n\omega_0 t$가 모든 n에 대하여 기함수라는 것으로부터, 식 (6.44)에 의해 $a_n = 0$이 보인다. 같은 조건을 b_n에 대한 식 (6.39)에 적용하면, 식 (6.43)의 사용에 의해 다음을 얻는다:

$$b_n = \frac{4}{T}\int_0^{T/2} f(t)\sin n\omega_0 t\,dt \tag{6.47}$$

요약하면, *기주기 함수(odd periodic function)의 Fourier 급수 전개는 정현 항(sine term) 만을 포함한다.*

3. Half-Wave Symmetry 이 대칭성은 조건

$$f(t) = -f\left(t \pm \frac{T}{2}\right) \tag{6.48}$$

에 의해 설명되며 t가 $-T/2$로부터 0 까지 증가함에 따른 파형이 t가 0으로부터 $T/2$ 까지 증가함에 따른 파형의 부(음, negative)임을 보여주는 그림 6.9에 도해되었다. 명백하게 이 파형은 우함수도 기함수도 아니어서, 둘 다를 갖고 있어야 한다. Fourier 계수에 대한 표현을 얻기 위하여, 다음 식을 고려한다:

$$a_n = \frac{2}{T}\int_{-T/2}^{T/2} f(t)\cos n\omega_0 t\,dt \tag{6.49}$$

그리고

$$b_n = \frac{2}{T}\int_{-T/2}^{T/2} f(t)\sin n\omega_0 t\,dt \tag{6.50}$$

이제 이 식에 있는 네 개의 피적분 함수는 모든 n에 대하여 우함수도 기함수도 아니다. 피적분 함수가 우수인 n에 대해서는 항상 기함수이며, 기수인 n에 대해서는 항상 우함수임을 보이는 것으로 방법을 개략한다.

그림 6.10은 반파 대칭을 가진 파형 $f(t)$와 또한 (a)에 $n = 1$ 그리고 (c)에 $n = 2$

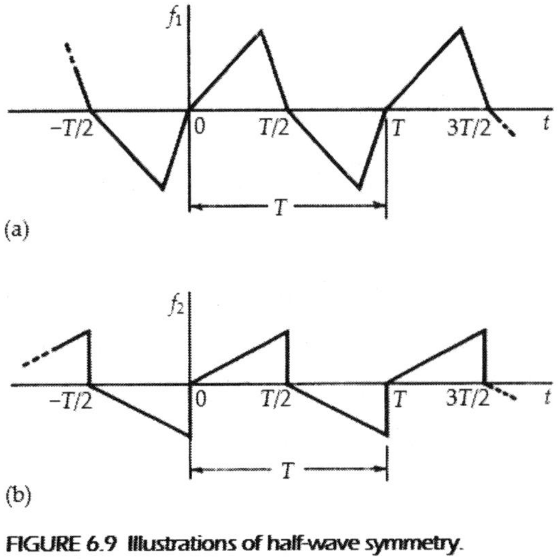

FIGURE 6.9 Illustrations of half-wave symmetry.

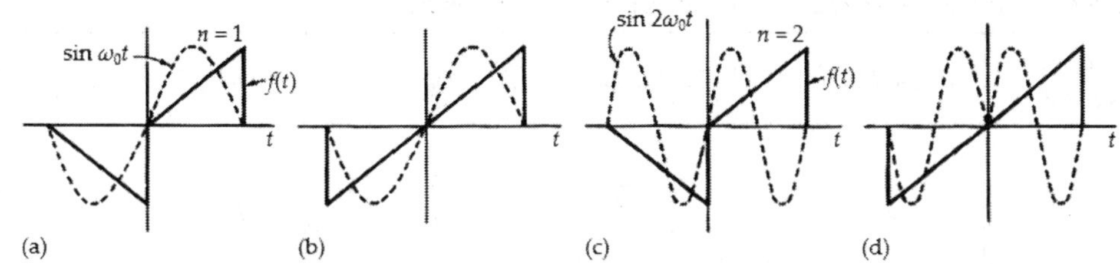

FIGURE 6.10 Waveforms employed to illustrate the conclusion that periodic functions with half-wave symmetry contain only odd harmonics.

에 대한 $\sin n\omega_0 t$를 보인다; 두 파형이 함께 곱해지고 그 다음 식 (6.50)으로 지정된 바와 같이 적분된다. 적분의 값이 고려되는 한, $-T/2$로부터 0 까지 보여진 함수가 적분의 바뀜은 없이 양 끝이 서로 바뀌어도 된다. 파형은 그래서 (b)와 (d)로 수정된다. (b)의 파형의 경우, 우함수를 주는 기함수와 기함수의 곱(times)을 가져, 식 (6.43)에 의해 b_1의 값은 적분 한계(limit)가 0에서 $T/2$로 바뀐 식 (6.50)의 2배이다. 이제, 우수 값 $n = 2$의 경우, (d)는 기함수를 주는 기함수와 우함수의 곱을 가져, 식 (6.44)에 의해 값은 0이다. 같은 방법이 모든 n에 대하여 식 (6.49)와 (6.50)에 적용될 수 있어서, 결과

$$a_0 = 0, \quad a_n = b_n = 0, \quad n \text{ even} \tag{6.51}$$

그리고

$$a_n = \frac{4}{T}\int_0^{T/2} f(t)\cos n\omega_0 t\,dt, \quad n \text{ odd} \tag{6.52}$$

$$b_n = \frac{4}{T}\int_0^{T/2} f(t)\sin n\omega_0 t\,dt, \quad n \text{ odd} \tag{6.53}$$

을 준다. 요약하면, *반파 대칭을 가진 주기 함수의 Fourier 급수 전개는 기수 고조파(odd harmonics) 만을 포함한다.* 기함수와 기수 고조파 사이를 구별하는데 어려움은 없을 것이다. 예를 들어, $b_4 \sin 4\omega_0 t$는 우수 고조파(even harmonics)이지만, 기함수이다. $a_4 \cos 4\omega_0 t$는 어떤가?

표 6.1은 주기 함수의 대칭 조건에 따른 파형과 성질 그리고 Fourier 계수의 계산 식을 정리하여 나타낸 것이다.

Example 6.2 삼각파 또는 톱니 파형이 그림 6.11에 보여졌다. 이것은 기함수여서, 대칭 조건은, $n = 0$을 포함하여, 모든 n에 대하여 $a_n = 0$을 요구한다. 계수 b_n을 찾기 위하여,

TABLE 6.1 Summary of symmetry conditions for periodic waveforms

Name of symmetry	*Condition*	*Illustration*	*Property*	a_0	$a_n\ (n \neq 0)$	b_n
Even	$f(t) = f(-t)$	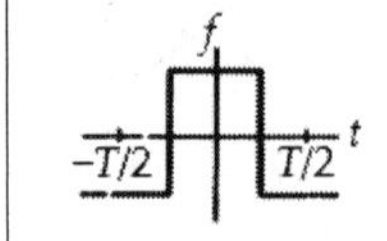	Cosine terms only	*	$\frac{4}{T}\int_0^{T/2} F_a\,dt$	0
Odd	$f(t) = -f(-t)$	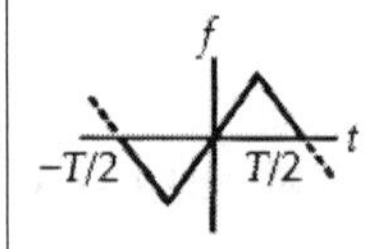	Sine terms only	0	0	$\frac{4}{T}\int_0^{T/2} F_b\,dt$
Half-wave symmetry	$f(t) = -f\left(t \pm \frac{T}{2}\right)$	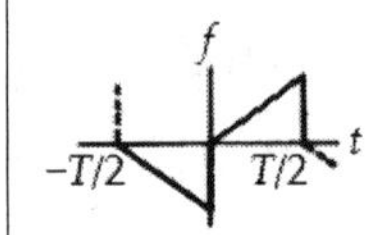	Odd n only	0	$\frac{4}{T}\int_0^{T/2} F_a\,dt$	$\frac{4}{T}\int_0^{T/2} F_b\,dt$

$* \ a_0 = \frac{2}{T}\int_0^{T/2} f(t)\,dt,\ \omega_0 = \frac{2\pi}{T},\ F_a = f(t)\cos n\omega_0 t,\ F_b = f(t)\sin n\omega_0 t$

$$v(t) = \begin{cases} \frac{4V}{T}t, & 0 < t < \frac{T}{4} \\ -\frac{4V}{T}t + 2V, & \frac{T}{4} < t < \frac{T}{2} \end{cases} \tag{6.54}$$

를 식 (6.47)에 대입하면

$$v(t) = \frac{8V}{\pi^2}\left(\sin\omega_0 t - \frac{1}{3^2}\sin 3\omega_0 t + \frac{1}{5^2}\sin 5\omega_0 t - \frac{1}{7^2}\sin 7\omega_0 t + \cdots\right) \tag{6.55}$$

를 찾는다. 계수의 크기는 식 (6.26)으로 설명된 그림 6.5에서 보다 이 파형의 경우가 n에 따라 한층 더 빠르게 감소함을 확인하라.

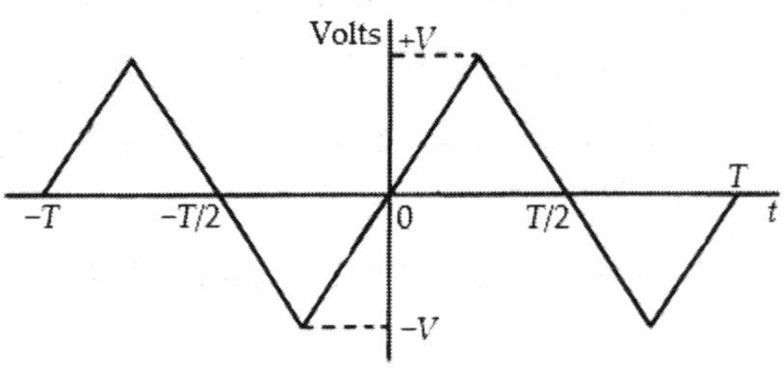

FIGURE 6.11 Triangular waveform analyzed in Example 6.2.

■

Example 6.3 그림 6.12 (a)에 보여진 파형은 이 절에서 논의된 어떤 대칭성도 갖고 있지 않으며, 그래서 식 (6.31)에서와 같이 우함수와 기함수 부분을 다 가져야 한다. 식 (6.36)과 (6.

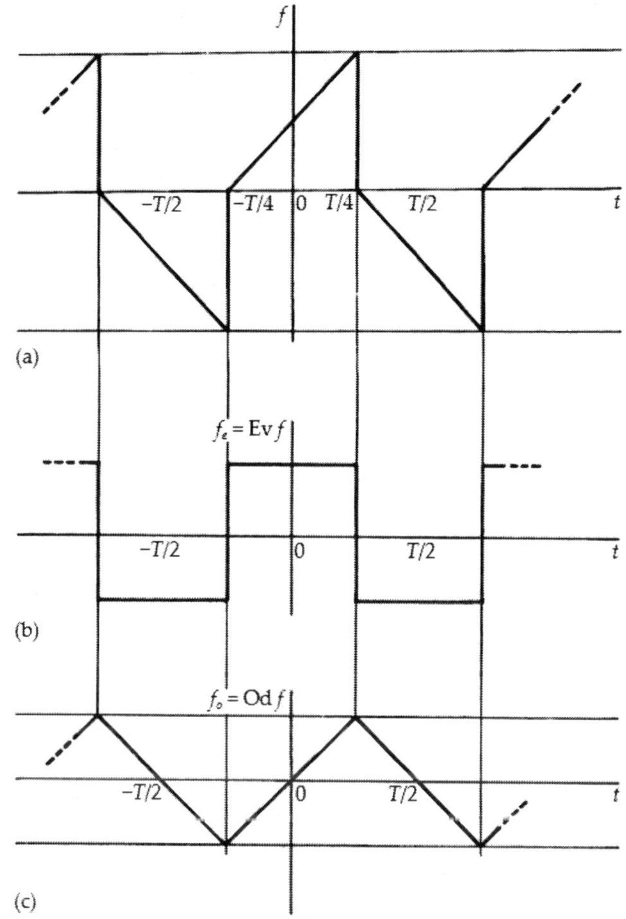

FIGURE 6.12 A function which is neither even or odd may be resolved into and even part, f_e, and an odd part f_o such that $f = f_e + f_o$.

37)을 사용하여, 신호의 각 부분은 이 그림의 (b)와 (c)에 보여진 바와 같이 결정된다. 이것은 Example 6.1과 6.2의 파형이어서, Fourier 급수는 간단히 식 (6.26)과 (6.55)의 합(sum)이다. 이것은 신호 해석(signal analysis)에서 가장 유용한 기법을 설명한다. ■

그림 6.11의 삼각파형으로 돌아가서, 기준 시간(reference time) $t = 0$의 선택이 $v(t)$가 우함수일지 또는 기함수일지를 결정한다. 보여진 바와 같이 그것은 기함수이다; 오른 쪽으로 $t = T/4$ 단위만큼 추이되면(shifted), 우함수로 된다. 이제 기준 시간의 선택은 어느 정도 임의적인 것으로 보이며, 처음에는, 어쨌든, 한 경우에는 여현 급수를 취하며 다른 경우에는 정현 급수를 취하는 것이 놀랍다! 기준 시간 $t = 0$을 추이할 때 어떤 일이 일어나는지, 그리고 이 시간의 선택에서 사용해도 좋은 지침은 무엇인가?

먼저, 파형의 $f = 0$ 또는 수평축(horizontal axis)에 대한 위(upward) 또는 아래로의(downward) 추이는 a_0가 바뀌는 것으로 이루어진다. $f_2 = K_0 + f_1$이라면, 그러면 f_1에 대한 Fourier 급수에서, K_0은 a_0과만 결합한다. 따라서, 신호 f_1에 K_0을 더하는 것은 결과적인 파형 f_2를 양의 값에 대해서는 위로 K_0 단위만큼, 음의 값에 대해서는 아래로 K_0 단위만큼 추이한다. 거꾸로, *$f = 0$ 또는 수평축의 선택은 a_0에만 영향을 준다.*

$t = 0$ 또는 기준 시간축(reference time axis)의 추이 또는 파형의 시간 변위(displacement)는 다른 효과를 가진다. 식 (6.6)에서 전형적인 항

$$f_n(t) = c_n \cos(n\omega_0 t + \theta_n) \tag{6.56}$$

에 대하여, $t = \tau$일 때 $t' = 0$인 시간축에서의 추이는 식 (6.56)에서 t가 $t' + \tau$로 대체되는 원인이 되어서, 추이 항(shifted term)은

$$f_n(t') = c_n \cos[n\omega_0(t' + \tau) + \theta_n] = c_n \cos(n\omega_0 t' + \phi_n) \tag{6.57}$$

이다 여기서

$$\phi_n = \theta_n + n\omega_0\tau \tag{6.58}$$

이다. 진폭 spectrum의 한 개의 항인 c_n은 $f_n(t')$의 경우나 $f_n(t)$의 경우나 같지만 위상 spectrum 항은 θ_n으로부터 ϕ_n으로 바뀜을 확인하라. 이제 이 논의가 출발된 삼각파의 경우, 정현과 여현 함수는 90°의 위상 추이(phase shift)로 관련되기 때문에, 정현 급수 또는 여현 급수가 이 함수를 나타낼 수 있다. 기준 시간이 선택되어야 하는 파형의 해석에 있어서는, 적절하게 함수를 우함수로나 기함수로 만듦으로써, Fourier 계수의 결정을 쉽게 만드는 방식으로 기준 시간을 선택할 수 있다. 하지만, *$t = 0$ 또는 기준 시간의 선택은 진폭 spectrum에는 영향을 주지 않지만, 위상 spectrum을 한정한다.*

6.4 CONVERGENCE IN TRUNCATED SERIES

식 (6.3)에서와 같이 주기 함수에 대하여 Fourier 급수를 적는 것이 가능한 조건은 그것을 첫 번째로 찾은 수학자 Dirichlet 이후, *디리끌레 조건(Dirichlet condition)*으로 알려져 있다. 그 조건은 함수의 각 주기에 있어서: (1) 유한한 수의 불연속(discontinuity)을 가지고, (2) 유한한 수의 극대(maximum)와 극소(minimum)를 가지고 있어야 하며, 그리고 (3) 절대 수렴(absolutely convergent)

$$\int_0^T |f(t)|dt < \infty \tag{6.59}$$

이어야 한다는 것이다.

이 교재의 논의에서는, 조건의 강형식(strong form)을 가정하며 임펄스 함수(impulse function)와 impulse 함수의 도함수(derivative)는 제외한다.*1 또한 $\sin(1/t)$ 또는 $t^2 \sin(1/t)$ 같은 함수도 제외되는데, 이런 함수는 요구 조건 (1)과 (2)에 의해 제외된다.

먼저 n번째 이후의 모든 항이 떨어져 나간 유한 급수를 검토할 것을 꾀함으로써 무한 Fourier 급수의 *절단(truncating)*의 결과를 검토할 것이다. 이 부분합(partial sum)을 $s_n(t)$라 하자. 절단 오차(truncation error)는 $f(t)$와 $s_n(t)$ 사이의 차이(difference)이다:

$$\epsilon_n(t) = f(t) - s_n(t) \tag{6.60}$$

고등 연구(advanced study)에서 사용되는 유용한 측도(measure) 또는 감도 지수(figure of merit)는

$$E_n = \frac{1}{T}\int_0^T [\epsilon_n(t)]^2 dt \tag{6.61}$$

와 같은 *제곱 평균 오차(mean-square-error)*이다. *최소 제곱(least squares)*이라고도 불리는 Fourier 급수의 성질은, 같은 수의 항을 가진 다른 급수의 경우 더 작은 E_n이 찾아질 수 없다는 의미에서 절단 푸리에 급수(truncated Fourier series)가 식 (6.61)에 의해 찾아지는 E_n의 값을 최소로 한다는 것을 기술한다.*2 설명을 위해서, $V = \pi/4$로 단순화한 식 (6.26)으로 주어진 구형파에 대한 Fourier 급수를 사용하자. 이 급수의 경우, 처음 세 개의 절단 급수는

$$s_1 = \cos\omega_0 t \tag{6.62}$$

$$s_2 = \cos\omega_0 t - \frac{1}{3}\cos 3\omega_0 t \tag{6.63}$$

그리고

*1 Impulse와 이중 임펄스(더블렛, doublet)이 허용될 때 가능한 연산의 종류의 예에 대해서는, F. F. Kuo, *Network Analysis and Synthesis* (2nd ed.), New York: John Wiley & Sons, Inc., 1966, pp. 58-63을 보라.

*2 상세한 논의에 대해서는, E. A. Guillemin, *The Mathematics of Circuit Analysis*, New York: John Wiley & Sons, Inc. and M.I.T. Press, 1949, pp. 482-496을 보라.

$$s_3 = \cos\omega_0 t - \frac{1}{3}\cos 3\omega_0 t + \frac{1}{5}\cos 5\omega_0 t \tag{6.64}$$

이다. 이것의 세 번째를 다른 급수

$$p_3 = d_1 \cos\omega_0 t + d_3 \cos 3\omega_0 t + d_5 \cos 5\omega_0 t \tag{6.65}$$

와 비교하면, 그러면 최소 제곱의 의미에서, 식 (6.64)에서 사용된 값 보다 더 좋은 오차를 최소화하는 d_1, d_3, d_5의 값은 없음을 안다. 같은 설명이 $d_5 = 0$인 p_3과 s_2와의 비교, 그리고 $d_3 = d_5 = 0$인 p_3과 s_1과의 비교에도 적용된다.

이 논의로부터, 오차는 최소화될 것이지만, 명기된 값을 만날 때까지 더 많은 항을 사용하여, 시행착오(trial and error)에 의해 오차가 어떤 미리 주어진 값보다 더 적어질 것을 보장하는 일반적인 방법은 갖지 못한다.

Dirichlet 조건은 그림 6.13에 보여진 도약(jump)의 형태인 $f(t)$의 각 주기 내에서의 유한한 수의 불연속을 허용한다. 이것은 종종 Fourier 급수를, 한 가지 예가 구형파인, 그러한 함수의 표현에 사용하기 때문에 중요하다. Fourier 급수 $f(t)$ 또는 절단 급수 $s_n(t)$를 불연속에서 어떤 값으로 가정할 것인가? 함수 $f(t)$가 t_1의 오른 쪽과 왼 쪽에서 다른 극한을 가지고 t_1에서 불연속이라고 가정한다. 이 값을 $f(t_1^-)$와 $f(t_1^+)$로 구별하자. $t = t_1$에서의 값은 급수가 함수의 두 개의 값 사이의 중간 값(value midway)이라고 가정하는 것을 의미하는

$$f(t_1) - f(t_1^-) = f(t_1^+) - f(t_1) \tag{6.66}$$

이어서

$$f(t_1) = \frac{f(t_1^+) + f(t_1^-)}{2} \tag{6.67}$$

일 것이다. 이 값이 그림 6.13에 보여졌다.

물론, Fourier 급수의 부분합일 뿐인 s_n이 세 점 $f(t_1^-)$, $f(t_1)$, 그리고 $f(t_1^+)$를 통

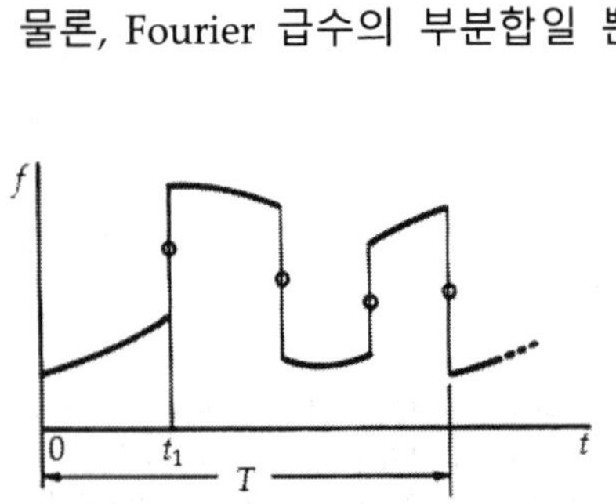

FIGURE 6.13 Discontinuities in f(t) with the circles indicating the value given by the truncated series at the discontinuity.

과할 것이라고 하는 것은 너무 지나친 기대이다; 이것은 무한대의 기울기(infinite slope)를 요구할 것이다. 불연속 가까이에서 상당한 오차가 있을 것이며, 실제로 그렇게 된다. 이 효과는, 이것을 처음으로 연구한 윌라드 깁스 경(Sir Willard Gibbs) 이후, *깁스 현상(Gibbs phenomena)*으로 알려져 있다.*1

Gibbs 현상의 초과(오버슈트, overshoot)와 줄어드는 진동 감쇠(damped oscillatory decay) 특성이 그림 6.14에 보여졌다. Overshoot의 양(amount)은 $n \to \infty$에 따른 총 도약(total jump)의 9 [%]이다. 진동의 성질은 감쇠에 대한 시간 간격(time interval)이 감소하는 것과 동시에 각(호도) 주파수(radian frequency)가 증가하는 n에 따라 변한다.

Example 6.2에서의 구형파와 삼각파에 대한 Fourier 급수의 비교에서, 삼각파에 대한 급수가 구형파에 대한 것보다 n의 증가에 따라 더 빠르게 줄어들었음을 확인하였다. 이것은 다음에 논의하는 더 일반적인 경우의 한 가지 예이다.

그림 6.15에 보여진 파형을 고려한다. 이 파형은 f_b는 f_a의, f_c는 f_b의, 그리고 f_d는 f_c의 도함수인 5장에서 검토된 파형 족(family)이다. f_d는 impulse 함수를 포함하기 때문에 이것만 제외하고, f_a, f_b, 그리고 f_c에 있는 파형의 주파수 성분의 관계의 검토를 원한다. 직관적으로, 파형 f_a, f_b, 그리고 f_c의 "매끈함(smoothness)"의 감소 때문에, 절단 Fourier 급수에서 f_a보다 f_b를, 그리고 f_b보다 f_c를 나타내는데 더 많은 항이 필요할 것이라고 기대한다. 그리고, 물론, 이 기대는 Example 6.2의 비교에서 찾은 것과 부합한다.

Fourier 계수가 n이 증가함에 따라 감소하는 방식을 짊어지는 법칙은 도약 불연속(jump discontinuity)을 생성하기 위해 함수가 미분되어야 하는 횟수의 항으로 편리하게 표현된다.*2 그 도함수가 k번째 것이라 하자. 그러면 다음의 부등식이 Fourier 계수에 대해 성립한다:

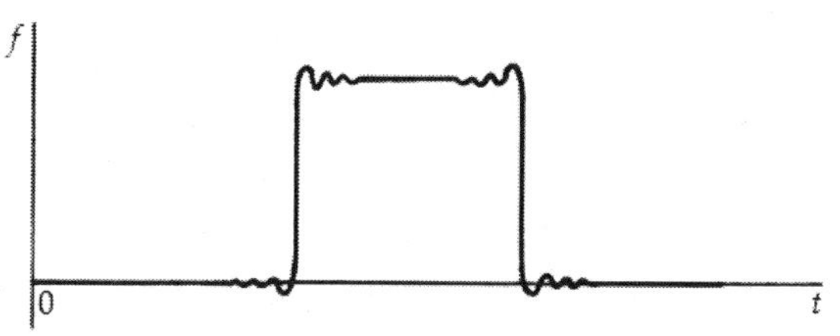

FIGURE 6.14 The overshoot and oscillatory decay which characterizes by the Gibbs phenomena.

*1 E. A. Guillemin, *op. cit.*, 1949, pp. 485-496을 보라.
*2 R. M. Sokolnikoff and R. M. Redheffer, *Mathematics of Physics and Modern Engineering*, New York: McGraw-Hill Book Company, Inc., 1958, p. 211을 보라.

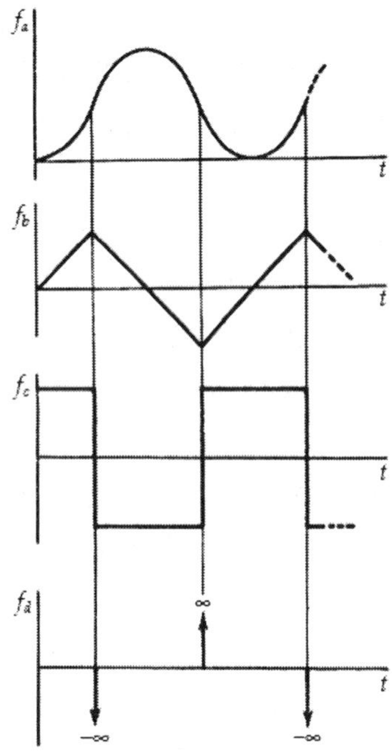

FIGURE 6.15 Four waveforms which are related through differentiation in going from top to bottom or through integration in going from bottom to top.

$$|a_n| \le \frac{M}{n^{k+1}}, \quad |b_n| \le \frac{M}{n^{k+1}} \tag{6.68}$$

여기서 M은 $f(t)$에는 종속하지만 n에는 종속하지 않는 상수이다. 명백하게, 이 식에서 등호(equality sign)는 계수의 상한(upper bound)이 n에 따라 감소함을 나타낸다. 그림 6.15의 파형(그리고 이 형태의 다른 파형)에 대한 식 (6.68)의 적용이 표 6.2에 요약되었다. 계수의 가장 작은 감소율(smallest rate of decrease)은 $1/n$이며, 이것은 고려에서 impulse 함수가 제외된 결과임을 본다.

n에 따른 Fourier 계수의 감소율은 또한 [db]로 $|a_n|$ 또는 $|b_n|$을 나타내고 대수 눈금(logarithmic scale)으로 n(또는 $n\omega_0$)을 그리는 주파수 응답(frequency response) 곡선에서 낮익은 6 [db/octave]의 기울기의 항으로 표현될 수 있다. 그림 6.16은 log ω에 대한 $20\log|a_n|$의 그림을 보인다. 표 6.2의 앞 세 경우에 대한 기울기의 상한이 -6, -12, 그리고 -18이라는 것이 보여진다.

이 논의에서 소개된 개념에 의하여, 주어진 시간 영역 파형(time-domain waveform)에 대한 진폭 spectrum을 예견할 수 있으며, 역으로, 진폭 spectrum으로부터 시간 영역 파형을 예견할 수 있다. 이러한 솜씨는 어떤 공학도에게든 더 없는 자산이다! 파형이 도약을 포함한다면, 그것의 진폭 spectrum이 단지 $1/n$로 감소하는

TABLE 6.2 Decrease of amplitude of coefficients with jump and impulse in function

Condition		*Example*	*Law* describing upper bound of decrease of $\lvert a_n\rvert$ and $\lvert b_n\rvert$ with n*
Jump in:	*Impulse in:*		
$f(t)$	$f'(t)$	Square wave	$\frac{1}{n}$
$f'(t)$	$f''(t)$	Triangular wave	$\frac{1}{n^2}$
$f''(t)$	$f'''(t)$	Parabolic waveform	$\frac{1}{n^3}$
$f^{(k-1)}(t)$	$f^{(k)}(t)$	—	$\frac{1}{n^k}$

* This is also the ratio $\lvert a_n/a_1\rvert$ and $\lvert b_n/b_1\rvert$ if all quantities are nonzero.

직선을 포함할 것이라는 것을 안다. 주기 중의 어떤 점에서 기울기는 갑작스럽게 변화하지만, 도약은 없는 파형은 기껏해야 $1/n^2$ 법칙을 요구할 것이다. 복잡한 포물선적 흔들림(parabolic wiggle)을 가진 파형은 기껏해야 $1/n^3$ 법칙이 필요할 것이

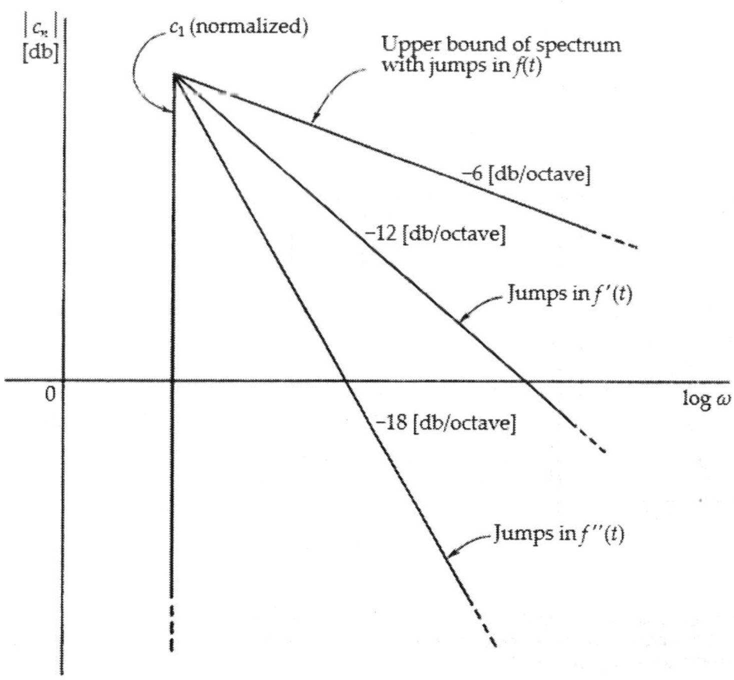

FIGURE 6.16 The upper bound for the magnitude of the lines in the spectrum in [db], plotted as a function of log ω. The figure illustrates the conclusion that this upper bound decreases at the rate of 6(n + 1) [db/octave], where n is the number of times the function must be differentiated to produce a jump discontinuity.

다. 흔들림이 작아지면 작아질수록, 최종적으로 모든 파형 중 가장 매끄러운 정현 곡선(sinusoid) 자체에 도달한다.* 이러한 관찰을 설명하기 위한 예가 그림 6.17에 보여졌다.

6.5 EXPONENTIAL FORM OF THE FOURIER SERIES

Fourier 급수는 지수(exponential) $e^{\pm jn\omega_0 t}$로 등가형(equivalent form)으로 표현될 수 있다. 급수에 있는 항이

$$f(t) = a_0 + \sum_{n=1}^{\infty} (a_n \cos n\omega_0 t + b_n \sin n\omega_0 t) \tag{6.69}$$

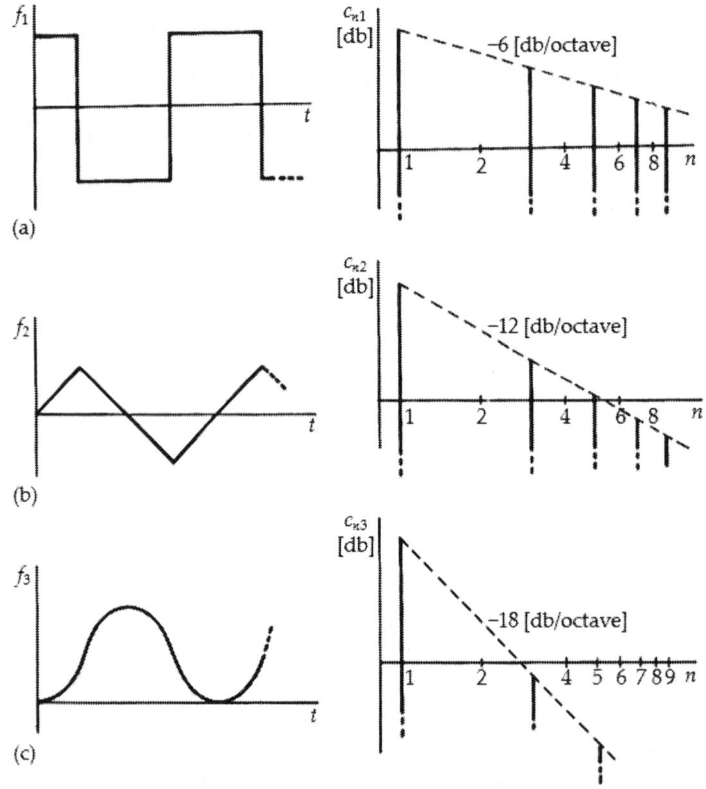

FIGURE 6.17 Three examples which illustrate the general conclusion shown in Figure 6.16 Each part of the figure shows a waveform and its magnitude spectrum with a normalized magnitude for n = 1.

* Mason과 Zimmermann은 그들이 *성분(content)*, *변량(variation)*, 그리고 *요동도(wiggliness)*라고 부른 측도(measure)의 항으로 파형과 그 spectrum을 설명한다. S. J. Mason and H. J. Zimmermann, *Electronic Circuits, Signals, and Systems*, New York: John Wiley & Sons, Inc., 1960, pp. 235-242를 보라.

의 형태로 함께 묶였다고 가정한다. 4장에서와 같이, cosine과 sine은 지수 항으로

$$\cos n\omega_0 t = \frac{1}{2}\left(e^{jn\omega_0 t} + e^{-jn\omega_0 t}\right) \tag{6.70}$$

그리고

$$\sin n\omega_0 t = \frac{1}{2j}\left(e^{jn\omega_0 t} - e^{-jn\omega_0 t}\right) \tag{6.71}$$

과 같이 표현될 수 있다. 이 식을 식 (6.69)에 대입하면, 결과는

$$f(t) = a_0 + \sum_{n=1}^{\infty}\left(a_n \frac{e^{jn\omega_0 t} + e^{-jn\omega_0 t}}{2} + b_n \frac{e^{jn\omega_0 t} - e^{-jn\omega_0 t}}{2j}\right) \tag{6.72}$$

이다. 이 식을 간단하게 하기 위하여, 같은 지수 항이 묶어진다. $1/j = -j$임을 상기하면, 식은

$$f(t) = a_0 + \sum_{n=1}^{\infty}\left[\left(\frac{a_n - jb_n}{2}\right)e^{jn\omega_0 t} + \left(\frac{a_n + jb_n}{2}\right)e^{-jn\omega_0 t}\right] \tag{6.73}$$

으로 된다. 이 표현을 간단하게 하기 위하여, 다음으로 계수 a와 b를 대체하는 새로운 계수를 도입한다. 정의에 의해,

$$\tilde{c}_n = \frac{a_n - jb_n}{2}, \quad \tilde{c}_{-n} = \frac{a_n + jb_n}{2}, \quad \text{and} \quad \tilde{c}_0 = a_0 \tag{6.74}$$

이다. 식 (6.73)에 대한 새로운 형태는

$$f(t) = \tilde{c}_0 + \sum_{n=1}^{\infty}\left(\tilde{c}_n e^{jn\omega_0 t} + \tilde{c}_{-n} e^{-jn\omega_0 t}\right) \tag{6.75}$$

이다. 지금 막 겪은 모든 처리를 더 낫게 이해하기 위한 입장에 있다. 이 식에서 1로부터 ∞ 까지의 값을 거치는 것으로 둔 n의 범위는 압축된 식(compact equation)

$$f(t) = \sum_{n=-\infty}^{\infty} \tilde{c}_n e^{jn\omega_0 t} \tag{6.76}$$

에서는 $-\infty$로부터 $+\infty$ 까지(0을 포함하여)의 범위로 둔 n과 등가이다. 여기에서 Fourier 급수의 지수형(exponential form)을 가진다. 계수 $\tilde{c}_n$는 이미 알고 있는 a_n과

b_n의 항으로 쉽게 계산될 수 있다. 그러면

$$\begin{aligned}\tilde{c}_n &= \frac{1}{T}\int_0^T f(t)\cos n\omega_0 t\,dt - \frac{j}{T}\int_0^T f(t)\sin n\omega_0 t\,dt \\ &= \frac{1}{T}\int_0^T f(t)\,(\cos n\omega_0 t - j\sin n\omega_0 t)\,dt \\ &= \frac{1}{T}\int_0^T f(t)\,e^{-jn\omega_0 t}\,dt\end{aligned} \tag{6.77}$$

이다. $\tilde{c}_n$에 대한 이 식은, 완전히 같은 과정에 의해 보여질 수 있는 바와 같이, n이 가정했던 것과 같이 정(양, positive)이거나, 부(음, negative), 또는 0이거나에 관계없이 성립한다. 물결 표시(~)는 6.1절의 실수 c_n과 이 논의의 복소수 $\tilde{c}_n$ 사이의 구별을 위해 사용되었다.

$$\tilde{c}_n = |\tilde{c}_n|e^{j\phi_n}, \quad \tilde{c}_{-n} = \tilde{c}_n{}^* = |\tilde{c}_n|e^{-j\phi_n} \tag{6.78}$$

로 둔다면, 그러면 $\tilde{c}_0 = a_0$이 실수이며 $f(t)$의 평균(average) 또는 직류 값(d-c value)일 때, $n = 0$을 제외한 모든 n에 대하여

$$|\tilde{c}_n| = \frac{1}{2}\sqrt{a_n{}^2 + b_n{}^2} = \frac{1}{2}c_n \tag{6.79}$$

그리고

$$\phi_n = \tan^{-1}\left(-\frac{b_n}{a_n}\right) \tag{6.80}$$

이다. 이 $\tilde{c}_n$와 c_n 사이의 차이는 Fourier 급수의 보통형과 지수형의 spectrum에 차이를 만들지만, 그 차이는 단순히 $n = 0$에 대한 것은 제외하고 모든 직선이 $\frac{1}{2}$의 척도 인자(scale factor)이다. 이 두 경우 사이를 물결 표시에 의해, 또한 급수의 지수형으로부터 얻어진 spectrum을 정과 부의 n 둘 다에 대해 그림으로써, 구별한다.

Example 6.4 그림 6.18에 보여진 스윕(잇따르는, sweep) 전압 파형은 한 주파(cycle)에 걸쳐 Fourier 계수 $\tilde{c}_n$을 얻기 위해 식 (6.77)에 대입될 수 있는 직선의 방정식 $v = (V/T)t$로 나타

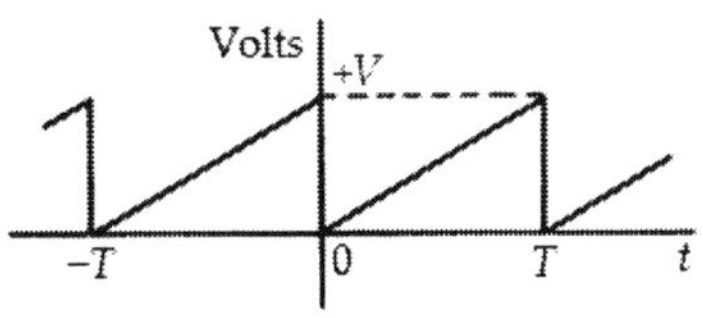

FIGURE 6.18 Sweep voltage waveform for Example 6.4.

내어질 수 있다:

$$\tilde{c}_n = \frac{1}{T}\int_0^T \frac{V}{T} t e^{-jn\omega_0 t}\, dt \tag{6.81}$$

$$\tilde{c}_n = \begin{cases} \dfrac{jV}{2n\pi}, & n \neq 0 \\ \dfrac{V}{2}, & n = 0 \end{cases} \tag{6.82}$$

$\tilde{c}_n$이 $1/n$에 따라 감소함을 보이는 이 결과는 파형에서의 도약 불연속으로부터 예견되었을 수 있다. $\tilde{c}_n$에 대한 이 값을 식 (6.76)에 대입하면, 지수 Fourier 급수에 대한 다음의 형태를 얻는다:

$$v(t) = \cdots - \frac{jV}{6\pi}e^{-j3\omega_0 t} - \frac{jV}{4\pi}e^{-j2\omega_0 t} - \frac{jV}{2\pi}e^{-j\omega_0 t} + \frac{V}{2} + \frac{jV}{2\pi}e^{j\omega_0 t} + \frac{jV}{4\pi}e^{j2\omega_0 t} + \cdots \tag{6.83}$$

이 결과를 Fourier 급수의 다른 형태로 바꾸기를 원한다면, 계수 a와 b는 식 (6.74)의 정의로부터 따라오는 다음의 식으로부터 찾아질 수 있다:

$$a_n = \tilde{c}_n + \tilde{c}_{-n}, \quad b_n = j(\tilde{c}_n - \tilde{c}_{-n}), \quad a_0 = \tilde{c}_0 \tag{6.84}$$

이 식으로부터, $a_n = 0, a_0 = V/2$ 및 $b_n = -V/n\pi$, 그리고 Fourier 급수는

$$v(t) = V\left[\frac{1}{2} - \frac{1}{\pi}\left(\sin\omega_0 t + \frac{1}{2}\sin 2\omega_0 t + \frac{1}{3}\sin 3\omega_0 t + \cdots\right)\right] \tag{6.85}$$

와 같이 된다. 식 (6.83)으로부터 유도된 선 스펙트럼(line spectra)이 그림 6.19에 보여졌다.

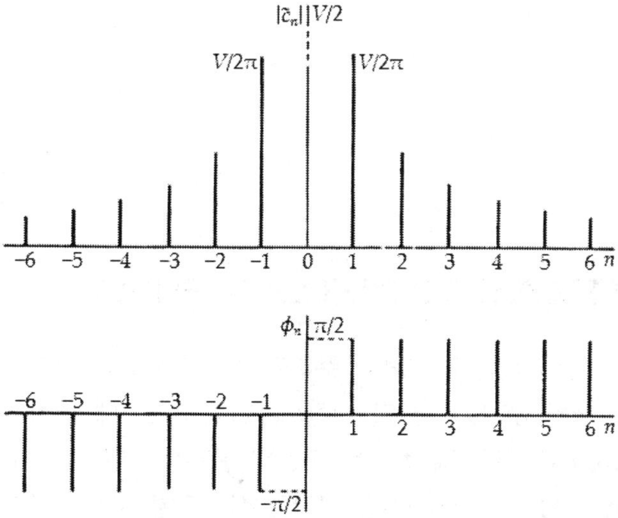

FIGURE 6.19 Line spectra for the waveform shown in Figure 6.18.

식 (6.83) 또는 더 일반적인 식 (6.76)에 있는 각 항을, 정지된(stationary) $\tilde{c}_0$는 제외하고, 회전 페이서(rotating phasor)로서 해석할 수 있다. 형태 $e^{jn\omega_0 t}$의 항은 반시계 방향(counter-clockwise direction)으로, $e^{-jn\omega_0 t}$는 시계 방향으로 회전한다; $\tilde{c}_n$와 $\tilde{c}_{-n}$는 $t = 0$에서 phasor의 위치를 결정한다; 그림 6.20을 보라. 기본 주파수 ω_0의 배수의 속력으로만 회전하는 이 회전 페이서(spinning phasor)의 무한 합(infinite summation)은 $f(t)$를 준다. 급수가 절단된다면, 그러면 phasor는 f를 근사하는 s_n이 된다. 설명을 위하여, 식 (6.83)에 있는 Example 6.4에 대한 급수를 검토한다. 이 급수의 경우, $\phi_n = -\phi_{-n}$은 같은 주파수 항의 허수 성분은 상쇄될 것이지만, 실수 성분은 더해질 것을 의미한다. 이러한 경우에는, 급수를, 상수 항 $V/2 = (V/4) + (V/4)$와 정(positive)의 n에 대한 합 만을 포함하는, 두 개로 분리할 수 있다. 이렇게 되면, phasor의 합의 실수부는 함수의 크기(진폭, amplitude)의 절반일 것이다. 341 페이지의 그림 6.21은, $V = 2\pi$로 두어 간단하게 한, Example 6.4에 대하여 나타낸, 그것에 대한 그림을 보인다. 급수를 $n = 3$에서 절단한다; $\tilde{c}_0$의 값은 $\pi/2$, 남은 크기는 1, $\frac{1}{2}$, 그리고 $\frac{1}{3}$이며, phasor는 모두 90°이다. 회전 phasor의 아홉 가지 다른 위치가 그림 6.21 (a)에 보여졌으며, 그렇게 실수부의 합산으로 결정된 값이 이 그림의 (b)에서 $f(t)$와 함께 $s_3(t)$로 보여졌다. 길이는 더 작아지지만 회전 속도(speed of rotation)는 증가하는 회전 phasor를 더욱 더 많이 더해 갈수록, 페이서 합(phasor sum)은 실수부가 시간에 따라 선형적으로 증가하는 방식으로 빙빙 돌 것이다(will spiral)!

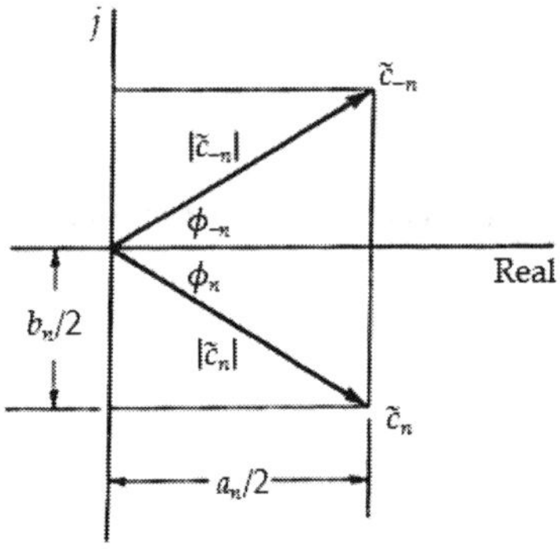

FIGURE 6.20 Two rotating phasors having positions $\tilde{c}_{-n}$ and $\tilde{c}_n$ at $t = 0$.

■

6.6 STEADY-STATE RESPONSE TO PERIODIC SIGNALS

이제 이 장의 처음에서 주어진 문제에 대해 논의할 준비가 되었다. 그림 6.1의 항에서, Fourier 급수의 형태로 표현될 수 있는 주기 입력(periodic input)에 대한 정상 상태 응답(steady-state response)은 어떻게 될 것인가? 이 문제와 관련하여 5장에서 계통의 영입력 및 영상태 응답을 다루었으며, 여기에서는 다른 풀이 방법을 논의한다. 이 논제에 대해 두 가지 접근을 고려할 것이다.

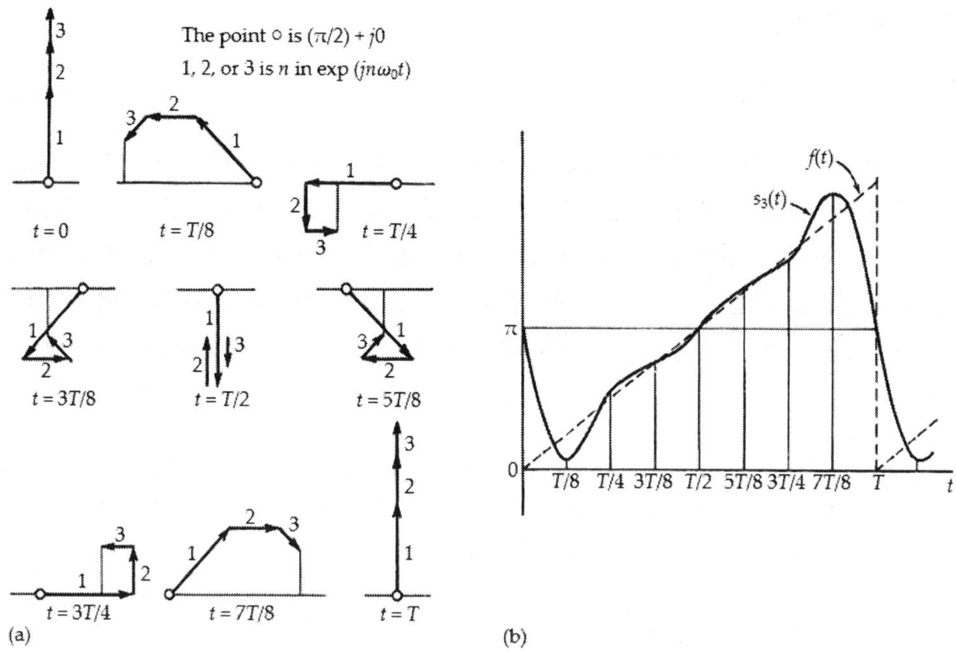

FIGURE 6.21 (a) Nine different positions of the three rotating phasors. The real part of the sum of these phasors is the amplitude of $s_3(t)$. The small circle indicates the position $(\pi/2) + j0$, and the number with each phasor is n in exp $(jn\omega_0 t)$.

1. Direct Phasor Approach 이 접근은 중첩을 사용하는 회로망의 정현 정상상태 해석(sinusoidal steady-state analysis)에 기초를 둔다. Phasor로 표현되는 응답은 회로망 함수와 phasor로 표현된 여기(입력, excitation)의 적(곱, product)과 같음을 안다.

$$\mathbf{I} = Y\mathbf{V} \tag{6.86}$$

인 구동점(driving-point)의 경우를 고려한다. $\mathbf{V}$가

$$\mathbf{V} = \mathbf{V}_1 + \mathbf{V}_2 + \cdots + \mathbf{V}_n \tag{6.87}$$

와 같이 다수의 서로 다른 phasor로 분해될 수 있다면, 그러면

$$\mathbf{I} = Y\mathbf{V}_1 + Y\mathbf{V}_2 + \cdots + Y\mathbf{V}_n \tag{6.88}$$

이다. 이 합의 한 개의 항은

$$\mathbf{I}_k = Y(jk\omega_0)\,\mathbf{V}_k \tag{6.89}$$

와 같이 적어질 수 있다. 여기서 Y는 $k\omega_0$인 phasor $\mathbf{V}_k$의 주파수에서 찾아진다. 그

다음 $\mathbf{I}_k$에 대응하는 i_k

$$i_k(t) = |\mathbf{I}_k| \cos(k\omega_0 t + \theta_k) \tag{6.90}$$

을 주기 위하여 주파수 영역(frequency domain)으로부터 시간 영역(time domain)으로 변환하며, 응답은 모든 k에 대한 식 (6.90)과 같은 항의 합일 것이다. 이것은, 물론, 단지 *정상 상태(steady-state)* 응답일 뿐이다. 이 방법에서는, 그림 6.6에서 보여진 바와 같이, 사실상 수많은 원천(전원, source)으로 한 개의 여기(입력)를 대체한 다음, 정상 상태 응답을 얻기 위해 중첩의 원리(principle of superposition)를 적용한다.

Example 6.5 구형파 전원이 직렬 RL 회로에 인가될 때 정상 상태 응답을 결정하는 문제를 고려한다. 구형파에 대한 Fourier 급수는 식 (6.26)으로 주어진다; 간단하게 하기 위하여, $\omega_0 = 1$ [rad/s] 그리고 $V = \pi/4$로 두면 급수는

$$v(t) = \cos t - \frac{1}{3}\cos 3t + \frac{1}{5}\cos 5t - \cdots \tag{6.91}$$

이다. Phasor 표기를 사용하면, 처음 세 개의 항에 대응하는 phasor는

$$\mathbf{V}_1 = 1e^{j0^\circ}, \quad \mathbf{V}_3 = \frac{1}{3}e^{-j180^\circ}, \quad \mathbf{V}_5 = \frac{1}{5}e^{j0^\circ} \tag{6.92}$$

이다. $R = 1$ [Ω] 그리고 $L = 1$ [H]로 두면, 그러면 이 문제의 경우

$$Y(jn) = \frac{1}{1 + jn} \tag{6.93}$$

이며 이로부터, 값

$$\begin{aligned} Y(j1) &= \frac{1}{\sqrt{2}}e^{-j45^\circ} \\ Y(j3) &= \frac{1}{\sqrt{10}}e^{-j71.6^\circ} \\ Y(j5) &= \frac{1}{\sqrt{26}}e^{-j78.7^\circ} \end{aligned} \tag{6.94}$$

를 결정한다. 식 (6.89)로부터, 전류 phasor는

$$\begin{aligned} \mathbf{I}_1 &= 0.707e^{-j45^\circ} \\ \mathbf{I}_3 &= 0.105e^{-j251.6^\circ} \\ \mathbf{I}_5 &= 0.039e^{-j78.7^\circ} \end{aligned} \tag{6.95}$$

이다. 그러면 총 전류(total current)는 다음과 같은 처음 세 개의 항을 가진다:

$$i(t) = 0.707\cos(t - 45°) + 0.105\cos(3t - 251.6°) + 0.039\cos(5t - 78.7°) + \cdots \quad (6.96)$$

이 급수에서 항의 수가 매우 커짐에 따라서, 응답 $i(t)$는 그림 6.22에 보여진 것과 같이 된다.

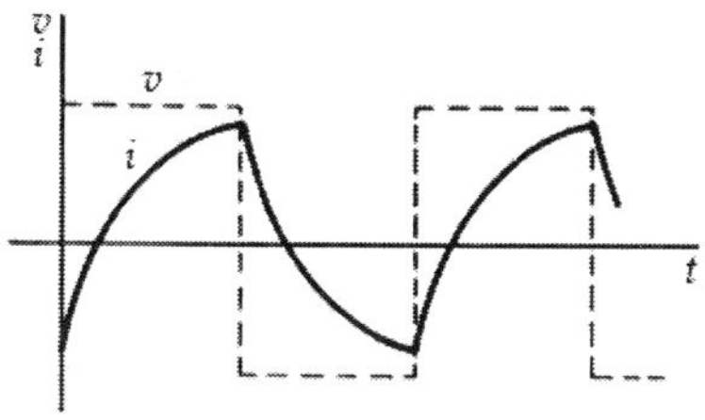

FIGURE 6.22 The excitation v and the response i computed in Example 6.5.

■

2. Spectrum Product Approach 두 번째 접근은 회로망 함수의 spectrum과 함께, 여기(입력, excitation)의 진폭 및 위상 spectrum의 사용으로 만든다. 식 (6.86)과의 상사(analogy)로,

$$\begin{pmatrix}\text{amplitude spectrum}\\ \text{of response}\end{pmatrix} = \begin{pmatrix}\text{magnitude of}\\ \text{network function}\end{pmatrix} \times \begin{pmatrix}\text{amplitude spectrum}\\ \text{of excitation}\end{pmatrix} \quad (6.97)$$

과 또한

$$\begin{pmatrix}\text{phase spectrum}\\ \text{of response}\end{pmatrix} = \begin{pmatrix}\text{phase of}\\ \text{network function}\end{pmatrix} \times \begin{pmatrix}\text{phase spectrum}\\ \text{of excitation}\end{pmatrix} \quad (6.98)$$

을 본다. 어떤 경우에는, 특히 이 장의 마지막 절인 6.7절의 추정 방법(estimating method)이 사용되는 경우에는, 이렇게 얻어진 응답 spectrum이 문제에 대한 해(solution)로서 충분하다. 식 (6.96)에 있는 시간 응답이 요구된다면, 그러면 phasor 법이 사용될 수 있다. 식 (6.76)에서 $\tilde{c}_n = \mathbf{V}_n$으로 둔다면, 입력은

$$v(t) = \sum_{n=-\infty}^{\infty} \mathbf{V}_n e^{jn\omega_0 t} \quad (6.99)$$

로 적어질 수 있다. 식 (6.89)에서와 같이, 각 $\mathbf{V}_n$에 적절한 어드미턴스(admittance)를 곱하면, 정상 상태 응답

$$i(t) = \sum_{n=-\infty}^{\infty} Y(jk\omega_0)\,\mathbf{V}_n e^{jn\omega_0 t} \quad (6.100)$$

을 얻는다. 이 결과는 같은 주파수 $n\omega_0$을 갖는 지수 쌍의 결합에 의해 식 (6.96)의 형태로 간단해질 수 있다. 식 (6.100)의 등가형(equivalent form)은 n을 0으로부터 ∞ 까지 취한 실수부 또는 허수부의 항으로 적어질 수 있다.

Example 6.6 도약 불연속이 원점에서 나타나도록 원점이 왼쪽으로 $T/4$ 만큼 추이된 그림 6.5의 구형파를 고려한다. $\omega_0 = 1$ 그리고 $V = \pi/8$로 두면 식 (6.99)의 지수형의 Fourier 급수는

$$\begin{aligned} |\mathbf{V}_n| &= \frac{1}{4|n|}, \quad n = \pm 1, \pm 3, \pm 5, \cdots \\ \phi_n &= -90°, \quad n = 1, 3, 5, \cdots \\ \phi_n &= +90°, \quad n = -1, -3, -5, \cdots \end{aligned} \tag{6.101}$$

로 주어진다. 진폭과 위상에 대한 선 spectrum은 그림 6.23 (a)에 보여졌다. 이 그림의 (b)에서는 $Y(j\omega)$의 크기와 위상이 보여졌다. 식 (6.97)과 (6.98)을 적용하면, 그림 6.23 (c)에 보여진 것과 같은 응답의 진폭 및 위상 spectrum을 얻는다. 식 (6.94)에 있는 Y의 값은 식 (6.101)에 있는 V_n의 값과 함께 식 (6.100)의 형태로 $i(t)$를 결정하기 위해 사용될 수 있다. 결과는 대수적으로(algebraically) 식 (6.96)의 형태로 바꿔질 수 있다.

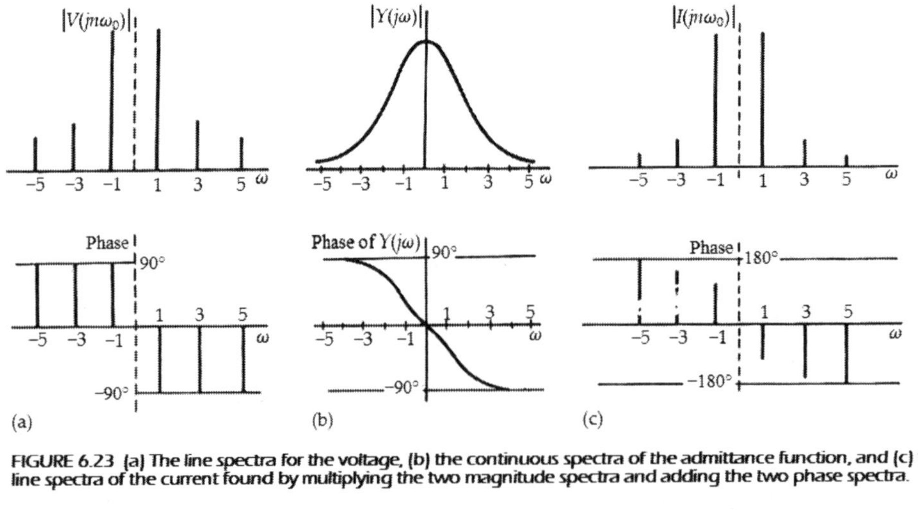

FIGURE 6.23 (a) The line spectra for the voltage, (b) the continuous spectra of the admittance function, and (c) the line spectra of the current found by multiplying the two magnitude spectra and adding the two phase spectra.

■

6.7 THE POWER SPECTRUM OF PERIODIC SIGNALS

비정현적이지만 주기적인 함수의 실효치(effective value) 또는 rms 치(제곱 평균 제곱근 값, root-mean-square value)를 결정하기 위해, 식 (6.76)의 지수형으로 적어진 함수의 Fourier 급수로 시작한다:

$$f(t) = \sum_{n=-\infty}^{\infty} \tilde{c}_n e^{jn\omega_0 t} = \tilde{c}_0 + \sum_{n=1}^{\infty} 2|\tilde{c}_n| \cos(n\omega_0 t + \phi_n) \tag{6.102}$$

이 형태에 있는 $f(t)$를 기준 시간을 $t_0 = 0$으로 선택한 실효치에 대한 정의 식(defining equation)

$$F_{\text{eff}}^2 = \frac{1}{T}\int_0^T f^2 dt \tag{6.103}$$

에 대입하면,

$$F_{\text{eff}}^2 = \frac{1}{T}\int_0^T \left[\tilde{c}_0 + \sum_{n=1}^{\infty} 2|\tilde{c}_n| \cos(n\omega_0 t + \phi_n)\right]^2 dt \tag{6.104}$$

를 가진다. 적분의 이 무한 합의 계산은 처음에 보이는 것처럼 엄청난 것은 아니다. 이 장의 앞에서 논의된 이러한 적분의 직교성 때문에, 특히 식 (6.11)과 (6.13)을 사용하면, 최종 결과는

$$F_{\text{eff}}^2 = \tilde{c}_0^{\,2} + \sum_{n=1}^{\infty} 2|\tilde{c}_n|^2 \tag{6.105}$$

이다. 이 식에 있는 마지막 항은 식 (6.78)의 관계를 사용하여 두 가지 다른 형태로 적어질 수 있다:

$$|\tilde{c}_n|^2 = \tilde{c}_n \tilde{c}_n^{\,*} = \tilde{c}_n \tilde{c}_{-n} \tag{6.106}$$

이제, 식 (6.102)에서, $2|\tilde{c}_n|$은 여현 함수의 최대치(maximum value)이다. 이제 $f(t)$로 둔 표기를 전류(또는 전압)로 바꾸면, 각 성분의 실효치는 $I_{n\,\text{eff}} = I_{n\,\text{max}}/\sqrt{2} = \sqrt{2}|\tilde{c}_n|$이며 식 (6.105)는

$$F_{\text{eff}}^2 = I_0^2 + I_{1\,\text{eff}}^2 + I_{2\,\text{eff}}^2 + \cdots \tag{6.107}$$

이 된다. 여기서 전형적인 항 $I_{k\,\text{eff}}^2$는 k번째 고조파 성분의 실효치의 제곱이다. 바꾸어 말하면, *주기 함수의 실효(또는 rms)치(effective (or rms) value)는 함수의 고조파 성분의 실효치의 제곱과 I_0^2의 합의 제곱근(square root)이다.*

다음으로 입력이 주기적이지만 비정현적일 때 회로망 내에서의 전력(power)의 결정으로 돌아간다. 전압과 전류에 대한 지수 표기

$$\mathbf{I} = Ie^{j\alpha}, \quad \mathbf{V} = Ve^{j\beta}, \quad \text{and} \quad \beta - \alpha = \theta_Z \tag{6.108}$$

을 사용하면, 전압에 대한 Fourier 급수는

$$v(t) = V_0 + V_1 \cos(\omega_0 t + \beta_1) + V_2 \cos(2\omega_0 t + \beta_2) + \cdots \tag{6.109}$$

이며 전류에 대한 Fourier 급수는

$$i(t) = I_0 + I_1 \cos(\omega_0 t + \alpha_1) + I_2 \cos(2\omega_0 t + \alpha_2) + \cdots \tag{6.110}$$

이다. 여기서 V_0, V_1, I_0, I_1, 등등은 전압과 전류의 고조파 성분의 최대치이다. 순시 전력(instantaneous power)은 $p(t) = v(t)\, i(t)$ 이다. 하지만, 관심은 다시 $t_0 = 0$ 으로 둔 *평균 전력(average power)*에 있다:

$$P_{\mathrm{av}} = \frac{1}{T}\int_0^T v(t)\, i(t)\ dt \tag{6.111}$$

P_{av}를 결정하기 위하여 식 (6.109)와 (6.110)을 이 식에 대입하면, 다시 6.2절의 직교성의 사용은 매우 간단하게 그 값을 얻도록 만들 수 있다. P_{av}는 전형적인 항

$$P_{k\,\mathrm{av}} = \frac{V_k I_k}{2}\cos\theta_k = \frac{V_{k\,\mathrm{eff}} I_{k\,\mathrm{eff}}}{2}\cos\theta_k \tag{6.112}$$

의 합으로 적을 수 있다. 여기서, 식 (6.108)에서와 같이, $\theta_k = \beta_k - \alpha_k$ 이다. 식 (6.112)의 형태의 항의 합은

$$P_{\mathrm{av}} = P_{1\,\mathrm{av}} + P_{2\,\mathrm{av}} + P_{3\,\mathrm{av}} + \cdots \tag{6.113}$$

으로 적어질 수 있다. 여기서 전형적인 항 $P_{k\,\mathrm{av}}$는 k번째 고조파 성분에서의 평균 전력이다. 따라서 *주기적이지만 비정현적인 전압과 전류에 대한 총 전력(total power)은 고조파 성분에 대한 평균 전력의 합이다.* 한 가지 주파수의 전류와 이와는 다른 주파수의 전압으로부터의 평균 전력에 대한 기여는 없다. 이것은, 물론, 이미 세웠던 신호에 대한 spectrum과 매우 닮은 전력 스펙트럼(power spectrum)을 세우기 위한 기초이다.

신호 spectrum의 경우에 그랬던 것처럼, 전력 spectrum을 그리는데 두 가지 규약이 있다. 첫 번째는 그림 6.24 (a)에 보여졌다. 그것은 이산 주파수 $k\omega_0$에서 길이 $P_{k\,\mathrm{av}}$의 선을 사용하여 식 (6.113)으로부터 세워진다. 물론, 모든 $P_{k\,\mathrm{av}}$는 정(양, positive)이어서 진폭 spectrum만 있다. 양방향 스펙트럼(double-sided spectrum)은, 그림 6.24 (b)에 보여진 바와 같이, 정의 주파수 $k\omega_0$에 $P_{k\,\mathrm{av}}$의 절반을 할당하고 부의 주파수 $-k\omega_0$에 절반을 부여함으로써 단방향 스펙트럼(single-sided spectrum)과 관련된다. 이러한 spectrum은 무작위 신호(random signal)의 전력 밀도(power densi-

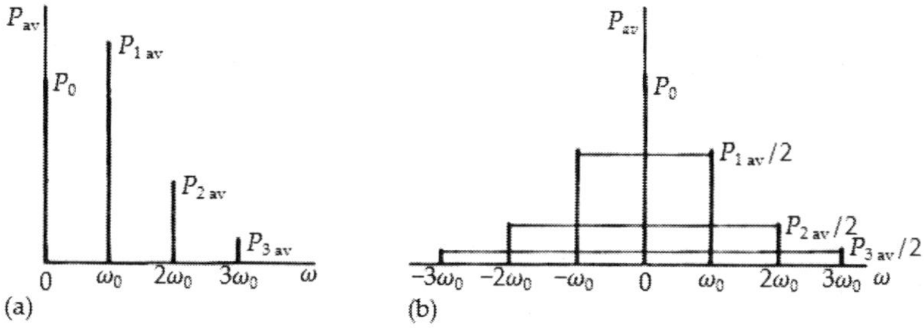

FIGURE 6.24 Examples of the two conventions, used in plotting the power spectrum: (a) single-sided, and (b) double-sided spectra.

-ty)와 같은 고등 연구에 관련되어 일반적으로 사용된다.

주어진 부하(load)에 대한 전력 spectrum의 그림은 주파수의 함수로서 평균 전력의 분포를 시각화하는데 유용하다. 그러한 spectrum이 측정될 수 있는 방법이 그림 6.25에 묘사되어 있다. 이 그림의 (a)에서는 저항성 부하 R에서 끝나며 전압원(voltage source)에 의해 구동되는 이상 여파기(필터)(ideal filter)가 보여졌다. 이상 filter는, 그림의 (b)에 있는 크기 특성(magnitude characteristic)에 의해 보여진 것처럼, 진폭 ω_c 보다 작은 주파수 성분은 전송되지만, ω_c 보다 큰 성분은 거부되는 성질을 가진다. Filter의 절단 주파수(cut-off frequency)가 작은 값으로부터 큰 값으로 변화한다면, 부하에서의 전력은, 전력계(wattmeter)로 측정되는 바와 같이, 고조파적으로 관련된 주파수에서 단계적 증가(step increase)를 가지고 그림 6.25 (c)와 같이 변화할 것이다.

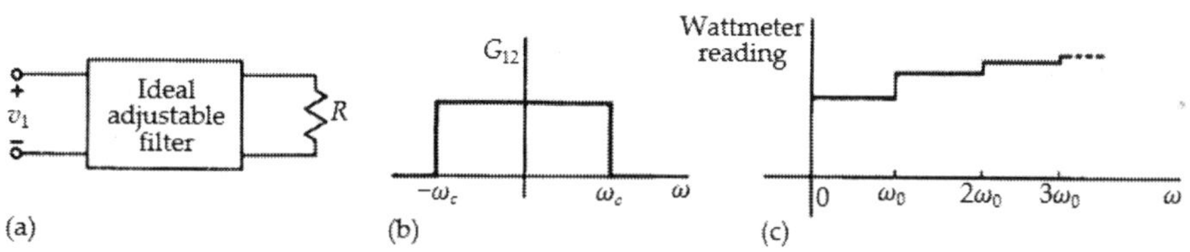

FIGURE 6.25 (a) A method by which the power spectrum might be measured employing an ideal adjustable filter having the magnitude characteristics shown in (b) with adjustable. (c) The power in R as ω_c increases.

PROBLEMS

6-1 다음과 같은 Fourier 급수가 주어졌다:

$$v(t) = \left[\frac{1}{4} - \frac{1}{\pi}\left(\sin\omega_0 t + \frac{1}{2}\sin 2\omega_0 t + \frac{1}{3}\sin 3\omega_0 t + \cdots\right)\right]$$

이 장의 다른 문제에서는, 이러한 급수를 결정하는 질문을 받았을 것이지만, 여기에서는 그 결과가 주어졌다. 그림 6.4 (b)와 (c)에 보여진 그림을 참고하여 이 $v(t)$에 대한 진폭 및 위상 spectrum을 그려라.

6-2 Fourier 급수

$$v(t) = \frac{1}{\pi}\left(1 + \frac{\pi}{2}\cos\omega_0 t + \frac{2}{3}\cos 2\omega_0 t - \frac{2}{15}\cos 4\omega_0 t + \cdots\right)$$

에 대하여 Problem 6-1을 반복하라.

6-3 6.2절 Example 6.1 식 (6.26)에 주어진 Fourier 급수에 대하여 Problem 6-1을 반복하라. 이 식을 유도하는 것에 대해서는 답하지 않더라도, 진폭 및 위상 spectrum을 그리는데 있어서는 사용함을 확인하라.

6-4 6.3절 Example 6.2 식 (6.55)에 주어진 Fourier 급수에 대하여 Problem 6-1을 반복하라.

6-5 다음과 같은 Fourier 급수에 대하여 Problem 6-1에서와 같이 진폭과 위상을 그리는 것을 반복하라:

$$v(t) = \frac{4V}{\pi}\left(\sin 2\pi t + \frac{1}{3}\sin 6\pi t + \frac{1}{5}\sin 10\pi t + \cdots\right)$$

6-6 급수

$$v(t) = \frac{V}{2} - \frac{V}{\pi}\left(\sin 2\pi t + \frac{1}{2}\sin 4\pi t + \frac{1}{3}\sin 6\pi t + \cdots\right)$$

에 대하여 Problem 6-1을 반복하라.

6-7 Fourier 급수

$$v(t) = V[1 + 2(\cos 2\pi t + \cos 4\pi t + \cos 6\pi t + \cdots)]$$

에 대하여 Problem 6-1을 반복하라.

6-8 그림 6.26의 pulse 열에 대한, $a = T/2$와 $a = T/4$인 경우의, Fourier 계수를 결정하라.

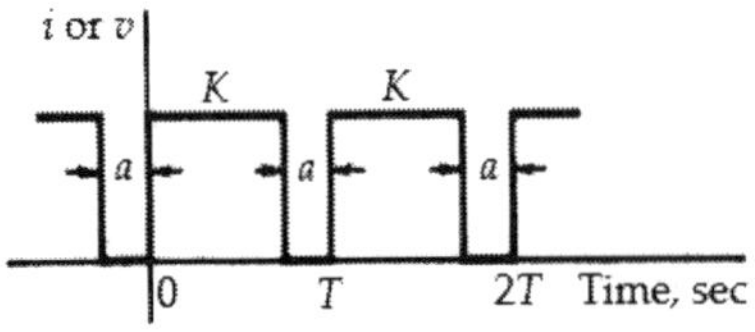

FIGURE 6.26 Problem 6-8.

6-9 그림 6.27의 파형은 톱니파(sawtooth wave)로 알려져 있다. 이 파형에 대하여, Fourier 계수를 결정하고, 진폭 및 위상 spectrum을 그려라.

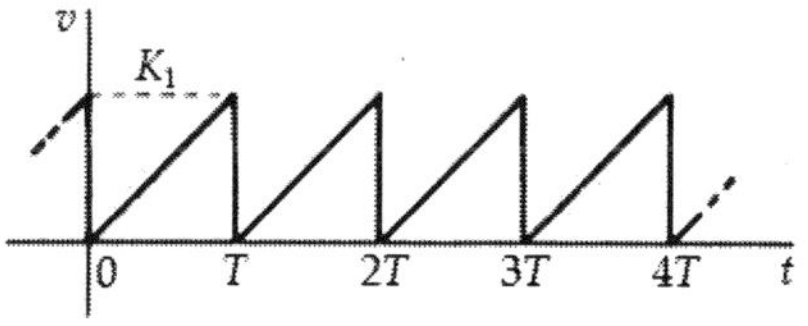

FIGURE 6.27 Problem 6-9.

6-10 그림 6.28에 보여진 파형은 이등변 삼각형의 열로 이루어져 있다. 이 파형에 대하여, Fourier계수를 결정하고 대응하는 진폭 및 위상 spectrum을 그려라.

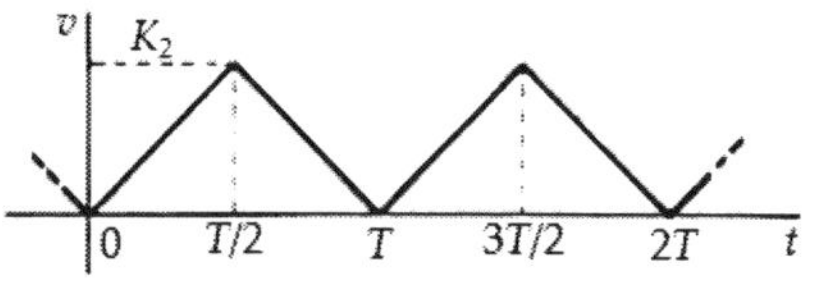

FIGURE 6.28 Problem 6-10.

6-11 그림 6.29에 보여진 파형은 형태가 사다리꼴이며 주기 $T = 4a$이다. 이 주기 함수에 대하여, Fourier계수를 결정하고 대응하는 진폭 및 위상 spectrum을 그려라.

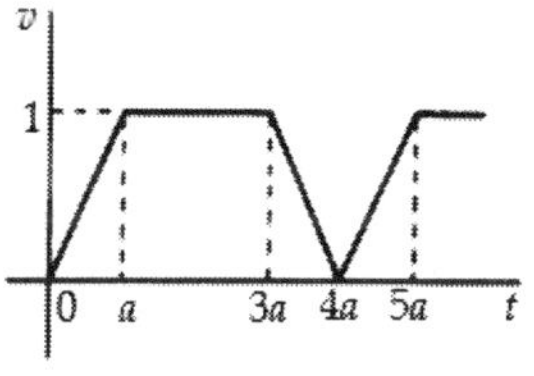

FIGURE 6.29 Problem 6-11.

6-12 그림 6.30의 파형은 열에 있는 삼각형이 $k_2 = \frac{1}{2}$이 아닌 한 더 이상 이등변이 아니라는 것을 제외하고 Problem 6-10에 보여진 파형과 비슷하다. 이 주기 함수에 대하여, Fourier계수를 결정하고 대응하는 진폭 및 위상 spectrum을 그려라.

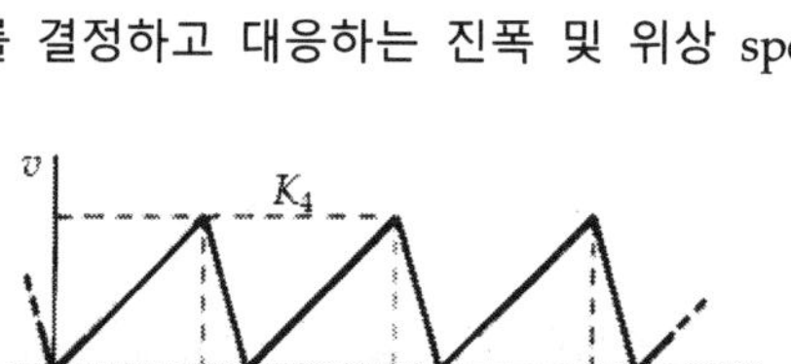

FIGURE 6.30 Problem 6-12.

6-13 그림 6.31은 여현 함수(cosine function)의 전파 정류 파형(full-wave rectifier waveform)

이다. 이 파형에 대하여, Fourier계수를 결정하고 대응하는 진폭 및 위상 spectrum을 그려라.

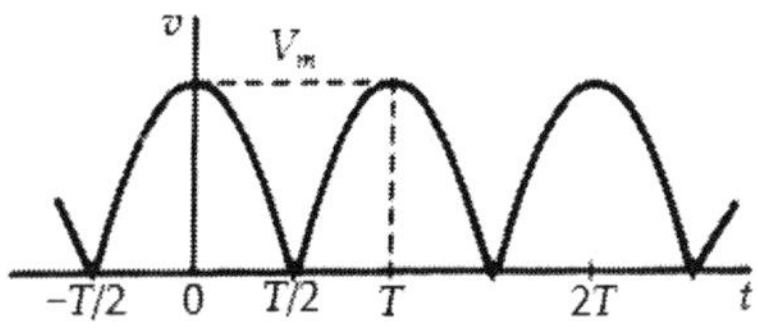

FIGURE 6.31 Problem 6-13.

6-14 그림 6.32에 보여진 이 문제의 파형은 Problem 6-13의 파형과 비슷하지만, 여현이 정(양)일 때는 여현 함수이며 여현이 부(음)일 때는 0인 파형의 그림이다. 이 주기 파형에 대하여, Fourier계수를 결정하고 대응하는 진폭 및 위상 spectrum을 그려라.

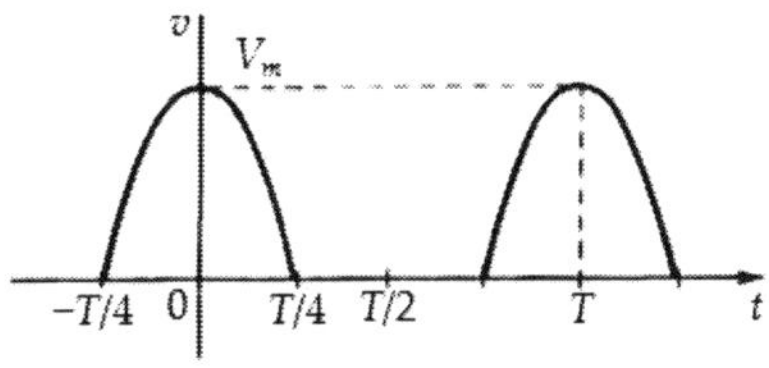

FIGURE 6.32 Problem 6-14.

6-15 그림 6.33은 함수를 제곱함에 의해 Problem 6-14의 파형으로부터 유도된 여현 제곱 펄스(cosine-squared pulse) 열이다. 이 주기 파형에 대하여, Fourier계수를 결정하고 대응하는 진폭 및 위상 spectrum을 그려라.

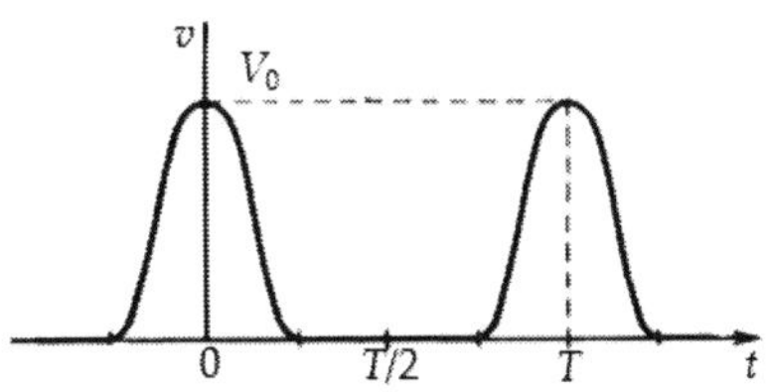

FIGURE 6.33 Problem 6-15.

6-16 주기 함수

$$v(t) = t^2, \quad 0 < t < T$$

가 주어졌다. 특별한 경우 $T = 1$에 대하여, Fourier계수를 결정하고 진폭 및 위상 spectrum을 그려라.

6-17 주기 함수

$$v(t) = e^{kt}, \quad 0 < t < T$$

가 주어졌다. $k = 1$ 그리고 $T = 1$인 특별한 경우를 고려하라. Fourier계수를 결정하고 진폭 및 위상 spectrum을 그려라.

6-18 $k = -1$ 그리고 $T = 1$로 Problem 6.17을 반복하라.

6-19 주어진 주기 함수

$$v(t) = \cosh 2\pi t, \quad 0 < t < 1$$

에 대하여 Fourier계수를 결정하고 진폭 및 위상 spectrum을 그려라.

6-20 고조파 발전기에 대한 입력이 $\alpha > 0$인 주기 함수

$$v(t) = Ce^{-\alpha t}, \quad 0 < t < 1, \quad T = 1$$

이다. 출력은 한 가지 주파수 만을 통과할 filter를 통하여 유도된다. 2차 고조파에 대하여 filter를 통한 최대 출력을 줄 α의 값은 얼마인가? 3차 고조파의 경우는? 5차 고조파의 경우는?

6-21 다음의 신호 파형에 대하여, 식 (6.36)과 (6.37)을 사용하여 주어진 함수의 우함수부(even part)와 기함수부(odd part)를 결정하라:

(a) $v(t) = 1/(1+t)$; (b) $v(t) = t\sin t$; (c) $v(t) = b_0 + b_1 t + b_2 t^2$

(d) $v(t) = e^{j\omega t}$; (e) $v(t) = te^{-t}$; (f) $v(t) = 1/(1+t^2)$

6-22 그림 6.34는 주기적이지만 단지 한 개의 주기가 보여진 파형을 보인다. 각 파형에 대하여, 식 (6.36)과 (6.37)을 사용하여 주어진 함수의 우함수부(even part)와 기함수부(odd part)를 결정하고 그림 6.12에서와 같이 이 두 부분을 그려라:

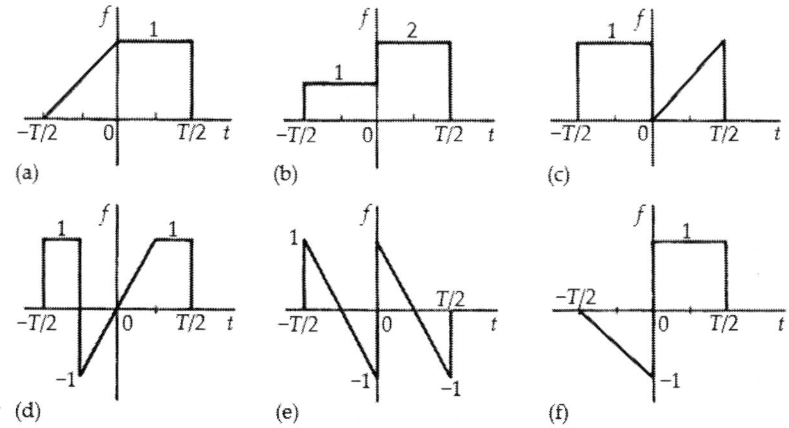

FIGURE 6.34 Problem 6-22.

6-23 그림 6.35는 $t=0$으로부터 $t=T/2$ 까지의 함수 $f(t)$의 파형을 보인다. 여기서 T는 파형의 주기이다. 주기 함수가 다음의 조건을 만나도록 $t=T/2$와 $t=T$ 사이의 시간 구간에서 네 개의 $f(t)$를 세워라:

(a) $a_0=0$;

(b) $b_n=0$ for all n;

(c) $a_n=0$ for all n;

(d) a_n과 b_n이 기수 n에 대해서만 나타난다.

FIGURE 6.35 Problem 6-23.

6-24 6.2절 Example 6.1 그림 6.5의 파형에 대한 지수 Fourier 급수의 계수를 결정하고, 진폭 및 위상 spectrum을 그려라.

6-25 6.3절 Example 6.2 그림 6.11의 파형에 대해 Problem 6-24를 반복하라.

6-26 Problem 6.8의 파형에 대해 Problem 6-24를 반복하라.

6-27 Problem 6.9의 파형에 대해 Problem 6-24를 반복하라.

6-28 Problem 6.10의 파형에 대해 Problem 6-24를 반복하라.

6-29 Problem 6.11의 파형에 대해 Problem 6-24를 반복하라.

6-30 Problem 6.12의 파형에 대해 Problem 6-24를 반복하라.

6-31 Problem 6.13의 파형에 대해 Problem 6-24를 반복하라.

6-32 Problem 6.14의 파형에 대해 Problem 6-24를 반복하라.

6-33 Problem 6.15의 파형에 대해 Problem 6-24를 반복하라.

6-34 장치에 대한 입력이 그림 6.36의 (a)에 보여진 것과 같은 정현파

$$v_{\text{in}}(t)=V_m\sin\omega t$$

이다. 장치의 출력(output)은 v_{in}이 일정한 값 V_g를 초과할 때만 나타나며 그 때에는 출력이, 그림 (b)에 보여진 것과 같이, 입력과 같다. 두 함수 v_{in}과 v_{out}은, 물론, 주기적이다. v_{out}에 대하여 지수형 Fourier 급수를 결정하고 진폭 및 위상 spectrum을 그려라.

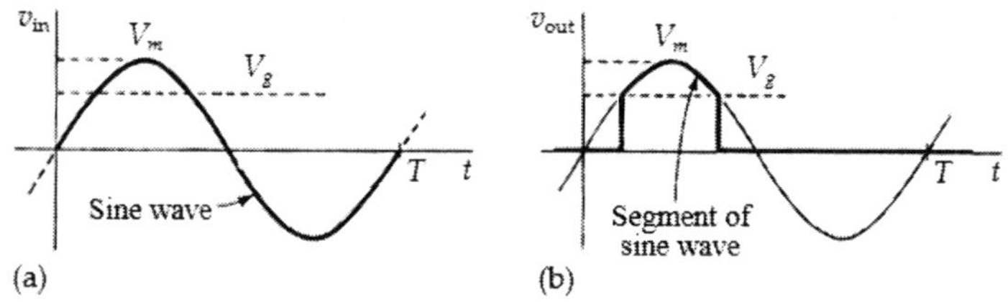

FIGURE 6.36 Problem 6-34.

6-35 그림 6.37에 보여진 회로망의 경우, $v(t)$는 $\omega_0 = 1$ [rad/s]인 주기 파형이다. 다음의 파형에 대하여, 주기적인 $i(t)$의 진폭 및 위상 spectrum을 결정하라: (a) 그림 6.5의 구형파; (b) 그림 6.11의 삼각파; 그리고 (c) 그림 6.18의 sweep 전압 파형.

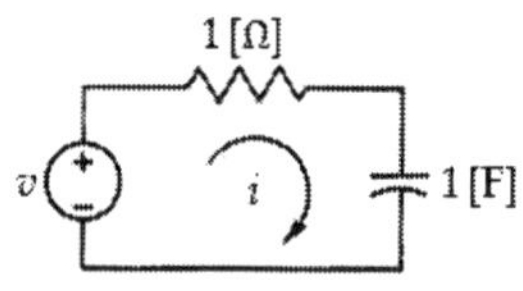

FIGURE 6.37 Problem 6-35.

6-36 그림 6.38에 보여진 회로망의 경우, $v_1(t)$는 2단자쌍 (4단자) 회로망(two-port (four-terminal) network, 4TN)에 대한 $\omega_0 = 1$ [rad/s]로 주기적인 입력 전압이다. $v_1(t)$에 대한 다음과 같은 세 가지 파형에 대하여, 주기적인 $v_2(t)$의 진폭 및 위상 spectrum을 결정하라: (a) 그림 6.5의 구형파; (b) 그림 6.11의 삼각파, 그리고 (c) 그림 6.18의 삼각파.

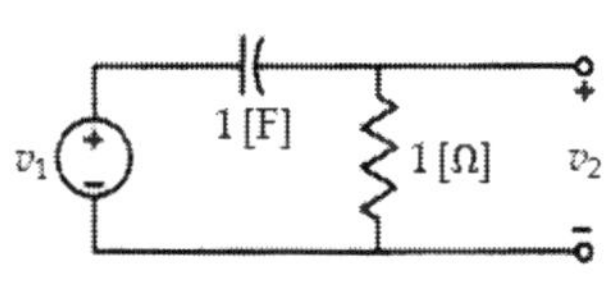

FIGURE 6.38 Problem 6-36.

6-37 그림 6.39의 2단자쌍 회로망에서, $v_1(t)$는 주기적인 전압이며 계통(system)은 정상 상태에서 운전 중이다. $\omega_0 = 1$ [rad/s]인 $v_1(t)$의 다음의 파형에 대하여, 주기적인 $v_2(t)$의 진폭 및 위상 spectrum을 결정하라: (a) 그림 6.5의 구형파; (b) 그림 6.11의 삼각파; 그리고 (c) 그림 6.18의 삼각파.

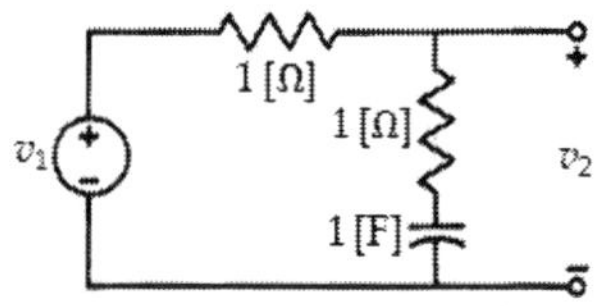

FIGURE 6.39 Problem 6-37.

6-38 그림 6.40의 회로망에서, $v_1(t)$는 입력 전압이며 $v_a(t)$와 $v_b(t)$는 출력 전압이다. $v_1(t)$

가 주기 함수인 경우로 고려하여, 주기적인 출력의 진폭 및 위상 spectrum을 결정하고 싶다. 이것을 입력

$$v_1(t) = t^2, \quad 0 < t < 1, \quad T = 1$$

인 경우에 대하여 수행하라.

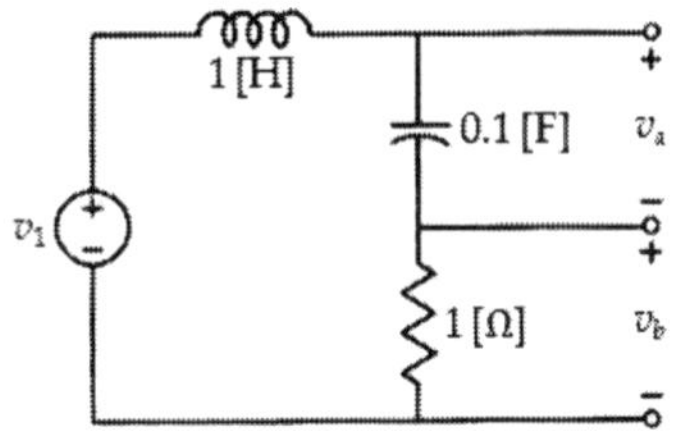

FIGURE 6.40 Problem 6-38.

6-39 입력이

$$v_1(t) = e^{-t}, \quad 0 < t < 1, \quad T = 1$$

인 경우에 대하여 Problem 6-38을 반복하라.

6-40 입력이 무한한 범위의 임펄스 열(impulse train)

$$v_1(t) = \sum_{n=-\infty}^{\infty} \delta(t-n)$$

인 경우에 대하여 Problem 6-38을 반복하라.

6-41 그림 6.41의 1단자쌍(one-port, 2단자, two-terminal) 회로망에 대하여,

$$i = 10\cos t + 5\cos(2t - 45°)$$
$$v = 2\cos(t + 45°) + \cos(2t + 45°) + \cos(3t - 60°)$$

가 주어졌다. (a) 회로망의 평균 전력은 얼마인가? (b) 전력 spectrum을 그려라.

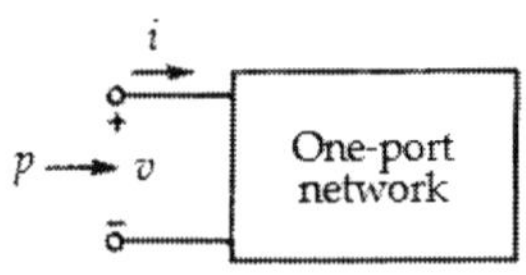

FIGURE 6.41 Problem 6-41.

6-42 그림 6.42의 회로망에서,

$$v_1 = 120 \sin \omega_0 t + 50 \cos 3\omega_0 t$$
$$v_2 = 80 \sin (\omega_0 t + 30°) + 10 \sin 3\omega_0 t$$
$$i_1 = 15 \sin (\omega_0 t - 30°)$$
$$i_2 = 0.5 \sin (3\omega_0 t - 45°)$$

가 주어졌다. (a) $v_3(t)$에 대한 식을 결정하라. (b) $i_3(t)$에 대한 식을 결정하라. (c) 수동 회로망 (passive network)의 평균 전력을 계산하라. (d) 이 계통의 전력 spectrum을 그려라.

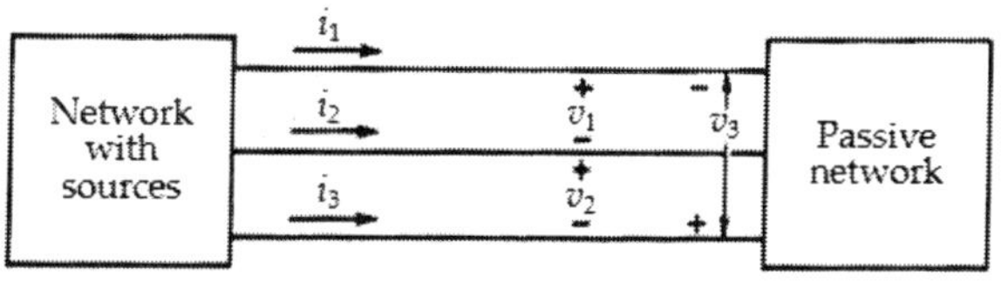

FIGURE 6.42 Problem 6-42.

SELECTED BIBLIOGRAPHY

1. M. E. Van Valkenburg, *Network Analysis* (3rd ed.), Englewood Cliffs, N.J.: Prentice-Hall, Inc., 1974.
2. P. M. Chirlian, *Basic Network Theory*, New York: McGraw-Hill Book Company, Inc., 1969.
3. C. M. Close, *The Analysis of Linear Circuits*, New York: Harcourt Brace Jovanovich, 1966.
4. J. B. Cruz, Jr. and M. E. Van Valkenburg, *Signals in Linear Circuits*, Boston, Mass.: Houghton Mifflin Company, 1974..
5. R. A. Gabel and R. A. Roberts, *Signals and Linear Systems*, New York: John Wiley & Sons, Inc., 1973.
6. W. H. Hayt and J. E. Kemmerly, *Engineering Circuit Analysis* (2nd ed.), New York: McGraw-Hill Book Company, Inc., 1971.
7. L. A. Manning, *Electrical Circuits*, New York: McGraw-Hill Book Company, Inc., 1965.

CHAPTER 7

The Fourier Transform and Applications

7.1 INTRODUCTION

이 장에서는 푸리에 변환(Fourier transform)과 그것의 몇 가지 응용을 검토한다. 7.2절에서는 지수 푸리에 변환 쌍(exponential Fourier transform pair)이 정의되고 변환 쌍의 계산에 대한 예제가 주어진다. 7.3절은 Fourier 여현과 정현 변환 쌍을 계산 예제와 함께 논의한다. 유용한 몇 가지 정리가 7.4절에서 주어진다. 물리적으로 실제적인 함수의 중요한 이상화인 여러가지 불연속 함수가 있다; 그것들과 그 변환이 7.5절에서 다루어진다. 다차원 공간(multidimensional space)으로의 Fourier 변환의 확장이, 푸리에-베셀 적분(Fourier-Bessel integral)과 항켈 변환(Hankel transform)이 소개되는 7.6절에서 이루어진다. 장의 나머지 부분은 몇 가지 응용을 다룬다. 이것은, 헤르츠 안테나(Hertzian antenna)에 대한 논의(7.7절), 필터(filter)에 대한 설명(7.8절), 그리고, 마지막으로, 진폭 및 주파수 변조 통신 계통(amplitude-and frequency-modulated communication system)에 대한 Fourier 변환(7.9절)과 함께, 1 또는 그보다 더 많은 공간 차원에서의 파동 방정식의 풀이를 포함한다. 이 장에서의 주된 목적은, 계통 자체를 장황하게 논의하는 것 보다는 오히려, 계통 해석에 있어서 유용한 방법인 Fourier 변환을 다룬다는 것을 강조한다.

7.2 THE EXPONENTIAL FOURIER TRANSFORM PAIR

Delta 함수의 걸러내는 성질에 의해, 항등식

$$f(t) = \int_{-\infty}^{\infty} f(\tau)\, \delta(t-\tau)\, d\tau \tag{7.1}$$

이 얻어진다. Delta 함수의 적분 표현(Appendix D를 보라)

$$\delta(t-\tau) = \frac{1}{2\pi}\int_{-\infty}^{\infty} e^{j\omega(t-\tau)} d\omega \tag{7.2}$$

를 사용하여 $f(t)$는

$$f(t) = \frac{1}{2\pi}\int_{-\infty}^{\infty}\int_{-\infty}^{\infty} f(\tau)\, e^{j\omega(t-\tau)} d\omega\, d\tau \tag{7.3}$$

과 같이 적어진다. 함수

$$F(\omega) = \int_{-\infty}^{\infty} e^{-j\omega\tau} f(\tau)\, d\tau \tag{7.4}$$

를 정의하면 식 (7.3)은

$$f(t) = \frac{1}{2\pi}\int_{-\infty}^{\infty} e^{j\omega t} F(\omega)\, d\omega \tag{7.5}$$

로 축약됨을 본다. 식 (7.4)와 (7.5)는 지수 푸리에 변환 쌍(exponential Fourier transform pair)을 정의한다.† 여기에서 t는 시간이며 ω는 역행주시(시간의 역수, reciprocal time) 또는 각주파수(angular frequency)이다. 식 (7.4)와 (6.7)에 포함된 결과에 빠르게 도달하기 위하여 delta 함수와 그 적분 표현을 약간 대범하게 사용하

† 편저자 주: Fourier 변환 쌍은

$$F(\omega) \triangleq a_1\int_{-\infty}^{\infty} e^{-j\omega t} f(t)\, dt,\quad f(t) \triangleq a_2\int_{-\infty}^{\infty} e^{j\omega t} F(\omega)\, d\omega$$

로 정의되는데, Laplace 변환과 Fourier 변환 사이의 관계 및 시간 영역과 각주파수(radian frequency) 영역에서 계산되는 총 energy 사이의 관계에 따라 a_1과 a_2는 보통 $a_1 = 1; a_2 = 1/2\pi,\ a_1 = a_2 = 1/\sqrt{2\pi}$ 또는 $a_1 = 1/2\pi; a_2 = 1$로서 $a_1 \cdot a_2 = 1/2\pi$이다. 또한 $e^{\pm j\omega t}$의 지수에 인자 2π를 넣어 변환을 정의하면 적분하는 동안에 환산 인자(scale factor) $1/2\pi$이 나타나지 않는다.
이 교재에서 사용하는 변환 쌍은 $a_1 = 1, a_2 = 1/2\pi$로 정의한 경우로서

$$F(\omega) = \int_{-\infty}^{\infty} e^{-j\omega t} f(t)\, dt,\quad f(t) = \frac{1}{2\pi}\int_{-\infty}^{\infty} e^{j\omega t} F(\omega)\, d\omega$$

이고, $a_1 = a_2 = 1/\sqrt{2\pi}$로 정의하는 경우의 변환 쌍은

$$F(\omega) = \frac{1}{\sqrt{2\pi}}\int_{-\infty}^{\infty} e^{-j\omega t} f(t)\, dt,\quad f(t) = \frac{1}{\sqrt{2\pi}}\int_{-\infty}^{\infty} e^{j\omega t} F(\omega)\, d\omega$$

이며, 지수에 2π를 넣은 경우의 변환 쌍은

$$F(\omega) = \int_{-\infty}^{\infty} e^{-j2\pi\omega t} f(t)\, dt,\quad f(t) = \int_{-\infty}^{\infty} e^{j2\pi\omega t} F(\omega)\, d\omega$$

이다. 교재 마다 Fourier 변환표가 서로 다른 것처럼 보이지만, 그것은 선택한 정의의 차이일 뿐이다.

였다. $F(\omega)$와 $f(t)$의 존재성을 위한 조건(변환 쌍에 의해 드러나는 어느 정도 인상적인 대칭성 때문에)에 관한 약간의 설명이 이제 이루어진다. 식 (7.4)에서 $\omega = 0$으로 둔다면, 그러면

$$F(0) = \int_{-\infty}^{\infty} f(t)\,dt \tag{7.6}$$

이다. $F(0)$이 존재하기 위해서는, $f(t)$가 식 (7.6)의 우변에 있는 적분이 존재하는 함수여야 한다는 것이 따라온다. 덧붙여, 이제

$$\int_{-\infty}^{\infty} |f(t)|\,dt$$

가 구분 연속 함수(piecewise continuous function) $f(t)$에 대하여 유계되는 것을 요구한다면, 그리고 불연속점 $t = t_0$에서, $f(t)$가

$$f(t_0) = \lim_{\epsilon \to 0} \frac{1}{2} \{f(t_0 - \epsilon) + f(t_0 + \epsilon)\}$$

으로 정의된다면, 그러면 함수 $f(t)$의 Fourier 변환 $F(\omega)$가 존재할 것이다.

이제 두 가지 중 한 가지가 지정되었을 때 $F(\omega)$ 또는 $f(t)$의 계산의 몇 가지 예제를 준다.

Example 7.1 $t \geq 0$에 대해서는 $f(t) = e^{-at}\ (a > 0)$이며, 다른 경우에는 0이라 하자. 그러면

$$F(\omega) = \int_{0}^{\infty} e^{-(a+j\omega t)} dt = \frac{1}{a + j\omega}$$

또는

$$F(\omega) = F_R(\omega) + jF_I(\omega) = \frac{a}{a^2 + \omega^2} - \frac{j\omega}{a^2 + \omega^2}$$

이다. 여기서 $F(\omega)$의 실수부와 허수부가 보여졌다. ■

Example 7.2 $t \in (-\infty, \infty)$에 대하여 $f(t) = e^{-a|t|}\ (a > 0)$이라 하자. 여기에서 주어진 함수 $f(t)$가 우함수이기 때문에,

$$F(\omega) = \int_{-\infty}^{\infty} e^{-a|t|} e^{-j\omega t} dt = \int_{-\infty}^{\infty} e^{-a|t|} \cos \omega t\,dt$$

로부터

$$F(\omega) = 2\int_0^{\infty} e^{-at}\cos\omega t\,dt$$

를 찾는다. $F(\omega)$가, 공식으로, 여현(cosine)의 Laplace 변환의 2배이기 때문에, 그러면

$$F(\omega) = \frac{2a}{\omega^2 + a^2}$$

이다. ■

Example 7.3 $t \in (-\infty, \infty)$에서 $f(t) = \sin\omega_0 t$라 하자. 그러면, 정현 함수(sine function)의 지수 표현을 삽입하여, $F(\omega)$는

$$F(\omega) = \frac{1}{2j}\int_{-\infty}^{\infty}\left[e^{j(\omega+\omega_0)t} - e^{j(\omega-\omega_0)t}\right]dt$$

또는, 그 대신으로, delta 함수의 적분 표현의 정의에 의해

$$F(\omega) = -j\pi[\delta(\omega + \omega_0) - \delta(\omega - \omega_0)]$$

으로 표현된다. ■

이제 양(quantity) $F(\omega)$가 주어졌다고 가정하고 역산(inversion)에 의해 함수 $f(t)$를 결정하려고 한다. 이것은 보통 복소 평면에서의 적분을 요구한다.

Example 7.4 주어진

$$F(\omega) = \frac{\omega}{(\omega + \omega_0)(\omega - \omega_1)}$$

에서 $f(t)$를 찾아라. 함수 $f(t)$는 적분

$$f(t) = \frac{1}{2\pi}\int_{-\infty}^{\infty} e^{j\omega t}\frac{\omega}{(\omega + \omega_0)(\omega - \omega_1)}d\omega$$

의 값일 것이다. $f(t)$를 찾기 위하여 그림 7.1에 보여진 폐곡선에 대한 적분

$$I = \oint \frac{ze^{jzt}}{(z + \omega_0)(z - \omega_1)}d\omega$$

를 고려한다. 폐곡선 내에는 특이점이 없기 때문에,

$$I = 0 = \sum_{i=1}^{6} I_i$$

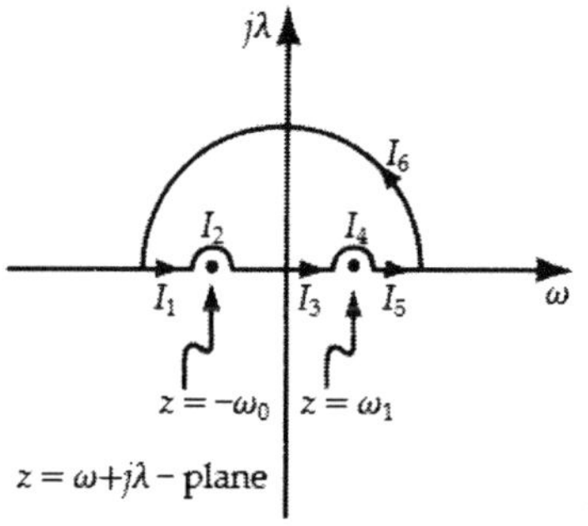

FIGURE 7.1 Contour for use in Example 7.4.

를 가진다. 여기서 I_i는 I에 기여하는 그림에 붙여진 폐곡선의 분리된 부분이다. 앞에서의 검토로부터, $\lim_{\Omega\to\infty} I_6 \equiv 0$이다.* $z=-\omega_0+\rho e^{j\phi}$ 그리고 $z=\omega_1+\rho e^{j\phi}$인 $z=-\omega_0$ 그리고 $z=\omega_1$을 둘러싸는 반원에서는, $\rho\to 0$에 따라,

$$\lim_{\rho\to 0} I_2 = \frac{-j\pi\omega_0 e^{-j\omega_0 t}}{(\omega_0+\omega_1)}$$

그리고

$$\lim_{\rho\to 0} I_4 = \frac{-j\pi\omega_1 e^{-j\omega_1 t}}{(\omega_0+\omega_1)}$$

를 찾는다. 이제 $\Omega\to\infty$에 따라 그리고 $\rho\to 0$에 따라, 남은 세 개의 적분은

$$I_1+I_3+I_5 = \int_{-\infty}^{\infty} \frac{e^{j\omega t}\omega}{(\omega+\omega_0)(\omega-\omega_1)} d\omega = 2\pi f(t)$$

가 된다. 따라서,

$$f(t) = \frac{j(\omega_0 e^{-j\omega_0 t}+\omega_1 e^{+j\omega_1 t})}{2(\omega_0+\omega_1)}$$

이다. ■

Example 7.5 주어진 정규화되지 않은 가우스 곡선(unnormalized Gaussian curve) $F(\omega)=e^{-(\omega/\omega_0)^2}$의 $f(t)$를 찾아라. 이 예제에서는 폐곡선 적분의 명백한 사용이 필요하지 않음을 보며 "Gaussian의 Fourier 변환은 Gaussian이다"라는 것을 보인다. $f(t)$에 대한 표현은

$$f(t) = \frac{1}{2\pi}\int_{-\infty}^{\infty} e^{-(\omega/\omega_0)^2} e^{j\omega t} d\omega$$

* $z=\Omega e^{j\phi}$인 I_6로 표시된 부분에 대한 적분은 3장에서 충분히 논의되었다.

이다. 이제

$$\left(\frac{\omega}{\omega_0}\right)^2 - j\omega t = \frac{1}{\omega_0{}^2}(\omega - \alpha)^2 + \frac{\alpha^2}{\omega_0{}^2}$$

이다. 여기서 $\alpha = j\omega_0{}^2 t/2$이다. 따라서,

$$f(t) = \frac{1}{2\pi} e^{-\omega_0{}^2 t^2/4} \int_{-\infty}^{\infty} e^{-(\omega-\alpha)^2/\omega_0{}^2} d\omega$$

이다. 새로운 변수 $x = (\omega - \alpha)/\omega_0$로, $d\omega = \omega_0 dx$이어서

$$f(t) = \frac{\omega_0}{2\pi} e^{-\omega_0{}^2 t^2/4} \int_{-\infty-j\gamma}^{\infty-j\gamma} e^{-x^2} dx$$

이다. 여기서 $\gamma = \omega_0 t/2$이다. 남은 적분의 값이 $\sqrt{\pi}$라는 것을 앞에서 만났으므로.

$$f(t) = \frac{\omega_0}{2\sqrt{\pi}} e^{-\omega_0{}^2 t^2/4}$$

이다. ■

7.3 FOURIER COSINE AND SINE TRANSFORMS

푸리에 여현 및 정현 변환 쌍(Fourier cosine and sine transform pair)에 대한 표현을 찾기 위하여, 식 (7.3)을 다시 한번 적는 것으로 출발하는 것이 편리하다.

$$f(t) = \frac{1}{2\pi} \int_{-\infty}^{\infty} \int_{-\infty}^{\infty} f(\tau)\, e^{j\omega(t-\tau)} d\omega\, d\tau \tag{7.3}$$

을 가진다. $f(t)$는 실수라 가정한다. 그러면 식 (7.3)은

$$f(t) = \frac{1}{2\pi} \int_{-\infty}^{\infty} \int_{-\infty}^{\infty} f(\tau) \cos \omega(t - \tau)\, d\omega\, d\tau \tag{7.7}$$

이 된다. 항등식 $\cos(a - b) = \cos a \cos b + \sin a \sin b$을 사용하여, 식 (7.7)은

$$f(t) = \frac{1}{2\pi} \int_{-\infty}^{\infty} \int_{-\infty}^{\infty} f(\tau) \{ \cos \omega t \cos \omega\tau + \sin \omega t \sin \omega\tau \}\, d\omega\, d\tau \tag{7.8}$$

이 된다. Fourier 여현 및 정현 변환 쌍은 이제 함수 $f(t)$에 두어지는 더 나아간 제한에 의해 식 (7.8)로부터 간단한 방식으로 찾아진다. $f(t)$가 $f(t) = f(-t)$인 우함수라면, 그러면 그것은 우함수의 항으로, 즉 항 $\cos \omega t$를 포함하는 형태로 나타내어

질 수 있는 한편, $f(t) = -f(-t)$인 기함수라면, $\sin \omega t$의 선택이 적절하다. $f(t)$가 우함수라고 가정하자. 그러면, 식 (7.8)로부터 $f(t)$의 타당한 표현은

$$f(t) = \frac{1}{2\pi}\int_{-\infty}^{\infty}\int_{-\infty}^{\infty} f(\tau)\cos \omega t \cos \omega\tau \, d\omega \, d\tau \tag{7.9}$$

이다.

$$F_c(\omega) = \frac{1}{2}\int_{-\infty}^{\infty} f(\tau)\cos \omega\tau \, d\tau$$

와 같은 정의로

$$f(t) = \frac{1}{\pi}\int_{-\infty}^{\infty} F_c(\omega)\cos \omega t \, d\omega \tag{7.10}$$

을 가진다. 그러나 $f(\tau)$ 또한 우함수이기 때문에,

$$F_c(\omega) = \int_{0}^{\infty} f(\tau)\cos \omega\tau \, d\tau \tag{7.11}$$

이다. 식 (7.10)과 (7.11)은 Fourier 여현 변환 쌍이다.

$f(t) = -f(-t)$라면, 그러면 $f(t)$의 표현은

$$f(t) = \frac{1}{2\pi}\int_{-\infty}^{\infty}\int_{-\infty}^{\infty} f(\tau)\sin \omega t \sin \omega\tau \, d\omega \, d\tau$$

이며

$$F_s(\omega) = \int_{0}^{\infty} f(\tau)\sin \omega\tau \, d\tau \tag{7.12}$$

와 같은 정의로

$$f(t) = \frac{1}{\pi}\int_{-\infty}^{\infty} F_s(\omega)\sin \omega t \, d\omega \tag{7.13}$$

을 가진다. 이 마지막 두 개의 관계는, 지적한 바와 같이, 기함수이며 실수인 $f(t)$에 대해 얻어지는 Fourier 정현 변환 쌍이다.

추가적인 예제로 이러한 변환 쌍의 계산을 설명한다.

Example 7.6 $f(t) = e^{-at}$라면, 그러면

$$F_c(\omega) = \int_0^{\infty} e^{-at} \cos \omega t \, dt = \frac{a}{\omega^2 + a^2}$$

이다. ■

Example 7.7 주어진 $F_c(\omega) = e^{-|\omega|/\omega_0}$에 대하여, $f(t)$는 우함수이며

$$f(t) = \frac{1}{\pi} \int_{-\infty}^{\infty} e^{-|\omega|/\omega_0} \cos \omega t \, d\omega = \frac{2}{\pi} \int_0^{\infty} e^{-\omega/\omega_0} \cos \omega t \, d\omega$$

로 주어질 것이다. 그러면 t의 우함수인

$$f(t) = \frac{2}{\pi} \frac{\omega_0}{\omega_0{}^2 t^2 + 1}$$

을 찾는다. ■

앞에서의 예제는 둘 다, 결과적인 적분이, 본래는, Laplace 변환의 형태에 있기 때문에, 함수 $f(t)$와 $F_c(\omega)$의 선택에 의해 단순화되었다.

Example 7.8 $-\pi/2\omega_0 \le t \le \pi/2\omega_0$에서는 $f(t) = \cos \omega_0 t$라 하고 그렇지 않으면 $f(t) \equiv 0$이라 하자. 그러면, $f(t)$가 우함수이기 때문에,

$$F_c(\omega) = \int_{-\pi/2\omega_0}^{\pi/2\omega_0} \cos \omega_0 t \cos \omega t \, dt$$

이다. 이제 $\cos a \cos b = 1/2 [\cos (a-b) + \cos (a+b)]$이어서,

$$F_c(\omega) = \frac{1}{2} \int_{-\pi/2\omega_0}^{\pi/2\omega_0} [\cos (\omega_0 - \omega)t + \cos (\omega_0 + \omega)t] \, dt$$

는 쉽사리 적분할 수 있어 결과

$$F_c(\omega) = \frac{\sin [(\omega_0 - \omega)\pi/2\omega_0]}{\omega_0 - \omega} + \frac{\sin [(\omega_0 + \omega)\pi/2\omega_0]}{\omega_0 + \omega}$$

을 산출한다. ■

Example 7.9 $-\pi/2\omega_0 \le t \le \pi/2\omega_0$에서는 $f(t) = \sin \omega_0 t$라 하고 그렇지 않으면 $f(t) \equiv 0$이라 하자. $f(t)$는 그것이 정의된 구간에 걸쳐 기함수이기 때문에,

$$F_s(\omega) = \int_{-\pi/2\omega_0}^{\pi/2\omega_0} \sin \omega_0 t \sin \omega t \, dt$$

를 계산한다. 삼각 항등식(trigonometric identity) $\sin a \sin b = 1/2[\cos(a-b) - \cos(a+b)]$가 $F_s(\omega)$에 대한 표현에 사용될 때 결과

$$F_s(\omega) = \frac{\sin[(\omega_0 - \omega)\pi/2\omega_0]}{\omega_0 - \omega} - \frac{\sin[(\omega_0 + \omega)\pi/2\omega_0]}{\omega_0 + \omega}$$

을 산출한다. ■

Example 7.10 $F_s(\omega) = \omega/(\omega^2 + {\omega_0}^2)$라 하자.

$$f(t) = \frac{1}{\pi}\int_{-\infty}^{\infty} \frac{\omega \sin \omega t}{\omega^2 + {\omega_0}^2} d\omega$$

를 찾는다. 이제, 3장에서 했던 바와 같이,

$$f(t) = \frac{1}{\pi} \mathrm{Im} \int_{-\infty}^{\infty} \frac{\omega e^{j\omega t}}{\omega^2 + {\omega_0}^2} d\omega$$

로 적을 수 있다. 적분

$$I = \oint \frac{z e^{jzt}}{z^2 + {\omega_0}^2} d\omega$$

를 계산하는데 사용되는, ω-축과 상반평면(upper half-plane)에서 닫히도록 이루어지는, 폐곡선은 $z = j\omega_0$에서 단극(single pole) 만을 포함할 것이다. 유수 정리는 그러면

$$I = \frac{j\omega_0 e^{-\omega_0 t}}{j2\omega_0}(j2\pi) = j\pi e^{-\omega_0 t}$$

을 준다. 그러면, 상반평면에 있는 반원의 반경이 무한대로 됨으로써, 호(arc)에 걸친 기여는 0이 될 것이어서, I는, 수평축(horizontal axis)을 따른 $z = \omega$로,

$$I = \int_{-\infty}^{\infty} \frac{\omega e^{j\omega t}}{\omega^2 + {\omega_0}^2} d\omega$$

가 된다. $f(t) = \pi^{-1}\,\mathrm{Im}\, I$이기 때문에,

$$f(t) = e^{-\omega_0 t}$$

를 가진다. 이 결과는, $t \to -\infty$에 따라, $f(t) \to \infty$라고 말하는 것처럼 보이기 때문에, 다소 놀랍게 생각될 수 있다. 그러나, 식 (7.12)와 여현 변환에 대한 그것의 등가(식 (7.11))에 따라 $f(t)$는 $t > 0$에 대해서만 정의된다. ■

7.4 THEOREMS FOR FOURIER TRANSFORM PAIRS

지수 Fourier 변환 쌍에서 보여지는 고도의 대칭성 때문에, $f(t)$에 관련된 정리, 예를 들어, $f(t)$의 Fourier 변환 $F(\omega) = \mathcal{F}\{f(t)\}$도 그러할 것이다. 이런 이유로, $f(t)$에 대한 정리를 증명하고 $F(\omega)$에 대해서도 유지되는 것으로 인용한다.

Theorem 7.1

주어진 $F(\omega) = \mathcal{F}\{f(t)\}$에 대해서, 그러면 $j\omega F(\omega) = \mathcal{F}\{df/dt\}$이다. $f(t)$의 1계 도함수의 Fourier 변환에 관한 이 정리는 다음과 같은 방식으로 증명된다. $f(t)$의 정의에 의해, 그 도함수는

$$\frac{df}{dt} = \frac{1}{2\pi}\int_{-\infty}^{\infty} j\omega e^{j\omega t} F(\omega)\, d\omega \tag{7.14}$$

이다. 그러면

$$\int_{-\infty}^{\infty} e^{-j\lambda t}\frac{df}{dt}dt = \frac{1}{2\pi}\int_{-\infty}^{\infty}\int_{-\infty}^{\infty} j\omega\, F(\omega)\, e^{j(\omega-\lambda)t} d\omega\, dt \tag{7.15}$$

를 가진다. Delta 함수의 적분 표현에 의해, 식 (7.15)의 우변은

$$\int_{-\infty}^{\infty} j\omega\, F(\omega)\, \delta(\omega-\lambda)\, d\omega = j\lambda\, F(\lambda) \tag{7.16}$$

이 된다. 따라서, λ를 ω로 치환하면,

$$j\omega F(\omega) = \int_{-\infty}^{\infty} e^{-j\omega t}\frac{df}{dt}dt$$

또는

$$j\omega F(\omega) = \mathcal{F}\left\{\frac{df}{dt}\right\} \tag{7.17}$$

을 가진다. 이 정리에 대한 따름 정리(corollary)는 다음과 같다: 주어진

$$g(t) = \int_0^t f(\tau)\, d\tau$$

에 대하여, 그러면

$$\frac{dg}{dt} = f(t)$$

이다. 그러므로

$$j\omega G(\omega) = F(\omega) = \int_{-\infty}^{\infty} f(\tau)\, e^{-j\omega\tau} d\tau$$

즉,

$$G(\omega) = \frac{1}{j\omega} F(\omega) \tag{7.17a}$$

를 찾는다. 이에 대한 설명은 종종 $f(t)$의 t에 관한 적분은 $F(\omega)$를 $j\omega$로 나누는 것에 대응한다는 것으로 만들어진다.

$F(\omega)$의 도함수에 관한 대응하는 정리는 다음과 같다: 주어진

$$F(\omega) = \int_{-\infty}^{\infty} e^{-j\omega t} f(t)\, dt$$

에 대하여, 그러면

$$\frac{dF}{d\omega} = \int_{-\infty}^{\infty} -jte^{-j\omega t} f(t)\, dt$$

이어서 Fourier 변환 쌍은

$$-jtf(t) = \mathcal{F}^{-1}\left\{\frac{dF}{d\omega}\right\} \tag{7.18}$$

이다. 여기서 표기 $\mathcal{F}^{-1}$는 역 푸리에 변환(inverse Fourier transform)으로 읽힌다.

Theorem 7.2

$\mathcal{F}\{f(t)\} = F(\omega)$로, 그러면

$$(j\omega)^n F(\omega) = \mathcal{F}\left\{\frac{d^n f}{dt^n}\right\} \tag{7.19}$$

이다. 이 정리는 바로 앞에서 했던 것과 같은 방식으로 증명된다.

$$f(t) = \frac{1}{2\pi} \int_{-\infty}^{\infty} e^{j\omega t} F(\omega)\, d\omega$$

으로, $f(t)$의 매(each) 미분은 인자 $j\omega$를 "떨어뜨려(bring down)",

$$\frac{d^n f}{dt^n} = \frac{1}{2\pi}\int_{-\infty}^{\infty} (j\omega)^n F(\omega)\, e^{j\omega t} d\omega \tag{7.20}$$

가 된다. 즉, t에 관한 적분은 $j\omega$를 곱하는 것과 대응한다. 이 마지막 관계의 역산은 정리의 설명, 즉

$$(j\omega)^n F(\omega) = \int_{-\infty}^{\infty} e^{-j\omega t} \frac{d^n f}{dt^n} dt$$

또는

$$(j\omega)^n F(\omega) = \mathcal{F}\left\{\frac{d^n f}{dt^n}\right\} \tag{7.21}$$

을 산출한다. 비슷하게, 동반 정리(companion theorem)는

$$(-jt)^n f(t) = \mathcal{F}^{-1}\left\{\frac{d^n F}{d\omega^n}\right\} \tag{7.22}$$

이다.

Theorem 7.3

$F(\omega) = \mathcal{F}\{f(t)\}$로,

$$\frac{1}{2}\{F(\omega + \omega_0) + F(\omega - \omega_0)\} = \mathcal{F}\{f(t)\cos\omega_0 t\} \tag{7.23}$$

이다. 이 추이 정리는 진폭 변조(amplitude-modulated, AM) 및 주파수 변조(frequency-modulated, FM) 신호의 논의에서 중요한 것이다. 이 정리를 증명하기 위하여, 잠정적으로, 양(quantity)

$$G(\omega) = \int_{-\infty}^{\infty} e^{-j\omega t} f(t)\cos\omega_0 t\, dt \tag{7.24}$$

를 정의한다. 그 다음 여현 함수의 지수 표현을 삽입하여, $G(\omega)$를

$$G(\omega) = \frac{1}{2}\int_{-\infty}^{\infty} \left(e^{-j(\omega-\omega_0)t} + e^{-j(\omega+\omega_0)t}\right) f(t)\, dt \tag{7.25}$$

로 표현한다. 그러나 이 마지막 식은 정리의 설명이 따라오는

$$G(\omega) = \frac{1}{2}\{F(\omega - \omega_0) + F(\omega + \omega_0)\} \tag{7.26}$$

으로 적어질 수 있다. 동반 정리는 다음과 같이 적어진다: $f(t) = \mathcal{F}^{-1}\{F(\omega)\}$로,

$$\frac{1}{2}\{f(t + t_0) + f(t - t_0)\} = \mathcal{F}^{-1}\{F(\omega)\cos\omega t_0\} \tag{7.27}$$

이다.

이제 Fourier 변환의 합성 정리(convolution theorem)로 돌아간다.

Theorem 7.4

$F(\omega) = \mathcal{F}\{f(t)\}$로,

$$F_1(\omega)F_2(\omega) = \int_{-\infty}^{\infty} f_1(\tau)f_2(t - \tau)\,d\tau \tag{7.28}$$

이다. 이 중요한 합성 정리의 증명이 이제 주어진다.

$$f(t) = \int_{-\infty}^{\infty} f_1(\tau)f_2(t - \tau)\,d\tau \tag{7.29}$$

라 하자. 그러면 $f(t)$의 Fourier 변환은, 다시 한번,

$$f(t) = \frac{1}{2\pi}\int_{-\infty}^{\infty} e^{j\omega t} F(\omega)\,d\omega \tag{7.5}$$

로 주어지며, $f(t)$에 대한 표현을 삽입하여,

$$F(\omega) = \int_{-\infty}^{\infty}\int_{-\infty}^{\infty} e^{-j\omega t} f_1(\tau)f_2(t - \tau)\,d\tau\,dt \tag{7.30}$$

이 된다. 적분

$$g(\tau) = \int_{-\infty}^{\infty} e^{-j\omega t} f_2(t - \tau)\,dt \tag{7.31}$$

을 고려하고 $t - \tau = u$라 하자. 그러면

$$g(\tau) = \int_{-\infty}^{\infty} e^{-j\omega(u+\tau)} f_2(u)\,du \tag{7.32}$$

의 결과로써

$$F(\omega) = \int_{-\infty}^{\infty} e^{-j\omega\tau} f_1(\tau)\, d\tau \int_{-\infty}^{\infty} e^{-j\omega u} f_2(u)\, du \tag{7.33}$$

이다. 그러나 이것은, 두 개의 Fourier 변환의 적(곱, product)의 정의에 의해,

$$F(\omega) = F_1(\omega) F_2(\omega) \tag{7.34}$$

를 의미한다. 따라서,

$$F_1(\omega) F_2(\omega) = \int_{-\infty}^{\infty} f_1(\tau) f_2(t-\tau)\, d\tau \tag{7.35}$$

이다. 주파수 영역(frequency domain)에서의 대응하는 합성 정리는

$$f_1(t) f_2(t) = \mathcal{F}^{-1}\left\{\frac{1}{2\pi}\int_{-\infty}^{\infty} F_1(\omega') F_2(\omega-\omega')\, d\omega'\right\} \tag{7.36}$$

이다.

Theorem 7.5

$f(t)$가 일양 수렴 푸리에 급수(uniformly convergent Fourier series)

$$f(t) = \sum_{n=-\infty}^{\infty} f(t_n)\, e^{j\omega_n t} \tag{7.37}$$

로 주어지면, 그러면

$$\mathcal{F}\{f(t)\} = 2\pi \sum_{n=-\infty}^{\infty} f(t_n)\, \delta(\omega - \omega_n) \tag{7.38}$$

이다. 정리의 증명은 적분과 합산의 순서의 상호 교환에 의존한다. $f(t)$가 일양 수렴한다고 설정하였기 때문에,

$$\mathcal{F}\{f(t)\} = \sum_{n=-\infty}^{\infty} f(t_n) \int_{-\infty}^{\infty} e^{-j(\omega-\omega_n)t} dt \tag{7.39}$$

를 가진다. 식 (7.37)에 주어진 관계는 그러면 delta 함수의 적분 표현에 따른다.

Fourier 급수로써 주어진 함수 $f(t)$는, 물론, $f(t)$가 전개될 수 있는 필요 요건(necessary requirement)을 만족한다는 것을 조건으로, 흔한 것이다. 점 $\omega = \omega_n$에서 크기(amplitude) a_n의 delta 함수를 포함하는 함수

$$F(\omega) = \sum_{n=-\infty}^{\infty} a_n \, \delta(\omega - \omega_n) \tag{7.40}$$

는 점 $\omega = \omega_n$에서 취해진 연속 함수(continuous function) $a(\omega)$의 표본(sample)으로 생각될 수 있다. 이 장의 나머지와 다음 장에서 빈번히 그러한 표현을 사용하는 기회를 가질 것이다.

Theorem 7.6 (Parseval's Theorem)

$f(t)$가 복소 전압(complex voltage)이라 하자. 그러면 양 ff^*는, f^*가 f의 복소 공액(complex conjugate)일 때, 실수이며 전력(power)에 비례한다. 사실, 신호 $P(t) = ff^*$가 저항기(resistor) R을 통하여 공급될 때, ff^*/R는 순시 전력(instantaneous power)이 될 것이다. 위의 관찰은 파시발의 정리(Parseval's theorem)라 불리는 전력에 관한 정리를 소개하는데 도움이 된다. 그것의 서술은 다음과 같다: 주어진 $F(\omega) = \mathcal{F}\{f(t)\}$에 대해서, 그러면

$$\int_{-\infty}^{\infty} f(t) f^*(t) \, dt = \frac{1}{2\pi} \int_{-\infty}^{\infty} F(\omega) F^*(\omega) \, d\omega \tag{7.41}$$

이다. 정리를 증명하기 위해서, $f(t)$에 대한 유용한 표현, 즉

$$f(t) = \frac{1}{2\pi} \int_{-\infty}^{\infty} e^{j\omega t} F(\omega) \, d\omega$$

이므로

$$f^*(t) = \frac{1}{2\pi} \int_{-\infty}^{\infty} e^{-j\lambda t} F^*(\lambda) \, d\lambda$$

를 쓴다. 그러면

$$\int_{-\infty}^{\infty} f(t) f^*(t) \, dt = \frac{1}{4\pi^2} \int_{-\infty}^{\infty} \int_{-\infty}^{\infty} \int_{-\infty}^{\infty} F(\omega) F^*(\lambda) \, e^{j(\omega - \lambda)t} d\omega \, d\lambda \, dt$$

이다. Delta 함수의 적분 표현을 사용하여, 우변은, t에 대한 적분으로,

$$\frac{1}{2\pi} \int_{-\infty}^{\infty} \int_{-\infty}^{\infty} F(\omega) F^*(\lambda) \, \delta(\omega - \lambda) \, d\omega \, d\lambda$$

가 된다. Delta 함수의 걸러내는 성질은 그러면

$$\int_{-\infty}^{\infty} f(t) f^*(t)\, dt = \frac{1}{2\pi} \int_{-\infty}^{\infty} F(\omega) F^*(\omega)\, d\omega$$

를 준다. 절대치 표기(absolute value notation)를 도입하면, Parseval의 정리는

$$\int_{-\infty}^{\infty} |f(t)|^2 dt = \frac{1}{2\pi} \int_{-\infty}^{\infty} |F(\omega)|^2 d\omega$$

로 써진다. 여기서, 예를 들어, 표기 $|f(t)|^2$는 $f(t)$의 절대치의 제곱(square of the absolute value)으로 읽힌다.

7.5 FOURIER TRANSFORMS OF DISCONTINUOUS FUNCTIONS

전기공학에서의 문제에서 빈번히 나타나는 여러가지 함수는 물리 계통의 이상화된 모델(model)이 고려될 때 중요하다. 이러한 함수의 몇 가지가 5장에서 소개되었으며, 이 절에서는 그들의 Fourier 변환을 검토한다.

The Delta Function

주어진 $f(t) = \delta(t - t_0)$에 대해서, 그러면 $F(\omega) = \mathcal{F}\{f(t)\}$는

$$F(\omega) = \int_{-\infty}^{\infty} e^{-j\omega t}\, \delta(t - t_0)\, dt \tag{7.42}$$

이다. Delta 함수의 걸러내는 성질에 의해서,

$$F(\omega) = e^{-j\omega t_0} \tag{7.43}$$

을 찾는다.

The Unit Step Function

먼저 계단 함수 $u(t)$의 Laplace 변환이

$$\mathcal{L}\{u(t)\} = \int_{0_-}^{\infty} e^{-st}\, u(t)\, dt = \frac{1}{s} \tag{7.44}$$

임을 보았다. $F(\omega) = \mathcal{F}\{u(t)\}$가 $t = 0$에서 불연속인 $u(t)$로 $t \in (-\infty, \infty)$ 내에서의 시간에 대한 적분을 포함한다는 사실로 인해서 일어나는 단위 계단 함수의 Fourier 변환을 찾는 것과 관련된 어려움이 있다. 이 불연속이 문제의 원인이다. 연속 함수

$$u_c(t) = \begin{cases} 1 & t > \epsilon \\ \frac{1}{2} & t = 0 \\ 0 & t < -\epsilon \end{cases}$$

를 정의함으로써 어려움을 회피하고 단위 계단 함수를

$$u(t) = \lim_{\epsilon \to 0} u_c(t)$$

로 정의한다. 연속 함수 $u_c(t)$는 그림 7.2에 보여졌다.

$u_c(t)$의 Fourier 변환은

$$\mathcal{F}\{u_c(t)\} = \frac{1}{2}\int_{-\epsilon}^{\epsilon}\left(1+\frac{t}{\epsilon}\right)e^{-j\omega t}dt + \int_{\epsilon}^{\infty} e^{-j\omega t}dt \tag{7.45}$$

로 주어진다. 식 (7.45)의 우변에 있는 첫 번째 적분의 값은, $\epsilon \to 0$에 따라, $(j\omega)^{-1}$인 한편, $\epsilon \to 0$에 따라 그리고 delta 함수가 우함수라는 사실로부터,

$$\int_0^{\infty} e^{-j\omega t}dt - \frac{1}{2}\int_{-\infty}^{\infty} e^{-j\omega t}dt = \pi\,\delta(\omega)$$

이다. 따라서

$$\mathcal{F}\{u(t)\} = \frac{1}{j\omega} + \pi\,\delta(\omega) \tag{7.46}$$

이다.

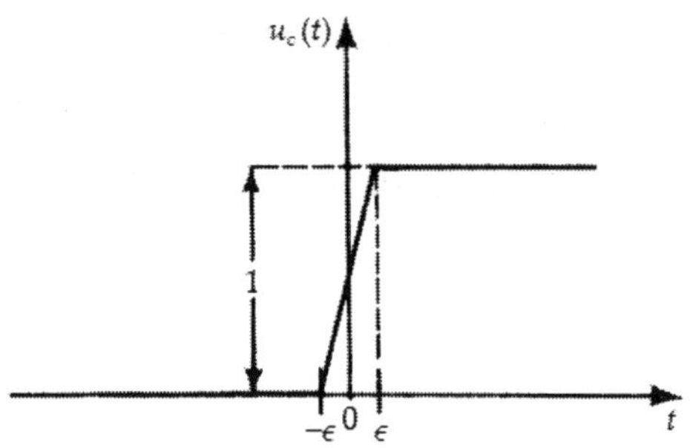

FIGURE 7.2 The continuous function $u_c(t)$.

The Gate Function

게이트 함수(gate function)는 식

$$g(t) = \begin{cases} 1 & t \in \left(-\frac{t_0}{2}, \frac{t_0}{2}\right) \\ 0 & \text{otherwise} \end{cases} \tag{7.47}$$

로 정의된다. 이 교재에서는, gate 함수의 Fourier 변환은 항상 $G(x)$로 나타낸다. 즉,

$$G(x) = \int_{-t_0/2}^{t_0/2} e^{-j\omega t} dt = t_0 \frac{\sin x}{x} \tag{7.48}$$

이다. 여기서 $x = \omega t_0/2$이다.

대응하는 역 Fourier 변환은

$$f(t) = \frac{1}{2\pi} \int_{-\omega_0/2}^{\omega_0/2} e^{j\omega t} d\omega \tag{7.49}$$

또는

$$f(x) = \frac{\omega_0}{2\pi} \frac{\sin x}{x}, \quad x = \frac{\omega_0 t}{2} \tag{7.50}$$

로 정의되는 함수 $f(t)$이다. 그림 7.3 (a), (b)에서 함수 $g(t)$와 $G(x)$가 보여졌다. $-\omega_0/2 < \omega < \omega_0/2$에서 $F(\omega) = 1$의 경우, $f(x) = (\omega_0/2)(\sin x/x)$에는, $F(\omega)$가 *이상 필터(ideal filter)*—즉, 주파수 응답(frequency response)이 $\omega > |\omega_0/2|$인 모든 주파수는 제거하고 대역(band) $-\omega_0/2 < \omega < \omega_0/2$ 내의 임의의 주파수는 통과하는 장치의 주파수 특성(frequency characteristic)이라는 흥미로운 해석이 있다.

주기 게이트 함수(periodic gate function)는 펄스(pulse)의 폭(width)이 주기와 다르거나 주기의 분수(fraction)인 구형파(사각파, square wave)의 일반화이다. 게이트 함수 $f(t)$가 보여진 그림 7.4를 고려한다. 주기 gate 함수의 Fourier 변환을 찾기를 원한다. 이것을 행하는 더 쉬운 방법 중 한 가지는 $f(t)$를 (수렴) Fourier 급수로 전

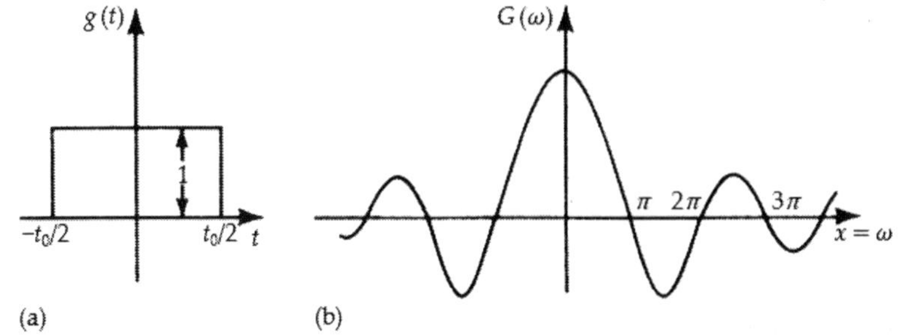

FIGURE 7.3 (a) The time-dependent gate function and (b) its Fourier transform.

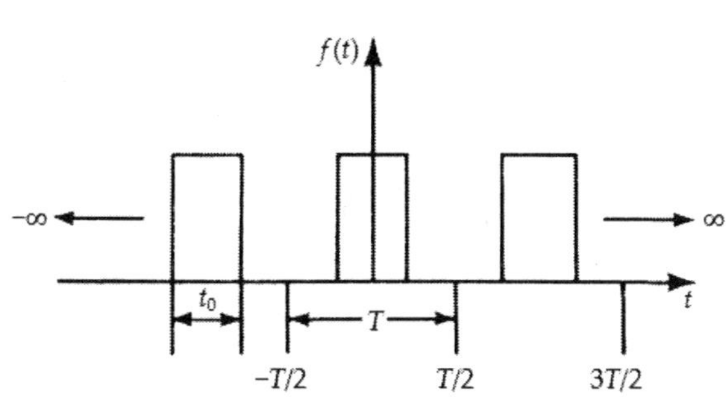

FIGURE 7.4 The periodic gate function.

개한 다음 그 결과의 변환을 찾는 것이다. 그래서

$$f(t)=\sum_{n=-\infty}^{\infty}F_n e^{j\omega_n t} \tag{7.51}$$

로 적는다. 여기서 정수(integer) n과 $\omega_0=2\pi/T$로, $\omega_n=n\omega_0$이며, 여기서 T는 $f(t)$의 주기이다. F_n을 찾아야 한다.

$$\int_{-T/2}^{T/2}f(t)\,e^{-j\omega_k t}dt=\sum_{n=-\infty}^{\infty}F_n\int_{-T/2}^{T/2}e^{j(\omega_n-\omega_k)t}dt \tag{7.52}$$

를 가진다. 우변의 적분은 $\omega_n=\omega_k$가 아니면 0이기 때문에,

$$F_k=\frac{1}{T}\int_{-T/2}^{T/2}f(t)\,e^{-j\omega_k t}dt \tag{7.53}$$

또는, $-t_0/2<t<t_0/2$ 내에서는 $f(t)=1$이며 그렇지 않으면 0이기 때문에,

$$F_k=\frac{1}{T}\int_{-t_0/2}^{t_0/2}e^{-j\omega_k t}dt$$

을 찾는다. 결과는

$$F_k=\frac{t_0}{T}\frac{\sin x_k}{x_k}=\frac{1}{T}G_k(x) \tag{7.54}$$

이다. 여기서 $x_k=\omega_k t_0/2$, 또는 $x_n=n\omega_0 t_0/2$이다.

이제 형태

$$f(t) = \frac{1}{T}\sum_{n=-\infty}^{\infty} G_n(x)\, e^{j\omega_n t} \tag{7.55}$$

로 표현된 $f(t)$를 가진다. 주기 gate 함수의 Fourier은, 정의

$$F(\omega) = \int_{-\infty}^{\infty} e^{-j\omega t} f(t)\, dt$$

에 의해, 그리고 합산과 적분 순서의 상호 교환으로,

$$F(\omega) = \frac{1}{T}\sum_{n=-\infty}^{\infty} G_n(x) \int_{-\infty}^{\infty} e^{-j(\omega-\omega_n)t} dt \tag{7.56}$$

또는

$$F(\omega) = \frac{2\pi}{T}\sum_{n=-\infty}^{\infty} G_n(x)\, \delta(\omega - \omega_n) \tag{7.57}$$

이 된다. 주기 gate 함수의 Fourier 변환은 점 $\omega = \omega_n = n\omega_0$, 즉 기본파 주파수 (fundamental frequency) $\omega_0 = 2\pi/T$의 모든 고조파 주파수(harmonics)에서의 delta 함수의 급수(series)를 포함한다. 이 delta 함수의 각각은 그것의 특성 진폭(characteristic amplitude)

$$2\pi T^{-1} G_n(x) = \frac{2\pi t_0}{T} \frac{\sin(n\omega_0 t_0/2)}{(n\omega_0 t_0/2)} = \frac{1}{T} G_k(x) \tag{7.58}$$

이 곱해진다. $n \to \infty$에 따라,

$$\lim_{n\to\infty} T^{-1} G_n(x) \to 0$$

이어서 더 높은 차수의 고조파(higher order harmonics)는 0이 된다. 식 (7.56)으로 주어진 푸리에 스펙트럼(Fourier spectrum)과 함께, 주기 gate 함수의 중요성은 그것이 8장에서 논의되는 것과 같은 표본 (추출) 데이터 계통(sampled data system)에서의 원형 함수(archetypal function)를 나타낸다는 것이다; 덧붙여, 그것과 관련되는 함수가 필터 이론(filter theory)과 FM 계통의 해석에서 나타난다. 위의 설명은, 다시 한번, Theorem 7.5에서와 같이, delta 함수의 급수로 이루어진 Fourier 변환의 중요성을 보인다.

7.6 FOURIER-BESSEL INTEGRALS: TWO-DIMENSIONAL FOURIER TRANSFORMS

다음에는, 함수 $f(r)$이 다음과 같은 방식으로 전개될 수 있음을 보인다: 차수 n의 베셀 함수(Bessel function of order n)와 독립 변수의 항으로 확장된 것으로 보이는

$$f(r) = \int_0^\infty \int_0^\infty f(\rho) J_n(kr) J_n(k\rho)\, k\, dk\, \rho\, d\rho \tag{7.59}$$

식 (7.59)가 타당함을 보이기 위하여, 그것이 직각 좌표계(rectangular coordinates)에서 2차원 Fourier 변환으로 축약됨을 보인다. 이런 이유로, 식 (7.59)는 종종 푸리에-베셀 적분(Fourier-Bessel integral)이라 불린다. $n = 0$인 특별한 경우에서는,

$$f(r) = \int_0^\infty F(k) J_0(kr)\, k\, dk \tag{7.60}$$

으로 적는다면, 그러면

$$F(k) = \int_0^\infty f(r) J_0(kr)\, r\, dr \tag{7.61}$$

이다. 식 (7.60)과 (7.61)에 의해 보이는 주목할만한 대칭성이 곧바로 명백하다. 이 관계는 항켈 변환 쌍(Hankel transform pair)이라 불리며, 관찰되는 바와 같이, 자기 환용적이다(self-reciprocal). Hankel 변환 형식론이 이 장의 뒤의 절에서 헤르츠 안테나(Hertzian antenna)를 논의하는데 사용된다.

이제 식 (7.59)가, 좌표 변환(coordinate transformation) 하에서, 2차원 Fourier 적분을 나타냄을 증명하는 것으로 나아간다. Appendix G에 따라, 차수 n의 Bessel 함수의 적분 표현은 항등식

$$e^{jx\sin\phi} = \sum_{n=-\infty}^{\infty} J_n(x)\, e^{jn\phi} \tag{7.62}$$

로부터 찾아질 수 있다.

식 (7.62)의 양변에, 정수 l로, $e^{-jl\phi}$를 곱하고, ϕ에 대해 적분하면,

$$J_l(x) = \frac{1}{2\pi} \int_0^{2\pi} e^{jx\sin\phi} e^{-jl\phi}\, d\phi \tag{7.63}$$

을 찾는다. $f(r)$을

$$f(r) = \frac{1}{(2\pi)^2} \int_0^\infty \int_0^\infty \int_0^{2\pi} \int_0^{2\pi} f(\rho)\, e^{jkr\sin\phi} e^{-jn\phi} e^{jk\rho\sin\psi} e^{-jn\psi} k\, dk\, \rho\, d\rho\, d\phi\, d\psi \quad (7.64)$$

와 같이 나타내기 위하여 이 적분 표현을 식 (7.59)에 사용한다. 이제 직각 좌표 변수(Cartesian variable)에 좌표 변환을 만든다. 전체 2차원 공간이 망라된다는 것을 관찰하여, Cartesian 좌표계에서의 적분 한계가 $(-\infty, \infty)$일 것임을 추론한다. 언급된 변환을 수행하기 위하여, 표현 $kr\sin\phi$를 고려한다. $\phi = (\theta - \chi + \pi/2)$로 둔다. 그러면

$$kr\sin\phi = kr\cos(\theta - \chi)$$

이다. 이제

$$\begin{aligned} k_x &= k\cos\theta \\ k_y &= k\sin\theta \\ x &= r\cos\chi \end{aligned}$$

와

$$y = r\sin\chi$$

를 정의하면, 그러면

$$kr\cos(\theta - \chi) = k_x x + k_y y$$

이다. 또한

$$e^{jkr\sin\phi} e^{-jn\phi} = e^{j(k_x x + k_y y)} e^{-jn(\theta - \chi + \pi/2)}$$

이다.

항

$$e^{jk\rho\sin\psi} e^{-jn\psi}$$

를 포함하는 비슷한 변환이 $\psi = (\lambda - \theta - \pi/2)$로 둠으로써 이루어진다. 그러면,

$$e^{jk\rho\sin\psi} e^{-jn\psi} = e^{jk\rho\cos(\lambda - \theta)} e^{-jn(\lambda - \theta - \pi/2)}$$

이다. $\xi = \rho\cos\lambda$와 $\eta = \rho\sin\lambda$로, 그리고 앞에서 정의된 k_x, k_y로, 식 (7.64)의 피적분 함수에서 나타나는 지수 항은 이제

$$e^{jk_x(x-\xi)} e^{jk_y(y-\eta)} e^{-jn(\lambda - \chi)}$$

의 형태이다. 적분 변수 k_x, k_y, ξ, 그리고 η로, 모든 공간이 적분 영역이기 때문에,

$$f(r) = \frac{1}{(2\pi)^2} \iint_{-\infty}^{\infty} \iint_{-\infty}^{\infty} f(\rho)\, e^{jk_x(x-\xi)} e^{-jn(\lambda-\chi)} e^{jk_y(y-\eta)} dk_x\, dk_y\, d\xi\, d\eta$$

를 가진다. 이제 양(quantity)

$$\begin{aligned} f(r)\, e^{jn\chi} &\equiv g(x, y) \\ f(\rho)\, e^{jn\lambda} &\equiv g(\xi, \eta) \end{aligned} \tag{7.65}$$

를 정의한다. 여기서 예를 들어, $\chi = \tan^{-1}(y/x)$ 그리고 $r = \sqrt{x^2 + y^2}$이다. 그러면

$$g(x, y) = \frac{1}{(2\pi)^2} \iint_{-\infty}^{\infty} \iint_{-\infty}^{\infty} g(\xi, \eta)\, e^{jk_x(x-\xi)} e^{jk_y(y-\eta)} dk_x\, dk_y\, d\xi\, d\eta \tag{7.66}$$

이다. 식 (7.66)은 항등식이다. 이 사실을 입증하기 위해, 먼저 k_x와 k_y에 대해 적분하고 항등식 $g(x, y) \equiv g(x, y)$가 따라오는

$$g(x, y) = \iint_{-\infty}^{\infty} g(\xi, \eta)\, \delta(x - \xi)\, \delta(y - \eta)\, d\xi\, d\eta$$

를 찾기 위해 delta 함수의 적분 표현을 사용한다.

$$G(k_x, k_y) = \iint_{-\infty}^{\infty} e^{-jk_x\xi} e^{-jk_y\eta}\, g(\xi, \eta)\, d\xi\, d\eta \tag{7.67}$$

을 정의하면, 그러면

$$g(x, y) = \frac{1}{(2\pi)^2} \iint_{-\infty}^{\infty} e^{jk_x\xi} e^{jk_y\eta}\, G(k_x, k_y)\, dk_x\, dk_y \tag{7.68}$$

이다. 식 (7.67)과 (7.68)은 2차원 지수 푸리에 변환 쌍이다. $g(x, y)$에 대한 식 (7.65)를 만들었던 특별한 선택이 정수 $n = 0$의 경우에 타당하며 복소 량(complex quantity)으로 $g(x, y)$를 표현하는데 있어서 일반성의 상실이 없음에 유의하라.

그것이 3 (또는 그 이상의) 공간 차원에서 Fourier 변환을 취하기에 편리한가? 라는 문제가 있다. n-차원 공간에서의 Fourier 변환 쌍을

$$g(\mathbf{r}) = \frac{1}{(2\pi)^n} \int_{V_n(\mathbf{k})} e^{j\mathbf{k}\cdot\mathbf{r}} G(\mathbf{k})\, d\mathbf{k} \tag{7.69}$$

로 적을 수 있다. 단, $G(\mathbf{k})$는

$$G(\mathbf{k}) = \int_{V_n(\mathbf{r})} e^{-j\mathbf{k}\cdot\mathbf{r}} g(\mathbf{r})\, d\mathbf{r} \tag{7.70}$$

이다. 여기서, 예를 들어, $V_n(\mathbf{r})$은 체적 요소(volume element)가 $d\mathbf{r} \equiv dx_1\, dx_2 \cdots dx_n$인 n-차원 체적이며

$$\mathbf{k} \cdot \mathbf{r} = \sum_{i=1}^{n} k_i x_i$$

는 두 개의 vector의 내적(점적, 스칼라 적, dot product, scalar product)에 대한 통상의 표현이다.

7.7 THE WAVE EQUATION

이 절에서는, Fourier 변환법을 이용하여 파동 방정식

$$\frac{\partial^2 v}{\partial x^2} - \frac{1}{c^2}\frac{\partial^2 v}{\partial t^2} = 0 \tag{7.71}$$

의 해인 함수 $v(x, t)$를 찾는다.

$$v(0, t) = f(t) \quad \text{and} \quad \left.\frac{\partial v}{\partial x}\right]_{x=0} = g(t) \tag{7.72}$$

로 둔다. 여기서 $f(t)$와 $g(t)$는 둘 다 경계(boundary) $x = 0$에서 알려진 함수이다. $v(x, t)$의 Fourier 변환을

$$V(x, \omega) = \int_{-\infty}^{\infty} e^{-j\omega t} v(x, t)\, dt \tag{7.73}$$

으로 정의하면, 역산에 의해,

$$v(x, t) = \frac{1}{2\pi} \int_{-\infty}^{\infty} e^{j\omega t} V(x, \omega)\, d\omega \tag{7.74}$$

로 $v(x, t)$를 얻는다. $v(x, t)$에 대한 파동 방정식은 $V(x, \omega)$에 대한 전미분방정식(total differential equation)

$$\frac{\partial^2 V}{\partial x^2} + \frac{\omega^2}{c^2} V = 0 \tag{7.75}$$

가 되며, 그 해는

$$V(x, \omega) = A(\omega)\, e^{j\omega x/c} + B(\omega)\, e^{-j\omega x/c} \tag{7.76}$$

이다. 여기에서, 상수는, 가리켜진 바와 같이, ω의 함수일 수 있다. 그러면, 식 (7.74) 로부터, $v(x, t)$에 대하여

$$v(x, t) = \frac{1}{2\pi}\int_{-\infty}^{\infty} \left\{A(\omega)\, e^{j\omega(t+x/c)} + B(\omega)\, e^{j\omega(t-x/c)}\right\} d\omega \tag{7.77}$$

을 가진다. 경계조건(boundary condition)은 이제

$$f(t) = \frac{1}{2\pi}\int_{-\infty}^{\infty} \{A(\omega) + B(\omega)\} e^{j\omega t} d\omega \tag{7.78a}$$

와

$$g(t) = \frac{1}{2\pi}\int_{-\infty}^{\infty} \frac{j\omega}{c} \{A(\omega) - B(\omega)\} e^{j\omega t} d\omega \tag{7.78b}$$

로 주어진다. 알려진 $f(t)$와 $g(t)$로, 두 개의 상수 $A(\omega)$와 $B(\omega)$를 결정할 수 있다. 그것들은, 식 (7.78a)와 (7.78b)를 역산하고, 그 다음 $A(\omega)$와 $B(\omega)$에 대하여 풀어

$$A(\omega) = \frac{1}{2}\int_{-\infty}^{\infty} e^{-j\omega\tau} \left\{f(\tau) + \frac{c}{j\omega} g(\tau)\right\} d\tau \tag{7.79a}$$

와

$$B(\omega) = \frac{1}{2}\int_{-\infty}^{\infty} e^{-j\omega\tau} \left\{f(\tau) - \frac{c}{j\omega} g(\tau)\right\} d\tau \tag{7.79b}$$

로 된다. 이들을 $v(x, t)$에 대한 식 (7.77)에 대입함으로써

$$v(x, t) = v_1(x, t) + v_2(x, t) \tag{7.80}$$

과 같이 적는 것이 가능하다. 여기서

$$v_1(x, t) = \frac{1}{4\pi}\int_{-\infty}^{\infty}\int_{-\infty}^{\infty} f(\tau)\left\{e^{j\omega(t+x/c-\tau)} + e^{j\omega(t-x/c-\tau)}\right\} d\tau\, d\omega \tag{7.81a}$$

와

$$v_2(x, t) = \frac{c}{4\pi}\int_{-\infty}^{\infty}\int_{-\infty}^{\infty} \frac{1}{j\omega} g(\tau)\left\{e^{j\omega(t+x/c-\tau)} - e^{j\omega(t-x/c-\tau)}\right\} d\tau\, d\omega \tag{7.81b}$$

이다. 먼저 $v_1(x, t)$를 찾고 그 다음 $v_2(x, t)$에 대한 답을 적기 위해 Theorem 7.1의 따름 정리(corollary)를 사용한다. 식 (7.81a)에 있는 ω에 대한 적분에 delta 함수의 적분 표현을 사용하면,

$$v_1(x, t) = \frac{1}{2}\int_{-\infty}^{\infty} f(\tau)\left\{\delta\left(t + \frac{x}{c} - \tau\right) + \delta\left(t - \frac{x}{c} - \tau\right)\right\} d\tau \tag{7.82}$$

를 준다. Delta 함수의 걸러내는 성질은 그러면

$$v_1(x, t) = \frac{1}{2}\left\{f\left(t + \frac{x}{c}\right) + f\left(t - \frac{x}{c}\right)\right\} \tag{7.83}$$

을 생성한다. $v_2(x, t)$의 계산은 다음과 같이 나아간다: ω에 대한 적분은 delta 함수의 적분, 즉, 독립 변수(argument) $(t \pm x/c - \tau)$인 계단 함수를 산출한다. τ에 대한 적분은 그러면

$$v_2(x, t) = \frac{c}{2}\int_{t-x/c}^{t+x/c} g(\tau)\, d\tau \tag{7.84}$$

를 준다. 따라서, 양 $v(x, t)$는

$$v(x, t) = \frac{1}{2}\left\{f\left(t + \frac{x}{c}\right) + f\left(t - \frac{x}{c}\right)\right\} + c\int_{t-x/c}^{t+x/c} g(\tau)\, d\tau \tag{7.85}$$

로 주어지며 $x = 0$에서의 값이 $f(t)$와 $g(t)$이며, x에서는 그 값이 더 늦은 시간에 보이게 되는 두 개의 함수로 파동 방정식의 해가 표현된다. 전기공학에서 사용되는 부호 규약(sign convention)때문에, $f(t - x/c)$는 속도 c로 정(양, positive)의 x-방향으로 이동하는 파를 나타내는 한편, $f(t + x/c)$는 역방향 진행파(backward traveling wave)라고 말한다. 남은 항은 해의 인과 관계를 적절히 고려한 $\partial v/\partial x$의 적분으로부터의 $v(x, t)$에 대한 기여를 나타낸다.

3차원 공간에서의 파동 방정식이 이제 고려된다. 위치 vector $\mathbf{r}$로, potential $v(\mathbf{r}, t)$가 파동 방정식

$$\nabla^2 v - \frac{1}{c^2}\frac{\partial^2 v}{\partial t^2} = f(\mathbf{r}, t) \tag{7.86}$$

을 만족한다고 하자. $v(\mathbf{r}, t)$가 [V]로 표현될 때, 원천 $f(\mathbf{r}, t)$는 단위 면적당 전압 [V/m²]의 차원을 가진다. $v(\mathbf{r}, t)$의 t에 관한 Fourier 변환을 $V(\mathbf{r}, \omega)$라 하자. 그러면, $k = x/c$와 $F(\mathbf{r}, \omega) = \mathcal{F}\{f(\mathbf{r}, t)\}$로, 편미분방정식

$$\nabla^2 V + k^2 V = F \tag{7.87}$$

에 대한 해(solution)가 될 $V(\mathbf{r}, \omega)$를 찾는다. 선형 연산자 M을

$$M \equiv \nabla^2 + k^2 \tag{7.88}$$

로 정의한다. 5장, 5.7절에서의 논의에 따라, 방정식

$$MV = F \tag{7.89}$$

에 대한 해를 F와

$$MG = \delta(\mathbf{r} - \mathbf{r}') \tag{7.90}$$

에 대한 해인 단위 impulse 응답 $G(|\mathbf{r} - \mathbf{r}'|; \omega)$와의 합성 적분으로 표현할 수 있다. 즉,

$$V(\mathbf{r}, \omega) = \int_{V_0} F(\mathbf{r}', \omega)\, G(|\mathbf{r} - \mathbf{r}'|; \omega)\, d\mathbf{r}' \tag{7.91}$$

로 적을 수 있다.* 여기서 적분은 원천 F를 포함하는 체적 V_0에 대한 것이다. 이 설명을 증명하기 위하여, M이, 정의에 의해, 좌표 $\mathbf{r}$에 대해서만 연산하기 때문에,

$$V(\mathbf{r}, \omega) = \int_{V_0} F(\mathbf{r}', \omega)\, MG\, d\mathbf{r}' \tag{7.92}$$

를 적을 수 있다. 그러나, 식 (7.90)으로부터,

$$MV = \int_{V_0} F(\mathbf{r}', \omega)\, \delta(\mathbf{r} - \mathbf{r}')\, d\mathbf{r}' \tag{7.93}$$

또는, delta 함수의 걸러내는 성질에 의해,

* 종종, 표면에서의 potential 또는 전하의 분포로부터 발생하는 $V(\mathbf{r}, \omega)$에 대한 부가적인 기여가 있다. 여기에서는 그러한 문제는 고려하지 않는다.

$$MV = F \tag{7.94}$$

를 가진다.

단위 impulse 응답에 대한 해 또는, 종종 불리는, 그린 함수(Green's function) $G(|\mathbf{r}-\mathbf{r}'|;\omega)$가 필요하다. 일반적으로, $G(|\mathbf{r}-\mathbf{r}'|;\omega)$의 형태는 함수에 주어지는 경계 조건에 종속한다; 각 시간에 경계 조건이 바뀌어, $G(|\mathbf{r}-\mathbf{r}'|;\omega)$의 형태가 바뀐다. 조건

$$\lim_{|\mathbf{r}|\to\infty} G(|\mathbf{r}-\mathbf{r}'|;\omega) \to 0$$

을 조건으로 하여, 자유 공간 단위 임펄스(free space unit impulse) 또는 Green 함수를 찾을 것이다. Delta 함수가 체적에 반비례(차원적으로)하기 때문에, Green 함수는 길이에 반비례(reciprocal length)해야 한다. G가 scalar이기 때문에, 그리고 고려중인 길이가 $|\mathbf{r}-\mathbf{r}'|$이기 때문에, G가 $|\mathbf{r}-\mathbf{r}'|^{-1}$에 비례해야 한다고 추론한다. 이제 이 사실을 확증한다. $|\mathbf{r}-\mathbf{r}'| \neq 0$이라면, 그러면

$$(\nabla^2 + k^2)G = 0 \tag{7.95}$$

이다. $R=0$이 원점(origin)인 변수 $R = |\mathbf{r}-\mathbf{r}'|$로 바꿈으로써 이 방정식을 구대칭 좌표계(spherically symmetric coordinate system)에서 적는다. 그러면, $R \neq 0$에 대하여,

$$\nabla^2 G + k^2 G = 0 \tag{7.96}$$

은

$$\frac{1}{R^2}\frac{d}{dR}\left(R^2\frac{dG}{dR}\right) + k^2 G = 0 \tag{7.97}$$

이 된다. 항등식

$$\frac{1}{R^2}\frac{d}{dR}\left(R^2\frac{dG}{dR}\right) = \frac{1}{R}\frac{d^2}{dR^2}(RG) \tag{7.98}$$

과 $u = RG$로의 종속 변수의 변경은 방정식

$$\frac{d^2u}{dR^2} + k^2 u = 0 \tag{7.99}$$

를 산출하며, 그 해는

$$u = Ce^{\pm jkR} \tag{7.100}$$

이다. 그러면 k가 $R = |\mathbf{r} - \mathbf{r}'|$과 평행일 때

$$G(|\mathbf{r} - \mathbf{r}'|; \omega) = \frac{Ce^{\pm jk|\mathbf{r}-\mathbf{r}'|}}{|\mathbf{r} - \mathbf{r}'|} \tag{7.101a}$$

이다. 상수 C는 계산될 수 있다. 상세한 논의는 생략하고, $C = (4\pi)^{-1}$이어서, 자유 공간 단위 impulse 함수는

$$G(|\mathbf{r} - \mathbf{r}'|; \omega) = \frac{e^{\pm jk|\mathbf{r}-\mathbf{r}'|}}{4\pi|\mathbf{r} - \mathbf{r}'|} \tag{7.101b}$$

이다. 앞에서 언급된 바와 같이, impulse 응답은, 차원적으로, 길이에 반비례한다. 양 $V(\mathbf{r}, \omega)$는

$$V(\mathbf{r}, \omega) = \frac{1}{4\pi}\int_{V_0} F(\mathbf{r}', \omega)\frac{e^{\pm jkR}}{R}d\mathbf{r}' \tag{7.102}$$

를 계산함으로써 찾아진다. 여기서, 다시 한번, $R = |\mathbf{r} - \mathbf{r}'|$로 두었다.

이 결과의 물리적 의미는 그림 7.5를 고려함으로써 더 명백하게 된다. 체적 요소 $d\mathbf{r}'$ 내에는, 총 원천(total source) $F(\mathbf{r}', \omega)\,d\mathbf{r}'$가 있다. 좌표가 vector $\mathbf{r}$로 주어진 점 P에서, $V(\mathbf{r}, \omega)$를 총 원천 $F(\mathbf{r}', \omega)\,d\mathbf{r}'$에 Green 함수를 곱하고 체적 V_0에 대해 적분함으로써 찾는다. Green 함수의 의미는 V_0 내부로부터 점 P에 다다르는 전압에 미치는 기하학적인 영향을 설명한다는 것이다. 그것들은 공간적인 특성이, 점 (델타) 원천(point (delta) source)으로부터의 구면 확산(spherical spreading)과 결과적인 크

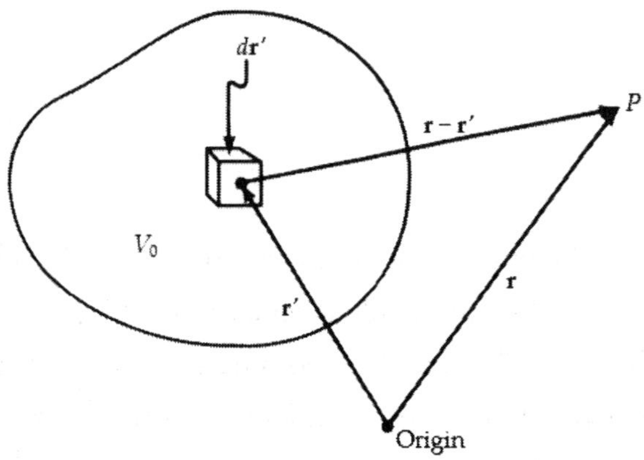

FIGURE 7.5 The vectors and volume of integration in Equation (7.102).

기의 손실(loss of magnitude)을 설명하는 인자 R^{-1}를 가지는, $e^{\pm jkR}/R$인 진행파(propagating wave)이다.

중요한 특별한 경우가 이제 논의된다.

$$F(\mathbf{r}', \omega)\, d\mathbf{r}' = A\,\delta(\mathbf{r}') \tag{7.103a}$$

라면 이것은

$$f(\mathbf{r}', t) = A\,\delta(\mathbf{r}')\,\delta(t) \tag{7.103b}$$

를 의미하며, 그러면 직각 좌표계에서 $r = |\mathbf{r}| = \sqrt{x^2 + y^2 + z^2}$으로

$$V(\mathbf{r}, \omega) = A\frac{e^{\pm jkr}}{4\pi r} \tag{7.104}$$

이다. 이 마지막 표현은 짧은 선형 안테나(short linear antenna) 이론에서 역할을 한다.

더 일반적인 경우에는, Fourier 적분

$$v(\mathbf{r}, t) = \frac{1}{2\pi}\int_{-\infty}^{\infty} e^{j\omega t}\, V(\mathbf{r}, \omega)\, d\omega \tag{7.105}$$

로 주어지는 전압 $v(\mathbf{r}, t)$에 대한 표현을 고려한다. 식 (7.102)로 주어진 $V(\mathbf{r}, \omega)$로, Fourier 변환의 정의는 결과

$$v(\mathbf{r}, t) = \frac{1}{4\pi}\int_{V_0} \frac{f(\mathbf{r}', t - R/c)}{R}\, d\mathbf{r}' \tag{7.106}$$

을 준다. $f(\mathbf{r}', t) = A\,\delta(\mathbf{r}')\,\delta(t)$라면,

$$v(\mathbf{r}, t) = \frac{A}{4\pi}\frac{\delta(t - r/c)}{r} \tag{7.107}$$

임에 유의하라.

진행파의 해석에서 다차원 변환(multidimensional transform)의 사용의 마지막 예제로서, 단순한 헤르츠 쌍극자 안테나(Hertzian dipole antenna)로부터의 방사 패턴(radiation pattern)을 논의한다. 원통 좌표계(cylindrical coordinate system)가 사용될 것이어서, Fourier-Bessel 또는 Hankel 변환이 나타날 것이다. 논의의 목적을 위하여, Hertz 쌍극자 antenna를 크기(magnitude)가

$$j(\mathbf{r}, t) = A\,\delta(\mathbf{r})\,\delta(t) \tag{7.108}$$

로 주어지는 전류밀도를 나르는 장치로 정의할 수 있다. 전류밀도는 국제 단위계(SI system)에서 [A/m²]의 단위를 가진다. Delta 함수의 논의를 염두에 두면, 그러면 상수 A는 QL의 차원을 가진다는 것이 따라온다. 여기서 Q는 전하 그리고 L은 길이이다. 따라서 A는 쌍극자 모멘트(dipole moment)로 정의된다. 이 경우 표현

$$V(\mathbf{r}, \omega) = \frac{Ae^{-jkr}}{4\pi\epsilon_0 r} \tag{7.109}$$

는, 상수 ϵ_0가 [F/m]의 차원을 가진다면 [V]의 차원을 가질, 함수 V에 대한 타당해(valid solution)이다. 지수에 있는 부(음, negative) 부호는 바깥으로 나가는 파(outgoing wave)가 나타내지도록 취해진다. 원통 좌표 ρ, ϕ, z에서는

$$\begin{aligned} x &= \rho\cos\phi \\ y &= \rho\sin\phi \end{aligned}$$

이어서

$$r = \sqrt{x^2 + y^2}$$

이다. 이제 scalar 량

$$\psi(r) = \frac{e^{-jkr}}{r} \tag{7.110}$$

이 0차의 Bessel 함수를 포함하는 적분으로 표현될 수 있음을 보이기를 원한다. $\psi(r)$이

$$\nabla^2\psi + k^2\psi = 0, \quad r \neq 0 \tag{7.111}$$

의 해임을 알기 때문에, 여기서 $r = r(\rho, z)$는, 보여진 바와 같이 ρ와 z 둘 다의 함수인데, 원통 좌표계에서, 방위각(azimuth angle) ϕ에 독립인,

$$\frac{1}{\rho}\frac{\partial}{\partial\rho}\left(\rho\frac{\partial\psi}{\partial\rho}\right) + \frac{\partial^2\psi}{\partial z^2} + k^2\psi = 0 \tag{7.112}$$

를 적을 수 있다. 이제, $\psi = e^{-j\beta z}\,u(\rho)$라 하면

$$\frac{1}{\rho}\frac{\partial}{\partial\rho}\left(\rho\frac{\partial u}{\partial\rho}\right) + \lambda^2 u = 0 \tag{7.113}$$

이다. 여기서 $\lambda^2 = k^2 - \beta^2$이다. $\rho \in (0, \infty)$에 대해서 유한(finite)인 해는

$$u(\rho) = J_0(\lambda\rho) \tag{7.114}$$

즉, 차수 0의 Bessel 함수이다. 따라서 식 (7.111)에 대한 해는

$$\psi(\rho, z) = J_0(\lambda\rho)\, e^{-j\beta z} \tag{7.115}$$

이다. 이 표현이 해라면, 그러면 함수

$$\chi(\rho, z) = \int_0^\infty J_0(\lambda\rho)\, e^{-j\beta(\lambda)z}\, g(\lambda)\, \lambda\, d\lambda \tag{7.116}$$

도 또한 해이다. 더욱이, 이제 특수 함수(particular function) $g(\lambda)$에 대하여, 항등식

$$\frac{e^{-jkr}}{r} \equiv \int_0^\infty J_0(\lambda\rho)\, e^{-j\beta(\lambda)z}\, g(\lambda)\, \lambda\, d\lambda \tag{7.117}$$

이 성립해야 함을 본다. 이것은 두 함수가 같은 미분방정식의 해이기 때문이다. $g(\lambda)$를 찾기 위하여, 먼저

$$\frac{e^{-jk\rho}}{\rho} = \int_0^\infty J_0(\lambda\rho)\, g(\lambda)\, \lambda\, d\lambda \tag{7.118}$$

을 얻기 위해 $z = 0$으로 둔다. 그러나 이것은 이 장의 7.6절에서 소개한 Hankel 변환 바로 그것이다. 그 변환의 자기 환용적인 성질 때문에, 바로

$$g(\lambda) = \int_0^\infty e^{-jk\rho} J_0(\lambda\rho)\, d\rho \tag{7.119}$$

즉, 함수

$$f(\rho) = \begin{cases} J_0(\lambda) & \rho \geq 0 \\ 0 & \rho < 0 \end{cases} \tag{7.120}$$

의 Fourier 변환을 가진다. 이 적분의 계산은 결과

$$g(\lambda) = \frac{1}{\sqrt{\lambda^2 - k^2}} \tag{7.121}$$

을 준다. 항등식은, 그러므로,

$$\frac{e^{-jkr}}{r} \equiv \int_0^\infty \frac{J_0(\lambda\rho)}{\sqrt{\lambda^2 - k^2}} e^{-j\sqrt{\lambda^2-k^2}z} \lambda\, d\lambda \tag{7.122}$$

이다. 따라서, 전압 $V(\mathbf{r}, \omega)$는 표현

$$V(\rho, z, \omega) = \frac{A}{4\pi\epsilon_0} \int_0^\infty \frac{J_0(\lambda\rho)}{\sqrt{\lambda^2 - k^2}} e^{-j\sqrt{\lambda^2-k^2}z} \lambda\, d\lambda \tag{7.123}$$

으로 주어진다. Antenna 이론의 전개에 있어서 지금 논의된 것과 같은 변환의 중요성을 과장할 수는 없다. 금세기 초†의 Hertz 쌍극자에 대한 A. Sommerfeld의 연구를 시작으로, 이 장의 끝에 있는 인용 문헌[1,9,10]에 주어진 것과 같은 그러한 연구의 출판을 통하여, 그리고 지금까지도, 대단한 수의 과학자와 공학자들이 전파 전파(radio-wave propagation)의 이론에 기여하였다. 지구-공기 계면(earth-air interface) 같은 경계가 포함될 때, 경계 조건에 적합하게 하는 문제는 계산되어야 하는 부가적인 상수를 가져온다. 그러나 방사 전압(또는 potential)에 기여하는 기본적인 항은, 극(pole)과 분기점(branch point)이 계산할 때 찾아지며, 결과적으로 방사 신호에 기여하는, 몇 개의 매개 변수 λ에 대한 적분이다. 이렇게 하여, 저주파 장거리 무선 통신(low-frequency long-range radio communication)에서 중요한 표면파(surface wave)가 예측된다. 지구 표면을 $z = 0$로 정의함으로써, 표면파는 $\rho^{-1/2}$로 거리에 따라 떨어지며, 수학적으로, Bessel 함수의 점근 전개(asymptotic expansion)로 나타난다.

7.8 REMARKS ON FILTERS

필터(filter)는 주파수역(스펙트럼, spectrum) 내에 있는 약간의 주파수는 선택적으로 통과시킬 것이며 그 외는 물리치는 경향이 있는 장치로 정의된다. 복잡성이 증가하는 몇 가지 예제로 출발하고 그 다음 결과를 여러가지 형태의 filter와 그 설계에 관한 정리의 형태로 정식화함으로써 filter와 그것의 성질에 대해 검토한다.

Example 7.11 직렬 LC 회로에 있는 전압원이 계단 함수 $v_0 u(t)$라 하자. 전류의 거동을 지배하는 방정식은

$$\frac{d^2 i}{dt^2} + \omega_0{}^2 i = \frac{i_0\, \delta(t)}{\tau}$$

이다. 여기서 $\omega_0{}^2 = (LC)^{-1}$은 회로의 자연 주파수(natural frequency)의 제곱이며 $i_0\tau^{-1}$은 im-

† 편저자 주: 이 편저에 인용한 교재가 집필된 1981년의 세기 초인 20세기 초를 말한다.

pulse의 세기(strength)이다. $I(\omega) = \mathcal{F}\{i(t)\}$라 하자. 그러면 이 방정식의 변환은

$$I(\omega) = \frac{i_0}{\tau}\frac{1}{\omega_0{}^2 - \omega^2}$$

이다. $I(\omega)$의 역산은 전류 $i(t)$를 산출한다:

$$i(t) = \frac{i_0}{2\pi\tau}\int_{-\infty}^{\infty}\frac{e^{j\omega t}}{\omega_0{}^2 - \omega^2}d\omega$$

적분의 계산은

$$i(t) = \frac{i_0}{\omega_0\tau}\sin\omega_0 t \quad (t \geq 0)$$

의 결과를 준다. 이제, 위의 계통을 구동하는 delta 함수는 편평(평탄) 주파수 스펙트럼(flat frequency spectrum)을 가진다. 즉,

$$\mathcal{F}\{\delta(t)\} = 1$$

이다. 그러나 주파수 $\omega = \omega_0$ 만이 전류에 나타난다. LC 회로는 filter로서 동작하며 공진이 되는(resonant) 단일 주파수 외에는 모두 물리친다.
실제로는, 이상적인 inductor와 capacitor는 만들어질 수 없어, 그런 점에서, 약간의 저항이 회로에 있을 것이다. 그러나 보통의 LC 회로는 "통과대역(pass-band)" 특성으로 $\omega = \omega_0$ 부근에서 날카롭게 뾰족해지는 filter 특성을 가질 것이다. ■

Example 7.12 전류 $i(t)$가 방정식

$$\frac{di}{dt} + \frac{i}{\tau} = i_0\,\delta(t)$$

에 대한 해로 주어지는 직렬 RC 회로의 시간 응답(time response)을 고려한다. 여기서 $\tau = RC$ 는 시정수이다. $i(0) = 0$이라면, 응답은, 합성 정리에 의해,

$$i(t) = i_0\int_{-\infty}^{\infty}\delta(\xi)\,e^{-(t-\xi)/\tau}d\xi$$

또는

$$i(t) = i_0 e^{-t/\tau}$$

이다. 회로에서 지수적으로 감쇠하는 전류는 저항기를 통한 capacitor의 방전(discharge) 때문에 나타난다. 더 작은 시정수 τ에서, 더 빠르게 $i(t)$가 감쇠된다. 의문이 생긴다: 이 감쇠가 회로의 주파수와 어떻게 관련되는가? 이 의문에 답하기 위해서 전류에 대한 미분방정식

의 Fourier 변환을 취한다. $I(\omega) = \mathcal{F}\{i(t)\}$의 정의로,

$$I(\omega) = \frac{i_0\tau}{j\omega\tau + 1}$$

를 찾는다. 따라서, $|\omega\tau| >> 1$일 때 $I \to 0$이며, $|\omega\tau| << 1$일 때 $I \to i_0\tau$이다. 결론은 RC 회로망은, 더 높은 주파수가 우선적으로 감쇠하는, 저역 통과 필터(low-pass filter)로 동작한다는 것이다: 저주파수 영역(low-frequency region)을 주파수의 통과대역 그리고 ω의 고주파수 영역(high-frequency region)을 저지대역(stopband)으로 정의할 수 있다. 이 둘 사이의 천이(transition)는 점진적이다(gradual). ■

이제 더 복잡한 경우를 조사한다. Filter가 저지 및 통과대역을 모두 가질 조건을 확립하기를 원한다. 이와 관련하여, 주기적인 계수를 가진 2계 미분방정식에 대한 해의 거동에 적용되는 플로케의 정리(Floquet's theorem)가 중요하다. 미분방정식

$$\frac{d^2\psi}{dx^2} + k^2(x)\psi = 0 \tag{7.124}$$

에 대한 해인 함수 $\psi(x)$를 고려함으로써 Floquet의 결과를 확립할 것이다. 여기서, n은 정수이며 x가 길이(length)라면 a는 기본 길이(fundamental length)인, $k^2(x) = k^2(x + na)$이다. 따라서 $k^2(x)$은 a의 공간 주기(spatial period)를 가진다.

임의의 2계 미분방정식에 대해서는 선형 독립 해가 2개만 있다. 그것을 $\psi_1(x)$와 $\psi_2(x)$로 나타낸다. 그러면 식 (7.124)에 대한 일반해(general solution)는

$$\psi(x) = A\psi_1(x) + B\psi_2(x) \tag{7.125}$$

이다. 여기서 A와 B는 임의의 상수이다. 식 (7.125)로부터 또한

$$\psi(x + a) = A\psi_1(x + a) + B\psi_2(x + a)$$

를 가진다. 그러나 $\psi_1(x + a)$와 $\psi_2(x + a)$는 둘 다 2개의 기본해(fundamental solution)의 선형 결합, 즉

$$\begin{aligned} \psi_1(x + a) &= \alpha\psi_1(x) + \beta\psi_2(x) \\ \psi_2(x + a) &= \gamma\psi_1(x) + \delta\psi_2(x) \end{aligned} \tag{7.126}$$

으로 적어질 수 있다. 여기에서, α, β, γ, 그리고 δ는 상수이다. 이제

$$\psi(x) = A[\alpha\psi_1(x) + \beta\psi_2(x)] + B[\gamma\psi_1(x) + \delta\psi_2(x)] \tag{7.127}$$

을 가진다. 이제 매개 변수 λ의 어떤 고유치에 대한 부가적인 요구 조건

$$\psi(x+a) = \lambda\psi(x) \tag{7.128}$$

을 만족하는 식 (6.124)의 해를 찾는다. 식 (7.127)과 (7.128)로부터 $\psi(x+a)$에 대한 표현을 같게 하여, $\psi_1(x)$와 $\psi_2(x)$의 계수가 다음의 방정식을 만족해야 함을 얻는다:

$$\begin{aligned} A(\lambda-\alpha) - B\gamma &= 0 \\ -A\beta + B(\lambda-\delta) &= 0 \end{aligned} \tag{7.129}$$

식 (7.129)는 행렬 관계식

$$\mathbf{T}\begin{bmatrix} A \\ B \end{bmatrix} = \mathbf{0} \tag{7.130}$$

으로 적어질 수 있다. 여기서 **T**는 행렬

$$\mathbf{T} = \begin{bmatrix} \lambda-\alpha & -\gamma \\ -\beta & \lambda-\delta \end{bmatrix} \tag{7.131}$$

이다. 식 (7.130)이 비자명해(nontrivial solution)를 갖기 위해서는, **T**의 행렬식이 0이 되는 것을, 즉

$$\lambda^2 - (\alpha+\delta)\lambda + (\alpha\delta - \beta\gamma) = 0 \tag{7.132}$$

를 요구한다. 행렬

$$\mathbf{\Omega} = \begin{bmatrix} \alpha & \beta \\ \gamma & \delta \end{bmatrix} \tag{7.133}$$

을 정의한다. 그러면 $\alpha + \delta \equiv \mathrm{Tr}\,\mathbf{\Omega}$는 $\mathbf{\Omega}$의 자취(트레이스, trace)이며, $\alpha\delta - \beta\gamma = \Delta(\mathbf{\Omega})$는 $\mathbf{\Omega}$의 행렬식이다.

$$\lambda = \frac{1}{2}\mathrm{Tr}\,\mathbf{\Omega} \pm \frac{1}{2}\sqrt{(\mathrm{Tr}\,\mathbf{\Omega})^2 - 4\Delta} \tag{7.134}$$

를 가진다.

이제 $x \in (0, \infty)$ 또는 $x \in (-\infty, \infty)$라면, λ는 절대치(absolute value)가 1보다 클 수는 없다. 그렇지 않으면, 반복 명령(재귀문, recursive statement)

$$\psi(x+a) = \lambda\psi(x) = \lambda^2\psi(x-a) = \lambda^3\psi(x-2a) = \cdots \tag{7.135}$$

의 사용은 $|n| \to \infty$에 따라 $\lambda > 1$에 대해 $\psi \to \infty$라는 것을 의미한다. 이것은, 물리

적으로, 명백하게 불가능한, 어떤 위치에서 신호를 집어넣고 신호가 들어간 곳 보다 더 큰 $|x_n| = |x + na|$에서 더 많은 energy를 뽑아낼 수 있다는 것을 뜻할 것이다. 값 $\lambda = 1$은, 그러면 모든 정수 n에 대해

$$\psi(x + na) = \psi(x) \tag{7.136}$$

을 가지기 때문에, 확실히 허용된다. 결론은 이렇다: 고유치 λ의 존재를 위한 조건으로서,

$$|\mathrm{Tr}\,\mathbf{\Omega}| \le 2|\Delta|^{1/2} \tag{7.137}$$

을 가진다. 식 (7.137)의 부등식이 성립한다면, λ의 두 개의 근은 복소 공액 쌍(complex conjugate pair)이다. 물리적으로는, 계통에 손실이 없다면, 모든 n에 대하여 $|\psi(x + na)| = |\psi(x)|$이어서, 복소량을 나타내는 λ는 1의 절대치를 갖는다는 것이 보여진다; x가 양 또는 음의 n으로 $x + na$로 바뀜에 따라 위상 변화(phase change) 만이 $\psi(x)$에 나타난다. 따라서

$$\lambda = e^{j\phi} \tag{7.138}$$

로 적을 수 있다. 그러므로, 무손실의 경우에서, 반무한(semi-infinite) 또는 무한 구조(infinite structure)에 대해, 위상(phase) ϕ의 고유치의 존재를 위한 조건으로서

$$e^{j\phi} = \frac{1}{2}\mathrm{Tr}\,\mathbf{\Omega} \pm \frac{1}{2}\sqrt{(\mathrm{Tr}\,\mathbf{\Omega})^2 - 4\Delta} \tag{7.139}$$

를 가진다. 또한 Floquet의 정리의 설명인

$$\psi(x + a) = e^{j\phi(a)}\,\psi(x) \tag{7.140}$$

을 보였다; 즉, 미분방정식이 주기적인 계수를 가진다면, 그러면 x가 무한으로 될 때 유계된 해(bounded solution) 또한 계수의 주기성으로 주기적이어야 한다.

Example 7.13 위의 해석이 이제 통과와 저지대역을 가지는 filter의 논의에 적용된다. 무손실 전송선로가 $x_n = na$인 점 $x = x_n$에서 capacitor가 주기적으로 실려지면, 그러면 capacitor는 선로를 따라 간격 a를 가지며, 이 각 점들 마다, 무손실 선로의 특성 impedance $Z_c = \sqrt{L/C}$에 delta 함수 불연속이 있다. 그러한 선로에서의 전압파의 공간적 거동은 무한장(infinite length)의 선로에 대해서는 방정식

$$\frac{d^2 v(x)}{dx^2} + k^2 v(x) = \beta \sum_{n=-\infty}^{\infty} \delta(x - x_n)\, v(x)$$

에 대해 요구하는 해로써 모델링될 수 있다. 여기에서 $k^2 = \omega^2 LC$이며, β는, 차원적인 이유로, 길이의 역수이다. $V(\lambda) \equiv \mathcal{F}\{v(x)\}$로 두고 위 식의 Fourier 변환을 취하고, 항등식 $\delta(x - x_n)v(x) \equiv \delta(x - x_n)v(x_n)$을 상기하면,

$$V(\lambda) = \frac{\beta}{k^2 - \lambda^2} \sum_{n=-\infty}^{\infty} e^{-j\lambda x_n} v(x_n)$$

을 찾는다. 역산은

$$v(x) = \frac{\beta}{k} \sum_{n=-\infty}^{\infty} v(x_n) \sin k(x - x_n)\, u(x - x_n)$$

의 형태로 $v(x)$를 준다, 여기서 $u(x - x_n)$은 단위 계단 함수이다. $v(x)$의 도함수는

$$\frac{dv}{dx} = v'(x) = \beta \sum_{n=-\infty}^{\infty} v(x_n) \cos k(x - x_n)\, u(x - x_n)$$

이다. 점 $x = x_p$를 잡고

$$v(x_p) \equiv v_p = \frac{\beta}{k} \sum_{n=-\infty}^{p-1} v_n \sin k(x_p - x_n)$$

과

$$v_p{}' = \beta \sum_{n=-\infty}^{p} v_n \cos k(x_p - x_n)$$

을 적는다. $x = x_{p+1} = x_p + a$로 두면, 전압과 그 도함수는, x_{p+1}에서,

$$v_{p+1} = \frac{\beta}{k} \sum_{n=-\infty}^{p} v_n \sin k(x_p - x_n + a)$$

와

$$v_{p+1}{}' = \beta \sum_{n=-\infty}^{p+1} v_n \cos k(x_p - x_n + a)$$

이다. 이제 v_{p+1}과 $v_{p+1}{}'$를 점 p에서의 값들의 항으로 표현하기를 원한다. 잘 알려진 삼각 항등식을 사용하여, v_{p+1}에 대한 결과는

$$v_{p+1} = \cos ka \left[\frac{\beta}{k} \sum_{n=-\infty}^{p-1} v_n \sin k(x_p - x_n) \right] + \frac{\sin ka}{k} \left[\beta \sum_{n=-\infty}^{p} v_n \cos k(x_p - x_n) \right]$$

으로 된다. v_{p+1}은

$$v_{p+1} = \cos ka\, v_p + \frac{\sin ka}{k} v_p{}'$$

로 표현될 수 있음을 바로 찾는다. 양 $v_{p+1}{}'$는

$$v_{p+1}{}' = \beta v_{p+1} + \beta \sum_{n=-\infty}^{p} v_n \cos k(x_p - x_n + a)$$

의 형태로 적어질 수 있다. 항 $\cos k(x_p - x_n + a)$를 전개하면,

$$v_{p+1}{}' = \beta v_{p+1} + \cos ka\, v_p{}' - k \sin ka\, v_p$$

를 가진다. v_{p+1}에 대한 표현의 삽입과 항의 수집은 $v_{p+1}{}'$에 대한 다른 표현을 생성한다; 그것은

$$v_{p+1}{}' = (\beta \cos ka - k \sin ka)\, v_p + \left(\cos ka + \frac{\beta}{k} \sin ka \right) v_p{}'$$

이다. Vector

$$\mathbf{v}_R = \begin{bmatrix} v_R \\ v_R{}' \end{bmatrix}$$

와 행렬

$$\mathbf{\Lambda} = \begin{bmatrix} \cos ka & \sin ka/k \\ \beta \cos ka - k \sin ka & \cos ka + (\beta/k) \sin ka \end{bmatrix}$$

를 정의한다. $\Delta(\mathbf{\Lambda})$로 정의되는 $\mathbf{\Lambda}$의 행렬식은 1과 같음에 유의하라. $\mathbf{v}_{p+1}$과 $\mathbf{v}_p$ 사이의 관계는 그러면 간결한 행렬 방정식

$$\mathbf{v}_{p+1} = \mathbf{\Lambda} \mathbf{v}_p$$

이다. Floquet의 정리에 따라,

$$\mathbf{v}_{p+1} = e^{j\phi} \mathbf{v}_p$$

를 가져야 해서

$$\Delta(e^{j\phi} \mathbf{I} - \mathbf{\Lambda}) = 0$$

은 고유치의 존재를 위한 조건이다. $\Delta(\mathbf{\Lambda}) \equiv 1$이기 때문에

$$\begin{vmatrix} e^{j\phi} - \cos ka & -\sin ka/k \\ -\beta \cos ka + k \sin ka & e^{j\phi} - \cos ka - (\beta/k) \sin ka \end{vmatrix} = 0$$

을 찾아,

$$e^{j2\phi} - e^{j\phi}\left(2\cos ka + \frac{\beta}{k}\sin ka\right) + 1 = 0$$

을 얻는다. 의 자취와 그 행렬식이 둘 다 실수임을 상기하면, 고유치 방정식의 실수와 허수부를 따로따로 0과 같게 둘 수 있다. 두 가지 모두, 그래야 하는 것처럼, 고유치에 대한 같은 결과를 줄 것이지만, 방정식의 허수부를 다루는 것이 더 명확하다.
바로

$$e^{j2\phi} - \sin\phi\left(2\cos ka + \frac{\beta}{k}\sin ka\right) = 0$$

을 찾는다. 이 식의 두 개의 근은

$$\sin\phi = 0$$

와

$$\cos\phi = \cos ka + \frac{\beta}{2k}\sin ka$$

이다. 이제, a가 capacitor의 간격이며 κ가 $2\pi/\gamma$와 같은 곳에서, 항상 $\phi = \kappa a$로 둘 수 있다. 여기서 γ는 파장(wavelength)이다. 더욱이, β가 길이의 역수이기 때문에, $\beta = 2l/a$로 둘 것이다. 여기서 l은 어떤 수(some number)이다. 그러면

$$\sin\kappa a = 0$$

이거나

$$\cos\kappa a = \cos ka + \frac{l}{ka}\sin ka$$

이다. 첫 번째 식으로부터,

$$\kappa = \frac{m\pi}{a}$$

라고 결론짓는다. 여기서 m은 정수이다. 이 경우에는 파장이 $\gamma = 2a/m$이다. 고유치에 대한 두 번째 식은 훨씬 더 많은 정보를 포함하며 또한 극한의 경우(limiting case)로서 고유치 κ

$= m\pi/a$를 포함한다. 그것의 좌변은 구간 $-1 \le \cos\kappa a \le 1$ 내의 어딘가에서 값을 가져서, k의 값들 중

$$\left|\cos ka + \frac{l}{ka}\sin ka\right| \le 1$$

인 것만 고유치이다.*

$f(ka) \equiv \cos ka + (l/ka)\sin ka$의 그림이, $\cos\kappa a$의 최대치 및 최소치는 파선(dashed line)으로, $ka > 0$에 대해 그림 7.6에 보여졌다. $f(ka)$가 우함수이기 때문에, $ka < 0$에 대한 그림은 필요없다. 저지대역은 $|f(ka)| > 1$인 ka-축을 따른 구간으로 정의된다. 통과대역은 $|f(ka)| < 1$인 구간이다. 대역 단부(band edge)는 $ka = 0$인 점에서 생긴다. 이 마지막 점을 고려한다. $|\cos\kappa a| = 0$이라면, 그러면 $\kappa a = m\pi$이다. 따라서 대역 단부에서 $\kappa = m\pi/a$의 값은 또한 $\sin\kappa a = 0$이 되는 κ의 값이다. 마지막 조건은, 그러면, 대역 단부에서 동일하게 만족된다.

주기적으로 실려지는 filter에 대한 위의 해석을 고체 물리학(solid-state physics)과 공학으로 넘긴다. 양자역학(quantum mechanics)의 시간-독립, 1차원 슈뢰딩거 방정식(Schrödinger's equation)은

$$\frac{d^2\psi}{dx^2} + \left(k^2 - U(x)\right)\psi = 0$$

과 같이 써질 수 있다. 여기서 $k^2 = 2mE/\hbar^2$이고, E는 파동 함수가 ψ이며, 그것이 움직이는 곳에서 하전 입자와 potential 사이의 상호 작용 energy가 $U(x)$인 (하전) 입자((charged) particle)의 energy이다. 원자간 거리가 a인 1차원적 결정(crystal) 내에서는, 공간 주기 a를 가지는 주기적인 potential

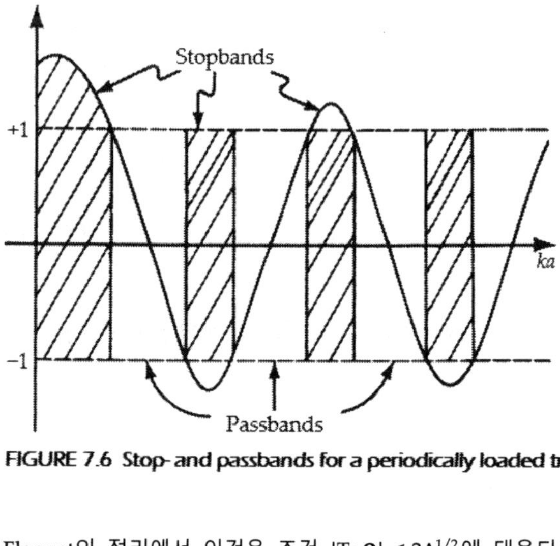

FIGURE 7.6 Stop- and passbands for a periodically loaded transmission line.

* Floquet의 정리에서 이것은 조건 $|\mathrm{Tr}\,\boldsymbol{\Omega}| \le 2\Delta^{1/2}$에 대응되는데, 여기에서의 경우는, $\Delta^{1/2} \equiv \pm 1$이기 때문에, $|\mathrm{Tr}\,\boldsymbol{\Omega}| \le 2$를 의미한다.

$$U(x) = \beta \sum \delta(x - x_n)$$

으로 둘 수 있다. Energy 수준 E는 그러면 결정 내에서 허용되는(통과) 대역과 금지되는(저지) 대역으로 나누어진다.
주기적인 계수를 가지는 미분방정식의 여러가지 부가적인 응용이 있다. 파라메트릭 증폭기(parametric amplifier)의 거동이 이 장의 끝에 있는 문제에서 논의된다. ■

Filter에 관한 논의에서의 Fourier 변환의 사용에 대한 더 나아간 응용으로서, 여러가지 통과대역 특성을 가지는 장치 같은 것을 설계하는 문제를 검토한다. $f(t)$가 구간 $|t| \le T/2$에서는 0이 아니며 $|t| > T/2$에 대해서는 0이라고 하자. 그러면, gate 함수의 경우에서와 같이, $f(t)$의 Fourier 변환은

$$F(\omega) = \int_{-T/2}^{T/2} e^{-j\omega t} f(t)\, dt \tag{7.141}$$

로 주어진다. $f(t)$는 실수이며 그것이

$$f(t) = \sum_{n=-L}^{L} f_n e^{j\omega_n t} \tag{7.142}$$

와 같은 형태의 잘려진 수렴 푸리에 급수(convergent, truncated Fourier series)로 근사화될 수 있다고 가정할 것이다. 여기서 $\omega_n = n\omega_0 = 2\pi n/T$이다. 그러면

$$F(\omega) = \sum_{n=-L}^{L} f_n \int_{-T/2}^{T/2} e^{j(\omega - \omega_n)t} dt \tag{7.143}$$

은 적분될 때

$$F(\omega) = 2 \sum_{n=-L}^{L} f_n \frac{\sin(\omega - \omega_n)T/2}{\omega - \omega_n} \tag{7.144}$$

로 주어진다. 이제 $\omega = \omega_k = k\omega_0$로 둠으로써 주파수 ω를 이산화한다(discretize). 여기서 $\omega_0 = 2\pi/T$이다. 그러면

$$F(\omega_k) = \frac{T}{\pi} \sum_{n=-L}^{L} f_n \frac{\sin(k - n)\pi}{k - n} \tag{7.145}$$

이다. 푸리에 계수(Fourier coefficient) f_n은 이제 $k \ne n$에 대해 $\sin(k - n)\pi = 0$인 한

편,

$$\lim_{k\to n}\frac{\sin(k-n)\pi}{(k-n)\pi}=1 \tag{7.146}$$

임을 상기함으로써 계산될 수 있다. Fourier 계수 f_k의 표현은 결과적으로

$$f_k=F(\omega_k)/T \tag{7.147}$$

이다. 따라서 이산 주파수역(이산 주파수 스펙트럼)(discrete frequency spectrum) $F(\omega_k)$은

$$F(\omega_k)=\frac{1}{\pi}\sum_{n=-L}^{L}F(\omega_n)\frac{\sin(k-n)\pi}{(k-n)} \tag{7.148}$$

이다. $\sin(k-n)\pi=(-1)^n\sin k\pi$이기 때문에

$$F(\omega_k)=\frac{\sin k\pi}{k\pi}\sum_{n=-L}^{L}F(\omega_n)(-1)^n\frac{k}{k-n} \tag{7.149}$$

이다. Gate 함수 $\sin k\pi/k\pi$의 특성 주파수 spectrum은, 지금의 경우에는, 식 (7.149)에 합(summation)이 나타남으로 인해 수정된다. 이제 $F(\omega_k)$를 대역 통과 특성(bandpass characteristic)이 맞추어질 수 있는 방법을 보이는 다른 형태로 변환하기를 원한다. 먼저

$$\frac{k}{k-n}=-\frac{k/n}{1-k/n} \tag{7.150}$$

을 적는다. $f(t)$가 실수로 가정되기 때문에, $F(\omega_n)=F^*(\omega_{-n})$이다. 이제 $L\to\infty$로 둔다면,

$$F(\omega_k)=D\frac{\sin k\pi}{k\pi}\frac{P(k/n)}{\prod_{n=1}^{\infty}\left(1-k^2/n^2\right)} \tag{7.151}$$

이다. 여기서 D는 상수, $P(k/n)$는 k/n의 다항식이며, 식 (7.151)의 분모에 있는 적산(product)은 $L\to\infty$에 따른 n에 대한 합(sum)의 결과이다. $\sin k\pi/k\pi$의 적(곱) 전개(product expansion)는, 증명은 없이 쓰면,

$$\frac{\sin k\pi}{k\pi} = \prod_{n=1}^{\infty}(1 - k^2/n^2) \tag{7.152}$$

이다. 따라서

$$F(\omega_k) = D\,P(k/n) \tag{7.153}$$

과 같은 주목할만한 간단한 결과를 찾는다. 실제로, 이 다항식은 유한한 차수(finite degree)일 수 있다. 이것은, 유한한 구간에서 정의된 임의의 연속 곡선은 유한한 차수의 다항식에 의해 필요한 만큼 가깝게 근사화될 수 있다는 것을 설명하는, 바이어슈트라스의 근사 정리(Weirstrass's approximation theorem)로부터 직접 따라온다. 따라서, ω-축의 일부분에서 대역 통과 특성을 원한다면, 곡선이 몇 개의 요구되는 점 $\omega = \omega_k$를 통과하게 하고 다항식 근사(polynomial approximation)로 곡선을 적합시킬 수 있다. 체비셰프 다항식(Chebyshev polynomial)을 기초로 한 filter가 이 장의 끝에 있는 문제에서 논의된다.

Filter에 관한 검토를 다음과 같이 요약한다: Inductor L의 reactance가 $j\omega L$이며 capacitor는 $(j\omega C)^{-1}$이기 때문에, $\omega \to \infty$에 따라, capacitance는 높은 주파수에 대해 낮은 impedance를 나타내며 inductor는 높은 주파수에 대해 높은 impedance 소자(element)이다. 그러면, 예를 들어, 그림 7.7 (a)와 (b)에 보여진 filter는, 각각, 저역 통과와 고역 통과 필터(low- and high-pass filter)이다. 마지막으로, 식 (7.153)으로 이끄는 검토에 있어서는, 단지 수정된 gate 함수를 다루었기 때문에 이 간단한 결과를 찾았다.

더 일반화하기를 원한다. $H(\omega)$가

$$H(\omega) = \frac{\omega(1-\lambda_2{}^2)(1-\lambda_4{}^2)(1-\lambda_6{}^2)\cdots}{(1-\lambda_1{}^2)(1-\lambda_3{}^2)(1-\lambda_5{}^2)\cdots} \tag{7.154}$$

로 주어졌다고 하자.[6] 여기서 고정된 값의 ω_i로 $\lambda_i = \omega/\omega_i$이다. $|H(\omega)| \le 1$이라는 요구 조건에 의해 $H(\omega)$를 더욱 제한한다. 이것은 요구 조건이, 주기적으로 실려지

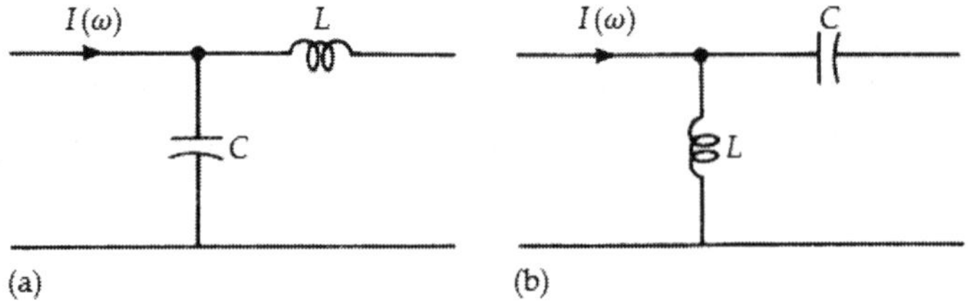

FIGURE 7.7 (a) Low pass and (b) high pass.

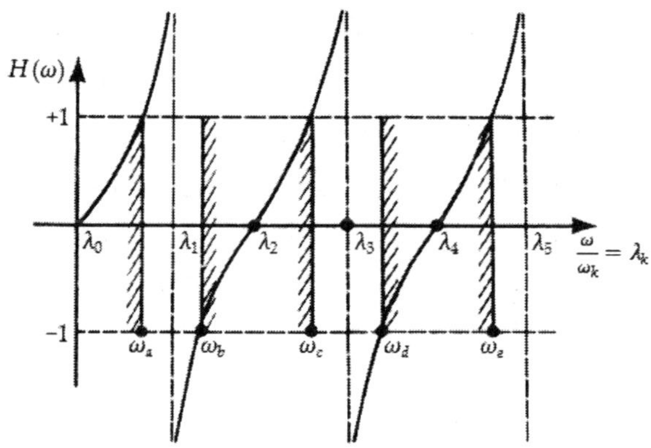

FIGURE 7.8 A frequency transformation.

는 전송선로에 대한 앞에서의 논의에서 나타난, 함수

$$f(ka) = \cos ka + \frac{l}{\kappa a} \sin ka \tag{7.155}$$

로 대체되는 것과 완전히 상사(analogy)이다. ω에 대한 $H(\omega)$의 그림이 저지와 통과대역이 보여진 그림 7.8에 보여졌다. 통과대역은 $|H(\omega)| \leq 1$인 ω-축의 영역이다. 따라서 세 개의 통과대역이, $|H(\omega)| > 1$인 영역으로 정의되는 저지대역과 함께, 그림 7.8에 보여졌다. 대역 단부는 $|H(\omega)| = 1$인 점에서 나타난다. 이런 의미에서, 그림 7.8은 Example 7.13에서 주어진 것 보다 더 일반적인 경우에 대한 도식적 표현(pictorial representation)으로 고려될 수 있다.

7.9 APPLICATIONS OF FOURIER TRANSFORMS TO AMPLITUDE- AND FREQUENCY-MODULATED SIGNALS

Introduction

이 절에서의 주안점은 진폭 및 주파수 변조(amplitude- and frequency-modulated) (AM 및 FM) 신호의 검토에 대한 Fourier 변환의 적용이다. 몇몇의 교재가 이 주제를 매우 상세하게 다룬다. 여기에서는 그 해석에 있어서 Fourier 변환의 중요성을 보이기 위해 두 가지 계통을 논의한다.

시변(time-varying) 신호 $g(t)$에 대한 일반적인 표현은

$$g(t) = f(t) \sin[\omega_c t + \phi(t)] \tag{7.156}$$

으로 주어진다. $g(t)$는 다음과 같은 송신 신호(transmitted signal)로 생각한다: 크기

(amplitude) $f(t)$와 위상각(phase angle) $\phi(t)$ 둘 다 시간 종속이며, 반송 각주파수(angular carrier frequency)로 정의되는 양 ω_c를 가진다. 집중하는 내용은 $g(t)$에 대한 앞의 표현의 두 가지 특별한 경우에 대한 검토이다. 일정한 $\phi(t)$와 특별한 $f(t)$의 선택의 경우, 결과적인 표현은 대형 반송파 AM 신호(large carrier AM signal)라 불린다. $f(t)$가 시간에 대해 독립이며 $\phi(t)$가 변화하면, 신호는 위상 변조(phase modulated)(PM)이다. 위상 변조의 특별한 형태 중 한 가지는 FM이라 불린다. AM 신호의 검토로 시작한다.

Amplitude Modulation (AM)

$\phi(t)$를 모든 시간에 대하여 값이

$$\phi(t) = \pi/2$$

인 상수와 같게 두는 것이 편리하다. 그러면, 실수인 $f(t)$로,

$$f(t) = A + \lambda f_i(t) \tag{7.157}$$

로 적는다면 송신 신호 $g(t)$에 대한 결과적인 표현은 실수 량

$$g(t) = [A + \lambda f_i(t)] \cos \omega_c t \tag{7.158}$$

이다. 이 관계는 $A > \lambda f_i(t)$일 때 대형 반송파 AM 신호로 정의된다. $g(t)$로 주어진 송신 신호에서, 정보가 입력 신호인 항 $f_i(t)$에*만* 포함됨에 유의하는 것이 중요하다. 반송파는 입력 신호에 의해 *진폭 변조되었다(magnitude modulated)*라고 말해진다.

통신 계통에 숨어있는 기본적인 의도는 정보를 정확하게 전달하는 것이다. 이상적으로는,

$$f_i(t) = f_0(t) \tag{7.159}$$

와 같은 출력 신호 $f_0(t)$를 산출하는 수신기(receiver)를 원한다. 이런 이상(ideal)은 실제로는 절대 실현될 수 없다. 송신기(transmitter)와 수신기 사이에는 종종 잡음(noise)이 $g(t)$에 더해지는 대기를 통하는 경로(atmospheric path)가 있다. 그러한 잡음을 걸러내려고 시도한다면, $g(t)$의 주파수 성분의 약간을 제거하게 되어 그 때문에 송신 신호가 왜곡될 수 있다. 증폭기(amplifier)는 뛰어난 주파수 응답으로 설계될 수 있지만, 완전하지는 않다. 그러한 인자(factor)가, 다른 인자들 사이에서, 이상적인 수신기의 실현을 방해한다.

위의 내용을 상세하게 말하기 위하여, $G(\omega) \equiv \mathcal{F}\{g(t)\}$로 두고 $F_i(\omega) = \mathcal{F}\{f_i(t)\}$

로 두자. $g(t)$의 Fourier 변환은

$$G(\omega) = \int_{-\infty}^{\infty} [A + \lambda f_i(t)] \cos \omega_c t \, e^{-j\omega t} dt \tag{7.160}$$

으로부터 쉽사리 찾아진다. 이 적분의 계산은 결과

$$G(\omega) = \pi A\{\delta(\omega + \omega_c) + \delta(\omega - \omega_c)\} + \frac{\lambda}{2}\{F_i(\omega + \omega_c) + F_i(\omega - \omega_c)\} \tag{7.161}$$

을 생성한다. 즉, 송신 신호의 Fourier 변환은 점 $\omega = \pm\omega_c$에서의 delta 함수와 ω로부터 $\omega \pm \omega_c$로 주파수가 추이된(shift) $f_i(t)$의 추이 푸리에 주파수 스펙트럼(shifted Fourier spectrum)으로 이루어진다.

수신기는 그것으로부터 $g(t)$를 검출하고, 다양한 방법으로 $f_i(t)$에 비례하는 신호를 재생할 것이다. 일반적인 방법은 수신기에, 송신 신호에 항 $\cos \omega_c t$를 곱하여, 그것에 의해 양(quantity)

$$h(t) = g(t) \cos \omega_c t \tag{7.162}$$

을 이루는, 국부 발진기(local oscillator)를 채용하는 것이다. $g(t)$에 대한 표현을 삽입하고 결과를 간단히 하면,

$$h(t) = \frac{1}{2}[A + \lambda f_i(t)](1 + \cos 2\omega_c t) \tag{7.163}$$

을 찾는다. $H(\omega)$라 불리는 $h(t)$의 Fourier 변환은

$$H(\omega) = \frac{1}{2}\int_{-\infty}^{\infty} [A + \lambda f_i(t)](1 + \cos 2\omega_c t) e^{-j\omega t} dt \tag{7.164}$$

이다. 적분이 계산될 때

$$\begin{aligned} H(\omega) = \pi A\{\delta(\omega) + \delta(\omega + 2\omega_c) + \delta(\omega - 2\omega_c)\} \\ + \lambda\{F_i(\omega) + F_i(\omega + 2\omega_c) + F_i(\omega - 2\omega_c)\} \end{aligned} \tag{7.165}$$

로서 $H(\omega)$를 산출한다. 함수 $H(\omega)$가 이제 특성이

$$P(\omega) = \begin{cases} 1 & -\omega_0 \le \omega \le \omega_0 \\ 0 & \text{otherwise} \end{cases} \tag{7.166}$$

으로 주어지는 이상 필터(ideal filter)를 통과한다고 가정한다. 부가적으로, $|\omega_0| < |\omega_c|$라고 가정할 것이다. Filter를 통과한 출력 신호 $f_0(t)$는, 그러면

$$f_0(t) = \frac{1}{2\pi}\int_{-\infty}^{\infty} e^{j\omega t} H(\omega) P(\omega)\, d\omega \tag{7.167}$$

의 형태이어서

$$f_0(t) = \frac{1}{2\pi}\int_{-\omega_0}^{\omega_0} [\lambda F_i(\omega) + \pi A\, \delta(\omega)] e^{j\omega t} d\omega \tag{7.168}$$

이 된다. $F_i(\omega) \equiv \mathcal{F}\{f_i(t)\}$가 영역 $-\omega_0 \le \omega \le \omega_0$의 바깥에서는 본래 크기가 0인 정규 분포 곡선(Gaussian)이라고 가정한다. 그러면

$$f_0(t) = \lambda f_i(t) + \pi A \tag{7.169}$$

이다. 상수만큼 떨어져 있는 출력 신호는 변조 신호(modulating signal) $\lambda f_i(t)$에 의해 옮겨진 정보의 반영(mirror)이다.

그림 7.9는 $\lambda F_i(\omega)$의 성질과 spectrum $H(\omega)$에 주목하여 만들어진 가정을 이해하는데 도움을 준다.

앞의 논의에서는, 만들어진 가정이, 송신기와 수신기 둘 다에서, 반송 주파수(carrier frequency)가 완전히 $\omega = \omega_c$로 남아있다는 것이었다. 이제, AM 수신기가 널리 알려져서 비싸지 않으며, 전자회로가 때때로 과하게 설계되지 않는다는 이유가 있는 경우를 고려한다. 그 결과, AM 수신기에 있는 국부 발진기는 값이 ω_c에서 $\omega_c + \Delta\omega$로 떠돌 수 있다. 그러한 변화의 효과를 조사하기를 원한다. $\phi(t) = \phi_0 = \pi/2$, 그리고 국부 발진기 주파수 $\omega_c + \Delta\omega$의 경우,

$$\sin[(\omega_c + \Delta\omega)t + \pi/2] = \cos[(\omega_c + \Delta\omega)t] \tag{7.170}$$

이다. 따라서 수신 신호 $h(t)$는 이제

$$h(t) = [A + \lambda f_i(t)] \cos(\omega_c t) \cos[(\omega_c + \Delta\omega)t] \tag{7.171}$$

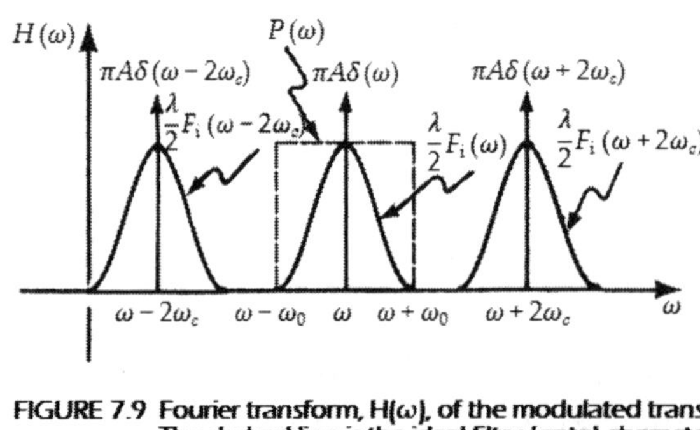

FIGURE 7.9 Fourier transform, H(ω), of the modulated transmitted signal. The dashed line is the ideal filter (gate) characteristic, P(ω).

또는

$$h(t) = \frac{1}{2}[A + \lambda f_i(t)]\{\cos[(2\omega_c + \Delta\omega)t] + \cos(\Delta\omega t)\}$$

로 주어진다. Filter를 지나고 난 후의 수신 신호에서의 변화는 항

$$h_c(t) = \frac{1}{2}[A + \lambda f_i(t)]\cos(\Delta\omega t) \tag{7.172}$$

가 포함된다. t가 증가함에 따라,

$$\cos(\Delta\omega t_k) = 0 \tag{7.173}$$

이 되는 순시(instant of time)가 있을 것이다. 이것은 AM 수신 상태에서 흐릿해지는 현상(phenomenon of fading)으로 이끈다.

이제 신호

$$g(t) = [A + \lambda f_i(t)]\cos(\omega_c t) \tag{7.174}$$

에서의 전력(power)을 조사한다. 저항성 부하(resistive load) R로 전달되는 평균 전력(average power)은, $g(t)$가 전압이라면,

$$\langle P\rangle = \frac{\langle g^2(t)\rangle}{R} = \frac{1}{R}\langle\{[A + \lambda f_i(t)]\cos(\omega_c t)\}^2\rangle \tag{7.175}$$

이다.* 입력 신호 $f_i(t)$가 $\langle f_i(t)\rangle \equiv 0$이라면, 그러면

$$\langle P\rangle = \frac{\langle g^2(t)\rangle}{R} = \frac{1}{2R}\left(A^2 + \frac{\lambda^2}{2}\langle f_i^2(t)\rangle\right) \tag{7.176}$$

이다. AM 신호에 관련된 특색 중 한 가지는 전력에 대한 이 표현이 증거가 된다. 반송파에 의해 아무런 정보도 전달되지 않지만, 가정에 의해 $A > \lambda f_i(t)$이기 때문에, 신호 $\lambda f_i(t)$를 보내는데 보다 반송파를 전송하는데 더 많은 전력이 소비된다.

진폭 변조에 대한 이와 같은 간단한 논의에서, 이런 계통의 해석에서의 Fourier 변환의 역할 만을 강조하였다. 몇 개는 이 장의 끝에 있는 인용 문헌에서 언급된, 다양한 교재에서 AM 계통을 훨씬 더 포괄적으로 논의한다. Fourier 변환의 응용에 주된 관심이 있기 때문에, 억제 반송파(suppressed carrier) AM, 측파대(side-band), 잡음의 효과, 그리고 검출 방법뿐만 아니라 AM 회로 자체같은 주제는 여기에서는

* 괄호(bracket) ⟨ ⟩는 시간 평균(time averaging)을 가리키는데 사용한다.

다루지 않았다. 이제 주파수 변조(frequency modulation)에 대해서 조사한다.

Frequency Modulation (FM)

정현 신호가

$$g(t) = \sin[\omega_c t + \phi(t)] \tag{7.177}$$

로 주어졌다고 하자. 여기서 크기는 1로 정규화되었다. 위상 $\phi(t)$는 시간에 따라

$$\phi(t) = \lambda \int_0^t f_i(\tau)\, d\tau + \pi/2 \tag{7.178}$$

로 변화한다고 가정되어,

$$g(t) = \cos\left(\omega_c t + \lambda \int_0^t f_i(\tau)\, d\tau\right) \tag{7.179}$$

이다. $f_i(t)$가 전압이라면, 그러면 λ는 $[\text{volt-sec}]^{-1}$의 차원을 가짐에 유의하라. 이제, 임의의 순시에서, 관련된 순시 주파수(instantaneous frequency)

$$\omega_i(t) = \frac{d\phi}{dt} = \omega_c + \lambda f_i(t) \tag{7.180}$$

을 가지고

$$\theta(t) = \omega_c t + \lambda \int_0^t f_i(\tau)\, d\tau \tag{7.181}$$

과 같이 정의되는 각도(angle) $\theta(t)$가 있다. 즉, 주파수는 이제, 입력 신호 $\lambda f_i(t)$에 기인하는 변화로, 시간에 따라 변한다. 신호 $g(t)$는 주파수 변조된다.

신호 $f_i(t)$의 임의의 시간 변화의 경우에는, FM 신호의 해석이 복잡하다. 하지만, $f_i(t)$가 Fourier 급수로 표현될 수 있다는 것을 추측한다면, 그러면 $f_i(t)$의 성분 중 한 가지를 조사함으로써 FM을 논의할 수 있다. 그 목적을 위하여,

$$f_i(t) = \cos\omega_0 t \tag{7.182}$$

를 가정한다. 여기서 ω_0는 기본 변조 주파수(fundamental modulating frequency)이며 $f_i(t)$의 크기는 $f_i(t)$가 전압인 경우 1 [V]이다. 그러면

$$\theta(t) = \omega_c t + \frac{\lambda}{\omega_0}\sin\omega_0 t \tag{7.183}$$

또는, 편의상, $\lambda/\omega_0 \equiv k$($k$는 무차원이다)로

$$\theta(t) = \omega_c t + k \sin \omega_0 t \tag{7.184}$$

이다. 그러면 송신 신호 $g(t)$는

$$g(t) = \cos(\omega_c t + k \sin \omega_0 t) = \cos \theta(t) \tag{7.185}$$

또는, 그 대신으로

$$g(t) = \mathrm{Re}\left\{e^{j(\omega_c t + k \sin \omega_0 t)}\right\} \tag{7.186}$$

으로 표현된다. Appendix G로부터, 항등식

$$e^{jk \sin \omega_0 t} = \sum_{n=-\infty}^{\infty} J_n(k)\, e^{jn\omega_0 \phi} \tag{7.187}$$

을 가진다. 여기서 $J_n(k)$는 차수 n과 독립 변수 k의 Bessel 함수이다. 따라서,

$$g(t) = \mathrm{Re}\left\{e^{j\omega_c t} \sum_{n=-\infty}^{\infty} J_n(k)\, e^{jn\omega_0 \phi}\right\} \tag{7.188}$$

이다. 이 신호의 Fourier 변환 $G(\omega)$는 그러면

$$(2\pi)^{-1} G(\omega) = \sum_{n=-\infty}^{\infty} J_n(k)\, \delta(\omega - \omega_c - n\omega_0) \tag{7.189}$$

이다. 즉, Fourier 스펙트럼은, 점 $\omega = \omega_c + n\omega_0$에서, 각각이 크기 $J_n(k)$를 가지는, 무한히 많은 수의 delta 함수로 만들어진다. 그러한 신호는 이제 무한히 많은 수의 측파대(sideband)가 있기 때문에 광대역 FM 신호(wide-band FM signal)로 이름이 붙여진다. 하지만, $k = \lambda/\omega_0$가 작다면 $J_n(k)$의 몇 개만이 수치적인 중요성이 있다. 이것을 좀 더 분명하게 나타내기 위하여, 표 7.1은 몇 개의 k의 고정된 값과 여러 가지 정수 n에 대한 $J_n(k)$의 값을 준다. 값 $|J_n(k)| < 0.005$라면, 해당하는 표의 칸이 비어있다. 표 7.1로부터 $\lambda/\omega_0 = 1$이라면, 그러면 $|n| \le 3$에 해당하는 항만이 $g(t)$ 또는 그 변환 $G(\omega)$에 상당하게 기여한다.

FM 신호에서의 평균 전력은, 단위 크기의 $g(t)$에 대하여,

$$\langle P \rangle = \frac{\langle g^2(t) \rangle}{R} = \frac{\langle \cos^2 \theta(t) \rangle}{R} = \frac{1}{2R} \tag{7.190}$$

TABLE 7.1 Values of Bessel functions of various orders for the arguments shown

	$k=1$	$k=2$	$k=3$	$k=4$	$k=5$
$J_0(k)$	0.765198	0.223891	−0.260052	−0.397150	−0.177596
$J_1(k)$	0.440051	0.557937	0.339060	−0.066043	−0.327579
$J_2(k)$	0.114903	0.352834	0.486091	0.364128	0.046565
$J_3(k)$	0.019563	0.128940	0.30906	0.43017	0.36483
$J_4(k)$		0.033996	0.13203	0.28113	0.39123
$J_5(k)$			0.04303	0.13209	0.26114
$J_6(k)$			0.011394	0.04909	0.13105
$J_7(k)$				0.015176	0.053376
$J_8(k)$					0.018405
$J_9(k)$					0.0055203

으로 주어진다. AM 계통의 경우에서와 같이, 반송파를 송신하는데 전력이 소비된다. AM의 경우보다 훨씬 더 높은 FM의 주파수 범위는 ″가시선″ 통신(″line-of sight″ communication)이 FM 방송의 일반적인 형식(mode)이라는 것을 의미한다.* 그런 이유로, FM 채널(FM station)은 대응되는 AM channel 보다 더 적은 전력을 필요로 한다.

마지막으로, AM과 FM 계통에 대해서, AM 수신기에 있는 국부 발진기 주파수가 떠돌면(drift), 흐릿해 짐(fading)의 결과가 될 것이다. FM 통신에서는, 정보가 시변 위상각 $\theta(t) = \omega_c t + k \sin \omega_0 t$에 포함된다. 어떤 경우든, 주파수가 정확히 제어되는 것이 필요하다. FM에서 따라오는 현상과, 위상각을 ″고정(동기화, locking)″하기 위한 궤환 방법(feedback method)을 검토하는데 집중한다.

Linearized Phase-Locked Loop

선형화 위상 고정 루프(linearized phase-locked loop)에 대한 검토는 계통의 제어를 검토하는데 있어서 Fourier 변환의 사용의 좋은 예를 제공한다.

두 개의 정현 전압이

$$g(t) = A \cos[\omega_c t + \theta_i(t)] \tag{7.191}$$

과

$$h(t) = B \sin[\omega_c t + \theta_0(t)] \tag{7.192}$$

로 나타내어졌다고 하자. 이 신호가 함께 곱해진다면, 그 곱(적, product) $v(t)$는, 곱셈(승수) 이득(multiplier gain) k가 전압의 역의 차원을 가진다면,

* AM 방송 대역(broadcasting band)은 근사적으로 550–1500 kHz이다; FM은 88–108 MHz의 범위이다.

$$v(t) = k\frac{AB}{2}\{\sin(2\omega_c t + \theta_i + \theta_0) + \sin(\theta_i - \theta_0)\} \tag{7.193}$$

으로 주어진다. $v(t)$가 저역 통과 필터(low-pass filter)를 통과할 때, 출력은 신호

$$v_0(t) = k\frac{AB}{2}\sin(\theta_i - \theta_0) \tag{7.194}$$

이다. $\theta_i(t)$와 $\theta_0(t)$ 사이의 차이가 작다면, 그러면 $v_0(t)$에 대한 선형화 근사(linearized approximation)는

$$v_0(t) \approx k\frac{AB}{2}\{\theta_i(t) - \theta_0(t)\} \tag{7.195}$$

이다. $\theta_i(t)$와 $\theta_0(t)$가 FM 신호의 입력과 출력 위상각이라 하자; 즉,

$$\begin{aligned}\theta_i(t) &= \lambda_i \int_0^t v_i(\tau)\,d\tau \\ \theta_0(t) &= \lambda_0 \int_0^t v_0(\tau)\,d\tau\end{aligned} \tag{7.196}$$

이라 하자. 여기서 $v_i(t)$와 $v_0(t)$는 입력과 출력 변조 전압이다. 그러면 λ_i와 λ_0는 둘 다 $[\mathrm{V{\cdot}s}]^{-1}$의 차원을 가진다. 위상 오차(phase error) $\theta_e(t)$는 그러면

$$\theta_e(t) = \lambda_i \int_0^t v_i(\tau)\,d\tau - \lambda_0 \int_0^t v_0(\tau)\,d\tau \tag{7.197}$$

이며 이 양은 최소화되어야 한다.

1차 최소화(first-order minimization)를 바로 이용할 수 있다. 식 (7.194)에 주어진 표현으로부터 미분에 의해

$$\frac{dv_0}{dt} + \frac{1}{\tau_0}v_0(t) = v_i(t) \tag{7.198}$$

을 찾는다. 여기서 입력과 출력 시정수는, $kAB/2 = \gamma$로, 상수

$$\begin{aligned}\tau_0 &= (\gamma\lambda_0)^{-1} \\ \tau_i &= (\gamma\lambda_i)^{-1}\end{aligned} \tag{7.199}$$

이다. 식 (7.198)의 Fourier 변환은

$$V_0(\omega) = H(\omega)\,V_i(\omega) \tag{7.200}$$

이다. 여기서

$$H(\omega) = \frac{\tau_0}{\tau_i}\frac{1}{(j\omega\tau_0 + 1)} \tag{7.201}$$

이다. 이 전달 함수(transfer function)는, 전압의 지수 감쇠(exponential decay)를 이끄는, RC 회로망의 그것이다. 이것이 1차 위상 고정 루프(first-order phase-locked loop)의 전형이다

시간 종속 전압 $v_0(t)$는, 식 (7.200)의 결과로서, 합성 적분

$$v_0(t) = \lambda_i \int_0^t h(t-\tau)\, v_i(\tau)\, d\tau \tag{7.202}$$

로 주어진다. 신호 $v_i(t)$의 성질에 따라, 여러가지 출력 $v_0(t)$가 된다.

$$h(t) = \frac{\tau_0}{\tau_i} e^{-t/\tau_0} \tag{7.203}$$

으로

$$v_0(t) = \frac{1}{\tau_i}\int_0^t e^{-(t-\tau)/\tau_0}\, v_i(\tau)\, d\tau \tag{7.204}$$

이다. $v_i(\tau)$를 크기 v_1의 계단 함수라 하자. 그러면

$$v_0(t) = \frac{v_1\tau_0}{\tau_i}(1 - e^{-t/\tau_0}) \tag{7.205}$$

이다. $t \to \infty$에 따라, 출력 신호는

$$v_0(t) = \frac{v_1\tau_0}{\tau_i} = K v_i(t) \tag{7.206}$$

이다. τ_0이 작다면, 이 $v_0(t)$의 극한치(limiting value)에 빠르게 도달한다. 위상의 차이는, τ_0/τ_i가 작다면 작은 값이 되는, 상수 K에 비례할 것이다.

하지만, 위상을 고정하기 위해 더 많은 일이 이루어질 수 있다. 위상 오차 $\theta_e(t)$가, 출력 전압 $v_0(t)$가 합성 적분

$$v_0(t) = \beta \int_{-\infty}^{\infty} \theta_e(\tau)\, h(t-\tau)\, d\tau \tag{7.207}$$

인 회로망에 파급된다고 하자. θ_e가 무차원(dimensionless)이며 전달 함수가 무차

원으로 만들어질 수 있기 때문에, β는 [V]의 차원을 갖는다. 식 (7.207)의 Fourier 변환은

$$V_0(\omega) = \beta\, \Theta_e(\omega) H(\omega) \tag{7.208}$$

이다. 식 (7.197)로부터 $\theta_e(t)$의 Fourier 변환은

$$j\omega\, \Theta_e(\omega) = \lambda_i [V_i(\omega) + V_0(\omega)] \tag{7.209}$$

이다. 이 마지막 두 개의 식을 결합하면

$$V_0(\omega) = \frac{\lambda_i \beta H(\omega) V_i(\omega)}{j\omega \left[1 + \frac{\beta\lambda_0}{j\omega} H(\omega)\right]} \tag{7.210}$$

을 생성한다. $|H(\omega)| >> \omega/\beta\lambda_0$라면, 그러면

$$|V_0(\omega)| = \frac{\lambda_i}{\lambda_0} |V_i(\omega)| \tag{7.211}$$

이다.

설계의 목적을 위하여, 회로망 전달 함수(network transfer function)를 마음대로 할 수 있다 2차 위상 고정 루프(second-order phase-locked loop)에, 함수

$$H(\omega) = a + \frac{b}{j\omega} \tag{7.212}$$

로 특성지어지는 진상-지상 필터(lead-lag filter)를 사용하는 것이 표준이다. 여기서 a와 b는 조정할 수 있는 상수이다. a는 무차원이며 b는 ω의 차원을 가짐에 유의하라. $H(\omega)$에 대한 이 표현이 식 (7.210)에 대입되고 결과를 간단히 할 때, $V_0(\omega)$는

$$V_0(\omega) = G(\omega) V_i(\omega) \tag{7.213}$$

으로 주어짐을 찾는다. 여기서

$$G(\omega) = \frac{\lambda_i \beta (j\omega a + b)}{-\omega^2 + j\omega\beta\lambda_0 a + \beta\lambda_0 b} \tag{7.214a}$$

이다. $\beta\lambda_0 b$는 주파수의 제곱의 차원을 가지며 $\beta\lambda_0$는 주파수임에 유의하면,

$$G(\omega) = \frac{\lambda_i \beta (j\omega a + b)}{\overline{\omega}^2 - \omega^2 + j\omega\omega_0 a} \tag{7.214b}$$

로 적을 수 있다. 여기서 $\bar{\omega}^2 = \beta\lambda_0 b$ 그리고 $\omega_0 = \beta\lambda_0$이다. 따라서, 출력의 주파수 spectrum $V_0(\omega)$는 두개의 Fourier 변환의 곱이어서, 시간 종속 출력 신호는 합성 적분

$$v_0(t) = \int_{-\infty}^{\infty} g(t-\tau)\, v_i(\tau)\, d\tau \tag{7.215}$$

이다. 출력 위상은, 그것의 정의로부터,

$$\theta_0(t) = \lambda_0 \int_0^t v_0(\tau)\, d\tau \tag{7.216}$$

이다.

더 이상의 해석은 없이 몇 가지 설명이 이루어질 수 있다. 식 (7.214b)에 주어진 $G(\omega)$의 형태는 *RLC* 회로의 Fourier 변환의 전형이다. 그러한 회로는 $t \to \infty$에 따라 0으로 접근하는 응답을 가진다. $v_i(t)$가 delta 함수라면, 그러면 $v_0(t) = g(t)$이며 $t \to \infty$에 따라 0으로 접근할 것이다. 따라서 $\theta_0(t)$를 위한 적분은 유계되며, $t \to \infty$에 따라 상수로 접근할 것이다. 이 장의 끝에 있는 문제들은 더 상세한 해석을 요구한다.

PROBLEMS

7-1 다음 함수 $f(t)$의 지수 Fourier 변환을 찾아라:

(a) $e^{-at}u(t) - e^{at}u(-t) \quad a > 0\,;$

(b) $\begin{matrix} t^{n-1}e^{-at} & t > 0 \\ 0 & t < 0 \end{matrix}\,;$

(c) $e^{jat}/(t^2 + \tau^2) \quad \tau > 0,\ a \text{ real}$

7-2 다음 함수 $f(t)$의 Fourier 여현 변환을 찾아라:

(a) $\begin{matrix} t & 0 < t < 1 \\ 2 - t & 1 < t < 2 \\ 0 & 2 < t < \infty \end{matrix}\,;$

(b) $t^{-1/2}\,;$

(c) $t^{-1/2}e^{-at} \quad (\text{Re}\, a > 0)\,;$

(d) $e^{-\lambda t}\sin\omega_0 t \quad (\text{Re}\ \lambda > 0;\ \omega_0 > 0)$

7-3 주어진 Fourier 여현 변환 $F_c(\omega)$에 대하여, 다음의 함수에 대한 $f(t)$를 찾아라:

(a) $\pi(\omega_0 - \omega)^{-1}$;

(b) $\omega^{-1/2}e^{-a\omega} \quad (\text{Re}\ a > 0;\ \omega > 0)$;

(c) $e^{-a|\omega|}e^{-\beta\omega^2} \quad (\text{Re}\ \beta > 0)$

7-4 다음 함수 $f(t)$의 Fourier 정현 변환을 찾아라:

(a) t^{-1};

(b) $t^{-1/2}$;

(c) $t/(t^2 + \tau^2)$, where τ is a constant

7-5 다음 함수 $F_s(\omega)$의 역 Fourier 정현 변환을 찾아라:

(a) $(2\pi\omega)^{-1/2}$,

(b) $\pi e^{-\omega t_0}\cos(\omega t) \quad (t_0 > 0,\ \omega > 0)$;

(c) $(1 - e^{-\omega t_0}) \quad (t_0 > 0,\ \omega > 0)$;

(d) $\left[(\omega_0{}^2 + \omega^2)^{1/2} - \lambda\right]^{1/2} \quad (\omega_0 > 0,\ \lambda > 0)$

7-6 그림 7.10에 보여진 삼각 pulse의 지수 Fourier 변환을 찾아라.

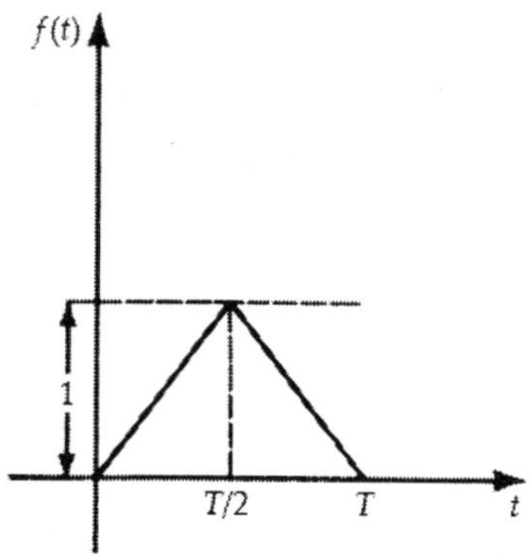

FIGURE 7.10 Problem 7-6: a triangular pulse.

7-7 그림 7.11에 보여진 톱니파 pulse의 지수 Fourier 변환을 찾아라.

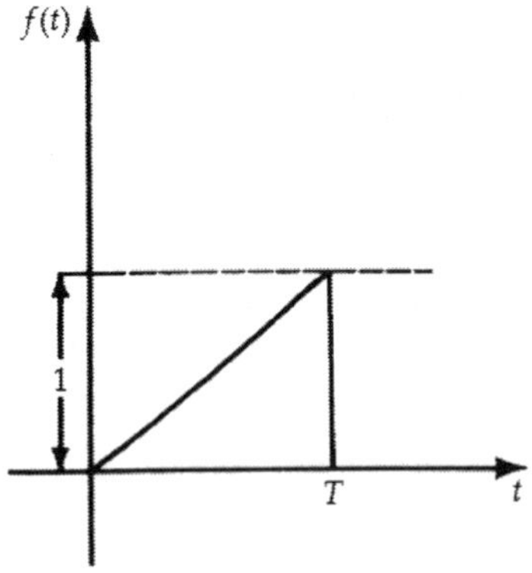

FIGURE 7.11 Problem 7-7: a sawtooth pulse.

7-8 7.4절에 있는 도함수와 합성에 관련된 정리의 사용에 의하여, 미분방정식은 Fourier 변환 기법에 의하여 풀어질 수 있다. 그 결과는 함수 $f(t)$의 적분 표현이다. $f(t)$가 다음 미분방정식을 따를 때, $f(t)$에 대한 그러한 표현을 찾아라:

(a) $\dfrac{df}{dt} + \lambda f = g(t) \quad \lambda > 0\,;$

(b) $\dfrac{d^2f}{dt^2} + \lambda \dfrac{df}{dt} + \omega_0{}^2 f = \begin{cases} e^{-2t} & t > 0 \\ 0 & t < 0 \end{cases}$

무손실 매질(lossless medium)에서의 파동 방정식에 대한 해가 논의되었다. 자연적인 일반화는,

$$\frac{\partial^2\psi}{\partial x^2} - \lambda\frac{\partial\psi}{\partial t} - \frac{1}{c^2}\frac{\partial^2\psi}{\partial t^2} = 0 \quad \lambda > 0$$

와 같이 써질 수 있는 손실 매질(lossy medium)에서의 파동 방정식이다. $\psi(x, t)$가 $\psi(0, t) = f(t)$ 그리고 $(\partial\psi/\partial x)_{x=0} = 0$에 대한 해일 때, $\psi(x, t)$의 Fourier 변환 $\Psi(x, \omega)$를 찾아라. 역산의 적분(inversion integral)은 복소 평면에서의 분기점(가지점, branch point)을 포함할 것임에 유의하라. $\Psi(x, \omega)$의 역산에 의해 $\psi(x, t)$를 찾아라.

7-9 $\psi(x, y, 0, t) \equiv 0$와 같은 Hankel 변환의 항으로 방정식

$$(\nabla^2 + k^2)\psi = A\,\delta(x)\,\delta(y)\,\delta(z - z_0)\,\delta(t)$$

에 대한 해를 찾아라. 여기에서 $\psi(\mathbf{r}, t)$는 $x = y = 0$와 지구 표면($z = 0$) 위의 높이 z_0에 위치하는 Hertz 쌍극자에 기인하는 potential을 나타낸다. 주어진 경계 조건은 지구가, 예를 들어, antenna가 바닷물(sea water) 위에 위치한다면 좋은 근사인, 무한대의 도전율을 갖는 매질(infinitely conducting medium)로 간주된다는 것을 의미한다.

Hint 참고문헌 9, 특히 Section 32, page 246 ff.을 보라.

7-10 Filter 설계에 사용된 Chebyshev 다항식은 다음과 같이 정의된다:

$$C_n(\omega) = \cos(n \cos^{-1} \omega)$$

여기에서 C_n은 차수 n의 Chebyshev 다항식이다. 따라서

$$C_0 = \cos(0) = 1$$
$$C_1 = \cos(\cos^{-1} \omega) = \omega$$
$$C_2 = \cos(2\cos^{-1} \omega) = 2\omega^2 - 1$$

등등을 가진다.

(a) C_{n-1}, C_n, 그리고 C_{n+1} 사이의 회귀 공식(recursion formula)을 유도하라. 그로부터, $n \leq 10$에 대한 C_n의 표를 작성하라.

(b) 저역 통과 filter의 설계에 있어서, 다음과 같은 근사화가 사용된다:

$$|H(\omega)|^2 = \frac{1}{1 + \epsilon^2 C_n^{\,2}(\omega)}$$

여기서 $H(\omega)$는 원하는 filter의 전달 함수이며 $\epsilon < 1$은 "맥동률(ripple factor)"이다. $\epsilon^2 = 0.1$과 $n = 1, 2, 3$에 대하여 ω에 대한 $|H(\omega)|$를 그려라. Problem 2-5에 있는 Butterworth filter와 비교하라.

7-11 파라메트릭 증폭기(parametric amplifier)의 몇 가지 기본적인 기능은 그림 7.12에 보여진 회로에서 흐르는 전류를 조사함으로써 찾아질 수 있다. $f(t) = f(t+T)$로, $C = C(t) = C_0 + C_1 f(t)$라 하자. 여기서 $C_1 << C_0$ 그리고 $|f(t)| \leq 1$이다. 그러면, 회로에 Kirchhoff의 전압 법칙을 적용하여, 전류 $i(t)$는, 근사적으로,

$$\frac{d^2 i}{dt^2} + [\omega_0^{\,2} - \omega_1^{\,2} f(t)]\, i = \frac{1}{L}\frac{dv}{dt}$$

를 만족함을 보여라. 여기서 $\omega_0^{\,2} = (LC_0)^{-1}$ 그리고 $\omega_1^{\,2} = C_1/LC_0^{\,2} << \omega_0^{\,2}$이다. $i(t)$가 주기적인 계수를 가진 2계 미분방정식의 해이기 때문에, Floquet 정리가 유효할 것임이 명백하다.

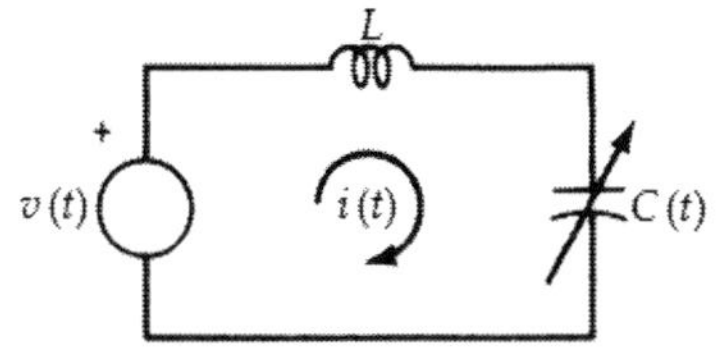

FIGURE 7.12 Problem 7-11: an LC circuit with a time-varying capacitor.

$$f(t) = \sum_n a_n \cos \omega_n t$$

일 때의 $i(t)$의 거동을 조사하라. 결과적인 방정식은 Hill의 방정식으로 알려져 있다.[2] 특히, 거기에는 해의 안정 및 불안정 영역(regions of stability and instability)이 있음을 보여라. 안정과 불안정 mode 사이의 천이 영역(transition) 가까이에서 운전될 때, 신호의 증폭(amplification)을 구하라.

7-12 그림 7.13에 보여진 회로망은 filter이다.

(a) 그것의 전압 전달 함수

$$G(\omega) = \frac{V_0(\omega)}{V_{\text{in}}(\omega)}$$

를 계산하라. 여기서, 편의상, $\omega_0{}^2 = 1/LC$을 사용할 것이다.

(b) ω에 대한 $|G(\omega)|$를 그리고 이 filter를 저역 통과, 고역 통과, 기타 등등의 특징으로 기술하라.

(c) 이 회로망의 자연 주파수(natural frequency)는 무엇인가?

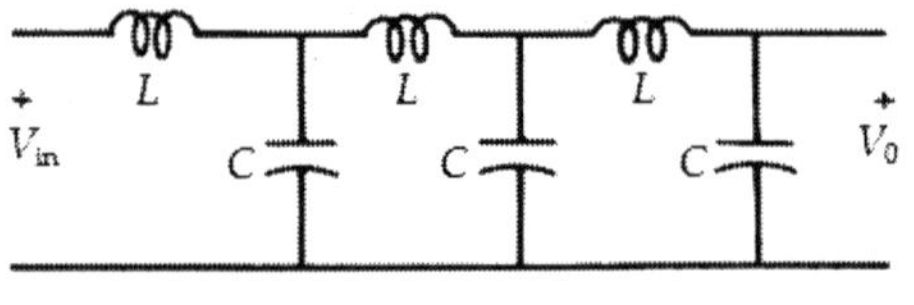

FIGURE 7.13 Problem 7-12: an LC filter circuit.

7-13 교재에서는 순전히 정현적인 FM 신호의 Fourier 변환이 고려되었다. 이제 이 경우의 확장을 고려한다. 신호가

$$y(t) = \cos[\omega_c t + \gamma(t)] \quad (t \geq 0)$$

으로 주어졌다고 하자. 여기서 입력 신호 $f_i(t)$로

$$\gamma(t) = \lambda \int_0^t f_i(\tau)\, d\tau$$

이다. 그러면 $Y(\omega)$로 나타낸 $y(t)$의 Fourier 변환은

$$Y(\omega) = \int_0^\infty \cos[\omega_c t + \gamma(t)]\, e^{-j\omega t} dt$$

이다.

(a) 항등식 $\cos(a+b) = \cos a \cos b - \sin a \sin b$의 사용에 의하여, 그리고 cosine과 sine 항을 지수로 나타냄으로써, $Y(\omega)$가, 각각이 일반형

$$I = \int_0^{\infty} e^{-j(\omega \pm \omega_c)t} e^{\pm j\gamma(t)} dt$$

의 한 가지인, 적분의 합(sum)으로 축약될 수 있음을 보여라.

(b) $\gamma(t)$의 특별한 형태가 I와 같은 적분의 계산을 가능하게 한다. $a > 0$, $t > 0$, 그리고 양(positive)의 무차원 상수 ϵ으로, $\gamma(t) = \epsilon(1 - e^{-at})$라 하자. $e^{-at} = u$로 둠으로써, 구간 $0 \le u \le 1$에서 정당한 I에 대한 표현을 찾아라. 이 적분을 수치적으로 계산할 때 어떤 어려움을 만날 것인가?

7-14 다음 신호 $f(t)$에 대해 Parseval의 정리를 증명하라:

(a) $f(t) = \dfrac{t}{T} \quad 0 \le t \le T$;
$\quad\; = 0 \quad$ otherwise

(b) $f(t) = e^{-at} \quad (t > 0;\ a > 0)$;

(c) $f(t) = e^{-at} \sin \omega_0 t \quad (t > 0;\ a > 0)$.

즉, 각 $f(t)$의 Fourier 변환을 찾고, 그 다음

$$\int_{-\infty}^{\infty} |f(t)|^2 dt = \frac{1}{2\pi} \int_{-\infty}^{\infty} |F(\omega)|^2 d\omega$$

를 보여라.

7-15 Parseval의 정리를 사용하여 신호

$$f(t) = 2\frac{\sin t}{t}$$

에 포함된 총 energy를 찾아라.

7-16 Parseval의 정리를 사용하여, $f(t)$의 Fourier 변환 $F(\omega)$의 항으로

$$\int_{-\infty}^{\infty} t^2 |f(t)|^2 dt$$

를 표현하라.

Hint $F(\omega)$를 극 형식 $F(\omega) = A(\omega) e^{j\theta(\omega)}$로 적어라.

7-17 함수의 집합 $\{\phi_i(t)\}$는

$$\int_a^b \phi_i(t)\,\phi_j(t)\,dt = \begin{cases} 1 & i = j \\ 0 & i \neq j \end{cases}$$

라면 범위 $[a, b]$에 걸쳐 *정규 직교(orthonormal)*이다. Sine과 cosine은 그러한 함수의 예이다. 임의의 함수 $f(t)$는 다음과 같은 "일반화된 푸리에 급수(generalized Fourier series)"로 전개될 수 있다:

$$f(t) = \sum_i c_i\,\phi_i(t)$$

여기서

$$c_i = \int_a^b f(t)\,\phi_i(t)\,dt$$

이다.

$$\int_a^b |f(t)|^2 dt = \sum_i |c_i|^2$$

임을 보여라. 이 결과는 Parseval의 정리의 확장이다.

7-18 식 (5.214b)는 2차 위상 고정 loop 계통의 전달 함수이다. 계통의 impulse 응답을 찾기 위하여 표현을 역산하라(invert). 궤환 루프 회로(feedback loop circuit)의 블록도(block diagram)를 그려라.

SELECTED BIBLIOGRAPHY

1. A. Baños, *Dipole Radiation in the Presence of a Conducting Half Plane*, New York: Pergamon Press, Inc., 1966.
2. L. Brillouin, *Wave Propagation in Periodic Structure*, New York: Dover Publications, Inc., 1953.
3. J. D. Gaskill, *Linear Systems, Fourier Transforms and Optics*, New York: John Wiley & Sons, Inc., 1978.
4. S. Haykin, *Communication Systems*, New York: John Wiley & Sons, Inc., 1978.
5. W. Kaplan, *Operational Methods for Linear Systems*, Reading, Mass.: Addison-Wesley Publishing Co., Inc., 1962.
6. S. Karni, *Network Theory-Analysis and Synthesis*, Boston: Allyn & Bacon, Inc., 1966.
7. C. D. McGillem and G. R. Cooper, *Continuous and Discrete Signal and System Analysis*, New York: Holt, Rinehart & Winston, Inc., 1974.
8. A. Papoulis, *The Fourier Integral and Its Applications*, New York: McGraw-Hill Book Company, Inc., 1965.

9. A. Sommerfeld, *Partial Differential Equations of Mathematical Physics*, New York: Academic Press, Inc., 1949.
10. C. T. Tai, *Dyadic Green's Functions in Electromagnetic Theory*, Scranton, Pa.: Intext Educational Publishers, 1971.

CHAPTER 8

Discrete Transforms

8.1 INTRODUCTION: DISCRETE SIGNALS, DIFFERENCE EQUATIONS

여태까지의 논의는 연속 시간 변수 t의 함수에 관련된 것이었다. 이산(discrete) 시간 변수에 대한 값의 수열(sequence)로 주어지거나, 표현되는, 다른 상황이 존재한다. 계수형 계산기(디지털 컴퓨터, digital computer)는 이산 신호를 처리한다. 매 T 초 마다 에서 연속 함수 $f(t)$를 추출(샘플링, sampling)함으로써, 그림 8.1에 보여진 바와 같이, 이산 함수(discrete function) $f_d(t)$를 얻는다.

$f_d(t)$에 대한 편리한 표현은 단위 impulse 함수

$$\delta(t - nT) = \begin{cases} 1 & \text{for } t = nT \\ 0 & \text{for } t \neq nT \end{cases} \tag{8.1}$$

의 항으로 다음과 같은 방식으로 써질 수 있다:

$$f_d(t) = \sum_{n=0}^{\infty} f(nT)\,\delta(t - nT) \tag{8.2}$$

즉, 각각이 세기(strength) $f(nT)$인 impulse 함수의 합으로 써질 수 있다.

심사숙고하면 이 표현이 옳으며, 사실, 연속 함수 $f(t)$ 조차도, 앞의 장에서 주어진 바와 같이, 즉,

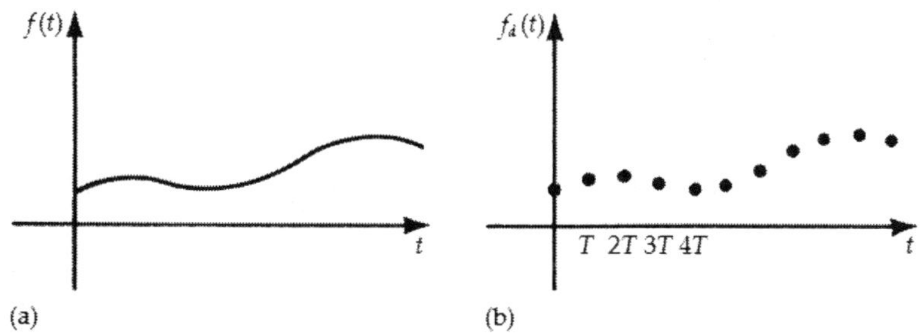

FIGURE 8.1 (a) Continuous function f(t) and (b) discrete function $f_d(t)$ obtained by sampling f(t).

$$f(t) = \int_0^\infty f(\tau)\,\delta(t-\tau)\,d\tau \tag{8.3}$$

과 같이, impulse 함수의 합(적분)으로 생각될 수 있음을 납득할 것이다. 식 (8.2)와 (8.3)에서 $t < 0$에 대한 함수 $f(t) \equiv 0$에 대하여 0이 되는 하한(lower limit)을 취했다.

이후의 논의에서는 이산 시간 변수의 함수를 나타내기 위해 표기 $f(n)$ 또는, 등가적으로, $f(nT)$를 사용한다. Z-변환(Z-transform)으로 알려진 강력한 변환 기법이 그러한 함수와 관련하여 논의된다.

이 함수의 다른 중요한 종류는 $f(n)$이 유한한 수의 0이 아닌 값 만을 가지며, 그러므로, 유한한 지속 시간(duration)을 가지는 함수이다. 그러한 함수의 경우, 특별한 변환—이산 푸리에 변환(discrete Fourier transform, DFT)—이 전개된다.

이 두 가지 변환이 이 장에서 고려된다.

상미분방정식은 입력과 출력이 연속 변수 t의 함수인 동적 계통(dynamic system)을 설명한다. 입력 $x(t)$에 대한 출력 $y(t)$에 관한, 그러한 방정식의 일반형은

$$\begin{aligned} a_n \frac{d^n y}{dt^n} + a_{n-1}\frac{d^{n-1}y}{dt^{n-1}} + \cdots + a_1\frac{dy}{dt} + a_0 y \\ = b_m \frac{d^m x}{dt^m} + b_{m-1}\frac{d^{m-1}x}{dt^{m-1}} + \cdots + b_1\frac{dx}{dt} + b_0 x \end{aligned} \tag{8.4}$$

이다(또한 5장, 5.7절을 보라). 여기서, 시불변 계통(time-invariant system)의 경우, a들과 b들은 상수이다.

이산 시간 계통에서는, 입력-출력 관계의 표현이 *차분*방정식(*difference* equation)을 통한다. x가 $t = 0, T, 2T, \cdots, kT$에서만 정의되는, 그러므로, 정수(integer) k의 함수 $x = x(k)$인 이산 입력(discrete input)이라 하자. 비슷하게, 이산 출력은 $y = y(k)$이다. $x(k)$와 $y(k)$에 관련된 차분방정식의 일반형은

$$\begin{aligned} a_n y(k+n) + a_{n-1} y(k+n-1) + \cdots + a_1 y(k+1) + a_0 y(k) \\ = b_m x(k+m) + b_{m-1} x(k+m-1) + \cdots + b_1 x(k+1) + b_0 x(k) \end{aligned} \tag{8.5}$$

이다. 여기서 a들과 b들은 시불변 계통의 경우 상수이다. 차분방정식의 *계수(order)*는, 미지 함수 y의 최대와 최소 독립 변수 사이의 차이인, n이다.

Example 8.1 그림 8.2에 보여진 회로망에서 연속 $v_1(t)$와 $v_2(t)$에 대한 입력-출력 관계는 미분방정식

$$\frac{L}{R}\frac{dv_2}{dt} + v_2 = v_1$$

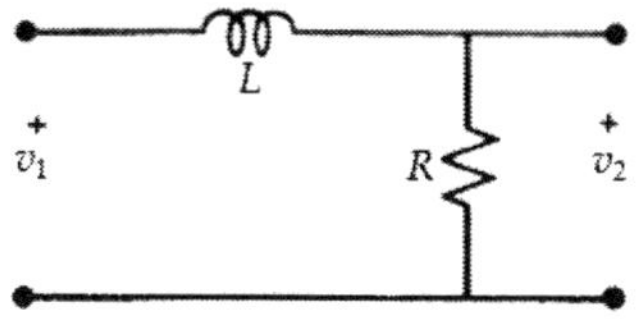

FIGURE 8.2 Example 8.1.

이다. (증명하라!)

이산 $v_1(k)$와 $v_2(k)$에 대한 등가 차분방정식은

$$\frac{L}{R}\left[\frac{v_2(k+1)-v_2(k)}{\Delta t}\right]+v_2(k)=v_1(k)$$

로 적음으로써 얻어질 수 있다. 즉,

$$v_2(k+1)+\left(\frac{R\Delta t}{L}-1\right)v_2(k)=\frac{R\Delta t}{L}v_1(k)$$

와 같은 $v_2(k)$에 대한 1계 차분방정식이다. ■

Example 8.2 어떤 저항 회로망도 또한 차분 방정식에 따른다. 그림 8.3에 보여진 사다리꼴 회로망을 고려한다. 모든 저항기는, 마지막 한 개를 제외하고, 각각 1 [Ω]이다. $v(k+1)$에 대한 절점 방정식은 $k=0$과 $k=N$을 제외한 모든 k에서 타당한 2계 제차 차분방정식(second-order homogeneous difference equation)인

$$3v(k+1)-v(k)-v(k+2)=0$$

또는

$$v(k+2)-3v(k+1)+v(k)=0$$

로 나타난다. $k=0$과 $k=N$에서는 두 개의 "경계" 조건

$$v(1)=2v(0)-I$$

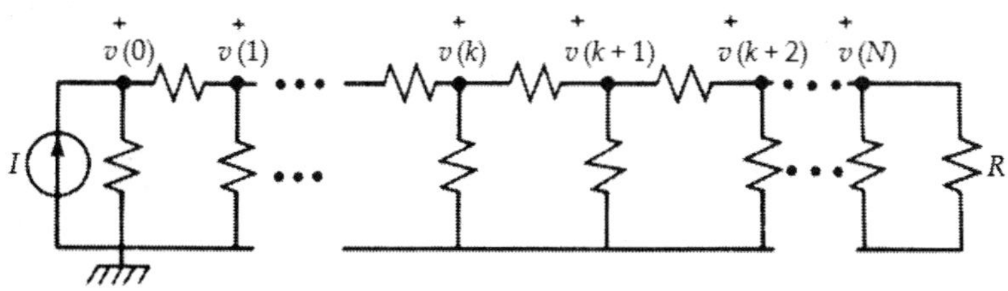

FIGURE 8.3 A ladder network.

그리고

$$v(N) = \frac{R}{R+1} v(N-1)$$

을 가진다. ■

Example 8.3 디지털 필터(digital filter)는 미리 지정된 방식으로 입력 $x(k)$를 처리하고 출력 $y(k)$를 생성하는 계통으로 정의될 수 있다. 예를 들어, 1계 차분방정식

$$y(k) = 2y(k-1) + 4x(k)$$

은 digital filter의 입력-출력 관계를 나타낸다. 여기에서 전형적인 출력 $y(k)$는 바로 앞의 출력 $y(k-1)$에 2를 곱하고 그것에 $4x(k)$를 더하여 얻어진다. 이 filter를 묘사하는 block 도는, 입력과 출력 절점이 표시된, 그림 8.4에 보여졌다. 기호적으로 "4"로 표시된 가지는 그 입력 $x(k)$에 4를 곱하며, 그것을 합하는 절점(summing node)(작은 원)에 더한다. 출력 $y(k)$는 $y(k-1)$을 생성하기 위하여 단위 지연(unit delay)를 통하여 지나간다. 그 다음 $y(k-1)$은 2가 곱해지고 합하는 절점에 더해진다. 따라서, 합하는 절점에서 이 filter를 나타내는 차분방정식을 얻는다.

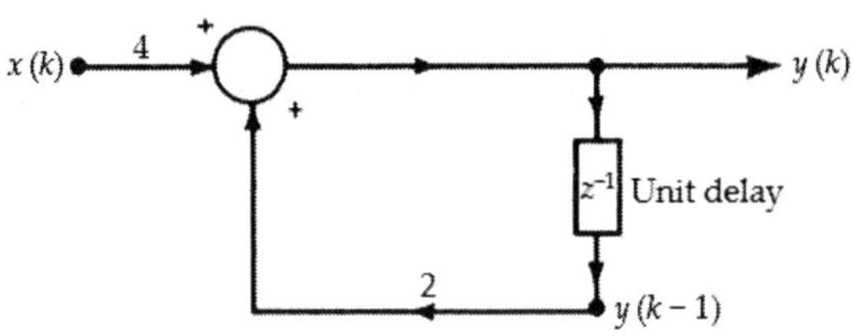

FIGURE 8.4 Example 8.3.

■

8.2 THE Z-TRANSFORM

식 (8.2)에 있는 이산 시간 함수 $f_d(t)$는 그 Laplace 변환으로

$$\mathcal{L}\{f_d(t)\} = F_d(s) = \sum_{n=0}^{\infty} f(nT)\, e^{-nTs} \tag{8.6}$$

을 가진다.

$$z = e^{sT} \tag{8.7}$$

로 정의되는 새로운 복소 변수(complex variable) z로 이산 시간 함수 $f(nT)$의 *단방*

*향 Z-변환(one-sided Z-transform)*의 정의를 가진다:

$$Z\{f(nT)\} = \sum_{n=0}^{\infty} f(nT)\, z^{-n} = F(z) \tag{8.8}$$

수열 $f(nT)$가 n의 음의 값을 포함한다면, 그러면

$$Z\{f(nT)\} = \sum_{n=-\infty}^{\infty} f(nT)\, z^{-n} \tag{8.9}$$

로 *양방향 Z-변환(two-sided Z-transform)*이 비슷하게 정의된다. 특별한 언급이 없는 한, 이제부터는 단방향 변환에 관심을 가질 것이다.

Example 8.4 이산 시간 단위 계단 함수는

$$u(n) = \begin{cases} 1 & n \geq 0 \\ 0 & n < 0 \end{cases}$$

로 정의된다. 그러므로 그것의 Z-변환은

$$Z\{u(n)\} = \sum_{n=0}^{\infty} z^{-n} = 1 + z^{-1} + z^{-2} + \cdots = \frac{z}{z-1} = \frac{1}{1-z^{-1}}$$

이다. ■

Example 8.5 함수

$$f(n) = \begin{cases} a^n & n \geq 0 \\ 0 & n < 0 \end{cases}$$

의 Z-변환을 찾아라.

$$Z\{a^n\} = \sum_{n=0}^{\infty} a^n z^{-n} = 1 + az^{-1} + a^2 z^{-2} + \cdots = \frac{z}{z-a} = \frac{1}{1-az^{-1}}$$

이다. ■

Example 8.6 이산 시간 단위 impulse는

$$\delta(n) = \begin{cases} 1 & n = 0 \\ 0 & n \neq 0 \end{cases}$$

이다. 그것의 Z-변환은 그러므로

$$Z\{\delta(n)\} = 1$$

이다. ■

Example 8.7 지수 함수

$$f(n) = \begin{cases} e^{-kn} & n \geq 0 \\ 0 & n < 0 \end{cases}$$

의 Z-변환을 찾아라.

$$Z\{e^{-kn}\} = \sum_{n=0}^{\infty} e^{-kn} z^{-n} = 1 + e^{-k} z^{-1} + e^{-2k} z^{-2} + \cdots = \frac{1}{1 - e^{-k} z^{-1}}$$

를 가진다. ■

Example 8.8 램프 함수(ramp function)

$$f(n) = r(n) = \begin{cases} n & n \geq 0 \\ 0 & n < 0 \end{cases}$$

의 Z-변환을 찾아라.

$$Z\{r(n)\} = \sum_{n=0}^{\infty} n z^{-n} = z^{-1} + 2z^{-2} + 3z^{-3} + \cdots = \frac{z}{(z-1)^2}$$

와 같이 써진다. ■

다른 Z-변환은 비슷한 방식으로 얻어질 수 있다. 그것에 대한 짧은 표가 Appendix H에 주어진다.

식 (8.8)의 Z-변환이 복소 변수 z의 멱급수(power series)이기 때문에, Laplace 변환을 정의하는 적분에서 했던 것처럼, 그것의 수렴에 관심을 가져야 한다. 식 (8.8)의 우변에 있는 급수의 수렴에 대하여 *비 검정(ratio test)*을 적용하자. 이 검정은 다음과 같이 설명될 수 있다: 멱급수의 두 개의 연속하는 항의 극한이 부등식

$$\lim_{n\to\infty} \left| \frac{a_{n+1}}{a_n} \right| < 1 \tag{8.10}$$

을 만족하면 그러면 급수는 절대 수렴한다(converge absolutely). 식 (8.8)의 급수에서는,

$$\lim_{n\to\infty} \left| \frac{f(n+1) z^{-(n+1)}}{f(n) z^{-n}} \right| = \lim_{n\to\infty} \left| \frac{f(n+1)}{f(n)} \right| |z^{-1}| \tag{8.11}$$

을 가지며 그러므로 급수는 영역

$$|z| > R = \lim_{n\to\infty} \left|\frac{f(n+1)}{f(n)}\right| \tag{8.12}$$

내에서 수렴한다.

Example 8.9 $u(n)$의 경우

$$R = \lim_{n\to\infty} \left|\frac{1}{1}\right| = 1$$

을 가지며 그러므로 $F(z) = z/(z-1)$는 $|z| > 1$인 경우 수렴한다. ■

Example 8.10 a^n의 경우

$$R = \lim_{n\to\infty} \left|\frac{a^{n+1}}{a^n}\right| = |a|$$

을 찾으며 그러므로 $F(z) = z/(z-a)$는 $|z| > |a|$인 경우 수렴한다. ■

Example 8.11 램프 함수(ramp function) $r(n)$의 경우

$$R = \lim_{n\to\infty} \left|\frac{n+1}{n}\right| = 1$$

이며 그러므로 $F(z) = z/(z-1)^2$는 $|z| > 1$인 경우 수렴한다. ■

Example 8.12 인과 정현 함수(causal sinusoidal function)

$$f(n) = \sin n\omega_0 \cdot u(n)$$

을 고려한다, 그것의 Z-변환은

$$F(z) = Z\{\sin n\omega_0 \cdot u(n)\} = \sum_{n=0}^{\infty} \frac{e^{jn\omega_0} e^{-jn\omega_0}}{2j} \cdot z^{-n}$$
$$= \frac{1}{2j}\left\{\frac{z}{z-e^{j\omega_0}} - \frac{z}{z-e^{-j\omega_0}}\right\} = \frac{z\sin\omega_0}{z^2 - 2z\cos\omega_0 + 1}$$

이다. 여기서 $a = e^{-j\omega_0}$을 가지고 Example 5.5의 결과가 사용되었다. 여기에서

$$\lim_{n\to\infty} \left|\frac{e^{\pm j(n+1)\omega_0}}{e^{\pm jn\omega_0}}\right| = 1$$

이며 그래서 $F(z)$는 $|z| > 1$인 경우 수렴한다. ■

8.3 PROPERTIES OF THE Z-TRANSFORM

Laplace 변환에서와 같은 방식으로, Z-변환의 몇 가지 성질의 개요를 말한다.

Linearity

상수 a_1과 a_2로,

$$Z\{a_1 f_1(n) + a_2 f_2(n)\} = a_1 F_1(z) + a_2 F_2(z) \tag{8.13}$$

을 가진다. 증명은 $a_1 f_1(n) + a_2 f_2(n)$의 Z-변환을 정의하는 표현으로부터 직접 얻어진다.

Shifting

$F(z)$가 $f(n)$의 Z-변환이라면, 그러면

$$Z\{f(n-1)\} = z^{-1} F(z) \tag{8.14}$$

이다. 이 성질을 증명하기 위하여,

$$\begin{aligned} Z\{f(n-1)\} = \sum_{n=-\infty}^{\infty} f(n-1)\, z^{-n} &= z^{-1} \sum_{n=-\infty}^{\infty} f(n-1)\, z^{-(n-1)} \\ &= z^{-1} \sum_{k=-\infty}^{\infty} f(k)\, z^{-k} = z^{-1} F(z) \end{aligned} \tag{8.15}$$

로 쓴다. $f(n-1)$의 해석은 한 개의 추출(샘플링) 간격(one sampling interval)으로 오른쪽으로 추이된, 즉 *지연된(delayed)* 수열 $f(n)$이다. 승수(multiplier) z^{-1}을 *단위 지연(unit delay)*이라 부른다(Example 8.3을 보라).*

좀 더 일반적으로, m개의 추출 간격($m = 1, 2, 3, \cdots$)에 대하여,

$$Z\{f(n-m)\} = z^{-m} F(z) \tag{8.16}$$

을 가진다.

*왼쪽*으로의 추이는 새로운 합산 변수(summation variable) $k = n + 1$로 다음과 같이 유도된다:

* 비교하면, s^{-1}은 Laplace 변환에서 *적분기(integrator)*로 고려될 수 있다.

$$Z\{f(n+1)\} = \sum_{n=0}^{\infty} f(n+1)\, z^{-n} = z \sum_{n=0}^{\infty} f(n+1)\, z^{-(n+1)} = z \sum_{k=1}^{\infty} f(k)\, z^{-k} \tag{8.17}$$

식 (8.17)의 우변에 $zf(0)$을 더하고 빼면, $k = 0$으로부터의 합(summation)

$$Z\{f(n+1)\} = z \sum_{k=0}^{\infty} f(k)\, z^{-k} - zf(0) = zF(z) - zf(0) \tag{8.18}$$

을 얻는다. 이 접근을 일반화하면, $m = 1, 2, 3, \cdots$에 대하여,

$$Z\{f(n+m)\} = z^m \left[F(z) - \sum_{k=0}^{m-1} f(k)\, z^{-k} \right] \tag{8.19}$$

를 얻는다. 식 (8.18), (8.19) 사이의 유사성과 Laplace 변환에서의 대응이 명백하다.

Example 8.13 Example 6.2의 차분방정식, 즉

$$v(k+2) - 3v(k+1) + v(k) = 0$$

을 고려한다. 이 식을 변환하면,

$$z^2 V(z) - z^2 v(0) - zv(1) - 3[zV(z) - zv(0)] + V(z) = 0$$

$$\therefore V(z) = \frac{z[zv(0) - 3v(0) + v(1)]}{z^2 - 3z + 1}$$

을 얻는다. 이 예제의 완결이 Problem 8-7에 주어진다. ■

Multiplication by *n*

$Z\{f(n)\} = F(z)$라면, 그러면

$$Z\{nf(n)\} = -z \frac{d}{dz} F(z) \tag{8.20}$$

이다. 증명은 문제로 남겨진다(Problem 8-9를 보라).

Scaling the Variable *z*

$Z\{f(n)\} = F(z)$라면, 그러면

$$Z\{a^{-n} f(n)\} = \sum_{n=0}^{\infty} a^{-n} f(n)\, z^{-n} = \sum_{n=0}^{\infty} f(n)\, (az)^{-n} = F(az) \tag{8.21}$$

이다.

The Initial Value $f(0)$

정의에 의해,

$$F(z) = f(0) + f(1)z^{-1} + f(2)z^{-2} + \cdots \tag{8.22}$$

를 쓰고 $z \to \infty$로 극한을 취한다. 따라서, 극한이 존재한다는 것을 조건으로

$$f(0) = \lim_{z\to\infty} F(z) \tag{8.23}$$

이다.

$f(n)$의 연속적인 값이 비슷한 방식으로 얻어질 수 있다. 특히,

$$f(1) = \lim_{z\to\infty} z[F(z) - f(0)] \tag{8.24}$$

$$f(2) = \lim_{z\to\infty} z^2[F(z) - f(0) - f(1)z^{-1}] \tag{8.25}$$

이다. 이 방법은, 다음 예제에서 보여지는 바와 같이, 역 Z-변환(inverse Z-transform)을 찾기 위한 편리한 수단을 제공한다.

Example 8.14 주어진 $F(z) = z/(z+1)$에 대하여, $f(n)$을 찾아라. 식 (8.22)-(8.25)로부터,

$$f(0) = \lim_{z\to\infty} \frac{z}{z+1} = 1$$

$$f(1) = \lim_{z\to\infty} z\left(\frac{z}{z+1} - 1\right) = -1$$

$$f(2) = \lim_{z\to\infty} z^2\left(\frac{z}{z+1} - 1 + \frac{1}{z}\right) = 1$$

을 가진다. 이 방식으로 계속하면,

$$f(n) = (-1)^n$$

을 얻는다. ■

The Final Value $f(\infty)$

먼저

$$Z\{f(n+1) - f(n)\} = \lim_{n\to\infty} \sum_{p=0}^{n} [f(p+1) - f(p)]z^{-p} \tag{8.26}$$

을 적는다. 그 다음 좌변에 식 (8.18)을 적용한다:

$$zF(z) - zf(0) - F(z) = \lim_{n\to\infty}\sum_{p=0}^{n}[f(p+1) - f(p)]z^{-p} \tag{8.27}$$

이제 식 (8.27)에서 $z \to 1$로 둔다. n과 z가 독립이기 때문에, $z \to 1$로 두는 것이 합산 기호(summation sign) 안에서 이루어질 수 있다:

$$\begin{aligned}\lim_{z\to 1}(z-1)F(z) - f(0) &= \lim_{n\to\infty}\sum_{p=0}^{n}[f(p+1) - f(p)] \\ &= \lim_{n\to\infty}\{[f(1) - f(0)] + [f(2) - f(1)] + \cdots + [f(n+1) - f(n)]\} \\ &= \lim_{n\to\infty}[-f(0) + f(n+1)] = -f(0) + f(\infty)\end{aligned} \tag{8.28}$$

그러므로, 극한이 존재한다면

$$f(\infty) = \lim_{z\to 1}(z-1)F(z) \tag{8.29}$$

이다.

Example 8.15 $F(z) = z/(z-1)$에 대하여

$$f(\infty) = \lim_{z\to 1}(z-1)\frac{z}{z-1} = 1$$

을 가지는데, 이것은 $f(n) = u(n)$ 그리고 $u(\infty) = 1$이기 때문에 옳다. ■

Example 8.16 Example 8.14의 함수를 고려한다. 그것은 $F(z) = z/(z+1)$이며, 따라서

$$\lim_{z\to 1}(z-1)F(z) = 0$$

이다. 그러나 $f(n) = (-1)^n$임을 알며, 그러므로 $f(\infty)$가 존재하지 않는다.
최종치 정리의 설명과 증명에 있어서, $f(\infty)$가 존재하며 유한한 상수로 만들어지는 가정이 강조되어야 한다. $F(z)[(z-1)/z]$이 z-평면 내에서 단위원 $|z| = 1$ 위와 외부에서 해석적이라는 것을 조건으로 이 극한이 존재하는 것으로 보여질 수 있다.
$sF(s)$가 $j\omega$-축 위와 s-평면의 우반(right half)에서 해석적이라는 것을 조건으로 하는 Laplace 변환의 최종치 정리

$$\lim_{t\to\infty} f(t) = \lim_{s\to 0} sF(s)$$

와의 유사성에 유의하라. ■

Convolution

$F_1(z)$와 $F_2(z)$가, 각각, $f_1(n)$과 $f_2(n)$의 변환이라 하자. 그러면 $F_3(z) = F_1(z)F_2(z)$는

$$f_3(n) = \sum_{k=0}^{n} f_1(k) f_2(n-k) \tag{8.30}$$

으로 주어지는 $f_1(n)$과 $f_2(n)$의 합성의 변환이다. 이것을 증명하기 위하여,

$$F_1(z)F_2(z) = \sum_{k=0}^{\infty} f_1(k) z^{-k} F_2(z) \tag{8.31}$$

을 적고, $z^{-k}F_2(z)$에 대하여 추이 정리 식 (8.16)을 사용한다. 그러므로,

$$\begin{aligned} F_1(z)F_2(z) &= \sum_{k=0}^{\infty} f_1(k) Z\{f_2(n-k)\} = \sum_{k=0}^{\infty} f_1(k) \sum_{n=0}^{\infty} f_2(n-k) z^{-n} \\ &= \sum_{n=0}^{\infty} \left\{ \sum_{k=0}^{\infty} f_1(k) f_2(n-k) \right\} z^{-n} = Z\{f_3(n)\} \end{aligned} \tag{8.32}$$

이다.

8.4 THE INVERSE Z-TRANSFORM

공식으로, 이산 함수 $f(n)$을 얻기 위한 $F(z)$의 역산(inversion)을 나타내기 위해

$$Z^{-1}\{F(z)\} = f(n) \tag{8.33}$$

으로 적는다. 역 Laplace 변환의 경우에서처럼, 여기에는 몇 가지 방법이 있다.

한 가지 방법은 식 (8.23)-(8.25)와 Example 8.14에서 보여진 바와 같이, 초기치 정리의 연속적인 응용을 기초로 한 것이다. 여기에서는 수치적인 수열(numerical sequence) $f(0), f(1), f(2), \cdots$을 얻고, 따라서 $f(n)$을 가진다.

관련된 방법은 $F(z)$의 *멱급수 전개(power series expansion)*이다. $F(z)$가 $|z| > R$에 대하여 해석적이기 때문에(식 (8.12)를 보라), $F(z)$를 z^{-1}에 대한 멱급수로 전개할 수 있다. 이것은, 점 $z_0 = 0$에 대해 전개된, $F(z)$의 Laurent 급수의 주요 부분(principal part)이다. 급수에서 z^{-n}의 계수는 $f(n)$이다:

$$F(z) = f(0) + f(1)z^{-1} + f(2)z^{-2} + \cdots + f(n)z^{-n} + \cdots \tag{8.34}$$

Example 8.17 $F(z) = z/(z-1)^2$라 하자. 그러면, 손으로 한 나눗셈에 의해, z^{-1}의 멱급수

$$F(z) = \frac{1}{z} + \frac{2}{z^2} + \frac{3}{z^3} + \cdots$$

을 얻는다. 따라서 $f(0) = 0, f(1) = 1, f(2) = 2, \cdots,$ 그리고 $f(n) = n$ 이다. ■

앞의 방법은 둘 다, 함수 f의 공식적인 밝힘(formal identification)이 가능하지 않더라도, 수치적인 답, 즉 수열 $f(0), f(1), f(2), \cdots$을 산출함에 유의하라.

이제 멱급수법(power series method)을 $F(z)$가, 일반적으로, 두 개의 다항식의 비(ratio)인 경우로 확장한다: 손 나눗셈 또는 다른 방법에 의한, z^{-1}의 멱급수 전개는 식 (8.34)를 산출할 것이다.

Example 8.18 함수

$$F(z) = \left(\frac{z+a}{z}\right)^{\beta}$$

을 고려한다.[7] 여기서 β는 정수가 아닌 실수이다. 함수를

$$\left(\frac{z+a}{z}\right)^{\beta} = \left(1 + az^{\ 1}\right)^{\beta}$$

로 쓰고 $F(z^{-1}) = \left(1 + az^{-1}\right)^{\beta}$을 멱급수

$$F(z^{-1}) = a_0 + a_1 z^{-1} + a_2 z^{-2} + \cdots$$

로 전개한다. 여기서, 여느 때처럼,

$$a_n = \left.\frac{F^{(n)}(z^{-1})}{n!}\right]_{z^{-1}=0}$$

이다. 여기에서 $F^{(n)}$은 z^{-1}에 관한 F의 n계 도함수(미분)이다. 그러므로,

$$\left(1 + az^{-1}\right)^{\beta} = \sum_{n=0}^{\infty} \frac{1}{n!} \beta(\beta-1)(\beta-2)\cdots(\beta-n+1)a^n z^{-n}$$

을 얻는다. 따라서,

$$f(n) = \frac{1}{n!} \beta(\beta-1)(\beta-2)\cdots(\beta-n+1)a^n$$

이다. 감마 함수(gamma function)의 정의

$$\Gamma(\beta+1) = \beta(\beta-1)(\beta-2)\cdots(\beta-n+1)\,\Gamma(\beta-n+1)$$

와

$$\Gamma(n+1) = n!$$

를 사용하여, 마지막으로

$$f(n) = \frac{\Gamma(\beta+1)\,a^n}{\Gamma(n+1)\,\Gamma(\beta-n+1)} = \binom{\beta}{n} a^n$$

을 가진다. ■

*부분 분수 전개*법(method of *partial fraction expansion*)이 또한 $F(z)$를 역산하는데 사용될 수 있다. 주어진 $F(z)$에 대해,

$$F(z) = F_1(z) + F_2(z) + \cdots \tag{8.35}$$

와 같이 적어질 수 있으면, 그러면

$$Z^{-1}\{F(z)\} = Z^{-1}\{F_1(z)\} + Z^{-1}\{F_2(z)\} + \cdots \tag{8.36}$$

이다. 여기서 더 간단한 함수 $F_1(z)$, $F_2(z)$, …가 표(변환표)에서 찾아질 수 있다.

Example 8.19 주어진

$$F(z) = \frac{3z^2}{z^2+z-2}$$

는

$$F(z) = \frac{3z^2}{(z-1)(z+2)} = z\frac{3z}{(z-1)(z+2)}$$

로 적는다. 표에서 적당한 항목을 찾기 위하여, 한 개의 z를 승수(multiplier)로 "떼어 두었음(saved)"에 유의하라. 그러므로

$$F(z) = \frac{3z}{(z-1)(z+2)} = \frac{A}{(z-1)} + \frac{B}{(z+2)} = \frac{1}{(z-1)} + \frac{2}{(z+2)}$$

로 전개되고, 따라서

$$F(z) = \frac{z}{(z-1)} + \frac{2z}{(z+2)}$$

이다. Z-변환표(Appendix H)로부터

$$f(n) = u(n) + 2(-2)^n$$

을 읽는다. ■

앞의 방법은 *복소 폐곡선 적분(complex contour integral)*의 더 일반적인 방법의 특별한 경우이다. 역 Laplace 변환의 경우에서와 같이, Cauchy의 유수 정리에 의지한다.

$F(z)$의 멱급수

$$F(z) = \sum_{n=0}^{\infty} f(n) z^{-n} \tag{8.37}$$

을 고려한다. 이 함수는 $|z| > R$에 대하여 해석적이다. 식 (8.37)에 z^{n-1}을 곱하고, 그 다음, 그림 8.5에 보여진 것과 같은, 반경 $R_1 > R$인 원 C를 돌며 적분하자. 이 폐곡선은 피적분 함수의 모든 특이점을 둘러싸고 있기 때문에, $f(n)$이 $F(z)z^{n-1}$에 있는 z^{-1}의 계수인 피적분 함수의 유수이어서

$$\oint_C F(z) z^{n-1} dz = 2\pi j f(n) \tag{8.38}$$

을 산출한다. 그러므로 Z-변환의 역산 적분(inversion integral)으로서

$$f(n) = \frac{1}{2\pi j} \oint_C F(z) z^{n-1} dz \tag{8.39}$$

를 가진다.

Example 8.20 역산 적분을 사용하여, Example 8.19를 반복하자. $F(z)$의 특이점은 $z = 1$과

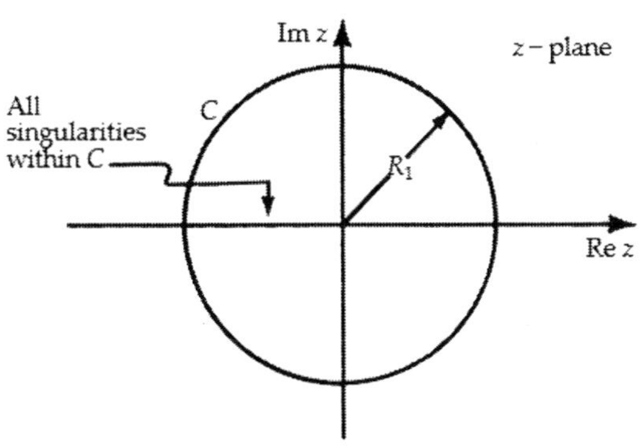

FIGURE 8.5 Contour of integration.

$z = -2$에 있는 단극(simple pole)이다. 원 C는 그러므로 반경 $R_1 > 2$일 것이며,

$$f(n) = \frac{1}{2\pi j}\oint_C F(z)\, z^{n-1} dz = \sum [\text{residues of } F(z)\, z^{n-1} \text{ enclosed}]$$

이다. 여기에서 유수는

$$\text{Res}\left[F(z)\, z^{n-1}\right]_{z=1} = \left[F(z)\, z^{n-1}(z-1)\right]_{z=1} = 1^{n+1} = 1(1)^n = u(n)$$
$$\text{Res}\left[F(z)\, z^{n-1}\right]_{z=-2} = \left[F(z)\, z^{n-1}(z+2)\right]_{z=-2} = [(-z)(z^n)]_{z=-2} = 2(-2)^n$$

이다. 그러므로, $f(n) = u(n) + 2(-2)^n$이다. ■

Example 8.21

$$F(z) = \frac{3z}{(z-1)^2(z+2)}$$

을 고려한다. 여기에서 $F(z)\, z^{n-1}$는 $z = 1$에서 2차 극과 $z = -2$에서 단극을 가진다. 차수 r의 극의 경우를 상기하면(3장), 유수는

$$\text{Res}\left[F(z)\, z^{n-1}\right]_{z=z_0} = \frac{1}{(r-1)!}\frac{d^{r-1}}{dz^{r-1}}\left[F(z)\,(z-z_0)^r z^{n-1}\right]_{z=z_0}$$

로 주어진다. 따라서, 여기에서는

$$\text{Res}\left[F(z)\, z^{n-1}\right]_{z=1} = \frac{d}{dz}\left[\frac{3z^n}{(z+2)}\right]_{z=1} = \frac{1}{3}(3n-1) = n - \frac{1}{3}u(n)$$

그리고

$$\text{Res}\left[F(z)\, z^{n-1}\right]_{z=-2} = \left[\frac{3z}{(z-1)^2} z^{n-1}\right]_{z=-2} = \frac{1}{3}(-2)^n$$

을 가진다. 마지막으로,

$$f(n) = n - \frac{1}{3}u(n) + \frac{1}{3}(-2)^n$$

이다. ■

Example 8.22 폐곡선 적분을 사용하여 Example 8.18을 다시 검토하자.[7] 주어진

$$F(z) = \left(\frac{z+a}{z}\right)^{\beta}$$

에 대해, 먼저 상수 a를 1이 되도록 정규화하기 위하여 $z = aw$ $(w = u + jv)$로 치환하자. 그러면

$$f(n) = Z^{-1}\{F(z)\} = \frac{a^n}{2\pi j}\oint_C \left(\frac{w+1}{w}\right)^{\beta} w^{n-1}dw$$

이다. 함수 $F(z)$는 $w = 0$과 $w = -1$에서 가지점(branch point)을 가지며, $w = 0$으로부터 $w = -1$로 가지 절단(branch cut)을 가진다. 그러므로 폐곡선은 그림 8.6에 보여진 것과 같을 것이다. abc와 gha를 따른 적분이 0이 된다는 것을 보이는 것은 쉽다(3장을 보라). 또한, def를 따른 적분은, $w = \rho e^{j\phi}$로, $\rho \to 0$에 따라 0이 된다. 그러므로, $f(n)$은 gf와 dc를 따른 적분으로 얻어질 수 있다. gf에서는, $w = ue^{-j\pi}$이며, dc에서는, $w = ue^{j\pi}$이어서,

$$f(n) = \frac{a^n}{2\pi j}\left\{\int_1^0 \left[\frac{ue^{-j\pi}+1}{ue^{-j\pi}}\right]^{\beta} u^{n-1}e^{-jn\pi}du + \int_0^1 \left[\frac{ue^{j\pi}+1}{ue^{j\pi}}\right]^{\beta} u^{n-1}e^{jn\pi}du\right\}$$

이다. 첫 번째 적분에 있는 적분 구간을 적당하게 바꾸면,

$$\begin{aligned} f(n) &= \frac{a^n}{2\pi j}\left\{\int_0^1 u^{n-1-\beta}(1-u)^{\beta}e^{j\pi(n-\beta)}du + \int_0^1 u^{n-1-\beta}(1-u)^{\beta}e^{-j\pi(n-\beta)}du\right\} \\ &= a^n \frac{\sin(n-\beta)\pi}{\pi}\int_0^1 u^{n-1-\beta}(1-u)^{\beta}du \end{aligned}$$

을 얻는다. 다음과 같은 항등식이 gamma 함수에 대하여 적용된다:

$$\frac{\Gamma(m)\Gamma(k)}{\Gamma(m+k)} = \int_0^1 u^{m-1}(1-u)^{k-1}du$$

$$\Gamma(m)\Gamma(1-m) = \frac{\pi}{\sin m\pi}$$

그러므로, 마지막으로, 앞에서와 같이

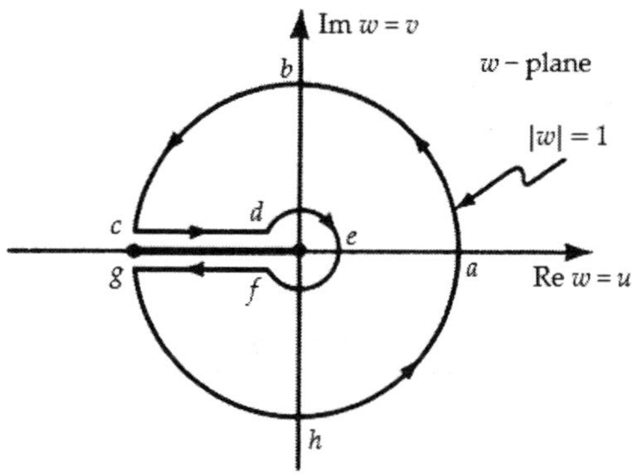

FIGURE 8.6 Contour of integration for Example 8.22.

$$f(n) = a^n \frac{\Gamma(\beta+1)}{\Gamma(n+1)\Gamma(\beta-n+1)} = \binom{\beta}{n} a^n$$

을 얻는다. 이 결과는 또한, 가지점이 없으며 가지 절단도 없지만, $w=0$에 극이 있는 경우인, 정수 β의 경우에도 같게 얻어짐에 유의하라. ■

8.5 ADDITIONAL APPLICATIONS OF THE Z-TRANSFORM

상수 연속 선형 계통(constant continuous linear system)이 상태 행렬 미분방정식

$$\dot{\mathbf{x}}(t) = \mathbf{A}\,\mathbf{x}(t) + \mathbf{B}\,\mathbf{u}(t) \tag{8.40}$$

과 출력 방정식

$$\mathbf{y}(t) = \mathbf{C}\,\mathbf{x}(t) + \mathbf{D}\,\mathbf{u}(t) \tag{8.41}$$

로 설명된다고 하자. 이것은 1장과 5장에서 논의되었다(5.13절과 Problem 5-19, 5-20을 보라). 결과가 Laplace 변환에 의해 얻어지는 것이 비슷하게 이산 계통에 적용될 수 있다.

특히, 그림 8.7에 보여진 바와 같이, 연속 계통이 이산 계통에 연결되었다고 하자. 여기에서 연속 출력 $\mathbf{y}(t)$는, 연속-이산(C/D) 변환기(continuous-to-discrete (C/D) converter)인, *추출기(sampler)*에 의해 매 Δ 초마다 추출(샘플링)된다. 또한 그림 8.1을 보라. 수열 $\mathbf{y}(0)$, $\mathbf{y}(\Delta)$, $\mathbf{y}(2\Delta)$, ⋯는 이산 계통(예를 들어, 컴퓨터)으로 공급된다. 오른쪽으로부터, 이산 계통의 출력은 이산-연속(D/C) 변환기(discrete-to-continuous (D/C) converter)에 의해 연속 신호로 변환된다. 한 가지 간단한 D/C 변환기는, 입력의 앞의 값을 다음 입력이 올 때까지 일정하게 유지하는 장치인, *0차 유지기(zero-order hold(er), ZOH)*라 불린다. 일정한 추출(샘플링) 시간(sampling time) Δ가 가정된 그림 8.8을 보라.

이 계통을 해석하기 위하여, 연속 계통을 등가 이산 계통에 의해 D/C와 C/D 변환기와 함께 나타내는 것이 편리하다.[8] 결과적인 계통 방정식은

$$\mathbf{x}(k+1) = \mathbf{A}_d\,\mathbf{x}(k) + \mathbf{B}_d\,\mathbf{u}(k) \tag{8.42}$$

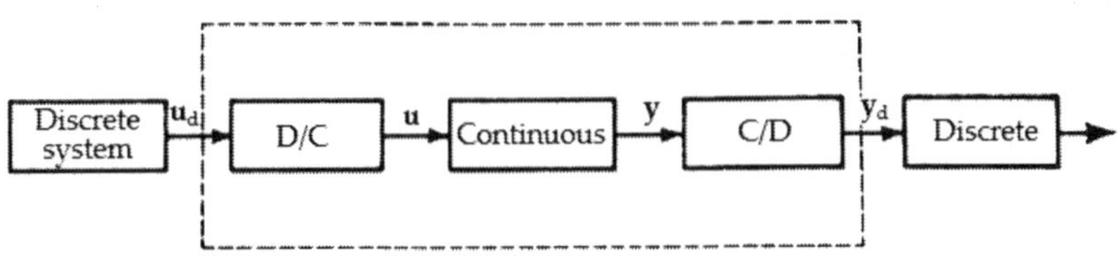

FIGURE 8.7 A continuous system connected with discrete systems.

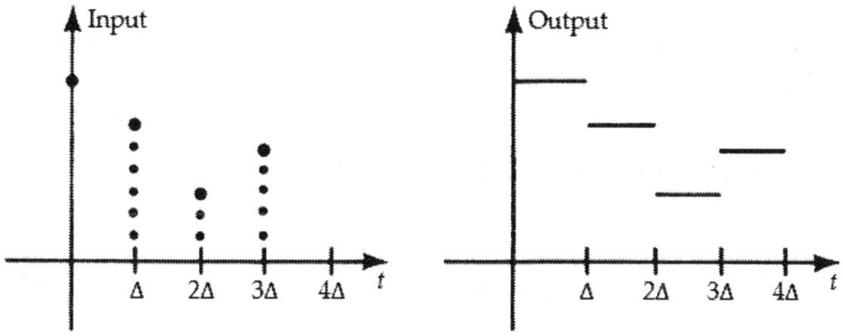

FIGURE 8.8 Input and output of a zeroth-order hold (equal sampling period).

$$\mathbf{y}(k) = \mathbf{C}_d\,\mathbf{x}(k) + \mathbf{D}_d\,\mathbf{u}(k) \tag{8.43}$$

이다.* 여기서, 언급되었듯이, 연속 계통은 시불변이다. 등가 이산 계통 역시 시불변이며 그 행렬 $\mathbf{A}_d$, $\mathbf{B}_d$, $\mathbf{C}_d$, 그리고 $\mathbf{D}_d$는

$$\begin{aligned} \mathbf{A}_d &= e^{\mathbf{A}\Delta}, & \mathbf{B}_d &= \left(\int_0^{\Delta} e^{\mathbf{A}\tau}d\tau\right)\mathbf{B} \\ \mathbf{C}_d &= \mathbf{C}\,e^{\mathbf{A}\Delta}, & \mathbf{D}_d &= \mathbf{C}\left(\int_0^{\Delta} e^{\mathbf{A}\tau}d\tau\right)\mathbf{B} + \mathbf{D} \end{aligned} \tag{8.44}$$

로 주어진다.

대응되는 연속 계통에 대한 식 (8.42)와 (8.43)의 완진한 상사(analogy)가 명백하다. 식 (8.42)는 선형, 상수 계수, 1차 행렬 차분방정식이다. 그것은 계통에 대한 상태 방정식임에 반하여, 식 (8.43)은 계통의 (대수) 출력 방정식이다.

식 (8.42)의 해는 조사에 의해 적어질 수 있다—연속의 경우인 식 (8.40)과는 달리. 주어진 초기 상태

$$\mathbf{x}(0) = \mathbf{x}_0 \tag{8.45}$$

로 시작하며, 그러므로 식 (8.42)는 연속으로

$$\mathbf{x}(1) = \mathbf{A}_d\,\mathbf{x}(0) + \mathbf{B}_d\,\mathbf{u}(0) \tag{8.46a}$$

$$\mathbf{x}(2) = \mathbf{A}_d\,\mathbf{x}(1) + \mathbf{B}_d\,\mathbf{u}(1) = \mathbf{A}_d^{\,2}\mathbf{x}_0 + \mathbf{A}_d\mathbf{B}_d\,\mathbf{u}(0) + \mathbf{B}_d\,\mathbf{u}(1) \tag{8.46b}$$

$$\mathbf{x}(3) = \mathbf{A}_d^{\,3}\mathbf{x}_0 + \mathbf{A}_d^{\,2}\mathbf{B}_d\,\mathbf{u}(0) + \mathbf{A}_d\mathbf{B}_d\,\mathbf{u}(1) + \mathbf{B}_d\,\mathbf{u}(2) \tag{8.46c}$$

또는, 일반적으로,

* 상태 변수 $\mathbf{x}$에 대한 지금의 (그리고 표준인) 표기와, 8.1절에서와 같은, 입력에 대한 x의 앞에서의 표기 사이를 구별해야 할 것이다. 여기에서는 입력은 $\mathbf{u}$로 나타내어졌다.

$$\mathbf{x}(k) = \mathbf{A}_d{}^k \mathbf{x}_0 + \sum_{p=0}^{k-1} \mathbf{A}_d{}^{k-p-1} \mathbf{B}_d \mathbf{u}(p) \tag{8.47}$$

을 산출한다. 출력 해(output solution) 식 (8.43)은, 그러면

$$\mathbf{y}(k) = \mathbf{C}_d \mathbf{A}_d{}^k \mathbf{x}_0 + \sum_{p=0}^{k-1} \mathbf{C}_d \mathbf{A}_d{}^{k-p-1} \mathbf{B}_d \mathbf{u}(p) + \mathbf{D}_d \mathbf{u}(k) \tag{8.48}$$

이 된다. 연속의 경우에서와 같이, 상태 $\mathbf{x}(k)$와 출력 $\mathbf{y}(k)$는 영 입력(zero-input) 항($\mathbf{u}$를 포함하지 않는)과 $\mathbf{x}_0 = \mathbf{0}$일 때의 응답인 영 상태(zero-state) 항의 합(sum)으로 이루어진다.

행렬 상태 방정식과 출력 방정식에 대한 Z-변환의 응용은 Laplace 변환을 사용한 연속 계통에 대한 앞에서의 유도와 매우 가깝게 된다. 이런 이유로 단지 단계에 대한 개략만을 다루며 필요한 상세한 사항은 스스로 공부할 것을 권한다.

식 (8.42)의 Z-변환을 취하고, $\mathbf{X}(z)$에 대해 풀면,

$$\mathbf{X}(z) = (z\mathbf{I} - \mathbf{A}_d)^{-1} \mathbf{B}_d \mathbf{U}(z) + (z\mathbf{I} - \mathbf{A}_d)^{-1} z\,\mathbf{x}(0) \tag{8.49}$$

를 얻는다. 여기서 단위행렬에 대하여 $\mathbf{I}$를 그리고 $\mathbf{U}(z) = Z\{\mathbf{u}\}$를 사용하였다. 여기에서의 상태 천이 행렬은

$$\mathbf{\Phi}(z) = (z\mathbf{I} - \mathbf{A}_d)^{-1} \tag{8.50}$$

이다. 식 (8.43)의 Z-변환은

$$\mathbf{Y}(z) = \mathbf{C}_d \mathbf{X}(z) + \mathbf{D}_d \mathbf{U}(z) \tag{8.51}$$

을 산출한다. 입력에 대한 영 상태 출력(zero-state output)에 관련된 전달 행렬 함수(transfer matrix function)는, $\mathbf{x}(0) = \mathbf{0}$으로, 식 (8.49)와 (8.51) 사이의 $\mathbf{X}(z)$를 소거함으로써 얻어질 수 있다. 그 결과는

$$\mathbf{Y}(z) = \mathbf{H}(z) \mathbf{U}(z) \tag{8.52}$$

이다. 여기서

$$\mathbf{H}(z) = \mathbf{C}_d \mathbf{\Phi}(z) \mathbf{B}_d + \mathbf{D}_d \tag{8.53}$$

은 계통의 전달 행렬 함수이다.

마지막으로, 안정도(stability), 임펄스 응답(impulse response), 그리고 주파수 응

답(frequency response) 같은 몇 가지 양상은 이 장의 끝에 있는 문제에서 고려된다.

8.6 THE DISCRETE FOURIER TRANSFORM

지수 Fourier 변환 쌍이

$$F(\omega) = \int_{-\infty}^{\infty} f(t)\, e^{-j\omega t} dt \tag{8.54}$$

그리고

$$f(t) = \frac{1}{2\pi} \int_{-\infty}^{\infty} F(\omega)\, e^{j\omega t} d\omega \tag{8.55}$$

와 같이 정의되었음을 상기한다. 이 절에서는 시간과 주파수 영역에서 추출된(sampled), 또는 이산화된(discrete), data의 표현을 찾는다. Z-변환이 추출된 data에 대한 Laplace 변환의 제한된 경우로 해석될 수 있는 것과 꼭 같이, 이산 신호(discrete sample)에 대한 Fourier 변환의 제한된 경우는 이산 푸리에 변환 쌍(discrete Fourier transform (DFT) pair)이라 불린다. 이제 식 (8.54)를 고려함으로써 DFT 쌍을 찾는다.

미적분학(calculus)의 기본 정리는 $F(\omega)$를 합(sum)

$$F(\omega) = \sum_{n=-\infty}^{\infty} f(t_n)\, e^{-j\omega t_n} \Delta t \tag{8.56}$$

으로 근사화하는 것을 가능하게 한다. 여기서 $t_n = n\Delta t$이다.

편의상, 논의를 임시로 실수인 신호 $f(t_n)$과, 실수인 함수 $F(\omega)$로 제한한다. 그러면

$$F_R(\omega) = \sum_{n=-\infty}^{\infty} f(t_n) \cos \omega t_n\, \Delta t \tag{8.57}$$

이다. 주파수 ω는 $\omega = k\Delta\omega$로 둠으로써 이산화될 수 있다. 여기서 k는 임의의 정수이다. 그러면, $F_R(k\Delta\omega)$를 $F_R(k)$로 그리고 $f(t_n) = f(n\Delta t)$로 $f(n)$을 정의하면,

$$F_R(k) = \sum_{n=-\infty}^{\infty} f(n) \cos(kn\Delta\omega\Delta t)\, \Delta t \tag{8.58}$$

을 가진다. 관계

$$\Delta\omega\Delta t = 2\pi/N \tag{8.59}$$

를 만족하는 주파수 추출 간격(frequency sampling interval)과 시간 추출 간격(time sampling interval)의 적(곱, product)을 선택하는 것이 편리하다. 여기서 N은 $f(n)$에서 추출 data의 총 수(total number of samples)를 결정하는 임의의 정수이다. 그러면

$$F_R(k) = \Delta t \sum_{n=-\infty}^{\infty} f(n)\cos(2\pi kn/N) \tag{8.60}$$

이다. k가 정수 N만큼 증가된다면,

$$F_R(k+N) = F_R(k) \tag{8.61}$$

을 가진다. 따라서 필요한 것보다 훨씬 더 많은 정보가 식 (8.60)에 포함된다. 관심은 $F_R(k)$의 이산 주파수 spectrum에 관련된 정보를 정확하게 전달하게 하는 $F_R(k)$의 이산 data의 최소수(minimum number of samples)를 찾는데 있다. $f(n)$이 주기 $T = N\Delta t$로 주기적이라면, 그러면 $F_R(k)$를 정확하게 결정하기 위해 필요한 모든 정보는 시간 T 내에 모일 것이다. $f(n)$이 비주기적(nonperiodic)이라면, 그리고 T가 충분한 길이(sufficient length)라면, 그러면 길이 T의 추출 data는 $F_R(k)$의 정확한 추정(accurate estimate)을 산출할 것이다. 그러므로,

$$F_R(k) = \Delta t \sum_{n=0}^{N-1} f(n)\cos(2\pi kn/N) \tag{8.62}$$

로 적음으로써 식 (8.60)에 있는 급수를 자를 것이다. 합(sum)의 상한(upper limit)을 N이 아니라 $(N-1)$로 선택하는 이유는 다음과 같다: 항

$$f(0) = f(N)\cos(2\pi k) = f(N) \tag{8.63}$$

은 $f(n)$이 주기 N으로 주기적이라면 항등이다(identical). 따라서 $n = N$의 경우에 생기는 $F_R(k)$에 관련된 부가적인 정보는 없다.

복소 표기로 되돌아가서, 수열 $f(n)$의 이산 Fourier 변환을 다음과 같이 정의한다:

$$F_d(k) = \sum_{n=0}^{N-1} f(n)\, e^{-2\pi jkn/N} \tag{8.64}$$

그 다음

$$\sum_{k=0}^{N-1} F_d(k)\, e^{-2\pi jkl/N} = \sum_{n=0}^{N-1}\sum_{k=0}^{N-1} f(n)\, e^{-2\pi jk(n-l)/N} \tag{8.65}$$

의 형태로 $f(n)$을 찾는다. 다음의 항등식을 세우는 것은 쉽다:

$$\sum_{n=0}^{N-1} a^n = \frac{1-a^N}{1-a} \tag{8.66}$$

그러므로, $a = e^{-2\pi j(n-l)/N}$로,

$$\sum_{k=0}^{N-1} e^{-2\pi jk(l-n)/N} = \frac{1-e^{-2\pi j(l-n)}}{1-e^{-2\pi j(l-n)/N}} \tag{8.67}$$

을 적을 수 있다. $l \neq n$이라면, 식 (8.67)의 우변의 분모는 유한하며, 0이 아닌 한편, 분자는 0이 된다. $l = n$이라면, 우변은 N과 같다. 따라서,

$$\sum_{k=0}^{N-1} e^{-2\pi jk(l-n)/N} = N\delta_{l,n} \tag{8.68}$$

이다. 여기서 $\delta_{l,n}$은 앞에서 소개된 Kronecker delta이다. 식 (8.65)는 그러면

$$f(l) = \frac{1}{N}\sum_{k=0}^{N-1} F_d(k)\, e^{2\pi jkl/N} \tag{8.69}$$

로 된다. 이산 Fourier 변환(DFT) 쌍은 관계

$$F_d(k) = \sum_{n=0}^{N-1} f_d(n)\, e^{-2\pi jnk/N} \tag{8.70a}$$

와

$$f_d(n) = \frac{1}{N}\sum_{k=0}^{N-1} F_d(k)\, e^{2\pi jnk/N} \tag{8.70b}$$

의 조합으로 정의된다. 언급된 바와 같이, N은 추출 data의 총 수인 임의의 정수이다. n과 k는 둘 다 길이 N의 주기 수열(periodic sequence)로 다루어지기 때문에 $[0, 1, \cdots, N-1]$의 범위에 걸친다.

이제 식 (8.70a)와 (8.70b)에 주어진 함수의 몇 가지 성질을 더 상세하게 검토하자. 먼저 $f(n)$이 실수라면, $F_d(k)$는, 일반적으로, 복소수임에 주목한다.

Linearity

DFT는 선형 연산이다. 즉, 두 개의 수열 $f(n)$과 $g(n)$, 그리고 두 개의 상수 a와 b가 주어졌다면, 그러면

$$\mathrm{DFT}\{af(n)+bg(n)\}=a\,\mathrm{DFT}\{f(n)\}+b\,\mathrm{DFT}\{g(n)\} \tag{8.71}$$

Shifting

연속 함수에 대한 추이 정리와 상사로, DFT에 대한 대응하는 관계가 있다. 수열 $f(n-m)$의 DFT를 찾기를 원한다. 그것은 식 (8.70a)에 따라

$$\mathrm{DFT}\{f(n-m)\}=\sum_{n=0}^{N-1}f(n-m)\,e^{-2\pi jkn/N} \tag{8.72}$$

로 정의된다. $n-m=l$로 $-m\le l\le N-1-m$이라 하자. 그러면

$$\mathrm{DFT}\{f(n-m)\}=e^{-2\pi jkm/N}\sum_{l=-m}^{N-1-m}f(l)\,e^{-2\pi jkl/N} \tag{8.73}$$

이다. 그러나 $f(l)$은 $f(-m)=f(-m+N)$과 같은 주기 수열이다. 따라서 l에 대한 합산(summation)은 정수 $0\le l\le N-1$로 가는 것으로 바꾸어질 수 있다. 그러면, l 대신 n으로,

$$\mathrm{DFT}\{f(n-m)\}=e^{-2\pi jkm/N}\,\mathrm{DFT}\{f(n)\} \tag{8.74}$$

이다. 식 (8.74)는 DFT에 대한 추이 정리의 설명이다.

Convolution

$F_d(k)=\mathrm{DFT}\{f_d(n)\}$ 그리고 $G_d(k)=\mathrm{DFT}\{g_d(n)\}$이라 하자.

$$h(n)=\frac{1}{N}\sum_{k=0}^{N-1}F_d(k)\,G_d(k)\,e^{2\pi jkn/N} \tag{8.75}$$

로 주어지는 수열 $h(n)$을 찾자. $F_d(k)$와 $G_d(k)$에 대한 표현을 삽입하면

$$h(n) = \frac{1}{N}\sum_{k=0}^{N-1}\sum_{l=0}^{N-1}\sum_{m=0}^{N-1} f(l)\,g(m)\,e^{2\pi jk(l-m-n)/N} \tag{8.76}$$

을 준다. 합산의 수렴을 가정하여, 먼저 정수 k에 대하여 합할 수 있다. 합을 S로 나타내어,

$$S = \sum_{k=0}^{N-1} e^{2\pi jk(n-l-m)/N} = \frac{1-e^{2\pi j(n-l-m)}}{1-e^{2\pi j(n-l-m)/N}} \tag{8.77}$$

을 가진다. 임의의 $n-l-m \neq 0$에 대하여, 식 (8.77)의 분자는 0이며 분모는 유한하며, 0이 아니다. $n-l-m=0$인 경우, 합은 N과 같다. 따라서,

$$S = N\delta_{l,n-m} \tag{8.78}$$

이다. 따라서, $h(n)$에 대한 표현은

$$h(n) = \sum_{l=0}^{N-1}\sum_{m=0}^{N-1} f(l)\,g(m)\,\delta_{l,n-m} \tag{8.79}$$

또는, 마지막으로,

$$h(n) = \sum_{m=0}^{N-1} f(n-m)\,g(m) \tag{8.80}$$

가 된다. 식 (8.80)은 두 개의 이산 수열 $h(n)$과 $g(n)$에 대한 합성 정리의 설명이다.

수열 $f(n)$의 DFT의 의미를 더 면밀하게 해석하자. 식 (8.2)에서와 같이,

$$f(t) = \sum_{n=0}^{N-1} f(n\Delta t)\,\delta(t-n\Delta t) \tag{8.81}$$

로 써진 연속 data의 sample을 고려한다. 이 신호의 Fourier 변환은

$$F(\omega) = \int_{-\infty}^{\infty}\sum_{n=0}^{N-1} f(n\Delta t)\,\delta(t-n\Delta t)\,e^{-j\omega t}dt \tag{8.82}$$

이다. 식 (8.82)의 우변이 수렴한다고 가정하여, 적분과 합산의 순서를 바꾸면, 결

과는

$$F(\omega) = \sum_{n=0}^{N-1} f(n)\, e^{-j\omega t_n} \tag{8.83}$$

이 된다. 여기서 $t_n = n\Delta t$와 $f(t_n) = f(n\Delta t)$가 표기로서 다시 도입되었다. 식 (8.83)이 이산 주파수 $\omega = \omega_k = k\Delta\omega$ 에서 계산될 때, 결과는 식 (8.70a)와 같다. 그러므로 $\mathrm{DFT}\{f(n)\}$은 추출 함수(sampled function)의 Fourier 변환과 같다는 해석을 가진다.

Delta 함수의 성질로부터 따라오는, 식 (8.81)을 적는 다른 방법은

$$f(t) = \sum_{n=0}^{N-1} f(t)\, \delta(t - n\Delta t) \tag{8.84}$$

이다. 식 (8.84)에 포함된 delta 함수의 Fourier 급수 표현을 찾고 그 다음 결과적인 신호 $f(t)$의 Fourier 변환을 결정할 것이다. 이 방식에서는, $\mathrm{DFT}\{f(n)\}$의 부가적인 해석이 찾아질 것이며 *에일리어싱(aliasing)*의 현상이 소개될 것이다. 이것은 주의가 기울여지지 않으면 DFT의 사용에 있어서 생기는 어려움의 주요 원인 중 하나이다.

$$\delta(t - n\Delta t) = \sum_{l=-\infty}^{\infty} a_l e^{j\omega_l t} \tag{8.85}$$

를 적는다. 여기서 T는 주기로, $\omega_l = 2\pi l/T$이다. 계수 a_l은 형태

$$\int_{-T/2}^{T/2} e^{-j\omega_p t}\, \delta(t - n\Delta t)\, dt = \sum_{l=-\infty}^{\infty} a_l \int_{-T/2}^{T/2} e^{j(\omega_l - \omega_p)t} dt \tag{8.86}$$

에 의해 계산되어 결과는

$$a_l = \frac{1}{T} e^{-j\omega_l n\Delta t} \tag{8.87}$$

이다. 따라서,

$$\delta(t - n\Delta t) = \frac{1}{T} \sum_{l=-\infty}^{\infty} a_l e^{j\omega_l (t - n\Delta t)} \tag{8.88}$$

로 적을 수 있다. 그러므로, 식 (8.84)를 사용하여, $f(t)$는

$$f(t) = \frac{1}{T}\sum_{n=0}^{N-1} f(t) \sum_{t=-\infty}^{\infty} e^{j\omega_l(t-n\Delta t)} \tag{8.89}$$

와 같이 적어질 수 있다. 이 함수의 Fourier 변환은, 이산 주파수에서 계산될 때 식 (8.83)의 덕택으로, DFT이다. 따라서, $\omega = \omega_k$에 대하여,

$$F_d(\omega_k) = \frac{1}{T}\int_{-\infty}^{\infty} e^{-j\omega_k t}\left\{\sum_{n=0}^{N-1} f(t) \sum_{l=-\infty}^{\infty} e^{j\omega_l(t-n\Delta t)}\right\} dt \tag{8.90}$$

이다.

다시, 합산과 적분의 상호 교환으로, Fourier 변환에 대한 추이 정리를 사용하여,

$$F(\omega_k - \omega_l) = \int_{-\infty}^{\infty} e^{-j(\omega_k-\omega_l)t} f(t)\, dt \tag{8.91}$$

을 가진다. 이 결과를 식 (8.90)에 대입하여,

$$F_d(\omega_k) = \frac{N}{T}\sum_{l=-\infty}^{\infty} F\left(\omega_k - \frac{2\pi l}{T}\right) \tag{8.92}$$

또는, $T = N\Delta t$ 그리고 $\Delta t = 2\pi/\Delta\omega$이기 때문에,

$$F_d(\omega_k) = \frac{\Delta\omega}{2\pi}\sum_{l=-\infty}^{\infty} F(\omega_k - l\Delta\omega) \tag{8.93}$$

을 가진다. 그러므로 DFT$\{f(n)\}$은 추이된 Fourier 변환의 유한 급수(finite series)로 해석될 수 있다. 틀림없이 이 사실은 DFT의 사용에 있어서 주된 문제점의 한 가지로 이끈다: 추출율(샘플링율, 샘플링 주파수, sampling rate)의 선택에 있어서 주의가 기울여지지 않으면, Fourier 변환이 겹칠 수 있어, 그 결과로 aliasing이 생길 것이다.

The Sampling Theorem and Aliasing

추출 정리와 직관적 추론에 의한 aliasing의 논의로 시작한 다음, 더 엄밀하게 그것을 논의하는 것이 편리하다. 그림 8.9에서 그것을 통하여 몇 개의 시간의 연속 함수 $f_1(t)$, $f_2(t)$, 그리고 $f_3(t)$가 지나갈 수 있는 추출(샘플링)점의 군(group of sampling points)을 본다.

문제는 그러면: 어느 함수가 "옳은가"? 답은 보여진 것과 같은 주어진 data $f(n)$

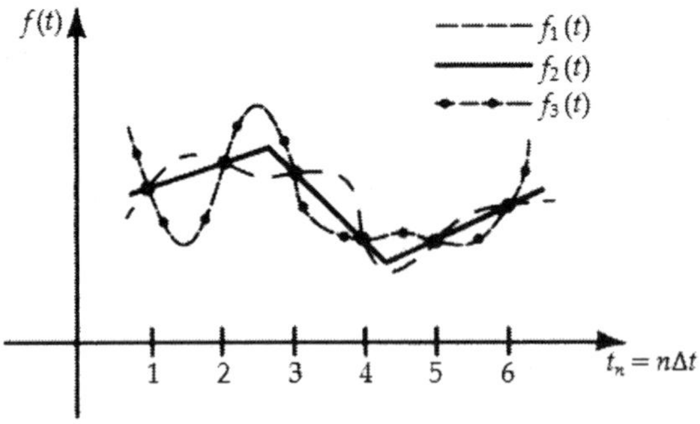

FIGURE 8.9 Discrete sample points and several fitting continuous functions.

의 수집인 그것들 각각이 모두 옳다는 것이다. 시간 간격(time interval)에 걸쳐 취해진 sample이 그림 8.10의 $f(n)$으로 귀착되는 것으로 보여지도록 추출 간격(sampling interval)이 감소되었다면, 그러면 바로 $f_3(t)$가 "옳은" 신호라고 결론지을 것이다.

직관적으로, 그러면, $f_d(n)$으로부터 연속 함수 $f(t)$의 정확한 재구성을 마련하기 위해서는 sampling rate에 대한 기준(criterion)이 필요하다는 결론에 도달한다. *추출 정리(sampling theorem)*는 답을 제공한다: 주어진 연속 함수 $f(t)$에서, 그것을 완전히 재구성하기 위해서는 $f(t)$에 포함된 최고 주파수(highest frequency)의 2배 보다 더 큰 비율로 추출해야 한다.

추출 정리를 증명하기 위해서, 7장의 식 (7.148)로 돌아간다. Filter의 논의에 관련되어, 항등식

$$F_d(k) = \frac{1}{\pi} \sum_{n=-L}^{L} F_d(n) \frac{\sin(k-n)\pi}{k-n} \tag{7.148}$$

을 수립하였다. $k = n$이라면, 추출 신호 $F_d(k)$가 완전히 재생됨에 유의하라. 따라서,

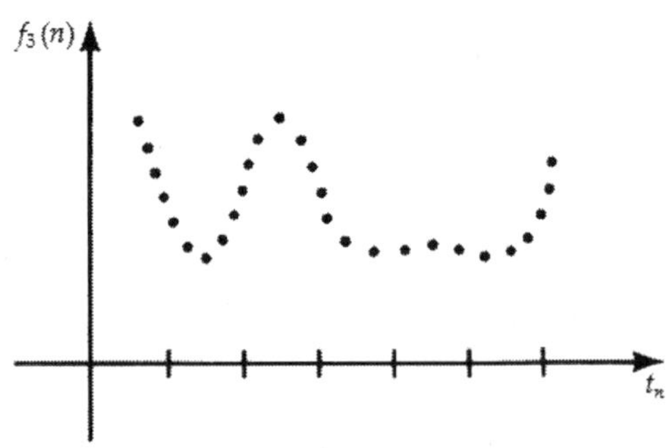

FIGURE 8.10 Discrete sample points for $t_n = n\Delta t$, with $\Delta t \to 0$.

$-L \le n \le L$이라면, 완전히 재생되는 이산 신호를 위한 주파수의 값은 바로 $k = 2L+1$을 가져야 한다. $k > 2L+1$이라면, 그러면 정확한 $F_d(k)$와 그것의 근사 사이의 평균 제곱 오차(mean square error)가 최소로 됨을 증명없이 기술한다.

추출 이론(sampling theory)에서는, 식 (7.148)이 휘태커의 기본 함수(Whittaker's cardinal function)로 알려져 있다. 여기에서는 기본 주기가 2π로 취해져 $2\pi L$이 $F_d(k)$에 포함된 최고 주파수이다. $k < 2L+1$이라면, 신호 $F_d^{(a)}(k)$는 *에일리어스되었다(aliased)*고 말해진다. Alias된 것과 정확한 신호 사이의 차이는 오차 신호(error signal) $E_a(k)$, 즉

$$E_a(k) = F_d^{(a)}(k) - F_d(k)$$

로 정의된다. 명백히, $k = n$ 그리고 $-L \le n \le L$이라면 $E_a(k) \equiv 0$이다. 하지만, $k \ne n$일 때는 그렇지 않다. 추출 크기(sample size)와 그것의 효과에 대한 몇 가지 문제에 관한 논의를 이 장의 끝에서 설명한다.

이제 DFT의 계산의 몇 개의 예제로 돌아간다. 각각에서, 먼저 주어진 함수의 연속 Fourier 변환을 찾으며, 그 다음 DFT를 찾고 두 가지를 비교한다.

Example 8.23 $f(t) = u(t) - u(t - T_0)$이라 하자. 연속 Fourier 변환은 $x = \omega T_0/2$로

$$F(\omega) = \int_0^{T_0} e^{-j\omega t} dt = 2T_0 e^{-jx} \frac{\sin x}{x}$$

로 주어진다. $F(\omega)$의 크기는

$$|F(\omega)| = 2T_0 \left| \frac{\sin x}{x} \right|$$

이다. 이제

$$f(n) = \begin{cases} 1 & 0 \le n \le (N-1)/2 \\ 0 & (N-1)/2 < n \le N-1 \end{cases}$$

와 같은 주기 구형(사각)파(periodic square wave)의 추출 신호를 선택하여 이 함수의 DFT를 계산한다. 그러면

$$F_d(k) = \sum_{n=0}^{(N-1)/2} e^{-2\pi jkn/N} = \frac{1 - e^{-j\pi k}}{1 - e^{-2\pi jk/N}}$$

이다. $F_d(k)$에 대한 관계식은

$$F_d(k) = e^{-j\pi k(\frac{1}{2}-\frac{1}{N})} \frac{\sin(\pi k/2)}{\sin(\pi k/N)}$$

와 같이 적어질 수 있다. 실수열(real sequence) $f(n)$에 대한 $F_d(k)$의 복소 성질은 이 마지막 표현에서 명백히 보여진다. 관심은 $F_d(k)$의 크기를 $|\sin x/x|$와 비교하는 것이다.

$$|F_d(k)| = \left|\frac{\sin(\pi k/2)}{\sin(\pi k/N)}\right|$$

를 가진다. $k = 0$인 경우, $|F_d(k)| = N/2$이다. k가 우수(짝수, even)라면, $|F_d(k)| = 0$이다. N이 매우 크다면,

$$|F_d(k)| \to \frac{N}{2}\left|\frac{\sin x_k}{x_k}\right|$$

이다. 여기서 $x_k = \pi k/2$이다. 그러므로 연속 주파수 spectrum에 대한 좋은 근사는, 곱하는 상수(multiplicative constant)는 제외하고, 이산 Fourier 변환으로 주어질 것임을 예측한다. 이 장의 끝에 있는 문제 중 한 개에서, $|F_d(k)|$의 형태에 미치는 추출점(sample point)의 수를 변경하는 경우의 효과가 고려된다. ■

Example 8.24 주기 $T_0 = 2\pi/\omega_0$로 $f(t) = \sin\omega_0 t$라 하자. 이 함수의 연속 Fourier 변환은

$$F(\omega) = \frac{1}{2j}\int_{-\infty}^{\infty}\left[e^{-j(\omega-\omega_0)t} - e^{-j(\omega+\omega_0)t}\right]dt = j\frac{\pi}{2}[-\delta(\omega-\omega_0) + \delta(\omega+\omega_0)]$$

이다. 이 주파수 spectrum의 크기는 점 $\omega = \pm\omega_0$에서의 두 개의 delta 함수로 이루어진다. $f(t)$의 이산 sample은 수열

$$f_d(n) = \sin(2\pi n/N)$$

으로 주어진다. 먼저 $\mathrm{DFT}\{f_d(n)\}$이 차분방정식을 만족함을 보인다. Sine 함수의 지수 표현은

$$F_d(k) = \frac{1}{2j}\sum_{n=0}^{N-1}\left[e^{-(2\pi jn/N)(k-1)} - e^{-(2\pi jn/N)(k+1)}\right]$$

로 적는 것을 허용하는데, 이것은, 정의에 의해, 차분방정식

$$F_d(k) = \frac{j}{2}[F_d(k+1) - F_d(k-1)]$$

이다.

$F_d(k)$의 명시적 표현을 n에 대한 합산을 수행함으로써,

$$F_d(k) = \frac{1}{2j}\left[\frac{1-e^{-2\pi j(k-1)}}{1-e^{-2\pi j(k-1)/N}} - \frac{1-e^{-2\pi j(k+1)}}{1-e^{-2\pi j(k+1)/N}}\right]$$

와 같은 결과로 찾을 수 있다. 괄호 속에 있는 첫 번째 항의 분자는 $k=1$인 경우를 제외하고는 0이 되는 한편, 두 번째 항은 $k=-1$을 제외하고는 0이다. 그러므로 $F_d(k)$의 절대치는

$$|F_d(k)| = \frac{N}{2}\delta_{k\pm1}$$

이다. $\omega_k = k\omega_0$이기 때문에, $\pm\omega_0$에서 높이 $N/2$의 스파이크(spike)가 있다. ■

Example 8.25 이 예제에서는, $\omega_0 T_0 = \pi$의 가정 아래에서, 두 개의 함수 $f(t) = \sin\omega_0 t$와 $h(t) = u(t) - u(t-T_0)$의 합성의 계산을 설명한다. 두 함수는 $2T_0$의 같은 주기를 가질 것이다. 연속 합성 적분은

$$g(t) = \int_{-\infty}^{\infty} f(t-\tau)\,h(\tau)\,d\tau$$

인 $g(t)$인데, 여기에서는

$$g(t) = \int_0^{T_0} \sin\omega_0(t-\tau)\,d\tau = -\frac{2}{\omega_0}\cos\omega_0 t$$

가 된다.

함수 $f(n)$과 $h(n)$의 이산 합성은, 식 (8.80)에 따라,

$$g(n) = \sum_{m=0}^{L-1} f(n-m)\,h(m)$$

로 주어지는 함수 $g(n)$이다. 여기서 L은 추출 정리의 사용에 의해 뒤에 결정될 것이다. $f(n)$과 $h(n)$을 추출 함수

$$f(n) = \sin(\pi n/N)$$

과

$$h(n) = \begin{cases} 1 & 0 \le n \le (L-1)/2 \\ 0 & (L-1)/2 < n \le L-1 \end{cases}$$

으로 취할 것이다. 주기 T_0에 대응하는 연속 주파수는 주파수 ω_0의 2배이기 때문에, $L = 2N+1$로 취해야 해서,

$$g(n) = \sum_{m=0}^{N} \sin\frac{\pi}{N}(n-m)$$

이다. $g(n)$을

$$g(n) = \text{Im} \sum_{m=0}^{N} e^{j\pi(n-m)/N}$$

으로 적으면

$$g(n) = \text{Im}\left[e^{j\pi n/N} \frac{1 - e^{-j\pi(N+1)/N}}{1 - e^{-j\pi/N}}\right]$$

이 된다. $g(n)$이

$$g(n) = \cot\frac{\pi}{2N} \ \sin\left(\frac{n\pi}{N} - \frac{\pi}{2}\right)$$

또는, 그 대신으로

$$g(n) = -\cot\frac{\pi}{2N} \ \cos\left(\frac{n\pi}{N}\right)$$

로 주어짐을 찾는다. 큰 N의 경우, 그러므로, 연속인 경우의 결과의 직접 이산화로 찾는 것과 완전히 같은

$$g(n) \to -\frac{2n}{\pi}\cos\left(\frac{n\pi}{N}\right)$$

를 가진다. ■

DFT 쌍을 계산하기 위한 효과적인 앨고리즘(algorithm)에 대한 마지막 단평(remark)으로 이 절을 끝맺는다. $F_d(k)$에 대한 표현에서 $W = e^{-2\pi j/N}$라 하자. 그러면 $F_d(k)$를

$$F_d(k) = \sum_{n=0}^{N-1} W^{nk} f_d(n) \tag{8.94}$$

로 적을 수 있다. 식 (8.94)는, 성분 표기(component notation)로, 추출 시간 data를 포함하는 N-차원 vector $\mathbf{f}_d(n)$을 주파수 공간에서 대응하는 N-차원 vector $\mathbf{F}_d(k)$로 변환하는 행렬 관계식이다. 변환 행렬은 요소 W^{nk}를 갖는다. 따라서

$$\mathbf{F}_d(k) = \mathbf{W}\,\mathbf{f}_d(n) \tag{8.95}$$

로 적을 수 있다. 역산에 의해, $\mathbf{f}_d(n)$은

$$\mathbf{f}_d(n) = \mathbf{W}^{-1}\mathbf{F}_d(k) \tag{8.96}$$

인 것으로 찾아진다. 행렬 **W**는 대칭, 즉 모든 n과 k에 대해 $W^{nk} = W^{kn}$이며, $W^{n0} = W^{0n} = 1$이다. 더욱이, **W**의 모든 요소는 단위 값(1)의 계수(modulus unity)이다. W가 $N \times N$ 대칭행렬이기 때문에, 많아야 요소의 $N(N+1)/2$개 만이 독립이다. 변하는 n과 고정된 k에 대한 요소 W^{kn}은 단위 반경의 원 주위로 $2\pi k/N$ [rad] 만큼 떨어져 있는 것으로 생각할 수 있어, 추가적인 대칭 관계가 찾아질 수 있다. 이 단평은 DFT 쌍의 기계 계산 시간(machine computation time)이 최소화될 수 있는 방법을 설명하는데 도움을 준다. 효과적인 고속 푸리에 변환(fast Fourier transform, FFT) algorithm은 이와 같은 고려를 기초로 한다. FFT에 대한 algorithm의 세부는 논의하지 않지만 예제로 응한다.

Example 8.26 $N = 4$라 하고 $f_d(n)$의 항으로 $F_d(k)$에 대한 일반적인 표현을 찾는다. $N = 4$로, $W = e^{-\pi j/2} = -j$이다. 그러면, 행렬 표기로,

$$\begin{bmatrix} F_d(0) \\ F_d(1) \\ F_d(2) \\ F_d(3) \end{bmatrix} = \begin{bmatrix} 1 & 1 & 1 & 1 \\ 1 & -j & -1 & j \\ 1 & -1 & 1 & -1 \\ 1 & j & -1 & -j \end{bmatrix} \begin{bmatrix} f_d(0) \\ f_d(1) \\ f_d(2) \\ f_d(3) \end{bmatrix}$$

를 가지며, 이로부터

$$F_d(0) = \sum_{n=0}^{3} f_d(n)$$

$$F_d(1) = F_d^*(3) = \sum_{n=0}^{3} (-j)^n f_d(n)$$

그리고

$$F_d(2) = \sum_{n=0}^{3} (-1)^n f_d(n)$$

을 찾는다. 이 경우, 알려진 $f_d(n)$으로, 행렬 계수를 찾고 보여진 $F_d(k)$에 대한 표현의 형태로 함으로써 계산 시간이 최소로 될 수 있다. 이것은 임의의 n과 k에 대해 일반화될 수 있다. ■

PROBLEMS

8-1 *전진 차분 연산자(forward difference operator)* Δ는 다음과 같이 정의된다:

$$\Delta f(k) = f(k+1) - f(k)$$

여기서 $\Delta f(k)$는 $f(k)$의 1계 전진 차분(first forward difference)로 알려져 있다. 2계 차분은 그러면

$$\Delta^2 f(k) = \Delta[\Delta f(k)] = f(k+2) - 2f(k+1) + f(k)$$

이다.
(a) $f(k)$의 n계 차분에 대한 표현을 얻어라.
(b) Δ는 선형 연산자(linear operator), 즉 상수 c_1과 c_2에 대해

$$\Delta[c_1 f_1(k) + c_2 f_2(k)] = c_1 \Delta f_1(k) + c_2 \Delta f_2(k)$$

임을 증명하라.
(c) 차분 연산자를

$$E[f(k)] = f(k+1)$$

로 정의되는 *추이 연산자(shifting operator)* E와 관련짓고 연산자 E의 항으로 $f(k)$의 n계 차분을 표현하라.
(d) *후퇴 차분 연산자(backward difference operator)* ∇는 비슷하게

$$\nabla f(k) = f(k) - f(k-1)$$

로 정의된다. $\nabla^2 f(k), \nabla^3 f(k), \cdots, \nabla^n f(k)$에 대한 표현을 얻어라; ∇는 선형 연산자임을 증명하라. 또한, $\nabla = 1 - E^{-1}$임을 보여라.
(e) 차분 연산자 Δ와 ∇를 미분 연산자(differential operator) $D = d/dt$와 비교하라.

$$\left.\frac{df(t)}{dt}\right]_{t=t_0} = Df(t_0) = \lim_{h\to 0}\frac{f(t_0+h) - f(t_0)}{h}$$

를 상기하라.

8-2 Digital filter는 그 응답 $y(n)$이 입력의 지나간 값(past value)과 그 위에 응답의 지나간 값의 함수라면 *재귀적(순환적, recursive)*이라 불린다; 좀 더 명확히,

$$y(n) = \sum_{k=0}^{N} c_k x(n-k) + \sum_{k=1}^{N} d_k y(n-k)$$

는 차수 N의 선형, 시불변(c_k, d_k는 상수) 재귀 filter를 나타낸다. 모든 계수 d_k가 0일 때, filter는 *비재귀적이다(nonrecursive).*

(a) 사다리꼴 법칙(trapezoidal rule)

$$y(n) = y(n-1) + \frac{1}{2}[x(n) + x(n-1)]$$

으로 알려진 수치 적분(numerical integration)은 digital filter로 고려될 수 있다. 이것을 분류하고, 그 다음 그림 8.4와 비슷한 block 도를 그려라.

(b) $y(n) = x(n) + \frac{1}{2}x(n-1)$에 대하여 (a)를 반복하라.

8-3 $f_d(t)$의 Laplace 변환 식 (8.6)은 s에 관한 주기 함수; 즉,

$$F_d(s) = F_d\left(s + j\frac{2\pi}{T}\right)$$

임과 그러므로 무한한 수의 극과 영점을 가짐을 보여라. 그것의 역산(예컨대, 부분 분수에 의한)은 그래서 어렵다.

8-4 Z-변환은 추출 간격(sampling interval) T와 무관함을 보여라. 그러므로 표기 $f(nT)$와 $f(n)$은 교체적으로(interchangeably) 사용한다.

8-5 다음의 함수에 대한 Z-변환을 유도하고 그것의 수렴 영역을 구하라:

(a) $f(n) = \cos n\omega_0\, u(n)$

(b) $f(n) = a^{|n|},\ n = 0, \pm1, \pm2, \cdots$

(c) $f(n) = |n|a^{|n|},\ n = 0, \pm1, \pm2, \cdots$

8-6 다음 함수에 대한 수렴 영역을 세워라:

(a) $f(n) = e^{-an}$

(b) $f(n) = n^2$

(c) $f(n) = \cos n\omega_0$

(d) $f(n) = \sinh n\omega_0$

(e) $f(n) = \cosh n\omega_0$

8-7 다음과 같이, Example 8.13의 저항성 사다리 회로망(resistive ladder network)의 풀이를 완성하라:

(a) $v(1)$이 $v(0)$에 관련되는 첫 번째 "경계" 조건을 사용하여, $v(0)$ 만을 포함하는 $V(z)$의 표현으로 재배열하라—Example 8.2를 보라.

(b)

$$v(n) = v(0)\left[\cosh\omega_0 n + \frac{1/2 - [I/v(0)]}{\sqrt{5}/2}\sinh\omega_0 n\right]$$

을 얻기 위하여 $V(z)$의 표현과 $\sinh\omega_0 n$과 $\cosh\omega_0 n$의 Z-변환을 비교하라.[1] 여기서 $\cosh\omega_0 = 3/2$이며 $\sinh\omega_0 = \sqrt{5}/2$이다.

(c) $v(0)$를 계산하기 위하여, $n = N$에 대한 이 마지막 식과, 주어진 두 번째 "경계" 조건을 사용하라.

8-8 (a) 모든 경계 조건이 0으로 정의된, Example 8.3에 대한 전달 함수 $H(z) = Y(z)/X(z)$를 얻어라. 또한 $x(n) = \delta(n)$일 때의, impulse 응답 $h(n)$을 찾아라.
(b) 식 (8.5)로 주어진 일반적인 차분방정식에 대한 $H(z)$를 찾아라. 결과를 Laplace 변환의 전달 함수 $H(s)$와 비교하라.
(c) 앞의 (b)에서

$$Y(z) = W(z)\sum_i b_i z^{-1}$$

과

$$W(z) = X(z)\frac{1}{\sum_i a_i z^{-1}}$$

로 적어라.[12] 여기에서 $W(z)$는, 입력과 출력 사이의 중간(중개) 수열(intermediate sequence) $w(nT)$에 대응하는, 중간(중개) 변수(intermediate variable)로 정의된다. $w(nT)$와 $x(nT)$, 그리고 $y(nT)$와 $w(nT)$에 관련된 대응하는 두 개의 차분방정식을 적어라. 이 식으로부터, 지연 단위(delay unit), 배율기(multiplier), 그리고 합산 절점(summation node)을 사용하여, digital filter를 실현하기 위한 block 도를 그려라(Example 8.3을 보라).

8-9 $nf(n)$의 Z-변환의 합(sum)을 정의하는 식을 세움으로써

$$Z\{nf(n)\} = -z\frac{dF(z)}{dz}$$

를 증명하라.

8-10 초기치 성질 식 (7.22)와 (7.23)을 사용하여, $f(0) = 0$이라면 그러면 $f(1) = \lim_{z\to\infty} zF(z)$임을 증명하라. 또한 이 경우의 $f(2), f(3), \cdots$을 얻어라.

8-11 Z-변환의 다음의 성질을 증명하라:

$$Z\left\{\sum_{p=0}^{n} f(p)\right\} = \frac{z}{z-1}F(z)$$

이 성질은 Laplace 변환에서의 유한 적분(finite integration)(0과 t 사이의)에 대응한다.
Hint 유한 합(finite sum)을 $g(n)$으로 나타내자; $f(n)$과 $g(n)$에 관련된 차분방정식을 적고, 그것에 Z-변환을 적용하라.

8-12 역산 적분(inversion integral)을 사용하여, 다음을 증명하라:
(a) $Z^{-1}\{\sinh(a/z)\} = a^n/n!$ for $n = 1, 3, 5, \cdots$
(b) $Z^{-1}\{\cosh(a/z)\} = a^n/n!$ for $n = 0, 2, 4, \cdots$

8-13 역산 적분을 사용하여,

$$Z^{-1}\left\{\ln\frac{z}{z-1}\right\} = \frac{1}{n} \quad \text{for } n > 0$$

을 증명하라:

8-14 부분 분수에 의하여

(a) $Z^{-1}\left\{\dfrac{z}{(z-a)(z-b)}\right\}$

(b) $Z^{-1}\left\{\dfrac{1}{z^2-a^2}\right\}$

를 계산하라. 폐곡선 적분에 의하여 반복하라.

8-15 $f_3(n)$을 얻기 위하여 두 개의 함수 $f_1(n) = a^n u(n)$과 $f_2(n) = u(n)$을 합성하라. 그 다음 답을 입증하기 위하여 적(곱, product) $F_1(z)F_2(z)$를 사용하라. 수렴 영역을 구하라.

8-16 (a) 식 (8.30)에 따라 $f_1(n)$과 $f_2(n)$의 합성에 대한 표로 정리된 목록, 즉

$$\begin{aligned} f_3(0) &= f_1(0)f_2(0) \\ f_3(1) &= f_1(0)f_2(1) + f_1(1)f_2(0) \end{aligned}$$

등등을 구하라. 그것을 도식적으로 보여라
(b) 그것을 위한 computer program을 작성하라.

8-17 Laplace 변환의 경우에서와 같이, 이산인 경우의 합성 정리는 이산 입력에 대한 선형, 상수, 이산 계통의 영상태 응답을 계산하기 위해 사용될 수 있다. $h(n)$이 그러한 계통의 impulse 응답을 나타낸다고 하자. 그러면, 입력 $x(n)$에 대해, 출력 $y(n)$은 h와 x의 합성, 즉

$$y(n) = \sum_{k=0}^{n} h(k)\,x(n-k)$$

일 것이다. 대응하는 전달 함수 $H(z)$는

$$Y(z) = H(z)X(z)$$

로부터 정의된다.

(a) Example 8.3에서의 digital filter에 대한 $H(z)$를 찾아라. 그것의 impulse 응답을 찾아라.
(b) 이산 단위 계단 입력 $u(n)$에 대한 그것의 응답을 계산하라.

8-18 이산 계통에 대한 안정도 (판별) 기준(stability criterion)은 연속의 경우와 비슷한 방식으로 세워질 수 있다. 유계 입력/유계 출력(bounded-input/bounded-output, BIBO) 기준은 모든 유계 입력 $x(n)$이 유계 출력 $y(n)$을 생성한다면 계통은 안정하다고 설명한다. BIBO 안정도를 위한 필요충분조건(necessary and sufficient condition)이

$$\sum_{n=0}^{\infty} |h(n)| < \infty$$

임을 증명하라. 여기서 $h(n)$은 impulse 응답이다.

8-19 Digital (그리고 인과(causal)) filter는 $n \geq N$에 대한 그것의 impulse 응답이 $h(n) = 0$이라면 길이 $N(N=$ 유한한 정수$)$의 *유한 임펄스 응답(finite-impulse-response, FIR)* filter로 알려져 있다. FIR filter는 BIBO 안정임을 증명하라.

8-20 인과 이산 계통이 유리 전달 함수(rational transfer function) $H(z)$로 표현된다고 하자. 이 계통은 $H(z)$의 모든 극이 단위원의 내부 $|z| < 1$에 있을 때에만, 또 그 때에 한해서(필요충분), BIBO 안정임을 증명하라.

8-21 연속 filter 설계에 허용되는 방대한 지식이 digital filter 설계에 대한 몇 가지 접근에 참작될 수 있다. 그러한 접근 중 한 가지는 *임펄스 불변*법(*impulse invariance* method)에 의하는 것이다.[12] 연속 filter의 impulse 응답이 $h(t)$라 하자. 여기서 $h(t)$는 전달 함수 $H(s)$의 역 Laplace 변환이다. 확실히 말하면, $H(s)$가, 단극(simple pole) p_i 만으로,

$$H(s) = \sum_{i=1}^{m} \frac{K_i}{s + p_i}$$

로 주어진다고 하자. 그러면

$$h(t) = \sum_{i=1}^{m} K_i e^{-p_i t}$$

이다. Digital filter의 경우에는, 그 impulse 응답 $h(nT)$는 $H(z)$의 역 Z-변환이다. 임펄스 불변(impulse invariance)의 기준은

$$h(nT) = h(t) \qquad t = 0, T, 2T, \cdots$$

즉 digital filter의 impulse 응답이 주어진 연속 filter의 추출된 임펄스 응답(sampled impulse response)과 같아야 함을 요구한다.

(a)

$$H(z)=\sum_{i=1}^{m}\frac{K_i}{1-e^{-p_i t}z^{-1}}$$

를 보여라. 여기서 K_i와 p_i는 연속 filter로부터 이미 알려져 있다.

(b)

$$H(s)=\frac{a}{s+a}$$

인 한 개의 단극을 가진 RC 저역 통과 filter를 고려하여 앞의 결과를 설명하라.
몇 가지 a의 선택 $a=1.0, 0.1$ 및 0.01, 그리고 단위 값의 샘플링율(sampling rate) $T=1$에 대하여, 대응하는 $H(z)$를 얻고, 주파수 응답 $|H(j\omega)|$와 $|H(e^{j\omega T})|$를 각각 그려라.

8-22 (a) 양방향 Z-변환을,

$$z=re^{j\theta}$$

로, 극형식으로 쓰고, $r=1$일 때 $f(nT)$의 Fourier 변환과의 관계를 설명하라.
(b) $F(z)$의 역산 적분, 즉

$$f(nT)=\frac{a^n}{2\pi j}\oint_C F(z)\,z^{n-1}dz$$

를 고려하고 $F(z)$의 수렴 영역이 단위원 $|z|=1$을 포함한다고 하자. 그러면

$$z=e^{j\omega T}$$

로 적을 수 있다(식 (8.7)을 보라).
이 경우 $f(nT)$를 위한 역산 적분은 주기 $\omega=2\pi/T$를 가진 그것의 Fourier 급수를 산출함을 보여라

8-23 FIR filter의 중요한 종류는 전달 함수

$$H(z)=\sum_{k=0}^{N-1}a_k z^{-1}$$

을 가진다. $x(k)$에 대한 $y(k)$에 관련된 차분방정식을 적어라. 지연 단위, 배율기, 그리고 단 한 개의 합산 절점을 사용하여, 수행 block 도를 그려라. 이 filter는 재귀적인가, 비재귀적인가?

8-24 $F(z)$에 대한 수렴 영역은 $f(n)$이 *유한* 수열(*finite* sequence)이라면 항상 단위원 $|z|=1$을 포함함을 증명하라.

8-25 Example 8.2와 8.13 그리고 Problem 8-7에서의 저항성 사다리 회로망의 확장을 다음과 같이 고려하라: 가지(branch) Z_1과 Z_2가 정현 정상 상태 운전 중에 있다고 하자. 그림 8.11을 보라. 보여진 바와 같이, 여기에서는 loop 전류 $I(0), I(1), \cdots, I(k), I(k+1), \cdots$을 가진 loop 해석을 사용하자.

(a) $I(k)$와 $I(k+1)$에 대한 두 개의 1계 차분방정식을 유도하라.

(b) 주어진 경계 조건 V_{in}과 $Z_N = \infty$(개방 회로, open circuit)를 가지고, $I(k)$에 대하여 풀어라.

(c) 주어진 경계 조건 V_{in}과 $Z_N = 0$(단락 회로, short circuit)을 가지고, (b)를 반복하라

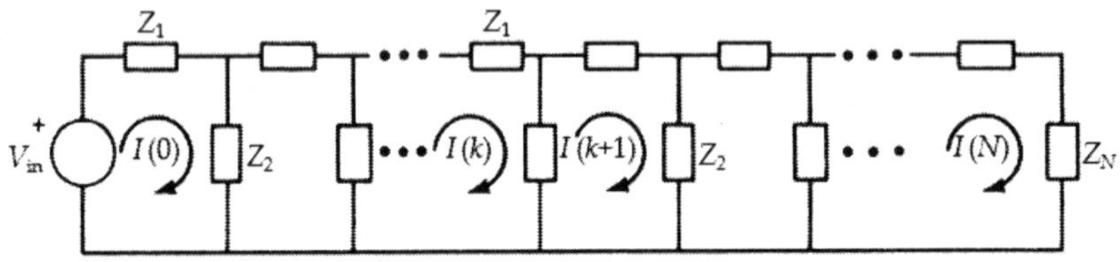

FIGURE 8.11 Problem 8-25.

8-26 $N = 5, 10, 50$에 대하여

$$|F_d(k)| = \left|\frac{\sin(\pi k/2)}{\sin(\pi k/N)}\right|$$

을 그려라. 최대치(peak value)를 단위 값으로 정규화하는 것에 주의하여, 이 과업을 수행하는 program을 적어라. 결과를 연속 함수 $|\sin x/x|$와 비교하고 sampling 율의 영향을 논의하라. 위와 같은 총 추출 수(total number of samples)에 대해 Example 8.23에 있는 $F_d(k)$에 대한 표현의 위상(phase)을 찾아라.

8-27 함수 $f(t) = \sin\omega_0 t$와 $h(t) = u(t) - u(t - T_0)$의 합성이, 그것의 이산 등가와 함께, Example 5.25에서 찾아졌다. 추출점의 수 $N = 10, 20, 50$에 대한 결과와 비교하고, 논하라.

8-28 $0 \le m \le (N-1)/2$에 대한 합산을 사용하여 Example 8.25에서의 유도를 반복하라. 이 경우에서는, sine 함수의 변수에 $\pi/4$ [rad]의 위상 추이(phase shift)가 나타남을 보여라. 이것은 다시 추출 정리를 사용할 때 취해야 하는 주의를 설명한다.

8-29 DFT와 Z-변환 사이의 관계는, 다음과 같이, 더 조사될 수 있다: $f(nT)$를 유한한 지속시간(finite duration)의 이산 신호라 하고, $f_p(nT)$를 주기 NT의 이산 신호라 하자:

$$f_p(nT) = \sum_{k=-\infty}^{\infty} f[(n+kN)T]$$

f_p의 DFT를 적고, $n = m - kN$으로 둠으로써, 그것이 단위원 $|z| = 1$ 위에서의 $Z\{f(nT)\}$의 추출(sampling)과 수치적으로 같음을 보여라.

SELECTED BIBLIOGRAPHY

1. J. A. Aseltine, *Transform Method in Linear System Analysis*, New York: McGraw-Hill Book Company, Inc., 1958.
2. E. O. Brigham, *The Fourier Transform*, Englewood Cliffs, N.J.: Prentice-Hall, Inc., 1974.
3. J. W. Cooley, P. A. W. Lewis and P. D. Welch, "Application of the Fast Fourier Transform to Computation of Fourier Integrals, Fourier Series and Convolution Integrals," *IEEE Transactions on Audio and Electroacoustics*, vol. AU-15, pp. 79-84, June, 1967.
4. G. Doetsch, *Guide to the Applications of Laplace and Z-Transforms*, London: Van Nostrand Reinhold Co., 1971.
5. F. B. Hildebrand, *Methods of Applied Physics*, Englewood Cliffs, N.J.: Prentice-Hall, Inc., 1961.
6. E. I. Jury, *Theory and Application of the Z-Transform*, New York: John Wiley & Sons, Inc., 1964.
7. E. I. Jury and C. A. Galtieri, "A Note on the Inverse Z-Transformation," *IRE Transactions on Circuit Theory*, vol. CT-9, no. 3. pp. 371-374, September, 1961.
8. H. Kwakernaak and R. Sivan, *Linear Optimal Control Systems*, New York: Wiley-Interscience (a division of John Wiley & Sons, Inc.), 1972.
9. J. H. McClellan and Charles M. Rader, *Number Theory in Digital Signal Processing*, Englewood Cliffs, N.J.: Prentice-Hall, Inc., 1979.
10. C. D. McGillem and G. R. Cooper, *Continuous and Discrete Signal and System Analysis*, New York: Holt, Rinehart, & Winston, Inc., 1974.
11. A. V. Oppenheim and R. W. Schafer, *Digital Signal Processing*, Englewood Cliffs, N.J.: Prentice-Hall, Inc., 1975.
12. C. M Rader and B. Gold, "Digital Filter Design Techniques in the Frequency Domain," *Proceedings of the IEEE*, vol. 55, no. 2, pp. 149-171, February, 1967.
13. T. S. Huang, *Two-Dimensional Digital Signal Processing: Transforms and Median Filters*, Berlin, Heidelberg, New York: Springer-Verlag, 1981.

CHAPTER 9

State Variables

9.1 INTRODUCTION

1장에서는 고유치와 고유 vector의 개념, 행렬 미분방정식, 그리고 상태 변수를 개략적으로 소개했다. 5장에서는 상태 방정식의 정식화와 상수, 선형 회로망의 경우에 대한 풀이를 논의하였다(5.13절과 Problem 5-19—5-24를 보라). 여기에서는 이러한 논제와 전기 회로망에서의 그것들의 응용에 관해 상세히 설명한다.

계통 거동의 더 나은 이해 만을 위해서는, 계통 해석의 다른 방법을 택하는 것을 환영할 것이다. 하지만, 상태 변수 특성화는 몇 가지 부가적인 중요한 이점을 제공한다:

1. 문제의 물리적 양상에 대한 더 나은 통찰을 제공한다.
2. 그것은 *1계* 미분방정식의 집합으로 이끌며, 이론, 성질, 그리고 그러한 식의 풀이가 충분히 검토되었다.
3. 이 식은 analog 또는 digital computer에 의한 풀이에 적당하다.
4. 상태 변수는 연속 또는 이산, 일정 또는 시변, 선형 또는 비선형 계통에 바로 적용할 수 있는 통합된 접근을 제공한다.

Example 9.1 1장에서의 Example 1.50을 재검토하자. 거기에서는, 직렬 *RLC* 회로가 해석되었다. 그것에 대하여 loop 해석을 사용했다면, 미지 loop 전류 $i(t)$에 대한 적분-미분방정식 (integro-differential equation)

$$(R_1 + R_2)\,i(t) + L\frac{d\,i(t)}{dt} + \frac{1}{C}\int_{-\infty}^{t} i(x)\,dx = 0$$

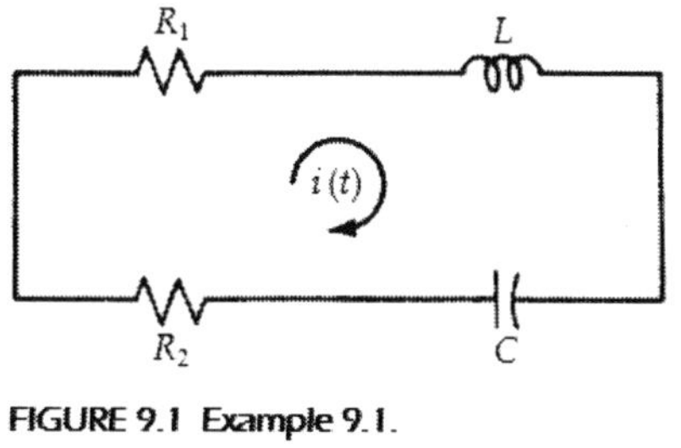

FIGURE 9.1 Example 9.1.

을 얻었을 것이다. 그 대신으로, $q(t)$가 capacitor에서의 전하인 $i(t) = dq/dt$를 대입하여, 등가 2계 미분방정식

$$L\frac{d^2 q(t)}{dt^2} + (R_1 + R_2)\frac{dq(t)}{dt} + \frac{1}{C}q(t) = 0$$

을 얻을 수 있다. 그 대신에, 선형 독립인 상태 변수 $v_C(t)$와 $i_L(t)$를 사용하여, 1계 행렬 미분방정식

$$\dot{\mathbf{x}} = \mathbf{A}\mathbf{x}, \quad \mathbf{x}(t) = \begin{bmatrix} v_C(t) \\ i_L(t) \end{bmatrix}$$

을 얻는다. 여기서 $\mathbf{x}(t)$는 상태 vector이다. ■

상태 변수는 더 나은 물리적 통찰을 제공한다는 것을 관찰한다—capacitor 전압과 inductor 전류는 실제적인 물리 량이며, 쉽게 측정되고 나타내어 질 수 있다. 대조해보면, loop 전류는, 일반적으로, "복잡한" 회로망에서 Kirchhoff의 전류 법칙을 적는 것을 편하게 하기 위해 도입된, 단지 수학적인 변수일 뿐이다. 또한, 초기 상태 vector $\mathbf{x}(0_-)$는 원래 주어진 초기 조건으로 이루어진다. 마지막으로, 한 개의 n계 scalar 미분방정식은 한 개의 1계 행렬 미분방정식과 등가인 것으로 보여진다 (식 (1.014)-(1.107)).

Example 9.2 보여진 회로망에서, 상태 변수는, 각각, 용량성 전압(capacitive voltage) $v_1(t)$와 $v_2(t)$로,

$$\mathbf{x}(t) = \begin{bmatrix} v_1(t) \\ v_2(t) \end{bmatrix}$$

이며 초기 상태 vector

$$\mathbf{x}(0_-) = \begin{bmatrix} v_1(0_-) \\ v_2(0_-) \end{bmatrix}$$

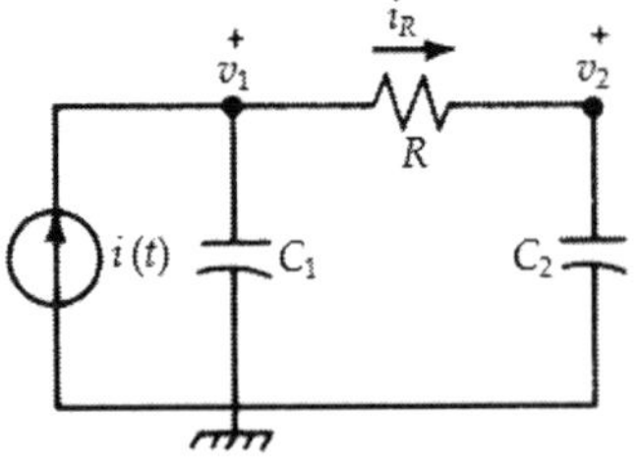

FIGURE 9.2 Example 9.2.

가 주어졌다. 5장에서 개략된 바와 같이, 두 개의 상태 방정식을 쓰면,

$$\begin{bmatrix} \dot{v}_1 \\ \dot{v}_2 \end{bmatrix} = \begin{bmatrix} -\dfrac{1}{RC_1} & \dfrac{1}{RC_1} \\ \dfrac{1}{RC_2} & -\dfrac{1}{RC_2} \end{bmatrix} \begin{bmatrix} v_1 \\ v_2 \end{bmatrix} + \begin{bmatrix} \dfrac{1}{C_1} \\ 0 \end{bmatrix} i(t)$$

즉, 비제차 행렬 미분방정식

$$\dot{\mathbf{x}}(t) = \mathbf{A}\,\mathbf{x}(t) + \mathbf{B}\,\mathbf{u}(t)$$

를 얻는다. 여기서 $\mathbf{u}(t)$는, 일반적으로, 입력 vector이다; 여기에서는, 그것은 scalar $i(t)$이다. ■

몇 가지 주목할 점을 정리하자:

1. 초기 상태 vector $\mathbf{x}(0_-)$는 $t = 0_-$에서의 회로망을 완전히 설명한다.
2. 미래의 임의의 시간 t_1에서, 상태 vector $\mathbf{x}(t_1)$과 입력 $\mathbf{u}(t_1)$의 지식은 회로망을 완전히 설명한다. 바꾸어 말하면, 상태 방정식의 해는 회로망의 해를 제공한다.
3. 선형 회로망의 경우, 중첩이 적용될 수 있으며, $\mathbf{x}(t)$에 대한 모든 해는 $\mathbf{u}(t) = \mathbf{0}$일 때의 제차 상태 방정식의 해인 *영입력(zero-input)* 상태 vector와, 더하여 $\mathbf{x}(0_-) = \mathbf{0}$일 때의 상태 방정식의 해인 *영상태(zero-state)* 상태 vector의 합으로 이루어질 것이다. 선형, 상수 회로망의 경우, 해는, 편의를 위하여 여기에 반복된, 식 (5.171)

$$\mathbf{x}(t) = e^{\mathbf{A}t}\,\mathbf{x}(0_-) + \int_{0_-}^{t} e^{\mathbf{A}(t-\tau)}\mathbf{B}\,\mathbf{u}(\tau)\,d\tau \tag{5.171}$$

로 주어진다. 여기서 우변의 첫째 항은 영입력 부분이고 적분(합성)은 영상태 부분이다.
4. 선형, 상수 회로망에 대한 상태 천이 행렬은

$$\boldsymbol{\phi}(t) = e^{\mathbf{A}t} \tag{9.1}$$

이며 그것의 Laplace 변환은

$$\boldsymbol{\Phi}(s) = (s\mathbf{I} - \mathbf{A})^{-1} \tag{9.2}$$

이다(여기에서 $\mathbf{I}$는 단위행렬이다). $\boldsymbol{\phi}(t)$의 항으로, $\mathbf{x}(t)$에 대한 해는

$$\mathbf{x}(t) = \boldsymbol{\phi}(t)\,\mathbf{x}(0_-) + \int_{0_-}^{t} \boldsymbol{\phi}(t-\tau)\,\mathbf{B}\,\mathbf{u}(\tau)\,d\tau \tag{9.3}$$

이다.

5. 상태 공간 $\mathbf{S}^n$은 상태 vector로 정의되는 vector 공간이다. 그것은, 일반적으로, 차원 n이다. 여기에서는, $n = 2$이며, 그것이 그림 9.3에 보여졌다. Vector $\mathbf{x}(t)$가 여러가지 값의 시간 $t = 0_-, t = t_1, t = t_2$에 대하여 보여졌다.

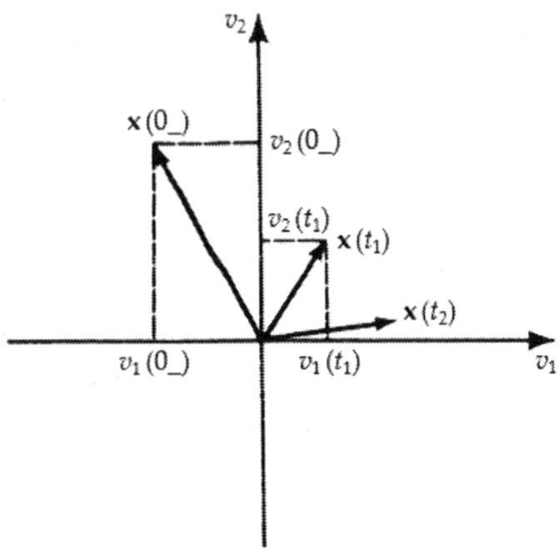

FIGURE 9.3 State space S^2.

Example 9.3 그림 9.4에 보여진 회로망은 길이 Δx인 두 개의 결합된 무손실 전송선로이다. 회로에 대한 Kirchhoff의 전압과 전류 법칙은 관계

$$-\frac{\partial v_1}{\partial x} = (L - L_{12})\frac{\partial i_1}{\partial t} + L_{12}\frac{\partial i_2}{\partial t}$$

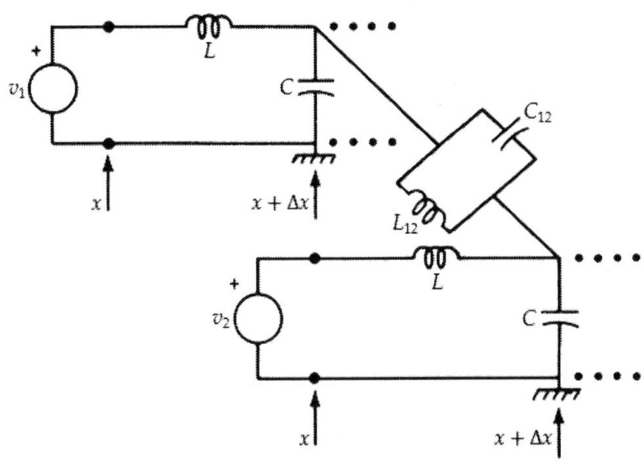

FIGURE 9.4 Example 9.3.

그리고

$$-\frac{\partial v_2}{\partial x} = (L - L_{12})\frac{\partial i_2}{\partial t} + L_{12}\frac{\partial i_1}{\partial t}$$

은 물론

$$-\frac{\partial i_1}{\partial x} = (C + C_{12})\frac{\partial v_1}{\partial t} - C_{12}\frac{\partial v_2}{\partial t}$$

그리고

$$-\frac{\partial i_2}{\partial x} = (C + C_{12})\frac{\partial v_2}{\partial t} - C_{12}\frac{\partial v_1}{\partial t}$$

을 산출한다. 여기에서, L과 C는 단위 길이당 inductance와 capacitance이며, L_{12}와 C_{12}는 선로 사이의 단위길이당 결합 inductance와 결합 capacitance이다.

여기에서는 변수 v_1, v_2, i_1, 그리고 i_2로 다음과 같이 정의된 우수(짝수, even) 및 기수(홀수, odd) 형태의 전압과 전류로 작업하는 것이 적절하다:

$$v_e = v_1 + v_2, \quad v_o = v_1 - v_2$$

그리고

$$i_e = i_1 + i_2, \qquad i_o = i_1 - i_2$$

그러면 등가 방정식

$$-\frac{\partial v_e}{\partial x} = L\frac{\partial i_e}{\partial t}$$

$$-\frac{\partial v_o}{\partial x} = (L - 2L_{12})\frac{\partial i_o}{\partial t}$$

그리고

$$-\frac{\partial i_e}{\partial x} = C\frac{\partial v_e}{\partial t}$$

$$-\frac{\partial i_o}{\partial x} = (C + 2C_{12})\frac{\partial v_o}{\partial t}$$

를 얻는다. 이제 전압과 전류가 시간에 따라 $e^{j\omega t}$로 정현적으로 변화한다고 가정한다; 즉, 예를 들어, v_o, i_e, 그리고 i_o에 대해서도 비슷한 표현으로, $v_e(x, t) = V_e(x)e^{j\omega t}$이다. 그러면

$$-\frac{\partial V_e}{\partial x} = j\omega L I_e$$

$$-\frac{\partial V_o}{\partial x} = j\omega L' I_o$$

그리고

$$-\frac{\partial I_e}{\partial x} = j\omega C V_e$$
$$-\frac{\partial I_o}{\partial x} = j\omega C' V_o$$

이다. 여기서 $L' = L - 2L_{12}$ 그리고 $C' = C + 2C_{12}$이다. 이제 vector

$$\mathbf{w}(x) = \begin{bmatrix} V_e(x) \\ V_o(x) \\ I_e(x) \\ I_o(x) \end{bmatrix}$$

와 행렬

$$-\mathbf{\Lambda} = \left[\begin{array}{cc|cc} 0 & 0 & j\omega L & 0 \\ 0 & 0 & 0 & j\omega L' \\ \hline j\omega C & 0 & 0 & 0 \\ 0 & j\omega C' & 0 & 0 \end{array}\right]$$

을 정의하면, 마지막 식들은 상태 행렬 방정식

$$-\frac{d\mathbf{w}}{dx} = -\mathbf{\Lambda}\mathbf{w}$$

로 된다. 주어진 $\mathbf{w}(0_-)$로, 해는

$$\mathbf{w}(x) = e^{-\mathbf{\Lambda}x}\mathbf{w}(0_-)$$

이다. ■

상태 방정식은 또한 공학에서 중요한 많은 양상에 대한 확률론에서 생긴다. 다음의 예제에서는, 확률의 포아송 분포(Poisson distribution)를 논의한다. Poisson 분포, 그리고 그것의 일반화는 방사성 붕괴(radioactive decay), 전력 계통에서의 예측 부하(expected load), 그리고 공항 부근에서의 항공기의 제어 같은 다양한 논제에 중요한 응용을 가진다.

Example 9.4 계통이 $S_0, S_1, \cdots, S_{N-1}$로 붙여진 N개의 가능한 상태를 가지며, 시간 t에 n번째 상태의 발생 확률이 $p_n(t)$로 나타내어졌다고 하자. 확률의 초기 분포는

$$p_n(0) = \delta_{n0} = \begin{cases} 1 & n = 0 \\ 0 & \text{otherwise} \end{cases}$$

로 주어진다.

천이(transition)가 가장 가까운 이웃 사이에서만 일어날 수 있다고 가정할 것이다. 그러면, 시간이 지남에 따라, $(n-1)$번째로부터 n번째 상태로의 천이는 단위 시간당 확률 λ로 생기는 한편, n번째 상태의 발생 확률은, 다시 가정된 λ의 단위 시간당 확률로, $(n+1)$번째 상태로의 천이에 기인하여 감소할 것이다. 시간 Δt 내에서는, 다음과 같은 $p_n(t)$에 대한 평형 방정식(balance equation)을 가진다:

$$p_n(t+\Delta t) = p_n(t) - \lambda p_n(t)\,\Delta t + \lambda p_{n-1}(t)\,\Delta t$$

$\Delta t \to 0$에 따라, 이 식은

$$\frac{dp_n}{dt} + \lambda p_n = \lambda p_{n-1}$$

이 된다.

확률의 Poisson 분포인, 이것의 해가 이제 찾아질 것이다. $\mathbf{p}$를 성분이 p_n인 vector라 하고, $p_{-1} \equiv 0$으로, 성분이 p_{n-1}인 vector를 $\mathbf{q}$로 나타내자. 그러면 방정식은 상태 방정식

$$\frac{d\mathbf{p}}{dt} + \lambda\mathbf{I}\mathbf{p} = \lambda\mathbf{I}\mathbf{q}$$

로 적어질 수 있다. 여기서 $\mathbf{I}$는 단위행렬이다. 해는, 식 (5.171)에 따라,

$$\mathbf{p}(t) = e^{-\lambda\mathbf{I}t}\,\mathbf{p}(0_-) + \lambda\int_{0_-}^{t} e^{-\lambda\mathbf{I}(t-\tau)}\mathbf{I}\,\mathbf{q}(\tau)\,d\tau$$

로 주어진다. 여기서 $e^{-\lambda\mathbf{I}t} \equiv \mathbf{I}e^{-\lambda t}$이다. 성분 $p_n(t)$는, $\mathbf{I}\,\mathbf{p}(0) \equiv \mathbf{p}(0)$이기 때문에,

$$\begin{bmatrix} p_0(t) \\ p_1(t) \\ p_2(t) \\ \vdots \\ p_{N-1}(t) \end{bmatrix} = e^{-\lambda t}\begin{bmatrix} 1 \\ 0 \\ 0 \\ \vdots \\ 0 \end{bmatrix} + \lambda\int_{0_-}^{t} e^{-\lambda(t-\tau)}\begin{bmatrix} 0 \\ p_0(t) \\ p_1(t) \\ \vdots \\ p_{N-2}(t) \end{bmatrix} d\tau$$

에 따라 찾아진다.

특히, 그러면,

$$p_0(t) = e^{-\lambda t}$$

그리고

$$p_1(t) = \lambda t e^{-\lambda t}$$

인 한편, 일반적으로,

$$p_n(t) = \lambda e^{-\lambda t} \int_{0_-}^{t} e^{\lambda \tau} p_{n-1}(\tau)\, d\tau$$

이다. 그러므로 Poisson 분포는

$$p_n(t) = \frac{(\lambda t)^n}{n!} e^{-\lambda t} \quad (t \geq 0)$$

임을 찾는다. Laplace 변환으로 했던 앞에서의 검토로부터, 모든 n에 대하여

$$\int_0^{\infty} p_n(t)\, \lambda\, dt = 1$$

임이 명백하다. ■

9.2 FORMULATION FOR TIME-VARYING AND NONLINEAR NETWORKS

서론에서 언급했듯이, 상태 변수 정식화는 또한 시변 회로망에 대한 통합된 접근을 제공한다. 위상적 관계(topological relation)(Kirchhoff의 전류와 전압 법칙)는, 물론, 소자(element)의 성질에 관계없이 같게 남아있다. 선형 시변 저항기(linear time-varying resistor)는

$$v_R(t) = R(t)\, i_R(t) \tag{9.4}$$

로 정의된다. 변화가 선형 시변 inductor와 capacitor에 대한 전압과 전류의 표현에도 일어난다; inductor의 경우, 자속(flux)을 ϕ_L로 나타내어,

$$v_L(t) = \frac{d}{dt}\phi_L(t) = \frac{d}{dt}[L(t)\, i_L(t)] = \dot{L}(t)\, i_L(t) + L(t)\, \dot{i}_L(t) \tag{9.5}$$

를 가진다. Capacitor의 경우, 전하(charge)를 q_C로 나타내어,

$$i_C(t) = \frac{d}{dt}q_C(t) = \frac{d}{dt}[C(t)\, v_C(t)] = \dot{C}(t)\, v_C(t) + C(t)\, \dot{v}_C(t) \tag{9.6}$$

을 가진다. 여기에서 점(dot)은, 늘 그렇듯이, 시간 미분(time differentiation)을 가리킨다. 그러므로, 부가적인 항 $\dot{L}(t)\, i_L(t)$와 $\dot{C}(t)\, v_C(t)$를 각각 본다.

Example 9.5 Example 9.1의 직렬 RLC 회로를 다시 고려한다. 모든 소자가 선형 시변이라 하자. Capacitor에 대한 기본 cut-set 방정식은

$$i_C(t) = i_L(t)$$

또는

$$\dot{C}(t)\, v_C(t) + C(t)\, \dot{v}_C(t) = i_L(t)$$

이다. Inductor에 대한 기본 loop 방정식은

$$v_L(t) + v_C(t) + v_{R_1}(t) + v_{R_2}(t) = 0$$

또는

$$\dot{L}(t)\, i_L(t) + L(t)\, \dot{i}_L(t) + [\, R_1(t) + R_2(t)\,]\, i_L(t) + v_C(t) = 0$$

이다. 이 두 개의 방정식은, 재배열될 때,

$$\begin{bmatrix} \dot{v}_C(t) \\ \dot{i}_L(t) \end{bmatrix} = \left[\begin{array}{c:c} -\dfrac{\dot{C}(t)}{C(t)} & \dfrac{1}{C(t)} \\ \hdashline -\dfrac{1}{L(t)} & -\dfrac{R_1(t) + R_2(t) + \dot{L}(t)}{L(t)} \end{array}\right] \begin{bmatrix} v_C(t) \\ i_L(t) \end{bmatrix}$$

가 된다. 달리 말하면, 제차 행렬 상태 방정식은

$$\dot{\mathbf{x}}(t) = \mathbf{A}(t)\, \mathbf{x}(t)$$

이다. 여기서 행렬 $\mathbf{A}$는 이제 시간 종속이다. 내친 김에, 선형 상수의 경우에는, $\mathbf{A}(t)$가 Example 9.1에서의 상수 행렬 $\mathbf{A}$로 됨을 관찰한다. ■

일정하거나 시변인 소자에 대한 통합된 접근을 강조하기 위하여, 상태 변수로 capacitor 전하와 inductor 전류를 선택할 수 있다. 새로운 상태 vector는

$$\hat{\mathbf{x}}(t) = \begin{bmatrix} q_{C_1}(t) \\ q_{C_2}(t) \\ \vdots \\ \phi_{L_1}(t) \\ \phi_{L_2}(t) \\ \vdots \end{bmatrix} \tag{9.7}$$

이며 일정하거나 시변인 소자에 대해 똑 같이 적합하다. 앞의 경우에는, $\mathbf{x}$(전압과 전류) 그리고 $\hat{\mathbf{x}}$(전하와 자속) 사이의 유일한 차이가 일정한 승수(multiplier)의 집합이다; 뒤의 경우에는, $\hat{\mathbf{x}}$의 선택이, 다음의 예제에서 설명되는 바와 같이, 항 $\dot{C}(t)$와 $\dot{L}(t)$를 피한다.

Example 9.6 Example 9.5에서와 같은 회로의 경우

$$\hat{\mathbf{x}}(t) = \begin{bmatrix} q_C(t) \\ \phi_L(t) \end{bmatrix}$$

를 선택한다. 그러면 기본 cut-set 방정식은

$$\dot{q}_C(t) = \frac{1}{L(t)} \phi_L(t)$$

가 되는 한편, 기본 loop 방정식은

$$\dot{\phi}_L(t) + \frac{1}{C(t)} q_C(t) + [R_1(t) + R_2(t)] \dot{q}_C(t) = 0$$

으로 적어진다. 합쳐져서, 이것은

$$\begin{bmatrix} \dot{q}_C(t) \\ \dot{\phi}_L(t) \end{bmatrix} = \begin{bmatrix} 0 & \dfrac{1}{C(t)} \\ -\dfrac{1}{C(t)} & -\dfrac{R_1(t) + R_2(t)}{L(t)} \end{bmatrix} \begin{bmatrix} q_C(t) \\ \phi_L(t) \end{bmatrix}$$

즉,

$$\dot{\hat{\mathbf{x}}}(t) = \hat{\mathbf{A}}(t)\hat{\mathbf{x}}(t)$$

가 된다. ■

Example 9.7 상태 변수의 다른 응용은 시변 양자역학(time-varying quantum mechanics)에서 찾아진다. 전형적인 물리학 표기에서 시간-종속 천이 확률에 대한 표현을 유도한 것에 뒤따라서, 그 다음 결과를 이 교재에서의 표기에 넣는다

시간-종속 비 상대론적 슈뢰딩거 방정식(time-dependent nonrelativistic Schrödinger's equation)은

$$j\hbar \frac{\partial \mathbf{\Psi}}{\partial t} = \mathcal{H}\mathbf{\Psi}$$

이다. 여기에서 $\hbar = h/2\pi$는 상수, $\mathbf{\Psi}(\mathbf{r}, t)$는 논의 중인 계통의 상태 vector, 그리고 $\mathcal{H}$는

$$\mathcal{H} = -\frac{\hbar^2}{2m}\nabla^2 + V(\mathbf{r}) + \mathcal{H}'$$

로 주어지는 해밀튼 연산자(Hamiltonian operator)이다. $\mathcal{H}_0 = -\frac{\hbar^2}{2m}\nabla^2 + V(\mathbf{r})$은 비섭동 해밀튼 연산자(unperturbed Hamiltonian)이며, $\mathcal{H}'$는 (반드시 작지는 않은) 섭동(perturbation)으로 고려될 수 있다.

$$\Psi(\mathbf{r}, t) = \sum_{n=1}^{N} a_n(t)\, e^{-jE_n t/\hbar}\, \phi_n(\mathbf{r})$$

로 둔다. 여기에서 E_n은 계통의 에너지 고유치(energy eigenvalue)이며, $\phi_n(\mathbf{r})$은 일반적으로, 복소수일 수 있는 함수의 완비 정규 직교 집합(complete orthonormal set)이다. 그러면

$$\int_{V(\mathbf{r})} \phi_K^*(\mathbf{r})\, \phi_n(\mathbf{r})\, dV(\mathbf{r}) = \delta_{Kn}$$

은 정규 직교 조건(orthonormality condition)의 표현이다. 양자역학에서는, 양 $\Psi^*\Psi$를 확률 밀도(probability density)로 고려하는 것이 관례여서,

$$\int_{V(\mathbf{r})} \Psi^* \Psi\, dV(\mathbf{r}) = 1$$

이다. Ψ에 대한 식을 대입하면, 총 N개의 허용되는 상태가 있다면

$$\sum_{n=1}^{N} |a_n(t)|^2 = 1$$

을 찾는다. 따라서 양 $|a_K(t)|^2$은 계통의 K번째 상태의 점유 확률(probability of occupancy)이다. 행렬 상태 방정식은 $a_K(t)$의 거동을 지배할 것이다.
Ψ를 Schrödinger 방정식에 대입하면,

$$j\hbar \sum_{n=1}^{N} \left(\frac{da_n}{dt} - j\, E_n a_n/\hbar\right) e^{-jE_n t/\hbar}\, \phi_n(\mathbf{r}) = \sum_{l=1}^{N} (\mathcal{H}_0 + \mathcal{H}')\, a_l(t)\, e^{-jE_l t/\hbar}\, \phi_l(\mathbf{r})$$

을 찾는다. 이 식의 양변에 $\phi_K^*(\mathbf{r})$을 곱하고 계통에 의해 점유되는 체적에 대해 적분하면, 정규 직교 조건을 사용하여,

$$j\hbar \frac{da_K}{dt} + E_K a_K = \sum_{l=1}^{N} e^{j\omega_{Kl} t}\, a_l(t) \int_{V(\mathbf{r})} \phi_K^* (\mathcal{H}_0 + \mathcal{H}') \phi_l\, dV(\mathbf{r})$$

을 가진다. 여기서 $\omega_{Kl} = (E_K - E_l)/\hbar$이다.
이제, 비섭동 시간-독립 Schrödinger 방정식은

$$\mathcal{H}_0 \phi_l = E_l \phi_l$$

이어서

$$\int \phi_K^* \mathcal{H}_0 \phi_l\, dV(\mathbf{r}) = E_l \delta_{Kl}$$

이다. 그러면 a_K에 대한 식은

$$j\hbar\frac{da_K}{dt}=\sum_{l=1}^{N}\mathcal{H}_{Kl}e^{j\omega_{Kl}t}\,a_l(t)$$

로 줄어든다. 여기서 행렬 요소 $\mathcal{H}_{Kl}$은

$$\mathcal{H}_{Kl}=\int_{V(\mathbf{r})}\phi_K{}^*\mathcal{H}'\phi_l\,dV(\mathbf{r})$$

로 주어진다.

이 식으로 이끄는 지금까지의 전개가 표준이며, 양자역학에 대한 교재에서 찾아질 수 있다. a_K에 대한 식은

$$\frac{da_K}{dt}=\sum_{l=1}^{N}\Lambda_{Kl}(t)\,a_l(t)$$

와 같이 적어질 수 있다. 여기서 천이 행렬 $\mathbf{\Lambda}(t)$는

$$\Lambda_{Kl}(t)=-\frac{j}{\hbar}\mathcal{H}_{Kl}e^{j\omega_{Kl}t}$$

로 주어지는 요소 Λ_{Kl}을 가진다. $\omega_{Kl}t=(E_K-E_l)t/\hbar$는 무차원(dimensionless)이어야 하기 때문에, 상수 $\hbar$는, 작용(action)이라 불리는, 시간이 곱해진 energy의 단위(unit)를 가져야 하는 것으로 보인다. 이제, $\mathcal{H}_{Kl}$은 energy의 단위를 가져서 $\Lambda_{Kl}(t)$는, 차원적으로, 시간의 역(reciprocal rime)이다. 마지막 식은 그러면 다음과 같은 항으로 생각될 수 있다: 천이 행렬은 상태 vector 성분 $a_l(t)$에 작용하고, 계통의 상태에 걸쳐 합해질 때, 상태 K가 모든 남은 상태의 희생으로 남아있게 되는 비율(rate)을 산출한다. 표준 행렬 표기에서는, 마지막 식은

$$\frac{d\mathbf{a}}{dt}=\mathbf{\Lambda}(t)\,\mathbf{a}(t)$$

로 적어진다. ■

마지막으로, 비선형 소자에 대해 간략하게 언급하자. Kirchhoff의 법칙이 여전히 적용될 수 있기 때문에, 다시 1계 도함수 $(\dot{q}_C, \dot{\phi}_L)$ 보다 고계(higher)는 기대하지 않는다. 하지만, 비선형 소자이기 때문에, $\dot{\mathbf{x}}$와 $\mathbf{x}$ 사이의 관계는 일반적으로 비선형일 것이다.

Example 9.8 Example 9.6에서와 같은 회로에 대하여, 모든 소자가 비선형이라고 가정한다. 확실히 말해서, 각 소자에 대한 관계를 다음과 같이 정의하자:

$$v_{R_1}(t) = f_1[i_{R_1}(t)] \quad v_{R_2}(t) = f_2[i_{R_2}(t)]$$
$$v_C(t) = f_3[q_C(t)] \quad i_L(t) = f_4[\phi_L(t)]$$

이 관계가 그림 9.5에 설명되었다. $i_{R_1} = i_{R_2} = i_L = i_C = \dot{q}_C$이기 때문에, 기본 cut-set 방정식은 $i_C = i_L$, 즉

$$\dot{q}_C = f_4(\phi_L)$$

로 적어지며, 기본 loop 방정식 $v_L + v_{R_1} + v_{R_2} + v_C = 0$은

$$\dot{\phi}_L = -f_1(\dot{q}_C) - f_2(\dot{q}_C) - f_3(q_C)$$

가 된다. 이 두 개의 상태 방정식은

$$\dot{\mathbf{x}}(t) = \mathbf{F}(\hat{\mathbf{x}})$$

의 형태이다. 여기서 **F**는 함수적인 비선형 관계(functional nonlinear relation)를 나타낸다. 끝으로, 상태 변수에 대해 한 번 얻어진 1계 비선형 미분방정식은 loop 또는 절점 해석에 의해 얻어진 등가 n 연립(simultaneous)(결합된, coupled) 비선형 방정식 보다 훨씬 풀기(수치적으로!)가 쉽다는 것을 언급할 가치가 있다.

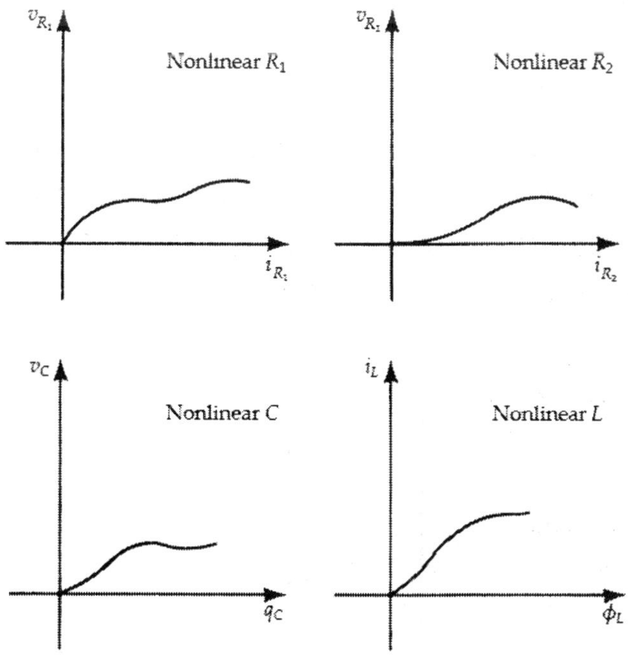

FIGURE 9.5 Nonlinear elements.

■

9.3 THE ORDER OF THE NETWORK

순 저항 회로망—저항기와 전원(종속 또는 독립)으로 이루어진—은 도함수와 적분이 없는 순전히 대수방정식으로 기술됨이 명백하다. 그러한 방정식은 1장에서 개설된 방법으로 풀어질 수 있으며, 여기에서의 목적을 위해서 풀어진 것으로 고려될 것이다. 그러한 회로망은 *순시적(instantaneous)*이기 때문에 초기 상태가 관련되지 않는다. *동적(dynamic)* 회로망은, 한편, 한 개 또는 그보다 많은 energy 저장 소자(inductor와 capacitor)를 가지며, 결과적인 미분방정식은 풀이(solution)를 위하여 어떤 초기 조건—회로망의 초기 상태—을 요구할 것이다.

회로망의 차수(order) n은, 차수 $(n \times 1)$의 행렬인 상태 vector와 함께, *독립* 상태 변수(*independent* state variable)의 수를 나타낸다. *독립* 상태 변수의 필요는 명백하다: 방정식의 집합으로 기술되는 어떤 계통이든 독립 미지 변수를 가져야 한다. 이 변수 중 한 개가 (또는 더 많이) 서로에 대해 종속이라면, 그러면, 물론, 독립 변수라고 할 수 없다.

Capacitor 전압은 그들 사이에 종속의 제한이 없는 것을 조건으로 독립 상태 변수로 불린다. 그러한 제한은 회로망 내에서 "모두 용량성인(all-capacitive)" loop가 존재하는 경우에만 생길 수 있다. 그림 9.6에서는, 예를 들어, 모두 용량성인 loop를 도는 Kirchhoff의 전압 법칙이

$$v_{C_1}(t) + v_{C_2}(t) + v_{C_3}(t) + v_{C_4}(t) = v_{\text{in}} \tag{9.8}$$

로 나타난다(이 전압들에 대한 적절한 기준 극성으로).[3] 그러므로, 네 개의 용량성 전압 중 세 개만이 독립 상태 변수가 된다: 일단 이 세 개가 알려지면, 네 번째 것은 식 (9.8)에 의해 결정된다. 또한, 초기 상태 vector $\mathbf{x}(0_-)$는 단지 세 개의 초기 용량성 전압을 가질 것이며, 네 번째 것은 그것들에 종속된다.

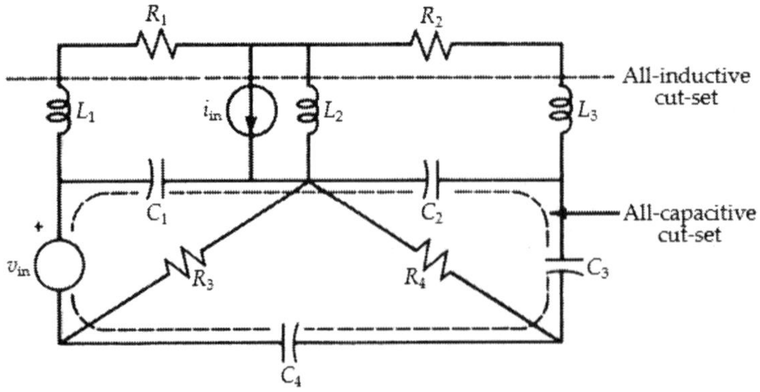

FIGURE 9.6 Dependence among state variables.

쌍대 방식(dual fashion)으로, inductor 전류는 "모두 유도성인" cut-set이 없기만 하면 독립 상태 변수가 된다. 그림 9.6에서는 유도성 전류 중 한 개가 남아있는 두 개에 종속되도록 만드는 제한으로서 Kirchhoff의 전류 법칙

$$i_{L_1} + i_{L_2} + i_{L_3} = i_{\text{in}} \tag{9.9}$$

를 가진다.

결론으로서, 그러면, 이 회로망의 상태 vector는 다섯 개의 성분을 가진다: 세 개의 용량성 전압과 두 개의 유도성 전류. 따라서 회로망의 차수는 $n = 5$이다.

또한 상태 방정식의 위상적인 정식화(topological formulation)(Problem 5-22)가 정연한 방식으로 같은 목표를 달성함을 깨달을 것이다. 선택된 나무(tree)는 모든 전압원과 최대 수의 capacitor를 포함한다. 모두 용량성인 loop가 없다면, 어느 capacitor나 다 나무 안에 있을 것이다. 그렇지 않으면, 한 개 또는 더 많은 모두 용량성인 loop와 함께, 한 개 또는 더 많은 capacitor가 나무 안에 있지 않을 것이다(나무는, 정의에 의해, 어떤 loop도 포함해서는 안되기 때문에). 또한, inductor의 최소 수가 이 나무에 포함된다; 특히, 한 개 또는 더 많은 cut-set이 모두 유도성이 아닌 한 나무 안에 있는 inductor는 없으며, 그러면 나무 안에 한 개 또는 더 많은 inductor를 포함시켜야 한다(정의에 의해, 나무는 연결되어야 하기 때문에).

Inductor의 수를 e_L, capacitor의 수를 e_C, 독립인 모두 용량성인 loop의 수를 n_C, 그리고 독립인 모두 유도성인 cut-set의 수를 n_L로 나타낸다면,

$$n = (e_C - n_C) + (e_L - n_L) \tag{9.10}$$

을 가진다. 대부분의 회로망에서는 이 계산이 검사(통찰, inspection)에 의해 수행될 수 있다. 또한 Problem 9-2를 보라.

회로망의 차수와 관련한 마지막 양상은 그 특성 방정식의 차수(order)이다. 선형 상수 회로망의 경우, 이 방정식은

$$\Delta = \det(s\mathbf{I} - \mathbf{A}) = 0 \tag{9.11}$$

이며(Problem 5-21을 보라), $\mathbf{A}$는 차수 $(n \times n)$이기 때문에, 이 방정식의 s의 최고 차멱(highest power)도 또한 n일 것이다. 더욱이, 특성 방정식의 n개의 근(root)인 n개의 특성치(characteristic value)가 있을 것이다.

9.4 THE STATE TRANSITION MATRIX

선형 상수 회로망에서는, 상태 천이 행렬 $\boldsymbol{\phi}(t)$가 해의 두 부분에 다 나타난다. 즉, 영입력(zero-input) 부분에서는

$$\mathbf{x}(t) = \boldsymbol{\phi}(t)\,\mathbf{x}(0_-) \tag{9.12}$$

이며 영상태(zero-state) 부분에서는

$$\mathbf{x}(t) = \int_{0_-}^{t} \boldsymbol{\phi}(t-\tau)\,\mathbf{B}\,\mathbf{u}(\tau)\,d\tau \tag{9.13}$$

이다. 그것의 계산은, 지루하지만, Laplace 변환을 사용하여 차라리

$$\boldsymbol{\phi}(t) = \mathcal{L}^{-1}\{(s\mathbf{I}-\mathbf{A})^{-1}\} \tag{9.14}$$

가 명백하며, 이름이 그것을 잘 설명한다: 식 (9.12)에서와 같은 초기 상태 $\mathbf{x}(0_-)$는 행렬 $\boldsymbol{\phi}(t)$를 통하여 그 뒤의 상태 $\mathbf{x}(t)$로 변환된다. 이 행렬은, 그러면, $\mathbf{x}(0_-)$로부터 $\mathbf{x}(t)$로의 천이(transition)를 제공한다.

Example 9.9 Example 9.2에서 $R = 1\ [\Omega]$, $C_1 = 0.5\ [\text{F}]$, 그리고 $C_2 = 1\ [\text{F}]$라 하자. 그러면

$$\mathbf{A} = \begin{bmatrix} -2 & 2 \\ 1 & -1 \end{bmatrix}$$

그리고

$$\boldsymbol{\Phi}(s) = \begin{bmatrix} s+2 & -2 \\ -1 & s+1 \end{bmatrix}^{-1} = \frac{1}{s^2+3s}\begin{bmatrix} s+1 & 2 \\ 1 & s+2 \end{bmatrix} = \begin{bmatrix} \dfrac{s+1}{s(s+3)} & \dfrac{2}{s(s+3)} \\ \dfrac{1}{s(s+3)} & \dfrac{s+2}{s(s+3)} \end{bmatrix}$$

이다. 따라서,

$$\boldsymbol{\phi}(t) = \mathcal{L}^{-1}\{\boldsymbol{\Phi}(s)\} = \begin{bmatrix} 1/3\,u(t) + 2/3\,e^{-3t} & 2/3\,u(t) - 2/3\,e^{-3t} \\ 1/3\,u(t) - 1/3\,e^{-3t} & 2/3\,u(t) + 1/3\,e^{-3t} \end{bmatrix}$$

이다 그러면, 식 (9.12)에 따라, 상태에 대한 영입력 해(zero-input solution)는

$$\begin{bmatrix} v_1(t) \\ v_2(t) \end{bmatrix} = \begin{bmatrix} 1/3\,u(t) + 2/3\,e^{-3t} & 2/3\,u(t) - 2/3\,e^{-3t} \\ 1/3\,u(t) - 1/3\,e^{-3t} & 2/3\,u(t) + 1/3\,e^{-3t} \end{bmatrix}\begin{bmatrix} v_1(0_-) \\ v_2(0_-) \end{bmatrix}$$

이다. 여기에서의 상태 방정식은

$$\Delta = \det(s\mathbf{I}-\mathbf{A}) = s^2 + 3s = 0$$

이며 두 개의 특성치 $s = 0$ 그리고 $s = -3$이 해의 지수부(exponential)에서 나타난다. ■

몇 가지 방법이 시간 영역에서 $\boldsymbol{\phi}(t)$의 직접 계산을 위해 허용된다.[8] $\boldsymbol{\phi}(t)$의 몇 가지 성질은 $\boldsymbol{\phi}(0)$가

$$\boldsymbol{\phi}(0) = \mathbf{I} \tag{9.15}$$

인 단위행렬이며,

$$\boldsymbol{\phi}(t_1) \cdot \boldsymbol{\phi}(t_2) = \boldsymbol{\phi}(t_2) \cdot \boldsymbol{\phi}(t_1) = \boldsymbol{\phi}(t_1 + t_2) \tag{9.16}$$

$$[\boldsymbol{\phi}(t)]^{-1} = e^{-\mathbf{A}t} \tag{9.17}$$

$$\boldsymbol{\phi}(t_2 - t_1) = [\boldsymbol{\phi}(t_1 - t_2)]^{-1} \tag{9.18}$$

이다.

선형 시변 회로망에서는, 상태 천이 행렬이 초기 시간 t_0과 그 뒤의 시간 t 둘 다에 종속된다. 그것의 표기는 $\boldsymbol{\phi}(t, t_0)$이다. 상수 시불변 회로망의 경우 *차이(difference)* $t - t_0$에 종속하는 $\boldsymbol{\phi}(t) = \boldsymbol{\phi}(t - t_0)$를 가졌으며, 일반성의 상실 없이, $t_0 = 0$로 둔다. 선형 시변 상태 천이 행렬은 $\boldsymbol{\phi}(t_0, t_0) = \mathbf{I}$와 함께 자체가 상태 방정식

$$\dot{\boldsymbol{\phi}}(t, t_0) = \mathbf{A}(t)\,\boldsymbol{\phi}(t, t_0) \tag{9.19}$$

를 따른다.

주어진 초기 상태 $\mathbf{x}(t_0)$로 상태 방정식

$$\dot{\mathbf{x}}(t) = \mathbf{A}(t)\,\mathbf{x}(t) \tag{9.20}$$

에 대한 해는

$$\mathbf{x}(t) = \boldsymbol{\phi}(t, t_0)\,\mathbf{x}(t_0) \tag{9.21}$$

이다. $\boldsymbol{\phi}(t, t_0)$에 대한 표현을 얻기 위해, 1차 회로망을 고려하자. 여기에서는 상태 방정식이 scalar 미분방정식

$$\dot{x}(t) = a(t)\,x(t) \tag{9.22}$$

이다. 변수 분리로,

$$\frac{dx}{x} = a(t)\,dt \tag{9.23}$$

을 얻는다. 초기 시간 t_0로부터 t까지의 적분은

$$x(t) = \exp\left[\int_{t_0}^{t} a(\tau)\,d\tau\right] x(t_0) \tag{9.24}$$

를 산출한다. 이 해를 더 높은 차수의 회로망으로 확장하는 것을 시도할 수 있으며

$$\mathbf{x}(t) = \exp\left[\int_{t_0}^{t} \mathbf{A}(\tau)\,d\tau\right] \mathbf{x}(t_0) \tag{9.25}$$

로 쓴다. 하지만, 이 시험해(trial solution)가 식 (9.20)에 대입되면, 그것은 $\mathbf{A}(t)$와 $\int_{t_0}^{t} \mathbf{A}(\tau)\,d\tau$가 교환적일(commute) 때 옳다. 이것은 $\mathbf{A}(t)$가 대각이거나, $\mathbf{A}(t)$가 모든 t_1과 t_2에 대하여

$$\mathbf{A}(t_1)\,\mathbf{A}(t_2) = \mathbf{A}(t_2)\,\mathbf{A}(t_1) \tag{9.26}$$

을 만족할 때 참(진, true)이다.

Example 9.10

$$\mathbf{A}(t) = \begin{bmatrix} -t & 0 \\ 0 & t \end{bmatrix}$$

라 하자. 그러면 교환적 조건(commutative condition)이 만족되거나, 또는, 그 대신으로, 식 (9.26)이 만족되며, 그러므로

$$\boldsymbol{\phi}(t, t_0) = \exp\left[\int_{t_0}^{t} \mathbf{A}(\tau)\,d\tau\right] = \begin{bmatrix} e^{(t_0{}^2-t^2)/2} & 1 \\ 1 & e^{(-t_0{}^2+t^2)/2} \end{bmatrix}$$

이다. ■

$\boldsymbol{\phi}(t, t_0)$의 몇 가지 부가적인 성질은:

$$\boldsymbol{\phi}(t_0, t_0) = \mathbf{I} \tag{9.27}$$

$$\boldsymbol{\phi}(t_1, t_3) = \boldsymbol{\phi}(t_1, t_2)\,\boldsymbol{\phi}(t_2, t_3) \tag{9.28}$$

$$\boldsymbol{\phi}(t_1, t_2) = \boldsymbol{\phi}^{-1}(t_2, t_1) \tag{9.29}$$

$$\boldsymbol{\phi}(t, t_0) = \mathbf{P}(t)\,\mathbf{P}^{-1}(t_0) \tag{9.30}$$

이다. 여기서 *기본 행렬(fundamental matrix)* $\mathbf{P}(t)$

$$\mathbf{P}(t) = [\mathbf{x}^1(t) \mid \mathbf{x}^2(t) \mid \cdots \mid \mathbf{x}^n(t)] \tag{9.31}$$

은 제차 상태 방정식

$$\dot{\mathbf{x}}(t) = \mathbf{A}(t)\mathbf{x}(t) \tag{9.20}$$

의 해인 n개의 선형 독립 vector $\mathbf{x}^i(t),\ i = 1, 2, \cdots, n$로 이루어진다.

상태 방정식의 전체 해(total solution)

$$\dot{\mathbf{x}}(t) = \mathbf{A}(t)\mathbf{x}(t) + \mathbf{B}(t)\mathbf{u}(t) \tag{9.32}$$

는 $t \geq t_0$에 대하여

$$\mathbf{x}(t) = \boldsymbol{\phi}(t, t_0)\mathbf{x}(t_0) + \int_{t_0}^{t} \boldsymbol{\phi}(t, \tau)\mathbf{B}(\tau)\mathbf{u}(\tau)\,d\tau \tag{9.33}$$

으로 주어진다. 풀이가 두 개의 단계로 수행될 수 있음이 확실하다:

1. 식 (9.33)이 $t = t_0$일 때 항등식으로 축소되기 때문에, 초기 조건은 만족된다.
2. 식 (9.33)이 t에 관해 미분될 때

$$\dot{\mathbf{x}} = \dot{\boldsymbol{\phi}}(t, t_0)\mathbf{x}(t_0) + [\boldsymbol{\phi}(t, \tau)\mathbf{B}(\tau)\mathbf{u}(\tau)]_{\tau=t} + \int_{t_0}^{t} \dot{\boldsymbol{\phi}}(t, \tau)\mathbf{B}(\tau)\mathbf{u}(\tau)\,d\tau \tag{9.34}$$

를 얻는다. 재배열 후에 $\boldsymbol{\phi}(t, t_0)$의 앞에서의 성질을 사용하여, 이것은 식 (9.32)로 줄어든다.

두 가지 마지막 유의 사항이 순서에 따라 주어진다:

1. 회로망이 선형이기 때문에 (시변일지라도), 식 (9.33)은 중첩의 원리(superposition principle)를 나타낸다: 해의 영입력 부분은 영상태 부분에 더해진다. 식 안에 있는 적분으로 나타내어진 뒤의 것은 일반화된 합성으로 생각될 수 있다.
2. 식 (9.33)이, 닫힌 형(closed form)으로 찾은 $\boldsymbol{\phi}(t, t_0)$에 대한 양함수 표현(explicit expression)에 종속하는 양해(explicit solution)인, 해의 형태이다. 이 일반적인 문제는 아직 풀리지 않았다.

이산 시간 계통이, 풀이의 Z-변환법과 함께, 8장에서 논의되었다. 여기에서는 이산 상태 방정식과 그것의 상태 천이 행렬의 유도를 설명하는 예제를 나타낸다.

Example 9.11 2계 차분방정식

$$a_2\,y(k+2) + a_1\,y(k+1) + a_0\,y(k) = 0$$

을 고려한다. 1장에서 개략된 과정(식 (1.95)-(1.107))과 비슷한 방식으로, 두 개의 상태 변수를 다음과 같이 정의하자:

$$x_1(k) = y(k)$$
$$x_2(k) = y(k+1)$$

그러면 주어진 방정식은

$$x_1(k+1) = x_2(k)$$
$$x_2(k+1) = -\frac{a_1}{a_2}y(k+1) - \frac{a_0}{a_2}y(k) = -\frac{a_1}{a_2}x_2(k) - \frac{a_0}{a_2}x_1(k)$$

즉,

$$\begin{bmatrix} x_1(k+1) \\ x_2(k+1) \end{bmatrix} = \begin{bmatrix} 0 & 1 \\ -\frac{a_0}{a_2} & -\frac{a_1}{a_2} \end{bmatrix} \begin{bmatrix} x_1(k) \\ x_2(k) \end{bmatrix}$$

즉,

$$\mathbf{x}(k+1) = \mathbf{A}\,\mathbf{x}(k)$$

와 같이 적어질 수 있다. 고계 방정식(higher order equation)으로의 일반화는 비슷한 순서를 따른다

Z-변환으로 식 (8.50)에서 유도된 대응하는 상태 천이 행렬은 반복적인 대입에 의해 쉽사리 얻어질 수 있다: 주어진 초기 상태 $\mathbf{x}(0_-)$로 시작하여,

$$\begin{aligned}
\mathbf{x}(1) &= \mathbf{A}\,\mathbf{x}(0_-) \\
\mathbf{x}(2) &= \mathbf{A}\,\mathbf{x}(1) = \mathbf{A}^2\,\mathbf{x}(0_-) \\
\mathbf{x}(3) &= \mathbf{A}\,\mathbf{x}(2) = \mathbf{A}^3\,\mathbf{x}(0_-) \\
&\vdots \\
\mathbf{x}(k) &= \mathbf{A}^k\,\mathbf{x}(0_-)
\end{aligned}$$

이어서 상태 천이 행렬을 나타내는

$$\boldsymbol{\phi}(k) = \mathbf{A}^k$$

를 가진다. 식 (8.50)과 비교하라. ■

식 (9.19) 이하에 있는 연속 시변 상태 천이 행렬의 경우에서와 같이, 이산 시변 천이 행렬은 초기 상태 $\mathbf{x}(l)$로부터 그 뒤의 상태 $\mathbf{x}(k)$로의 천이를 나타내는 관계

$$\mathbf{x}(k) = \boldsymbol{\phi}(k,l)\,\mathbf{x}(l), \quad k \geq l \tag{9.35}$$

로 정의된다. 앞 절에서의 반복법을 사용하여, $k > l$로 다음의 표현을 유도할 수 있다:

$$\boldsymbol{\phi}(k, l) = \mathbf{A}(k-1)\,\mathbf{A}(k-2)\cdots\mathbf{A}(l+1)\,\mathbf{A}(l) \tag{9.36}$$

또한,

$$\boldsymbol{\phi}(l, l) = \mathbf{I} \tag{9.37}$$

그리고

$$\boldsymbol{\phi}(k+1, l) = \mathbf{A}(k)\,\boldsymbol{\phi}(k, l) \tag{9.38}$$

을 가진다. 상태 방정식

$$\mathbf{x}(k+1) = \mathbf{A}(k)\,\mathbf{x}(k) \tag{9.39}$$

의 n개의 선형 독립 vector $\mathbf{x}^1(k)$, $\mathbf{x}^2(k)$, $\cdots$, $\mathbf{x}^n(k)$를 찾을 수 있다면, 즉, 각 vector $\mathbf{x}^i(k)$가

$$\mathbf{x}^i(k+1) = \mathbf{A}(k)\,\mathbf{x}^i(k) \tag{9.40}$$

을 만족한다면 그러면 여기에서이 기본 행렬은

$$\mathbf{P}(k) = [\mathbf{x}^1(k) \,\vdots\, \mathbf{x}^2(k) \,\vdots\, \cdots \,\vdots\, \mathbf{x}^n(k)] \tag{9.41}$$

이며

$$\boldsymbol{\phi}(k, l) = \mathbf{P}(k)\,\mathbf{P}^{-1}(l) \tag{9.42}$$

이다. 비제차 선형 차분방정식에 대한 전체 해(total solution)

$$\mathbf{x}(k+1) = \mathbf{A}(k)\,\mathbf{x}(k) + \mathbf{B}(k)\,\mathbf{u}(k) \tag{9.43}$$

은

$$\mathbf{x}(k) = \boldsymbol{\phi}(k, l)\,\mathbf{x}(l) + \sum_{j=l}^{k-1} \boldsymbol{\phi}(k, j+1)\,\mathbf{B}(j)\,\mathbf{u}(j), \quad k \geq l+1 \tag{9.44}$$

로 적어질 수 있다. 다시, 여기에서 식 (9.35)에 주어진 초기 상태 해와 입력에 기인한 합산(합성)의 중첩을 인정한다.

9.5 INPUT–OUTPUT RELATIONS; SIMULATION DIAGRAMS

모든 순시에서 상태 $\mathbf{x}(t)$를 아는 것은 회로망에 대한 완전한 정보를 제공한다. 특히, $\mathbf{y}(t)$를 원하는 출력의 vector라 하자. 이 출력은 그러면 $\mathbf{x}(t)$에 종속할 것이며 또한 입력 $\mathbf{u}(t)$에 종속하는 것도 가능할 것이다. 그러므로 선형 상수 회로망의 경우

$$\mathbf{y}(t) = \mathbf{C}\mathbf{x}(t) + \mathbf{D}\mathbf{u}(t) \tag{9.45}$$

이다. 식 (9.45)는 *출력 방정식(output equation)*이라 불린다.

Example 9.12 그림 9.7에 보여진 회로에서, 원하는 출력은 i_R이다.

$$i_R(t) = \frac{v_{\text{in}} - v_C}{R}$$

또는 식 (9.45)에서의 표기로

$$y(t) = -\frac{1}{R}x(t) + \frac{1}{R}u(t)$$

를 가진다. 여기서 $y(t) = i_R(t)$, $x(t) = v_C$, $u(t) = v_{\text{in}}$은 이 단순한 경우에는 scalar이다.

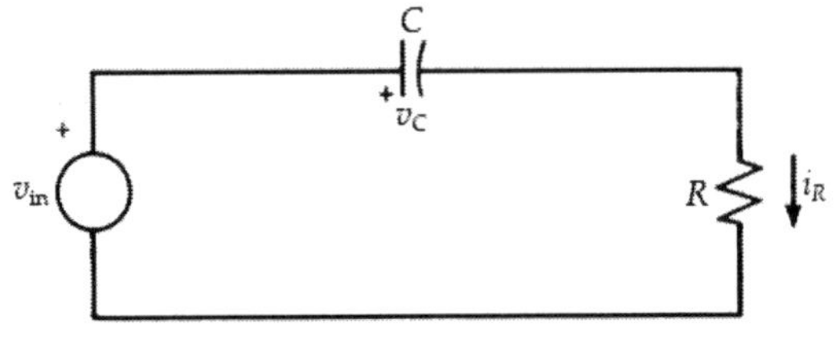

FIGURE 9.7 Example 9.12.

■

입력–출력 관계는 선형 상수 회로망의 경우 상태 방정식과 출력 방정식의 Laplace변환으로부터 얻어질 수 있다. 이 변환은, 각각,*

$$s\mathbf{X}(s) - \mathbf{x}(0_-) = \mathbf{A}\mathbf{X}(s) + \mathbf{B}\mathbf{U}(s) \tag{9.46}$$

그리고

$$\mathbf{Y}(s) = \mathbf{C}\mathbf{X}(s) + \mathbf{D}\mathbf{U}(s) \tag{9.47}$$

* 논의를 하는 동안, 입력 vector $\mathbf{u}(t)$와 그것의 Laplace 변환 $\mathbf{U}(s)$로부터 단위행렬 $\mathbf{I}$를 구별하는데 문제가 없어야 할 것이다.

이다. 이 식 사이에서 $\mathbf{X}(s)$의 대수적 소거(algebraic elimination)는 원하는 입력–출력 관계

$$\mathbf{Y}(s) = [\mathbf{C}\boldsymbol{\Phi}(s)\mathbf{B} + \mathbf{D}]\mathbf{U}(s) + \mathbf{C}\boldsymbol{\Phi}(s)\mathbf{x}(0_-) \tag{9.48}$$

을 산출한다. 여기서, 앞에서와 같이, $\boldsymbol{\Phi}(s) = (s\mathbf{I} - \mathbf{A})^{-1}$는 상태 천이 행렬의 변환이다.

전달 함수(transfer function)의 보통의 정의는 0의 초기 조건 하에서 $\mathbf{Y}(s)$를 $\mathbf{U}(s)$와 관련시킨다. 즉, 입력에 대한 영상태 응답에 관련된다. 식 (9.48)로부터 그러면

$$\mathbf{Y}(s) = \mathbf{H}(s)\mathbf{U}(s) \tag{9.49}$$

를 가진다. 여기서 행렬 전달 함수 $\mathbf{H}(s)$는

$$\mathbf{H}(s) = \mathbf{C}\boldsymbol{\Phi}(s)\mathbf{B} + \mathbf{D} \tag{9.50}$$

이다.

Example 9.13 앞의 예제에서의 회로의 경우, (scalar) 상태 방정식

$$\frac{dv_C}{dt} = -\frac{1}{RC}v_C + \frac{1}{RC}v_{\text{in}}$$

즉,

$$\dot{x} = ax + bu$$

를 가진다. 그러므로,

$$\boldsymbol{\Phi}(s) = (s-a)^{-1} = \left(s + \frac{1}{RC}\right)^{-1}$$

그리고, i_R을 출력으로 하여, loop 방정식을 적음으로써 즉시 증명될 수 있는,

$$H(s) = -\frac{1}{R}\left(s + \frac{1}{RC}\right)^{-1}\frac{1}{RC} + \frac{1}{R} = \frac{Cs}{RCs+1}$$

를 가진다. ■

Analog computer를 위한 모사도(시뮬레이션 도, simulation diagram)는 상태 방정식의 전체적인 개념에서 또한 매우 유용하다. Simulation에 포함되는 세 가지 기본적인 연산(동작, operation)은 (1) 적분, (2) 상수에 의한 곱셈, 그리고 (3) 합산이다. 그것들이 그림 9.8에서 기호적으로 보여졌다. 상수 회로망에 대한 상태 방정식과

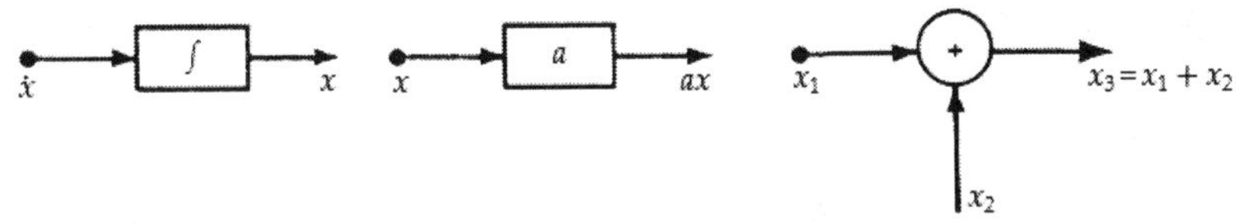

FIGURE 9.8 Basic operations in simulation.

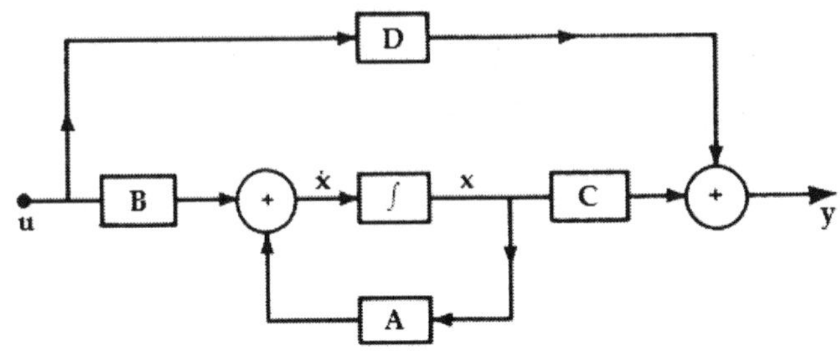

FIGURE 9.9 Simulation of the state and output equations.

출력 방정식의 simulation은 그림 9.9에 보여졌다. 전형적으로 적분기(integrator)의 출력은 상태 변수임에 유의하라.

Example 8.14 1계 미분방정식

$$a_1 \frac{dy}{dt} + a_0 y = u(t)$$

을 고려한다. 상태 변수 $x = y$를 선택하고, 그러면

$$\frac{dx}{dt} = \frac{dy}{dt} = -\frac{a_0}{a_1} y + \frac{1}{a_1} u(t)$$

즉,

$$\frac{dx}{dt} = -\frac{a_0}{a_1} x + \frac{1}{a_1} u(t)$$

이다. Simulation diagram은 그림 9.10에 보여졌다.

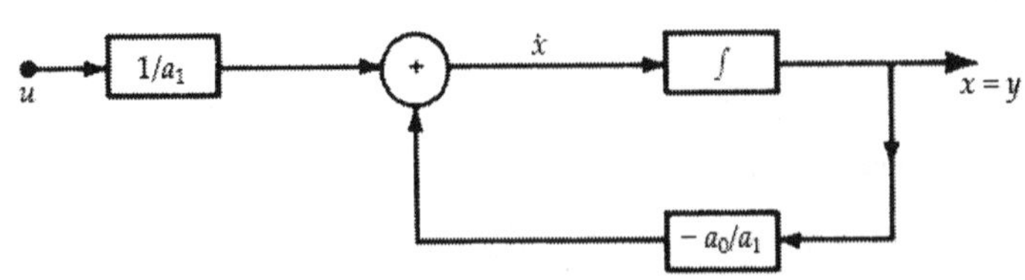

FIGURE 9.10 Simulation diagram for Example 9.14.

■

Example 9.15 1장에서 개략된 방법(식 (1.105)-(1.107))의 확장을 고려한다. 특히, 출력 $y(t)$와 입력 $u(t)$ 사이의 관계를 나타내는 scalar 미분방정식

$$a_2\frac{d^2y}{dt^2}+a_1\frac{dy}{dt}+a_0y=b_2\frac{d^2u}{dt^2}+b_1\frac{du}{dt}+b_0u$$

라고 하자. 편리하게 d^2y/dt^2의 계수를 단위 값(unity, 1)으로 두었다. 식 (1.105)-(1.107)에서와 같이, 등가 상태 방정식을 찾는 것을 원한다. 우변의 0이 아닌 항 때문에, 상태 변수의 선택을, 식 (1.107)과의 비교에 의해, 다음과 같이 약간 수정한다: 먼저,

$$x_1=y-b_2u$$

라 하자. 이 선택으로, 주어진 미분방정식은

$$\frac{d^2x_1}{dt^2}+a_1\frac{dx_1}{dt}+a_0x_1=b_2\frac{d^2u}{dt^2}+(b_1-a_1b_2)\frac{du}{dt}+(b_0-a_0b_2)u$$

가 되고 따라서 d^2u/dt^2가 소거된다. 두 번째 상태 변수로서,

$$x_2=\frac{dx_1}{dt}-(b_1-a_1b_2)u$$

를 선택하고 치환하자. 결과는

$$\frac{dx_2}{dt}=-a_0x_1-a_1x_2+[(b_0-a_0b_2)-a_1(b_1-a_1b_2)]u$$

이다. 이 마지막 두 개의 방정식이 원하는 상태 방정식

$$\begin{bmatrix}\dfrac{dx_1}{dt}\\ \dfrac{dx_2}{dt}\end{bmatrix}=\begin{bmatrix}0 & 1\\ -a_0 & -a_1\end{bmatrix}\begin{bmatrix}x_1\\ x_2\end{bmatrix}+\begin{bmatrix}(b_1-a_1b_2)\\ (b_0-a_0b_2)-a_1(b_1-a_1b_2)\end{bmatrix}u(t)$$

즉, $\dot{\mathbf{x}}=\mathbf{Ax}+\mathbf{Bu}$ 이며, 출력 방정식은

$$y=[1\quad 0]\begin{bmatrix}x_1\\ x_2\end{bmatrix}+b_2u$$

즉,

$$\mathbf{y}=\mathbf{Cx}+\mathbf{Du}$$

이다. 이 계통에 대한 simulation diagram은 그림 9.11에 보여졌다. 이 방법의 일반화는 이 장의 끝에 있는 문제에서 주어진다.

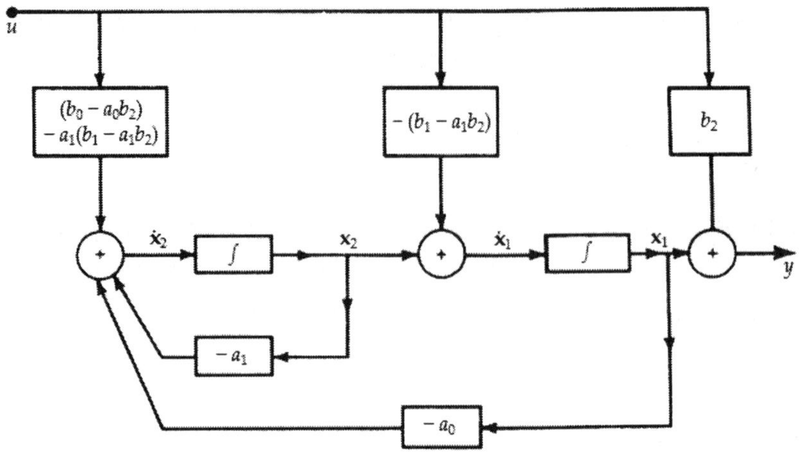

FIGURE 9.11 Simulation diagram for Example 9.15.

■

상태 방정식과 등가 입력–출력 관계의 다른 양상을 고려하자. 좀 더 구체적으로, 단일 입력, 단일 출력의 경우, 식 (9.49)는 scalar 전달 함수 $H(s)$를 산출한다. 전미분방정식(total differential equation)으로 표현된 상수 선형 회로망의 경우, $H(s)$는, 대부분의 경우 $n > m$인, 차수 m의 $P(s)$와 차수 n의 $Q(s)$인 두 개의 다항식의 비

$$H(s) = \frac{P(s)}{Q(s)} \tag{9.51}$$

일 것이다. 더 나아가 $P(s)$와 $Q(s)$ 사이에는 공통 인수(common factor)가 없으며 $Q(s) = 0$의 모든 근(root)은 서로 다르다고 가정하자. 그러면 5장의 Heaviside의 역산 정리에 의해, 계통의 단위 impulse 응답은

$$h(t) = \mathcal{L}^{-1}\{H(s)\} = \sum_{k=1}^{n} \frac{P(p_k)}{Q'(p_k)} e^{p_k t} \tag{9.52}$$

이다. 여기서 $p_k\,(k = 1, 2, \cdots, n)$는 $Q(s) = 0$의 서로 다른 근인 $H(s)$의 극(pole)이다. 또한, $Q'(p_k) = [dQ(s)/ds]_{s=p_k}$이다. $h(t)$가

$$h(t) = \sum_{k=1}^{n} h_k(t) \tag{9.53}$$

과 같이 써질 수 있음은 명백하다. 여기서 각 $h_k(t)$는 미분방정식

$$\frac{dh_k}{dt} = p_k h_k(t) \tag{9.54}$$

를 만족한다. 그러므로, 행렬 표기로

$$\frac{d\mathbf{h}}{dt} = p_k \mathbf{I}\mathbf{h} \tag{9.55}$$

를 가진다. 여기서 $\mathbf{h} = [h_1 \quad h_2 \quad \cdots \quad h_n]^T$ 이다. 식 (9.55)는 $\mathbf{x}$를 대체하여 impulse 응답 vector $\mathbf{h}$로 된 제차 상태 방정식(homogeneous state equation)이다.

Example 9.16

$$H(s) = \frac{(s+1/2)}{(s+1)(s+2)(s+3)} \quad \therefore h(t) = -\frac{1}{4}e^{-t} + \frac{3}{2}e^{-2t} - \frac{5}{4}e^{-3t} = \sum_{k=1}^{3} h_k(t)$$

라 하자. 여기서 각 $h_k(t)$ $(k = 1, 2, 3)$는, 각각, 미분방정식

$$\frac{dh_1}{dt} + h_1 = 0$$

$$\frac{dh_2}{dt} + 2h_2 = 0$$

그리고

$$\frac{dh_3}{dt} + 3h_3 = 0$$

을 만족한다. 행렬형으로, 이들은

$$\frac{d\mathbf{h}}{dt} = p_k \mathbf{I}\mathbf{h}$$

와 같이 적어질 수 있다. 여기서 $\mathbf{h}(t) = [h_1 \quad h_2 \quad h_3]^T$이며 행렬 $p_k\mathbf{I}$ 는 대각 요소에 $H(s)$의 극을 가진 대각행렬이다:

$$p_k \mathbf{I} = \begin{bmatrix} -1 & 0 & 0 \\ 0 & -2 & 0 \\ 0 & 0 & -3 \end{bmatrix}$$

■

Example 9.17

$$F(s) = \frac{1}{(s+c)} + \frac{\omega_0}{(s+a)^2\left[(s+b)^2 + \omega_0{}^2\right]}$$

을 고려한다. 그러면

$$f(t) = e^{-ct} + \int_{0_-}^{t} \tau e^{-a\tau} e^{-b(t-\tau)} \sin \omega_0 (t-\tau)\, d\tau$$

이다.

$$f(t) = f_1(t) + f_2(t) + f_3(t)$$

로 둔다. 여기서

$$f_1(t) = e^{-ct}$$

$$f_2(t) = e^{-bt}\sin\omega_0 t \int_{0_-}^{t} \tau e^{-a\tau} e^{b\tau}\cos\omega_0\tau\, d\tau$$

그리고

$$f_3(t) = e^{-bt}\cos\omega_0 t \int_{0_-}^{t} \tau e^{-a\tau} e^{b\tau}\sin\omega_0\tau\, d\tau$$

이다. 그러면

$$\frac{df_1}{dt} + cf_1 = 0$$

$$\frac{df_2}{dt} + bf_2(t) + \omega_0 f_3(t) = \frac{1}{2} te^{-at}\sin 2\omega_0 t$$

그리고

$$\frac{df_3}{dt} + bf_3(t) - \omega_0 f_2(t) = -\frac{1}{2} te^{-at}\sin 2\omega_0 t$$

이어서

$$\frac{d\mathbf{f}}{dt} = \mathbf{Af} + \mathbf{Bu}$$

이다. ■

앞의 논의에서 사용된 $H(s)$의 부분 분수 전개는 simulation diagram에 대한 다른 접근을 제공한다. 다시, $m \le n$이며 $H(s)$의 모든 극이 단극(simple)이라고 가정한다. 그러면 $H(s)$의 부분 분수 전개는

$$H(s) = \frac{K_1}{s - p_1} + \frac{K_2}{s - p_2} + \cdots + \frac{K_n}{s - p_n} + K_\infty \tag{9.56}$$

이 될 것이다. 다시 Example 9.13에 있는 1차 회로망을 고려한다. 거기에서는 회로망 함수(network function)가, 본래는 부분 분수 전개에서의 항 $K_n/(s - p_n)$와 같은

형태인, $H(s) = 1/(a_1 s + a_0)$이다. 바꾸어 말하면, 그림 9.10은 여기에서의 목적을 위한 기본 구성 요소(basic building block)이다. 결과적인 simulation diagram(*병렬 분해(parallel decomposition)*라 불리는)이 그림 9.12에 보여졌다. 상태 변수는 적분기의 출력이며, 검사(통찰, inspection)에 의해

$$\begin{aligned} \dot{x}_1 &= p_1 x_1 + u \\ \dot{x}_2 &= p_2 x_2 + u \\ &\vdots \\ \dot{x}_n &= p_n x_n + u \end{aligned} \tag{9.57}$$

과

$$y = K_1 x_1 + K_2 x_2 + \cdots + K_n x_n + K_\infty u \tag{9.58}$$

을 적을 수 있다. 행렬형으로는 이 식이

$$\dot{\mathbf{x}} = \mathbf{Ax} + \mathbf{Bu} \tag{9.59}$$

와

$$\mathbf{y} = \mathbf{Cx} + \mathbf{Du} \tag{9.60}$$

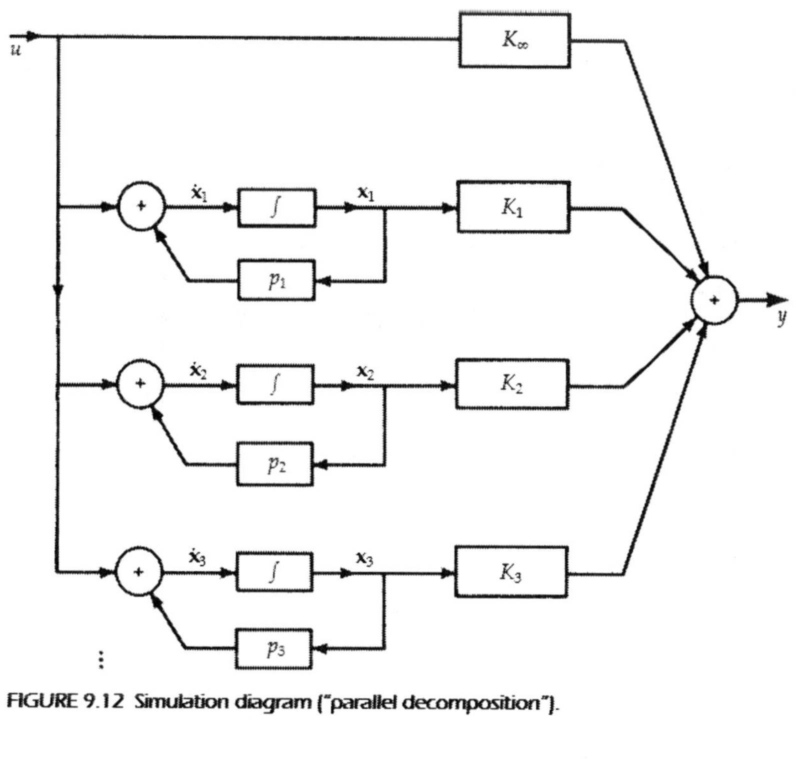

FIGURE 9.12 Simulation diagram ("parallel decomposition").

으로 적어진다. 여기서 **A**는 그 요소로 (단)극을 가지는 대각행렬, **B**는 단위 열행렬 (a column unit matrix), **C**는 유수(residue) K_i의 행행렬(a row matrix), 그리고 **D** = K_∞이다. 반복되는(다중) 극의 경우로의 이 방법의 확장은 장(chapter)의 끝에서 문제로 주어진다.

이 논제에 관한 더 고급의 논의와 더 나아간 전개는 인용 문헌(bibliography)에 나와 있는 몇 가지 참고 문헌(reference)에서 찾아질 수 있다.

PROBLEMS

9-1 보여진 회로망의 차수를 결정하라.

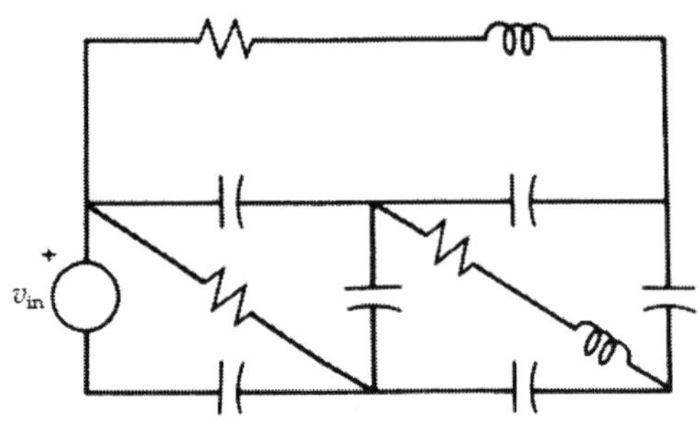

FIGURE 9.13 Problem 9-1.

Hint 모두 용량성인 독립 loop가 몇 개나 있는가?

9-2 보여진 각 회로망의 차수를 결정하라.

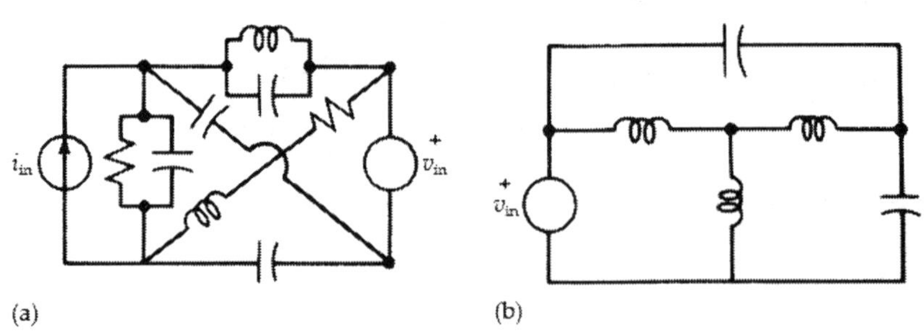

FIGURE 9.14 Problem 9-2.

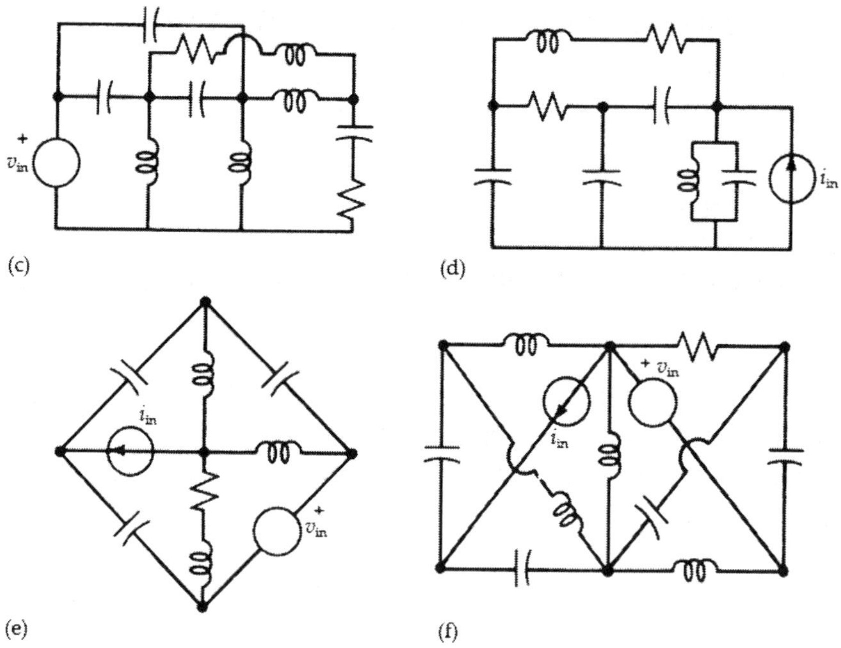

FIGURE 9.14 Problem 9-2 (continued).

9-3 다음과 같은 과정이 모두 용량성인 독립loop n_C와 모두 유도성인 독립 cut-set n_L을 헤아리기 위해 제시된다:

(1) n_C를 헤아리기 위하여, 회로망에서 모든 저항기, inductor, 그리고 전류원(current source)을 *개방 회로(open-circuit)*로 한다. 남은 부분 회로망(subnetwork)은 모두 용량성인 loop의 형태가 되는 capacitor와 전압원(voltage source) 만으로 이루어진다. 그러면

$$n_C = \hat{b} - (\hat{n} - 1)$$

이다. 여기서 $\hat{b}$는 이 부분 회로망에서의 가지(branch)의 수이며 $\hat{n}$는 절점(node)의 수이다.

(2) n_L을 헤아리기 위하여, 회로망에서 모든 저항기, capacitor, 그리고 전압원을 *단락 회로(short-circuit)*로 한다. 남은 부분 회로망은 모두 유도성인 cut-set의 형태가 되는 inductor와 전류원 만으로 이루어진다. 그러면

$$n_L = \bar{n} - 1$$

이다. 여기서 $\bar{n}$는 이 부분 회로망에서의 절점의 수이다.

Problem 9-1과 9-2에 대하여 이 과정을 입증하라.

9-4 Example 9.2에서 저항기가 다음과 같이 비선형이라고 하자:

$$i_R(t) = [v_R(t)]^3 - v_R(t)$$

(a) $C_1 = C_2 = 1$ [F]와 전류원 $i(t) = 10$ [A]로, 상태 행렬 미분방정식을 얻어라.
(b) 비선형 저항기가

$$v_R(t) = [i_R(t)]^3 - i_R(t)$$

로 주어진 경우에 대하여 반복하라.
어떤 어려움을 만나는가?
Hint 경우 (a)와 (b)에서 저항기의 v-i 곡선을 그리고, 해(solution)의 유일성(uniqueness)을 고려하라.

9-5 일정한 L과 C, 그리고 v-i 관계가 $v_R = i^3/3 - i$인 비선형 저항기로, 직렬 RLC 회로가 그림 9.15에 보여졌다. 또한 Problem 9-4 (b)와 비교하라.
(a) Loop를 돌며 Kirchhoff의 전압 법칙을 적고, 그것이 고전적인 판 데어 폴의 방정식(Van der Pol's equation)

$$\frac{d^2i}{dt^2} + \epsilon(i^2 - 1)\frac{di}{dt} + \omega^2 i = 0$$

임을 보여라.
(b) Capacitor의 전하와 inductor의 자속(flux)을 상태 변수로 하여, 이 회로에 대하여 상태 행렬 방정식을 정식화하라.

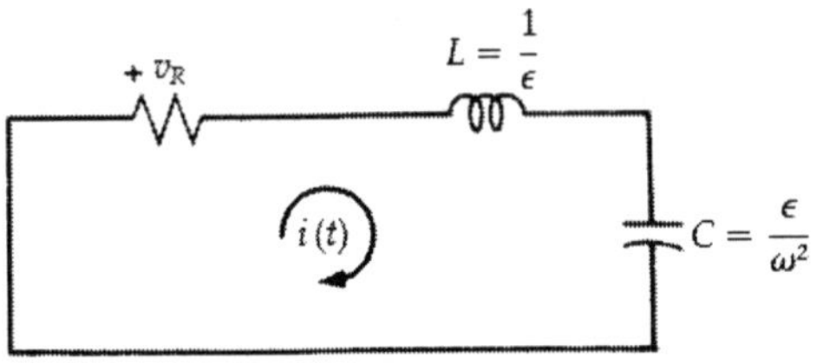

FIGURE 9.15 Problem 9-5.

9-6 다음과 같은 단계로 Example 9.3에 대한 계산을 완성하라:
(a) I_e를 소거함으로써 V_e에 대한 단일 미분방정식을 얻어라. 그것이 $k_e^2 = \omega^2 LC$로

$$\frac{d^2V_e}{dt^2} + k_e^2 V_e = 0$$

임을 보여라. V_0에 대해서도 비슷한 식이 얻어짐을 보여라.
(b) $dV_e/dx = U_e$와 $dV_0/dx = U_0$로 두고 새로운 vector

$$\mathbf{Y}(x) = \begin{bmatrix} V_e \\ U_e \\ V_0 \\ U_0 \end{bmatrix}$$

를 정의하여 $\mathbf{Y}$가 상태 방정식

$$\frac{d\mathbf{Y}}{dx} = \mathbf{AY}$$

를 따름을 보여라. $\mathbf{A}$를 밝히고, Laplace 변환법을 사용하여, 상태 천이 행렬을 찾아라.

9-7 Example 9.4에서는 천이 확률(transition probability)이 둘 다 λ와 같게 두어졌다. 상태 n으로부터 $(n+1)$로의 천이의 단위 시간당 확률인 λ와, $(n-1)$로부터 n으로의 천이에 대한 대응하는 양 μ로, 이 예제를 반복하라. $\mu < \lambda$이라고 가정하고 Poisson 분포의 항으로 답을 찾아라.

9-8 상태 천이 행렬 $\boldsymbol{\phi}(t)$는 모든 유한한 t에 대하여 정칙(nonsingular)임을 보여라. 특히,

$$\det \boldsymbol{\phi}(t) = e^{\mathrm{Tr}\,\mathbf{A}}$$

를 보여라. 여기서 $\mathrm{Tr}\,\mathbf{A} = \text{trace of } \mathbf{A} = \sum_{j=1}^{n} a_{jj}$이다.

9-9 영입력 상태 방정식 $\dot{\mathbf{x}} = \mathbf{A}(t)\mathbf{x}$와, 상태 $\mathbf{x}(t_2)$로부터 상태 $\mathbf{x}(t_1)$로의 천이, 그리고 그 다음 $\mathbf{x}(t_3)$으로부터 $\mathbf{x}(t_2)$로의 천이를 고려함으로써, 식 (9.28)로 주어진 $\boldsymbol{\phi}(t, t_0)$의 *준군 성질 (semigroup property)*, 즉

$$\boldsymbol{\phi}(t_1, t_3) = \boldsymbol{\phi}(t_1, t_2)\,\boldsymbol{\phi}(t_2, t_3)$$

을 증명하라.

9-10 $\mathbf{A}(t)$와 $\int_{t_0}^{t} \mathbf{A}(\tau)\,d\tau$에 교환적인 조건(commutative condition)이 만족되지 않는다면, 상태 천이 행렬 $\boldsymbol{\phi}(t, t_0)$은 다음과 같이 구해질 수 있다[4]: $\mathbf{A}(t)$를 두 개의 행렬의 합

$$\mathbf{A}(t) = \mathbf{A}_0(t) + \overline{\mathbf{A}}(t)$$

로 표현한다. 여기서 $\mathbf{A}_0(t)$는 교환적인 조건을 만족한다. 그러므로, 제차 상태 방정식

$$\dot{\mathbf{x}}(t) = \mathbf{A}(t)\,\mathbf{x}(t)$$

는 비제차 방정식

$$\dot{\mathbf{x}}(t) = \mathbf{A}_0(t)\,\mathbf{x}(t) + \overline{\mathbf{A}}(t)\,\mathbf{x}(t)$$

로 된다. 여기서 $\bar{\mathbf{A}}(t)\mathbf{x}(t)$는 "입력"의 역할을 한다. $\mathbf{A}_0(t)$에 대한 상태 천이 행렬은

$$\boldsymbol{\phi}_0(t, t_0) = \exp\left[\int_{t_0}^{t} \mathbf{A}_0(\tau)\, d\tau\right]$$

이다. 비제차 방정식의 해는 그러면, 식 (9.33)에 따라,

$$\mathbf{x}(t) = \boldsymbol{\phi}_0(t, t_0)\mathbf{x}(t_0) + \int_{t_0}^{t} \boldsymbol{\phi}_0(t, \tau)\bar{\mathbf{A}}(\tau)\mathbf{x}(\tau)\, d\tau$$

이다. 이것은 $\mathbf{x}(t)$에 대한 적분(Volterra) 방정식이다. 그 해는 연속 반복(successive iteration)에 의하여 찾아질 수 있다:

$$\mathbf{x}_p(t) = \boldsymbol{\phi}_0(t, t_0)\mathbf{x}(t_0) + \int_{t_0}^{t} \boldsymbol{\phi}_0(t, \tau)\mathbf{A}(\tau)\mathbf{x}_{p-1}(\tau)\, d\tau, \quad p = 1, 2, \cdots$$

(a) $\alpha << 1$ 그리고 $x(t_0) = K$로 주어진 scalar인 경우

$$\dot{x} = (1 + \alpha e^{-t})x$$

에 대한 이와 같은 반복적인 풀이를 수행하라.
(b) 변수 분리를 한 후 적분에 의하여 얻어진 *완전*해(*exact* solution)와 반복해를 비교하라.

9-11 $\mathbf{A}(t)$가 *상수* 행렬(*constant* matrix)과 scalar 시간 함수의 적(곱, product)

$$\mathbf{A}(t) = \mathbf{A}f(t)$$

으로 적어질 수 있으면 $\mathbf{A}(t)$에 대한 교환적인 조건이 만족됨을 증명하라. 이에 따라,

$$\dot{\mathbf{x}} = \begin{bmatrix} -2t & -t \\ 2t & -5t \end{bmatrix}\mathbf{x}(t)$$

에 대한 상태 천이 행렬을 얻어라.[3]

9-12 Problem 9-10에서와 같이, 상태 방정식

$$\dot{\mathbf{x}} = \begin{bmatrix} t + \alpha e^{-t} & t \\ -t & t \end{bmatrix}\mathbf{x}(t), \quad \mathbf{x}(t_0) = \begin{bmatrix} 1 \\ 0 \end{bmatrix}$$

을 연속 반복에 의하여 풀어라.

9-13 $\mathbf{A}$가 상수가 아닌 경우의 제차 상태 차분방정식, 즉

$$\mathbf{x}(k+1) = \mathbf{A}(k)\mathbf{x}(k)$$

을 일반화하라.

반복(recursion)과 치환(substitution)에 의해,

$$\mathbf{x}(k) = \boldsymbol{\phi}(k, l)\,\mathbf{x}(l), \quad k \geq l$$

와 같은 상태 천이 행렬 $\boldsymbol{\phi}(k, l)$을 얻어라. 여기서 $\mathbf{x}(l)$은, 반드시 0은 아닌, 초기 상태이다.

9-14

$$H(s) = \frac{b_0 s^n + b_1 s^{n-1} + \cdots + b_{n-1}s + b_n}{s^n + a_1 s^{n-1} + \cdots + a_{n-1}s + a_n}$$

라 하자.

(a) 상태 행렬 방정식을 얻어라.

(b) Example 9.14에 있는 한 가지로부터 일반화된, simulation diagram을 얻어라.

9-15 병렬 분해법 식 (9.56)-(9.60)을 다중 극(multiple pole)의 경우로 확장하라. 구체적으로,

$$H(s) = \frac{P(s)}{(s - p_1)^r Q_1(s)}$$

로 두라. 여기서 p_1은 다중도(multiplicity) $r > 1$의 극이며, $Q_1(s)$는 단근 만을 갖는다. 대응하는 부분 분수 전개를 적고, 그것으로부터, simulation diagram을 그려라.

SELECTED BIBLIOGRAPHY

1. P. M. DeRusso, R. J. Roy and C. M. Close, *State Variables for Engineers*, New York: John Wiley & Sons, Inc., 1965.
2. T. Tailath, *Linear Systems*, Englewood Cliffs, N.J.: Prentice-Hall, Inc., 1980.
3. S. Karni, *Intermediate Network Analysis*, Boston: Allyn & Bacon, Inc., 1971.
4. B. K. Kinariwala, "Analysis of Time Varying Networks," *IRE International Convention Record*, part 4, pp. 268-276, March, 1961.
5. B. J. Leon, *Lumped Systems*, New York: Holt, Rinehart & Winston, Inc., 1968.
6. D. G. Luenberger, *Introduction to Dynamic Systems*, New York: John Wiley & Sons, Inc., 1979.
7. W. J. Rugh, *Mathematical Description of Linear Systems*, New York: Marcel Dekker, Inc., 1975.
8. L. A. Zadeh and C. A. Desoer, *Linear System Theory*, New York: McGraw-Hill Book Company, Inc., 1963.

CHAPTER 10

Relativity

10.1 INTRODUCTION

공학자들은 상대성 이론(relativity)을 얼마나 알아야 할까? 공학자를 위한 대부분의 교재는 상대성 이론을 완전히 생략한다.*1 그것이 옳은가? 그것에 동의하는 측과 반대하는 측이 있다. 반대하는 측의 주장은 다음과 같다:

1. 고속(광속에 가까운)의 입자 빔(particle beam)을 만들기 위한 설계 방정식은 상대성 이론에 기초를 두고 있다.
2. 핵 energy의 개발을 가능하게 한 $W = mc^2$은 상대성 이론에서 나온 것이다.*2
3. 상대 운동을 고려하고 있을 때에는 (예를 들어, 도선 loop가 정상 자계 내에서 운동을 하거나, 자계가 정지 loop를 쓸고 지나간다고 해도 같은 효과가 기대된다) 사실 상대성 이론이 사용되고 있다.
4. 어떤 공학자이든 물리학에 관한 기본 이론에 익숙해야 할 것이다; 상대성 이론은 그 중의 한 가지이다.

생략하는 것을 찬성하는 주장도 이에 못지 않는 설득력이 있다:

1. 고속 입자 beam 장치를 설계하는 공학자는 극소수이다. 상대성 이론의 도입에 의한 수정은 입자 beam의 거동에 큰 영향을 주지만, 설계 방정식은 그리 어렵게 생각되지 않는다. 이러한 분야에 종사하게 된다고 해도 그 때부터 설계 방정식을 공부해도 시간이 충분할 것으로 보인다.
2. 공학자는 $W = mc^2$과 같은 간단한 공식은, 그 근원의 조사에 대한 필요성은 느끼지 못하며, 그대로 받아들이려는 경향이 있다. 상대성 이론에 익숙하지 않다는 것은 최소한 핵공학자들의 고민일 뿐이다. 오히려 재료의 강도, 제어, 안정성 등, 종래부터 있었던 공학에서의 문제에 더 신경을 쓴다.
3. 강전 공학자가 상대 운동을 고려하는 경우에는 상식을 사용하며 상대성 이론을 사용하지 않는다. 약전 공학자는 아직 운동 좌표계를 도입해야 할 필요에 까지

*1 G. W. Carter, *The Electromagnetic Field in its Engineering Aspects*, London: Green, & Co., 1954, 그리고 K. Simonyi, *Foundations of Electrical Engineering*, Oxford: Pergamon Press, 1963과 같은 몇 가지 저명한 저서는 제외한다; E. G. Cullwick, *Electromagnetism and Relativity*, London: Green, & Co., 1957과 같은, 유도 효과를 염두에 두는 공학자를 위해 특별히 쓰여진 상대성 이론에 관한 저서도 있다.

*2 여기에서는, 몹시 내키지 않지만, energy에 대하여 W를 사용한다. 유명하며 인정된 이 식의 형태는 $E = mc^2$이다. 공교롭게도, 전기공학에서는 기호 E가 전계에 대하여 준비된 기호이다.

이르지는 못했다. 하전 입자 beam과 이동 전자파의 상호 작용을 해석하는 경우에도 하전 입자 beam과 같은 속도로 움직이는 관측자의 입장에서 전자파를 보아야 할 필요는 없다. 이런 연구들은 모두 실험실 기준 좌표계로 기술되어 있다. 애써 얻은 물리적 직관이 쓸모없게 되는게 아닌가 하는 염려가 그 이유일지도 모르겠다. 전계와 자계의 거동에 관한 많은 부분을 실험실 기준 좌표계에서 배워왔기 때문에 서로 다른 속도로 움직이는 관측자에게는 전계와 자계가 서로 다르게 보인다고 하는 것을 인정하는데 거부감이 있을 수 있다.

4. 물리학의 이론이 점점 더 복잡해져 가고 있기 때문에, 공학자는 어딘가에 선을 그어 두어야 한다. 물리학의 기본 이론 모두에 익숙해질 수 있는 시간적 여유는 없다. 상대성 이론이 공학 문제의 해결에 도움이 되지 않는다면 그에 관해 아는 것이 필요하지 않다.

공학 문제에 새로이 등장한 양자역학(quantum mechanics)과 비교하면, 공학자들에게는 상대성 이론이 중요하지 않음이 한층 더 분명하다. 양자역학을 배제하면 물질의 존재 자체가 모순으로 되지만, 상대성 이론은 그러한 영향을 미치지는 않는다. 내일이라도 어떤 강력한 신(god)이 나타나서, '그대 양자역학을 괘념치 말라(thou shalt not have quantum mechanics)'라고 명령한다면, (원자들이 뿔뿔이 흩어지게 된다는 사실은 별개로 해도) 전기공학에 큰 혼란을 야기할 것이다. 비슷한 명령이 상대성 이론에 주어지더라도 공학자들은 무관심할 것이다.

볼 수 있는 바와 같이 찬반 양론이 거의 대등하다. 그 때문에 상대성 이론의 편에 설 좋은 이유는 없다. 상대성 이론을 넣은 것이 잘못된 결정일 지는 모르지만, 비교적 적은 노력으로 상대성 이론의 기초를 파악할 수 있도록 쉽게 기술하였기 때문에, 잃는 것은 거의 없을 것이다.

10.2 THE BASIC ASSUMPTIONS

상대성 이론은 누구나 알고 있는 주제 중 한 가지이다. 문과계 졸업생조차도 이 이론이 Albert Einstein에 의해 처음으로 공표되었으며 가정 중요한 것이라고 말할 수 있다. 이 이론에 대한 기본 가정을 말할 수 있는 사람은 훨씬 적지만, 그것은 놀라울 정도로 간단하게 설명될 수 있다:

1. 물리학의 법칙은 서로에 대해 균일하게 움직이는 모든 좌표계(coordinate system)에서는 같다.
2. 진공(empty space)에서의 빛의 속도(광속, velocity of light)는 모든 기준 좌표계(reference of frame)에서 같으며 방사하는 물질의 운동과는 무관하다.

3. $W = mc^2$이다. 질량(mass)과 energy의 등가성(equivalence)을 보이는, 이 관계를 앞의 두 가지의 가정으로부터 유도하는 방법은 많다. 여기에서의 목적(매우 엄밀하지는 않은)을 위하여 별도의 가정으로 두는 것이 더할 나위없이 적절할 것이다.

10.3 VELOCITY-DEPENDENT MASS

질량과 가속도(acceleration)의 곱(적, times)은 힘(force)과 같다고 주장하는, 뉴튼 방정식(Newton's equation)의 도움으로 역학(mechanics)에서 많은 계산을 해 왔다. 보통의 수학적인 형태는

$$m\frac{d\mathbf{v}}{dt} = \mathbf{F} \tag{10.1}$$

이다.

이제 질량이 일정하다는 가정을 버리고* 식 (10.1)을 약간 다른 형태로 다시 쓰면 다음과 같다:

$$\frac{d}{dt}(m\mathbf{v}) = \mathbf{F} \tag{10.2}$$

Energy의 변화율인 일률(동력, power)은 힘과 속도의 곱과 같다는

$$\frac{dW}{dt} = \mathbf{F}\cdot\mathbf{v} \tag{10.3}$$

을 상기하면, 이제

$$\frac{d}{dt}(mc^2) = \mathbf{v}\cdot\frac{d}{dt}(m\mathbf{v}) \tag{10.4}$$

가 된다. 식 (10.4)에 $2m$을 곱하고 적분하면,

$$m^2c^2 = m^2\mathbf{v}^2 + C \tag{10.5}$$

를 얻는다.

상수 C는 $v = 0$인 경우의 질량(정지 질량, rest mass)을 m_0이라 하면

* Newton은 질량은 일정하다는 가정에서 연구를 했지만, 흥미로운 것은 그의 첫 번째 법칙을 정식화할 때, 오늘날 운동량(momentum)이라고 불리는 '*motus*'의 변화(*mutatio motus proportionalis est* …)를 고려한, 더 일반적인 형태로 썼다.

$$C = m_0{}^2c^2 \tag{10.6}$$

과 같이 결정되어, 이를 식 (10.5)에 대입하면 질량

$$m = m_0\gamma, \quad \gamma = \left(1 - \frac{v^2}{c^2}\right)^{-\frac{1}{2}} \tag{10.7}$$

을 산출한다. $v << c$일 때는 $\gamma \simeq 1$로 보일 수 있으며, 질량이 일정한 것으로 간주될 수 있지만, 일반적으로 질량은 속도-종속(velocity-dependent)이어서, v가 광속에 접근함에 따라 무한대(infinity)로 되는 경향이 있다.

10.4 THE RELATIVITY OF A SIMULTANEITY AND OF LENGTH

질량이 시간-의존이라는 것이, 그것이 물질의 일관성에 대한 믿음(질량이 일정하지 않다면, 무엇이?)을 손상시키기 때문에, 약간 혼란스럽기는 하지만, 더 심한 놀라운 일이 일어난다. '특정한 사건이 언제 일어났는가?'와 같은 간단한 질문에 대해서도 명백한 대답이 불가능하다는 것으로 판명된다. 자주 인용되는 예는 철도 platform에서 정지해 있는 관측자(observer)와 균일한 속력(speed)의 기차 위에 있는 이동하는 관측자에 대한 것이다. 좀 더 현대적으로 그 대신에 지구 정지 궤도 상에 있는(geostationary) 우주정거장(space station)과 그것을 통과하는 우주선(spaceship)을 그릴 것이다. 정거장 책임자(stationmaster)와 정밀 측정을 할 수 있는 계기는 S_0에 놓여져 있다(그림 10.1 (a)). 섬광 장치(light-flash equipment)와 동기화된(시간이 맞춰진) 시계(synchronized clock)를 가진 두 명의 부하를 $S_0S_1 = S_0S_2$인 점 S_1과 S_2에 보낸다. 약속된 시간에 두 명이 모두 섬광을 발산하면 S_0에서 동시에(si-

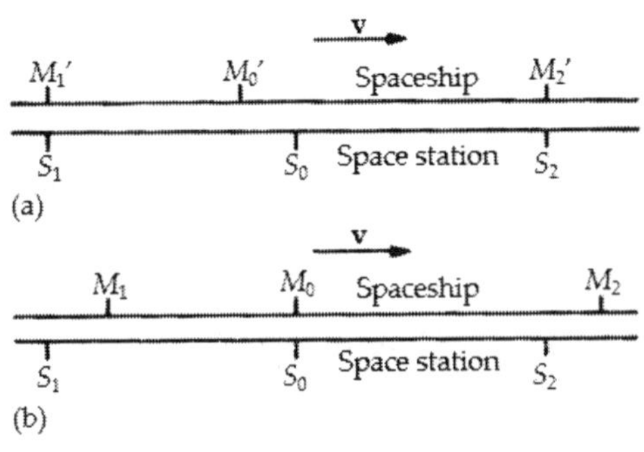

FIGURE 10.1 Schematic drawing of a spaceship passing a space station. Positions of the observers at the time: (a) when light flashes are sent out at S_1 and S_2; (b) when light flashes arrive at S_0.

multaneously) 받을 것이다. 거기까지는 문제가 없다. (1) $S_0S_1 = S_0S_2$이고, (2) 섬 섬광이 같은 시간에 보내지며, 그리고 (3) S_1로부터 보낸 빛이 S_2로부터 보낸 빛은 같은 시간에 S_0에 도달해야만 한다.

책임자와 부하들이 섬광으로 작업을 하고 있는 바로 그 시간에 우주선이 통과한다고 (물론 균일한 속력으로) 하자. 더욱이, 섬광이 도달했을 때 우주선의 중앙에 있는 아무개(midshipman Joe Bloggs)가 점 M_0에서 책임자와 똑바로 마주본다고 가정하자. 또한 섬광이 일어날 때 우주선에 있는 두 명의 세심한 '양 끝 승무원(edgeshipman)'이 점 M_1' 및 M_2'(S_1 및 S_2와 마주보는)에 있다. 이것이 그림 10.1 (a)에 보여졌다. 섬광이 일어난 시간에는 우주선 중앙의 아무개가 아직 정거장 책임자와 마주보지 않음에 유의하라. 우주선이 오른쪽으로 움직인다고 가정하면, 그는 점 M_0'에 있을 것이다. 정거장 책임자가 섬광을 받는 시간에 우주선 중앙의 아무개는 M_0에 있을 것이며 두 명의 양 끝 승무원은 각각 M_1과 M_2에 있을 것이다(그림 10.1 (b)). 인지되는 바와 같이, 아무개는 정거장 책임자와 같은 시간에 섬광을 받을 것이다.

아무개가 섬광이 일어난 시간을 알고자 한다고 가정한다. 그는 그의 동료가 그 시간에 M_1'와 M_2'에 있었다는 것을 안다(또는 찾을 수 있다). 그는 또한 우주선에서 거리 $M_0'M_2' = M_0M_2$와 $M_0'M_1' = M_0M_1$을 측정할 수 있으며 $M_0M_1 < M_0M_2$라는 것을 찾는다. 따라서 그는 M_2로부터의 섬광이 M_1로부터의 것보다 더 이른 시간에 시작되었다고 추단할 것이다. 이것이 그의 입장에서 솔직한 결론이다. 그는 빛이 우주선 내부에서 속도 c로 이동하며 왼쪽으로부터 오는 빛이 오른쪽으로부터 오는 빛과 같은 속도로 이동한다고 가정한다. 이것은 우주선 내부에서의 빛의 속도는 우주선의 속도와는 무관하다고 한 10.2절의 가정 2와 일치한다.

정거장 책임자는 섬광이 같은 시간에 일어났다고 추단한다: 아무개는 한 쪽이 다른 쪽보다 먼저 일어났다고 주장한다. 누가 옳은가? 아무도 말할 수 없다. 새로운 결론은 두 사건의 동시성(simultaneity)과 같은 것은 없다는 것이다. 동시성은 상대적이다(relative); 그것은 관측자의 속력에 종속된다.

길이(length)에 대해서는 어떠한가? 다음과 같은 방법으로 길이를 측정하자(그림 10.2). 섬광이 점 A와 B로부터 동시에 보내진다. 점 O에 있는 정지 관측자(stationary observer)는 섬광이 도달하는 시간차(time difference)로부터 길이 $l = AB$를 계산할 수 있다. 불행하게도, 서로 다른 속력으로 움직이는 관측자는 동시성에 대해

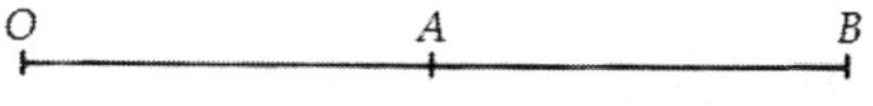

FIGURE 10.2 Observer positioned at O measures the length AB by measuring the time difference of arrival of light flashes sent out simultaneously from A and B.

의견이 같을 수 없어, 따라서 길이에 대해서도 의견이 같을 수 없다. 그것은 세상에 대한 상식적인 접근을 산산이 부수는 타격이지만 그것을 받아들여야 한다; 절대 시간(absolute time)은 없으며 절대 길이(absolute length)도 없다.

10.5 THE LORENTZ TRANSFORMATIONS

서로에 대하여 균일한 속도로 움직이는 두 관측자는 서로 다른 시간과 길이의 척도(scale)를 가진다는 것을 보았다. 이제 한 좌표계로부터 다른 좌표계로의, 즉 정거장 책임자의 정지 좌표계(stationary coordinate system)로부터 아무개의 운동 좌표계(moving coordinate system)로의, 변수 변환(transformation of variables)에 대하여 고찰할 것이다. $t=0$ 때 서로 마주보게 두고(그림 10.1 (b)에서와 같이) 같은 시간에 같은 위치로부터 섬광을 보내는 것으로 시작하자. 각 좌표계에서 광 펄스(light pulse)는 얼마나 멀리 움직일 것인가? 정거장 책임자의 좌표계 (x, y, z, t)에서는 시간 t 후에 빛이

$$x^2 + y^2 + z^2 = c^2t^2 \tag{10.8}$$

인 공(구, sphere)의 표면에 도달한다. 이것은 명백하다. 빛은 속도 c로 모든 방향으로 전파한다고 하는 것이 말한 모두이다(all). 가정 2의 관점에서, 같은 것이 아무개의 좌표계 (x', y', z', t')에서도 참이다(true). 우주선에서 보면, 빛은 같은 속도로 모든 방향으로 전파하며, 따라서 시간 t' 후에는 그것이

$$x'^2 + y'^2 + z'^2 = c^2t'^2 \tag{10.9a}$$

인 구의 표면에 도달할 것이다. 이제 적어도 좌표 변환(coordinate transformation)의 한 가지 법칙이 명백하다; 변환은 양(quantity)

$$x^2 + y^2 + z^2 - c^2t^2 \tag{10.9b}$$

이 불변으로(invariant) 남아있어야 한다. 운 좋게도, 어떤 특이점(singularity)도 갖지 않으면서 위의 조건을 만족할 수 있는 변환은, 소위 로렌츠 변환(Lorentz transformation)이라 불리는, 한 가지 밖에 없다. 그것은

$$x' = \gamma(x - vt), \quad y' = y, \quad z' = z, \quad t' = \gamma\left(t - \frac{vx}{c^2}\right) \tag{10.10a}$$

의 형태를 취한다(Problem 10-6을 보라). 여기서 x', y', z' 3차원 좌표계는 x, y, z 정지 좌표계에 대하여 x' 방향으로 속도 v로 이동한다. 금후에는, 이러한 좌표계를

각각 S 계와 S' 계(S and S' system(frame))로 나타낼 것이다. 역변환(inverse transformation)은 비슷하게

$$x = \gamma(x' + vt'), \quad y = y', \quad z = z', \quad t' = \gamma\left(t + \frac{vx'}{c^2}\right) \tag{10.10b}$$

로 주어진다.

이제 앞 절에서의 몇 가지 부정확한 설명을 수학적인 형태로 표현하자. S' 내에 정지해 있으며 x'-축을 따라 놓여 있는 길이 l'의 막대를 취한다. 그것의 길이는 양단의 좌표에 의해 결정된다. 즉,

$$l' = x_2' - x_1' \tag{10.11a}$$

이다. 앞에서 언급한 바와 같이, S에 있는 관측자는 *그의* 시간 척도에 따라 같은 시간 t에서 측정을 수행해야 한다. 그는 길이로서 그의 좌표 x_2와 x_1 사이의 차이, 즉

$$l = x_2 - x_1 = \frac{x_2'}{\gamma} + vt - \left(\frac{x_1'}{\gamma} + vt\right) = \frac{l'}{\gamma} \tag{10.11b}$$

를 취한다. 이것은 이른바 로렌츠-핏츠제랄드 수축(Lorentz-FitzGerald contraction)이라 불린다.*1 물체가 관측자에 대해 움직이고 있을 때에는 언제든지 측정되는 길이가 인자(factor) γ로 그것이 움직이는 방향으로 수축된다. 다음으로 시간을 비교할 것이다. 두 개의 사건이 S' 계 내의 좌표 x_0'에서 시간 t_1'와 t_2'에 일어난다면, 그러면 S 내에서 같은 시간 간격(time interval)은

$$T = t_2 - t_1 = \gamma\left(t_2' + \frac{vx_0'}{c^2}\right) - \gamma\left(t_1' + \frac{vx_0'}{c^2}\right) = \gamma(t_2' - t_1') = \gamma T' \tag{10.12}$$

로 측정될 것이다. S' 내에서 정지한 시계에 의해 측정된 시간 간격은 S 내에서 측정된 것보다 더 작다. 결과로서, 그의 시계로 시간 간격 T' 동안 고속으로 여행을 떠난 우주 비행사는 지구에서는 그 동안 시간 $\gamma T'$가 지나갔음을 찾을 것이다.*2

Lorentz 변환의 여러가지 함축을 고찰하는 것이 매우 흥미롭다. x, y, z, t 좌표계

*1 이러한 수축의 얼마간 예기치 않은 결과가 다음과 같은 오행 속요(limerick)에서 이야기된다.

There was a young man called Friske,	프리스케라 불리는 젊은이가 있었네,
Whose fencing was strikingly brisk,	그의 검술은 매우 활발했네,
So fast was his action	그의 동작이 너무 빨라
FitzGerald contraction	피츠제랄드 수축은
Reduced his rapier to a disc.	그의 칼(레이피어)을 원판(disc)으로 줄였네.

에 대하여 속도 v로 그 자신이 움직이는 x', y', z', t' 좌표계 내에서 u'로 움직이는 입자를 예로 취한다. x, y, z, t 좌표계 내에서의 입자의 속도는 무엇일까? 이 흥미로운 문제는 풀 수 있을 것이다. Problem 10-7을 보라.

자연 법칙이 서로에 대하여 균일하게 움직이는 모든 좌표계 내에서 동일하다면, 그러면 Lorentz 변환은 맥스웰 방정식(Maxwell's equation)에 아무런 변화도 주지 않을 것이다. "Maxwell 방정식이 불변이다"라고 하는 것은 무슨 의미인가? 그것은 x, y, z, t 좌표계에서 보는 것과 같은 것을 x', y', z', t' 좌표계에서도 본다는 것을 의미한다.

Maxwell 방정식이 x, y, z, t 계 내에서 어떻게 보이는 지를 알며, 그 방정식을 여러 번 적어왔다. 지금 진공의 간단한 경우에 대해 그 중 두 개의 식을 쓰자:

$$\nabla \times \mathbf{B} = \frac{1}{c^2}\frac{\partial \mathbf{E}}{\partial t} + \mu_0 \mathbf{J} \quad \text{and} \quad \nabla \cdot \mathbf{E} = \frac{\rho}{\epsilon_0} \tag{10.13}$$

위 식은 x', y', z', t' 계 내에서는 어떻게 보일까? 혹시

$$\nabla' \times \mathbf{B} = \frac{1}{c^2}\frac{\partial \mathbf{E}}{\partial t'} + \mu_0 \mathbf{J} \quad \text{and} \quad \nabla' \cdot \mathbf{E} = \frac{\rho}{\epsilon_0} \tag{10.14}$$

와 같이 보일까? 아니다, 그것은 명확히 그르다. 전계(electric field)와 자계(magnetic field)는 Lorentz 변환에서는 그 값이 보존되지 않는다. 옳은 형태는

$$\nabla' \times \mathbf{B}' = \frac{1}{c^2}\frac{\partial \mathbf{E}'}{\partial t'} + \mu_0 \mathbf{J}' \quad \text{and} \quad \nabla' \cdot \mathbf{E}' = \frac{\rho'}{\epsilon_0} \tag{10.15}$$

이다.

B, **E**, 그리고 **J**의 항으로 **B**′, **E**′, 그리고 **J**′를 찾기 위해서는, 식 (10.10a)에 따라 좌표 변환을 수행해야 한다. 변환을 위해

$$\frac{\partial}{\partial t} = \frac{\partial}{\partial x'}\frac{\partial x'}{\partial t} + \frac{\partial}{\partial t'}\frac{\partial t'}{\partial t} = \gamma\left(-v\frac{\partial}{\partial x'} + \frac{\partial}{\partial t'}\right) \tag{10.16}$$

그리고

*2 실험적인 증명에 관여한 먼 우주로의 여행자가 아직 없기 때문에, μ-중간자(μ-mason)의 수명과 관련한 증거를 받아들이는 것으로 만족해야 한다. 1941년에 Rossi와 Hall에 의해 측정된 바에 따르면, 속도 $v \simeq 0.994c$로 이동하는 μ-중간자는 실험실 좌표계에서 정지해 있을 때보다 수명이 대략 9배 정도 더 길다(*Phys. Rev.* **59**, 223).

$$\begin{aligned} \frac{\partial}{\partial x} &= \frac{\partial}{\partial x'}\frac{\partial x'}{\partial x} + \frac{\partial}{\partial t'}\frac{\partial t'}{\partial x} = \gamma\left(\frac{\partial}{\partial x'} - \frac{v}{c^2}\frac{\partial}{\partial t'}\right) \\ \frac{\partial}{\partial y} &= \frac{\partial}{\partial y'} \\ \frac{\partial}{\partial z} &= \frac{\partial}{\partial z'} \end{aligned} \tag{10.17}$$

이 필요할 것이다. 변환되는 식은 다음과 같다:

$$\frac{\partial B_x}{\partial z} - \frac{\partial B_z}{\partial x} = \frac{1}{c^2}\frac{\partial E_y}{\partial t} + \mu_0 J_y \tag{10.18}$$

$$\frac{\partial B_y}{\partial x} - \frac{\partial B_x}{\partial y} = \frac{1}{c^2}\frac{\partial E_z}{\partial t} + \mu_0 J_z \tag{10.19}$$

$$\frac{\partial B_z}{\partial y} - \frac{\partial B_y}{\partial z} = \frac{1}{c^2}\frac{\partial E_x}{\partial t} + \mu_0 J_x \tag{10.20}$$

그리고

$$\frac{\partial E_x}{\partial x} + \frac{\partial E_y}{\partial y} + \frac{\partial E_z}{\partial z} = \frac{\rho}{\epsilon_0} \tag{10.21}$$

식 (10.18)은 변환 후에

$$\frac{\partial B_x}{\partial z'} - \gamma\left(\frac{\partial}{\partial x'} - \frac{v}{c^2}\frac{\partial}{\partial t'}\right)B_z = \frac{\gamma}{c^2}\left(-v\frac{\partial}{\partial x'} + \frac{\partial}{\partial t'}\right)E_y + \mu_0 J_y \tag{10.22}$$

가 되어

$$\frac{\partial B_x}{\partial z'} - \frac{\partial}{\partial x'}\left\{\gamma\left(B_z - \frac{v}{c^2}E_y\right)\right\} = \frac{1}{c^2}\left\{\gamma\left(E_y - vB_z\right)\right\} + \mu_0 J_y \tag{10.23}$$

과 같이 적어질 수 있다.

첫 번째 변환 후에는, 이미 변환의 어떤 규칙을 볼 수 있다. 식 (10.23)은

$$B_x{}' = B_x, \quad B_z{}' = \gamma\left(B_z - \frac{v}{c^2}E_y\right), \quad E_y{}' = \gamma\left(E_y - vB_z\right), \quad J_y{}' = J_y \tag{10.24}$$

를 조건으로 식 (10.18)과 같은 형태를 가질 것이다.

이제 식 (10.19)를 변환하자. 변환식

$$\gamma\left(\frac{\partial}{\partial x'} - \frac{v}{c^2}\frac{\partial}{\partial t'}\right)B_y - \frac{\partial B_x}{\partial y'} = \frac{\gamma}{c^2}\left(-v\frac{\partial}{\partial x'} + \frac{\partial}{\partial t'}\right)E_z + \mu_0 J_z \tag{10.25}$$

은

$$\frac{\partial}{\partial x'}\left\{\gamma\left(B_y + \frac{v}{c^2}E_z\right)\right\} - \frac{\partial B_x}{\partial y'} = \frac{1}{c^2}\frac{\partial}{\partial t'}\{\gamma(E_z + vB_y)\} + \mu_0 J_z \tag{10.26}$$

와 같이 적어질 수 있어

$$B_y{}' = \gamma\left(B_y + \frac{v}{c^2}E_z\right), \quad E_z{}' = \gamma(E_z + vB_y), \quad J_z{}' = J_z \tag{10.27}$$

을 산출한다.

식 (10.20)의 변환은 간단하다:

$$\frac{\partial B_z}{\partial y'} - \frac{\partial B_y}{\partial z'} = \frac{\gamma}{c^2}\left(-v\frac{\partial}{\partial x'} + \frac{\partial}{\partial t'}\right)E_x + \mu_0 J_x \tag{10.28}$$

그러나 적당한 형태로 바꾸기 위해서는 먼저

$$\gamma\left(\frac{\partial}{\partial x'} - \frac{v}{c^2}\frac{\partial}{\partial t'}\right)E_x + \frac{\partial E_y}{\partial y'} + \frac{\partial E_z}{\partial z'} = \frac{\rho}{\epsilon_0} \tag{10.29}$$

와 같은 형태의 식 (10.21)의 변환이 필요하다

식 (10.29)로부터 $\gamma(\partial E_x/\partial x')$를 나타내어, 식 (10.28)에 대입하고 재배열하면

$$\frac{\partial}{\partial y'}\left\{\gamma\left(B_z - \frac{v}{c^2}E_y\right)\right\} - \frac{\partial}{\partial z'}\left\{\gamma\left(B_y + \frac{v}{c^2}E_z\right)\right\} = \frac{1}{c^2}\frac{\partial E_x}{\partial t'} + \mu_0\gamma(J_x - v\rho) \tag{10.30}$$

을 얻어

$$E_x{}' = E_x, \quad J_x{}' = \gamma(J_x - v\rho) \tag{10.31}$$

을 산출한다.

식 (10.28)로부터 $(\gamma/c^2)\,\partial E_x/\partial t'$를 나타내고 식 (10.28)에 대입하면

$$\frac{\partial E_x}{\partial x'}\gamma + \frac{\partial}{\partial y'}\{\gamma(E_y - vB_z)\} + \frac{\partial}{\partial z'}\{\gamma(E_z + vB_y)\} = \frac{1}{\epsilon_0}\gamma\left(\rho - \frac{v}{c^2}J_x\right) \tag{10.32}$$

을 얻어

$$\rho' = \gamma\left(\rho - \frac{v}{c^2}J_x\right) \tag{10.33}$$

을 산출한다.

방정식

$$\nabla \times \mathbf{E} = -\frac{\partial \mathbf{B}}{\partial t} \quad \text{and} \quad \nabla \cdot \mathbf{B} = 0 \tag{10.34}$$

의 변환은 위에서 이미 찾은 관계를 확증할 것이다. 이와 같이 하여, 이제 전계와 자계, 전류밀도(current density), 그리고 전하밀도(charge density)가 어떻게 변환되는지를 알았다. 변환이

$$\begin{aligned}
&\rho' = \gamma\left(\rho - \frac{v}{c^2}J_{\parallel}\right) \\
&J_{\parallel}' = \gamma(J_{\parallel} - v\rho), \quad J_{\perp}' = J_{\perp} \\
&E_{\parallel}' = E_{\parallel}, \qquad\quad E_{\perp}' = \gamma(\mathbf{E} + \mathbf{v} \times \mathbf{B})_{\perp} \\
&B_{\parallel}' = B_{\parallel}, \qquad\quad B_{\perp}' = \gamma\left(\mathbf{B} - \frac{1}{c^2}\mathbf{v} \times \mathbf{E}\right)_{\perp}
\end{aligned} \tag{10.35}$$

와 같이 더 간결하게 적어질 수 있음에 유의하라. 여기서 하첨자(subscript) ‖과 ⊥은 $\mathbf{v}$에 평행과 수직인 방향을 나타낸다.

특별한 경우로서, $v << c$일 때는 위의 식이

$$\begin{aligned}
&\rho' = \rho - \frac{1}{c^2}\mathbf{J} \cdot \mathbf{v}, \quad \mathbf{J}' = \mathbf{J} - \rho\mathbf{v} \\
&\mathbf{E}' = \mathbf{E} + \mathbf{v} \times \mathbf{B}, \quad \mathbf{B}' = \mathbf{B} - \frac{1}{c^2}\mathbf{v} \times \mathbf{E}
\end{aligned} \tag{10.36}$$

과 같이 간단하게 된다.

10.6 EXAMPLES

이제 정자계(static magnetic field) 내에 있는 도선(conducting wire)의 운동을 고려할 때 일어나는 현상에 대한 명확한 답을 줄 수 있는 위치에 있다. 정지계(stationary system)에서는 변수가

$$\mathbf{E} = 0, \ \mathbf{B} \text{ and } \mathbf{v} \tag{10.37}$$

이었다. 이제 움직이는 루프(moving loop)의 좌표계로 바꾸고, $v << c$임에 유의하면, 식 (10.36)으로부터, 자계가 속도 $\mathbf{u} = -\mathbf{v}$로 움직인다고 가정되었을 때 도달하는 $\mathbf{E} = -\mathbf{u} \times \mathbf{B}$와 같은 결과인,

$$\mathbf{E}' = \mathbf{v} \times \mathbf{B} \tag{10.38}$$

을 얻는다.

두 번째 예로서, 비상대론적인 속도(non-relativistic velocity)로 움직이는 하전 입자(charged particle)에 작용하는 힘을 고찰할 것이다. 이것은 물론 전자기학의 기본 방정식 가운데 하나인 로렌츠의 힘 방정식(Lorentz's force equation)

$$\mathbf{F} = (\mathbf{E} + \mathbf{v} \times \mathbf{B}) \tag{10.39}$$

이다.

이제 움직이는 입자의 기준 좌표계(reference frame)로 바꾸자. 새로운 기준 좌표계에서는 입자가 정지해 있으며, 따라서 입자에 작용하는 힘은 전계 만에 기인하여

$$\mathbf{F}' = q\mathbf{E}' \tag{10.40}$$

이며, 식 (10.36)을 고려하면

$$\mathbf{F}' = q\mathbf{E}' = q(\mathbf{E} + \mathbf{v} \times \mathbf{B}) = \mathbf{F} \tag{10.41}$$

와 같이 표현될 수 있다. 즉, 입자에 작용하는 힘은 두 좌표계에서 모두 같아, 상식적으로도 기대되는 결과이다.

세 번째 예로서, 원통형 전자 빔(cylindrical electron beam)에서의 현상을 고찰한다. $r = a$에서 얻어지는 전계와 자계의 결과를 이용하여 최외각 전자(outmost electron)에 작용하는 힘을 구하면 다음과 같다:

$$E_r = \frac{\rho_0 a}{2\epsilon_0}, \quad B_\varphi = \frac{1}{2}\mu_0 \rho_0 v a, \quad F = \frac{e\rho_0 a}{2\epsilon_0}\left(1 - \frac{v^2}{c^2}\right) \tag{10.42}$$

이제 움직이는 전자의 기준 좌표계에서 힘을 구할 것이다. 그 기준 좌표계에서는 전자가 정지해 있어서 전류는 0이다. 상대론적 식이 이것을 보여줄 수 있는가? 이것을 알아 보기로 하자. 식 (10.35)에 따라 새로운 전류밀도의 값(새로운 좌표계의 방향에서)은

$$J_\parallel{}' = \gamma(J_\parallel - v\rho) \tag{10.43}$$

이다. 원래의 좌표계에서는

$$J_\parallel = v\rho \tag{10.44}$$

이며, 따라서 기대했던 것과 같이

$$J_{\parallel}' = 0 \tag{10.45}$$

이다.

자계에 대해서는 어떨까? 우선, 전류가 없으면, 자계도 있을 수 없다. 확실하지만, 상대론적 식으로부터 공식으로 보이자. 먼저

$$\mathbf{v} \times \mathbf{E} = v\hat{\mathbf{z}} \times \frac{a\rho_0}{2\epsilon_0}\hat{\mathbf{r}} = \frac{av\rho_0}{2\epsilon_0}\hat{\boldsymbol{\varphi}} \tag{10.46}$$

을 계산하면

$$B_\perp' = \gamma \frac{av\rho_0}{2}\left(\mu_0 - \frac{1}{c^2\epsilon_0}\right) = 0 \tag{10.47}$$

을 얻는다. 이제 변환된 전계를 결정하자. 그것은

$$E_\perp' = \left|\gamma\left(\frac{\rho_0 a}{2\epsilon_0}\hat{\mathbf{r}} + v\hat{\mathbf{z}} + \frac{1}{2}\mu_0\rho_0 va\hat{\boldsymbol{\varphi}}\right)\right| = \frac{\rho_0 a}{2\epsilon_0}\left(1 - \frac{v^2}{c^2}\right)^{\frac{1}{2}} \tag{10.48}$$

으로 된다. 전계를 유도하는 다른 방법은

$$E_r' = \frac{a\rho_0'}{2\epsilon_0} \tag{10.49}$$

로 시작하여 식 (10.35)에 따라 전하밀도를 변환하면,

$$E_r' = \frac{a}{2\epsilon_0}\gamma\left(\rho_0 - \frac{v}{c^2}v\rho_0\right) = \frac{a\rho_0}{2\epsilon_0}\left(1 - \frac{v^2}{c^2}\right)^{\frac{1}{2}} \tag{10.50}$$

을 산출한다. 새로운 기준 좌표계에서의 힘은 그러면

$$F' = eE_r' = \frac{e\rho_0 a}{2\epsilon_0}\left(1 - \frac{v^2}{c^2}\right)^{\frac{1}{2}} \tag{10.51}$$

이다. 힘의 비(ratio)는

$$\frac{F'}{F} = \left(1 - \frac{v^2}{c^2}\right)^{-\frac{1}{2}} = \gamma \tag{10.52}$$

가 된다.

두 개의 기준 좌표계에서의 힘은 같지 않다는 결과를 얻었다. 앞의 예에서는 왜 같은 값이 찾아졌는가? 거기에서는 $v << c$라고 가정했기 때문이다. 그 가정 하에서는 다시 $F' = F$가 참(진, true)이 될 것이다. 그러나 상대론적인 속도의 경우에는 힘은 일반적으로 다르다. 이것은

$$\mathbf{F} = \frac{d}{dt}(m\mathbf{v}) \tag{10.53}$$

과 같은 힘의 정의로부터 따라온다. 지금의 경우에는, 변환에서 불변으로 남는 횡 운동량(transverse momentum) 만이 고려된다. 힘의 차이는 그러면 서로 다른 시간 척도(time scale)에 기인한다. 전자가 정지해 있는 기준 좌표계에서는 시간 간격(time interval)이 인자(factor) γ 만큼 더 짧게 나타난다. 즉,

$$dt' = dt/\gamma \tag{10.54}$$

이어서, 힘은 같은 인자만큼 더 크게 나타날 것이며 그것은 식 (10.52)로부터 입증된다.

10.7 FOUR-VECTORS

"4원 벡터(four-vector)"는 특수한 형태의 4차원 공간에서의 vector에 관련된 기술 용어이다. 4차원 vector로 작업하는 이점은 무엇인가? 우선, 보통의 3차원 vector로 작업하는 이점은 무엇인가? 단순성과 경제성이다. Vector 방정식은 훨씬 더 간결하며 좌표계의 방위(orientation)를 바꾸더라도 다시 적을 필요가 없다. x_1, x_2, x_3으로 주어진 방위에 대한 세 개의 직각 좌표(rectangular coordinates)를 나타낸다면, 그러면 vector의 길이의 제곱

$$\mathbf{R}^2 = {x_1}^2 + {x_2}^2 + {x_3}^2 \tag{10.55}$$

는 좌표계의 방위에 무관하다. 다른 예는 역시 불변으로 남아있을 스칼라 적(내적, 점적, scalar product, dot product)이다.

$$\mathbf{a} = (a_1, a_2, a_3) \quad \text{and} \quad \mathbf{b} = (b_1, b_2, b_3) \tag{10.56}$$

으로 scalar 적

$$\mathbf{a} \cdot \mathbf{b} = a_1 b_1 + a_2 b_2 + a_3 b_3 \tag{10.57}$$

은 좌표계의 선택과는 무관하다.

4원 vector를 도입하는 전체적인 생각은 vector 정식화의 불변성을 이용하도록 하는데 있다. 이미 불변량의 한 가지를 만났으며 그것은 표현

$$x^2 + y^2 + z^2 - c^2t^2 \tag{10.9b}$$

로 주어졌다. 따라서, 새로운 좌표

$$x_1 = x, \quad x_2 = y, \quad x_3 = z, \quad x_4 = jct \tag{10.58}$$

을 도입한다면, 그러면 길이의 제곱

$$x_1{}^2 + x_2{}^2 + x_3{}^2 + x_4{}^2 \tag{10.59}$$

는 이 4차원 공간에서 상수이다.

Lorentz 변환은 그러면 4차원 공간에서 "회전(rotation)"으로 나타날 것이다. 그것은 식 (10.10a)를, 반대칭 변환 행렬(anti-symmetric transformation matrix)을 보이는, 행렬형

$$\begin{bmatrix} x_1{}' \\ x_2{}' \\ x_3{}' \\ x_4{}' \end{bmatrix} = \begin{bmatrix} \gamma & 0 & 0 & j\gamma v/c \\ 0 & 1 & 0 & 0 \\ 0 & 0 & 1 & 0 \\ -j\gamma v/c & 0 & 0 & \gamma \end{bmatrix} \begin{bmatrix} x_1 \\ x_2 \\ x_3 \\ x_4 \end{bmatrix} \tag{10.60}$$

으로 다시 적음으로써 보여질 수 있는 바와 같이 명백하다.

새로운 표기로 나타내면 방정식은 어떻게 보일까? 먼저 전류 연속 방정식(current continuity equation)

$$\nabla \cdot \mathbf{J} + \frac{\partial \rho}{\partial t} = 0 \tag{10.61}$$

을 취하자. 표기

$$J_1 = J_x, \quad J_2 = J_y, \quad J_3 = J_z, \quad J_4 = jc\rho \tag{10.62}$$

를 도입하면 식 (10.61)은

$$\frac{\partial J_1}{\partial x_1} + \frac{\partial J_2}{\partial x_2} + \frac{\partial J_3}{\partial x_3} + \frac{\partial J_4}{\partial x_4} = 0 \tag{10.63}$$

과 같이 다시 적어질 수 있다. 더 나아가 4차원 벡터 연산자(four-dimensional vector operator)

$$\tilde{\nabla} = (\frac{\partial}{\partial x_1}, \frac{\partial}{\partial x_2}, \frac{\partial}{\partial x_3}, \frac{\partial}{\partial x_4}) \tag{10.64}$$

를 도입하면 간결한 형태

$$\tilde{\nabla} \cdot \tilde{\mathbf{J}} = 0 \tag{10.65}$$

를 얻는다. 여기서 굵은 활자 위의 물결 기호(tilde)는 4차원 vector를 의미한다.

다음으로, 진공 중에서의 scalar 및 vector potential에 관해 유도되는 미분방정식

$$\nabla^2 \mathbf{A} - \frac{1}{c^2}\frac{\partial^2 \mathbf{A}}{\partial t^2} = -\mu_0 \mathbf{J} \tag{10.66}$$

그리고

$$\nabla^2 \phi - \frac{1}{c^2}\frac{\partial^2 \phi}{\partial t^2} = -\frac{\rho}{\epsilon_0} \tag{10.67}$$

을 새로운 형태에 넣을 것이다.

4차원 미분 연산자(four-dimensional differential operator)

$$\tilde{\nabla}^2 = \nabla^2 - \frac{1}{c^2}\frac{\partial^2}{\partial t^2} = \frac{\partial^2}{\partial {x_1}^2} + \frac{\partial^2}{\partial {x_2}^2} + \frac{\partial^2}{\partial {x_3}^2} + \frac{\partial^2}{\partial {x_4}^2} \tag{10.68}$$

을 정의하고, 4차원 vector

$$\tilde{\mathbf{A}} = (A_1, A_2, A_3, \frac{j}{c}\phi) \tag{10.69}$$

를 도입하면 식 (10.65)와 (10.66)은 형태

$$\tilde{\nabla}^2 \tilde{\mathbf{A}} = -\mu_0 \tilde{\mathbf{J}} \tag{10.70}$$

으로 적어질 수 있다.

회전 방정식(curl equation)을 4차원 vector 형으로 쓰는 것도 가능하지만, 아마도 수학에 진저리를 칠 것 같아서, 여기서 끝낸다.

단지 표기의 세련됨을 보이기 위하여 4원 vector를 소개하였다. 4원 vector 표기를 사용한 임의의 실제적인 응용(거리가 멀어도)을 다룬 논문은 거의 없다. 그러면 4원 vector에 대해 언급하는 것이 시간 낭비가 아닐까? 아마 그럴 것이다. 그러나, 상대성 이론을 넣은 이상, 4원 vector에 대한 약간의 언급이 필요하다고 생각한다.

PROBLEMS

10-1 태양 복사에 기인한 지구의 전력 밀도는 1.35 [kW·m^{-2}]이다. 태양이 매초 잃는 질량을 계산하라. 태양과 지구 사이의 거리는 대략 1.5×10^{11} [m]이다.

10-2 다음의 논거로부터 빛의 운동량(momentum)이 $p_l = W/c$와 같음을 증명하라. 마찰이 없이 움직일 수 있는 질량 M의 수레(그림 10.3)가 주위의 사물과는 고립되어 있다. 시간 $t = 0$에 수레 내벽(inner wall)의 한 쪽에 광 펄스(light pulse)가 방사되었다. 빛이 운동량 p_l을 갖고 있다면, 그러면 수레는 $v = p_l/M$의 관계로부터 얻어지는 속도(velocity) v로 반동한다. 수레는 광 pulse가 반대 쪽 벽을 때려($\Delta t = l/c$ 때) 같은 운동량을 주고 수레가 멈출 때까지 이 속도로 움직임을 계속한다.
질량 중심(center of mass)이 같은 위치에 머무른다는 조건으로부터 빛의 운동량을 계산하라(수레의 한 쪽 끝으로부터 다른 쪽으로의 질량의 전달을 잊지 말고).

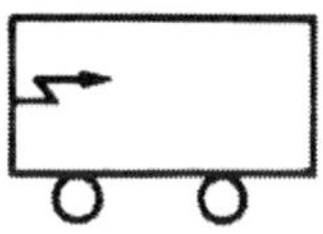

FIGURE 10.3 Problem 10-2: Frictionless carriage.

10-3 빛의 운동량이 W/c와 같다고 가정하여 완전 흡수체(completely absorbing body)에 수직으로 입사하는 빛의 평균 압력(average pressure)을 결정하라.

10-4 질량 m_0의 물체가 속력(speed) v를 얻었다면 그것의 (a) 질량, (b) energy의 증가는 얼마일까?
$v << c$일 때에는 이 과잉 energy가 $\frac{1}{2}m_0v^2$로 줄어듦을 보여라.

10-5 얼마의 전압에 의해 전자의 질량이 2배가 되도록 가속시킬까? 그 때 전자의 속도는 얼마인가?

10-6 x'와 t'가 x와 t의 선형 함수이며, $y = y'$, $z = z'$라고 가정하라. 나아가 식 (10.9b)가 불변이라고 가정하여 Lorentz 변환 공식 식 (10.10a)와 (10.10b)를 유도하라.

10-7 그 자신이 S 계에 대해 속력 v로 움직이는 S' 계 내에서 속력 u'로 움직이는 물체가 있다(v와 u'는 같은 방향이다).
S에서 측정된 값으로 물체의 속도를 결정하라. $u' = v = \frac{1}{2}c$일 때 u의 값은 얼마인가?

10-8 두 개의 무한 평판이 서로 거리 표면 전하밀도(surface charge density) ρ_S와 $-\rho_S$를 각각 가진다(그림 10.4).
(a) 정지 S 계에서의 전계를 결정하라.

(b) S 계에 대해 속도 v로 움직이는 S' 계 내에서 전계와 자계, 전류 그리고 표면 전하를 결정하라.

(c) $v << c$일 때의 결과를 물리적으로 설명하라.

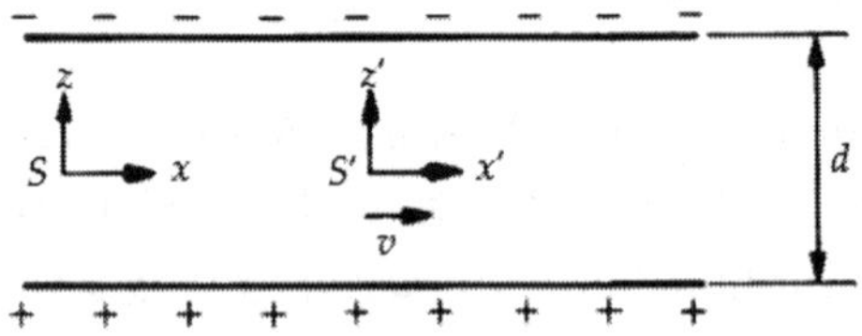

FIGURE 10.4 Problem 10-8: Two parallel plates oppositely charged.

SELECTED BIBLIOGRAPHY

1. A. Solymar, *Lectures on Electromagnetic Theory-A Short Course for Engineers*, London: Oxford University Press, 1976.

APPENDIX A

Summary of Differential Equations

A.1 BASIC DIFFERENTIAL EQUATIONS AND SOLUTIONS

Differential equation	Solution
(1) Separation of variables	$\int \frac{f_1(x)}{f_2(x)} dx + \int \frac{g_2(y)}{g_1(y)} dy = 0$
$f_1(x) g_1(y) dx + f_2(x) g_2(y) dy = 0$	
(2) Linear first order equation	$y e^{\int P dx} = \int Q e^{\int P dx} dx + c$
$\frac{dy}{dx} + P(x) y = Q(x)$	
(3) Bernoulli's equation	$v e^{(1-n)\int P dx} = (1-n) \int Q e^{(1-n)\int P dx} dx + c$ 여기서 $v = y^{1-n}$이다. $n = 1$이라면, 해는 $\ln y = \int (Q - P) dx + c$이다.
$\frac{dy}{dx} + P(x) y = Q(x) y^n$	

(4) Exact equation $M(x, y)\,dx + N(x, y)\,dy = 0$ $\partial M/\partial y = \partial N/\partial x$	$\int M\,\partial x + \int \left(N - \frac{\partial}{\partial y}\int M\,\partial x\right) dy = c$ 여기서 ∂x는 y를 일정하게 유지하며 x에 관하여 적분이 수행됨을 가리킨다.
(5) Homogeneous equation $\frac{dy}{dx} = F(\frac{y}{x})$	$\ln x = \int \frac{dv}{F(v) - v} + c$ 여기서 $v = y/x$이다. $F(v) = v$라면, 해는 $y = cx$이다.
(6) $yF(xy)\,dx + xG(xy)\,dy = 0$	$\ln x = \int \frac{G(v)\,dv}{v[G(v) - F(v)]} + c$ 여기서 $v = xy$이다. $G(v) = F(v)$라면, 해는 $xy = c$이다.
(7) Linear, homogeneous second order equation $\frac{d^2y}{dx^2} + a\frac{dy}{dx} + by = 0$	m_1, m_2가 $m^2 + am + b = 0$의 근이라고 하자. 그러면 3가지 경우가 있다. 경우 1. m_1, m_2가 서로 다른 실수: $y = c_1e^{m_1x} + c_2e^{m_2x}$ 경우 2. m_1, m_2가 같은 실수(중근): $y = c_1e^{m_1x} + c_2xe^{m_1x}$ 경우 3. $m_1 = p + jq,\ m_2 = p - jq$: $y = e^{px}(c_1 \cos qx + c_2 \sin qx)$ 여기서 $p = -a/2,\ q = \sqrt{b - a^2/4}$이다.

(8) Linear, nonhomogeneous second order equation	(7)에 대응하는 3가지 경우가 있다.
$$\frac{d^2y}{dx^2}+a\frac{dy}{dx}+by=R(x)$$	경우 1: $$y=c_1e^{m_1x}+c_2e^{m_2x}+\frac{e^{m_1x}}{m_1-m_2}\int e^{-m_1x}R(x)\,dx+\frac{e^{m_2x}}{m_2-m_1}\int e^{-m_2x}R(x)\,dx$$ 경우 2: $$y=c_1e^{m_1x}+c_2xe^{m_1x}+xe^{m_1x}\int e^{-m_1x}R(x)\,dx-e^{m_1x}\int xe^{-m_1x}R(x)\,dx$$ 경우 3: $$y=e^{px}(c_1\cos qx+c_2\sin qx)+\frac{e^{px}\sin qx}{q}\int e^{-px}R(x)\cos qx\,dx-\frac{e^{px}\cos qx}{q}\int e^{-px}R(x)\sin qx\,dx$$
(9) Euler or Cauchy equation	$x=e^t$으로 두면, 방정식은 $$\frac{d^2y}{dt^2}+(a-1)\frac{dy}{dt}+by=S(e^t)$$ 가 되며 그러면 (7), (8)과 같이 풀어질 수 있다.
$$\frac{d^2y}{dx^2}+a\frac{dy}{dx}+by=S(x)$$	
(10) Bessel's equation	$y=c_1J_n(\lambda x)+c_2Y_n(x)$
$$x^2\frac{d^2y}{dx^2}+x\frac{dy}{dx}+(\lambda^2x^2-n^2)y=0$$	여기서 J_n은 차수 n의 제 1종 Bessel 함수이며, Y_n은 차수 n의 제 2종 Bessel 함수이다.

<table>
<tr><td>(11) Transformed Bessel's equation</td><td rowspan="2">$y = x^{-p}\left[c_1 J_{q/r}\left(\frac{\alpha}{r}x^{-r}\right) + c_2 Y_{q/r}\left(\frac{\alpha}{r}x^{-r}\right)\right]$
여기서 $q = \sqrt{p^2 - \beta^2}$이다.</td></tr>
<tr><td>$x^2\frac{d^2y}{dx^2} + (2p+1)x\frac{dy}{dx} + (\alpha^2 x^{2r} + \beta^2)y = 0$</td></tr>
<tr><td>(12) Legendre's equation</td><td>$y = c_1 P_n(x) + c_2 Q_n(x)$</td></tr>
<tr><td>$(1-x^2)\frac{d^2y}{dx^2} - 2x\frac{dy}{dx} + n(n+1)y = 0$</td><td>여기서 P_n은 르장드르 다항식 (Legendre polynomial)이며, Q_n은 제 2종 Legendre 다항식이다.</td></tr>
<tr><td>(13) Isogonal trajectory</td><td rowspan="4">α: 곡선 T와 곡선 G가 교점에서 만나는 각도
$m_t = \left(\frac{dy}{dx}\right)_t$: 곡선 T의 기울기
$m_g = \left(\frac{dy}{dx}\right)_g$: 곡선 G의 기울기
$\alpha = 90°$인 경우가 직각 궤적이다.</td></tr>
<tr><td>$\tan\alpha = \frac{m_t - m_g}{1 + m_t m_g}$</td></tr>
<tr><td>(14) Orthogonal trajectory</td></tr>
<tr><td>$m_t m_g = -1$</td></tr>
</table>

A.2 THE GAMMA FUNCTION

(1) Definition of the gamma function	$\Gamma(n) = \int_0^\infty t^{n-1}e^{-t}dt \quad n > 0$
(2) Recursion formula	$\Gamma(n+1) = n\Gamma(n)$
	$\Gamma(n+1) = n! \quad n = 0, 1, 2, \cdots$ 여기서 $0! = 1$이다.
(3) Gamma function for $n < 0$	$\Gamma(n) = \dfrac{\Gamma(n+1)}{n}$
(4) Special values for the gamma function	$\Gamma\left(\frac{1}{2}\right) = \sqrt{\pi}$
	$\Gamma\left(m+\frac{1}{2}\right) = \dfrac{1\cdot3\cdot5\cdots(2m-1)}{2^m}\sqrt{\pi} \quad m = 1, 2, 3, \cdots$
	$\Gamma\left(-m+\frac{1}{2}\right) = \dfrac{(-1)^m 2^m \sqrt{\pi}}{1\cdot3\cdot5\cdots(2m-1)} \quad m = 1, 2, 3, \cdots$
(5) Relationships among gamma functions	$\Gamma(p)\Gamma(1-p) = \dfrac{\pi}{\sin p\pi}$
	$2^{2x-1}\Gamma(x)\Gamma\left(x+\frac{1}{2}\right) = \sqrt{\pi}\,\Gamma(2x)$ 이것은 *중복 공식(duplication formula)*이라 불린다.
	$\Gamma(x)\Gamma\left(x+\frac{1}{m}\right)\Gamma\left(x+\frac{2}{m}\right)\cdots\Gamma\left(x+\frac{m-1}{m}\right) = m^{\frac{1}{2}-mx}(2\pi)^{(m-1)/2}\Gamma(mx)$ $m = 2$인 경우가 위의 식이다.

<table>
<tr><td rowspan="2">(6) Other Definitions of the gamma function</td><td>$$\Gamma(x+1) = \lim_{k\to\infty} \frac{1\cdot 2\cdot 3\cdots k}{(x+1)(x+2)\cdots(x+k)} k^x$$</td></tr>
<tr><td>$$\frac{1}{\Gamma(x)} = xe^{\gamma x} \prod_{m=1}^{\infty} \left[\left(1+\frac{x}{m}\right)e^{-x/m}\right]$$
이것은 gamma 함수의 무한 적(곱)(infinite product) 표현이다. 여기서 γ는 오일러의 상수(Euler's constant)
$$\gamma = 0.5772156649015328606065 12\cdots = \lim_{n\to\infty}\left[1+\frac{1}{2}+\frac{1}{3}+\cdots+\frac{1}{n}-\ln n\right]$$
이다.</td></tr>
<tr><td rowspan="2">(7) Derivatives of the gamma function</td><td>$$\Gamma'(1) = \int_0^{\infty} e^{-x}\ln x\,dx = -\gamma$$</td></tr>
<tr><td>$$\frac{\Gamma'(x)}{\Gamma(x)} = -\gamma + \left(\frac{1}{1}-\frac{1}{x}\right) + \left(\frac{1}{2}-\frac{1}{x+1}\right) + \cdots + \left(\frac{1}{n}-\frac{1}{x+n-1}\right) + \cdots$$</td></tr>
<tr><td rowspan="2">(8) Asymptotic expansions for the gamma function</td><td>$$\Gamma(x+1) = \sqrt{2\pi x}\,x^x e^{-x}\left[1+\frac{1}{12x}+\frac{1}{288x^2}-\frac{139}{51840x^3}-\frac{571}{2488320x^4}+\cdots\right]$$
이것은 스털링의 점근 급수(Stirling's asymptotic series)라 불린다.</td></tr>
<tr><td>x를 양의 정수 n으로 둔다면, n이 클 때 (예를 들어, $n > 10$) $n!$에 대한 유용한 근사가 <i>스털링의 공식(Stirling's formula)</i>
$$n! \sim \sqrt{2\pi n}\, n^n e^{-n}$$
으로 주어진다. 여기서 $\sim$는 $n\to\infty$에 따라 1로 접근하는 양변의 비를 나타내기 위해 사용되었다.</td></tr>
<tr><td>(9) Miscellaneous result</td><td>$$\left|\Gamma(jx)\right|^2 = \frac{\pi}{x\sinh \pi x}$$</td></tr>
</table>

SELECTED BIBLIOGRAPHY

1. L. M. Kells, *Elementary Differential Equations* (6th ed.), New York: McGraw-Hill Book Company, Inc., 1965.

2. M. R. Spiegel, *Mathematical Handbook of Formulas and Tables,* New York: McGraw-Hill Book Company, Inc., 1968.
3. M. Abramowitz and I. A. Stegun (ed.), *Handbook of Mathematical Functions with Formulas, Graphs, and Mathematical Tables* (9th pr.), Applied Mathematics Series 55, U.S. Department of Commerce, 1982.

APPENDIX B

Vector Relations

Vector Identities

$$\mathbf{A}\cdot(\mathbf{B}\times\mathbf{C}) = \mathbf{B}\cdot\mathbf{C}\times\mathbf{A} + \mathbf{C}\cdot\mathbf{A}\times\mathbf{B}$$

$$\mathbf{A}\times(\mathbf{B}\times\mathbf{C}) = (\mathbf{A}\cdot\mathbf{C})\mathbf{B} - (\mathbf{A}\cdot\mathbf{B})\mathbf{C}$$

$$(\mathbf{A}\times\mathbf{B})\cdot(\mathbf{C}\times\mathbf{D}) = \mathbf{A}\cdot[\mathbf{B}\times(\mathbf{C}\times\mathbf{D})] = (\mathbf{A}\cdot\mathbf{C})(\mathbf{B}\cdot\mathbf{D}) - (\mathbf{A}\cdot\mathbf{D})(\mathbf{B}\cdot\mathbf{C})$$

$$(\mathbf{A}\times\mathbf{B})\times(\mathbf{C}\times\mathbf{D}) = [(\mathbf{A}\times\mathbf{B})\cdot\mathbf{D}]\mathbf{C} - [(\mathbf{A}\times\mathbf{B})\cdot\mathbf{C}]\mathbf{D}$$

$$\nabla(\Psi + \Phi) = \nabla\Psi + \nabla\Phi$$

$$\nabla(\Psi\Phi) = \Phi\,\nabla\Psi + \Psi\,\nabla\Phi$$

$$\nabla(\mathbf{A}\cdot\mathbf{B}) = (\mathbf{A}\cdot\nabla)\mathbf{B} + (\mathbf{B}\cdot\nabla)\mathbf{A} + \mathbf{A}\times(\nabla\times\mathbf{B}) + \mathbf{B}\times(\nabla\times\mathbf{A})$$

$$\nabla\cdot(\mathbf{A}+\mathbf{B}) = \nabla\cdot\mathbf{A} + \nabla\cdot\mathbf{B}$$

$$\nabla\cdot(\Psi\mathbf{A}) = \mathbf{A}\cdot\nabla\Psi + \Psi\nabla\cdot\mathbf{A}$$

$$\nabla\cdot(\mathbf{A}\times\mathbf{B}) = \mathbf{B}\cdot\nabla\times\mathbf{A} - \mathbf{A}\cdot\nabla\times\mathbf{B}$$

$$\nabla\times(\mathbf{A}+\mathbf{B}) = \nabla\times\mathbf{A} + \nabla\times\mathbf{B}$$

$$\nabla\times(\Psi\mathbf{A}) = \nabla\Psi\times\mathbf{A} + \Psi\nabla\times\mathbf{A}$$

$$\nabla\times(\mathbf{A}\times\mathbf{B}) = \mathbf{A}\,\nabla\cdot\mathbf{B} - \mathbf{B}\,\nabla\cdot\mathbf{A} + (\mathbf{B}\cdot\nabla)\mathbf{A} - (\mathbf{A}\cdot\nabla)\mathbf{B}$$

$$\nabla\times(\nabla\times\mathbf{A}) = \nabla(\nabla\cdot\mathbf{A}) - \nabla^2\mathbf{A}$$

$$\nabla\cdot\nabla\Phi = \nabla^2\Phi$$

$$\nabla\times\nabla\Psi = 0$$

$$\nabla\cdot\nabla\times\mathbf{A} = 0$$

$$\int_V \nabla\Psi\,dV = \oint_S \Psi\,d\mathbf{S}$$

$$\int_V \nabla\cdot\mathbf{A}\,dV = \oint_S \mathbf{A}\cdot d\mathbf{S}$$

$$\int_V \nabla\times\mathbf{A}\,dV = \oint_S \hat{\mathbf{n}}\times\mathbf{A}\,dS$$

$$\int_S \hat{\mathbf{n}}\times\nabla\Psi\,dS = \oint_l \Psi\,d\mathbf{l}$$

$$\int_S \nabla \times \mathbf{A} \cdot d\mathbf{S} = \oint_l \mathbf{A} \cdot d\mathbf{l}$$

$\hat{\mathbf{n}}$과 $d\mathbf{S}$의 정의에 대해서는 2.8절을 보라.

Orthogonal Curvilinear Coordinates

$$\nabla \Phi = \frac{1}{h_1}\frac{\partial \Phi}{\partial u_1}\hat{\mathbf{u}}_1 + \frac{1}{h_2}\frac{\partial \Phi}{\partial u_2}\hat{\mathbf{u}}_2 + \frac{1}{h_3}\frac{\partial \Phi}{\partial u_3}\hat{\mathbf{u}}_3$$

$$\nabla \cdot \mathbf{A} = \frac{1}{h_1 h_2 h_3}\left[\frac{\partial}{\partial u_1}(h_2 h_3 A_1) + \frac{\partial}{\partial u_2}(h_3 h_1 A_2) + \frac{\partial}{\partial u_3}(h_1 h_2 A_3)\right]$$

$$\nabla \times \mathbf{A} = \frac{1}{h_1 h_2 h_3}\begin{vmatrix} h_1\hat{\mathbf{u}}_1 & h_2\hat{\mathbf{u}}_2 & h_3\hat{\mathbf{u}}_3 \\ \dfrac{\partial}{\partial u_1} & \dfrac{\partial}{\partial u_2} & \dfrac{\partial}{\partial u_3} \\ h_1 A_1 & h_2 A_2 & h_3 A_3 \end{vmatrix}$$

$$\nabla \times \mathbf{A} = \frac{\hat{\mathbf{u}}_1}{h_2 h_3}\left[\frac{\partial}{\partial u_2}(h_3 A_3) - \frac{\partial}{\partial u_3}(h_2 A_2)\right] + \frac{\hat{\mathbf{u}}_2}{h_3 h_1}\left[\frac{\partial}{\partial u_3}(h_1 A_1) - \frac{\partial}{\partial u_1}(h_3 A_3)\right] + \frac{\hat{\mathbf{u}}_3}{h_1 h_1}\left[\frac{\partial}{\partial u_1}(h_2 A_2) - \frac{\partial}{\partial u_2}(h_1 A_1)\right]$$

$$\nabla^2 \Phi = \frac{1}{h_1 h_2 h_3}\left[\frac{\partial}{\partial u_1}\left(\frac{h_2 h_3}{h_1}\frac{\partial \Phi}{\partial u_1}\right) + \frac{\partial}{\partial u_2}\left(\frac{h_3 h_1}{h_2}\frac{\partial \Phi}{\partial u_2}\right) + \frac{\partial}{\partial u_3}\left(\frac{h_1 h_2}{h_3}\frac{\partial \Phi}{\partial u_3}\right)\right]$$

Rectangular Coordinates

$$u_1 = x, \quad u_2 = y, \quad u_3 = z$$

$$h_1 = 1, \quad h_2 = 1, \quad h_3 = 1$$

모든 단위 벡터의 미분은 0이다.

$$\nabla \Phi = \hat{\mathbf{x}}\frac{\partial \Phi}{\partial x} + \hat{\mathbf{y}}\frac{\partial \Phi}{\partial y} + \hat{\mathbf{z}}\frac{\partial \Phi}{\partial z}$$

$$\nabla \cdot \mathbf{A} = \frac{\partial A_x}{\partial x} + \frac{\partial A_y}{\partial y} + \frac{\partial A_z}{\partial z}$$

$$\nabla \times \mathbf{A} = \hat{\mathbf{x}}\left(\frac{\partial A_z}{\partial y} - \frac{\partial A_y}{\partial z}\right) + \hat{\mathbf{y}}\left(\frac{\partial A_x}{\partial z} - \frac{\partial A_z}{\partial x}\right) + \hat{\mathbf{z}}\left(\frac{\partial A_y}{\partial x} - \frac{\partial A_x}{\partial y}\right)$$

$$\nabla^2 \Phi = \frac{\partial^2 \Phi}{\partial x^2} + \frac{\partial^2 \Phi}{\partial y^2} + \frac{\partial^2 \Phi}{\partial z^2}$$

Cylindrical Coordinates

$$u_1 = r, \quad u_2 = \varphi, \quad u_3 = z$$

$$h_1 = 1, \quad h_2 = r, \quad h_3 = 1$$

$$\frac{\partial \hat{\mathbf{r}}}{\partial \varphi} = \hat{\boldsymbol{\varphi}}, \quad \frac{\partial \hat{\boldsymbol{\varphi}}}{\partial \varphi} = -\hat{\mathbf{r}}$$

단위 벡터의 모든 다른 편미분은 0이다.

$$\nabla \Phi = \hat{\mathbf{r}}\frac{\partial \Phi}{\partial r} + \hat{\boldsymbol{\varphi}}\frac{1}{r}\frac{\partial \Phi}{\partial \varphi} + \hat{\mathbf{z}}\frac{\partial \Phi}{\partial z}$$

$$\nabla \cdot \mathbf{A} = \frac{1}{r}\frac{\partial}{\partial r}(rA_r) + \frac{1}{r}\frac{\partial A_\varphi}{\partial \varphi} + \frac{\partial A_z}{\partial z}$$

$$\nabla \times \mathbf{A} = \hat{\mathbf{r}}\left(\frac{1}{r}\frac{\partial A_z}{\partial \varphi} - \frac{\partial A_\varphi}{\partial z}\right) + \hat{\boldsymbol{\varphi}}\left(\frac{\partial A_r}{\partial z} - \frac{\partial A_z}{\partial r}\right) + \hat{\mathbf{z}}\left[\frac{1}{r}\frac{\partial}{\partial r}(rA_\varphi) - \frac{\partial A_r}{\partial \varphi}\right]$$

$$\nabla^2 \Phi = \frac{1}{r}\frac{\partial}{\partial r}\left(r\frac{\partial \Phi}{\partial r}\right) + \frac{1}{r^2}\frac{\partial^2 \Phi}{\partial y^2} + \frac{\partial^2 \Phi}{\partial z^2}$$

Spherical Coordinates

$$u_1 = R, \quad u_2 = \theta, \quad u_3 = \varphi$$

$$h_1 = 1, \quad h_2 = R, \quad h_3 = R\sin\theta$$

$$\frac{\partial \hat{\mathbf{R}}}{\partial \theta} = \hat{\boldsymbol{\theta}}, \quad \frac{\partial \hat{\mathbf{R}}}{\partial \varphi} = \sin\theta\, \hat{\boldsymbol{\varphi}}, \quad \frac{\partial \hat{\boldsymbol{\theta}}}{\partial \theta} = -\hat{\mathbf{R}}, \quad \frac{\partial \hat{\boldsymbol{\theta}}}{\partial \varphi} = \cos\theta\, \hat{\boldsymbol{\varphi}}, \quad \frac{\partial \hat{\boldsymbol{\varphi}}}{\partial \varphi} = \frac{-\mathbf{R}_\parallel}{\sin\theta}$$

$\mathbf{R}_\parallel$에 대해서는 2.6절을 보라.

모든 다른 편미분은 0이다.

$$\nabla \Phi = \hat{\mathbf{R}}\frac{\partial \Phi}{\partial R} + \hat{\boldsymbol{\theta}}\frac{1}{R}\frac{\partial \Phi}{\partial \theta} + \hat{\boldsymbol{\varphi}}\frac{1}{R\sin\theta}\frac{\partial \Phi}{\partial \varphi}$$

$$\nabla \cdot \mathbf{A} = \frac{1}{R^2}\frac{\partial}{\partial R}(R^2 A_R) + \frac{1}{R\sin\theta}\frac{\partial}{\partial \theta}(\sin\theta\, A_\theta) + \frac{1}{R\sin\theta}\frac{\partial A_\varphi}{\partial \varphi}$$

$$\nabla \times \mathbf{A} = \hat{\mathbf{R}}\frac{1}{R\sin\theta}\left[\frac{\partial}{\partial \theta}(\sin\theta\, A_\varphi) - \frac{\partial A_\theta}{\partial \varphi}\right] + \hat{\boldsymbol{\theta}}\frac{1}{R}\left[\frac{1}{\sin\theta}\frac{\partial A_R}{\partial \varphi} - \frac{\partial}{\partial R}(RA_\varphi)\right] + \hat{\boldsymbol{\varphi}}\frac{1}{R}\left[\frac{1}{r}\frac{\partial}{\partial r}(rA_\theta) - \frac{\partial A_r}{\partial \theta}\right]$$

$$\nabla^2 \Phi = \frac{1}{R^2}\frac{\partial}{\partial R}\left(R^2\frac{\partial \Phi}{\partial R}\right) + \frac{1}{R^2\sin\theta}\frac{\partial}{\partial \theta}\left(\sin\theta\frac{\partial \Phi}{\partial \theta}\right) + \frac{1}{R^2\sin^2\theta}\frac{\partial^2 \Phi}{\partial \varphi^2}$$

SELECTED BIBLIOGRAPHY

1. C. H. Durney and C. C. Johnson, *Introduction to Modern Electromagnetics*, New York: McGraw-Hill Book Company, 1969.

APPENDIX C

Table of Mappings (Transformations) of Regions

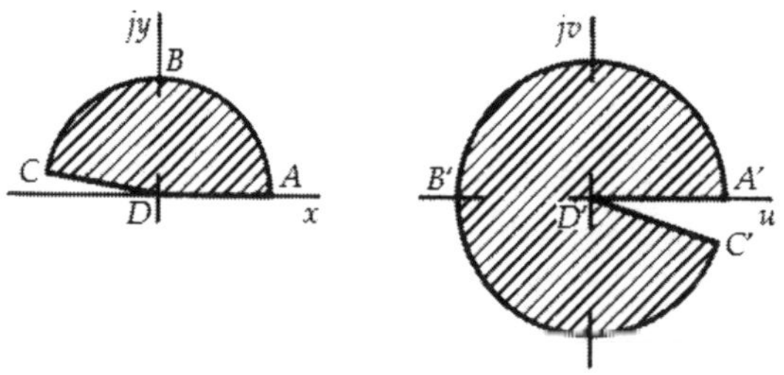

FIGURE C.1 $w = z^2$.

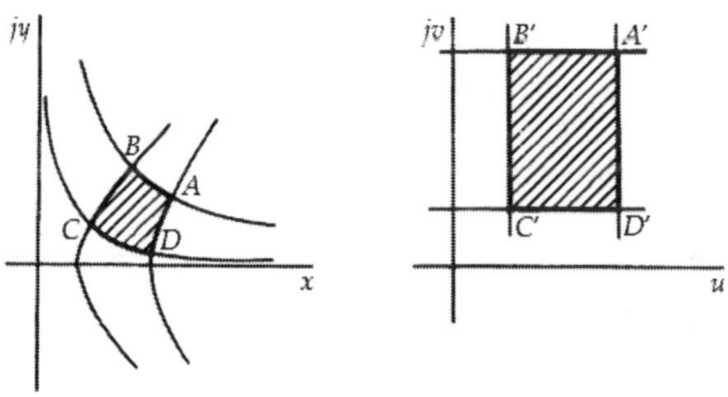

FIGURE C.2 $w = z^2$.

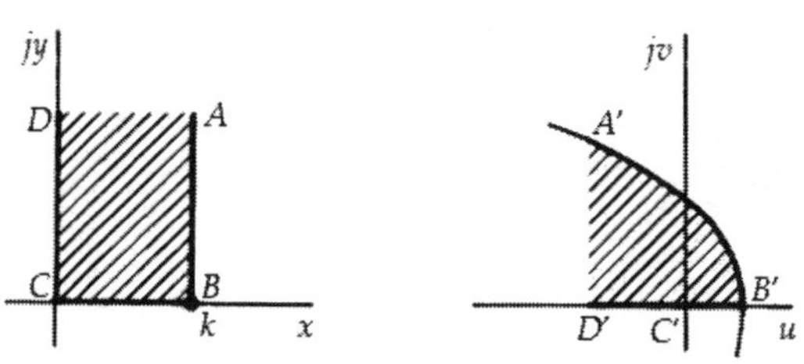

FIGURE C.3 $w = z^2$; A′B′ on parabola $\rho = \frac{2k^2}{1 + \cos\phi}$.

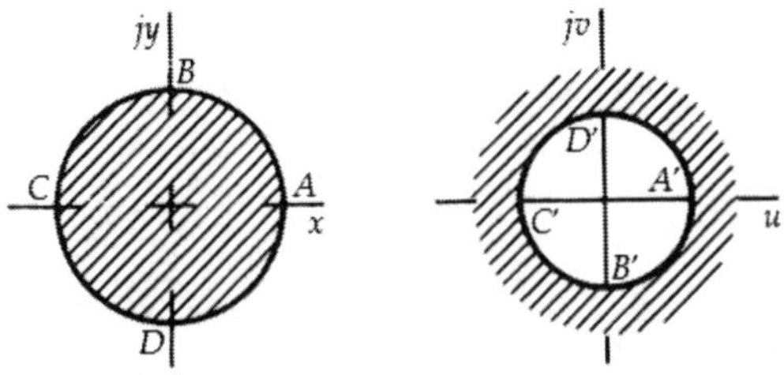

FIGURE C.4 $w = 1/z$.

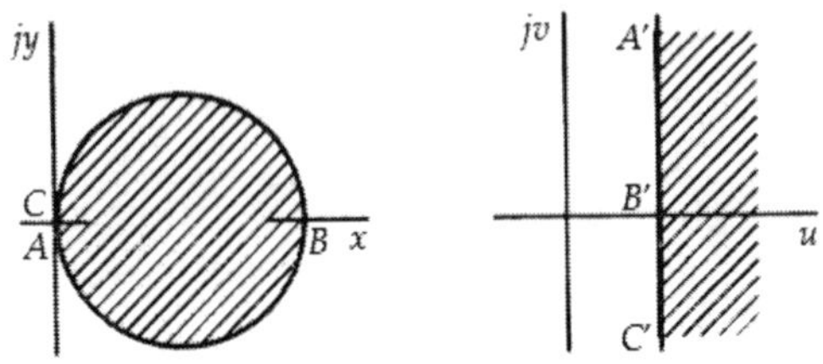

FIGURE C.5 $w = 1/z$.

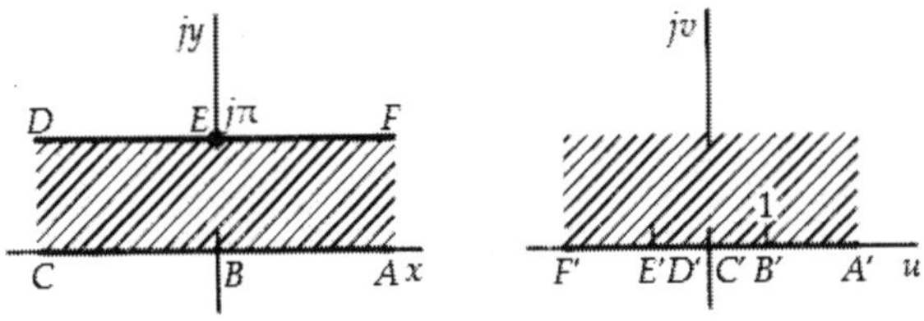

FIGURE C.6 $w = e^z$.

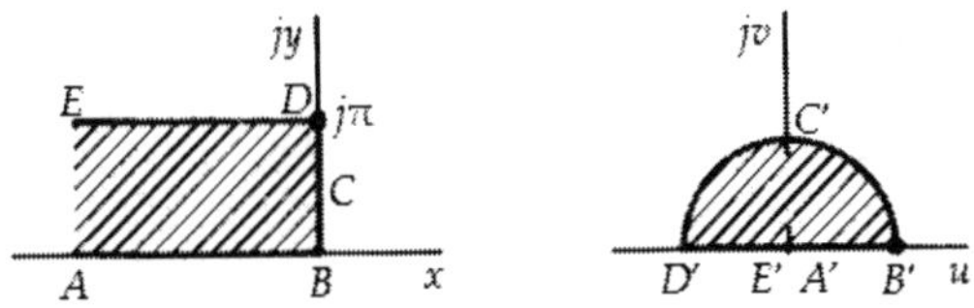

FIGURE C.7 $w = e^z$.

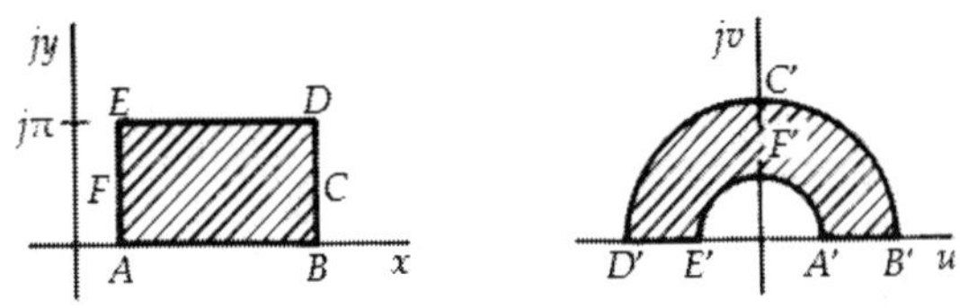

FIGURE C.8 $w = e^z$.

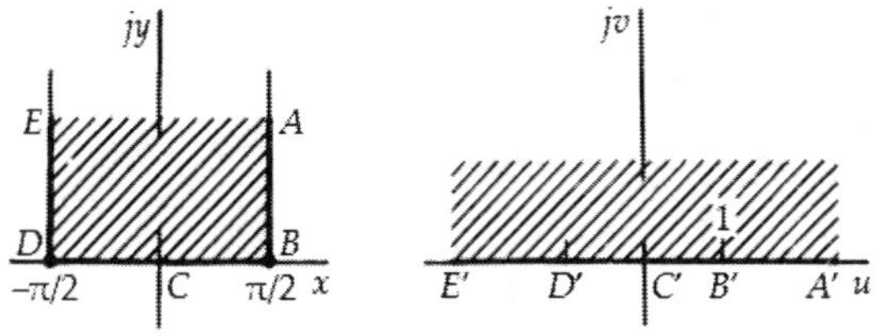

FIGURE C.9 $w = \sin z$.

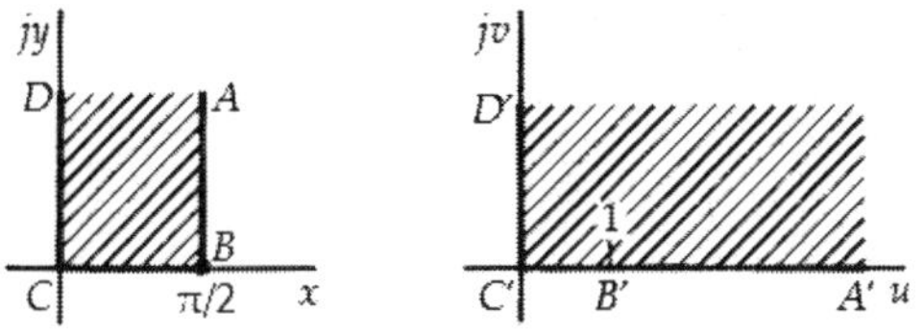

FIGURE C.10 $w = \sin z$.

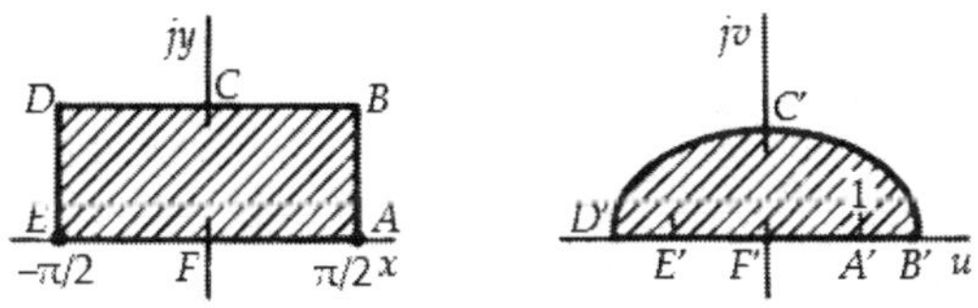

FIGURE C.11 $w = \sin z$; BCD on line $y = k$, B′C′D′ on ellipse $\left(\frac{u}{\cosh k}\right)^2+\left(\frac{v}{\sinh k}\right)^2 = 1$.

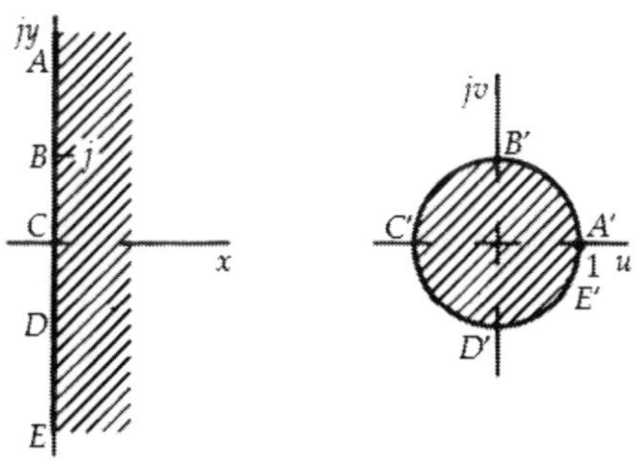

FIGURE C.12 $w = \frac{z-1}{z+1}$.

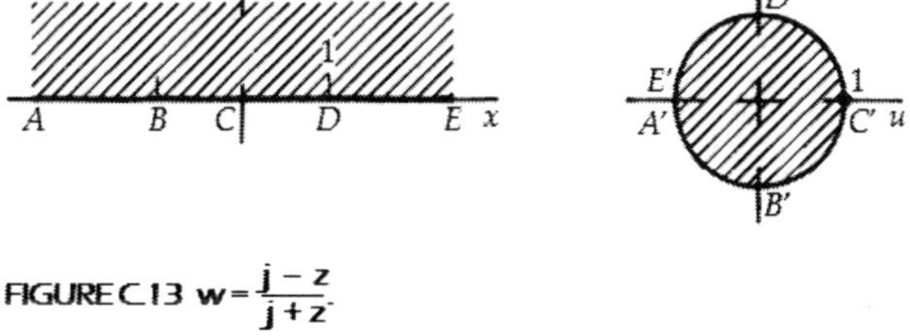

FIGURE C.13 $w = \frac{j-z}{j+z}$.

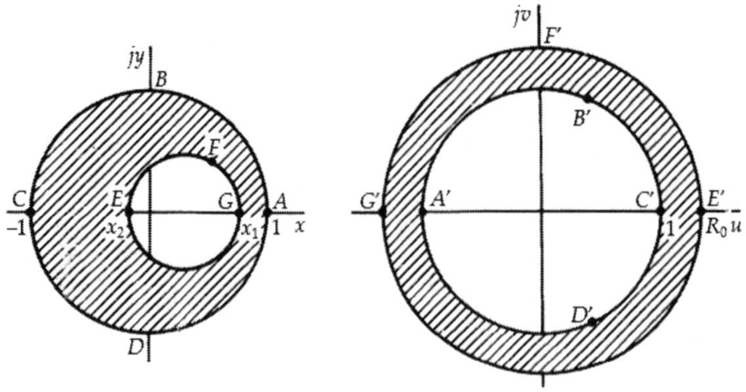

FIGURE C.14 $w = \frac{z-a}{az-1}$; $a = \frac{1 + x_1x_2 + \sqrt{(1-x_1^2)(1-x_2^2)}}{x_1+x_2}$;

$R_0 = \frac{1 - x_1x_2 + \sqrt{(1-x_1^2)(1-x_2^2)}}{x_1-x_2}$ ($a > 0$ and $R_0 > 1$ when $-1 < x_2 < x_1 < 1$).

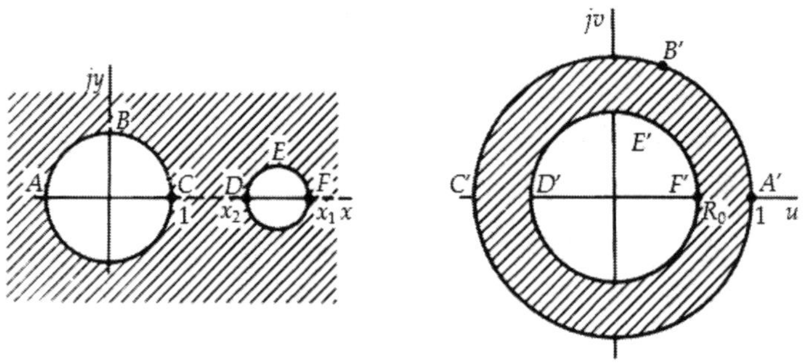

FIGURE C.15 $w = \frac{z-a}{az-1}$; $a = \frac{1 + x_1x_2 + \sqrt{(x_1^2-1)(x_2^2-1)}}{x_1+x_2}$;

$R_0 = \frac{x_1x_2 - 1 - \sqrt{(x_1^2-1)(x_2^2-1)}}{x_1-x_2}$ ($x_2 < a < x_1$ and $0 < R_0 < 1$ when $1 < x_2 < x_1$).

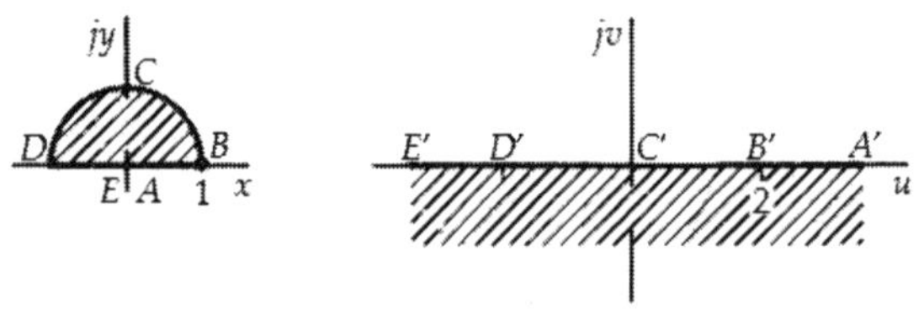

FIGURE C.16 $w = z + \frac{1}{z}$.

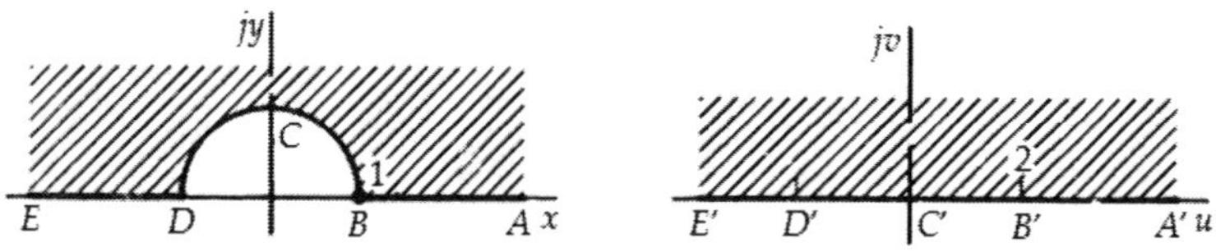

FIGURE C.17 $w = z + \frac{1}{z}$.

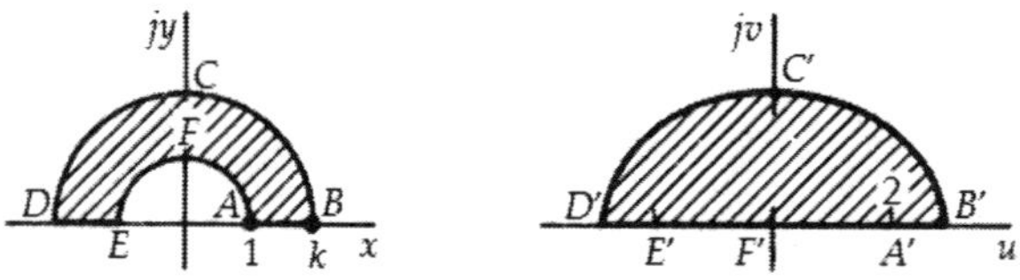

FIGURE C.18 $w = z + \frac{1}{z}$; B'C'D' on ellipse $\left(\frac{ku}{k^2+1}\right)^2 + \left(\frac{kv}{k^2-1}\right)^2 = 1$.

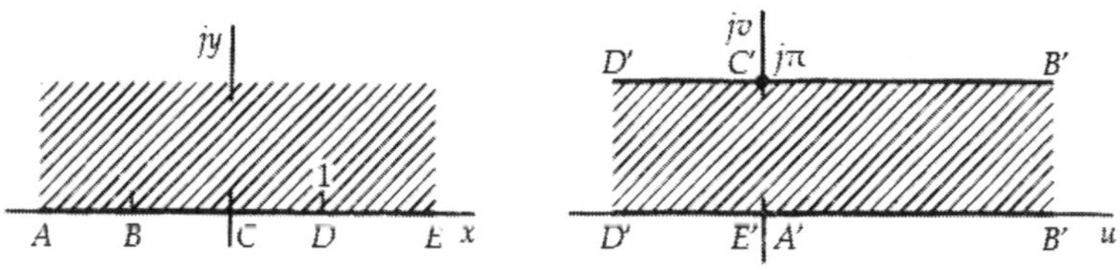

FIGURE C.19 $w = \mathrm{Ln}\frac{z-1}{z+1}$; $z = -\coth\frac{w}{2}$.

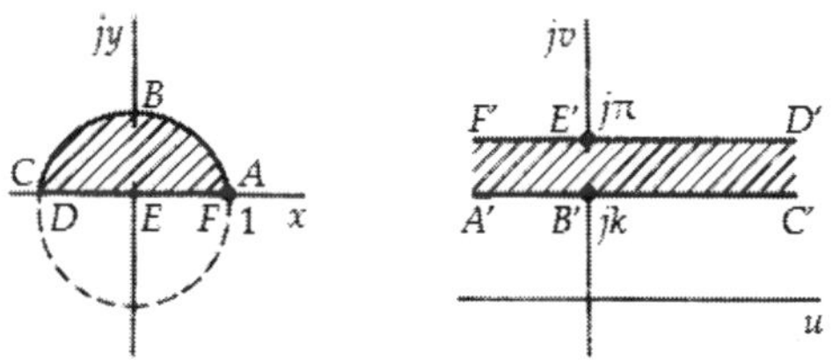

FIGURE C.20 $w = \mathrm{Ln}\frac{z-1}{z+1}$; ABC on circle $x^2 + y^2 - 2y \cot k = 1$.

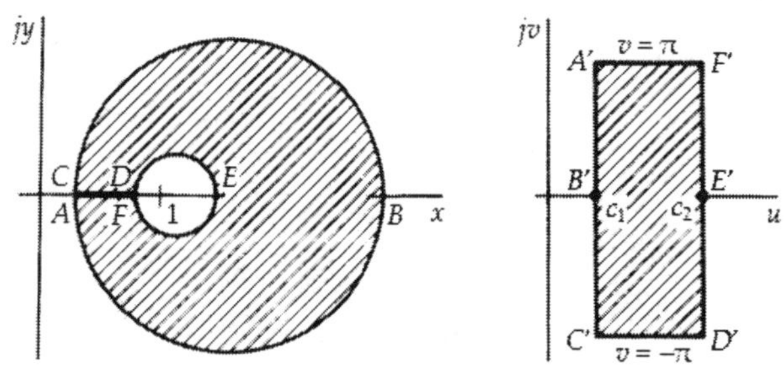

FIGURE C.21 $w = \mathrm{Ln}\frac{z+1}{z-1}$; centers of circles at $z = \coth c_n$, radii: $\operatorname{csch} c_n$ $(n = 1, 2)$.

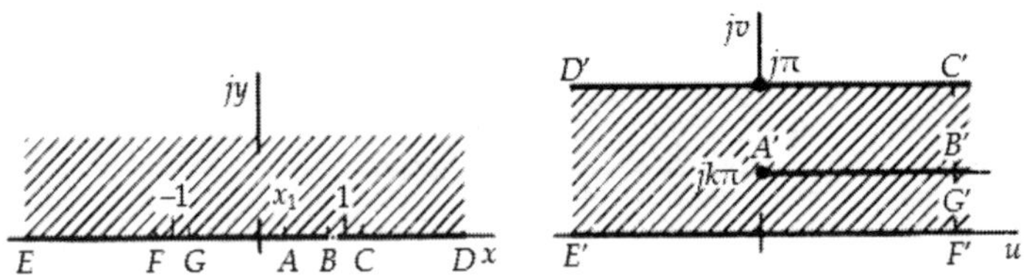

FIGURE C22 $w = k\,\mathrm{Ln}\,\frac{k}{1-k} + \mathrm{Ln}\,2(1-k) + j\pi - k\,\mathrm{Ln}\,(z+1) - (1-k)\,\mathrm{Ln}\,(z-1)$, $x1 = 2k - 1$.

FIGURE C23 $w = (\tan\frac{z}{2})^2 = \frac{1-\cos z}{1+\cos z}$.

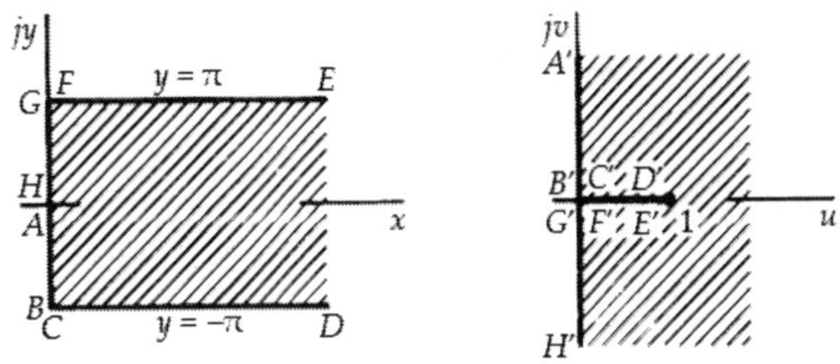

FIGURE C24 $w = \coth\frac{z}{2} = \frac{e^z+1}{e^z-1}$.

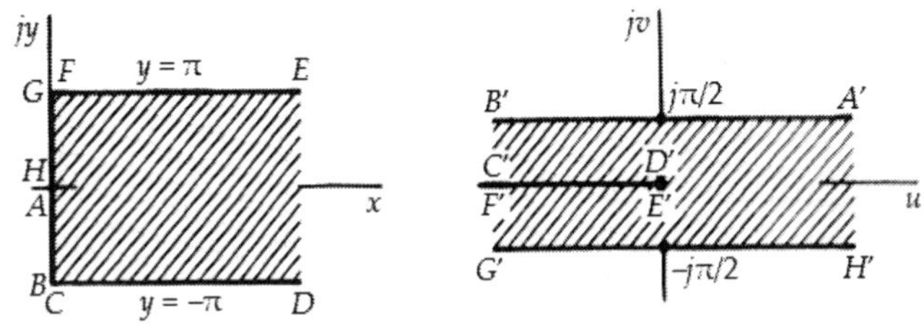

FIGURE C25 $w = \mathrm{Ln}\,\coth\frac{z}{2}$.

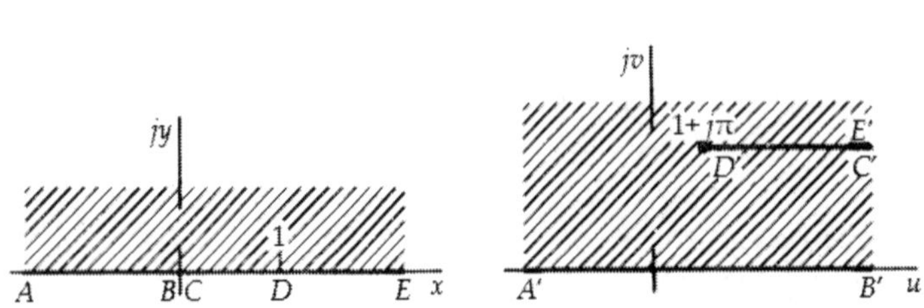

FIGURE C26 $w = j\pi + z - \mathrm{Ln}\,z$.

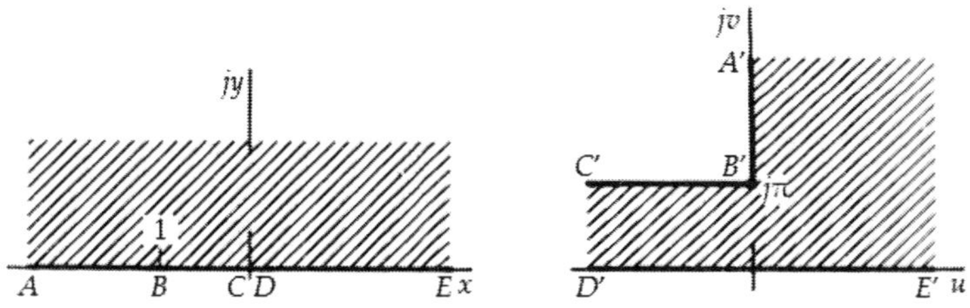

FIGURE C.27 $w = 2(z+1)^{1/2} + \text{Ln}\frac{(z+1)^{1/2}-1}{(z+1)^{1/2}+1}$.

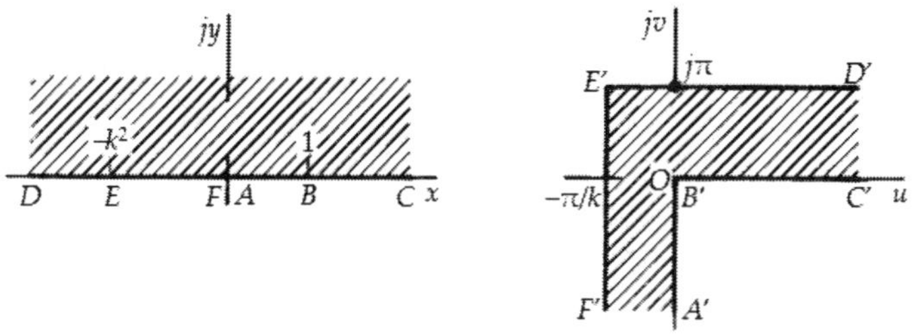

FIGURE C.28 $w = \frac{j}{k}\text{Ln}\frac{1+jkt}{1-jkt} + \text{Ln}\frac{1+t}{1-t}; t = \left(\frac{z-1}{z+k^2}\right)^{1/2}$.

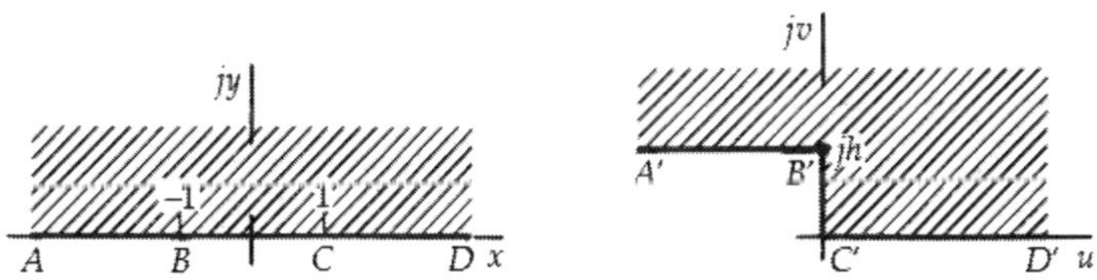

FIGURE C.29 $w = \frac{h}{\pi}[(z^2-1)^{1/2} + \cosh^{-1} z]$.

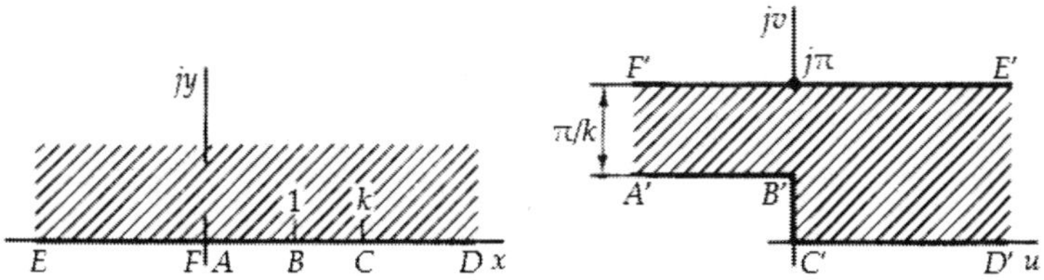

FIGURE C.30 $w = \cosh^{-1}\left(\frac{2z-k-1}{k-1}\right) - \frac{1}{k}\cosh^{-1}\left[\frac{(k+1)z-2k}{(k-1)z}\right]$.

SELECTED BIBLIOGRAPHY

1. R. V. Churchill, J. W. Brown and R. F. Verhey, *Complex Variables and Applications* (3rd ed.), New York: McGraw-Hill Book Company, Inc., 1974.

APPENDIX D

The Delta (Impulse) Function

공학과 이학에서는 디랙 델타(Dirac delta) 또는 임펄스(impulse) 함수를 다음과 같은 성질에 따라 정의하는 것이 보통이다:

$$\delta(t - t_0) = 0 \quad \text{for} \quad t \neq t_0 \tag{D.1}$$

$$\lim_{t \to t_0} \delta(t - t_0) \to \infty \tag{D.2}$$

$$\int_{-\infty}^{\infty} \delta(t - t_0)\, dt = 1 \tag{D.3}$$

$$\int_{\infty}^{\infty} f(t)\, \delta(t - t_0)\, dt = f(t_0) \tag{D.4}$$

식 (D.3)은 $(t - t_0)$을 정규화할 수 있는 확률 분포(probabilistic distribution)로 돌리는 반면, 식 (D.4)는 이 연속 함수 $f(t)$의 한 가지 값, 즉, $f(t_0)$을 추려내는 "걸러내는(sifting)" 성질이다. $t = t_0$에서는, 식 (D.2)에 따라, $\delta(t - t_0)$ 내에 무한 불연속(infinite discontinuity)이 있다.

엄밀한 수학적 의미에서는, $\delta(t - t_0)$는 전혀 함수가 아니지만, 함수의 연속 수열의 극한에서 정의되어야 한다. 분포 이론(theory of distribution)은, 1950년대의 로랑 슈바르츠(Laurent Schwartz)의 선구적인 연구 때문에, delta 함수가 견고한 수학적 토대 위에 서도록 하였다. 분포 이론의 설명을 시도하는 것은 이 짧은 부록에서의 의도가 아니고, 오히려 delta 함수를 나타내는 연속 함수의 선택에 의해 delta 함수의 성질을 더 견고한 발판 위에 서도록 한다.

가우스 함수(Gaussian function)

$$f(t - t_0) = \frac{1}{\sqrt{2\pi}\sigma} e^{-(t-t_0)^2/2\sigma^2} \tag{D.5}$$

를 고려한다. σ가 작아짐에 따라, 함수 $f(t - t_0)$의 폭(width)은 감소하는 한편, 높이

(height)는 증가한다. 하지만,

$$\int_{-\infty}^{\infty} f(t-t_0)\,dt \equiv 1 \quad \text{for all } \sigma \tag{D.6}$$

을 가진다.

이 설명을 증명하기 위하여,

$$I = \frac{1}{\sqrt{2\pi}\sigma}\int_{-\infty}^{\infty} e^{-(t-t_0)^2/2\sigma^2} dt \tag{D.7}$$

라 하고 $(t-t_0)/\sqrt{2}\sigma = x$로 둠으로써 변수를 변환하면, $dt = \sqrt{2}\sigma\, dx$이다. 그러면 적분 I는

$$I = \frac{1}{\sqrt{\pi}}\int_{-\infty}^{\infty} e^{-x^2} dx \tag{D.8}$$

이 된다. 이것을 계산하기 위해, 이것의 제곱을 만든다:

$$I^2 = \frac{1}{\pi}\int_{-\infty}^{\infty}\int_{-\infty}^{\infty} e^{-(x^2+y^2)} dx\, dy \tag{D.9}$$

그리고, $x = \rho\cos\phi$와 $y = \rho\sin\phi$로, 극좌표계(polar coordinates) (ρ, ϕ)로 변환하면, $dx\, dy = \rho\, d\rho\, d\phi$이다. 그러면,

$$I^2 = \frac{1}{\pi}\int_0^{2\pi} d\phi \int_0^{\infty} e^{-\rho^2}\rho\, d\rho \tag{D.10}$$

을 가진다. ϕ에 관한 적분은

$$I^2 = 2\int_0^{\infty} e^{-\rho^2}\rho\, d\rho \tag{D.11}$$

을 산출한다. $\rho^2 = r$로, $2\rho\, d\rho = dr$이어서,

$$I^2 = \int_0^{\infty} e^{-r} dr \tag{D.12}$$

를 가진다. 따라서,

$$I = \frac{1}{\sqrt{2\pi}\sigma}\int_{-\infty}^{\infty} e^{-(t-t_0)^2/2\sigma^2} dt \equiv 1 \tag{D.13}$$

이다. 이 결과는, Gauss 확률 밀도 함수가 브라운 운동(Brownian motion)과 무작위 잡음(random noise)에 관계되는 문제의 일부가 될 뿐만 아니라, 열 유동(heat flow)의 방정식과 반도체 이론의 확산 방정식(diffusion equation)에 대한 기본해(fundamental solution)인, 공학과 확률론에서의 표준이다. 뒤의 것은 5장에서 상세하게 고려된다.

이제 연속 함수 $f(t)$에 대한 적분

$$I = \frac{1}{\sqrt{2\pi}\sigma}\int_{-\infty}^{\infty} f(t)\, e^{-(t-t_0)^2/2\sigma^2} dt \tag{D.14}$$

를 검토한다. σ가 작다면, $f(t)$를

$$f(t) = f(t_0) + \left(\frac{df}{dt}\right)_{t=t_0}(t-t_0) + \left(\frac{d^2f}{dt^2}\right)_{t=t_0}(t-t_0)^2 + \cdots \tag{D.15}$$

와 같이 점 $t = t_0$에 대한 Taylor 급수로 전개할 수 있다. 그러면

$$I = \frac{1}{\sqrt{2\pi}\sigma}\left[f(t_0)\int_{-\infty}^{\infty} e^{-(t-t_0)^2/2\sigma^2} dt + \left(\frac{df}{dt}\right)_{t=t_0}\int_{-\infty}^{\infty}(t-t_0)e^{-(t-t_0)^2/2\sigma^2} dt + \cdots\right] \tag{D.16}$$

또는

$$I = f(t_0) + \left(\frac{1}{\sqrt{\pi}}\frac{df}{dt}\right)_{t=t_0}\int_{-\infty}^{\infty} xe^{-x^2} dx + \cdots \tag{D.17}$$

이다. 그러나

$$\int_{-\infty}^{\infty} xe^{-x^2} dx \equiv 0$$

그리고 남은 항은 σ^2 또는 더 높은 차수(order)이다. 따라서,

$$I \equiv f(t_0) \quad \text{as } \sigma \to 0 \tag{D.18}$$

이다. 따라서

$$f_\sigma(t-t_0) \equiv \lim_{\sigma\to 0}\frac{1}{\sqrt{2\pi}\sigma} e^{-(t-t_0)^2/2\sigma^2} \tag{D.19}$$

로 정의되는 함수 $f_\sigma(t-t_0)$는

$$\int_{-\infty}^{\infty} f_{\sigma}(t-t_0)\,dt = 1 \tag{D.20}$$

그리고

$$\int_{-\infty}^{\infty} f(t) f_{\sigma}(t-t_0)\,dt = f(t_0) \tag{D.21}$$

와 같다. 이 두 개의 관계는, delta 함수의 성질 식 (D.3) 그리고 (D.4)와 비교하면,

$$\delta(t-t_0) = \lim_{\sigma\to 0} \frac{1}{\sqrt{2\pi}\sigma} e^{-(t-t_0)^2/2\sigma^2} \tag{D.22}$$

를 적는 것을 허용한다. 또한, delta 함수의 성질 식 (D.2)는 이 표현에 의해 만족된다.

논의에서 더 중요한 것은 delta 함수의 다음과 같은 표현이 가능하다는 것이다:

$$\delta(t-t_0) = \frac{1}{2\pi} \int_{-\infty}^{\infty} e^{-j\omega(t-t_0)} d\omega \tag{D.23}$$

이제 적분

$$I \equiv \lim_{\Omega\to\infty} \frac{1}{2\pi} \int_{-\Omega}^{\Omega} e^{-j\omega(t-t_0)} d\omega \tag{D.24}$$

가 delta 함수의 성질을 가짐을 입증한다.

$$I = \lim_{\Omega\to\infty} \frac{1}{\pi} \frac{\sin\Omega(t-t_0)}{(t-t_0)} \tag{D.25}$$

를 가진다. $t \neq t_0$에 대하여 $\Omega \to \infty$에 따라 $I \to 0$이다. $t \to t_0$ 그리고 $\Omega \to \infty$에 따라,

$$I \to \Omega \to \infty \tag{D.26}$$

이다. 따라서 delta 함수의 성질 식 (D.2)는 적분 I에 의해 나누어진다. 이제

$$\lim_{\Omega\to\infty} \frac{1}{\pi} \int_{-\infty}^{\infty} \frac{\sin\Omega(t-t_0)}{t-t_0} dt \equiv J \tag{D.27}$$

을 형성하고 $t - t_0 = x$라 함으로써 변수를 바꾼다. 그러면

$$J = \lim_{\Omega\to\infty} \frac{1}{\pi} \int_{-\infty}^{\infty} \frac{\sin\Omega x}{x} dx = \lim_{\Omega\to\infty} \frac{1}{\pi} \mathrm{Im} \int_{-\infty}^{\infty} \frac{e^{j\Omega x}}{x} dx \tag{D.28}$$

이다. 그러나 3장의 Example 3.33에 의해, 적분은 π의 값을 가진다. 따라서,

$$J = 1 \tag{D.29}$$

이며 delta 함수의 성질 식 (D.3)은 I에 의해 나누어진다.

마지막으로,

$$\lim_{\Omega\to\infty}\frac{1}{\pi}\int_{-\infty}^{\infty} f(t)\frac{\sin\Omega(t-t_0)}{t-t_0}dt = f(t_0) \tag{D.30}$$

을 보인다.

이제

$$\lim_{\Omega\to\infty}\frac{1}{2\pi}\int_{-\infty}^{\infty} f(t)\int_{-\Omega}^{\Omega} e^{-j\omega(t-t_0)}d\omega\, dt = f(t_0) \tag{D.31}$$

을 보여야 한다. 적분 순서의 상호 교환의 정당성이 세워져야 하기는 하지만, 그것이 정당한 단계라고 가정하면,

$$f(t_0) = \frac{1}{2\pi}\lim_{\Omega\to\infty}\int_{-\Omega}^{\Omega} e^{+j\omega t_0}\int_{-\infty}^{\infty} f(t)\, e^{-j\omega t}dt\, d\omega \tag{D.32}$$

이다. 그러면, $F(\omega) \equiv \int_{-\infty}^{\infty} e^{-j\omega t} f(t)\, dt$이기 때문에,

$$f(t_0) = \frac{1}{2\pi}\int_{-\infty}^{\infty} e^{j\omega t_0} F(\omega)\, d\omega \tag{D.33}$$

이다. 그러나 이것은 $f(t_0)$의 푸리에 적분(Fourier integral) 표현의 정의이다. 따라서 delta 함수의 성질 식 (D.4)는 양 I에 의해 나누어지며,

$$\delta(t-t_0) = \frac{1}{2\pi}\int_{-\infty}^{\infty} e^{-j\omega(t-t_0)}d\omega \tag{D.34}$$

와 같이 적어도 된다.

주의 깊은 검토는 표현

$$\delta(t-t_0) = \lim_{\sigma\to 0}\frac{1}{\sqrt{2\pi}\sigma}e^{-(t-t_0)^2/2\sigma^2} \tag{D.35}$$

이든 식 (D.34)에 주어진 것이든 $\delta(t-t_0)$가 독립 변수(argument)의 우함수(even function)이라는 사실을 입증함을 보일 것이다.

이제 delta 함수의 더 나아간 성질을 검토한다. 적분

$$I(a) = \int_{-\infty}^{\infty} f(t)\,\delta(at - t_0)\,dt \tag{D.36}$$

을 고려한다. 여기서 a는 실 상수(real constant)이다. $at = u$로 두면, $I(a)$는

$$I(a) = \frac{1}{|a|}\int_{-\infty}^{\infty} f(\frac{u}{a})\,\delta(u - t_0)\,du \tag{D.37}$$

또는

$$I(a) = \frac{1}{|a|} f(\frac{t_0}{a}) \tag{D.38}$$

이 된다. 이것은 종종

$$\delta(at - t_0) \to \frac{1}{|a|}\delta(t - \frac{t_0}{|a|}) \tag{D.39}$$

로 적어진다.

적분

$$\int_{-\infty}^{\infty} f(x)\,\delta(x - a)\,dx = f(a)\int_{-\infty}^{\infty} \delta(x - a)\,dx \tag{D.40}$$

을 고려한다. 이것은 종종

$$f(x)\,\delta(x - a) = f(a)\,\delta(x - a) \tag{D.41}$$

로 적어지지만, 식 (D.40)에 있는 적분의 측면에서는 항상 그렇게 이해되어서는 안 된다. 특히, $f(x) = x$라면, 그러면

$$x\,\delta\,(x - a) = a\,\delta\,(x - a) \tag{D.42}$$

이며, $a = 0$이라면, 그러면,

$$x\,\delta\,(x) = 0 \tag{D.43}$$

이다.

Delta 함수의 다른 성질이 증명은 없이 여기에 적어진다:

$$\int_{-\infty}^{\infty} \delta'(t - t_0) f(t)\, dt = -f'(t_0) \tag{D.44}$$

여기서 프라임 기호(prime, ′)는 1계 도함수(미분)(first derivative)를 가리킨다. 또한, n계 도함수의 경우,

$$\int_{-\infty}^{\infty} \delta^{(n)}(t - t_0) f(t)\, dt = (-1)^n f^{(n)}(t_0) \tag{D.45}$$

를 가진다.

SELECTED BIBLIOGRAPHY

1. M. J. Lighthill, *Fourier Analysis and Generalized Functions*, New York: Cambridge University Press, 1964.
2. A. Papoulis, *The Fourier Integral and Its Applications*, New York: McGraw-Hill Book Company, Inc., 1965, Appendix I.
3. L. Schwartz, *Théorie des Distributions*, Vols. I and II, Paris: Hermann et Cie, 1957, 1959.
4. B. Van der Pol and H. Bremmer, *Operational Calculus*, 2nd ed., Fair Lawn, N.J.: Oxford University Press, 1955, Chapter 5.

APPENDIX E

Table of Fourier Series Expansions of Some Functions

$f(t)$	$f(t) = \begin{cases} 1 & 0 < t < \pi \\ -1 & -\pi < t < 0 \end{cases}$
Fourier Series	$\frac{4}{\pi}\left(\frac{\sin t}{1} + \frac{\sin 3t}{3} + \frac{\sin 5t}{5} + \cdots\right)$
Graphical Representation	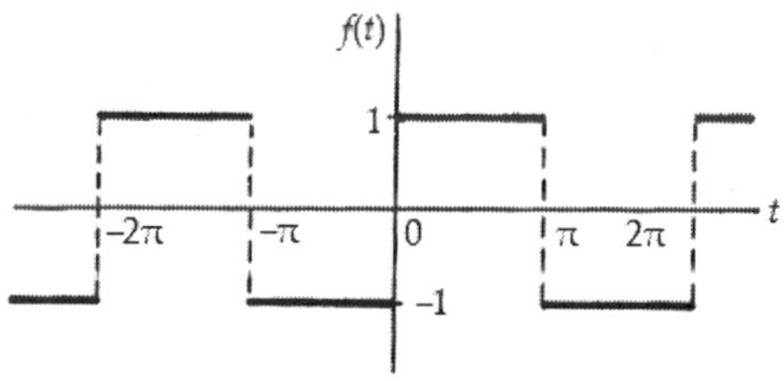 FIGURE E.1.
$f(t)$	$f(t) = \lvert t\rvert = \begin{cases} t & 0 < t < \pi \\ -t & -\pi < t < 0 \end{cases}$
Fourier Series	$\frac{\pi}{2} - \frac{4}{\pi}\left(\frac{\cos t}{1^2} + \frac{\cos 3t}{3^2} + \frac{\cos 5t}{5^2} + \cdots\right)$
Graphical Representation	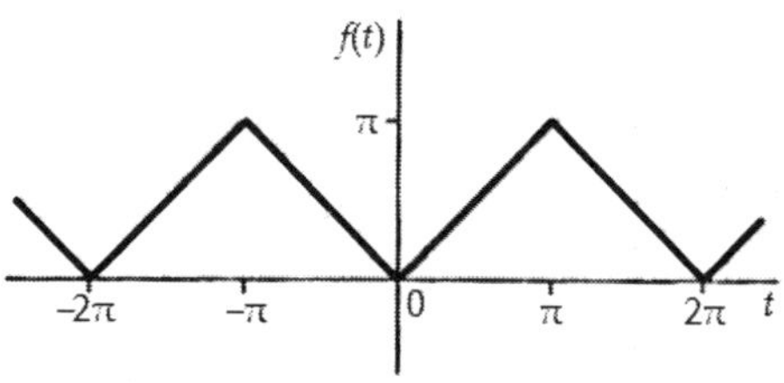 FIGURE E.2.
$f(t)$	$f(t) = t \quad -\pi < t < \pi$

Fourier Series	$2\left(\frac{\sin t}{1} - \frac{\sin 2t}{2} + \frac{\sin 3t}{3} - \cdots\right)$
Graphical Representation	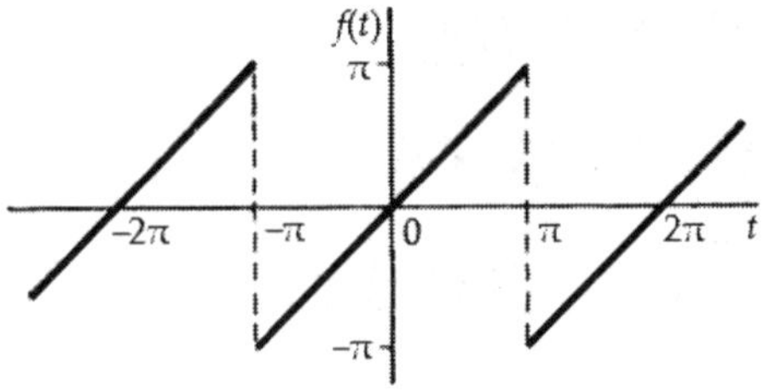 FIGURE E.3.
$f(t)$	$f(t) = t \quad 0 < t < 2\pi$
Fourier Series	$\pi - 2\left(\frac{\sin t}{1} + \frac{\sin 2t}{2} + \frac{\sin 3t}{3} + \cdots\right)$
Graphical Representation	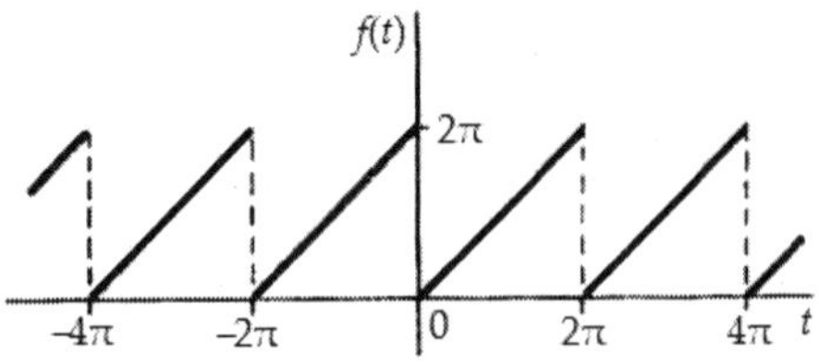 FIGURE E.4.
$f(t)$	$f(t) = \lvert\sin t\rvert \quad -\pi < t < \pi$
Fourier Series	$\frac{2}{\pi} - \frac{4}{\pi}\left(\frac{\cos 2t}{1\cdot 3} + \frac{\cos 4t}{3\cdot 5} + \frac{\cos 6t}{5\cdot 7} + \cdots\right)$
Graphical Representation	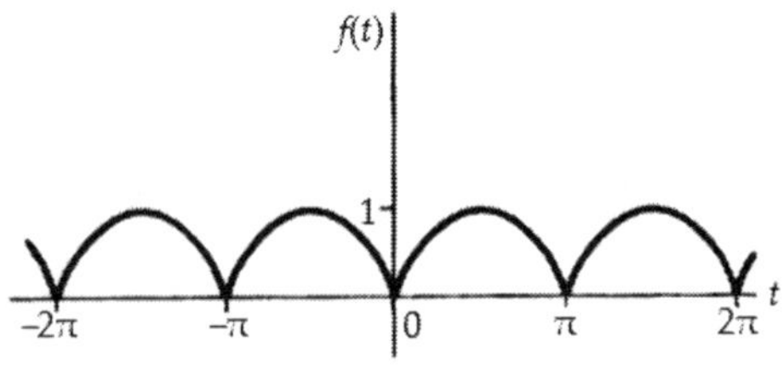 FIGURE E.5.
$f(t)$	$f(t) = \begin{cases} \sin t & 0 < t < \pi \\ 0 & \pi < t < 2\pi \end{cases}$

Fourier Series	$\frac{1}{\pi}+\frac{1}{2}\sin t-\frac{2}{\pi}\left(\frac{\cos 2t}{1\cdot 3}+\frac{\cos 4t}{3\cdot 5}+\frac{\cos 6t}{5\cdot 7}+\cdots\right)$
Graphical Representation	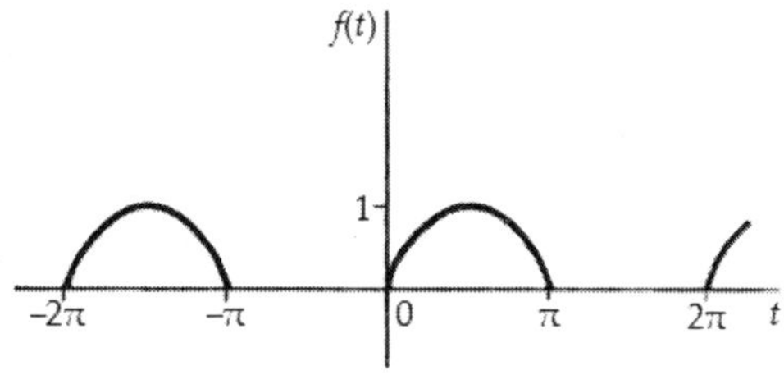 FIGURE E.6.
$f(t)$	$f(t)=\begin{cases}\cos t & 0<t<\pi\\ -\cos t & -\pi<t<0\end{cases}$
Fourier Series	$\frac{8}{\pi}\left(\frac{\sin 2t}{1\cdot 3}+\frac{2\sin 4t}{3\cdot 5}+\frac{3\sin 6t}{5\cdot 7}+\cdots\right)$
Graphical Representation	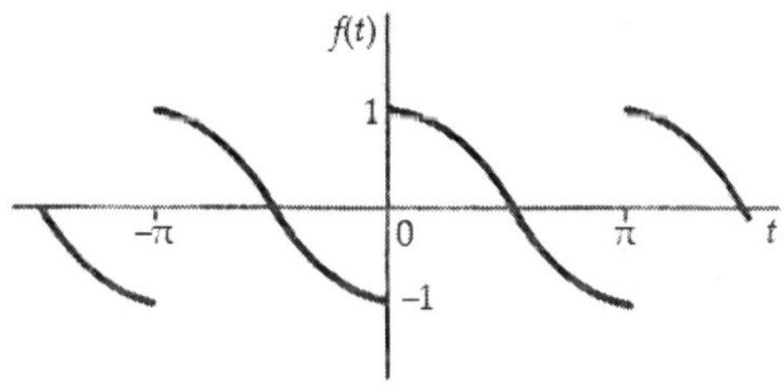 FIGURE E.7.
$f(t)$	$f(t)=t^2 \quad -\pi<t<\pi$
Fourier Series	$\frac{\pi^2}{3}-4\left(\frac{\cos t}{1^2}-\frac{\cos 2t}{2^2}+\frac{\cos 3t}{3^2}-\cdots\right)$
Graphical Representation	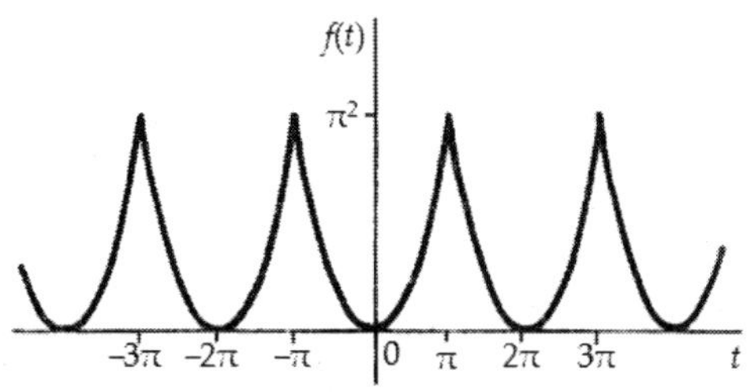 FIGURE E.8.
$f(t)$	$f(t)=t(\pi-t) \quad 0<t<\pi$

Fourier Series	$\frac{\pi^2}{6} - \left(\frac{\cos 2t}{1^2} + \frac{\cos 4t}{2^2} + \frac{\cos 6t}{3^2} + \cdots\right)$
Graphical Representation	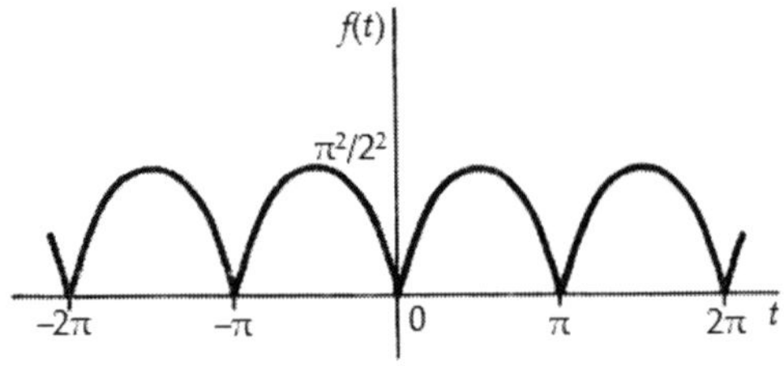 FIGURE E.9.
$f(t)$	$f(t) = t(\pi - t)(\pi + t) \quad -\pi < t < \pi$
Fourier Series	$12\left(\frac{\sin t}{1^3} - \frac{\sin 2t}{2^3} + \frac{\sin 3t}{3^3} - \cdots\right)$
Graphical Representation	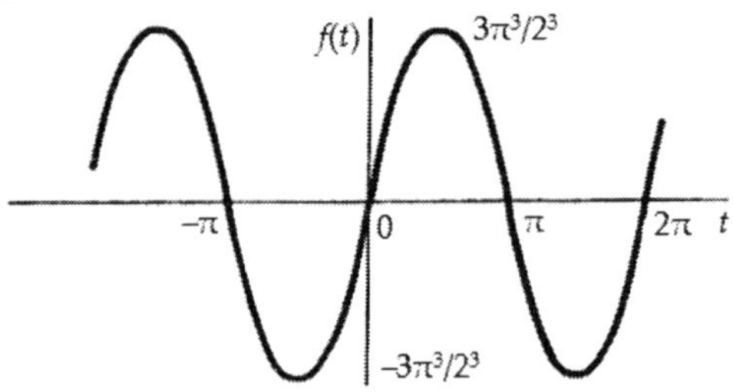 FIGURE E.10.
$f(t)$	$f(t) = \begin{cases} 0 & 0 < t < \pi - \alpha \\ 1 & \pi - \alpha < t < \pi + \alpha \\ 0 & \pi + \alpha < t < 2\pi \end{cases}$
Fourier Series	$\frac{\alpha}{\pi} - \frac{2}{\pi}\left(\frac{\sin\alpha\cos t}{1} - \frac{\sin 2\alpha\cos 2t}{2} + \frac{\sin 3\alpha\cos 3t}{3} - \cdots\right)$
Graphical Representation	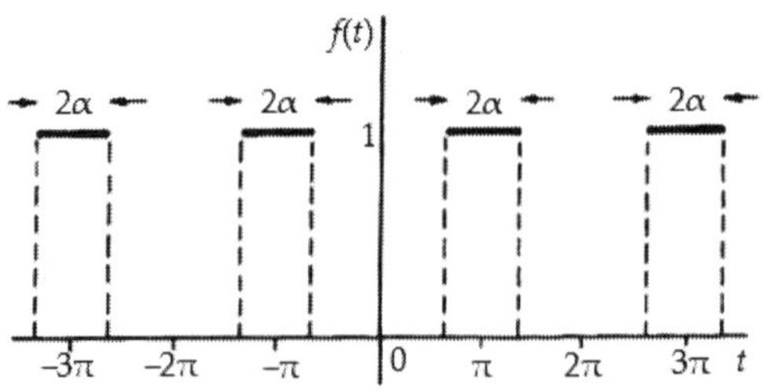 FIGURE E.11.
$f(t)$	$f(t) = \begin{cases} t(\pi - t) & 0 < t < \pi \\ -t(\pi + t) & -\pi < t < 0 \end{cases}$

Fourier Series	$\frac{8}{\pi}\left(\frac{\sin t}{1^3}+\frac{\sin 3t}{3^3}+\frac{\sin 5t}{5^3}+\cdots\right)$
Graphical Representation	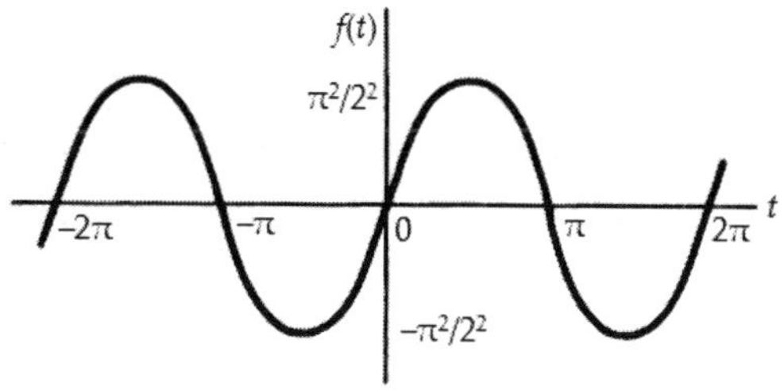 FIGURE E.12.
$f(t)$	$f(t)=\sin \mu t, \quad -\pi<t<\pi, \quad \mu \neq \text{integer}$
Fourier Series	$\frac{2\sin\mu\pi}{\pi}\left(\frac{\sin t}{1^2-\mu^2}-\frac{2\sin 2t}{2^2-\mu^2}+\frac{3\sin 3t}{3^2-\mu^2}-\cdots\right)$
$f(t)$	$f(t)=\cos \mu t, \quad -\pi<t<\pi, \quad \mu \neq \text{integer}$
Fourier Series	$\frac{2\mu\sin\mu\pi}{\pi}\left(\frac{1}{2\mu^2}+\frac{\cos t}{1^2-\mu^2}-\frac{\cos 2t}{2^2-\mu^2}+\frac{\cos 3t}{3^2-\mu^2}-\cdots\right)$
$f(t)$	$f(t)=\tan^{-1}[(a\sin t)/(1-a\cos t)], \quad -\pi<t<\pi, \quad \lvert a\rvert<1$
Fourier Series	$a\sin t+\frac{a^2}{2}\sin 2t+\frac{a^3}{3}\sin 3t+\cdots$
$f(t)$	$f(t)=\ln(1-2a\cos t+a^2), \quad -\pi<t<\pi, \quad \lvert a\rvert<1$
Fourier Series	$-2\left(a\cos t+\frac{a^2}{2}\cos 2t+\frac{a^3}{3}\cos 3t+\cdots\right)$
$f(t)$	$f(t)=\frac{1}{2}\tan^{-1}[(2a\sin t)/(1-a^2)], \quad -\pi<t<\pi, \quad \lvert a\rvert<1$
Fourier Series	$a\sin t+\frac{a^3}{3}\sin 3t+\frac{a^5}{5}\sin 5t+\cdots$
$f(t)$	$f(t)=\frac{1}{2}\tan^{-1}[(2a\cos t)/(1-a^2)], \quad -\pi<t<\pi, \quad \lvert a\rvert<1$
Fourier Series	$a\cos t-\frac{a^3}{3}\cos 3t+\frac{a^5}{5}\cos 5t-\cdots$

$f(t)$	$f(t) = e^{\mu t}, \quad -\pi < t < \pi$
Fourier Series	$\frac{2\sinh \mu\pi}{\pi}\left[\frac{1}{2\mu} + \sum_{n=1}^{\infty}\frac{(-1)^n(\mu\cos nt - n\sin nt)}{\mu^2+n^2}\right]$
$f(t)$	$f(t) = \sinh \mu t, \quad -\pi < t < \pi$
Fourier Series	$\frac{2\sinh \mu\pi}{\pi}\left[\frac{\sin t}{1^2+\mu^2} - \frac{2\sin 2t}{2^2+\mu^2} + \frac{3\sin 3t}{3^2+\mu^2} - \cdots\right]$
$f(t)$	$f(t) = \cosh \mu t, \quad -\pi < t < \pi$
Fourier Series	$\frac{2\mu\sinh \mu\pi}{\pi}\left[\frac{1}{2\mu^2} - \frac{\cos t}{1^2+\mu^2} + \frac{\cos 2t}{2^2+\mu^2} - \frac{\cos 3t}{3^2+\mu^2} + \cdots\right]$
$f(t)$	$f(t) = \ln\left\vert\sin\frac{1}{2}t\right\vert, \quad 0 < t < \pi$
Fourier Series	$-\left(\ln 2 + \frac{\cos t}{1} + \frac{\cos 2t}{2} + \frac{\cos 3t}{3} + \cdots\right)$
$f(t)$	$f(t) = \ln\left\vert\cos\frac{1}{2}t\right\vert, \quad -\pi < t < \pi$
Fourier Series	$-\left(\ln 2 - \frac{\cos t}{1} + \frac{\cos 2t}{2} - \frac{\cos 3t}{3} + \cdots\right)$
$f(t)$	$f(t) = \frac{1}{6}\pi^2 - \frac{1}{2}\pi t + \frac{1}{4}t^2, \quad 0 \le t \le 2\pi$
Fourier Series	$\frac{\cos t}{1^2} + \frac{\cos 2t}{2^2} + \frac{\cos 3t}{3^2} + \cdots$
$f(t)$	$f(t) = \frac{1}{12}t(t-\pi)(t-2\pi), \quad 0 \le t \le 2\pi$
Fourier Series	$\frac{\sin t}{1^3} + \frac{\sin 2t}{2^3} + \frac{\sin 3t}{3^3} + \cdots$
$f(t)$	$f(t) = \frac{1}{90}\pi^4 - \frac{1}{12}\pi^2 t^2 + \frac{1}{12}\pi t^3 - \frac{1}{48}t^4, \quad 0 \le t \le 2\pi$
Fourier Series	$\frac{\cos t}{1^4} + \frac{\cos 2t}{2^4} + \frac{\cos 3t}{3^4} + \cdots$

SELECTED BIBLIOGRAPHY

1. M. R. Spiegel, *Mathematical Handbook of Formulas and Tables,* New York: McGraw-Hill Book Company, Inc., 1968.

APPENDIX F

Fourier Series and the Passage to the Fourier Integral

6장에서 논의된 푸리에 급수(Fourier series)와 계수에 대한 내용을 간략히 정리하고, 그 다음 함수 $f(t)$의 Fourier 급수 표현으로부터 푸리에 적분(Fourier integral)으로 옮겨 가는 것을 주의 깊게 검토한다.

$f(t)$가 주기 T인 주기 함수라 하자; 즉, 정수(integer) n으로

$$f(t+nT)=f(t) \tag{F.1}$$

라 하자. $f(t)$에 대한 익숙한 Fourier 급수는

$$f(t)=\frac{a_0}{2}+\sum_{n=1}^{\infty}(a_n\cos\omega_n t+b_n\sin\omega_n t) \tag{F.2}$$

이다. 여기서 $\omega_n=2\pi n/T\equiv n\omega_0$이며, 그것은 $f(t)$가 연속인 경우 t의 모든 값에 대하여 $f(t)$로 일양 수렴할(converge uniformly) 것이다. $f(t)$가 $[0, T]$ 내에서 구분 연속(piecewise continuous)이라면, 그러면 Fourier 급수는 $f(t)$가 연속인 모든 점에서 $f(t)$로 수렴할 것이며, $f(t)$의 유한 불연속(finite discontinuity)의 임의의 유한한 수(finite number)에서, 값

$$f(t_0)=\frac{1}{2}[f(t_0^-)+f(t_0^+)] \tag{F.3}$$

으로 수렴할 것이다. 여기서 불연속은 $t=t_0$에 있다. 그림 F.1을 보라.

Fourier 급수의 계수는 간단한 방식으로 찾아질 수 있으며,

$$a_0=\frac{2}{T}\int_0^T f(t)\,dt \tag{F.4}$$

임에 반하여, $p\neq 0$이라면,

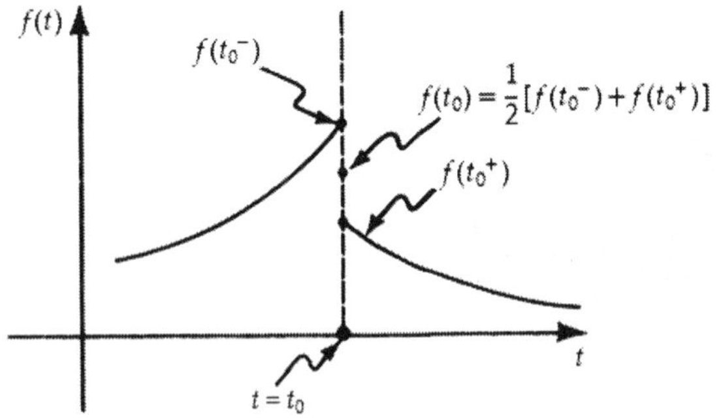

FIGURE F.1 Fourier series behavior in the vicinity of a discontinuity of f(t) at t = t_0.

$$a_p = \frac{2}{T}\int_0^T f(t)\cos\omega_p t\,dt \tag{F.5}$$

$$b_p = \frac{2}{T}\int_0^T f(t)\sin\omega_p t\,dt \tag{F.6}$$

으로 주어진다. 각 적분에서는, 어느 쪽이든 더 편리한 한 주기(one period)에 대하여, 즉, 0으로부터 T 까지, 또는 t_0으로부터 t_0+T 까지, 적분한다.

$f(t)$가 변수 t의 우함수(even function) $f(t)=f(-t)$라면, 그러면 모든 b_n은 $b_n\equiv 0$이며 $f(t)$는 여현 급수(cosine series)로 표현될 수 있는 반면, $f(t)$가 기함수(odd function) $f(t)=-f(-t)$라면 그러면 모든 a_n은 $a_n\equiv 0$이며 $f(t)$는 정현 급수(sine series)로 적어질 수 있다

Fourier 급수에 대한 다른 형태는 다음과 같다:

$$f(t) = \sum_{n=-\infty}^{\infty}\tilde{c}_n e^{j2\pi nt/T} = \sum_{n=-\infty}^{\infty}\tilde{c}_n e^{j\omega_n t} \tag{F.7}$$

식 (F.7)에 주어진 표현은 $\tilde{c}_n=(a_n-jb_n)/2$ 그리고 $\tilde{c}_n{}^*=\tilde{c}_{-n}$; 즉, $\tilde{c}_n{}^*=(a_n+jb_n)/2$이라면 식 (F.2)의 표현으로 줄어든다. 계수 $\tilde{c}_n$은

$$\tilde{c}_n = \frac{1}{T}\int_{-T/2}^{T/2} f(\tau)\,e^{-j\omega_n\tau}d\tau \tag{F.8}$$

로 찾아져

$$f(t) = \lim_{N\to\infty}\sum_{n=-N}^{N}\frac{1}{T}\int_{-T/2}^{T/2} f(\tau)\,e^{j\omega_n(t-\tau)}d\tau \tag{F.9}$$

이다. 이 마지막 표현을 $f(t)$의 Fourier 적분 표현으로 변환하기 위하여, 표현

$$f(t) = \lim_{\substack{N\to\infty \\ T\to\infty}} \sum_{n=-N}^{N} \frac{1}{T}\int_{-T/2}^{T/2} f(\tau)\, e^{j\omega_n(t-\tau)} d\tau \tag{F.10}$$

을 형성한다. 이 이중으로 극한을 구하는 과정(double limiting process)이 조심스럽게 수행되는 것이 중요하다. 이 사실을 보기 위하여, 적분

$$I = \lim_{T\to\infty} \frac{1}{T}\int_{-T/2}^{T/2} f(\tau)\, e^{j\omega_n(t-\tau)} d\tau \tag{F.11}$$

을 정의한다. 이제,

$$I \le \lim_{T\to\infty} \frac{1}{T}\int_{-T/2}^{T/2} f(\tau)\, d\tau \tag{F.12}$$

이고 $\int_{-T/2}^{T/2} f(\tau)\, d\tau$가 유계라면(bounded), 그러면

$$I \to 0 \quad \text{as} \quad T \to \infty \tag{F.13}$$

이다. 따라서, 임의의 유한한 N에 대하여, 먼저 T가 무한대(infinity)로 접근하는 것을 허용한다면, $f(t) \to 0$이다.

이제, $\omega_n \equiv n\omega_0$이다. 여기서 $\omega_0 = 2\pi/T$이다. 따라서, $T \to \infty$에 따라,

$$\frac{2\pi}{T} \equiv \omega_{n+1} - \omega_n \equiv \Delta\omega_n \to 0$$

이다. 그러므로 식 (F.10)에 주어진 $f(t)$의 표현을 다른 형태

$$f(t) = \lim_{\substack{\Delta\omega_n\to 0 \\ N\to\infty}} \frac{1}{2\pi} \sum_{n=-N}^{N} \int_{-\infty}^{\infty} f(\tau)\, e^{j\omega_n(t-\tau)} d\tau\, \Delta\omega_n \tag{F.14}$$

로 적을 수 있다. 적분의 정의에 의해, 식 (F.14)는

$$f(t) = \frac{1}{2\pi}\int_{-\infty}^{\infty}\int_{-\infty}^{\infty} f(\tau)\, e^{j\omega(t-\tau)} d\tau\, d\omega \tag{F.15}$$

가 된다. Appendix D 식 (D.23)에서,

$$2\pi\, \delta(t-\tau) = \int_{-\infty}^{\infty} e^{\pm j\omega(t-\tau)} d\omega \tag{F.16}$$

이어서 식 (F.15)는, delta 함수의 걸러내는 성질에 의해, 항등적으로 만족된다. 더욱이,

$$F(\omega) = \int_{-\infty}^{\infty} e^{-j\omega\tau} f(\tau)\, d\tau \tag{F.17a}$$

의 정의로

$$f(t) = \frac{1}{2\pi}\int_{-\infty}^{\infty} F(\omega)\, e^{j\omega t} d\omega \tag{F.17b}$$

를 가진다. 식 (F.17a)와 (F.17b)는 푸리에 변환 쌍(Fourier transform pair)을 이룬다.

SELECTED BIBLIOGRAPHY

1. E. O. Brigham, *The Fast Fourier Transform*, Englewood Cliffs, N.J.: Prentice-Hall, Inc., 1974.
2. R. V. Churchill, *Fourier Series and Boundary Value Problems*, New York: McGraw-Hill Book Company, Inc., 1963.
3. H. F. Davis, *Fourier Series and Orthogonal Functions*, Boston: Allyn & Bacon, Inc., 1963.
4. J. D. Gaskill, *Linear Systems, Fourier Transforms and Optics*, New York: John Wiley & Sons, Inc., 1978.
5. H. P. Hsu, *Outline of Fourier Analysis*, New York: Unitech Division (Simon and Schuster, Inc.), 1967.
6. W. Kaplan, *Advanced Mathematics for Engineers*, Reading, Mass.: Addison-Wesley Publishing Co., Inc., 1981.
7. E. Kreyszig, *Advanced Engineering Mathematics*, New York: John Wiley & Sons, Inc., 1979.
8. M. J. Lighthill, *Fourier Analysis and Generalized Functions*, New York: Cambridge University Press, 1964.
9. A. Papoulis, *The Fourier Integral and Its Applications*, New York: McGraw-Hill Book Company, Inc., 1965.
10. L. A. Pipes and L. R. Harvill, *Applied Mathematics for Engineers and Physicists*, New York: McGraw-Hill Book Company, Inc., 1970.
11. M. C. Potter, *Mathematical Methods in the Physical Sciences*, Englewood Cliffs, N.J.: Prentice-Hall, Inc., 1978.
12. A. J. M. Spencer, et al., *Engineering Mathematics*, New York: Van Nostrand Reinhold Co., 1977.
13. E. C. Titchmarch, *Introduction to the Theory of Fourier Integrals*, London, England: Oxford University Press, 1948.

APPENDIX G

Bessel Functions

베셀 함수(Bessel function)는 미분방정식

$$\frac{d^2f}{dx^2}+\frac{1}{x}\frac{df}{dx}+\left(1-\frac{n^2}{x^2}\right)f=0 \tag{G.1}$$

의 해이다. 여기서 n은 어떤 수이며 $f(x)$는 구간(interval) $(0, \infty)$ 내에서 정의된다.

이 미분방정식을 풀기 위하여, 다음과 같은 형태의 급수해(series solution)가 존재한다고 가정한다:

$$f(x)=\sum_{l=0}^{\infty}a_l x^{l+\tau} \tag{G.2}$$

여기서 계수 a_l과 양(quantity) τ는 찾아진다. 식 (G.2)를 (G.1)에 대입하여 식 (G.1)이

$$\sum_{l=0}^{\infty}a_l[(l+\tau)(l+\tau-1)+(l+\tau)-n^2]x^{l+\tau-2}+\sum_{l=0}^{\infty}a_l x^{l+\tau}=0 \tag{G.3}$$

으로 됨을 찾는다. x의 각 멱(거듭 제곱, power)이 개별적으로 0과 같을 것을 요구한다. $l=0$으로 두어, x^{-2}의 계수는 $a_0(\tau^2-n^2)$이고, $a_0=0$ 또는 $\tau=\pm n$이라면 0이 될 것이다. 임의이지만 0은 아닌 상수 a_0으로, 해(solution)가 $x=0$에서 유한하도록

$$\tau=n$$

을 선택한다. $l=1$일 때, $x^{\tau-1}=x^{n-1}$의 계수는 $a_1[(n+1)^2-n^2]\equiv 0$이다. 명백히, $a_1=0$이다. $\tau=n$으로, 식 (G.3)의 첫째 항은

$$\sum_{l=0}^{\infty}a_l[(l+n)^2-n^2]x^{n+l-2}$$

가 되어

$$\sum_{l=0}^{\infty} a_l[l^2 + 2ln]x^{n+l-2}$$

와 같이 적어질 수 있다. $l-2=p$로 둔다. 그러면

$$\sum_{p=-2}^{\infty} a_{p+2}[(p+2)^2 + 2(p+2)n]x^{p+n}$$

은, $p=-2$일 때 괄호 속의 항이 없어지기 때문에, 항등적으로 0이다. $p=-1$일 때는, $a_{p+2}=a_1 \equiv 0$이다. 따라서, $p=l$은 가합산 지표(dummy sum index)이기 때문에

$$\sum_{p=-2}^{\infty} a_{p+2}[(p+2)^2 + 2n(p+2)]x^{p+n} = \sum_{l=0}^{\infty} a_{l+2}[(l+2)^2 + 2n(l+2)]x^{l+n}$$

이다. 식 (G.3)은 이제

$$\sum_{l=0}^{\infty} \{a_{l+2}[(l+2)(l+2+2n)] + a_l\}x^{l+n} = 0 \tag{G.4}$$

의 형태이다. 계수는 그러므로 회귀 관계(recursion relation)

$$a_{l+2} = -\frac{a_l}{(l+2)(l+2+2n)} \tag{G.5}$$

를 만족해야 한다. $a_1 \equiv 0$이기 때문에, 모든 우수 계수는 0임에 유의하면, $l=2m$으로 두고 기정수(even integer) l 보다는 오히려 모든 정수 m에 대하여 합할 수 있다. 그러면 계수 사이의 회귀 관계는

$$a_{2(m+1)} = \frac{-a_{2m}}{2^2(m+1)(m+n+1)} \tag{G.6}$$

이다. 임의의 a_0으로, 처음의 몇 개의 계수로서,

$$a_2 = \frac{-a_0}{2^2(n+1)}$$

$$a_4 = \frac{-a_2}{2^2(2)(n+2)} = \frac{a_0}{2^4(1\cdot 2)(n+1)(n+2)}$$

$$a_6 = \frac{-a_4}{2^2(3)(n+3)} = \frac{-a_0}{2^6(1\cdot 2\cdot 3)(n+1)(n+2)(n+3)}$$

을 가진다. 일반적으로는, 그러면,

$$a_{2m} = \frac{(-1)^m a_0}{2^{2m} m!(n+1)(n+2)\cdots(n+m)} \tag{G.7}$$

이다. 이제 임의의 상수 $a_0 = (1/2)^n n!$를 선택하면,

$$a_{2m} = \frac{(-1)^m}{2^{2m+n} m!(n+m)!} \tag{G.8}$$

이다. 그러면

$$f(x) = \sum_{m=0}^{\infty} \frac{(-1)^m \left(\frac{x}{2}\right)^{2m+n}}{m!(n+m)!} \tag{G.9}$$

이다. 이 급수는 정수 차수(integer order) n과 독립 변수 x의 Bessel 함수, 즉

$$f(x) = J_n(x) \tag{G.10}$$

인 함수 $J_n(x)$로 정의된다. $\tau = n$을 선택했음을 상기하여, 값 $\tau = -n$은 버린다. 보통 노이만 함수(Neumann function)라 불리는 두 번째 선형 독립 해는 값 $\tau = -n$을 취한다면 생성될 수 있다. $N_n(x)$로 나타내지는 Neumann 함수는

$$N_n(x) = \frac{1}{\sin n\pi}[J_n(x)\cos n\pi - J_{-n}(x)] \tag{G.11}$$

로 주어진다. 이제, 급수해로부터, 정수 n에 대하여, n이 정수에 접근함에 따라

$$J_{-n}(x) = (-1)^n J_n(x) \tag{G.12}$$

가 바로 세워지며, $N_n(x)$는 중간식(intermediate)이다. 상세한 설명은 생략하고, n이 정수에 접근함에 따라, Neumann 함수는 $x \to 0$으로써 대수적 특이점(logarithmic singularity)을 가지는 반면, $x \to 0$에 따라

$$\lim_{x\to 0} J_n(x) \to \frac{1}{n!}\left(\frac{x}{2}\right)^n \tag{G.13}$$

이다.

이제 $x \to \infty$에 따른 함수 $J_n(x)$의 거동을 검토한다. 미분방정식

$$\frac{d^2J_n}{dx^2}+\frac{1}{x}\frac{dJ_n}{dx}+\left(1-\frac{n^2}{x^2}\right)J_n=0 \tag{G.14}$$

로부터,

$$J_n(x)=x^{-1/2}g_n(x) \tag{G.15}$$

로 두어 $g_n(x)$에 대한 미분방정식을 생성한다. 그것은

$$\frac{d^2g_n}{dx^2}+\left(1-\frac{\lambda_n{}^2}{x^2}\right)g_n=0 \tag{G.16}$$

이다. 여기서 $\lambda_n{}^2$은 n에 종속하는 상수이다. $x\to\infty$에 따라, $\lambda_n{}^2/x^2\to 0$이어서, 함수 $g_n(x)$는

$$\lim_{x\to\infty} g_n(x)=C_n\cos(x+\phi_n) \tag{G.17}$$

의 형태로 적어질 수 있다. 그러면

$$\lim_{x\to\infty} J_n(x)=\frac{C_n}{x}\cos(x+\phi_n) \tag{G.18}$$

이다. 주의 깊게 해석하면 $\phi_n=-(2n+1)\pi/4$, 그리고 $C_n=\sqrt{2/\pi}$이어서,

$$\lim_{x\to\infty} J_n(x)=\sqrt{\frac{2}{\pi x}}\cos\left[x-(2n+1)\frac{\pi}{4}\right] \tag{G.19}$$

임을 보인다. Neumann 함수에 대해서도 비슷한 이유로, 결과

$$\lim_{x\to\infty} N_n(x)=\sqrt{\frac{2}{\pi x}}\sin\left[x-(2n+1)\frac{\pi}{4}\right] \tag{G.20}$$

을 산출한다. 선형 결합

$$J_n(x)\pm jN_n(x)$$

는 관계

$$\lim_{x\to\infty}[J_n(x)\pm jN_n(x)]=B_n\frac{e^{\pm jx}}{\sqrt{x}} \tag{G.21}$$

을 만족함에 유의하라. 여기서

$$B_n = \sqrt{\frac{2}{\pi}} e^{-j(2n+1)\pi/4}$$

이다. 물리적으로는, 항 $e^{\pm jx}/\sqrt{x}$가 거리에 따라 $x^{-1/2}$으로 감쇠하는 진행파를 나타낸다. 양 $J_n(x) \pm jN_n(x)$는 제 1종 또는 제 2종의, 차수 n의 항켈 함수(Hankel function)로 정의된다; 즉,

$$\begin{aligned} H_n^{(1)}(x) &= J_n(x) + jN_n(x) \\ H_n^{(2)}(x) &= J_n(x) - jN_n(x) \end{aligned} \tag{G.22}$$

이다.

허수 독립 변수의 Bessel 함수는 미분방정식

$$\frac{d^2g}{dx^2} + \frac{1}{x}\frac{dg}{dx} - \left(1 + \frac{n^2}{x^2}\right) g = 0 \tag{G.23}$$

의 해로서 정의된다. 이 방정식은 식 (G.1)과 g의 계수의 부호 만이 다르다.

$$\frac{d^2g}{dx^2} + \frac{1}{x}\frac{dg}{dx} + \left(j^2 - \frac{n^2}{x^2}\right) g = 0 \tag{G.24}$$

로 적었다면, 그러면, 급수해 식 (G.9)를 결정할 때 사용되었던 것과 같은 방법에 의해,

$$g(x) = J_n(jx) \tag{G.25}$$

가 쉽사리 보여진다. $I_n(x)$로 나타내어진 순허수 독립 변수의 Bessel 함수가 이제

$$I_n(x) = e^{-jn\pi/2} J_n(jx) \tag{G.26}$$

과 같이 정의될 수 있다. 식 (G.19)

$$\lim_{x\to\infty} J_n(x) = \sqrt{\frac{2}{\pi x}} \cos\left[x - (2n+1)\frac{\pi}{4}\right] \tag{G.19}$$

이기 때문에,

$$\lim_{x\to\infty} J_n(jx) = \sqrt{\frac{2}{j\pi x}}\cos\left[jx - (2n+1)\frac{\pi}{4}\right] \tag{G.27}$$

을 가져 이로부터

$$\lim_{x\to\infty} I_n(x) \cong \frac{e^x}{\sqrt{x}} \tag{G.28}$$

이 된다. 즉, 허수 독립 변수의 Bessel 함수는 $x \to \infty$에 따라 유계되지 않는다(unbounded). 이 거동은 5장에서 손실 전송선로의 논의에서 사용된다.

Bessel 함수에 의해 만족되는 회귀 관계가 있다. 3장에서의 Laurent 전개에 관한 논의를 상기하면, Bessel 함수에 대한 생성 함수(generating function)는

$$e^{x/2(t-1/t)} = \sum_{n=-\infty}^{\infty} J_n(x)\, t^n \tag{G.29}$$

로 주어진다는 것이 입증된다. 이 표현의 양변이 x에 대해 미분된다면,

$$\frac{1}{2}\left(t - \frac{1}{t}\right)\sum_{n=-\infty}^{\infty} J_n(x)\, t^n = \sum_{n=-\infty}^{\infty} J_n'(x)\, t^n \tag{G.30}$$

을 가진다. 이 마지막 식의 양변에 있는 t의 같은 멱(power)의 계수를 같게 두면, 관계

$$\frac{1}{2}(J_{l-1} - J_{l+1}) = J_l'(x) \tag{G.31}$$

이 찾아진다. 식 (G.29)를 t에 관해 미분할 수 있어, 그로부터

$$\frac{x}{2}\left(1 + \frac{1}{t^2}\right)\sum_{n=-\infty}^{\infty} J_n(x)\, t^n = \sum_{n=-\infty}^{\infty} n J_n(x)\, t^{n-1} \tag{G.32}$$

를 얻는다. 다시, t의 같은 멱의 계수를 같게 두면, t^l의 계수로서, 등식

$$\frac{x}{2}\left[J_l(x) + J_{l+2}(x)\right] = (l+1)J_{l+1}(x) \tag{G.33}$$

또는, l을 $l-1$로 대체하여

$$\frac{x}{2}\left[J_{l-1}(x) + J_{l+1}(x)\right] = l J_l(x) \tag{G.34}$$

를 가진다. 식 (G.31)과 (G.34)는 여러가지 차수의 Bessel 함수와 그 도함수 사이의 회귀 관계이다.

마지막으로, $t = e^{j\phi}$일 때의 회귀 관계를 검토한다. 그러면

$$e^{jx\sin\phi} = \sum_{n=-\infty}^{\infty} J_n(x)\, e^{jn\phi} \tag{G.35}$$

로부터 항등식

$$\begin{aligned}\cos(x\sin\phi) &= \sum_{n=-\infty}^{\infty} J_n(x)\cos n\phi \\ \sin(x\sin\phi) &= \sum_{n=-\infty}^{\infty} J_n(x)\sin n\phi\end{aligned} \tag{G.36}$$

을 얻는다. 더욱이,

$$\int_0^{2\pi} e^{jx\sin\phi} e^{-jl\psi} d\phi = \sum_{n=-\infty}^{\infty} J_n(x) \int_0^{2\pi} e^{j(n-l)\phi} d\phi \tag{G.37}$$

의 형태로 적는다면, 이 식의 우변이 $n = l$을 제외하고는 없어져, 이 경우에는 그것이 $2\pi J_l(x)$로 됨을 본다. 따라서 $J_l(x)$에 대한 적분 표현, 즉

$$J_l(x) = \frac{1}{2\pi}\int_0^{2\pi} e^{jx\sin\phi} e^{-jl\phi} d\phi \tag{G.38}$$

을 찾는다. $l = 0$이라면,

$$J_0(x) = \frac{1}{2\pi}\int_0^{2\pi} e^{jx\sin\phi} d\phi \tag{G.39}$$

이다. 이런 종류와 허수 독립 변수의 Bessel 함수에 대한 적분이 손실 전송선로의 논의에서 뿐만 아니라, 주파수 변조와 Fourier-Bessel 변환의 논의에서 만나게 된다.

SELECTED BIBLIOGRAPHY

1. R. Courant and D. Hilbert, *Methods of Mathematical Physics* (2 vols.), New York: science, 1953 and 1962.

2. A. Erdelyi, Editor, *Higher Transcendental Functions* (3 vols.), New York: McGraw-Hill Book Co., Inc., 1953-1955.
3. H. Hochstadt, *The Functions of Mathematical Physics,* New York: Wiley, Interscience, 1971.
4. N. W. McLachlan, *Bessel Functions for Engineers,* London, England: Oxford University Press, 1961.
5. P. M. Morse and H. Feshbach, *Methods of Theoretical Physics* (parts I and II), New York: McGraw-Hill Book Co., Inc., 1953.
6. K. Rektorys, *Survey of Applicable Mathematics,* Cambridge, Mass.: The M.I.T. Press, 1969.
7. G. N. Watson, *Theory of Bessel Functions,* New York: Macmillan, 1954.
8. E.T. Whittaker and G. N. Watson, *Modern Analysis,* Cambridge: Cambridge University Press, 1962.

APPENDIX H

Short Tables of Transforms

이 부록에는 따로 나타낸 세 가지 변환표가 있다: Laplace, Fourier (지수, 여현 및 정현), 그리고 Z-변환.

TABLE H.1 Laplace transforms $F(s) = \int_{0_-}^{\infty} f(t)\, e^{-st} dt$

모든 시간 함수는 적당하게 $u(t)$가 곱해졌다고 가정된다.

$f(t)$	$F(s)$
$a_1 f_1(t) + a_2 f_2(t)$	$a_1 F_1(s) + a_2 F_2(s)$
$f(t+T) = f(t)$	$(1-e^{-sT})^{-1} \int_{0_-}^{T} e^{-st} f(t)\, dt$
$e^{-at} f(t)$	$F(s+a)$
$f(t-a)\, u(t-a)$	$e^{-as} F(s)$
$t^n f(t)$	$(-1)^n \dfrac{d^n F(s)}{ds^n}$
$t^{-n} f(t)$	$\int_s^{\infty} \int_s^{\infty} \cdots \int_s^{\infty} F(\xi)\,(d\xi)$
$\dfrac{d^n f(t)}{dt^n} \equiv f^{(n)}(t)$	$s^n F(s) - s^{n-1} f(0_-) - s^{n-2} f'(0_-) - \cdots - f^{(n-1)}(0_-)$
$t^k f^{(n)}(t) \quad (k \geq n)$	$(-1)^k \dfrac{d^k}{ds^k}[s^n F(s)]$
$\dfrac{d^k}{dt^k}[t^n f(t)] \quad (n \geq k)$	$(-1)^n s^k F^{(n)}(s)$
$\int_{0_-}^{t} \tau^{-1} f(\tau)\, d\tau$	$s^{-1} \int_s^{\infty} F(\xi)\,(d\xi)$

$\int_{0_-}^{t} f_1(\tau) f_2(t-\tau)\,d\tau$	$F_1(s)F_2(s)$
$\frac{1}{a} f\left(\frac{t}{a}\right) \quad (a>0)$	$F(as)$

위에 있는 것들은 5장에서 정리로 논의되었거나 그것의 확장이다.

$\delta(t)$	1
$u(t)$	$1/s$
$t^n \quad n = 0, 1, 2, \cdots$	$n!/s^{n+1}$
$e^{-at} \quad (\mathrm{Re}\, a > 0)$	$1/(s+a)$
$t^n e^{-at} \quad (\mathrm{Re}\, a > 0)$	$n!/(s+a)^{n+1}$
$\sin \omega t$	$\omega/(s^2+\omega^2)$
$t^{-1} \sin \omega t$	$\tan^{-1}(\omega/s)$
$t^{-1} \sin \alpha t \sin \beta t$	$\frac{1}{4} \ln \frac{s^2+(\alpha+\beta)^2}{s^2+(\alpha-\beta)^2}$
$\cos \omega t$	$s/(s^2+\omega^2)$
$\cos^2 \omega t$	$(s^2+2\omega^2)/(s^3+4\omega^2 s)$
$t^{-1}(\cos \alpha t - \cos \beta t)$	$\frac{1}{2} \ln \left[(\omega^2+\beta^2)(\omega^2+\alpha^2)^{-1}\right]$
$\sinh at$	$a/(s^2-a^2)$
$\cosh at$	$s/(s^2-a^2)$
$t^{-1} \sinh at$	$\frac{1}{2} \ln \left(\frac{s+a}{s-a}\right)$
$\mathrm{erf}(\sqrt{at})$	$\frac{\sqrt{a}}{s\sqrt{s+a}}$
$\mathrm{erf}\left(\frac{1}{2}\sqrt{\frac{a}{t}}\right)$	$\frac{1-e^{-\sqrt{as}}}{s}$
$\mathrm{erfc}\left(\frac{1}{2}\sqrt{\frac{a}{t}}\right)$	$s^{-1} e^{-\sqrt{as}}$
$J_0(at)$	$(s^2+a^2)^{-1/2}$
$J_n(at) \quad (\mathrm{Re}\, n > -1)$	$(s^2+a^2)^{-1/2} e^{-n \sinh^{-1}(s/a)}$

$J_0\left(a\sqrt{t^2-\tau^2}\right) \quad t>\tau$ $0 \quad 0<t<\tau$	$(s^2+a^2)^{-1/2}e^{-\tau\sqrt{s^2+a^2}}$
$I_0(at)$	$(s^2-a^2)^{-1/2}$
$I_n(at)$	$a^n(s^2-a^2)^{-1/2}\left(s+\sqrt{s^2-a^2}\right)^{-n}$

TABLE H.2 Fourier transforms

7장에서 정의된 바와 같이, 이 표에서 표기 $F(\omega)$는 주어진 함수 $f(t)$의 지수(exponential) Fourier 변환, $F_c(\omega)$는 Fourier 여현(cosine) 변환, 그리고 $F_s(\omega)$는 Fourier 정현(sine) 변환이다.

$f(t)$	$F_c(\omega)$
$\delta(t)$	1
$t^{-1/2}$	$\sqrt{\dfrac{\pi}{2\omega}}$
$(t^2+\tau^2)^{-1} \quad (\tau \text{ real}, >0)$	$\pi e^{-\omega\tau}/2\tau$
$(t^2+\tau^2)^{-1/2}\left[(t^2+\tau^2)^{1/2}+\tau\right]^{1/2}$	$\left(\dfrac{2\omega}{\pi}\right)^{1/2}e^{-\omega\tau}$
$e^{-\omega_0 t} \quad (\text{Re}\,\omega_0>0)$	$\omega_0/({\omega_0}^2+\omega^2)$
$e^{-\lambda t^2} \quad (\text{Re}\,\lambda>0)$	$\dfrac{1}{2}\sqrt{\dfrac{\pi}{\lambda}}e^{-\omega^2/4\lambda}$
$t^{-1/2}e^{-\tau/t} \quad (\tau \text{ real}, >0)$	$\sqrt{\dfrac{\pi}{2\omega}}e^{-(2\tau t)^{1/2}}\left[\cos(2\tau t)^{1/2}+\sin(2\tau t)^{1/2}\right]$
$t(t^2+\tau^2)^{-1}\sin\omega_0 t \quad (\omega_0,\tau>0)$	$\dfrac{\pi}{2}e^{-\omega_0\tau}\cosh\omega\tau \quad \omega<\omega_0$ $-\dfrac{\pi}{2}e^{-\omega_0\tau}\sinh\omega\tau \quad \omega>\omega_0$
$e^{-\lambda t}\sin\omega_0 t \quad (\omega_0>0;\lambda>0)$	$\dfrac{1}{2}\left[\dfrac{\omega_0+\omega}{\lambda^2+(\omega_0+\omega)^2}+\dfrac{\omega_0-\omega}{\lambda^2+(\omega_0-\omega)^2}\right]$
$e^{-\lambda t}\cos\omega_0 t \quad (\lambda,\omega_0 \text{ real})$	$\dfrac{\lambda}{2}\left[\dfrac{1}{\lambda^2+(\omega_0+\omega)^2}+\dfrac{1}{\lambda^2+(\omega_0-\omega)^2}\right]$
$\sin\lambda(\tau^2-t^2)^{1/2} \quad t<\tau$ $0 \quad t>\tau$	$\dfrac{\pi\lambda\tau}{2\sqrt{\lambda^2+\omega^2}}J_1\left(\tau\sqrt{\lambda^2+\omega^2}\right)$
$J_0(\lambda t) \quad (\lambda>0)$	$(\lambda^2-\omega^2)^{-1/2} \quad 0<\omega<\lambda$ $\infty \quad \omega=\lambda$ $0 \quad \lambda<\omega<\infty$
$f(t)$	$F_s(\omega)$

$\delta(t)$	0
t^{-1}	$\dfrac{\pi}{2}$
$t^{-3/2}$	$\sqrt{2\pi\omega}$
$\dfrac{t}{t^2+\tau^2}$	$\dfrac{\pi}{2}e^{-\omega\tau}$
$\lambda\left[\dfrac{1}{\lambda^2+(\tau-t)^2}+\dfrac{1}{\lambda^2+(\tau+t)^2}\right]$ $(\lambda > 0, \tau \text{ real})$	$\pi e^{-\lambda\omega}\sin\omega\tau$
$e^{-at} \quad (\mathrm{Re}\, a > 0)$	$\dfrac{\omega}{a^2+\omega^2}$
$t^{-1}e^{-at} \quad (\mathrm{Re}\, a > 0)$	$\tan^{-1}\left(\dfrac{\omega}{a}\right)$
$t^{-1/2}e^{-at} \quad (\mathrm{Re}\, a > 0)$	$\sqrt{\dfrac{\pi}{2}}\left[\dfrac{(\omega^2+a^2)^{1/2}-a}{(\omega^2+a^2)}\right]^{1/2}$
te^{-at^2}	$\dfrac{1}{4}\dfrac{\sqrt{\pi}\,\omega}{a^{3/2}}e^{-\omega^2/4a}$
$t^{-1}e^{-at^2}$	$\dfrac{\pi}{2}\mathrm{erf}\left(\dfrac{1}{2}\dfrac{\omega}{\sqrt{a}}\right)$
$\ln\left\lvert\dfrac{t+\tau}{t-\tau}\right\rvert \quad (\tau > 0)$	$\dfrac{\pi}{\omega}\sin\omega\tau$
$t^{-1}\sin\lambda t \quad (\lambda > 0)$	$\dfrac{1}{2}\ln\left\lvert\dfrac{\omega+\lambda}{\omega-\lambda}\right\rvert$
$J_0(\lambda t) \quad (\lambda > 0)$	$0 \quad 0 < \omega < \lambda$ $(\omega^2-\lambda^2)^{-1/2} \quad \lambda < \omega < \infty$
$\dfrac{1}{t}J_0(\lambda t) \quad (\lambda > 0)$	$\sin^{-1}\left(\dfrac{\omega}{a}\right) \quad 0 < \omega < \lambda$ $\dfrac{\pi}{2} \quad \lambda < \omega < \infty$

$f(t)$	$F(\omega)$
$f(t) = f(-t)$	$2\int_0^\infty f(t)\cos\omega t\, dt$
$f(t) = -f(-t)$	$-2j\int_0^\infty f(t)\sin\omega t\, dt$
$f(\lambda t)\, e^{j\beta t} \quad (\lambda > 0)$	$\dfrac{1}{\lambda}F\left(\dfrac{\omega-\beta}{\lambda}\right)$

$f(\lambda t)\cos\omega_0 t \quad (\lambda > 0)$	$\frac{1}{2\lambda}\left[F\left(\frac{\omega-\omega_0}{\lambda}\right)+F\left(\frac{\omega+\omega_0}{\lambda}\right)\right]$
$f(\lambda t)\sin\omega_0 t \quad (\lambda > 0)$	$\frac{1}{j2\lambda}\left[F\left(\frac{\omega-\omega_0}{\lambda}\right)-F\left(\frac{\omega+\omega_0}{\lambda}\right)\right]$
$t^n f(t)$	$j^n \frac{d^n F(\omega)}{d\omega^n}$

위에 있는 것들은 7장에서 정리로 논의되었거나 그것의 확장이다.

$\delta(t)$	1
$u(t)$	$\pi\,\delta(\omega)+\frac{1}{j\omega}$
$e^{j\omega_0 t}$	$2\pi\,\delta(\omega-\omega_0)$
$e^{-a\|t\|} \quad (\mathrm{Re}\,a > 0)$	$\frac{2a}{a^2+\omega^2}$
$(t^2+\tau^2)^{-1} \quad (\tau > 0)$	$\frac{\pi}{\tau}e^{-\|\omega\|\tau}$
$e^{j\beta\sin\omega_0 t}$	$\sum_{n=-\infty}^{\infty} J_n(\beta)\,\delta(\omega-n\omega_0)$

TABLE H.3 One-sided Z-transforms $F(z)=\sum_{n=0}^{\infty} f(n)\,z^{-n}$

$f(n)$	$F(z)$
$a_1 f_1(n)+a_2 f_2(n)$	$a_1 F_1(z)+a_2 F_2(z)$
$e^{-an} f(n)$	$F(e^a z)$
$n f(n)$	$-z\frac{d}{dz}F(z)$
$f(n-m)$	$z^{-m}F(z)$
$f(n+m)$	$z^m\left\{F(z)-\sum_{k=0}^{m-1} f(k)\,z^{-k}\right\}$
$(n-1)(n-2)f(n-2)$	$\frac{d^2}{dz^2}F(z)$

$\sum_{k=0}^{n} f_1(k) f_2(n-k)$	$F_1(z) F_2(z)$
$a^{-n} f(n)$	$F(az)$
$\delta(n)$	1
$u(n)$	$\frac{z}{z-1}$
$u(n-k)$	$\frac{z^{-k+1}}{z-1}$
a^n	$\frac{z}{z-a}$
e^{-kn}	$\frac{z}{z-e^{-k}}$
$r(n) = n$	$\frac{z}{(z-1)^2}$
n^2	$\frac{z(z+1)}{(z-1)^3}$
$\sin(\omega_0 n + \beta)$	$\frac{z^2 \sin\beta + z\sin(\omega_0 - \beta)}{z^2 - 2z\cos\omega_0 + 1}$
$\cos\omega_0 n$	$\frac{z(z - \cos\omega_0)}{z^2 - 2z\cos\omega_0 + 1}$
$\sinh\omega_0 n$	$\frac{z\sinh\omega_0 z(z - \cosh\omega_0)}{z^2 - 2z\cosh\omega_0 + 1}$
$\cosh\omega_0 n$	$\frac{z\sinh\omega_0}{z^2 - 2z\cosh\omega_0 + 1}$
$a^n/n! \quad (n = 1, 3, 5, 7, \cdots)$	$\sinh(a/z)$
$a^n/n! \quad (n = 0, 2, 4, 6, \cdots)$	$\cosh(a/z)$
$1/n \quad n > 0$	$\ln\frac{z}{z-1}$

SELECTED BIBLIOGRAPHY

1. G. Doetsch, *Guide to the Applications of the Laplace and Z-transforms*, New York: Van Nostrand Reinhold Co., 1971.
2. E. I. Jury, *Theory and Application of the Z-transform Method*, New York: John Wiley & Sons, Inc., 1964.

3. G. A. Korn, *Basic Tables in Electrical Engineering,* New York: McGraw-Hill Book Co., Inc., 1965.
4. P. K. F. Kuhfitting, *Introduction to the Laplace Transform,* New York: Plenum Press, 1978.
5. F. E. Nixon, *Handbook of Laplace Transformations, Fundamentals, Applications, Tables and Examples,* Englewood Cliffs, N.J.: Prentice-Hall, Inc., 1965.
6. K. B. Wolf, *Integral Transforms in Science and Engineering,* New York: Plenum Press, 1979.

Index

자

차

카

타

R

S

T

V

W

Y

Z

숫자